ユーキャンの
電験三種

独学の機械

合格テキスト&問題集

おことわり

○本書は、2022年7月時点の情報に基づいて制作しています。
○2022年7月以降の法改正情報などのうち、本試験（機械科目）の対象となるものについては、
　下記「ユーキャンの本」ウェブサイト内「追補（法改正・正誤）」においてお知らせ致します。
　(https://www.u-can.co.jp/book/information)

ユーキャンは よくわかる！ 工夫がいっぱい

本書のココが特長！

1. 独学者向けに開発した「テキスト＆問題集」の決定版！

本書1冊で、機械科目の知識習得と解答力の養成が可能です。
問題集編は、出題頻度の高い厳選過去問100題を収録。
各問にテキスト編の参照ページつきなので、復習もスムーズです。

2. 機械科目の出題論点を「1レッスン45日分」に収録！初学者や忙しい受験生も、計画的に学習できます

テキスト編は、「ちょっとずつ45日で完成！」をコンセプトに、
日々の積み重ね学習で、機械科目の合格レベルへと導きます。
また、各学習項目には3段階の重要度表示つき。効率的に学習できます。

3. 計算プロセスも、省略せず、しっかり解説！

計算問題は、特に丁寧に解説しています。
「補足」「用語」「解法のヒント」など、理解を助けるプラス解説も
充実しています。

4. 試験に必須の「重要公式集」つき！

機械科目合格には、重要公式の運用力が必須の要素です。
テキスト編後に収録した「重要公式集」は、どれも計算問題で頻出で、
暗記強化に最適です。

ユーキャンの電験三種 独学の機械 合格テキスト＆問題集

目　次

本書の使い方

ちょっとずつ45日！がんばるニャ！

ユーニャン

Step 1 　学習のポイント＆1コマ マンガで論点をイメージ

まずは、その日に学習するポイントと、ユーニャンの1コマンガから、全体像をざっくりつかみましょう。

●ちょっとずつ「45日」で学習完成！
機械科目の出題論点を「45日分」に収録しました。

●学習のポイント
その日に学習するポイントをまとめています。

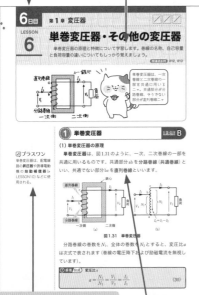

●充実の欄外解説

補足
テキスト解説の理解を深める補足解説

用語
知っておきたい用語をフォロー

解法のヒント
計算問題の着眼点やポイントをアドバイス

プラスワン
本文にプラスして覚えておきたい事項をフォロー

●キーワードは黒太字と赤太字で表記
学習上の重要用語は**黒太字**で、試験の穴埋め問題でよく出る用語は赤太字で表記しています。

Step 2 　本文の学習

ページをめくって、学習項目と重要度（高い順に「A」「B」「C」）を確認しましょう。
赤太字や黒太字、図表、重要公式はしっかり押さえ、例題を解いて理解を深めましょう。

●重要公式
電験三種試験で必須の公式をピックアップしています。しっかり覚え、計算問題で使えるようにしましょう。

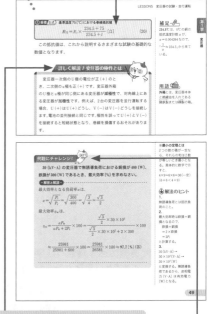

●詳しく解説！
受験生が抱きやすい疑問を、詳しく解説しています。

●例題にチャレンジ
テキスト解説に関連する例題です。重要公式の使い方や解き方の流れをしっかり把握しましょう。

※ここに掲載した誌面は「本書の使い方」を説明するための見本です。

レッスン末問題で理解度チェック

1日の学習の終わりに、穴埋め形式の問題に取り組みましょう。知識の定着度をチェックできます。

頻出過去問題にチャレンジ

特に重要な過去問題100問を厳選収録しました。すべて必ず解いておきたい問題です。正答できるまで、くり返し取り組みましょう。

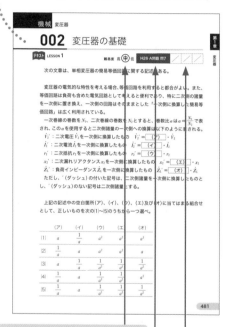

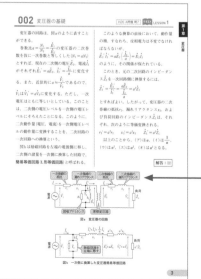

難易度を3段階表示（難易度の高い順から、「高」「中」「低」）

過去問の出題年（H＝平成、R＝令和）・A・B問題の別・問題番号

取り組んだ日や正答できたかどうかをチェックしましょう。

●解答・解説は使いやすい別冊!

頻出過去問100題の解答・解説は、確認しやすい別冊にまとめました。
図版を豊富に用いて、着眼点や計算プロセスを丁寧に解説しています。

資格・試験について

1. 第三種電気主任技術者の資格と仕事

「電験三種試験」とは、国家試験の「電気主任技術者試験(第一種・第二種・第三種)」のうち、「第三種電気主任技術者試験」のことであり、合格すれば第三種の電気主任技術者の免状が得られます。

第三種電気主任技術者は、電圧5万ボルト未満の事業用電気工作物(出力5千キロワット以上の発電所を除く)の工事、維持および運用の保安の監督を行うことができます。

■電気主任技術者(第一種・第二種・第三種)の電気工作物の範囲

事業用電気工作物		
第一種電気主任技術者	第二種電気主任技術者	第三種電気主任技術者
すべての事業用電気工作物	電圧が17万ボルト未満の事業用電気工作物	電圧が5万ボルト未満の事業用電気工作物(出力5千キロワット以上の発電所を除く。)
例:上記電圧の発電所、変電所、送配電線路や電気事業者から上記電圧で受電する工場、ビルなどの需要設備		例:上記電圧の5千キロワット未満の発電所や電気事業者から上記の電圧で受電する工場、ビルなどの需要設備

2．試験内容

　試験科目は、理論、電力、機械、法規の４科目で、マークシートに記入する五肢択一方式です。

試験科目	理　論	電　力	機　械	法　規
範　囲	電気理論、電子理論、電気計測および電子計測に関するもの	発電所および変電所の設計および運転、送電線路および配電線路（屋内配線を含む。）の設計および運用並びに電気材料に関するもの	電気機器、パワーエレクトロニクス、電動機応用、照明、電熱、電気化学、電気加工、自動制御、メカトロニクス並びに電力システムに関する情報伝送および処理に関するもの	電気法規（保安に関するものに限る。）および電気施設管理に関するもの
解答数	A問題　14題 B問題　　3題※	A問題　14題 B問題　　3題	A問題　14題 B問題　　3題※	A問題　10題 B問題　　3題
試験時間	90分	90分	90分	65分

備考：1．解答数欄の※印については、選択問題を含んだ解答数です。
　　　2．法規科目には「電気設備の技術基準の解釈について」（経済産業省の審査基準）に関するものを含みます。

　A問題は一つの問に対して一つを解答する方式、B問題は一つの問の中に小問を二つ設けて、それぞれの小問に対して一つを解答する方式です。

3．科目別合格制度

　試験は科目ごとに合否が決定され、４科目すべてに合格すれば第三種電気主任技術者試験が合格になります。科目別合格制度は、これまで、合格した科目は申請により、翌年、翌々年試験まで免除されていましたが、令和4年度から試験は年2回実施となり、上期・下期両試験の受験が可能となるので、最初に合格した試験以降、申請により、最大で連続5回まで当該科目が免除されます。

4．試験に関する問い合わせ先

　一般財団法人 電気技術者試験センター

　〒104-8584　東京都中央区八丁堀2-9-1　RBM東八重洲ビル8階

　ホームページ　https://www.shiken.or.jp/

電験三種試験　4科目の論点関連図

電験三種試験4科目の論点どうしの関連性を図にしています。電験三種試験合格には、まず「理論」科目をマスターすることが大事です。
また、「基礎数学」は4科目学習の「土台」です。しっかりマスターしましょう。

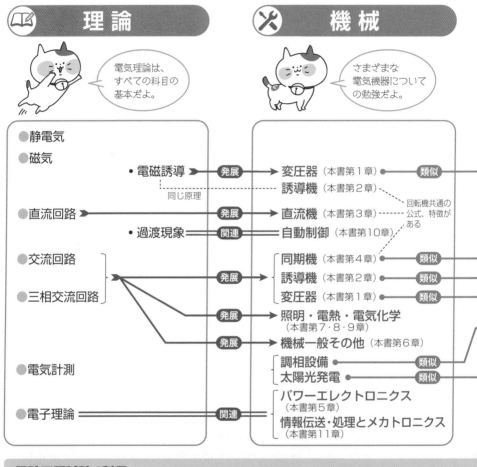

→	：発展⋯⋯⋯理論科目の内容をさらに発展させた内容になります。
類似	：類似問題⋯科目を超えて類似の問題が出題されます。
関連	：関連性が高い論点です。

 ## 電力　　　 ## 法規

発電、変電、送電、
配電について
勉強するよ。

電気の保安に関する
法律についての
勉強だよ。

変電（変圧器）
高調波対策・計算 ●————— 類似 —————● 高調波対策・計算

発電（同期発電機）
発電（誘導発電機）
変電（変圧器） ———————— 関連 ————● 負荷率・需要率
　　　　　　　　　　　　　　　 関連
送配電線路 ———————————— 関連 ————● 施設管理
力率改善 ●————————— 類似 —————● 力率改善

太陽光発電
電気材料

電気事業法および関連法規
電気設備技術基準・解釈

重ね合わせの理	テブナンの定理	ミルマンの定理

電験三種試験突破に、
数学の基礎は不可欠！
物理・化学の基礎も
大事だよ！

物理・化学の基礎

● 力と運動　　● 光と熱
● 原子・分子　● 化学反応

機械科目の出題傾向と対策

出題傾向

　機械科目は、変圧器、誘導機、直流機、同期機などの電気機器、パワーエレクトロニクス、照明、電熱、電気化学、自動制御、情報伝送・処理の分野などから構成されています。試験では、どの分野も特にかたよらず、広い範囲から出題されます。

　計算問題は全体の6割程度あり、この科目に合格するためには、十分な基礎数学の理解が必要です。

対策

　機械科目は、電気理論の応用ですので、理論科目を十分に理解してから学習することをおすすめします。理論で学習するレンツの法則（逆起電力の法則）、ファラデーの法則（変圧器などの原理）、フレミングの右手の法則（発電機などの原理）、フレミングの左手の法則（電動機などの原理）がよく登場します。学習していて理解しにくい場合は、もう一度理論科目を復習するよう心がけましょう。

　それぞれの機器の原理をしっかり学習すれば、その特性や特徴を理解することはさほど難しくありません。専門的な用語は覚えにくいこともあると思いますが、基本を理解することが合格への近道と言えます。

本書各章の学習ポイント

第1章　変圧器

　等価回路、電圧変動率、損失と効率、各種結線方式、並行運転の条件などが出題されています。インピーダンスの一次、二次換算を含め、簡易等価回路（L形等価回路）は必ず描けるようにしておきましょう。

第2章　誘導機

　誘導機の基本特性、等価回路、比例推移、かご形と巻線形の特徴・比較、始動・速度制御などが出題されています。等価回路は変圧器に似ていますが、誘導機には出力等価抵抗があり、やや難しいテーマです。二次入力：銅損：出力＝ $1 : s : (1-s)$、

出力$P＝\omega T$など、覚えるべき公式も多い分野です。

第3章　直流機

　直流機の基本特性、誘導起電力、速度制御、他励・分巻・直巻の比較などが出題されています。発電機の端子電圧Vは、$V＝E－R_a・I_a$、電動機の端子電圧Vは、$V＝E＋R_a・I_a$であることをしっかり理解しておきましょう。

第4章　同期機

　同期機の出力、短絡比、同期インピーダンス、電機子反作用、同期発電機の並列運転、同期発電機の自己励磁現象、同期電動機のV曲線などが出題されています。同期発電機のベクトル図は、必ず描けるようにしておきましょう。同期発電機は電力科目でも出題されます。特に力を入れてしっかり理解しておきましょう。

第5章　パワーエレクトロニクス

　電力用の各種半導体バルブデバイスの特徴、整流回路やインバータ、直流チョッパなどの電力変換装置の特徴が出題されています。難しい原理の深追いは止め、基本的な内容をしっかり理解しましょう。

第6章　機械一般その他

　電動機応用機器として、ポンプや送風機、エレベータの所要出力、電力用設備機器として太陽光発電設備などが出題されています。力学の基礎知識が必要です。

第7章　照明

　照度計算、各種光源の種類と特徴などが出題されます。光束、光度、照度、輝度など照明に関する用語の定義をしっかり押さえておきましょう。

第8章　電熱

　熱の移動と伝わり方、誘導加熱、誘電加熱、ヒートポンプなどが出題されます。熱回路と電気回路の比較も重要です。単位を含め、用語の意味をしっかり覚えましょう。

第9章　電気化学

電気分解とファラデーの法則、各種電池の特徴などが出題されます。鉛蓄電池の充電・放電反応は化学反応式を含め、陽極と陰極のふるまいをしっかり理解しましょう。

第10章　自動制御

自動制御の基本要素である比例要素、微分要素、積分要素などの特徴、ブロック線図の等価変換、フィードバック制御の概要、安定判別法などが出題されています。出題範囲は膨大に広く、難易度はまちまちです。基本的な学習にとどめ、易しい問題は確実に得点できるようにしておきましょう。

第11章　情報伝送・処理とメカトロニクス

論理回路の論理式、真理値表、2進数・16進数の変換、プログラミングなどが出題されています。自動制御と同様出題範囲は広く、プログラミングなど得意でない人は切り捨てても構いません。

 学習プラン

本書掲載の過去問題は100問あります。過去問題は、内容が各分野をまたいでいる問題も多いため、次のような学習プランをおすすめします。

例1　まずテキスト編の第11章まで学習した後、すべての過去問題に挑戦する

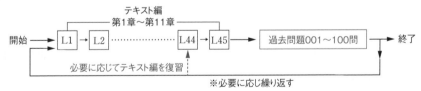

例2　テキスト編の1つの章の学習を終えたら、その章の過去問題に挑戦する、それを繰り返す

機械科目で学ぶ主な電気機器など

　本テキストで学習する機械科目では、発電所・変電所・送配電設備・需要家（工場・ビル・一般家庭）などで使用されている電気機器について、原理・構造・特徴・用途などについて学びます。

　本テキストの学習にさきがけて、ここでは、各章で学ぶ主な電気機器などについて簡単に解説します。

第1章　変圧器

　変圧器は、鉄心にコイルを巻きつけ電磁誘導の原理により、交流電圧の昇圧・降圧を行う機器です。発電所から送電するときは線路損失を低減するため高電圧に昇圧し、また需要家では、人身の安全上、低い電圧に降圧し使用します。

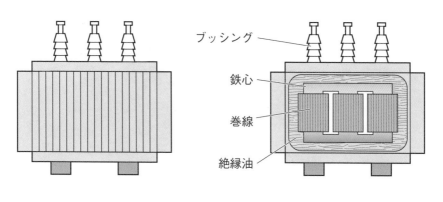

ブッシング

鉄心

巻線

絶縁油

変圧器の外観　　　　　　　　　　変圧器の内部構造

第2章　誘導機

　誘導機は、電磁誘導の原理により、電気エネルギーと回転エネルギーの変換を行う機器です。交流の電動機、発電機として使用されます。誘導電動機は構造が簡単で堅固なため、工場や一般家庭のポンプ、ファン、エアコン室外機など回転機の駆動用電動機として広く使用されています。誘導発電機は、風力発電、小水力発電など中小容量の発電機として使用されています。

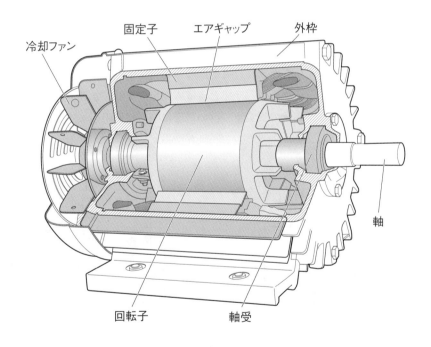

誘導機の構造

第3章　直流機

　直流機は、磁界を発生する励磁方式から、他励、分巻、直巻、複巻に分類されます。発電機と電動機は構造が同じで、導体が磁界を切ると導体に起電力が発生し発電機となり、電流が流れている導体を磁界中に置くと導体にトルクが発生し電動機となります。特性は励磁方式により異なり、用途も特性により様々です。

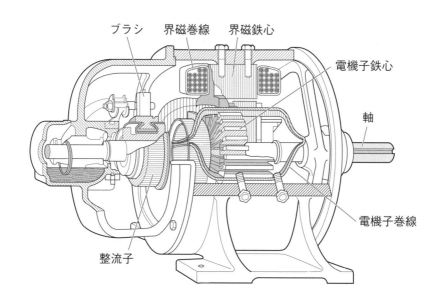

直流機の構造

第4章　同期機

　同期機とは、同期速度で回転する発電機と電動機および調相機の総称です。

　同期発電機は、水力発電、火力発電、原子力発電、風力発電など大容量から中小容量までの商用の発電機として広く使用されています。同期電動機は、大容量機で連続運転を行う場合や同期速度を要求される場合などに使用されています。同期調相機は無負荷の同期電動機で、電力系統の電圧調整や力率改善に使用されます。

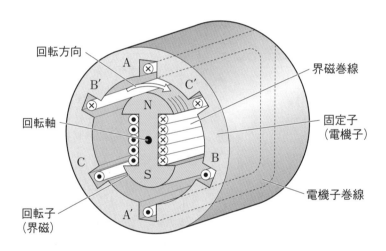

同期発電機（回転界磁形）構造図

第5章　パワーエレクトロニクス

　パワーエレクトロニクスとは、電力用の半導体デバイスを使用し、電力の変換・制御を行う技術です。主要な機器として、交流電力を直流電力に順変換する整流器（コンバータ）、直流電力を交流電力に逆変換するインバータなどがあります。

　また、パワーエレクトロニクスを応用した設備に、無停電設備（UPS）や電動機の精密な速度制御を行う設備などがあります。

インバータ装置の仕組み

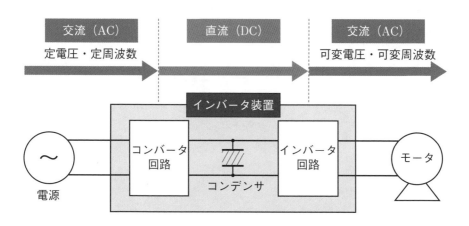

インバータによる電動機の速度制御

第6章　機械一般その他

　機械一般その他の設備として、電動機応用機器であるポンプ、ファン、クレーン、エレベータなどがあります。また電力用設備機器には、分散型電源である太陽光発電設備、電力系統の電圧調整・力率調整を行う電力用コンデンサ、分路リアクトルなどがあります。これらの設備は電力科目でも出題されます。

太陽光発電の仕組み

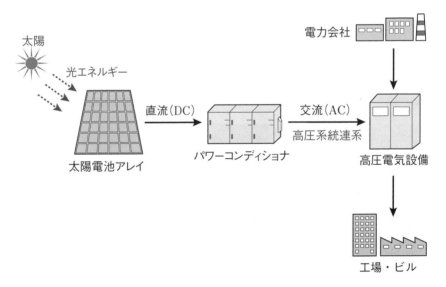

第7章　照明

　照明の分野では、白熱電球、蛍光ランプ、LED、水銀ランプなど各種照明器具の種類と特徴、光束、光度、照度など測光量の定義と計算、発光現象（熱放射とルミネセンス）について学びます。

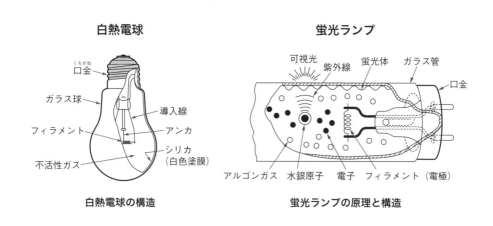

白熱電球

　口金
くちがね

　ガラス球

　フィラメント

　不活性ガス

　導入線

　アンカ

　シリカ
　（白色塗膜）

白熱電球の構造

蛍光ランプ

可視光　紫外線　蛍光体　ガラス管

口金

アルゴンガス　水銀原子　電子　フィラメント（電極）

蛍光ランプの原理と構造

LED電球

電子の流れ

電流の流れ

p形　　　　　　　　　　　　　　　　n形

アノード（＋）　　接合部　　カソード（－）

＋　　　－

LED電球の外観

LED電球の発光の仕組み

第8章　電熱

　電熱の分野では、電熱の基礎として、熱量の計算、熱回路と電気回路の比較など を学びます。また、電気加熱方式としてIH調理器の原理である誘導加熱、電子レ ンジの原理である誘電加熱、冷蔵庫やエアコンで使用されているヒートポンプなど について学びます。

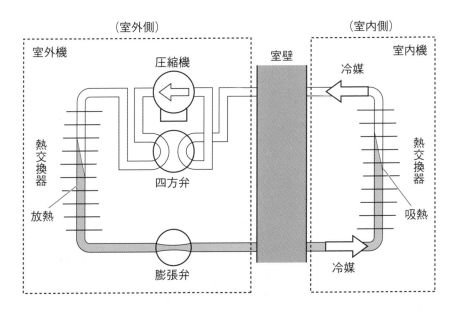

エアコン（冷房時）の動作概念図

第9章　電気化学

　電気化学の基礎として、電気分解、ファラデーの法則を学び、次に、一次電池と二次電池を学習します。そしてこれらの基礎の上に立って、電気化学工業として重要な電解化学工業と界面電解工業について学びます。

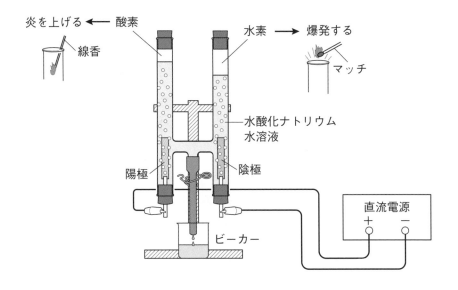

水の電気分解

　自動制御の分野はきわめて範囲が広く、ラプラス変換など難しい理論もあります。本書第10章では電験三種試験に必要な知識として、自動制御の基本的な理論、自動制御系の構成、伝達関数、基本要素と応答、周波数応答、安定判別などについて学びます。

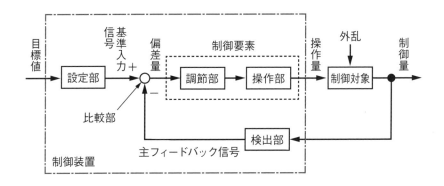

フィードバック制御系の基本構成

第11章　情報伝送・処理とメカトロニクス

　本書第11章では、情報伝送・処理とそれを応用したメカトロニクスについて学びます。

　具体的には、電力システムにおける情報の検出、信号の伝送、インタフェース技術などコンピュータに関する技術です。

　自動制御と同じように範囲が広く、難解な部分も多くあります。論理回路や2進数など基本的な事項を確実に習得し、効率的な学習を心がけましょう。

AND回路

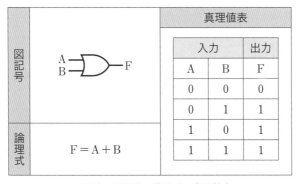

		真理値表		
図記号	A B —F	入力		出力
		A	B	F
		0	0	0
		0	1	0
論理式	$F = A \cdot B$	1	0	0
		1	1	1

AND回路の図記号、論理式、真理値表

OR回路

		真理値表		
図記号	A B —F	入力		出力
		A	B	F
		0	0	0
		0	1	1
論理式	$F = A + B$	1	0	1
		1	1	1

OR回路の図記号、論理式、真理値表

ユーキャンの電験三種
独学の機械
合格テキスト＆問題集

テキスト編

機械科目の出題論点を「45日分」に収録しました。

1日1レッスンずつ、無理のない学習をおすすめします。

各レッスン末には「理解度チェック問題」があり、

知識の定着度を確認できます。答えられない箇所は、

必ずテキストに戻って復習しましょう。

それでは45日間、頑張って学習しましょう。

変圧器の基礎

変圧器は交流で使用され、電磁誘導を利用して電圧・電流を変成し、電力を伝える機器で、非常に重要です。内容を確実に把握しましょう。

関連過去問 001, 002

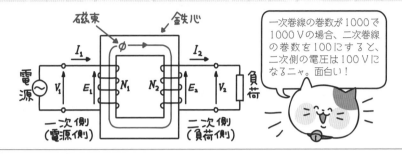

一次巻線の巻数が1000で1000 Vの場合、二次巻線の巻数を100にすると、二次側の電圧は100 Vになるニャ。面白い！

今日から、第1章、変圧器の始まり。頑張ってニャ

補足

変圧器については、電力科目でも学習する。電験三種試験において、電力科目、機械科目の両方で出題される。

＋1 プラスワン

一次巻線および二次巻線に誘導される誘導起電力の大きさE_1、E_2は、電源の周波数をf〔Hz〕、主磁束の最大値をϕ_m〔Wb〕とすると、次式で表される。
$E_1 = 4.44fN_1\phi_m$〔V〕
$E_2 = 4.44fN_2\phi_m$〔V〕

① 変圧器の基礎理論

重要度 A

（1）変圧器の原理

鉄心に2つの巻線（一次巻線の巻数N_1、二次巻線の巻数N_2）を施し、一次端子に交流電圧v_1〔V〕を加えると、鉄心の中に磁束ϕ〔Wb〕が発生します（図1.1）。この磁束は周期的に向きと大きさが変化する交番磁束で、磁束の時間的変化を$\dfrac{\Delta\phi}{\Delta t}$とすると、電磁誘導作用によって、一次側には$e_1$〔V〕、二次側には$e_2$〔V〕の起電力が誘導されます。また、二次端子には$v_2$〔V〕の交流電圧が出力されます。

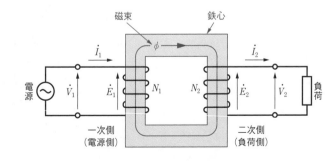

図1.1 変圧器の原理

$$e_1 = -N_1 \frac{\Delta \phi}{\Delta t} \text{〔V〕} \tag{1}$$

$$e_2 = -N_2 \frac{\Delta \phi}{\Delta t} \text{〔V〕} \tag{2}$$

端子電圧v_1、v_2の実効値をV_1、V_2、誘導起電力e_1、e_2の実効値をE_1、E_2とすれば、**巻数比**aは次式で表されます。

> ⚠重要 公式　巻数比
>
> $$a = \frac{N_1}{N_2} = \frac{E_1}{E_2} \tag{3}$$

また、一次端子電圧と二次端子電圧の比、すなわち**変圧比**は近似的に巻数比aに等しく、一次電流と二次電流の比、すなわち**変流比**は近似的に巻数比の逆数$\frac{1}{a}$となります。

> ⚠重要 公式　変圧比と変流比
>
> $$a = \frac{V_1}{V_2} \tag{4}$$
>
> $$\frac{1}{a} = \frac{I_1}{I_2} \tag{5}$$

変圧器は、**電圧および電流を変成**する機器であり、一次、二次間に次式が成立します。

> ⚠重要 公式　変圧器の一次、二次間の関係
>
> $$\frac{V_1}{V_2} = \frac{I_2}{I_1} \tag{6}$$
>
> $$V_1 I_1 = V_2 I_2 \tag{7}$$

(2) 変圧器の回路

変圧器の回路は、図1.2のように表すことができます。

変圧器の回路において、**励磁アドミタンス**$(\dot{Y}_0 = g_0 - jb_0)$で表している部分を**励磁回路**といい、この回路に流れる電流$\dot{I}_0$を**励磁電流**といいます。

この回路では、一次電流$\dot{I}_1$を励磁電流$\dot{I}_0$と理想変圧器一次巻線を流れる一次負荷電流$\dot{I}_1'$に分流して流れるように描いてあ

補足 –📎

小文字表記のv、e、iなどは、交流の**瞬時値**を表し、大文字表記のV、E、Iなどは、**実効値**を表す。実効値とは、瞬時値の2乗の平均値の平方根で、同じ大きさの直流と比較して、**実際に効く値**が等しい。例えば、ヒータに直流10Aを流したときと、実効値10Aの交流を流したときの熱エネルギーの発生量は等しい。

補足 –📎

電圧および電流の変成とは、一次側のV_1、I_1をほかの値V_2、I_2に変成（変換）して、二次側に出力すること。
なお、このとき、一次側の電力$P_1 = V_1 I_1$と二次側の電力$P_2 = V_2 I_2$の値は同じ$(P_1 = P_2)$で変わらない。

用語 📷

励磁電流とは、鉄心に磁束を発生させるために流れる電流である。「磁束を**励**ます**電流**」と覚えよう。

補足 –📎

励磁電流$\dot{I}_0$は、一次負荷電流$\dot{I}_1'$に比べて小さく、また、巻線抵抗、漏れリアクタンスの電圧降下も端子電圧に比べて小さい。よって、巻数比aは、

$$a = \frac{E_1}{E_2} \fallingdotseq \frac{V_1}{V_2} \fallingdotseq \frac{I_2}{I_1}$$

第1章

変圧器

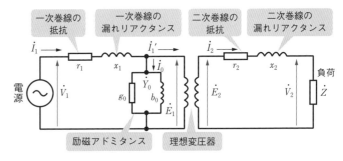

図1.2　変圧器の回路

りますが、実際には、変圧器一次巻線の1本の導線に流れている電流は$\dot{I_1}$だけです（$\dot{I_1}$を$\dot{I_0}$と$\dot{I_1}'$にベクトル分解して描いてあります）。

r_1は一次巻線の抵抗、r_2は二次巻線の抵抗を表し、この抵抗を流れる電流により、一次銅損、二次銅損を発生します。x_1は一次巻線の漏れリアクタンス、x_2は二次巻線の漏れリアクタンスを表します。また、$\dot{Z_1}=r_1+jx_1$を一次インピーダンス、$\dot{Z_2}=r_2+jx_2$を二次インピーダンスといいます。

理想変圧器とは、鉄損や銅損がなく、励磁回路も不要で、一次巻線と二次巻線だけで電力変成$E_1I_1=E_2I_2$ができると考えた理想的な変圧器をいいます。実際の変圧器の回路は、この理想変圧器とr_1、r_2、x_1、x_2、g_0、b_0で構成されています。

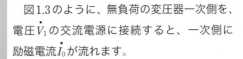

詳しく解説！漏れリアクタンスとは

　図1.3のように、無負荷の変圧器一次側を、電圧$\dot{V_1}$の交流電源に接続すると、一次側に励磁電流$\dot{I_0}$が流れます。

　この励磁電流$\dot{I_0}$により、変圧器鉄心に主磁束$\dot{\phi}$が発生し、二次側に誘導起電力$\dot{E_2}$を誘起します。ここで、二次側に負荷を接続すると、二次負荷電流$\dot{I_2}$が二次巻線に流れ、この電流により鉄心に磁束$\dot{\phi_2}$が発生します。$\dot{\phi_2}$は一次巻線とも鎖交するので、この磁束$\dot{\phi_2}$を打ち消すように一次負荷電流I_1'が流れます。

プラスワン

励磁アドミタンス$\dot{Y_0}$〔S〕は、励磁コンダクタンスg_0〔S〕と励磁サセプタンスb_0〔S〕の並列回路で表される。
励磁電流$\dot{I_0}$のうち、g_0を流れる電流を**鉄損（供給）電流**、b_0を流れる電流を**磁化電流**という。

用語

鉄損
変圧器鉄心の熱損失で、ヒステリシス損と渦電流損からなる。

銅損
巻線抵抗に電流が流れることによるジュール熱損失。

用語

鎖交とは、下図のように、2つの閉曲線が鎖のように互いにくぐり抜けていること。例えば、磁束がコイルを貫通していること。

$\dot{\phi}_2$は一次負荷電流$\dot{I}_1'$が作る磁束$\dot{\phi}_1$によりすべて打ち消されるので、変圧器鉄心を貫通する磁束は、常に励磁電流$\dot{I}_0$が作る主磁束$\dot{\phi}$だけになります。

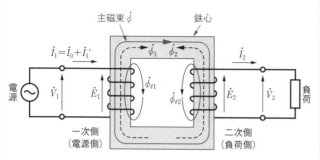

$\dot{I}_1$：一次電流　　　$\dot{I}_0$：励磁電流　　　$\dot{I}_1'$：一次負荷電流
$\dot{I}_2$：二次電流(二次負荷電流)　　　$\dot{\phi}$：$\dot{I}_0$が作る主磁束
$\dot{\phi}_1$：$\dot{I}_1'$が作る磁束($\dot{\phi}_2$によりすべて打ち消される)
$\dot{\phi}_2$：$\dot{I}_2$が作る磁束
$\dot{\phi}_{\ell1}$：一次漏れ磁束($\dot{I}_1'$が作る磁束のうち、一次巻線とだけ鎖交する磁束)
$\dot{\phi}_{\ell2}$：二次漏れ磁束($\dot{I}_2$が作る磁束のうち、二次巻線とだけ鎖交する磁束)

図1.3　変圧器鉄心の磁束

　上述のように、変圧器の原理では、一次巻線を貫く磁束$\dot{\phi}_1$は全部二次巻線と鎖交すると考えていますが、実際には途中で漏れてしまう磁束があります。また、二次負荷電流$\dot{I}_2$によってできる磁束$\dot{\phi}_2$もすべてが一次巻線と鎖交するわけではありません。このような一次巻線と二次巻線間で漏れる磁束を漏れ磁束$\dot{\phi}_\ell$といいます。この漏れ磁束はリアクタンスの電圧降下と同じ影響を与えるため、等価的に漏れリアクタンスで表しています。一次漏れ磁束$\dot{\phi}_{\ell1}$による漏れリアクタンスを一次漏れリアクタンスx_1、二次漏れ磁束$\dot{\phi}_{\ell2}$による漏れリアクタンスを二次漏れリアクタンスx_2といいます。

変圧器は、電磁誘導作用により結合された2つの独立した回路からなり、一次側から二次側へ電力が伝達されますが、このような回路の諸量を単一の回路として考えることができれば便利であり、各種の**等価回路**が考案されています。

図1.4は、**励磁回路を左端の電源側に移し、二次側の諸量を一次側に換算した回路**で、**簡易等価回路（L形等価回路）**と呼ばれるものです。

巻数比 $a = \dfrac{N_1}{N_2}$ とし、**二次側諸量を一次側へ等価変換する**と、次のようになります。

・二次側の電圧は a 倍する。電流は $\dfrac{1}{a}$ 倍する。

・二次側のインピーダンス（抵抗、リアクタンス）は a^2 倍する。

　アドミタンス（コンダクタンス、サセプタンス）は $\dfrac{1}{a^2}$ 倍する。

・一次側の諸量はそのままとする。

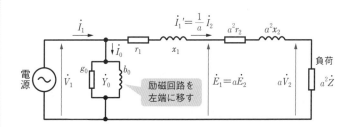

図1.4　一次側に換算した変圧器簡易等価回路

また、図1.5のように、**一次側諸量を二次側へ等価変換した簡易等価回路（L形等価回路）**も利用されます。

巻数比 $a = \dfrac{N_1}{N_2}$ とし、**一次側諸量を二次側へ等価変換する**と、次のようになります。

・一次側の電圧は$\dfrac{1}{a}$倍する。電流はa倍する。

・一次側のインピーダンス(抵抗、リアクタンス)は$\dfrac{1}{a^2}$倍する。

　アドミタンス(コンダクタンス、サセプタンス)はa^2倍する。

・二次側の諸量はそのままとする。

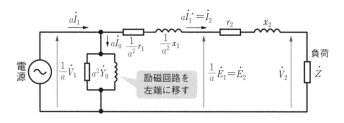

図1.5　二次側に換算した変圧器簡易等価回路

問題 次の □ の中に適当な答えを記入せよ。

変圧器の回路は、下図のように表すことができる。

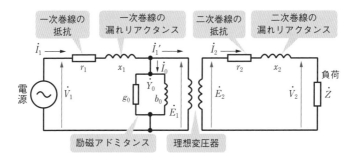

理想変圧器一次側の巻数をN_1、二次側の巻数をN_2とすると、

巻数比$a = \dfrac{\boxed{(ア)}}{\boxed{(イ)}}$ で表される。巻数比aは誘導起電力の比 $\dfrac{\boxed{(ウ)}}{\boxed{(エ)}}$ に等しく、

近似的に端子電圧の比、すなわち変圧比 $\dfrac{\boxed{(オ)}}{\boxed{(カ)}}$ に等しい。

また、変流比$\dfrac{I_1}{I_2}$ は近似的に巻数比の逆数$\dfrac{1}{a}$ となる。これは、励磁電流$\dot{I}_0$が一次負

荷電流$\dot{I}_1'$ に比べ $\boxed{(キ)}$ ためである。

変圧器は、一次側と二次側の2つの独立した回路からなるが、二次側諸量を一次側に変換、あるいは一次側諸量を二次側に変換することにより、一次側と二次側を接続することができる。このとき、励磁回路を左端の電源側に移した回路を簡易等価回路（ $\boxed{(ク)}$ 形等価回路）という。一次側諸量を二次側に変換するとき、一次側の電圧は $\boxed{(ケ)}$ 倍、電流は $\boxed{(コ)}$ 倍、インピーダンス（抵抗、リアクタンス）は $\boxed{(サ)}$ 倍、アドミタンス（コンダクタンス、サセプタンス）は $\boxed{(シ)}$ 倍する。

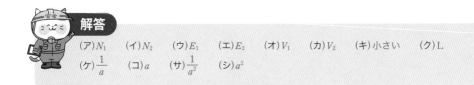

解答

(ア)N_1　　(イ)N_2　　(ウ)E_1　　(エ)E_2　　(オ)V_1　　(カ)V_2　　(キ)小さい　　(ク)L

(ケ)$\dfrac{1}{a}$　　(コ)a　　(サ)$\dfrac{1}{a^2}$　　(シ)a^2

変圧器の種類と構造

変圧器の種類と構造は、変圧器に関する基礎的な知識として大切です。
変圧器の全体像と用語の意味を把握しましょう。

関連過去問 003, 004

単相単巻変圧器、単相二巻線変圧器の場合

- 巻数比（変圧比）a

$$a = \frac{N_1}{N_2} = \frac{V_1}{V_2} = \frac{I_2}{I_1}$$

この式が
基本だニャ。
しっかり覚えよう

① 変圧器の分類　　重要度 B

　変圧器にはいろいろな種類がありますが、一般に、使用目的、巻線数、相数、鉄心構造、冷却方式などによって分類されています。

(1) 使用目的による分類

電力用変圧器	電力の送受電用に使用する変圧器
配電用変圧器	需要場所で高圧から低圧に降圧する変圧器（一般には電柱上にある柱上変圧器をいう）
試験用変圧器	電気機械器具の耐電圧試験や高電圧現象の実験に使用される変圧器
計器用変成器	高低圧回路の電圧・電流の測定用変圧器・変流器

(2) 巻線数による分類

単巻変圧器	一次側および二次側の回路が共通の巻線（分路巻線）と直列巻線を持つ。線路の昇圧器などに使用される（図1.6 (a)を参照）
二巻線変圧器	一次巻線および二次巻線の2組の巻線を持つ。一般の変圧器に使用される（図1.6 (b)を参照）
三巻線変圧器	1つの変圧器に一次巻線、二次巻線および三次巻線を持つ。高圧の変電所に使用される（図1.6 (c)を参照）

用語

相数
・単相と三相に大別できる
・単相　200V、100V
　　（一般家庭など）
・三相　6600V、200V
　　（工場など）

用語

昇圧器とは、一次側電圧より二次側電圧のほうが高い変圧器である。

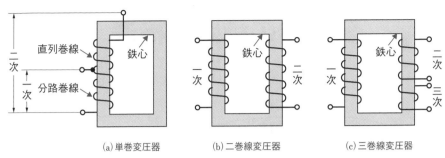

(a) 単巻変圧器　　　　(b) 二巻線変圧器　　　　(c) 三巻線変圧器

図1.6　巻線数による分類

(3) 相数による分類

単相変圧器	単相交流電源で単独使用するか、数台組み合わせて三相交流電源で三相電圧・電流を変成する
三相変圧器	三相交流電源で三相電圧・電流を変成する

(4) 各種変圧器の図記号、変圧比など

①単相単巻変圧器（昇圧器 $N_2 > N_1$ の場合）

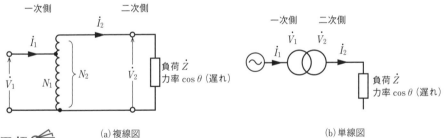

(a) 複線図　　　　　　　　　　　　　　(b) 単線図

図1.7　単相単巻変圧器

用語

単線図
単線結線図とも呼ばれ、回路全体の機器構成や接続を簡単な電気用図記号と1本の線で示したもので、設備の概要を表した図面。

複線図
複線結線図とも呼ばれ、実際に接続されている電線の数で示したもので、設備の詳細を表した図面。

・巻数比（変圧比）a

$$a = \frac{N_1}{N_2} = \frac{V_1}{V_2} = \frac{I_2}{I_1}$$

・一次側から二次側に伝えられる有効電力 P

$$P = V_1 I_1 \cos\theta = V_2 I_2 \cos\theta$$

・一次側から二次側に伝えられる遅れ無効電力 Q

$$Q = V_1 I_1 \sin\theta = V_2 I_2 \sin\theta$$

②単相二巻線変圧器

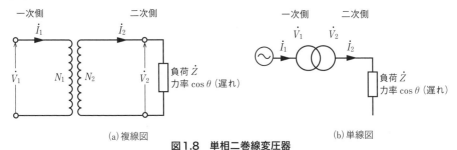

(a) 複線図

(b) 単線図

図1.8　単相二巻線変圧器

・巻数比（変圧比）a

$$a = \frac{N_1}{N_2} = \frac{V_1}{V_2} = \frac{I_2}{I_1}$$

・一次側から二次側に伝えられる有効電力P

$$P = V_1 I_1 \cos\theta = V_2 I_2 \cos\theta$$

・一次側から二次側に伝えられる遅れ無効電力Q

$$Q = V_1 I_1 \sin\theta = V_2 I_2 \sin\theta$$

③三相二巻線変圧器（Y-Δ結線の場合）

　三相二巻線変圧器は、一次側と二次側が用途に応じて、Y-Δ、Δ-Y、Δ-Δ、V-Vなど様々な結線があります（▶LESSON4）。

　ここでは、例として、単相変圧器3台を使用したY-Δ結線について説明します。

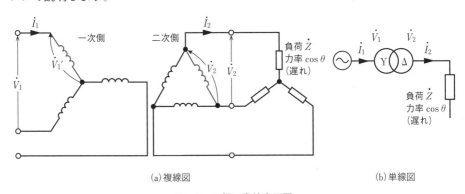

(a) 複線図

(b) 単線図

図1.9　三相二巻線変圧器

　図1.9（a）複線図の赤で示した巻線 〜〜〜 が、単相変圧器1台の対応する一次、二次の巻線を表す。

・単相変圧器の変圧比a

$$a = \frac{V_1{}'}{V_2}、 \text{ただし} V_1{}' = \frac{V_1}{\sqrt{3}}$$

・三相変圧器としての変圧比a_3

$$a_3 = \frac{V_1}{V_2} = \frac{I_2}{I_1}$$

・一次側から二次側へ伝えられる有効電力P

$$P = \sqrt{3}\, V_1 I_1 \cos\theta = \sqrt{3}\, V_2 I_2 \cos\theta$$

・一次側から二次側へ伝えられる遅れ無効電力Q

$$Q = \sqrt{3}\, V_1 I_1 \sin\theta = \sqrt{3}\, V_2 I_2 \sin\theta$$

④三相三巻線変圧器（Y-Y-Δ結線の場合）

　この結線方式は、Y-Y結線でΔ結線がないために生じる欠点を、三次巻線をΔ結線として施すことによって解消したものです。三次巻線は、調相設備や所内電源などに利用されています（▶LESSON4）。

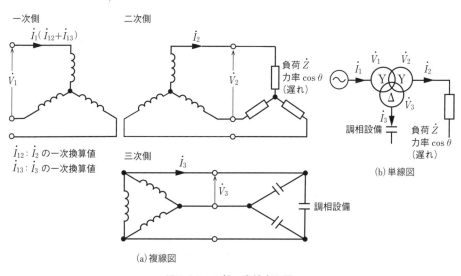

図1.10　三相三巻線変圧器

・一次、二次間の変圧比a_{12}

$$a_{12} = \frac{V_1}{V_2} = \frac{I_2}{I_{12}}$$

・一次側から二次側へ伝えられる有効電力P_2

$$P_2 = \sqrt{3}\, V_1 I_{12} \cos\theta = \sqrt{3}\, V_2 I_2 \cos\theta$$

・一次側から二次側へ伝えられる遅れ無効電力Q_2

$$Q_2 = \sqrt{3}\, V_1 I_{12} \sin\theta = \sqrt{3}\, V_2 I_2 \sin\theta$$

・一次、三次間の変圧比a_{13}

$$a_{13} = \frac{V_1}{V_3} = \frac{I_3}{I_{13}}$$

・一次側から三次側へ伝えられる進み無効電力Q_3

$$Q_3 = \sqrt{3}\, V_1 I_{13} = \sqrt{3}\, V_3 I_3$$

例題にチャレンジ！

　単相変圧器の二次側端子間に0.5〔Ω〕の抵抗を接続して、一次側端子に電圧450〔V〕を印加したところ、一次電流は1〔A〕となった。この変圧器の変圧比を求めよ。

　ただし、変圧器の励磁電流、インピーダンスおよび損失は無視するものとする。

・解答と解説・・・・・・・・・・・・・・・・・・・・・・・・・・

問題の単相二巻線変圧器の回路図を下図に示す。

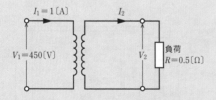

一次側から二次側に伝えられる有効電力Pは等しいので、

$$P = V_1 I_1 = V_2 I_2$$

与えられた数値を代入すると、

$$P = 450 \times 1 = V_2 I_2 \,〔W〕$$

$$V_2 I_2 = 450 \,〔W〕\cdots\cdots①$$

また、オームの法則より、

解法のヒント

一次側から二次側へ伝えられる電力は、負荷が純抵抗であるから、有効電力（単位W）である。なお、純抵抗とは、負荷が抵抗成分のみで、リアクタンス成分を含まないときの抵抗を強調する言い方である。抵抗（純抵抗）は、有効電力のみを消費し、無効電力を消費しない。

$$I_2 = \frac{V_2}{R} = \frac{V_2}{0.5} = 2V_2 \,[\text{A}]$$

$I_2 = 2V_2\,[\text{A}]$ を、式①に代入

$$V_2 \times 2V_2 = 450$$

$$2V_2{}^2 = 450$$

$$V_2{}^2 = 225$$

$$V_2 = \sqrt{225} = 15\,[\text{V}]$$

よって、求める変圧比 a は、

$$a = \frac{V_1}{V_2} = \frac{450}{15} = \mathbf{30}\,(\text{答})$$

··

② 変圧器の構造　　重要度 B

　一般に電力用の変圧器は、図1.11に示すように、主要部分の鉄心と巻線（コイル）を外箱に収め、絶縁油に浸（ひた）されており、そのほか放熱器、ブッシングなどの要素から構成されています。

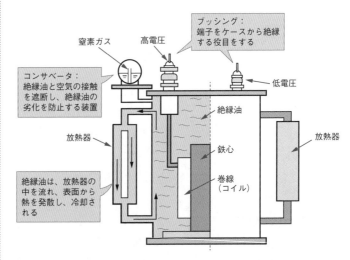

窒素ガス　高電圧

ブッシング：
端子をケースから絶縁
する役目をする

コンサベータ：
絶縁油と空気の接触
を遮断し、絶縁油の
劣化を防止する装置

低電圧

絶縁油

放熱器

鉄心

放熱器

絶縁油は、放熱器の
中を流れ、表面から
熱を発散し、冷却さ
れる

巻線
（コイル）

図1.11　電力用（油入式）変圧器の構成例

変圧器の**鉄心の材料**には、飽和磁束密度と透磁率が大きく、

鉄損が小さい、**方向性けい素鋼板**が用いられます。

　また、鋼板間に絶縁層を作り、図1.12に示したような形に積み重ね、**積層鉄心**（成層鉄心）として使用します。

　特に鉄損の低減を図る目的で、**アモルファス鉄心**が用いられることもあります。

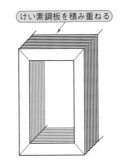

けい素鋼板を積み重ねる

図1.12　積層鉄心の形状

　一般に、変圧器の一次巻線と二次巻線には、丸銅線や平角銅線を紙テープなどの絶縁物で被覆したものが用いられます。

　変圧器は、絶縁と冷却の目的から、コイルを絶縁油中に浸して使用される場合が多く、このような変圧器を**油入変圧器**といいます。

　絶縁油に浸さない変圧器を**乾式変圧器**（**モールド変圧器**）といい、火災の危険があるような場所に用います。また、防災の観点から、病院やオフィスビルなどで普及しています。

③ 変圧器の定格 　重要度 B

　変圧器の**定格**とは、「指定された条件における使用限度」と定義されており、変圧器の銘板に、それぞれの変圧器の定格が記載されています。この「使用限度」は一般に出力で表し、**定格容量**（**定格出力**）として表示しています。また、「指定された条件」は、電圧、電流、周波数および力率のことを指し、それぞれ**定格電圧**、**定格電流**、**定格周波数**および**定格力率**として銘板に表示されています。

　変圧器で使用可能な定格容量（定格出力）は、温度上昇による制限を受けます。温度上昇の原因には、鉄心による鉄損と巻線による銅損があります。一定以上の電圧を加えると鉄損が増加し、一定以上の電流を巻線に流すと銅損が増加し、温度上昇が起こります。その結果、絶縁物を劣化させて変圧器の寿命を縮

用語

鉄損
鉄心中の交番磁束の変化によって生じる熱損失で、**ヒステリシス損**と**渦電流損**を合わせたものをいう。

方向性けい素鋼板
磁化されやすい方向を持つ鉄にけい素を加えた鋼板。けい素を含まないものは**方向性電磁鋼板**と呼ばれている。

アモルファス
固体を構成する原子、分子が結晶のような規則正しい配列をせずに集合している状態、またはそのような物質のことをいう。非晶質ともいう。

補足

銘板とは、機器の定格値や製作会社名などを彫り込んだ金属製の板である。

プラスワン

一般に、電気機器の**出力**とは**有効電力**で、単位は**kW**、**容量**とは**皮相電力**で、単位は**kV・A**である。しかしながら、**変圧器**や**同期発電機**（▶LESSON19）では、定格を定める温度上昇の限度が皮相電力により決まるため、定格容量（皮相電力）〔kV・A〕を定格出力〔kV・A〕と呼ぶことがある。注意しよう。

めます。温度上昇の原因は鉄損と銅損ですから、**電圧と電流の積**、つまり**皮相電力**によって変圧器の定格が決まるといえます。

(1) 定格容量(定格出力)

　変圧器の定格は、二次側で得られる値を基準にして定められます。**定格容量**(定格出力)は、定格二次電圧、定格二次電流、定格周波数および定格力率において、温度上昇の限度を超えない範囲で、**二次端子間に得られる容量**(皮相電力)のことで、単位はボルトアンペア〔V・A〕、キロボルトアンペア〔kV・A〕、メガボルトアンペア〔MV・A〕などを用います。定格力率は、特に指定のない場合は力率を1(100〔%〕)とします。

(2) 定格電圧と定格電流

　定格容量(定格出力)で運転しているときの二次端子電圧を**定格二次電圧**といい、定格二次電圧と巻数比の積を**定格一次電圧**といいます。また、定格容量(定格出力)を定格二次電圧で割った値を**定格二次電流**といい、定格二次電流を巻数比で割った値を**定格一次電流**といいます。

(3) 定格の種類

　変圧器(二次側)にはさまざまな負荷が接続されます。電動機などは、目的や使用条件から、連続運転あるいは短時間運転が主となるものがあり、それを接続する変圧器には、その運転に適した定格が定められています。定格には、主に次のような種類があります。

◎**連続定格**…連続使用するとき、温度上昇限度を超えない使用限度の容量(出力)をいいます。

◎**短時間定格**…短時間使用するとき、温度上昇限度を超えない使用限度の容量(出力)をいいます。

理解度チェック問題

問題　次の□□□の中に適当な答えを記入せよ。

次は、単相変圧器3台を使用した、三相二巻線変圧器のY-Δ結線に関する記述である。

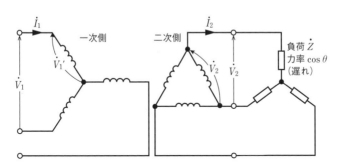

$\dot{V_1}'$-$\dot{V_2}$で示した巻線 ⌒⌒⌒⌒ が、単相変圧器1台の対応する一次、二次の巻線を表す。

・単相変圧器の変圧比a

　$a =$ □(ア)□ 、ただし　$V_1' =$ □(イ)□

・三相変圧器としての変圧比a_3

　$a_3 =$ □(ウ)□ $=$ □(エ)□

・一次側から二次側へ伝えられる有効電力P

　$P =$ □(オ)□ $=$ □(カ)□

・一次側から二次側へ伝えられる遅れ無効電力Q

　$Q =$ □(キ)□ $=$ □(ク)□

解答

(ア)$\dfrac{V_1'}{V_2}$　　(イ)$\dfrac{V_1}{\sqrt{3}}$　　(ウ)$\dfrac{V_1}{V_2}$　　(エ)$\dfrac{I_2}{I_1}$　　(オ)$\sqrt{3}\,V_1 I_1 \cos\theta$　　(カ)$\sqrt{3}\,V_2 I_2 \cos\theta$

(キ)$\sqrt{3}\,V_1 I_1 \sin\theta$　　(ク)$\sqrt{3}\,V_2 I_2 \sin\theta$

LESSON

3

変圧器の特性

変圧器の電圧変動率、損失、効率の求め方について学習します。さまざまな特性の理解を深め、公式もしっかりマスターしましょう。

関連過去問 005, 006, 007

変圧器の効率が最大となる条件は、鉄損＝銅損のときニャ

(1) 電圧変動率　　　　重要度 A

変圧器の二次側の力率、電流が定格値のとき、定格二次電圧 V_{2n}〔V〕となるように、一次端子電圧を調整します。この一次端子電圧を一定に保ったまま、無負荷にしたときの二次端子電圧を V_{20}〔V〕とすると、**電圧変動率** ε は次式で表されます。

> ！重要 公式　電圧変動率 ε
>
> $$\varepsilon = \frac{V_{20} - V_{2n}}{V_{2n}} \times 100 \,〔\%〕 \tag{8}$$

図1.13は、一次側を二次側に換算した等価回路で、二次端子に定格負荷（力率＝$\cos\theta$）を接続した場合のものです。V_{20}〔V〕は二次側に換算した一次端子電圧、V_{2n}〔V〕は定格二次電圧、I_{2n}〔A〕は定格二次電流、R_2〔Ω〕は二次側に換算した全抵抗 $\left(\dfrac{r_1}{a^2} + r_2\right)$〔Ω〕、$X_2$〔Ω〕は二次側に換算した全リアクタンス $\left(\dfrac{x_1}{a^2} + x_2\right)$〔Ω〕を表します。

一次側を二次側に換算する等価回路については、LESSON1を復習してニャ

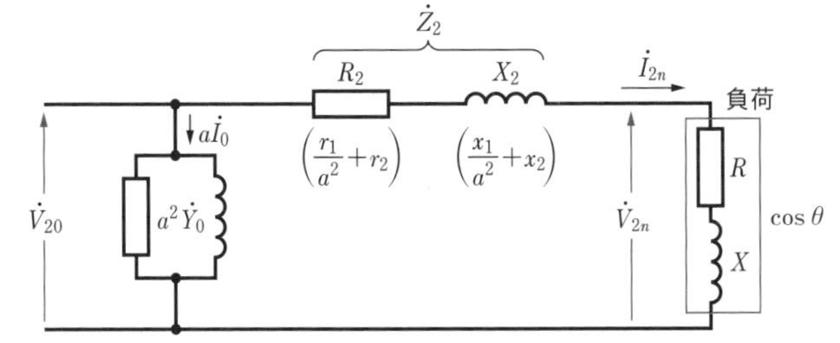

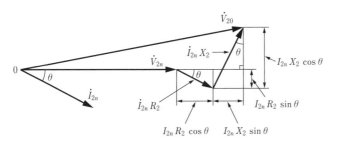

図1.13　二次側に換算した変圧器簡易等価回路

図1.14　電圧変動率を求めるベクトル図

ベクトル図より、近似的に次式が成り立ちます。

$$V_{20} \fallingdotseq V_{2n} + I_{2n} R_2 \cos \theta + I_{2n} X_2 \sin \theta \ [V] \tag{9}$$

この式を変形し、整理すると、**電圧変動率** ε は次のように表すことができます。

> **⚠重要　公式**　電圧変動率 ε
> $$\varepsilon \fallingdotseq p \cos \theta + q \sin \theta \ [\%] \tag{10}$$

ここで、式 (10) の p [%] を**百分率抵抗降下 (パーセント抵抗降下)** といい、次式で表されます。

> **⚠重要　公式**　百分率抵抗降下 p
> $$p = \frac{I_{2n} R_2}{V_{2n}} \times 100 \ [\%] \tag{11}$$

また、式 (10) の q [%] を**百分率リアクタンス降下 (パーセントリアクタンス降下)** といい、次式で表されます。

> **⚠重要　公式**　百分率リアクタンス降下 q
> $$q = \frac{I_{2n} X_2}{V_{2n}} \times 100 \ [\%] \tag{12}$$

[+1] プラスワン

電圧変動率を求める式の展開は、次のようになる。

$$\varepsilon = \frac{V_{20} - V_{2n}}{V_{2n}} \times 100$$

$$\fallingdotseq \frac{I_{2n} R_2 \cos\theta + I_{2n} X_2 \sin\theta}{V_{2n}}$$
$$\times 100$$

$$= \frac{I_{2n} R_2}{V_{2n}} \times 100 \times \cos\theta$$

$$+ \frac{I_{2n} X_2}{V_{2n}} \times 100 \times \sin\theta$$

$$= p\cos\theta + q\sin\theta \ [\%]$$

第1章　変圧器

百分率抵抗降下 p と百分率リアクタンス降下 q を合成すると、次式のようになります。ここで、次式の%Zを変圧器の**百分率インピーダンス降下（パーセントインピーダンス降下）**といいます。

> ⚠️**重要** 公式 百分率インピーダンス降下%Z
>
> $$\%Z = \frac{I_{2n} Z_2}{V_{2n}} \times 100 = \sqrt{p^2 + q^2} \ [\%] \qquad (13)$$

ただし、Z_2 は二次側に換算した変圧器巻線の全インピーダンス（**短絡インピーダンス**）です。

$$Z_2 = \sqrt{R_2{}^2 + X_2{}^2} \ [\Omega]$$

② 変圧器の損失　　重要度 A

変圧器を構成する主な要素は、鉄心と巻線（コイル）なので、鉄心から生じる**鉄損**と巻線から生じる**銅損**が変圧器の主な損失となります。

(1) 鉄損（無負荷損）

無負荷損は二次端子を開いたまま、一次端子に定格電圧を加えた場合に生じる損失です。**鉄損**は**ヒステリシス損**と**渦電流損**からなり、無負荷損の大部分を占めており、無負荷損といえば鉄損と考えて大差ありません。

鉄損の約80〔%〕はヒステリシス損です。**ヒステリシス損**は、**電圧の2乗に比例し、周波数に反比例**します。

渦電流損は、**電圧の2乗に比例し、周波数に無関係**です。

(2) 銅損（負荷損）

負荷損は、二次側に負荷を接続したときに流れる負荷電流によって生じる損失です。一次巻線抵抗と二次巻線抵抗に生じるジュール損失を**銅損**といい、負荷損のほとんどが銅損です。

銅損は、**負荷電流の2乗に比例**します。

例題にチャレンジ！

　定格二次電圧 200〔V〕の単相変圧器があり、定格二次電圧において、二次電流が 600〔A〕のときの全損失が 1800〔W〕、二次電流が 400〔A〕のときの全損失が 1000〔W〕である。この変圧器の鉄損の値〔W〕を求めなさい。

・解答と解説・

鉄損を P_i〔W〕、600〔A〕のときの銅損を P_c〔W〕、400〔A〕のときの銅損を P_c'〔W〕とすると、

$$P_c : P_c' = 600^2 : 400^2$$

$$\therefore P_c' = \frac{400^2}{600^2} \cdot P_c = \frac{16}{36}P_c = \frac{4}{9}P_c \text{〔W〕}$$

全損失は鉄損＋銅損なので、

$$P_i + P_c = 1800 \text{〔W〕} \cdots\cdots\cdots ①$$

$$P_i + \frac{4}{9}P_c = 1000 \text{〔W〕} \cdots\cdots\cdots ②$$

$②-\dfrac{4}{9}×①$ の計算をして P_c を消去し、P_i を求める。

$$
\begin{array}{r}
P_i + \dfrac{4}{9}P_c = 1000 \\[4pt]
-)\ \ \dfrac{4}{9}P_i + \dfrac{4}{9}P_c = \dfrac{4}{9}×1800 \\[4pt]
\hline
P_i - \dfrac{4}{9}P_i = 1000 - \dfrac{4}{9}×1800
\end{array}
$$

$$\frac{5}{9}P_i = 200$$

両辺に $\dfrac{9}{5}$ を掛ける。

$$P_i = \frac{9}{5}×200 = \mathbf{360} \text{〔W〕（答）}$$

解法のヒント

鉄損は、二次電流の値に関係なく一定。銅損は、二次電流（負荷電流）の2乗に比例する。

解法のヒント

次のように P_c を先に求めてもよい。
①－②を計算する。

$$\frac{5}{9}P_c = 800$$

$P_c = 1440$〔W〕

$P_c = 1440$〔W〕を式①に代入する。

$P_i + 1440 = 1800$

$P_i = \mathbf{360}$〔W〕

③ 変圧器の効率　　重要度 A

定格負荷(全負荷)時の**規約効率** η は、次式で表されます。

> ⚠️**重要 公式** 規約効率 η
>
> $$\eta = \frac{出力}{入力} \times 100 = \frac{出力}{出力+損失} \times 100$$
>
> $$= \frac{V_{2n} I_{2n} \cos\theta}{V_{2n} I_{2n} \cos\theta + P_i + P_c} \times 100$$
>
> $$= \frac{S_n \cos\theta}{S_n \cos\theta + P_i + P_c} \times 100$$
>
> $$= \frac{P_n}{P_n + P_i + P_c} \times 100 \,[\%] \tag{14}$$

ここで、V_{2n}：定格二次電圧 $[V]$、I_{2n}：定格二次電流 $[A]$

$S_n = V_{2n} I_{2n}$：定格容量 $[V \cdot A]$

$P_n = S_n \cos\theta$：全負荷出力(定格出力) $[W]$、$\cos\theta$：負荷力率

P_i：鉄損(無負荷損) $[W]$

P_c：全負荷時の銅損(負荷損) $[W]$

(1) α 負荷時の効率

負荷率が α (負荷出力を P、負荷電流を I_2 とすると、$\alpha = \dfrac{P}{P_n}$

$= \dfrac{I_2}{I_{2n}}$) のとき、鉄損 $P_i \,[W]$ は一定であるが、銅損は負荷電流

の2乗に比例するので、このときの銅損を $P_c' \,[W]$ とすると、

$$P_c' = \alpha^2 P_c \,[W] \tag{15}$$

となります。したがって、このときの効率 η_α は、次式で表されます。

> ⚠️**重要 公式** α **負荷時の効率** η_α
>
> $$\eta_\alpha = \frac{\alpha P_n}{\alpha P_n + P_i + \alpha^2 P_c} \times 100$$
>
> $$= \frac{P}{P + P_i + \alpha^2 P_c} \times 100 \,[\%] \tag{16}$$

(2) 効率が最大となる条件

変圧器の効率は、負荷率αにより変わります。**効率が最大となる条件**は、**鉄損＝銅損**のときです。

つまり、$P_i = \alpha^2 P_c$のときです。

したがって、このときの負荷率αは、

$$\alpha = \sqrt{\frac{P_i}{P_c}}$$

となります。

実際の変圧器は、使用状態に応じ適当な負荷において最大効率となるように設計されます。

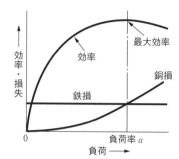

図1.15　変圧器の最大効率

例題にチャレンジ！

30〔kV・A〕の変圧器で無誘導負荷における銅損が400〔W〕、鉄損が300〔W〕であるとき、最大効率〔%〕を求めなさい。

・解答と解説・・・・・・・・・・・・・・・・・・・・・・・・・・・・・・・・・・

最大効率となる負荷率αは、

$$\alpha = \sqrt{\frac{P_i}{P_c}} = \sqrt{\frac{300}{400}} = \sqrt{\frac{3}{4}} = \frac{\sqrt{3}}{2}$$

最大効率η_mは、

$$\eta_m = \frac{\alpha P_n}{\alpha P_n + 2P_i} \times 100 = \frac{\dfrac{\sqrt{3}}{2} \times 30 \times 10^3}{\dfrac{\sqrt{3}}{2} \times 30 \times 10^3 + 2 \times 300} \times 100$$

$$\fallingdotseq \frac{25981}{25981 + 600} \times 100 = \frac{25981}{26581} \times 100 \fallingdotseq \textbf{97.7}〔\%〕（答）$$

・・・

➕プラスワン

効率が最大となる条件の求め方

$$\eta_a = \frac{\alpha P_n}{\alpha P_n + P_i + \alpha^2 P_c} \times 100〔\%〕$$

上式の分母・分子をαで割る。

$$\eta_a = \frac{P_n}{P_n + (P_i/\alpha) + \alpha P_c} \times 100〔\%〕$$

最小の定理により、$(P_i/\alpha) \times \alpha P_c = P_i P_c$（一定）なので、$(P_i/\alpha) = \alpha P_c$のとき分母が最小となる（$\eta_a$が最大となる）。つまり、$P_i = \alpha^2 P_c$（**鉄損＝銅損**）のとき効率が最大となる。

※最小の定理とは

2つの数の積が一定なら、それらの和は2数が等しいとき最小となる。具体的に数字で示すと、
$4 \times 9 = 6 \times 6 = 36$（一定）
$(6 + 6 < 4 + 9)$

👆解法のヒント

1.
無誘導負荷とは抵抗負荷のこと。

2.
最大効率時は鉄損＝銅損となるので、
　鉄損＋銅損
　＝2×鉄損
　＝$2P_i$
と計算する。

3.
$30〔kV・A〕\rightarrow$
$30 \times 10^3〔V・A〕\rightarrow$
$30 \times 10^3〔W〕$
と変換する。無誘導負荷であるから、皮相電力〔V・A〕は有効電力〔W〕となる。

問題　次の　　　　の中に適当な答えを記入せよ。

1．変圧器の二次側の力率、電流が定格値のとき、定格二次電圧 V_{2n}〔V〕となるように一次端子電圧を調整する。この一次端子電圧を一定に保ったまま、無負荷にしたときの二次端子電圧を V_{20}〔V〕とすると、電圧変動率 ε は次式で表される。

$$\varepsilon = \boxed{\quad (ア) \quad} \times 100 \,〔\%〕$$

また、上式は近似的に次式で表される。

$$\varepsilon \fallingdotseq p \times \boxed{\quad (イ) \quad} + q \times \boxed{\quad (ウ) \quad} \,〔\%〕$$

ただし、p〔%〕は百分率抵抗降下、q〔%〕は百分率リアクタンス降下、θ は負荷力率角である。p〔%〕と q〔%〕を使用し、百分率インピーダンス降下 %Z〔%〕を表すと次式となる。

$$\%Z = \boxed{\quad (エ) \quad} \,〔\%〕$$

2．変圧器の定格負荷(全負荷)時の規約効率 η は、次式で表される。

$$\eta = \frac{出力}{入力} \times 100 = \frac{出力}{\boxed{(オ)} + \boxed{(カ)}} \times 100$$

$$= \frac{\boxed{(キ)}}{\boxed{(キ)} + P_i + P_c} \times 100$$

$$= \frac{P_n}{P_n + P_i + P_c} \times 100 \,〔\%〕$$

ここで、V_{2n}：定格二次電圧〔V〕、I_{2n}：定格二次電流〔A〕

$V_{2n}I_{2n}$：定格容量〔V・A〕

P_n：全負荷出力(定格出力)〔W〕、$\cos\theta$：負荷力率

P_i：鉄損(無負荷損)〔W〕

P_c：全負荷時の銅損(負荷損)〔W〕

変圧器の効率は、負荷率 α により変わる。効率が最大となる条件は、鉄損＝$\boxed{\quad (ク) \quad}$ のときである。つまり、$P_i = \boxed{\quad (ケ) \quad}$ のときである。

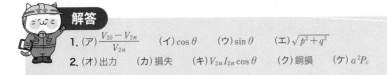

解答

1．(ア) $\dfrac{V_{20} - V_{2n}}{V_{2n}}$　　(イ) $\cos\theta$　　(ウ) $\sin\theta$　　(エ) $\sqrt{p^2 + q^2}$

2．(オ) 出力　　(カ) 損失　　(キ) $V_{2n}I_{2n}\cos\theta$　　(ク) 銅損　　(ケ) $\alpha^2 P_c$

4日目 第1章 変圧器

LESSON 4

変圧器の結線

ここでは、変圧器のさまざまな結線法について学習します。電力科目でも出題される内容を含みます。しっかり理解しましょう。

関連過去問 008

三相結線の種類
(1) Y-Y 結線
(2) △-△ 結線
(3) △-Y 結線
(4) V-V 結線

三相結線には、色々な種類があるニャ

① 各種の三相結線　重要度 A

三相の電圧を変えるには、三相変圧器 (▶②三相変圧器) 以外に単相変圧器3台を結線して用いる場合があり、また、2台用いて三相電圧を変成することもできます。これらの**結線法**には、(1) Y-Y、(2) △-△、(3) △-Y (Y-△)、(4) V-V などの種類があります。

(1) Y-Y 結線

図1.16の(a)は、**Y-Y 結線**の接続図で、(b)はその電圧ベクトル図です。

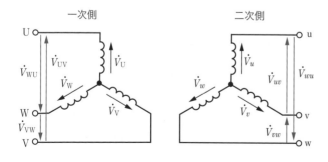

一次側　　　　　　　二次側

図1.16　Y-Y 結線　(a)接続図

一次側   二次側

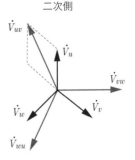

＋1 プラスワン

Y結線は、巻線に加わる電圧（相電圧）が△結線に比べ$\frac{1}{\sqrt{3}}$倍と小さくなるため、絶縁に有利である。

または、

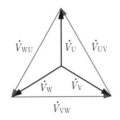 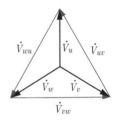

図1.16　Y-Y結線　(b)ベクトル図

　Y結線では、**線間電圧は相電圧の$\sqrt{3}$倍であり、線電流は相電流と等しくなります。**

　Y-Y結線の特徴としては、**中性点の接地ができる**ことが挙げられます。このことにより、変圧器の絶縁が容易になる利点があります。しかし、Y-Y結線では、**△回路がないので第3高調波を流す回路がなく、中性点が接地されていると、線路に第3高調波が流れ、電磁誘導障害（通信障害）を与える**ため、**ほとんど使用されません。Y-Y-△結線は、三次巻線として△結線を付け加えて、この欠点を補った**ものです。三次巻線の△結線には、変電所所内負荷、調相設備などを接続して利用することができます。三次巻線は**安定巻線**とも呼ばれます。

＋1 プラスワン

Y結線変圧器の中性点を接地すると、中性点は常に零電位に保たれているので、変圧器の巻線の絶縁を線路端から中性点に行くに従い、次第に低減することができる。これを**段絶縁**という。

第1章 変圧器

詳しく解説！励磁電流波形がひずむ理由

変圧器の励磁電流波形がひずむ理由と第3高調波

図aに示すように、単相変圧器の一次端子に正弦波電圧V_1を加えると、これと平衡を保つ一次誘導起電力E_1も正弦波でなければなりません。したがって、これを誘導する磁束ϕも正弦波でなければなりません。

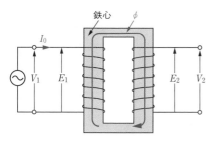

鉄心 ϕ

V_1：一次端子電圧（電源電圧）
V_2：二次端子電圧
E_1：一次誘導起電力（ϕにより誘起される）
E_2：二次誘導起電力（ϕにより誘起される）
I_0：励磁電流（変圧器鉄心内に磁束ϕを作る）
ϕ：鉄心内の磁束

図a　変圧器

変圧器鉄心には、磁気飽和現象およびヒステリシス現象があるため、正弦波の磁束ϕを生じるための励磁電流I_0は、図bに示すように、ひずみ波とならざるを得ません。

＋1 プラスワン

仮に、変圧器鉄心に磁気飽和現象およびヒステリシス現象がなく、励磁電流I_0と磁束ϕが完全に比例するなら、I_0もϕもともに正弦波となる。詳しい理由はともかく、励磁電流I_0がひずみ波となることを覚えておこう。

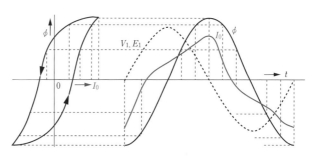

図b　鉄心のヒステリシスによる励磁電流波形のひずみ

このひずみ波交流は、50Hzまたは60Hzの基本波と、基本波の3倍の150Hzまたは180Hzの第3高調波および基本波の5倍の第5高調波を多く含んでいます。

このうち、第3高調波は三相結線した場合、各相同相（各相とも同一波形すなわち各相同一位相、同一周波数）となります。Y-Y結線回路では、中性点を接地すると第3高調波が流れ、電磁誘導障害（通信障害）を生じます。

(2) △-△結線

図1.17 (a) のように、一次側も二次側も△結線して三相変圧器とする場合を△-△**結線**といいます。一次側、二次側いずれも、**線電流は相電流の$\sqrt{3}$倍**です。

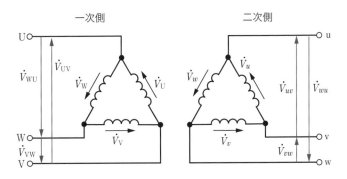

図1.17 △-△結線 (a)接続図

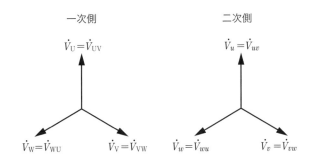

または、

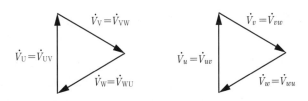

図1.17 △-△結線 (b)ベクトル図

△-△結線は、変圧器巻線に流れる電流が線電流の$\dfrac{1}{\sqrt{3}}$倍に

なり、変圧器の巻線導体が細くてすむので、大電流を必要とする回路によく利用されます。また、**△回路が第3高調波電流を環流できるので、外部に電磁誘導障害を与えません**。

　しかし、△結線は**中性点が接地できない**ので異常電圧を発生しやすく、地絡保護が困難であるため、別に**接地変圧器（EVT）**を設ける必要があります。また、各相の変圧比、インピーダンスが異なると**循環電流**が流れるという欠点があります。

(3) △-Y（Y-△）結線

　図1.18（a）は、**△-Y結線**を示す接続図です（Y-△結線は、一次側と二次側を逆にしたものです）。**二次側のY結線では、線間電圧は相電圧の$\sqrt{3}$倍**となります。また、線電流は相電流に等しくなります。

一次側　　　　　　　　　　　二次側

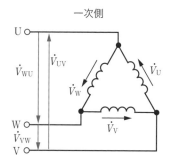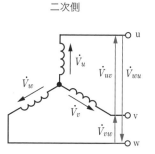

図1.18　△-Y結線　（a）接続図

一次側　　　　　　　　　　　二次側

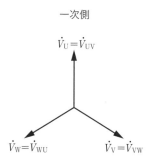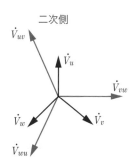

図1.18　△-Y結線　（b）ベクトル図1

または、

補足

第3高調波は各相同相のため、△結線では、△回路内を環流し外部に流出しない。各相同相とは、ある瞬間を捉えると直流電源と同じで、下図のようなイメージとなる。△の頂点にキルヒホッフの第1法則を適用すると、電流が外部に流失しないことがわかる。

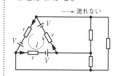

補足

接地変圧器は、中性点を直接接地できない場合に使われる。回路で地絡事故が発生した場合に、零相電流または零相電圧を検出することが目的で、この検出により保護装置が動作し、回路が遮断される。接地変圧器EVTは、Earthed Voltage Transformerの略。GVT、GPTとも略される。

補足

△-Y結線の場合の**角変位**（変圧器一次側と二次側との間に生じる位相差）は、下図のように、二次線間電圧V_{uv}が一次線間電圧V_{UV}より30°進んでいる。

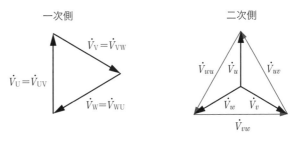

一次側　　　　　　　　　　二次側

$\dot{V}_V = \dot{V}_{VW}$

$\dot{V}_U = \dot{V}_{UV}$

$\dot{V}_W = \dot{V}_{WU}$

$\dot{V}_{wu}$　$\dot{V}_u$　$\dot{V}_{uv}$

$\dot{V}_w$　$\dot{V}_v$

$\dot{V}_{vw}$

図1.18　△-Y結線　(b) ベクトル図2

　　△-Y結線 (Y-△結線も同じ) の特徴としては、**中性点が接地できる**ことが挙げられます。この結線では、第3高調波が外部に出ないので、電磁誘導障害を起こしません。しかし、**一次側と二次側の線間電圧に 30 〔°〕 ($\frac{\pi}{6}$ 〔rad〕) の角変位 (位相変位) が生じるという欠点があります**。用途としては、**△-Y結線**は発電所の**昇圧用**に、**Y-△結線**は変電所の**降圧用**に使用されます。

(4) V-V結線 (V結線)

　　△-△結線から、1台の変圧器を取り除いたものを **V-V結線 (V結線)** といいます。図1.19は、その接続図とベクトル図です。V結線では、相電圧＝線間電圧となり、電流も変圧器の巻線電流 (相電流) が線電流となるので、相電流＝線電流となります。

補足

Y結線は、1相の巻線に加わる電圧が線間電圧の $\frac{1}{\sqrt{3}}$ になることから、各相巻線の絶縁が容易なY結線が高圧側に使用される。

補足

V-V結線は、変圧器を設置したとき、初期負荷が軽い場合に用いられることがある。負荷を増設したとき、△-△結線に変更する。また、△-△結線で1台が故障したとき一時的に用いられる。

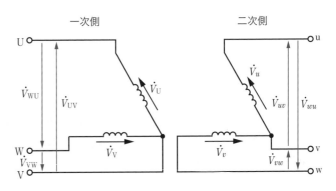

一次側　　　　　　　　　　二次側

U　　　　　　　　　　　　　　　u

$\dot{V}_{WU}$　$\dot{V}_{UV}$　$\dot{V}_U$

$\dot{V}_{uv}$　$\dot{V}_{wu}$　$\dot{V}_u$

W

$\dot{V}_{VW}$　$\dot{V}_V$　$\dot{V}_v$　$\dot{V}_{vw}$　v

V　　　　　　　　　　　　　　　w

図1.19　V-V結線　(a) 接続図

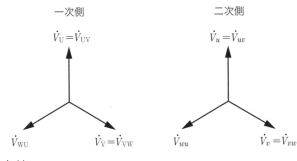

一次側

$\dot{V}_U = \dot{V}_{UV}$

$\dot{V}_{WU}$　$\dot{V}_V = \dot{V}_{VW}$

二次側

$\dot{V}_u = \dot{V}_{uv}$

$\dot{V}_{wu}$　$\dot{V}_v = \dot{V}_{vw}$

または、

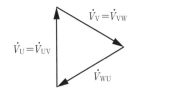

$\dot{V}_V = \dot{V}_{VW}$

$\dot{V}_U = \dot{V}_{UV}$

$\dot{V}_{WU}$

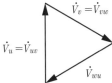

$\dot{V}_v = \dot{V}_{vw}$

$\dot{V}_u = \dot{V}_{uv}$

$\dot{V}_{wu}$

図1.19　V-V結線　(b)ベクトル図

　ここで、二次相電圧をV_2〔V〕、二次相電流をI_2〔A〕とすると、V結線の三相出力P_V〔V·A〕は、次式で表されます。

$$P_V = \sqrt{3}\, V_2 I_2 \text{〔V·A〕} \tag{17}$$

　1台の変圧器容量は、$P = V_2 I_2$〔V·A〕なので、V結線では2台の変圧器を使用していることから、設備容量としては、$2P = 2V_2 I_2$〔V·A〕となります。つまり、V結線では、2台の変圧器で$2P = 2V_2 I_2$〔V·A〕の容量のところ、$\sqrt{3}\, P = \sqrt{3}\, V_2 I_2$〔V·A〕だけが利用されることになります。このV結線の出力と設備容量の比をV結線変圧器の**利用率**といい、次式で表されます。

> ⚠️**重要** 公式 V結線変圧器の利用率
>
> $$利用率 = \frac{V結線出力}{設備容量}$$
>
> $$= \frac{\sqrt{3}\, P}{2P} = \frac{\sqrt{3}\, V_2 I_2}{2V_2 I_2} = \frac{\sqrt{3}}{2} \fallingdotseq 0.866 \tag{18}$$

　また、△結線の場合は、3台の変圧器が使用されているので、三相出力は$3P = 3V_2 I_2$〔V·A〕となります。V結線出力と△結線出力の比は、次式で表されます。

$$出力比 = \frac{V結線出力}{\triangle結線出力}$$

$$= \frac{\sqrt{3}\,P}{3P} = \frac{\sqrt{3}\,V_2 I_2}{3 V_2 I_2} \fallingdotseq 0.577 \tag{19}$$

例題にチャレンジ！

三相30〔kV・A〕の負荷に単相変圧器3台を用い、△結線で全負荷運転を行っている場合、これをV結線に変更するには負荷をいくらにすればよいか。ただし、単相変圧器の定格容量は、V結線に変更しても変わらないものとする。

・解答と解説・

まず、△結線からV結線に変更しても、これらの単相変圧器はそれぞれ定格容量いっぱいで運転を継続していると考える。

その上で、三相30〔kV・A〕の負荷に単相変圧器3台が△結線で全負荷運転をしているとき、1台の変圧器の定格容量は、

$$P = \frac{30}{3} = 10 \,〔kV・A〕 である。$$

したがって、これをV結線に変更した後の三相出力P_Vは$P_V = \sqrt{3}\,P$であるから、

$$P_V = \sqrt{3}\,P = 10\sqrt{3} \fallingdotseq \mathbf{17.3} \,〔kV・A〕（答）$$

すなわち、負荷を三相17.3〔kV・A〕に減らす必要がある。

・別解・

V結線三相出力P_Vと、△結線三相出力$P_\triangle$の比（出力比）は、

$$出力比 = \frac{P_V}{P_\triangle} = \frac{\sqrt{3}\,P}{3P} = \frac{\sqrt{3}}{3}$$

題意より、$P_\triangle = 30$〔kV・A〕であるから、

$$\frac{P_V}{30} = \frac{\sqrt{3}}{3}$$

したがって、求めるP_Vは、

$$P_V = \frac{30 \times \sqrt{3}}{3} = 10\sqrt{3} \fallingdotseq \mathbf{17.3} \,〔kV・A〕（答）$$

② 三相変圧器 重要度 B

　三相変圧器は、1台の変圧器で3つの独立した一次巻線とこれに対応する3つの二次巻線を持ち、1台で三相変圧を行う変圧器をいい、単相変圧器3台を1つにまとめたものと考えられます。その鉄心構造は、1個の鉄心に三相分の巻線を巻いたもので、図1.20に示すように**内鉄形**と**外鉄形**があります。

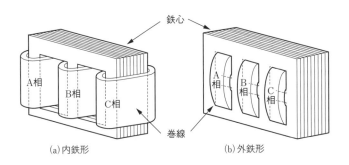

(a) 内鉄形　　　　　　　(b) 外鉄形

図1.20　三相変圧器

　変圧器内部では、Y-Y結線・Y-Y-△結線・Y-△結線（△-Y結線）・△-△結線のいずれかが構成され、外部には必要な端子だけが取り出されます。

　三相変圧器は、単相変圧器を3台使用する場合と比べて、次のような特徴があります。

a. **鉄心材料が少なくて済み**、裾付面積が縮小でき、損失が少なくなる。また、価格が安くなる。

b. 1相故障時の予備容量としては、単相変圧器3台で構成する場合は、**バンク容量**（三相変圧器1組分容量）の $\dfrac{1}{3}$ である単相変圧器1台で済むが、三相変圧器では、バンク容量に等しい1台が必要になる。

補足

内鉄形三相変圧器は、三相の磁束が重畳（重なること）して通る部分の磁束は0となるため、鉄心を省略し、鉄心材料を少なく済ませている。また、**外鉄形**は、B相の巻線をほかの2つの相の巻線の向きと反対に巻くことにより、鉄心材料を少なくしている。

スコット結線変圧器は図1.21に示すような結線で、三相3線式の電源を直交する2つの単相（位相が90°異なる二相）に変換し、大容量の単相負荷に電力を供給する場合に用います。

　三相のうち一相から単相負荷へ電力を供給する場合は、その相だけ電流が多く流れるので三相電源に不平衡を生じますが、三相を二相に相数変換して二相側の負荷を平衡させると、三相側の不平衡を緩和することができます。

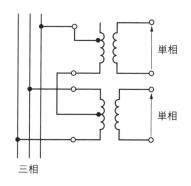

図1.21　スコット結線変圧器

理解度チェック問題

問題　次の　　　の中に適当な答えを記入せよ。

1. 単相変圧器の一次端子に正弦波電圧を加えると、これと平衡を保つ一次誘導起電力は　(ア)　波でなければならない。したがって、これを誘導する磁束も　(ア)　波でなければならない。

　　変圧器鉄心には、　(イ)　現象およびヒステリシス現象があるため、　(ア)　波の磁束を作るための励磁電流は、　(ウ)　波とならざるを得ない。

　　この　(ウ)　波交流には、基本波のほかに、第　(エ)　高調波および第　(オ)　高調波を多く含んでいる。

2. Y-Y結線回路は、中性点を接地すると、外部に第　(カ)　高調波電流が流れ、　(キ)　障害(通信障害)を生じる。

　　Y-Y-△結線や△-Y結線(Y-△結線)のように、一次、二次または三次巻線のいずれかを△結線とすることにより、第　(カ)　高調波電流を△回路で　(ク)　できるので、外部に第　(カ)　高調波電流が流れず　(キ)　障害(通信障害)を生じない。

3. △-Y結線およびY-△結線は、一次側線間電圧と二次側線間電圧との間に　(ケ)　〔°〕(　(コ)　〔rad〕)の　(サ)　を生じる。

4. V結線出力と設備容量の比を　(シ)　率といい、約　(ス)　〔%〕である。

解答

(ア)正弦　　(イ)磁気飽和　　(ウ)ひずみ　　(エ)3　　(オ)5　　(カ)3　　(キ)電磁誘導
(ク)環流　　(ケ)30　　(コ)$\frac{\pi}{6}$　　(サ)角変位または位相変位　　(シ)利用　　(ス)86.6

変圧器の試験・並行運転

変圧器は使用に先立ち、さまざまな試験・測定を行います。ここでは、変圧器の各種試験や並行運転について学習します。

関連過去問 009, 010, 011

減極性の変圧器では、一次側と二次側のU極とu極が同じ上側にあるんだニャ。
覚えておこうっと。

① 試験の種類　　重要度 B

変圧器の試験には、いろいろな種類があります。ここでは、現場に設置された変圧器を問題なく、安定して運転するために、使用前に確認しなければならない試験項目について説明します。通常、次のような項目について試験を行います。

①巻線抵抗の測定　②極性試験と変圧比の測定　③無負荷試験
④短絡試験　⑤温度上昇試験　⑥絶縁耐力試験

② 試験の方法　　重要度 A

（1）巻線抵抗の測定

銅損（負荷損）を計算して効率を求めたいときに、一次巻線および二次巻線の抵抗を測定します。測定法には、直流を用いた電圧降下法、ブリッジ法などがあります。巻線抵抗は温度によって変化するので、基準温度75〔℃〕における抵抗値を求めます。温度 t〔℃〕のときの巻線抵抗をR_t〔Ω〕とすると、基準温度における巻線抵抗R_{75}〔Ω〕は次式で求められます。

補足 📎

電圧降下法は、巻線に直流電圧を加え、電流との比から抵抗値を求める方法である。
ブリッジ法は、ホイートストンブリッジなどの抵抗測定器を用いて抵抗値を求める方法である。

> **❗重要 公式** **基準温度75〔℃〕における巻線抵抗値**
>
> $$R_{75} = R_t \times \frac{234.5 + 75}{234.5 + t} \text{〔Ω〕} \qquad (20)$$

この抵抗値は、これから説明するさまざまな試験の基礎的な数値となります。

(2) 極性試験と変圧比の測定

極性試験は、変圧器の**極性**が**減極性**か**加極性**かを調べるために行います。**わが国の標準は減極性**です。また、**変圧比 a の測定**は、実際に一次側に電圧 V_1〔V〕を加えて、二次側の電圧 V_2〔V〕を測定して、次式より求めます。

$$変圧比 a = \frac{V_1}{V_2} \qquad (21)$$

詳しく解説！変圧器の極性とは

変圧器一次側のU極の電位が正（＋）のとき、二次側のu極も正（＋）です。変圧器外箱のU極とu極が同じ側にある変圧器が**減極性**で、対角線上にある変圧器が**加極性**です。例えば、2台の変圧器を並行運転する場合、U（＋）はU（＋）どうし、V（−）はV（−）どうしを接続します。電池の並列接続と同じです。極性を誤ってU（＋）とV（−）を接続すると短絡状態となり、巻線を損傷するおそれがあります。

用語

外箱とは、変圧器本体と絶縁油を入れてある鋳鉄製または鋼製の箱。

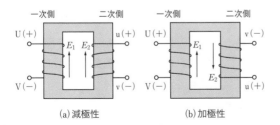

(a) 減極性　　　　　(b) 加極性

図1.22　変圧器の極性

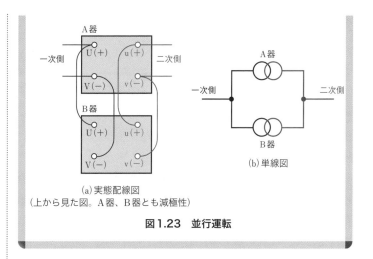

(a) 実態配線図
(上から見た図。A器、B器とも減極性)

(b) 単線図

図1.23　並行運転

(3) 無負荷試験

　無負荷試験は、変圧器の**無負荷損（鉄損）を測定**するのが主な目的です。無負荷試験の回路図を図1.24に示します。

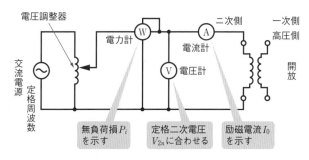

図1.24　無負荷試験回路図

補足

励磁アドミタンスY_0〔S〕、励磁コンダクタンスg_0〔S〕、励磁サセプタンスb_0〔S〕は、次のように計算する。

$Y_0 = \dfrac{I_0}{V_{2n}}$〔S〕

$g_0 = \dfrac{P_i}{V_{2n}^2}$〔S〕

$b_0 = \sqrt{Y_0^2 - g_0^2}$〔S〕

　変圧器の一次側を開放し、二次側に二次定格電圧V_{2n}を加えたときの電流、入力電力を測定します。このときの電流が励磁電流I_0となり、入力電力がほぼ無負荷損（鉄損）P_iとなります。また、この試験結果から励磁アドミタンスY_0などを計算することができます。

　なお、変圧器の無負荷試験は、一般に上記のように二次側（低圧側）から行います。印加電圧が低くてすみ、安全だからです。二次側を開放し、一次側に一次定格電圧V_{1n}を加えても結果は

同じで、このときの入力電力が**無負荷損（鉄損）**P_iとなります。

(4) 短絡試験

短絡試験は、図1.25のように、変圧器の二次側端子を短絡して行います。このとき、一次側に定格一次電流I_{1n}〔A〕が流れるように電圧を調整します。そして、このときに加えた電圧V_i〔V〕を**インピーダンス電圧**といいます。このときの電力計の指示値P_c〔W〕は、ほぼ**全負荷銅損（負荷損）**である**インピーダンスワット**を表します。また、この試験結果から、一次換算した巻線の全抵抗R_1〔Ω〕、全インピーダンスZ_1〔Ω〕、全漏れリアクタンスX_1〔Ω〕などを計算によって求めることができます。

インピーダンス電圧V_i〔V〕は、定格電流I_{1n}〔A〕が流れているときの巻線のインピーダンスによる電圧降下$Z_1 I_{1n}$を表しています。このインピーダンス電圧は、定格電圧との比をとり、**パーセントインピーダンス（百分率インピーダンス）**、$\%Z$〔%〕として表します。一次換算した全インピーダンスをZ_1〔Ω〕、二次換算した全インピーダンスをZ_2〔Ω〕とすると、$\%Z$〔%〕は次式で表されます。

> **(!)重要 公式** パーセントインピーダンス（百分率インピーダンス）
>
> $$\%Z = \frac{Z_1 I_{1n}}{V_{1n}} \times 100 = \frac{Z_2 I_{2n}}{V_{2n}} \times 100 \text{〔%〕} \quad (22)$$

ただし、V_{1n}、V_{2n}：一次、二次の定格電圧〔V〕、

I_{1n}、I_{2n}：一次、二次の定格電流〔A〕

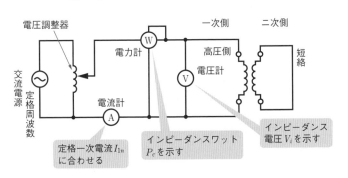

図1.25 短絡試験

🔲 プラスワン

一次換算した巻線の全抵抗R_1、全インピーダンスZ_1、全漏れリアクタンスX_1は、次のように計算する。

$$R_1 = \frac{P_c}{I_{1n}^2} \text{〔Ω〕}$$

$$Z_1 = \frac{V_i}{I_{1n}} \text{〔Ω〕}$$

$$X_1 = \sqrt{Z_1^2 - R_1^2} \text{〔Ω〕}$$

補足 🖉

一般に、単相および三相の線間電圧の記号はV、三相の1相分の電圧の記号はEを使用している。

補足‒

パーセントインピーダンスは、**パーセントインピーダンス降下、百分率インピーダンス、百分率短絡インピーダンス**などとも呼ばれる。また、その抵抗成分を**百分率抵抗降下**、リアクタンス成分を**百分率リアクタンス降下**などという。

補足‒

基準インピーダンスZ_b〔Ω〕の％インピーダンスが％$Z_b = 100$〔％〕であることはいうまでもないが、計算問題では明示されない。常に頭の片隅に入れておこう。

⊞プラスワン

三相回路における％インピーダンスの計算は、基本的にY結線として1相分を抜き出し、単相回路として計算すればよい。そのとき、**1相分の定格容量は、3相定格容量の1/3**になることに注意しなければならない。

用語

等価回路とは、電源から見た回路の合成抵抗が、元の回路と等しく、電源から流出する電流が等しい回路のことである。

ある巻線のインピーダンスZ〔Ω〕は、基準インピーダンスZ_b〔Ω〕の何〔％〕か？

を表したものが、Z〔Ω〕のパーセントインピーダンス（以下、％インピーダンス）、％Z〔％〕です。基準インピーダンスZ_b〔Ω〕は、通常、定格インピーダンスZ_n〔Ω〕とします。％インピーダンスは、一般的に次のように表現します。

％インピーダンス、％Z〔％〕とは、交流機に定格電流I_nを流した場合に、その巻線によるインピーダンス降下$Z \cdot I_n$を定格電圧E_nに対する百分率で表したものである。

例えば、三相変圧器二次側の1相分を次のようにとります。

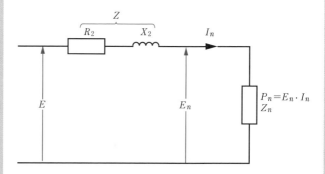

図1.26　三相変圧器二次側1相分等価回路

E　：一次電圧（二次換算値）〔V〕

E_n　：定格電圧〔V〕

I_n　：定格電流〔A〕

Z_n　：定格インピーダンス（基準インピーダンス）〔Ω〕

P_n　：定格容量（基準容量）〔V·A〕

　　　　$(P_n = E_n \cdot I_n)$

Z　：二次側から見たインピーダンス〔Ω〕

　　　　（一次巻線抵抗＋一次漏れリアクタンス）の二次換算値

　　　　＋（二次巻線抵抗＋二次漏れリアクタンス）

％Z：Z〔Ω〕の％インピーダンス値〔％〕

基準インピーダンス$Z_b = Z_n = \dfrac{E_n}{I_n}$〔Ω〕となります。

%インピーダンスの計算方法は各種ありますが、その言葉の意味からいえば、

> **！重要 公式 %インピーダンスの計算方法①**
>
> $$\%Z = \frac{Z}{Z_n} \times 100 \,[\%] \tag{23}$$

%インピーダンス降下の意味からは、定格電圧E_nに対するZの電圧降下$Z \cdot I_n$の割合という意味なので、

> **！重要 公式 %インピーダンスの計算方法②**
>
> $$\%Z = \frac{ZI_n}{E_n} \times 100 \,[\%] \tag{24}$$

その他、上式の分子、分母にE_nを乗じ、

> **！重要 公式 %インピーダンスの計算方法③**
>
> $$\%Z = \frac{ZP_n}{E_n{}^2} \times 100 \,[\%] \tag{25}$$

という表し方もあります。

%インピーダンスは、送配電線路などの**短絡故障計算**などに使用されます。オーム値のままでは、変圧器の一次側、二次側など、電圧階級が変わるたびに、その電圧に合ったオーム値に換算しなければなりませんが、%値だと、同じ値のまま使用できます（$Z\,[\Omega]$の電圧換算値が電圧の2乗に比例するため、このようになります）。

ここで注意しなければならないことは、**基準容量を合わせなければならない**ということです。%インピーダンスは、電圧一定のもとで基準容量に比例します。同一電圧の箇所で、ある基準容量P（旧基準容量とする）の旧%インピーダンス%Zを、新基準容量P'の新%インピーダンス%Z'に換算すると、次のようになります。

> **！重要 公式 %インピーダンスの基準容量の合わせ方**
>
> $$\%Z' = \%Z \times \frac{P'}{P} \,[\%] \tag{26}$$

新基準容量に統一した各箇所の%インピーダンスは、電圧換算なしに直並列計算をすることができます。

補足

パーセントインピーダンスは、一次側から計算しても、二次側から計算しても同じ値になる。三相変圧器のパーセントインピーダンスの値は、等価なY結線の1相の値である。すなわち、△結線であっても線間電圧の$\frac{1}{\sqrt{3}}$である等価なY相電圧に対する値である。

＋プラスワン

%インピーダンスは、**実用的**に

$$\%Z = \frac{ZP_{3n}}{10 \cdot V_n{}^2} \,[\%]$$

で計算する場合もある。ただし、この場合のP_{3n}は3相の定格容量で、単位を$[kV \cdot A]$、V_nは線間電圧で単位を$[kV]$とし、100を乗じる必要がない。使いこなせば便利な式だが、単位など、注意事項が多いのであまりおすすめできない。

(5) 温度上昇試験

変圧器に実際の負荷をかけたとき、温度上昇が規定の値以下であるかどうかを試験するもので、次の2つの方法があります。

実負荷法………実際に負荷を接続して測定するもので、負荷設備や電力損失が大きいので、小容量の変圧器にしか用いられません。

返還負荷法……温度上昇の原因となる損失だけを供給するもので、大容量変圧器に対し広く用いられます。ただし、同容量の変圧器が2台必要となります。

図1.27は、単相変圧器の返還負荷法の回路を示すものです。

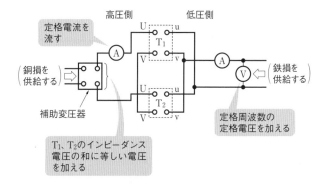

図1.27　単相変圧器の返還負荷法

試験前後の巻線の温度は抵抗法で、絶縁油の温度は温度計で測定します。

(6) 絶縁耐力試験

絶縁耐力試験は、変圧器の充電部分と大地間、充電部分相互間の絶縁強度を確認する試験で、加圧試験、誘導試験、衝撃電圧試験に区別されています。

用語

抵抗法とは、巻線の抵抗値が温度に応じて変化すること（抵抗温度係数）を利用して、温度を測定する方法。

補足

絶縁耐力とは、絶縁体が絶縁破壊に至らない耐電圧値（＝絶縁強度）のことをいう。

③ 変圧器の並行運転　重要度 Ⓐ

　2台以上の変圧器を並行に接続して運転することを**並行運転**、または**並列運転**といいます。変圧器の容量が不足する場合や、負荷の増減に応じて変圧器の個数を増減して対応する場合に、図1.28に示すような並行運転が行われます。

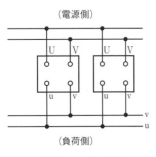

（電源側）　　　　　　　　　（電源側）

（負荷側）　　　　　　　　　（負荷側）

(a) 単相変圧器の場合　　　(b) 三相変圧器の場合

図1.28　変圧器の並行運転

(1) 並行運転の条件

　変圧器を2台以上並行運転する場合は、各変圧器がそれぞれの容量に比例した電流を分担し、**循環電流**を実用上支障のない程度に小さくすることが必要です。

　そのためには、次の条件が満足されなければなりません。

a. 各変圧器の**極性**が一致していること。

b. 各変圧器の**巻数比（変圧比）**が等しく、一次および二次の**定格電圧**が等しいこと。

c. 各変圧器の**自己容量基準（定格容量基準）の％インピーダンス**が等しいこと。

　（各変圧器のオーム値で表したインピーダンス比が定格容量の逆比に等しいこと。言い換えれば、各変圧器の基準容量を統一した％インピーダンス比が定格容量の逆比に等しいこと）

d. 各変圧器の（巻線）**抵抗**と（漏れ）**リアクタンスの比**が等しいこと。

e. 三相の場合は、**角変位（位相変位）**と**相回転（相順）**が等しいこと。

用語

循環電流とは、2台の電気機器間を循環して流れる電流。2台の変圧器の巻数比（変圧比）が異なると、各変圧器間に循環電流が流れる。

補足

通常、断りのない限り、変圧器の％インピーダンスは、自己容量基準（定格容量基準）である。

用語

相回転

三相交流回路の三相の電圧または電流位相の順序をいう。それぞれの回路を呼ぶのに、a相、b相、c相といった名前を付ける。各回路の電圧または電流の位相がa→b→cの順で遅れているとき、相回転がabcであるという。相回転のことを相順ともいう。

用語 📷

巻数比
変圧器に巻かれている
一次側(電源側)と二次
側(負荷側)の巻数の比
のこと。巻数比を変え
ることで、二次側の電
圧と電流の値を変えら
れる。

(2) わずかに巻数比の異なる変圧器の並行運転

わずかに巻数比の異なる2台の変圧器の並行運転(無負荷と
する)の二次側等価回路は、図1.29のようになります。ただし、
単相変圧器Aの巻数比をa_A、二次換算巻線インピーダンスを
$\dot{Z}_A$〔Ω〕、単相変圧器Bの巻数比をa_B、二次換算巻線インピーダ
ンスを$\dot{Z}_B$〔Ω〕、両器に加わる一次側電源電圧をV_1〔V〕とします。

A器の二次電圧は$\dfrac{V_1}{a_A}$〔V〕

B器の二次電圧は$\dfrac{V_1}{a_B}$〔V〕

となるため、両器の二次巻線に無負荷循環電流$\dot{I}_0$が流れ、銅損
(抵抗損)が発生します。

> ① 重要 公式 　無負荷循環電流$\dot{I}_0$の値
>
> $$\dot{I}_0 = \frac{\dfrac{V_1}{a_A} - \dfrac{V_1}{a_B}}{\dot{Z}_A + \dot{Z}_B} \text{〔A〕}　　　　(27)$$

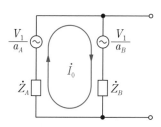

図1.29　二次側等価回路

(3) 並行運転の負荷分担

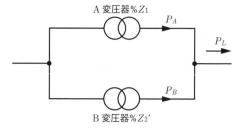

図1.30　並行運転の負荷分担

　図1.30のように、A変圧器の容量、%インピーダンスをP_1〔kV·A〕、$\%Z_1$〔%〕、およびB変圧器の容量、%インピーダンスをP_2〔kV·A〕、$\%Z_2$〔%〕とすると、この2台の変圧器が負荷P_L〔kV·A〕をかけて並行運転している場合、それぞれの変圧器にかかる負荷P_A〔kV·A〕およびP_B〔kV·A〕を求めます。いま、A変圧器の容量を基準容量とすれば、この基準容量に換算したB変圧器の%インピーダンス$\%Z_2'$〔%〕は、$\%Z_2' = \%Z_2 \times \dfrac{P_1}{P_2}$〔%〕となるので、求める$P_A$〔kV·A〕および$P_B$〔kV·A〕は、次のようになります。

> **重要 公式** 2台の変圧器が負荷P_L〔kV·A〕をかけて並行運転している場合、A変圧器が分担する負荷P_A〔kV·A〕
>
> 分子は相手側のB
>
> $$P_A = P_L \times \frac{\%Z_2'}{\%Z_1 + \%Z_2'} = P_L \times \frac{\%Z_2\left(\dfrac{P_1}{P_2}\right)}{\%Z_1 + \%Z_2\left(\dfrac{P_1}{P_2}\right)}$$
>
> $$= \frac{\%Z_2 P_1}{\%Z_1 P_2 + \%Z_2 P_1} P_L \quad \text{〔kV·A〕} \qquad (28)$$

> **重要 公式** 2台の変圧器が負荷P_L〔kV·A〕をかけて並行運転している場合、B変圧器が分担する負荷P_B〔kV·A〕
>
> $$P_B = P_L - P_A = \frac{\%Z_1 P_2}{\%Z_1 P_2 + \%Z_2 P_1} P_L \quad \text{〔kV·A〕}$$
> $$(29)$$

　これらの負荷分担式から、自己容量基準（定格容量基準）の%インピーダンスが等しい（$\%Z_1 = \%Z_2$）と、各変圧器が定格容量に比例した負荷分担ができることがわかります。

一次電圧、二次電圧が等しいA、B2台の変圧器がある。Aは定格出力 20〔kV・A〕、Bは定格出力 30〔kV・A〕、百分率インピーダンスは、Aが5〔%〕、Bは3〔%〕である。AのBに対する負荷分担 $\left(\dfrac{P_a}{P_b}\right)$ の値を求めよ。ただし、両変圧器の抵抗とリアクタンスの比は等しいものとする。

・解答と解説・

負荷分担は、基準容量を合わせた変圧器の百分率インピーダンス降下に反比例する。変圧器A、Bの百分率インピーダンス降下をそれぞれ$\%Z_a$〔%〕、$\%Z_b$〔%〕とする。

基準容量をP_{an}〔V・A〕に統一すると、変圧器Bの百分率インピーダンス降下$\%Z_b$〔%〕の換算値$\%Z_b{}'$〔%〕は、

$$Z_b{}' = \%Z_b \times \frac{P_{an}}{P_{bn}} \ (\%)$$

変圧器A、Bの負荷分担は、$P_a : P_b = \%Z_b{}' : \%Z_a$ となるので、

変圧器Aの変圧器Bに対する負荷分担 $\dfrac{P_a}{P_b}$ は、

$$\frac{P_a}{P_b} = \frac{\%Z_b{}'}{\%Z_a} = \frac{\%Z_b \times \dfrac{P_{an}}{P_{bn}}}{\%Z_a} = \frac{\%Z_b \times P_{an}}{\%Z_a \times P_{bn}}$$

$$= \frac{3 \times 20}{5 \times 30} = \frac{2}{5} \ (答)$$

解法のヒント

1.
変圧器の負荷分担は、オーム値で表したインピーダンス降下Z〔Ω〕に反比例する。または、基準容量を合わせた百分率インピーダンス降下$\%Z$〔%〕に反比例する。

2.
反比例式の展開

$P_a : P_b = \dfrac{1}{\%Z_a} : \dfrac{1}{\%Z_b{}'}$

$= \dfrac{\%Z_a \%Z_b{}'}{\%Z_a} : \dfrac{\%Z_a \%Z_b{}'}{\%Z_b{}'}$

$= \%Z_b{}' : \%Z_a$

理解度チェック問題

問題　次の◻◻◻の中に適当な答えを記入せよ。

1. 変圧器の無負荷試験における入力電流を◻(ア)◻電流といい、その入力電力はほぼ◻(イ)◻に等しく、また、短絡試験において定格電流を流すための電圧を◻(ウ)◻電圧といい、この場合の入力電力はほぼ◻(エ)◻に等しい。

2. %インピーダンスは、電圧一定のもとで基準容量に◻(オ)◻する。同一電圧の箇所で、ある基準容量P(旧基準容量とする)の旧%インピーダンス$\%Z$を、新基準容量P'の新%インピーダンス$\%Z'$に変換すると、次のようになる。

$$\%Z' = \%Z \times \frac{\boxed{(カ)}}{\boxed{(キ)}} \times 100 \ [\%]$$

3. 変圧器を2台以上並行運転する場合、循環電流が流れないためには、次の条件が満足されなければならない。

a. 各変圧器の◻(ク)◻が一致していること。

b. 各変圧器の◻(ケ)◻が等しく、一次および二次の◻(コ)◻が等しいこと。

c. 各変圧器の◻(サ)◻の%インピーダンスが等しいこと。

d. 各変圧器の◻(シ)◻と◻(ス)◻の比が等しいこと。

e. 三相の場合は◻(セ)◻と◻(ソ)◻が等しいこと。

解答

(ア)励磁　　(イ)鉄損または無負荷損　　(ウ)インピーダンス
(エ)全負荷銅損または負荷損またはインピーダンスワット　　(オ)比例
(カ)P'　　(キ)P　　(ク)極性　　(ケ)巻数比または変圧比　　(コ)定格電圧
(サ)自己容量基準または定格容量基準　　(シ)(巻線)抵抗　　(ス)(漏れ)リアクタンス
(セ)角変位または位相変位　　(ソ)相回転または相順

第1章 変圧器

単巻変圧器・その他の変圧器

単巻変圧器の原理と特徴について学習します。巻線の名称、自己容量と負荷容量の違いについてもしっかり覚えましょう。

関連過去問 012, 013

単巻変圧器は、一次巻線と二次巻線の一部を共通に用いるニャ。共通部分が分路巻線、そうでない部分が直列巻線ニャ

① 単巻変圧器

重要度 B

(1) 単巻変圧器の原理

単巻変圧器は、図1.31のように、一次、二次巻線の一部を共通に用いるものです。共通部分 ab を**分路巻線（共通巻線）**といい、共通でない部分 bc を**直列巻線**といいます。

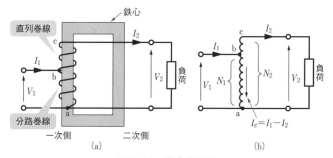

図1.31 単巻変圧器

分路巻線の巻数を N_1、全体の巻数を N_2 とすると、変圧比 a は次式で表されます（巻線の電圧降下および励磁電流を無視しています）。

① 重要 公式 変圧比 a

$$a = \frac{N_1}{N_2} = \frac{V_1}{V_2} = \frac{I_2}{I_1} \tag{30}$$

＋ プラスワン

単巻変圧器は、配電線路の**昇圧器**や誘導電動機の**始動補償器**（▶LESSON10）などに使用される。

また、分路巻線を流れる電流I_cは、次式で表されます。

$$I_c = I_1 - I_2 = I_1 - aI_1 = (1-a)I_1 \text{〔A〕} \tag{31}$$

I_cは巻数比aが1に近いほど小さくなり、分路巻線の導線は細いものでよいことになります。

また、分路巻線は共通で**漏れ磁束**が少ないので、**電圧変動率**が小さくなります。単巻変圧器の欠点は、一次巻線と二次巻線が共通になっていて、その間が絶縁されていないので、低圧側も高圧側と同じ対地絶縁を施す必要があることです。

(2) 自己容量と負荷容量

この変圧器は、一次と二次の共通部分の**分路巻線の端子を一次側**に接続し、**直列巻線の端子を二次側**に接続して使用すると、通常の変圧器と同じように動作し、直列巻線の容量は、単巻変圧器の**自己容量**P_sと呼ばれます。

> **❶重要 公式** 単巻変圧器の自己容量P_s
> $$P_s = (V_2 - V_1)I_2 \text{〔V·A〕} \tag{32}$$

また、この変圧器の二次端子から取り出せる容量は、**負荷容量**（通過容量）P_lと呼ばれます。

> **❶重要 公式** 単巻変圧器の負荷容量（通過容量）P_l
> $$P_l = V_2 I_2 \text{〔V·A〕} \tag{33}$$

補足

分路巻線を流れる電流I_cが小さければ、導線は細くてもよい。

補足

二次巻線N_2の一部は、一次巻線N_1と共通なので、共通部分（分路巻線）の漏れ磁束はない。なお、分路巻線と直列巻線間の漏れ磁束はある。巻線全体で漏れ磁束が少ないと、漏れリアクタンスが小さくなるので、電圧変動率が小さくなる。

例題にチャレンジ！

単相変圧器を用いて、3000〔V〕の電圧を3300〔V〕に昇圧し、消費電力100〔kW〕、力率80〔%〕の遅れの単相負荷に電力を供給するとき、単巻変圧器の自己容量〔kV·A〕の値を求めよ。

・解答と解説・

問題の内容を回路図で示すと、右図のようになる。

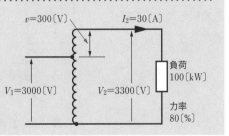

単巻変圧器の出力 P [W] は、$P = V_2 I_2 \cos\theta$ [W] なので、負荷に流れる電流 I_2 [A] は、

$$I_2 = \frac{P}{V_2 \cos\theta} = \frac{100 \times 10^3}{3300 \times 0.8} \fallingdotseq 37.88 \text{[A]}$$

よって、求める自己容量 P_s [V・A] は、

$$P_s = (V_2 - V_1) \times I_2$$
$$= (3300 - 3000) \times 37.88 \fallingdotseq 11.4 \times 10^3 \text{[V・A]}$$
$$\therefore P_s = 11.4 \text{[kV・A]} \text{（答）}$$

② 計器用変成器 重要度 A

計器用変成器は、高電圧回路や大電流回路の電圧・電流を計器や保護継電器に適した低電圧・小電流に変換する目的に用いられます。高電圧をこれに比例する低電圧に変成する**計器用変圧器** (VT)、大電流をこれに比例する小電流に変成する**変流器** (CT) があり、電圧・電流を変成する原理は変圧器と同じです。**変流器は、使用中にその二次側を開放してはなりません。** なぜなら、変流器の一次電流は二次側の状態とは無関係の負荷電流なので、二次側を開放すると、一次側の負荷電流はすべて変流器の励磁電流となり、鉄心中の磁束は異常に高くなり、**鉄損の過大で過熱し、巻線を焼損**させるおそれがあるからです。**計器を取り外す**ときは、**二次側を短絡**してから行う必要があります。

補足
VT は、
Voltage Transformer、
CT は、
Current Transformer
の略。

補足
計器用変圧器と変流器を組み合わせて高電圧の電圧と電流を同時に変成し、主に電力の計量に用いられるものを**計器用変圧変流器** (VCT) という。

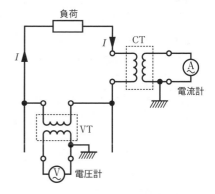

図1.32　計器用変成器の使用例

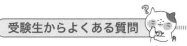

Q 変流器の二次側を開放してはならないのはなぜですか？

A 変流器の二次側に電流計や保護継電器を接続しているときや、二次側を短絡しているときは、二次側インピーダンスがほぼ0〔Ω〕なので、一次負荷電流に比例した二次電流が流れ、この二次電流が作る磁束が一次負荷電流が作る磁束をほぼ打ち消しています。

　一次負荷電流には、ごくわずかの励磁電流成分が含まれており、一次側から二次側へ電力を変成する役割を果たしています。誤って二次側を開放すると、一次負荷電流はすべて励磁電流となり、鉄損過大、鉄心過熱とともに二次側高電圧となり、巻線絶縁破壊、焼損のおそれがあります。

問題　次の ☐ の中に適当な答えを記入せよ。

1. 変圧器の一次と二次とを別々の巻線としないで、その一部を一次と二次とに共通して使用する変圧器を ☐（ア）☐ といい、共通部分を ☐（イ）☐、共通でない部分を ☐（ウ）☐ という。この形の変圧器は、配電線路の ☐（エ）☐ や誘導電動機の ☐（オ）☐ などに使用される。

2. 計器用変成器は、高電圧回路や大電流回路の電圧・電流を計器や保護継電器に必要な低電圧・小電流に変換する目的に用いられる。高電圧をこれに比例する低電圧に変成する ☐（カ）☐ や、大電流をこれに比例する小電流に変成する ☐（キ）☐ があり、電圧・電流を変成する原理は ☐（ク）☐ と同じである。☐（カ）☐ と ☐（キ）☐ を組み合わせて高電圧の電圧と電流を同時に変成し、主に電力の計量に用いられるものを ☐（ケ）☐ という。☐（キ）☐ は、使用中にその二次側を ☐（コ）☐ してはならない。

解答

(ア)単巻変圧器　　(イ)分路巻線または共通巻線　　(ウ)直列巻線　　(エ)昇圧器
(オ)始動補償器　　(カ)計器用変圧器　　(キ)変流器　　(ク)変圧器
(ケ)計器用変圧変流器　　(コ)開放

三相誘導電動機の原理と構造

誘導電動機の原理は、アラゴの円板で説明されます。同期速度と回転速度、滑りの定義などを確実に理解しましょう。

関連過去問 014

回転軸　固定子　リード線　回転子

三相誘導電動機の固定子に三相交流を流すと、回転磁界が得られるニャン

1 三相誘導電動機の原理　重要度 **A**

今日から、第2章、誘導機ニャ

　図2.1に示すように、アルミニウムの円板を永久磁石のN極、S極で挟み、その磁石を動かすと、アルミニウムの円板に**フレミングの右手の法則**に従って、渦電流が流れます。この電流と永久磁石の磁束によって、**フレミングの左手の法則**により、磁石を動かした方向と同じ方向に電磁力が働き、円板は、磁石に追従して回転します。この円板を**アラゴの円板**と呼び、これが**三相誘導電動機の原理**です。

　三相誘導電動機は、**回転磁界を作るために固定子にコイルを配置して、そこに三相交流電流を流します**。回転子は、かご形回転子または巻線形回転子が用いられます。

補足─✐

フレミングの右手の法則は、発電のときに使用する。また、フレミングの左手の法則は、電磁力の発生のときに使用する。

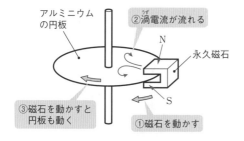

アルミニウムの円板

②渦電流が流れる

N

永久磁石

S

③磁石を動かすと円板も動く

①磁石を動かす

図2.1　アラゴの円板

図2.1のアラゴの円板を上から見た図で
詳しく説明します。

①初めに、円板を挟んだ磁石を時計回り方向（下向き）に動かし
ます。これは、磁石を固定しておいて円板（導体）を反時計回
り方向（上向き）に動かすことと同じなので、円板（導体）が磁
界Hを切る方向F'は上向きになります。

※フレミングの右手の法則は、導体が磁界を切る方向を親指
の方向とするので、このように考えます。磁界が導体を切
る方向と勘違いしないようにしましょう。

フレミングの右手の法則

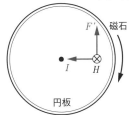

a ⊗：磁界Hの方向（人差し指）
b ↑：円板が磁界を切る方向F'（親指）
c ←：渦電流Iの方向（中指）
※a、bの結果、cが生じます。

②アルミニウムの円板には、フレミングの右手の法則に従い、
右から左に向かう渦電流が流れます。

※電流経路は必ず閉回路となるので渦電流となりますが、磁
界Hに対する方向は上図に示すように、右から左へ向かう
方向です。

③この右から左へ向かう渦電流Iと、上（N極）から下（S極）に
向かう磁界Hにより、フレミングの左手の法則により、磁石
を動かした方向、つまり時計回り方向（下向き）Fに円板が回
転します。

フレミングの左手の法則

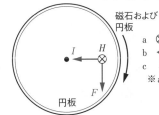

a ⊗：磁界Hの方向（人差し指）
b ←：渦電流Iの方向（中指）
c ↓：円板の回転方向F（親指）
※a、bの結果、cが生じます。

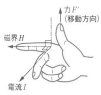

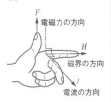

② 回転磁界の発生　重要度 A

　N極、S極の2極の磁石を、図2.2または図2.3のように回転させると、時計回り方向に回る**回転磁界**を作ることができます。

図2.2　磁石の回転1

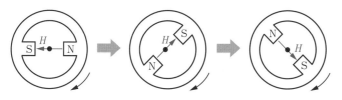

図2.3　磁石の回転2

　このように、磁石を回転させれば回転磁界ができるのは当たり前ですが、**三相交流電流を使えば、磁石を回転させなくても回転磁界を作る**ことができます。

　三相誘導電動機は、回転磁界を発生させるために固定子に3個のコイルを配置して、そこに三相交流電流を流します。図2.4に、そのコイル配置と接続例を示します。

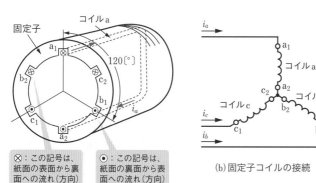

(a) 固定子コイルの配置

(b) 固定子コイルの接続

図2.4　固定子巻線（2極の場合）

補足

固定子コイルの内側の空間に、回転子（アラゴの円板に相当する導体）が配置される。

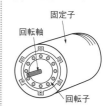

第2章
誘導機

81

3個のコイル a_1-a_2（コイル a）、b_1-b_2（コイル b）、c_1-c_2（コイル c）を、電動機の**極数**が2極の場合はコイルを互いに120〔°〕ずらして配置し、三相交流電圧を加えます。

図2.5に示すように、コイル a、コイル b、コイル c に位相が互いに120〔°〕ずれた三相交流電流を流します。その結果、**合成磁束が N、S 2極の磁極**を形成し、図2.5に示すように、時計回りに回転する回転磁界が形成されます。このような2極機の場合、回転磁界は三相交流の1周期で1回転することになります。

三相誘導電動機のイメージは、3人で公園の回転遊具を回している感じニャン

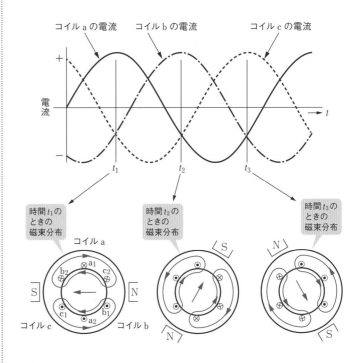

図2.5 回転磁界の発生

固定子に3個のコイルをもう1組追加し配置すれば、もう一対の磁極ができ、4極機になります。

③ 三相誘導電動機の構造　重要度 Ⓐ

　三相誘導電動機は、回転磁界を作る**固定子**と回転部の**回転子**で構成されています。

(1) 固定子

　固定子は、図2.6に示すように、**固定子鉄心**、**固定子巻線**および**固定子わく**から成り立っています。固定子鉄心は**鉄損**を減少させるために、**けい素鋼板積層鉄心**が用いられています。

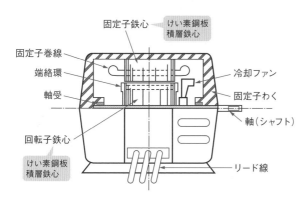

図2.6　三相誘導電動機の構造例

(2) 回転子

　回転子の鉄心は、固定子鉄心と同様に、けい素鋼板積層鉄心が用いられています。回転子の巻線法によって、かご形回転子と巻線形回転子に分けられます（▶図2.7）。

①かご形回転子

　図2.7 (a)に示すように、回転子鉄心のスロット（みぞ）に銅棒またはアルミニウムを鋳込んで、回転子の両端で**端絡環**により短絡したものです。このような形の回転子を、かご形回転子といいます。

②巻線形回転子

　固定子巻線と同じように、絶縁した巻線が回転子鉄心に施されています。巻線の結線は主にＹ結線で、**スリップリング**や**ブラシ**を通じて外部回路の抵抗に接続されます。図2.7 (b)にそれ

補足

図2.6は、電動機を横から見た図で、上半分をカットして固定子や回転子の上半分が見えるように描いた図である。

補足

固定子巻線は**一次巻線**とも呼ばれ、回転子巻線は**二次巻線**とも呼ばれる。

補足

固定子と回転子の間のわずかな隙間を**エアギャップ**という。

補足

リード線とは、電源から電動機（モータ）へと電力を供給するための電線である。

かご形回転子は、構造が簡単で堅牢なため、広く用いられています。「簡単・堅牢」はそのまま誘導電動機の特長となります。
かご形という名称は、鳥かごに似ているからです。

を示します。この回転子に接続される抵抗によって、速度制御や始動特性の改善などが可能となります。

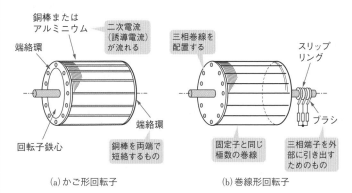

図2.7　回転子

(a) かご形回転子　　　(b) 巻線形回転子

④ 同期速度と回転速度

重要度 **A**

(1) 同期速度

一般に極数をp、周波数をf〔Hz〕とすると、回転磁界の回転速度、すなわち**同期速度**N_sは次式で表されます。

> **!重要 公式** 　同期速度N_s
>
> $$N_s = \frac{120f}{p} \ [\text{min}^{-1}] \tag{1}$$

(2) 回転子の速度と滑り

回転子導体は、同期速度で回転している回転磁界に追い越され、磁束を切ります。これにより回転子導体に起電力を誘導し、渦電流 (誘導電流) が流れます。この電流と回転磁界の磁束の間に**回転力 (トルク)** が発生します。回転子導体が磁束を切るために、回転磁界と同じ速度でなく、必ず少し遅れて回転子は回転することになります。このように、**回転子が回転磁界の速度 (同期速度) より遅く回転する程度 (差の割合) を滑り**といい、回転子の速度N〔min^{-1}〕、同期速度N_s〔min^{-1}〕のときの滑りsは、次式で表されます。

補足

回転速度の単位

〔min^{-1}〕の min は minute (分) で、1分間当たりの回転数を表す。一般に回転速度の単位は〔min^{-1}〕で表される。

補足

滑りの記号sは、slip (スリップ) の頭文字。

補足

誘導電動機の**回転速度**とは、回転子の実際の回転速度Nのことを指す。回転磁界の速度は必ず同期速度N_sと呼ぶ。

> **!重要 公式** 滑りs
>
> $$s = \frac{N_s - N}{N_s} \tag{2}$$

式(1)および式(2)より、回転子の速度N〔min^{-1}〕は、次式で表されます。

> **!重要 公式** 回転子の速度N
>
> $$N = N_s(1 - s) = \frac{120f}{p}(1 - s) \ \text{〔min}^{-1}\text{〕} \tag{3}$$

補足

Nの導出

$$s = \frac{N_s - N}{N_s}$$
$$N_s - N = sN_s$$
$$N_s - sN_s = N$$
$$N = N_s(1 - s)$$
$$= \frac{120f}{p}(1 - s)$$

例題にチャレンジ！

6極で50〔Hz〕の三相誘導電動機の全負荷時における回転速度が965〔min^{-1}〕である。このときの滑りs〔%〕の値を求めよ。

・**解答と解説**・・・・・・・・・・・・・・・・・・・・・・・・・・・・・・・・・・・・

同期速度N_sは、

$$N_s = \frac{120f}{p} = \frac{120 \times 50}{6} = 1000 \ \text{〔min}^{-1}\text{〕}$$

$N = 965$〔min^{-1}〕であるので、%表示のs〔%〕は、

$$s = \frac{N_s - N}{N_s} \times 100 = \frac{1000 - 965}{1000} \times 100 = \textbf{3.5} \ \text{〔%〕(答)}$$

・・

解法のヒント

1.
滑りを算出するためには、まず同期速度を求めることがポイント。

2.
式(2)の滑りの式は小数表示の式。%表示に変換する場合は100倍する。

問題　次の ☐ **の中に適当な答えを記入せよ。**

1．右図のように、アルミニウムの円板を
永久磁石のN極、S極で挟み、その磁石
を動かすと、アルミニウムの円板にフレ
ミングの ☐(ア) の法則に従って、渦電
流が流れる。

この電流と永久磁石の磁束によって、
フレミングの ☐(イ) の法則により、磁
石を動かした方向と同じ方向に電磁力が働き、円板は、磁石に追従して回転する。
この円板をアラゴの円板と呼び、これが三相誘導電動機の原理である。

2．三相誘導電動機の極数をp、周波数をf〔Hz〕とすると、回転磁界の回転速度、すな
わち同期速度N_sは次式で表される。

$$N_s = \boxed{\text{(ウ)}} \text{〔min}^{-1}\text{〕} \cdots\cdots\cdots①$$

回転子導体は、同期速度で回転している回転磁界に追い越され、磁束を切る。こ
れにより回転子導体に起電力を誘導し、渦電流（誘導電流）が流れる。この電流と回
転磁界の磁束の間に回転力（トルク）が発生する。回転子導体が磁束を切るために、
回転磁界と同じ速度でなく、必ず少し遅れて回転子は回転することになる。このよ
うに、回転子が回転磁界の速度（同期速度）より遅く回転する程度（差の割合）を滑り
といい、回転子の速度N〔min^{-1}〕、同期速度N_s〔min^{-1}〕のときの滑りsは、次式で表
される。

$$s = \boxed{\text{(エ)}} \cdots\cdots\cdots②$$

式①および式②より、回転子の速度N〔min^{-1}〕は、次式で表される。

$$N = \boxed{\text{(オ)}} = \boxed{\text{(カ)}} \text{〔min}^{-1}\text{〕}$$

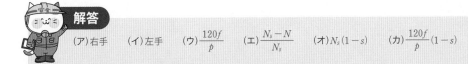

解答

(ア)右手　　(イ)左手　　(ウ)$\dfrac{120f}{p}$　　(エ)$\dfrac{N_s - N}{N_s}$　　(オ)$N_s(1-s)$　　(カ)$\dfrac{120f}{p}(1-s)$

三相誘導電動機の理論

変圧器との比較、等価回路、入力と出力、トルクと同期ワットなど、計算問題として頻繁に出題されています。しっかり理解しましょう。

関連過去問 015, 016, 017

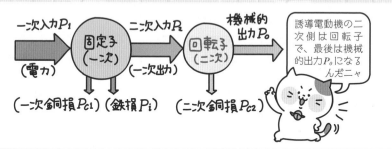

誘導電動機の二次側は回転子で、最後は機械的出力P_oになるんだニャ

① 三相誘導電動機と変圧器の比較　重要度 A

三相誘導電動機は、変圧器と同じく電磁誘導を利用したものですが、異なる点は、変圧器が静止器であり、三相誘導電動機が回転機であり、利用する磁界が異なるということです。これを比較したものが表2.1です。

表2.1　三相誘導電動機と変圧器の比較

	三相誘導電動機	変圧器
一次側	固定子巻線（一次巻線）	一次巻線
磁界	回転磁界	交番磁界
二次側	回転子巻線（二次巻線）	二次巻線
エネルギー変換	電力→回転力	電力→電力

電動機が滑りsで回転している場合は、回転子の回転磁界に対する相対速度が$N_s - N = sN_s$となるため、二次側の誘導起電力E_{2s}および周波数f_{2s}は、次式のように停止中のs倍となります。

！重要 公式　二次側の誘導起電力E_{2s}および周波数f_{2s}
$$E_{2s} = sE_2 \text{〔V〕} \qquad f_{2s} = sf_1 \text{〔Hz〕} \qquad (4)$$

上式の二次周波数f_{2s}〔Hz〕を**滑り周波数**ともいいます。

補足
式(4)の周波数f_1は、一次側の電源の周波数である。

また、二次漏れリアクタンスx_2〔Ω〕も周波数に比例するため、s倍となります。

(1) 三相誘導電動機の等価回路

滑りsで運転中の誘導電動機を電気回路で表現すると、変圧器と同じように、図2.8に示す等価回路（1相分）で表すことができます。

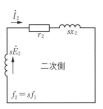
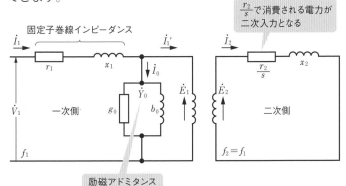

図2.8　三相誘導電動機の等価回路

ここで、回転子の出力を意味する**機械的出力**について考えます。

いま、「出力＝二次入力－二次銅損」、一次側から二次側への入力をP_2〔W〕とすると、機械的出力P_o〔W〕は次式のようになります。

$$P_o = P_2 - r_2 I_2{}^2 = \left(\frac{r_2}{s}\right)I_2{}^2 - r_2 I_2{}^2 = r_2\left(\frac{1-s}{s}\right)I_2{}^2 = R I_2{}^2 〔\mathrm{W}〕 \tag{5}$$

ただし、$P_2 = \left(\dfrac{r_2}{s}\right)I_2{}^2 〔\mathrm{W}〕$

この式(5)から、次式が得られます。

⚠️重要 公式　**負荷抵抗（出力等価抵抗）R**

$$R = r_2\left(\frac{1-s}{s}\right)〔Ω〕 \tag{6}$$

したがって、機械的出力P_o〔W〕は、$r_2\left(\dfrac{1-s}{s}\right)$の**負荷抵抗（出力等価抵抗）**$R$〔Ω〕で消費される電力で表すことができます。

また、$\dfrac{r_2}{s}$は、二次巻線の抵抗r_2〔Ω〕と負荷抵抗R〔Ω〕との和と考え、このR〔Ω〕を求めると、

$$\frac{r_2}{s}=r_2+R \text{ より、} R=\frac{r_2}{s}-r_2=\frac{r_2-sr_2}{s}=r_2\left(\frac{1-s}{s}\right)〔Ω〕$$

となります。

図2.8の$\dfrac{r_2}{s}$をr_2とRに分離して等価回路を表すと、図2.9のようになります。

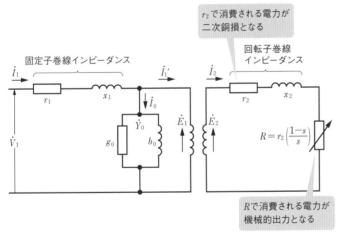

図2.9　$\dfrac{r_2}{s}$をr_2とRに分離した等価回路

(2) 簡易等価回路（L形等価回路）

変圧器の等価回路と同じように、計算を簡単にするため、図2.10に示す一次側と二次側を結び、励磁アドミタンスを電源側に移した**簡易等価回路**（L形等価回路）がよく使用されます。

電圧$\dot{E_2}'$〔V〕、電流$\dot{I_2}'$〔A〕、抵抗r_2'〔Ω〕、リアクタンスx_2'〔Ω〕、負荷抵抗R'〔Ω〕は、それぞれ**二次側諸量を一次側に換算した**ものです。

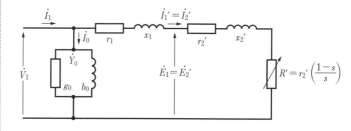

+1 **プラスワン**

図2.10の簡易等価回路で、r_2' で消費される電力が二次銅損、R' で消費される電力が機械的出力、$r_2' + R' = \dfrac{r_2'}{s}$ で消費される電力が二次入力となる。また、この等価回路は、r_2' と R' を分けて書かずに $\dfrac{r_2'}{s}$ だけで表現する場合もある。どちらも覚えよう。

補足

一次と二次の巻線比を α、相数比を $\beta\left(\dfrac{m_1}{m_2}\right)$ とすると、二次側諸量を一次側に換算する場合、電圧は α 倍、電流は $\dfrac{1}{\alpha\beta}$ 倍、インピーダンス、抵抗、リアクタンスは $\alpha^2\beta$ 倍となる。なお、この換算は変圧器のように単純ではないのでほとんど出題されず、すでに換算された数値で出題される場合がほとんどである。換算値には r_2' のように ′（ダッシュ）を付けるのが一般的であるが、換算値であることが明らかな場合は ′（ダッシュ）を省略する場合もある。

$\dot{V_1}$ ：一次端子電圧〔V〕
$\dot{E_1}$ ：一次誘導起電力〔V〕
$\dot{E_2}'$ ：二次誘導起電力（一次換算値）〔V〕
$\dot{I_1}$ ：一次電流〔A〕
$\dot{I_1}'$ ：一次負荷電流〔A〕
$\dot{I_2}'$ ：二次負荷電流（一次換算値）〔A〕
$\dot{I_0}$ ：励磁電流〔A〕
r_1 ：一次巻線抵抗〔Ω〕
x_1 ：一次漏れリアクタンス〔Ω〕
r_2' ：二次巻線抵抗（一次換算値）〔Ω〕
x_2' ：二次漏れリアクタンス（一次換算値）〔Ω〕
R' ：負荷抵抗（出力等価抵抗）（一次換算値）〔Ω〕
$\dot{Y_0}$ ：励磁アドミタンス〔S〕
g_0 ：励磁コンダクタンス〔S〕
b_0 ：励磁サセプタンス〔S〕

図2.10　簡易等価回路（L形等価回路）

受験生からよくある質問

Q 負荷抵抗（出力等価抵抗）R' とはなんですか？

A 誘導電動機の機械的出力は運動エネルギーです。この運動エネルギーを電気回路上で表現する素子はなく、代わりに同等の熱エネルギーを消費する抵抗で表し、この抵抗を負荷抵抗（出力等価抵抗）と呼びます。

二次入力 P_2 から二次銅損 P_{c2} を引いたものが機械的出力 P_0 となるので、これを計算する（式(5)参照）と、

$$R' = r_2'\left(\frac{1-s}{s}\right)$$

の抵抗で消費される電力が機械的出力 P_0 になることが証明できます。この式から明らかなように、**出力は滑り s および二次巻線抵抗 r_2' の値に関係**します。

③ 誘導電動機の入力と出力　　重要度 Ⓐ

誘導電動機の**入力**と**出力**の関係を図で表すと、図2.11のようになります。

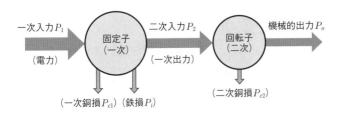

図2.11　誘導電動機の入力と出力の関係

いま、図2.10の簡易等価回路と図2.11から、1相分について各種の量を計算すると、次のようになります。

①一次入力(固定子の入力) P_1

> ⚠重要 公式　一次入力(固定子の入力) P_1
> $$P_1 = P_{c1} + P_i + P_{c2} + P_o = V_1 I_1 \cos \theta_1 \,[\mathrm{W}] \quad (7)$$

ただし、P_{c1}(一次銅損)$= I_1'^2 r_1 \,[\mathrm{W}]$、$P_i$(鉄損)$= V_1^2 g_0 \,[\mathrm{W}]$、$P_{c2}$(二次銅損)$= I_1'^2 r_2' \,[\mathrm{W}]$、$P_o$(機械的出力)$= I_1'^2 R' \,[\mathrm{W}]$、$\cos \theta_1$：一次側から見た等価回路の力率

②二次入力(一次出力) P_2

> ⚠重要 公式　二次入力(一次出力) P_2
> $$P_2 = P_o + P_{c2} = I_1'^2 \frac{r_2'}{s} \,[\mathrm{W}] \quad (8)$$

③二次銅損 P_{c2}

> ⚠重要 公式　二次銅損 P_{c2}
> $$P_{c2} = I_1'^2 r_2' = s P_2 \,[\mathrm{W}] \quad (9)$$

④機械的出力 P_o

> ⚠重要 公式　機械的出力 P_o
> $$P_o = I_1'^2 R' = (1-s) P_2 \,[\mathrm{W}] \quad (10)$$

⑤二次入力 P_2、二次銅損 P_{c2}、機械的出力 P_o の間には、次の関係があります。

第2章

誘導機

🔟 プラスワン

図2.11は、基本的な電力の流れを示したものなので、確実に覚えておこう。
なお、機械的出力 P_o は、**機械損**(風損、軸受け摩擦損など)を含んだ値である。

補足 ✍

これらの重要公式は1相分である。3相分は3倍しなければならない。

解法のヒント

定格出力は電動機の軸が発生する出力(軸出力)で表される。また機械損は、

$P_o = (1-s)P_2$

で表される機械的出力P_oに含まれる。軸出力＋機械損が機械的出力P_oになる。

例題にチャレンジ！

定格出力 7.5〔kW〕、4極、60〔Hz〕の三相誘導電動機が、1710〔min⁻¹〕で全負荷運転している。このときの二次入力P_2〔kW〕および二次銅損P_{c2}〔W〕の値を求めよ。ただし、機械損を150〔W〕とする。

・解答と解説・

同期速度N_sは、

$$N_s = \frac{120f}{p} = \frac{120 \times 60}{4} = 1800 〔min^{-1}〕$$

滑りsは、

$$s = \frac{N_s - N}{N_s} = \frac{1800 - 1710}{1800} = 0.05$$

したがって、二次入力P_2は、$P_o = (1-s)P_2$であるから、

$$P_2 = \frac{P_o}{(1-s)} = \frac{軸出力＋機械損}{(1-s)}$$

$$= \frac{7500 + 150}{(1-0.05)} ≒ 8053 〔W〕 \rightarrow \textbf{8.05}〔kW〕（答）$$

二次銅損P_{c2}は、

$$P_{c2} = sP_2 = 0.05 \times 8053 ≒ \textbf{403}〔W〕（答）$$

④ トルクと同期ワット　重要度 Ⓐ

一般に、回転体の機械的出力P_o〔W〕、角速度ω〔rad/s〕、トルクT〔N·m〕の間には、次の関係が成立します。

> ⚠️重要 公式　**機械的出力P_o〔W〕、角速度ω〔rad/s〕、トルクT〔N·m〕の関係**
>
> $$P_o = \omega T \text{〔W〕} \tag{12}$$
>
> $$T = \frac{P_o}{\omega} \text{〔N·m〕} \tag{13}$$

ただし、$\omega = 2\pi\dfrac{N}{60}$、$N$：回転速度〔$\min^{-1}$〕

ここで、$P_o = (1-s)P_2$、$\omega = (1-s)\omega_s$なので、式(12)、(13)は、次のように表すことができます。

> ⚠️重要 公式　**トルクT〔N·m〕と同期ワットP_2〔W〕**
>
> $$T = \frac{P_2(1-s)}{\omega_s(1-s)} = \frac{P_2}{\omega_s} \text{〔N·m〕} \tag{14}$$
>
> $$P_2 = \omega_s T = 2\pi\frac{N_s}{60}T \text{〔W〕} \tag{15}$$

ただし、P_2は二次入力〔W〕、ω_sは同期角速度〔rad/s〕、N_sは同期速度〔$\min^{-1}$〕。

式(14)でω_sは定数なので、トルクTの大きさは二次入力P_2で表すことができます。二次入力P_2は、誘導電動機のトルクの大小を表す尺度として、**同期ワットで表したトルク**と呼ばれます。

─────── 受験生からよくある質問 ───────

Ⓠ 同期ワットで表したトルクとはどういうことですか？

Ⓐ 誘導電動機は、原理上、同期速度で運転することはできません。ある角速度ωで運転しているときのトルクをTとすると、出力P_oは、$P_o = \omega T$となり、ωの値は滑りsの関数ですから、出力P_oとトルクTは比例しません。ところが、このときの二次入力P_2は、$P_2 = \omega_s T$となり、ω_sは同期角速度で定値ですから、二

用語📖
角速度ω〔rad/s〕とは、回転体の1秒間当たりの回転角をrad（ラジアン）で表した角度。

補足✏️
rad：radian（ラジアン）は、国際単位系の角度を表す単位。円の半径1のときの、弧の長さのことである。

補足✏️
同期角速度ω_sとは、同期速度N_s〔$\min^{-1}$〕に相当する角速度である。
$$\omega_s = 2\pi\frac{N_s}{60} \text{〔rad/s〕}$$

用語📖
誘導電動機は、原理上、同期角速度で運転することはできない（回転子コイルが回転磁束を切ることができないため）。式(12)(14)より、
$$T = \frac{出力}{角速度}$$
$$= \frac{P_o}{\omega} = \frac{P_2}{\omega_s}$$
二次入力P_2は、トルクTを同期角速度ω_sのもとで発生しているものと仮想した場合の出力に等しい。したがって、P_2は**同期ワット**と呼ばれる。また、P_2はトルクTに比例するため、**同期ワットで表したトルク**とも呼ばれる。

第2章　誘導機

補足

電動機軸に接続される
ポンプやファンなどを
負荷という。回転体の
トルクには、**負荷（要
求）トルク** T_L と**電動機
（発生）トルク** T_M があ
り、回転体は、T_L と T_M
が一致する回転速度で
運転する。また、負荷
には、回転速度にかか
わらず、トルクが一定
の**定トルク負荷**、トル
クが回転数の2乗に比
例する**低減トルク負荷**
などがある。

次入力 P_2 とトルク T は完全に比例関係にあります。このことから、**二次入力 P_2 は同期ワットで表したトルク**と呼ばれます。

例えば、長さの単位はメートル（m）ですが、フィート（ft）で表すこともできます（mとftは比例関係にあります）。これと同じように、トルクの単位はN・mですが、二次入力の単位であるWで表すこともできる、というような意味です。

例題にチャレンジ！

定格出力 11〔kW〕、60〔Hz〕、極数4のかご形三相誘導電動機が全負荷時に 1750〔min^{-1}〕で運転している。このときのトルク T〔N・m〕と同期ワット P_2〔kW〕の値を求めよ。

・解答と解説・

$P_o = \omega T$、$\omega = 2\pi \dfrac{N}{60}$ より、求めるトルク T は、

$$T = \frac{P_o}{\omega} = \frac{P_o}{2\pi \dfrac{N}{60}} = \frac{60 \times P_o}{2\pi N} = \frac{60 \times 11 \times 10^3}{2\pi \times 1750}$$

$$≒ 60 〔\text{N·m}〕（答）$$

極数 $p = 4$ であるから、同期速度 N_s は、

$$N_s = \frac{120f}{p} = \frac{120 \times 60}{4} = 1800 〔\text{min}^{-1}〕$$

滑り s は、

$$s = \frac{N_s - N}{N_s} = \frac{1800 - 1750}{1800} ≒ 0.0278$$

同期ワット（二次入力）P_2 と出力 P_o の関係は、

$$P_2 : P_o = 1 : (1-s)$$

この式を変形し、同期ワット（二次入力）P_2 を求める。

$$P_2 = \frac{P_o}{1-s} = \frac{11 \times 10^3}{1 - 0.0278} ≒ 11.3 \times 10^3 〔\text{W}〕 \rightarrow 11.3 〔\text{kW}〕（答）$$

解法のヒント

出力 P、角速度 ω、トルク T のとき、$P = \omega T$ となる。これは誘導電動機に限らず回転機の共通公式なので、必ず覚えておこう。

理解度チェック問題

問題　次の $\boxed{}$ **の中に適当な答えを記入せよ。**

下図は、三相誘導電動機1相分の簡易等価回路である。

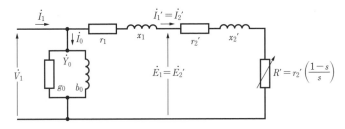

$\dot{V}_1$: 一次端子電圧〔V〕
$\dot{E}_1$: 一次誘導起電力〔V〕
$\dot{E}_2{}'$: 二次誘導起電力(一次換算値)〔V〕
$\dot{I}_1$: 一次電流〔A〕
$\dot{I}_1{}'$: 一次負荷電流〔A〕
$\dot{I}_2{}'$: 二次負荷電流(一次換算値)〔A〕
$\dot{I}_0$: 励磁電流〔A〕
r_1 : 一次巻線抵抗〔Ω〕
x_1 : 一次漏れリアクタンス〔Ω〕
$r_2{}'$: 二次巻線抵抗(一次換算値)〔Ω〕
$x_2{}'$: 二次漏れリアクタンス(一次換算値)〔Ω〕
R' : 負荷抵抗(出力等価抵抗)(一次換算値)〔Ω〕
$\dot{Y}_0$: 励磁アドミタンス〔S〕
g_0 : 励磁コンダクタンス〔S〕
b_0 : 励磁サセプタンス〔S〕

簡易等価回路(L形等価回路)

この三相誘導電動機3相分の各種諸量およびそれらの間の関係は、次のようになる。

①一次入力(固定子の入力)P_1

$$P_1 = P_{c1} + P_i + P_{c2} + P_o = \boxed{\quad(ア)\quad} \text{〔W〕}$$

ただし、P_{c1}(一次銅損)$= \boxed{\quad(イ)\quad}$〔W〕、P_i(鉄損)$= \boxed{\quad(ウ)\quad}$〔W〕、P_{c2}(二次銅損)
$= \boxed{\quad(エ)\quad}$〔W〕、P_o(機械的出力)$= \boxed{\quad(オ)\quad}$〔W〕、$\cos\theta_1$：一次側から見た等価回路の力率

②二次入力(一次出力)P_2

$$P_2 = P_o + P_{c2} = \boxed{\quad(カ)\quad} \text{〔W〕}$$

③二次銅損P_{c2}

$$P_{c2} = \boxed{\quad(キ)\quad} = \boxed{\quad(ク)\quad} \text{〔W〕}$$

④機械的出力P_o

$$P_o = \boxed{\quad(ケ)\quad} = \boxed{\quad(コ)\quad} \text{ (W)}$$

⑤二次入力P_2、二次銅損P_{c2}、機械的出力P_oの間には、次の関係がある。

$$P_2 : P_{c2} : P_o = \boxed{\quad(サ)\quad} : \boxed{\quad(シ)\quad} : \boxed{\quad(ス)\quad} = \boxed{\quad(セ)\quad} : \boxed{\quad(ソ)\quad} : \boxed{\quad(タ)\quad}$$

解答

(ア)$3V_1 I_1 \cos\theta_1$　　(イ)$3I_1'^2 r_1$　　(ウ)$3V_1^2 g_0$　　(エ)$3I_1'^2 r_2'$　　(オ)$3I_1'^2 R'$

(カ)$3I_1'^2 \dfrac{r_2'}{s}$　　(キ)$3I_1'^2 r_2'$　　(ク)sP_2　　(ケ)$3I_1'^2 R'$　　(コ)$(1-s)P_2$

(サ)P_2　　(シ)sP_2　　(ス)$(1-s)P_2$　　(セ)1　　(ソ)s　　(タ)$(1-s)$

解説

求める諸量は3相分なので1相分の3倍となる。(ク)(コ)については、P_2がすでに3倍してある式なので、このままでよい。

9日目

LESSON 9

三相誘導電動機の特性

最も重要な「速度 - トルク特性」を中心に学習します。トルクの比例推移の計算問題は頻出です。確実に理解しましょう。

関連過去問 018, 019, 020, 021

まず、この式が基本。大切な式だニャ

1 損失と効率　　　重要度 A

三相誘導電動機の損失は、表2.2に示すように、**無負荷損**と**負荷損**があります。

表2.2　三相誘導電動機の損失

無負荷損 （固定損）	**鉄損**（鉄心内のヒステリシス損、渦電流損）
	軸受け摩擦損（軸受けと回転子軸の摩擦損）
	風損（回転子と空気の摩擦損）
負荷損 （直接負荷損）	**一次銅損**（固定子巻線の抵抗損）
	二次銅損（回転子導体の抵抗損）
漂遊負荷損	負荷がかかったとき生じるわずかな損失で、上記以外のもの

補足

軸受け摩擦損、風損をまとめて**機械損**という。また、漂遊負荷損は、無視するのが普通である。

三相誘導電動機の効率 η〔%〕は、出力と入力の比で求められ、一次入力を P_1〔W〕、機械的出力を P_0〔W〕、二次入力を P_2〔W〕、滑りを s とすると、次式のようになります。

！重要 公式 誘導電動機の効率 η ①

$$\eta = \frac{P_o}{P_1} \times 100 = \frac{(1-s)P_2}{P_1} \times 100 \,〔\%〕 \quad (16)$$

また、鉄損 P_i〔W〕、一次銅損 P_{c1}〔W〕、二次銅損 P_{c2}〔W〕が与えられ、ほかの損失を無視するとき、誘導電動機の効率 η〔%〕

は、次式のようになります。

> ⚠ **重要** **公式** 誘導電動機の効率 η ②
>
> $$\eta = \frac{P_o}{P_1} \times 100 = \frac{P_o}{P_o + P_i + P_{c1} + P_{c2}} \times 100$$
>
> $$= \frac{P_1 - P_i - P_{c1} - P_{c2}}{P_1} \times 100 〔\%〕 \qquad (17)$$

② 入出力と力率 重要度 A

図2.12に誘導電動機の運転中の簡易等価回路(1相分)を、図2.13にそのベクトル図を示します。

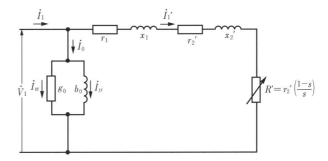

図2.12　誘導電動機の運転中の簡易等価回路(1相分)

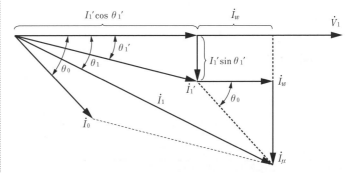

図2.13　誘導電動機の電流ベクトル図

すでにLESSON8で学び、重複する部分もありますが、入出力と力率などについて整理します。なお、すべて1相分の値であり、**3相分は3倍**することを忘れてはなりません。

①**一次入力** P_1

$$P_1 = V_1 I_1 \cos \theta_1 \,[\mathrm{W}] \tag{18}$$

力率角 θ_1 は V_1 と I_1 の位相差です。$\cos \theta_1$ は**電動機力率**です。

②**鉄損** P_i

> ⚠️**重要 公式** **鉄損** P_i
>
> $$P_i = I_w{}^2 \cdot \frac{1}{g_0} = (g_0 V_1)^2 \cdot \frac{1}{g_0} = g_0 V_1{}^2 \,[\mathrm{W}] \tag{19}$$

I_w : 鉄損(供給)電流 [A]　　g_0 : 励磁コンダクタンス [S]

③**一次銅損** P_{c1}

$$P_{c1} = I_1'{}^2 r_1 \,[\mathrm{W}] \tag{20}$$

④**二次銅損** P_{c2}

$$P_{c2} = I_1'{}^2 r_2' = s P_2 \,[\mathrm{W}]$$

⑤**機械的出力** P_o

$$P_o = I_1'{}^2 R' = I_1'{}^2 r_2' \left(\frac{1-s}{s} \right) = (1-s) P_2 \,[\mathrm{W}]$$

機械的出力には、軸出力(電動機軸に発生する出力)のほかに機械損を含みます。

⑥**二次入力** P_2

$$P_2 = P_o + P_{c2} = I_1'{}^2 \cdot \frac{r_2'}{s} \,[\mathrm{W}]$$

⑦**滑り** $s = 0$ **の意味**

$s = 0$ では、

$$R' = r_2' \left(\frac{1-s}{s} \right) = \infty \quad \text{となります。}$$

出力等価抵抗 R' は開放となり、電動機は出力 0 で同期速度で回転することを意味します。実際には、$s = 0$ では二次コイルが回転磁界を切ることができないので、原理上、**同期速度で回転することはできません**。$s = 0$ に近い範囲では、損失分の電力供給を受ければ同期速度に近い速度で回転するということになります。

⑧**滑り** $s = 1$ **の意味**

$s = 1$ では、

$$R' = r_2'\left(\frac{1-s}{s}\right) = 0 \quad \text{となります。}$$

出力等価抵抗R'は短絡となります。これは、電動機の始動時でまだ回転していない状態、または電動機軸拘束状態を表します。変圧器でいえば二次側短絡に相当します。

例題にチャレンジ！

三相誘導電動機があり、一次巻線抵抗が15 $[\Omega]$、一次側に換算した二次巻線抵抗が9 $[\Omega]$、滑りが0.1のとき、効率$[\%]$の値を求めよ。

ただし、励磁電流は無視できるものとし、損失は、一次巻線と二次巻線による銅損しか存在しないものとする。

・解答と解説・・・・・・・・・・・・・・・・・・・・・・・・・・・・・・・・・・

励磁電流を無視した等価回路を次図に示す。

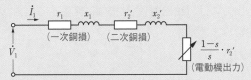

r_1：一次巻線抵抗
r_2'：二次巻線抵抗(一次換算値)
$\dfrac{1-s}{s} \cdot r_2'$：出力等価抵抗

Y結線1相分等価回路

図の等価回路において、滑りをsとすると、1相当たりの銅損P_cと電動機出力P_oは、

$$P_c = I_1^2 r_1 + I_1^2 r_2' = (r_1 + r_2') \cdot I_1^2 \ [\text{W}]$$

$$P_o = \frac{1-s}{s} \cdot r_2' \cdot I_1^2 \ [\text{W}]$$

三相分ではこの3倍となるが、効率の計算なので1相分だけでよい。

問題文より、銅損以外の損失がないので、効率ηは、

$$\eta = \frac{P_o}{P_o + P_c} \times 100 \ [\%]$$

したがって効率 η は、

$$\eta = \frac{\dfrac{1-s}{s} \cdot r_2' \cdot I_1^2}{\dfrac{1-s}{s} \cdot r_2' \cdot I_1^2 + (r_1 + r_2') \cdot I_1^2} \times 100$$

$$= \frac{(1-s) \cdot r_2'}{(1-s) \cdot r_2' + s \cdot (r_1 + r_2')} \times 100$$

$$= \frac{(1-s) \cdot r_2'}{s \cdot r_1 + r_2'} \times 100$$

$$= \frac{(1-0.1) \times 9}{0.1 \times 15 + 9} \times 100$$

$$\fallingdotseq \mathbf{77} \,[\%]\,(答)$$

第2章 誘導機

補足
三相誘導電動機は、速度変動率が小さく、定速度電動機と称される。

③ 三相誘導電動機の特性　　重要度 A

(1) 速度-トルク特性

　誘導電動機のトルク T は二次入力 P_2 に比例するので、比例定数を k とすると、LESSON8の図2.10の簡易等価回路から式(21)のように表されます。

> **重要 公式**　誘導電動機のトルク T
>
> $$T = k \cdot V_1^2 \cdot \frac{\dfrac{r_2'}{s}}{\left(r_1 + \dfrac{r_2'}{s}\right)^2 + (x_1 + x_2')^2} \;[\text{N·m}]$$
>
> $$(21)$$

　トルク T は滑り s の関数であり、s の変化に対するトルクの変化を表したものが図2.14で、これを誘導電動機の**速度-トルク特性曲線**といいます。

プラスワン
式(21)の導出

$$T = \frac{P_2}{\omega_s}$$

$$= k \cdot P_2$$

$$= k \cdot I_1'^2 \cdot \frac{r_2'}{s}$$

$$= k \cdot \left\{ \frac{V_1}{\sqrt{\left(r_1 + \dfrac{r_2'}{s}\right)^2 + (x_1 + x_2')^2}} \right\}^2$$

$$\cdot \frac{r_2'}{s}$$

$$= k \cdot V_1^2$$

$$\cdot \frac{\dfrac{r_2'}{s}}{\left(r_1 + \dfrac{r_2'}{s}\right)^2 + (x_1 + x_2')^2}$$

$$[\text{N·m}]$$

ただし、
ω_s：同期角速度(定値)
k(比例定数)$= \dfrac{1}{\omega_s}$

なお、このトルク式から $\dfrac{r_2'}{s}$ が変わらなければ、**トルクは電圧の2乗に比例する**ことがわかる。

補足
速度-トルク特性曲線は、滑り-トルク特性曲線とも呼ばれる。

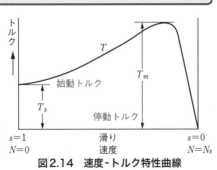

図2.14　速度-トルク特性曲線

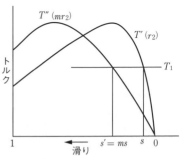

+1 プラスワン

図2.14からわかるように、速度が同期速度N_sに近い範囲（滑りsが小さい範囲）では、滑りとトルクはほぼ比例する（原点$s＝0$が右側にあるので左上がりの直線となる）。滑りが大きくなると、トルクも大きくなる。誘導電動機は、通常この範囲で運転する。試験問題で「**滑りとトルクは比例関係にあるものとする**」という文章は、この範囲を指している。また、始動時（$s＝1$）から停動トルクまでの範囲では、滑りとトルクはほぼ反比例する。

+1 プラスワン

最大トルクT_mは、次式で表される。

$$T_m = k \cdot \frac{V_1^2}{2\{\sqrt{r_1^2+(x_1+x_2')^2}+r_1\}}$$
〔N・m〕

この式から、最大トルクT_mは二次抵抗r_2'に無関係であることがわかる。
また、最大トルクを生じる滑りs_mは、次式で表される。

$$s_m = \frac{r_2'}{\sqrt{r_1^2+(x_1+x_2')^2}}$$

図2.14のT_s〔N・m〕は**始動トルク**で、回転速度$N＝0$（滑り$s＝1$）のときのトルクを表しています。

また、T_mは**最大トルク**で、この最大トルクの生じる滑りsの値は、一般に30〔％〕付近です。この最大トルクT_mを**停動トルク**ともいいます。

負荷トルクが停動トルク以上になると電動機が停止します。

（2）トルクの比例推移

誘導電動機のトルク式、式（21）において、r_1、r_2'、x_1、x_2'〔Ω〕を一定とすると、式の変数は$\dfrac{r_2'}{s}$のみとなり、$\dfrac{r_2'}{s}$の値が変わらなければ、トルクの値も変わらないことになります。次に、$\dfrac{r_2'}{s}$の分母、分子をm倍しても$\dfrac{m×r_2'}{m×s}＝\dfrac{r_2'}{s}$となり、$\dfrac{r_2'}{s}$の値は変わりません（$\dfrac{r_2'}{s}$が一定であれば、$\dfrac{r_2}{s}$も一定である）。

図2.15において、二次回路の抵抗がr_2だけである場合の速度-トルク特性曲線をT'とし、T_1のトルクが滑りsで生じているものとすると、二次回路の抵抗をm倍にした場合には、同じトルクT_1は滑り$s'＝ms$のところで生じることはトルク式、式（21）より明らかです。

したがって、二次回路の抵抗がr_2の場合の速度-トルク特性曲線T'が与えられていると、二次回路の抵抗がmr_2の場合の速度-トルク特性曲線T''は、曲線T'上の各トルクの値をこれらに対応する滑りのm倍の滑りの点に移すことによって求めることができます。

図2.15　トルクの比例推移

このように、r_2がm倍になるとき、前と同じトルクが前の滑りのm倍の点に起こります。**これをトルクの比例推移といいま**

す。

　巻線形誘導電動機で同じトルクが出るように二次抵抗r_2に外部抵抗Rを挿入し、滑りsが滑り$s' = ms$に推移したときの関係は、次式のようになります。

> **⚠重要 公式** 　滑りsが滑り$s' = ms$に推移したときの関係
>
> $$\frac{r_2}{s} = \frac{mr_2}{ms} = \frac{r_2 + R}{s'} \tag{22}$$

　上式で、$mr_2 = r_2 + R$となります。

例題にチャレンジ！

　巻線形三相誘導電動機で、全負荷時の回転速度が$960 \,[\text{min}^{-1}]$である。同一トルクで$700 \,[\text{min}^{-1}]$とするための回転子回路に接続する抵抗$[\Omega]$の値を求めよ。ただし、回転子はY結線、各相の抵抗は$r \,[\Omega]$で、電源周波数は$50 \,[\text{Hz}]$とする。

・**解答と解説**・・・・・・・・・・・・・・・・・・・・・・・・・・・・・・・・・

回転速度Nが$960 \,[\text{min}^{-1}]$のときの同期速度N_sは、6極で1000 $[\text{min}^{-1}]$と推定できる。このときの滑りsは、

$$s = \frac{N_s - N}{N_s} = \frac{1000 - 960}{1000} = 0.04$$

また、回転速度N'が$700 \,[\text{min}^{-1}]$のときの滑りs'は、

$$s' = \frac{N_s - N'}{N_s} = \frac{1000 - 700}{1000} = 0.3$$

$R \,[\Omega]$を回転子回路1相に接続する抵抗とすると、比例推移から次式が満足されれば、滑りsのときのトルクTを、滑りs'のときに発生させられる。

$$\frac{r}{s} = \frac{r + R}{s'}$$

よって、求める抵抗Rは上式を変形して、

$$s(r + R) = s'r$$

$$r + R = \frac{s'}{s}r$$

➕プラスワン

巻線形誘導電動機では二次回路を引き出し、二次抵抗を合理的に変化させ、比例推移により始動時に最大トルクとするなど、始動特性の改善をすることが可能である。

補足

重要公式(22)の二次抵抗r_2および外部挿入抵抗Rは、一次換算していない値である。
一次換算した値r_2'、R'でも$\dfrac{r_2'}{s}$が一定なら$\dfrac{r_2'}{s}$も一定となるのでトルクは変わらず、この公式は成り立つが、実際の試験問題では二次回路単独で出題されることが多いため、このように表現してある。

補足

一次電流、力率なども$\dfrac{r_2}{s}$の関数となるので、トルクと同じように比例推移する。しかしながら、出力、効率などは、$\dfrac{r_2}{s}$の関数にはならないので、比例推移はしない。

🔆 解法のヒント

問題に極数が与えられていないときは、同期速度の公式を用いて極数を推定する必要がある。問題の三相誘導電動機の同期速度 N_s〔$\mathrm{min^{-1}}$〕は、周波数を f〔Hz〕、極数を p とすると、次式で表される。

$$N_s = \frac{120f}{p} = \frac{120 \times 50}{p}$$

$$= \frac{6000}{p} \,〔\mathrm{min^{-1}}〕$$

ここで、極数 p を6極と推定すると、上式より同期速度 N_s は1000〔$\mathrm{min^{-1}}$〕となり、滑り $s = 0.04$ となる。一般に、三相誘導電動機の全負荷時の滑りは5〔%〕前後であるから、この場合の滑りは妥当な値となる。なお、極数を4極とした場合は、同期速度は1500〔$\mathrm{min^{-1}}$〕、滑りは0.36となる。また、極数を8極とした場合は、同期速度は750〔$\mathrm{min^{-1}}$〕、滑りは-0.28となる。したがって、どちらも不適切な値となる。

$$R = \frac{s'}{s}r - r$$

$$= \left(\frac{s'}{s} - 1\right)r$$

$$= \left(\frac{0.3}{0.04} - 1\right)r$$

$$= \mathbf{6.5}r \,（答）$$

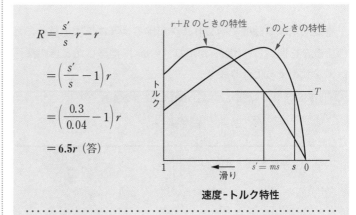

速度-トルク特性

理解度チェック問題

問題　次の　　　の中に適当な答えを記入せよ。

1. 誘導電動機の効率 η〔%〕は、次式で求められる。

ただし、P_1：一次入力〔W〕、P_o：機械的出力〔W〕、P_2：二次入力〔W〕、s：滑り〔小数〕、P_i：鉄損、P_{c1}：一次銅損、P_{c2}：二次銅損とし、ほかの損失は無視する。

$$\eta = \frac{P_o}{P_1} \times 100 = \frac{\boxed{(ア)} \times P_2}{P_1} \times 100 \,〔\%〕$$

$$\eta = \frac{P_o}{P_1} \times 100 = \frac{P_o}{P_o + \boxed{(イ)} + \boxed{(ウ)} + \boxed{(エ)}} \times 100 \,〔\%〕$$

$$\eta = \frac{P_o}{P_1} \times 100 = \frac{P_1 - \boxed{(イ)} - \boxed{(ウ)} - \boxed{(エ)}}{P_1} \times 100 \,〔\%〕$$

2. 三相誘導電動機のトルク式は、二次抵抗 r_2 と滑り s の比 $\dfrac{\boxed{(オ)}}{\boxed{(カ)}}$ の関数となる。

したがって、この比が一定ならトルクの大きさは変わらない。

二次抵抗 r_2 が m 倍になると、前と同じトルクが前の滑りの m 倍の点に起こる。これをトルクの　(キ)　という。巻線形誘導電動機で同じトルクが出るように、二次抵抗 r_2 に外部抵抗 R を挿入し、滑り s が滑り $s' = ms$ に推移したときの関係は次式となる。

$$\frac{r_2}{s} = \frac{\boxed{(ク)}}{ms} = \frac{\boxed{(ケ)}}{s'}$$

解答

(ア) $(1-s)$　　(イ) P_i　　(ウ) P_{c1}　　(エ) P_{c2}　　(オ) r_2　　(カ) s
(キ) 比例推移　　(ク) mr_2　　(ケ) $r_2 + R$　　※ (イ)(ウ)(エ)は順不同

三相誘導電動機の運転と速度制御

三相誘導電動機の運転や始動方法について学習します。学習する項目は、始動方法の種類や速度制御など、基礎的な項目が中心となります。

関連過去問 022, 023

左のそれぞれの三相誘導電動機の始動法、速度制御、制動について学ぶニャン

三相誘導電動機
(1) (普通)かご形誘導電動機
(2) 巻線形誘導電動機
(3) 特殊かご形誘導電動機
　① 二重かご形誘導電動機
　② 深みぞ形誘導電動機

1 三相誘導電動機の始動法

重要度 A

三相誘導電動機に直接定格電圧を加えて始動すると、大きな始動電流(定格電流の5〜8倍程度)が流れて巻線を過熱し、電動機に機械的衝撃を与えるだけでなく、力率が悪いため大きな電圧降下を生じて、ほかの負荷に悪影響を及ぼします。したがって、適当な始動方法を用いて改善する必要があります。

図2.16は、始動時のトルクと電流の変化を示したものです。

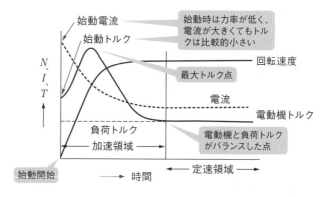

図2.16　始動時のトルクと電流

(1) かご形誘導電動機の始動法

〈1〉全電圧始動法

5〔kW〕以下の小容量のかご形誘導電動機は、始動電流が比較的小さく電源に与える影響が少ないので、定格電圧で始動します。これを**全電圧始動法（直入れ始動法）**といいます。また、**特殊かご形誘導電動機**（▶❹参照）は、始動電流を制限し、始動トルクを確保できるように設計されているので、全電圧で始動します。

〈2〉減電圧始動法

大容量の普通かご形誘導電動機の場合、次の方法で端子電圧を下げて始動電流を小さくする**減電圧始動法**が用いられます。

減電圧始動法には、次のような種類があります。

①Y-△始動

一次巻線（固定子巻線）を始動するときはY結線として、定格速度付近まで加速したときにスイッチSの切り換えにより△結線とする方法で、この場合の**始動電流**および**始動トルク**は、それぞれ全電圧始動の$\dfrac{1}{3}$になります。

定格出力が5〜15kW程度の普通かご形誘導電動機の始動法として用いられます。

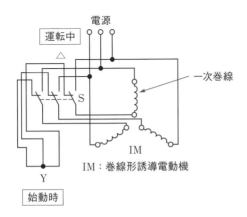

図2.17 Y-△始動

補足

特殊かご形誘導電動機は、普通かご形誘導電動機の始動特性の欠点（始動電流が大きい割に始動トルクが小さい）を改善した電動機で、二重かご形と深みぞ形の2種類がある。**大容量機でも全電圧始動法ができる。**ただし、電源の容量が大きいという条件が必要である。

補足

IMは、Induction Motor（誘導電動機）の略。

用語 🔈

リアクトルとは、交流
回路に対してリアクタ
ンス（電流を流れにく
くする作用）を生じさ
せるコイル状の機器。

②リアクトル始動

　始動時にスイッチSを開き、リアクトルにより始動電流を制限します。運転中はスイッチSを閉じ、リアクトルを短絡します。**始動電流**を$\dfrac{1}{\alpha}$倍にすると、**始動トルク**は$\dfrac{1}{\alpha^2}$倍に減少します。

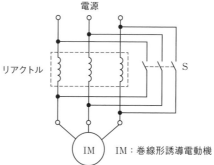

電源

リアクトル

S

IM　　IM：巻線形誘導電動機

図2.18　リアクトル始動

③始動補償器による始動

　始動時にスイッチS_1を閉じ、**始動補償器**と呼ばれる三相単巻変圧器の一次側を電源に、二次側を電動機に接続し始動電圧を下げます。始動補償器のタップにより、電動機の端子電圧を全電圧の$\dfrac{1}{u}$にすると電動機の電流も$\dfrac{1}{u}$倍になり、したがって

電源側（始動補償器の一次側）の始動電流は$\dfrac{1}{u^2}$倍に減少します。

用語 🔈

始動補償器（単巻変圧
器）の**タップ**とは、巻
線の途中から引き出し
た端子。これにより、
変圧比を変えることが
できる。

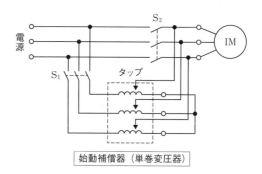

電源

S_2

IM

S_1　　タップ

始動補償器（単巻変圧器）

図2.19　始動補償器による始動

また、**始動トルク**も$\dfrac{1}{u^2}$倍に減少します。ほぼ定格速度に近づ

いたとき、スイッチS_1を開き、スイッチS_2を閉じて定格電圧
を与えます。定格出力が15kW程度より大きな普通かご形誘導
電動機の始動法として用いられます。

④インバータ始動

　VVVF（可変電圧、可
変周波数）インバータを
用いて、始動時に電圧V
を下げるとともに周波数
fを下げ、その比V/fを
一定に保ちながら始動す
る方法をインバータ始動
といいます。

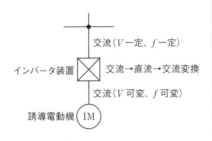

図2.20　インバータ始動

(2) 巻線形誘導電動機の始動法

　巻線形誘導電動機は、**ト
ルクの比例推移特性**を利用
して、図2.21 (a) のように
**二次回路に外部からスリッ
プリングとブラシを通し、
始動抵抗器を接続**して始動
時の二次抵抗を大きくする
ことにより、始動電流を抑
制するとともに、大きな始
動トルクにより始動します。

　外部二次抵抗Rは、始動
抵抗器タップの切り換えに
より①②③と順次少なくし
ていき、最後にスリップリ
ング間で短絡し、0Ωとし
ます。

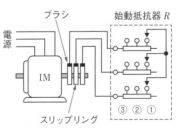

(a) 始動抵抗器の接続

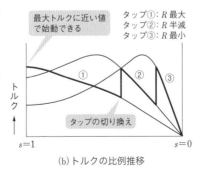

(b) トルクの比例推移

図2.21　巻線形誘導電動機の始動

補足

VVVFとはVariable
Voltage（可変電圧）、
Variable Frequency
（可変周波数）の略。

用語

インバータとは、サイ
リスタなどの半導体素
子を用いて直流→交流
変換を行う装置のこと。
なお、その前段階の交
流→直流変換を行う装
置を**コンバータ**という
が、広義にはコンバー
タを含めて**インバータ
装置**という。

補足

回転している二次巻線
とスリップリングから
外部へ電気を取り出し、
外部二次抵抗と接続す
るため、スリップリン
グにブラシを押し付け
擦り接触させている。
スリップリングの材質
は金属で硬く、ブラシ
の材質は黒鉛（鉛筆の
芯と同じ）で柔らかい。
ブラシは摩耗していく
ので、定期的に交換す
る。

スリップリングとブラシ

　三相誘導電動機の始動においては、十分な始動トルクを確保し、始動電流は抑制し、かつ定常運転時の特性を損なわないように適切な方法を選定することが必要である。次の文章はその選定のために一般に考慮される特徴のいくつかを述べたものである。誤っているものを次の(1)～(5)のうちから一つ選べ。

(1) 全電圧始動法は、直入れ始動法とも呼ばれ、かご形誘導電動機において電動機の出力が電源系統の容量に対して十分小さい場合に用いられる。始動電流は定格電流の数倍程度の値となる。

(2) インバータ始動法は、VVVF（可変電圧、可変周波数）インバータを用いて、始動時に電圧 V を下げるとともに周波数 f を下げ、その比 V/f を一定に保ちながら始動する方法である。

(3) Y-△始動法は、一次巻線を始動時のみY結線とすることにより始動電流を抑制する方法であり、定格出力が5～15kW程度のかご形誘導電動機に用いられる。始動トルクは△結線における始動時の $\dfrac{1}{\sqrt{3}}$ 倍となる。

(4) 始動補償器法は、三相単巻変圧器を用い、使用する変圧器のタップを切り換えることによって低電圧で始動し運転時には全電圧を加える方法であり、定格出力が15kW程度より大きなかご形誘導電動機に用いられる。

(5) 巻線形誘導電動機の始動においては、始動抵抗器を用いて始動時に二次抵抗を大きくすることにより、始動電流を抑制しながら始動トルクを増大させる方法がある。これは誘導電動機のトルクの比例推移を利用したものである。

・解答と解説・

(1)、(2)、(4)、(5)の記述は正しい。

(3) 誤り（答）。Y-△始動法の始動トルクは、△結線における始動時の $\dfrac{1}{3}$ 倍となる。したがって、「$\dfrac{1}{\sqrt{3}}$ 倍となる」という記述は誤りである。

② 速度制御　重要度 A

　誘導電動機は、出力が変化しても回転速度の変化が小さい定速度電動機です。誘導電動機の回転速度は次式で表されます。この式より、回転速度N〔$\min^{-1}$〕を変えるには、滑りs、電源の周波数f〔Hz〕、固定子巻線の極数pのいずれかを変えればよいことになります。

$$N = (1-s)N_s = (1-s)\frac{120f}{p} \ 〔\min^{-1}〕$$

　こうした**速度制御**の方法には、以下に説明するような二次抵抗制御法、周波数を変更する方法、極数を切り換える方法、二次励磁法などがあります。

(1) 二次抵抗制御法

　巻線形誘導電動機の二次抵抗r_2を外部に接続した抵抗の増減によりr_2+Rとし、トルクの比例推移（▶LESSON9）の原理で速度制御を行います。これは、二次抵抗を変化させることにより同一トルクが発生する滑りの変化（＝回転速度の変化）を応用したものです。

　二次抵抗での電力損失が大きくなる欠点があります。

(2) V/f 一定制御法

　可変周波数電源装置を用いて、誘導電動機に加わる**周波数を変えて速度制御**を行います。周波数の可変装置には、**VVVF（可変電圧可変周波数）インバータ**などがあります。VVVF（Variable Voltage Variable Frequency）インバータは、直流電力を交流電力に変換し、可変電圧や可変周波数が得られる電源です。誘導電動機を速度制御するには、電源周波数を可変したときも常に発生トルクが一定になるように入力電圧も制御する必要があります。つまり、電圧と周波数の比V/fが一定という条件を備えた電源がVVVFインバータであり、図2.22にその構成を示します。

用語

極数とは、誘導電動機の**固定子に作られる磁極の数**のこと。N極とS極の一組で2極。極数はp（pole、ポール）で示され、$2p$が2極、$4p$が4極、$6p$が6極。

補足

速度制御の二次抵抗制御法の原理は、❶三相誘導電動機の始動法で学習した始動抵抗器と同じ。また、V/f一定制御法の原理は、インバータ始動と同じである。

整流器は、サイリスタ
などにより交流を直流
に変換する装置で、**コ
ンバータ**とも呼ばれる。

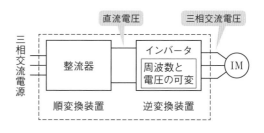

図2.22　VVVFインバータ構成図

(3) 極数を切り換える方法

　固定子巻線の接続を切り換えて極数を変えたり、異なる極数
の2組の巻線を固定子に設けたりするなど、**極数を切り換えて**
速度制御を行います。

　この速度制御法では、連続的で滑らかな速度制御はできず、
段階的な速度制御となります。

(4) 二次励磁法

　二次励磁法は、巻線形誘導電動機を直流電動機、整流器など
と組み合わせて速度制御するもので、**クレーマ方式**（図2.23(a)）
と**セルビウス方式**（図2.23(b)）があります。

　前述の二次抵抗制御法の二次抵抗損が大きく、効率が悪くな
るなどの欠点を解消するために、二次抵抗の電力損失を回収し、
それを主軸に返還（クレーマ方式）または電源に返還（セルビウ
ス方式）して速度を制御し、高効率の運転を行うものです。

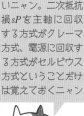

クレーマ方式とセル
ビウス方式の理論は
難しいから、その詳
細を覚える必要はな
いニャン。二次抵抗
損 sP を主軸に回収
する方式がクレーマ
方式、電源に回収す
る方式がセルビウス
方式ということだけ
は覚えておくニャン

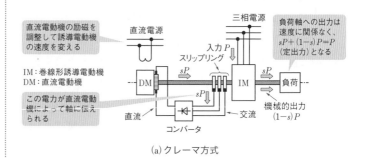

(a) クレーマ方式

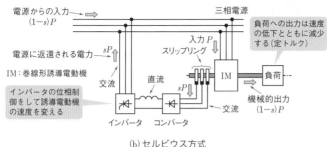

（b）セルビウス方式

図2.23　クレーマ方式とセルビウス方式

第2章

誘導機

補足
図2.23は、巻線形誘導電動機IMの電力損失を無視している。

(5) ベクトル制御法

　パワーエレクトロニクス技術の発達により可能となった速度制御法です。電動機の一次電流を、**トルク**を発生する電流成分と**磁束**を発生する電流成分とに分解し、それぞれの電流成分を独立に制御する方式です。精密な制御が可能です。誘導電動機の速度制御のほか、同期電動機の速度制御にも使われます。

③ 制動 　重要度 A

　運転中の**電動機にブレーキをかけることを制動といい**、誘導電動機の制動法には、大別して**機械的制動法**と**電気的制動法**とがあります。機械的制動法は、主に停止を目的として行われます。電気的制動法は、速度の上昇を抑制する目的で使用されます。電気的制動法には**発電制動**、**逆相制動**（**プラッギング**：plugging）、**回生制動**などの方法があります。

補足
機械的制動法は、ブレーキパッドなど機械的な摩擦によって制動する方法である。

(1) 発電制動

　運転中の誘導電動機の固定子巻線を電源から切り離して、その1相の端子とほかの2端子を一括した端子間に直流電源を接続して直流励磁します。これにより電動機は、固定子を界磁極、回転子を電機子とする回転電機子形の交流発電機となって**電力を消費**するので、制動がかかります。この方法を**発電制動**といいます。

補足
回転電機子形の交流発電機（同期発電機）については、LESSON19同期発電機の原理で学ぶ。

(2) 逆相制動（プラッギング）

運転中の誘導電動機の3端子のうち任意の2端子をつなぎ変えると、相回転が逆になり、滑り $s>1$ での運転になり制動がかかります。この方法を**逆相制動**または**プラッギング**といい、効果的に急制動を行うことができます。ただし、停止した時点で回路を切らないと逆転してしまうので、停止時に自動的に回路を遮断します。

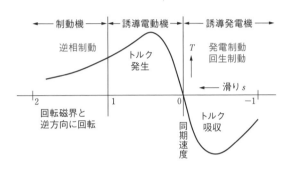

図2.24　誘導機の3つの制動

(3) 回生制動

この制動法は、クレーンやウインチなど荷重を下げる場合に用いられます。誘導電動機を電源に接続したまま、同期速度以上 $(s<0)$ の速度で運転すると誘導発電機として動作して電源に電力が返還されるので、制動がかかります。この方法を**回生制動**といいます。

---

④　特殊かご形誘導電動機　　重要度 **A**

普通かご形誘導電動機の欠点としては、始動電流が大きい割に、始動トルクが小さいことが挙げられます。こうした始動特性を改善した誘導電動機が**特殊かご形誘導電動機**で、**二重かご形**と**深みぞ形**の2種類あります。

(1) 二重かご形誘導電動機

二重かご形誘導電動機は、図2.25のように、回転子スロッ

ト（みぞ）の外側（A）と内側（B）に二重にかご形導体を配置した
かご形構造となっています。外側のA導体は抵抗を大きくし、
内側のB導体は抵抗を小さくします。

　図2.25は回転子のスロット断面を示したもので、A、B両導
体に電流が流れたときの漏れ磁束分布を示したものです。A導
体は、磁路に空隙（エアギャップ）があるため磁気抵抗が大き
く、磁束が流れにくくなります。B導体は、磁路がほとんど鉄
心中なので磁気抵抗が小さく、磁束が流れやすくなります。す
なわち、A導体は抵抗が大きく、リアクタンス（磁気抵抗の逆
数相当）が小さいですが、B導体は抵抗が小さく、リアクタン
スが大きいということになります。

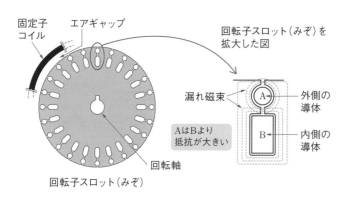

図2.25　二重かご形の磁束分布

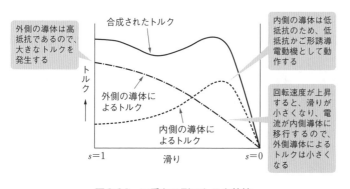

図2.26　二重かご形のトルク特性

補足

図2.25は、下図の二
重かご形回転子を正面
から見た図である。

補足

図2.26は、図2.25の
A導体（外側の導体）に
よるトルクとB導体
（内側の導体）によるト
ルクとの合成を示した
もの。このことにより、
始動トルクが一般の誘
導電動機と比較して大
きくなり、始動時の特
性が改善されたことに
なる。

第2章

誘導機

補足

二次側(回転子)導体の
リアクタンスX_Lは、
次式のように、二次周
波数f_2に比例する。
$X_L = \omega L = 2\pi f_2 L$
ただし、
ω：角周波数
L：インダクタンス

二重かご形も深みぞ
形も、始動時の二次
抵抗を大きくし、始
動時つまり滑りsが
大きいときに大きな
トルクが出るように
比例推移させている
よ。これは巻線形の
始動抵抗器と同じ
ニャン

用語

表皮効果とは、周波数
の高い電流が導体を流
れるとき、導体内部は
漏れリアクタンスが大
きいため電流が流れに
くく、導体表面に電流
が集中する現象のこと。

補足

**二次導体の電流密度
イメージ**

始動時f_2高

電流密度大
電流密度中
電流密度小
電荷の流れ
(電流)

定格運転時f_2低

電流密度
均一

誘導電動機の二次周波数$f_2 = s f_1$は、式からもわかるように、滑りsが大きい始動時は高くなり、速度が上がるとともにsが小さくなり低くなるので、始動時のリアクタンスが小さいという関係から、始動時には電流はほとんどA導体を流れます。また、速度が上がると二次周波数f_2が小さくなるので、周波数に関係するリアクタンスの影響は小さくなります。したがって、電流は抵抗の小さいB導体を流れることになります。このことは、二次側の実質的な抵抗が始動時に大きく、速度が上昇するとともに、抵抗が小さくなることを示しています。すなわち、始動時の特性、運転時の特性ともに改善されたことになります。運転時は、二次抵抗が小さいほうが二次銅損が小さく高効率となります。

(2) 深みぞ形誘導電動機

深みぞ形誘導電動機 は、図2.27に示すように、長方形の二次導体を回転子に設けた深いみぞに収める構造になっています。この二次導体に流れる電流の作る

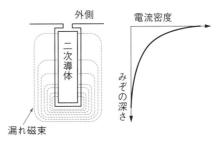

図2.27 深みぞ形の磁束分布

漏れ磁束は、内側導体(回転軸中心に近い導体)ほど多くなり、二次導体における始動時の電流密度は著しく不均一となります。このため、二次導体の下部(内側導体)ほど電流が流れにくくなり、始動時には表皮効果により、二次電流は二次導体の上部(表面)を流れ、導体全体の抵抗が増加し、電流が小さくなってトルクが増加します。回転速度が上昇すると、二次周波数f_2が極めて低くなるので、表皮効果はほとんどなくなって漏れリアクタンスが減少し、二次電流は均一化され、導体全体に流れるようになります。このように、二重かご形と同じ特性を持たせることができます。

理解度チェック問題

問題　次の□□□の中に適当な答えを記入せよ。

1. 三相巻線形誘導電動機は、　(ア)　回路にスリップリングを通して接続した抵抗を加減し、トルクの比例推移を利用して　(イ)　を変えることで速度制御ができる。

2. 深みぞ形誘導電動機は、回転子の深いスロットに幅の狭い平たい導体を押し込んで作られる。このような構造とすることで、回転子導体の　(ウ)　は定常時に比べて始動時は導体の外側 (回転子表面側) と内側 (回転子中心側) で不均一の度合いが増加し、等価的に二次導体の　(エ)　が増加することになり、始動トルクが増加する。

3. 二重かご形誘導電動機は回転子に内外二重のスロットを設け、それぞれに導体を埋め込んだものである。外側 (回転子表面側) の導体は内側 (回転子中心側) の導体に比べて抵抗値を　(オ)　することで、大きな始動トルクを得られるようにしている。

4. 誘導電動機の回転速度N〔$\min^{-1}$〕は、次式で与えられる。

　$N = (1-s)N_s$　ここで、sは滑り、N_sは同期速度である。

　したがって、滑り、同期速度を変えると回転速度Nを変えることができ、具体的には、一般に以下の方法がある。

a.　(カ)　誘導電動機の　(キ)　回路の抵抗を変えて滑りを変化させる方法。この方法では　(キ)　回路の電力損失が大きい。

b. 電源の　(ク)　を変化させる方法。電動機の電源側にインバータを設ける場合が多く、圧延機や工作機械等の広範囲な速度制御に用いられる。

c. 固定子の同じスロットに　(ケ)　の異なる上下2種類の巻線を設けてこれを別々に利用したり、1組の固定子巻線の接続を変更したりなどして、　(ケ)　を変え、回転速度を　(コ)　的に変える方法。

解答

(ア)二次　　(イ)滑り　　(ウ)電流密度　　(エ)抵抗またはインピーダンス
(オ)大きく　　(カ)巻線形　　(キ)二次　　(ク)周波数　　(ケ)極数
(コ)段階　※注：連続的に変化させることはできない

第2章

誘導機

117

三相誘導電動機の円線図と試験

三相誘導電動機の特性を求めるための円線図、および円線図を描くための各種試験の要点をしっかり押さえましょう。

関連過去問 024

各種の試験結果の数値から、こんな図が描けるんだニャ。面白いニャ

① 円線図

重要度 C

誘導電動機の特性を表す諸量を、電動機に実負荷をかけずに**簡単な試験の結果から作図によって求める方法**を、**円線図法**といい、これに用いる図を**円線図**といいます。

(1) 円線図の原理

誘導電動機の等価回路を1相について表すと、図2.28のようになります。

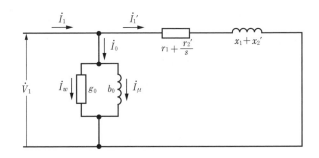

図2.28　誘導電動機運転中の等価回路（1相分）

図2.28から、一次負荷電流を I_1' 〔A〕、V_1 と I_1' の位相差を θ_1' とすると、

$$I_1' = \frac{V_1}{\sqrt{\left(r_1 + \dfrac{r_2'}{s}\right)^2 + (x_1 + x_2')^2}} \; \text{〔A〕}$$

$$\sin \theta_1' = \frac{x_1 + x_2'}{\sqrt{\left(r_1 + \dfrac{r_2'}{s}\right)^2 + (x_1 + x_2')^2}}$$

と表されます。$\sin \theta_1'$の式を変形すると、次式が得られます。

$$\sqrt{\left(r_1 + \dfrac{r_2'}{s}\right)^2 + (x_1 + x_2')^2} = \frac{x_1 + x_2'}{\sin \theta_1'}$$

また、上式をI_1'の式に代入すると、次式が得られます。

$$I_1' = \frac{V_1}{x_1 + x_2'} \sin \theta_1'$$

ここで、V_1、x_1、x_2'は定数なので、$\dfrac{V_1}{x_1 + x_2'}$は定数となります。

したがって、一次電流I_1'〔A〕は、定数×$\sin \theta_1'$となるので、θ_1'を変化（負荷および滑りを変化）させたときのI_1'の軌跡は、図2.29に示すような直径 oa が$\dfrac{V_1}{x_1 + x_2'}$となる半円を描くことになります。これが円線図の原理です。

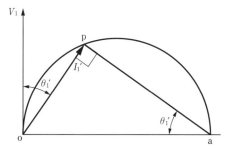

図2.29　I_1'の軌跡

(2) 円線図の描き方

図2.28の等価回路から、一次電流$\dot{I}_1$〔A〕は次式で表されます。

$$\dot{I}_1 = \dot{I}_1' + \dot{I}_0 \; \text{〔A〕} \cdots\cdots ①$$

また、励磁電流$\dot{I}_0$〔A〕は有効分$\dot{I}_w$〔A〕と無効分$\dot{I}_\mu$〔A〕の合成

電流であり、次式で表されます。

$$\dot{I}_0 = \dot{I}_w + \dot{I}_\mu = V_1 g_0 - j V_1 b_0 \; [\text{A}] \cdots\cdots ②$$

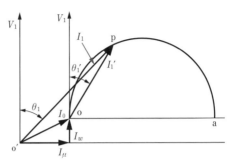

図2.30　円線図

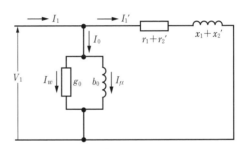

図2.31　誘導電動機 $s = 1$ の等価回路

図2.30の円線図は、上述①②の2式の関係を図2.29に加えたもので、θ_1 が電圧 $V_1 [\text{V}]$ と電流 $I_1 [\text{A}]$ との位相差となり、$\cos\theta_1$ が電動機の力率となります。

また、図2.30の円線図において滑り $s = 1$ とすると、等価回路は図2.31のように表せます。このときの電流は、回転子が静止状態（回転していない状態）の電流であり、変圧器の二次側を短絡して一次側に定格電圧を加えた場合の電流と同じと考えられるので、短絡電流となります。

この場合の短絡電流 $I_s [\text{A}]$ は、次式で表されます。

$$I_s = \frac{V_1}{\sqrt{(r_1 + r_2')^2 + (x_1 + x_2')^2}} \; [\text{A}]$$

$$\cos\theta_s = \frac{r_1 + r_2'}{\sqrt{(r_1 + r_2')^2 + (x_1 + x_2')^2}}$$

この式の短絡電流I_s〔A〕による電力は、$r_1 + r_2'$〔Ω〕の抵抗損に相当するものなので、次式のように表すことができます。

$$I_s^2(r_1 + r_2') = \frac{V_1 I_s (r_1 + r_2')}{\sqrt{(r_1 + r_2')^2 + (x_1 + x_2')^2}} = V_1 I_s \cos\theta_s$$

これらの関係を図示すると、図2.32のようになります。

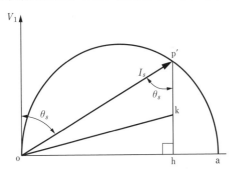

図2.32　I_sに対する銅損

この図より、$I_s \cos\theta_s = \overline{\mathrm{p'h}}$であるので、$\overline{\mathrm{p'h}}$の長さに$V_1$〔V〕を掛けると、短絡電流$I_s$〔A〕に対する銅損となります。

ここで、$\overline{\mathrm{p'h}}$上において$\overline{\mathrm{p'k}} : \overline{\mathrm{kh}} = r_2 : r_1$とする点をkとすると、$\overline{\mathrm{p'k}}$が短絡電流$I_s$〔A〕に対する二次銅損となり、$\overline{\mathrm{kh}}$が一次銅損となります。一般的には一次銅損≒二次銅損なので、k点の位置は$\overline{\mathrm{p'h}}$のほぼ中央になります。

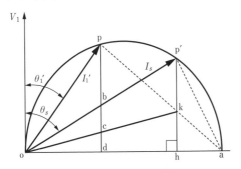

図2.33　任意の電流I_1'に対する銅損

また、図2.33において任意の一次負荷電流I_1'〔A〕に対する銅損は、p点より oa上に垂線をおろし、図のようにb、c、d点とすると、$\overline{\mathrm{bd}}$が一次負荷電流I_1'〔A〕に対する銅損となります。

この銅損のうち、$\overline{bc}$ が I_1' に対する二次銅損、$\overline{cd}$ が一次銅損となります。

(3) 円線図の見方

図2.34に示す完成した円線図は、図2.30と図2.33を組み合わせたもので、一次電流 I_1 〔A〕における諸特性は、次のようになります。

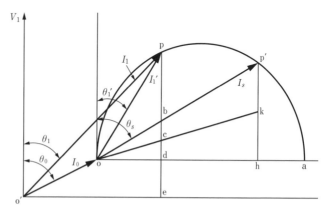

図2.34 完成した円線図

①電流を表す部分

$\overline{o'p} = I_1 =$ 一次電流

$\overline{o'o} = I_0 =$ 無負荷電流（励磁電流）

$\overline{op} = I_1' =$ 一次負荷電流

②電力を表す部分

$\overline{pe} = P_1 =$ 一次入力

$\overline{pb} = P_0 =$ 機械的出力（機械損を無視すると出力になる）

$\overline{bc} = P_{c2} =$ 二次銅損

$\overline{cd} = P_{c1} =$ 一次銅損

$\overline{de} = P_i =$ 無負荷損（鉄損）

$\overline{pc} = P_2 =$ 二次入力（同期ワット）

$\dfrac{\overline{pe}}{\overline{o'p}} = \cos\theta_1 =$ 力率

③その他の特性部分

$$\frac{\overline{bc}}{\overline{pc}}=s=滑り$$

$$\frac{\overline{pb}}{\overline{pc}}=1-s=回転速度（N_s=1としたときの回転速度）$$

$$\frac{\overline{pb}}{\overline{pe}}=\frac{P_0}{P_1}=\eta=効率（機械損を無視）$$

② 円線図を作図するのに必要な試験　重要度 B

　円線図の作成に必要な試験には、「無負荷試験」「拘束試験」「巻線抵抗の測定」の3つの種類があります。

(1) 無負荷試験

　誘導電動機を定格電圧V_n〔V〕、定格周波数で無負荷運転して、図2.35のように無負荷入力P_i〔W〕と無負荷電流I_0〔A〕を測定して、I_0〔A〕の有効分I_w〔A〕と無効分I_μ〔A〕を次式により計算します。

$$I_w=\frac{P_i}{\sqrt{3}\,V_n}\,〔A〕、\quad I_\mu=\sqrt{I_0{}^2-I_w{}^2}\,〔A〕$$

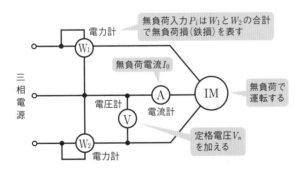

図2.35　無負荷試験

補足

$I_w=\dfrac{P_i}{\sqrt{3}\,V_n}$〔A〕の導出

$P_i=\sqrt{3}\,V_n I_o \cos\theta_0$〔W〕

$I_o \cos\theta_0=I_w$であるから、

$P_i=\sqrt{3}\,V_n I_w$〔W〕

よって、

$I_w=\dfrac{P_i}{\sqrt{3}\,V_n}$〔A〕

(2) 拘束試験

誘導電動機の回転子が回転しないように拘束した状態にし、図2.36のように、一次巻線に定格周波数の低電圧を加えて定格電流I_n〔A〕を流したときの一次電圧V_s'〔V〕と入力電力P_s'〔W〕を測定します。

補足-📎

V_s'は**インピーダンス電圧**、
P_s'は**インピーダンスワット**と呼ばれる。

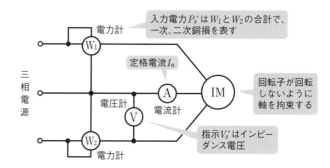

入力電力P_s'はW_1とW_2の合計で、一次、二次銅損を表す

定格電流I_n

回転子が回転しないように軸を拘束する

電圧計　電流計

指示V_s'はインピーダンス電圧

図2.36　拘束試験

補足-📎

拘束電流とは、電動機を停止したときの電流のこと。また、有効分は有効電力に関与する電流、無効分は無効電力に関与する電流のことである。

この結果から、定格電圧V_n〔V〕を加えたときの拘束電流(短絡電流)I_s〔A〕、一次入力P_s〔W〕、I_s〔A〕の有効分I_{s1}〔A〕、無効分I_{s2}〔A〕を、次式により計算します。

$$I_s = I_n \times \frac{V_n}{V_s'} \text{〔A〕}$$

$$P_s = P_s' \times \left(\frac{V_n}{V_s'}\right)^2 \text{〔W〕}$$

$$I_{s1} = \frac{P_s}{\sqrt{3}\,V_n} \text{〔A〕}$$

$$I_{s2} = \sqrt{I_s^2 - I_{s1}^2} \text{〔A〕}$$

(3) 巻線抵抗の測定

任意の周囲温度t〔℃〕において、一次側の各端子間で測定した巻線の抵抗の平均値をR_1〔Ω〕とし、この値から75〔℃〕における一次巻線の1相分の抵抗r_1〔Ω〕を次式により算出します。

補足-📎

右記の75〔℃〕を**基準巻線温度**といいます。

$$r_1 = \frac{R_1}{2} \times \frac{234.5 + 75}{234.5 + t} \text{〔Ω〕}$$

また、一次側に換算した二次巻線抵抗r_2'〔Ω〕は、拘束試験で得られる$\dfrac{P_s'}{3I_n^2}$が1相分の$r_1 + r_2'$〔Ω〕を表すことから、次式で求めることができます。

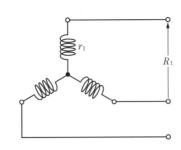

図2.37　一次巻線抵抗の測定

$$r_2' = \frac{P_s'}{3I_n^2} - r_1 \ [\Omega]$$

第2章　誘導機

補足

P_s'は、拘束試験において定格電流I_n〔A〕を流したときの一次、二次銅損であるから、
$$P_s' = 3I_n^2(r_1 + r_2')$$
$$r_1 + r_2' = \frac{P_s'}{3I_n^2}$$
よって、
$$r_2' = \frac{P_s'}{3I_n^2} - r_1 \ [\Omega]$$

例題にチャレンジ！

　ある三相誘導電動機の拘束試験、抵抗測定試験を行ったところ、次の結果が得られた。この三相誘導電動機の1相一次換算の二次巻線抵抗の値を求めよ。

抵抗測定試験（室温17℃）	$R_1 = 1.4 \ \Omega$
拘束試験（$N = 0 \text{min}^{-1}$）	$P = 315.5 \text{W}$ $V = 39.5 \text{V}$ $I = 8.2 \text{A}$

・解答と解説・

基準巻線温度75〔℃〕における、一次巻線の1相分の抵抗r_1〔Ω〕は、

$$r_1 = \frac{1}{2} \times R_1 \times \frac{234.5 + 75}{234.5 + t} = \frac{1}{2} \times 1.4 \times \frac{234.5 + 75}{234.5 + 17}$$

$$\fallingdotseq 0.861 \ [\Omega]$$

拘束試験で得られた$\dfrac{P_s'}{3I_n^2}$が1相分の$r_1 + r_2'$〔Ω〕を表すので、

$$r_1 + r_2' = \frac{P_s'}{3I_n^2} = \frac{315.5}{3 \times 8.2^2} \fallingdotseq 1.564 \ [\Omega]$$

ただし、$P_s' = P = 315.5$〔W〕、$I_n = I = 8.2$〔A〕

よって、求める1相一次換算の二次巻線抵抗r_2'は、

$$r_2' = \frac{P_s'}{3I_n^2} - r_1 = 1.564 - 0.861 \fallingdotseq \mathbf{0.70} \ [\Omega] \ (答)$$

問題　次の　　の中に適当な答えを記入せよ。

図は、三相誘導電動機の円線図である。$\overline{\text{OP}}$ は一次電流を表し、$\overline{\text{ON}}$ は 　(ア)　 を表す。$\overline{\text{Pb}}$ が一次入力を表すものとすれば、$\overline{\text{ab}}$ は 　(イ)　 を表し、$\dfrac{\overline{\text{Pb}}}{\overline{\text{OP}}}$ は 　(ウ)　 を表す。

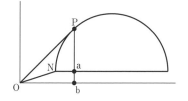

解答

(ア)無負荷電流(励磁電流)　　(イ)無負荷損(鉄損)　　(ウ)力率

解説

図2.34を参照。$\overline{\text{ON}}$ は無負荷電流(励磁電流)を表し、$\overline{\text{ab}}$ は無負荷損(鉄損。図2.34では $\overline{\text{de}}$)、$\dfrac{\overline{\text{Pb}}}{\overline{\text{OP}}}$ は力率(図2.34では $\dfrac{\overline{\text{pe}}}{\overline{\text{o'p}}}$)を表している。なお、力率角は右図の θ_1 である。

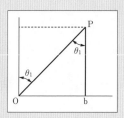

単相誘導電動機と誘導発電機

一般家庭などの AC100V、AC200V の単相交流で多用される単相誘導電動機について学習します。誘導発電機についても簡単に触れます。

関連過去問 025, 026

単相誘導電動機は、一般家庭では扇風機、冷蔵庫、洗濯機などに広く使われているニャン

1 単相誘導電動機 重要度 B

単相電源で回転する誘導電動機を**単相誘導電動機**といい、固定子を単相巻線、回転子をかご形とした構造になっています。

固定子に単相交流を流すと、**交番磁界**（同軸上で大きさが正負に変化する磁界のこと）が発生します。この交番磁界は、三相誘導電動機のような**回転磁界にはならない**ため、そのままでは**始動トルクは発生しません**。

しかし、何らかの方法でどちらかに回転させれば、回転子導体が磁束を切るため、その方向に加速するトルクが生じ、回転を始めます。これが単相誘導電動機の回転原理となります。

このように、**単相誘導電動機**はそれ自体では始動トルクがないので、必ず**始動するための装置を必要**とします。

単相誘導電動機は、**始動装置**によって、**分相始動形**、**コンデンサ始動形**、**くま取りコイル形**などに分類されます。

分相始動形は、固定子鉄心に巻かれた**主巻線**と90〔°〕異なる位置に巻かれた**始動巻線（補助巻線）**からなります。始動巻線は主巻線より巻数が少なく、巻線抵抗を大きくとってあります。

この2つの巻線に流れる電流は、リアクタンスの違いにより位相差が生じ、**だ円形回転磁界**を生じて始動トルクを発生しま

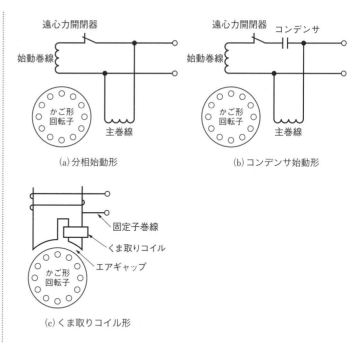

(a) 分相始動形　　　　　　　　　（b）コンデンサ始動形

(c) くま取りコイル形

図2.38　単相誘導電動機の始動

永久コンデンサモータ
とは、コンデンサ始動
形のコンデンサを回路
から切り離さず、常に
接続しておくもの。運
転時の特性は最適とは
いえないが、機械的弱
点となりやすい遠心力
開閉器が不要で、価格
も安いので、電気冷蔵
庫、電気洗濯機、扇風
機などに広く使用され
ている。

＋1 プラスワン
くま取りコイル形誘導
電動機は、構造が簡単
で安価なので、20〔W〕
程度以下の小形扇風
機、換気扇などに用い
られている。

す。運転速度近くに達したとき、遠心力開閉器で始動巻線を回
路から切り離します。

　なお、この形は**永久コンデンサモータ**の発達により、その利
用は著しく減少しています。

　コンデンサ始動形は**分相始動形**の一種であり、始動巻線（補
助巻線）にコンデンサを接続し、主巻線に流れる電流より位相
を進め、**回転磁界**を作り、始動トルクを得ます。運転速度近く
に達したとき、遠心力開閉器でコンデンサを回路から切り離し
ます。

　くま取りコイル形は、固定子の磁極の一部に切れ込みを作り、
くま取りコイルという短絡コイルを設置した構造となります。
くま取りコイルを設置した部分の磁束は、くま取りコイルに流
れる誘導電流が磁束の変化を妨げるため、くま取りコイルを設
置していない部分の磁束より位相が少し遅れます。この**移動磁
界**により始動トルクを生じます。

例題にチャレンジ！

次の　　　の中に適当な答えを記入せよ。

単相誘導電動機は、始動装置によって、次のように分類される。

コンデンサ始動形は　(ア)　始動形の一種であり、始動巻線（補助巻線）にコンデンサを接続し、主巻線に流れる電流より位相を進め、　(イ)　磁界を作り、始動トルクを得る。運転速度近くに達したとき、　(ウ)　開閉器でコンデンサを回路から切り離す。

くま取りコイル形は、固定子の磁極の一部に切れ込みを作り、くま取りコイルという短絡コイルを設置した構造となる。くま取りコイルを設置した部分の磁束は、くま取りコイルを設置していない部分の磁束より位相が少し　(エ)　。この　(オ)　磁界により始動トルクを生じる。

・解答・

(ア)分相　　(イ)回転　　(ウ)遠心力　　(エ)遅れる
(オ)移動

---

(2) 誘導発電機　重要度 B

(1) 誘導発電機とは

三相誘導電動機の固定子を電源に接続したまま、電動機軸に風車などの**原動機**を接続し、回転子を同期速度より速く回転させると、**滑りsは負値**となり、**誘導発電機**となります。

このとき、誘導電動機として運転していたときの機械的出力（▶LESSON8）も負値となり、機械的入力になります。この機械的入力から、銅損、鉄損を差し引いたものが電気的出力となって、固定子から電源に送り返されることになります。図2.39に、誘導機の滑り－トルク特性を示します。

補足
誘導発電機は、主に中小水力発電や風力発電に使用されている。

補足
誘導電動機として運転したときの機械的出力は、$r_2'\left(\dfrac{1-s}{s}\right)$で表される出力等価抵抗の消費電力で、正値である。同期速度より速く回転させるとsは負値となり、出力等価抵抗の消費電力も負値となる。「**負値の消費電力＝有効電力を発生している（発電している）**」ということになる。

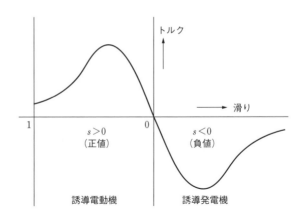

トルク

滑り

1

$s>0$
（正値）

0

$s<0$
（負値）

誘導電動機

誘導発電機

図2.39　誘導機の滑り－トルク特性

(2) 誘導発電機の特徴

　同期発電機（▶LESSON19）と比較した誘導発電機の特徴は、次のとおりです。

a. **励磁装置が不要**で、建設および保守のコスト面で有利である。

b. 始動、系統への並列などの運転操作が簡単である。

c. **無効電力の制御ができず**、系統に対して**進み無効電力しか供給することができない**。

d. 単独で発電することができず、電力系統に並列して運転する必要がある。

e. 系統への並列時に大きな**突入電流**が流れる。

f. 同期発電機に比べ**エアギャップが狭い**ので、据え付けおよび保守に注意が必要である。

プラスワン

誘導発電機は、誘導電動機と同じように、系統から遅れ無効電力を供給される。この遅れ無効電力の向きを逆にすると、系統へ進み無効電力を供給することになる。

用語

エアギャップ

回転電気機械の固定子鉄心と回転子鉄心との間の空隙。空隙が狭いと、磁束を通すために必要な起磁力が少なくてすむ利点があるが、あまり狭すぎると回転子と固定子が接触し損傷のおそれがある。

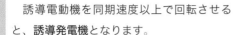

詳しく解説！誘導発電機が無効電力を制御できない理由

　誘導電動機を同期速度以上で回転させる と、**誘導発電機**となります。

　誘導電動機の力率が遅れ力率であることは、**巻線が誘導性リアクタンスを持つ**ことから容易に推測できます。

　このことを詳しく見ると、出力等価抵抗（▶LESSON8）が有効電力を消費し、励磁回路や漏れリアクタンスが遅れ無効電力を消費しているので、誘導電動機は遅れ力率となっています。

　この有効電力と遅れ無効電力は、系統から誘導電動機へ供給しています。そして、この無効電力を自在に制御することはできません。

　次に、**誘導発電機**はどうか考えます。

　滑りが負値のため、出力等価抵抗は有効電力を発生し、系統へ供給します。

　励磁回路や漏れリアクタンスは誘導電動機と同じで、遅れ無効電力を消費しています。

　無効電力の性質として、遅れ無効電力の消費＝進み無効電力の供給なので、次のように言えます。

①**誘導発電機**は、**系統へ有効電力および進み無効電力を供給する機器**である。そして、この**無効電力は制御できない**。

②誘導発電機の端子へ力率計を設置すれば、当然、**進み力率**を指示する。

　次のように考えると理解しやすいでしょう。

①ある地点の有効電力潮流と同じ向きに取った無効電力潮流が遅れ無効電力潮流なら、その地点の力率は遅れである（ある地点の電流は電圧より遅れている）。

②ある地点の有効電力潮流と同じ向きに取った無効電力潮流が進み無効電力潮流なら、その地点の力率は進みである（ある地点の電流は電圧より進んでいる）。

　図2.40に、誘導電動機と誘導発電機の力率の考え方を示します。

補足

例えば、運転中の三相誘導電動機の1相分の抵抗成分を、$r = 4$〔Ω〕、誘導性リアクタンス成分を$jx = j3$〔Ω〕とすると、合成インピーダンス$\dot{Z}$は、
$$\dot{Z} = 4 + j3 \, 〔Ω〕$$
この回路に相電圧$\dot{E} = 100$〔V〕を加えると、流れる電流$\dot{I}$は、
$$\dot{I} = \frac{\dot{E}}{\dot{Z}} = \frac{100}{4 + j3}$$
$$= 16 - j12 \, 〔A〕$$
となる。
したがって、電流$\dot{I}$は電圧$\dot{E}$より遅れ、力率$\cos\theta$は、
$$\cos\theta = \frac{4}{\sqrt{4^2 + 3^2}} = \frac{4}{5}$$
$$= 0.8（遅れ）$$
となる。

補足

図2.40において、誘導電動機IMは、有効電力および遅れ無効電力が電力系統からIMへ向かう。このとき力率計は遅れを指示する。

誘導発電機IGは、有効電力および進み無効電力がIGから電力系統へ向かう。このとき力率計は進みを指示する。

なお、「進み無効電力がIGから電力系統へ向かう」ことと、「遅れ無効電力が電力系統からIGへ向かう」ことは、表現を変えただけであり、同じ意味である。

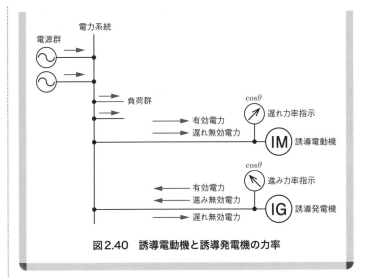

図2.40　誘導電動機と誘導発電機の力率

理解度チェック問題

問題　次の◻の中に適当な答えを記入せよ。

　三相誘導電動機の固定子を電源に接続したまま、電動機軸に風車などの ◻(ア)◻ を接続し、回転子を同期速度より速く回転させると、滑り s は ◻(イ)◻ となり、誘導発電機となる。

　このとき、誘導電動機として運転していたときの機械的出力も ◻(イ)◻ となり、機械的入力になる。この機械的入力から、◻(ウ)◻、◻(エ)◻ を差し引いたものが ◻(オ)◻ となって、固定子から ◻(カ)◻ に送り返されることになる。

　同期発電機と比較した誘導発電機の特徴は、次のとおりである。

a. ◻(キ)◻ が不要で、建設および保守のコスト面で有利である。

b. 始動、系統への並列などの運転操作が簡単である。

c. 無効電力の制御ができず、系統に対して ◻(ク)◻ しか供給することができない。

d. 単独で発電することができず、電力系統に並列して運転する必要がある。

e. 系統への並列時に大きな ◻(ケ)◻ が流れる。

f. 同期発電機に比べエアギャップが ◻(コ)◻ ので、据え付けおよび保守に注意が必要である。

解答

(ア)原動機　　(イ)負値　　(ウ)銅損　　(エ)鉄損　　(オ)電気的出力　　(カ)電源
(キ)励磁装置　　(ク)進み無効電力　　(ケ)突入電流　　(コ)狭い
※(ウ)、(エ)は逆でもよい。

直流機の原理と構造

直流発電機と直流電動機を合わせて直流機と呼び、その構造は同じです。ここでは、直流機の原理と構造について学びます。

関連過去問 027, 028

発電機と電動機は構造が同じなんだ。面白いニャ

今日から、第3章、直流機ニャ

用語

電機子
円筒形の鉄心に巻いた巻線に起電力を発生させる部分で、**回転子**とする。

界磁
鉄心に巻線を巻き、電流を流して磁束を発生させる部分で、**固定子**とする。

整流子とブラシ
電機子巻線に発生した交流は**整流子**で**直流に変換**され、**ブラシ**を介して**外部に取り出される**。ブラシは黒鉛などが用いられ、回転する整流子に適当な圧力で接触させる。

① 直流発電機の原理

重要度 **A**

磁界の中でコイルを回転させると、**フレミングの右手の法則**により、誘導起電力がコイルに発生します。**直流発電機**は、この誘導起電力を**整流子**と**ブラシ**により外部へ直流として取り出します。

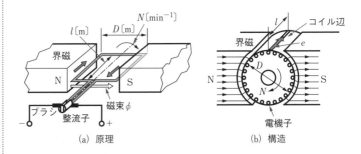

D：電機子直径〔m〕、l：電機子長さ〔m〕、N：回転速度〔$\min^{-1}$〕、ϕ：1極当たりの磁束〔Wb〕、p：極数、$p\phi$：電機子に作用する全磁束〔Wb〕、z：電機子全導体数

図3.1　直流発電機の原理と構造

直流発電機の誘導起電力 E は、電機子の全導体数を z〔本〕、並列回路数を a とすると、次式で表されます。

> **! 重要 公式** 直流発電機の誘導起電力 E
>
> $$E = p\phi \frac{N}{60} \cdot \frac{z}{a} = k\phi N \ [\text{V}] \tag{1}$$

並列回路数 a は、重ね巻の場合は**極数** p と等しく、波巻の場合は2となります（**④**で解説）。

なお、式(1)は、電機子導体1本当たりの誘導起電力 $e = Blv \ [\text{V}]$ から導かれます。

ただし、B は磁束密度 $[\text{T}]$、v は導体の周速度で $\pi D \cdot \dfrac{N}{60} \ [\text{m/s}]$ です。また、$\dfrac{z}{a}$ が正負のブラシ間の直列導体数になります。

$k \ (= \dfrac{pz}{60a})$ は比例定数です。

② 直流電動機の原理 　　重要度 **A**

直流電動機は、電磁誘導の法則に従って、磁束と電流との間に作用する力を利用するもので、構造は発電機と同じです。発電機はそのまま電動機として使用できます。

主磁極の磁束密度 $B \ [\text{T}]$ の中に長さ $l \ [\text{m}]$ の導体があり、この端子に直流電源の電流 $i \ [\text{A}]$ を流すと、フレミングの**左手**の法則によって定まる矢印の方向に力 F が作用します。導体の受ける力 F は、次式で表されます。

$$F = Bli \ [\text{N}] \tag{2}$$

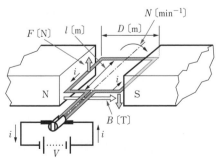

図3.2　直流電動機の原理

+1 プラスワン

式(1)の導出

$e = Blv \ [\text{V}]$

$E = Blv \cdot \dfrac{z}{a} \ [\text{V}]$

電機子に作用する磁束密度 B は、

$B = \dfrac{p\phi}{\pi Dl} \ [\text{T}]$ であるから、

$E =$

　$\dfrac{p\phi}{\pi Dl} \cdot l \cdot \pi D \dfrac{N}{60} \cdot \dfrac{z}{a}$

　$= p\phi \dfrac{N}{60} \cdot \dfrac{z}{a}$

　$= k\phi N \ [\text{V}]$

+1 プラスワン

周速度 $v = \pi D \cdot \dfrac{N}{60} \ [\text{m/s}]$

の導出

1秒間に $\dfrac{N}{60}$ 回転

1回転に $\dfrac{60}{N} \ [秒]$

1回転の円周の長さ $= \pi D \ [\text{m}]$

$\pi D \ [\text{m}]$ の距離を進むのに、$\dfrac{60}{N} \ [秒]$ かかる。

よって、周速度 v は、

$v = \pi D \div \dfrac{60}{N}$

　$= \pi D \cdot \dfrac{N}{60} \ [\text{m/s}]$

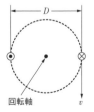

回転軸

補足 -

フレミングの左手の法則は、電磁力の向きを決めるための法則。

補足 🖇️

Eは電源Vの方向と逆
方向とは、次図①のよ
うな方向をいう。

①逆方向

なお、同方向とは次図
②のような方向をいう。

②同方向

このとき、導体は磁束を切るので、起電力Eを誘導します。この起電力の方向は、端子に加えた電源の方向と逆になるので**逆起電力**といい、発電機と同じように、逆起電力Eは次式で求められます。

> ⚠️ **重要** **公式** 直流電動機の逆起電力E
>
> $$E = p\phi \frac{N}{60} \cdot \frac{z}{a} = k\phi N \,[\text{V}] \tag{3}$$

ただし、p：磁極数、z：電機子の全導体数、
a：並列回路数、N：回転速度$[\text{min}^{-1}]$

ここで、直流電動機に加える端子電圧を$V\,[\text{V}]$、導体に流れる電流を$I_a\,[\text{A}]$、電機子抵抗を$R_a\,[\Omega]$とすると、電動機では端子電圧$V >$逆起電力Eであり、次式のようになります。

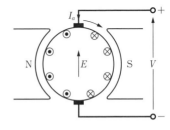

図3.3 逆起電力

> ⚠️ **重要** **公式** 直流電動機の端子電圧Vと逆起電力Eの関係
>
> $$V = E + (R_a I_a + e_a + e_b)\,[\text{V}] \tag{4}$$

ただし、e_a：電機子反作用（▶LESSON14）による電圧降下$[\text{V}]$、e_b：ブラシの電圧降下$[\text{V}]$

③ 直流機の構造 　重要度 B

直流機の構造を図3.4に示します。直流機は、その原理からわかるように、次の主要部分から構成されています。

①界磁
電機子と鎖交する磁界を作る磁極の部分であって、**界磁鉄心**と**界磁巻線**から構成されています。

②電機子
発電機として使用する場合は、**誘導起電力**を発生させる部分、**電動機**として使用する場合は、**逆起電力**を発生させる部分

であって、起電力を誘導する**電機子巻線**、電機子巻線を保持し磁束を通りやすくするための**電機子鉄心**などから構成されています。

　界磁で発生した一定な磁束の中を電機子が回転するため、電機子鉄心内には、時間とともに大きさと向きが変化する**交番磁束**が通ります。

　交番磁束が通る電機子鉄心には、渦電流損やヒステリシス損などの鉄損が発生します。鉄損を減少させるために、薄いけい素鋼板の表面を絶縁した**積層鉄心**が用いられています。

　六角形の形状の電機子巻線は、そのコイル辺を電機子鉄心のスロット(溝)に挿入します。直流機では、同じスロットにコイル辺を上下に重ねて2個ずつ入れた**二層巻**としています。

③整流子とブラシ

　整流子は、発電機として使用する場合は、電機子巻線に発生した交流起電力を整流して、外部に直流として取り出す部分、電動機として使用する場合は、外部からの直流を周期的に変化させ、電機子巻線に供給する部分で、硬銅を雲母板ではさんで絶縁し、円筒状に組み立てられています。

　ブラシは炭素質または電気黒鉛質のものが用いられ、ブラシ保持器で保持され、バネで**整流子面に適当な圧力で接触**させます。

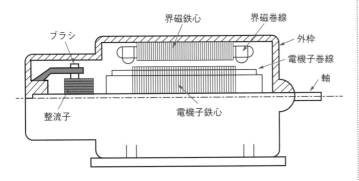

図3.4　直流機の構造

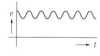
　磁束を切る導体の数が少ないと、脈動の大きい起電力となります。そこで、脈動の少ない直流を得るために、スロットと呼ばれる電機子の溝に導体を多数配置するよう、コイル（巻線）の接続方法が工夫されています。その接続方法を電機子巻線法といい、**重ね巻**と**波巻**があります。

（1）重ね巻（並列巻）

　重ね巻は、図3.5のように、コイルの対辺が隣接するコイルに接続する方法で、1つの並列回路は隣接する1つの磁極（N極－S極）のみを通過します。また、図3.6のように、磁極の数だけ並列回路を組み、ブラシを配置します。したがって、**重ね巻では並列回路数（ブラシ数）が磁極数と等しく**、このため並列回路数が多くなるので、**並列巻**ともいいます。

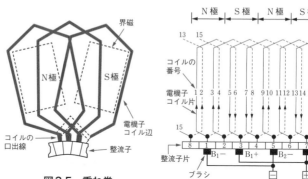

図3.5　重ね巻

図3.6　重ね巻の巻線図

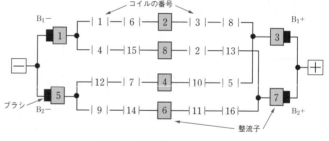

図3.7　重ね巻の電機子回路

(2) 波巻（直列巻）

　波巻は、図3.8のように、コイルの対辺がほぼ2極先のコイルに接続する方法で、1つの並列回路はすべての磁極を通過します。また、図3.9のように、波巻では2つの並列回路を組み、ブラシも2つ配置します。すなわち、磁極数に関係なく、**並列回路数は2**となり、**ブラシ数も2**となります。なお、波巻は回路がただ2つの回路に分かれて直列に接続されているので、**直列巻**ともいいます。

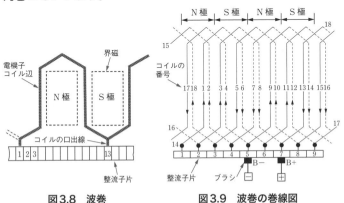

図3.8　波巻　　　　　図3.9　波巻の巻線図

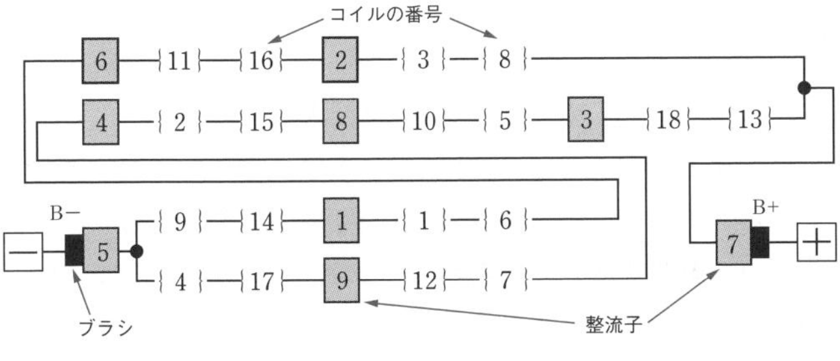

図3.10　波巻の電機子回路

(3) 重ね巻と波巻の比較

　極数がpの場合、重ね巻では並列回路数（ブラシ数）はpとなり、直列につながる導体数（コイルの辺数）は、全導体数zの$\dfrac{1}{p}$となります。波巻では、極数に関係なく、並列回路数（ブラシ数）

プラスワン

重ね巻で並列回路数が多くなると、各回路の誘導起電力に差を生じて、ブラシの火花発生の原因となる。これを防ぐため、循環電流がブラシを通らないように、電機子巻線中の等電位となるべき点を環状の導体で結ぶ。これを**均圧結線（均圧環）**という。

は2なので、直列につながる導体数は全導体数zの$\dfrac{1}{2}$となります。したがって、全導体数が同じであれば、波巻は重ね巻の$\dfrac{p}{2}$倍の電圧を発生させることができます。

つまり、**高電圧・小電流の機械には波巻**が適し、反対に**低電圧・大電流の機械には重ね巻**が適します。

以上のことをまとめて比較すると、下表のようになります。

表3.1　重ね巻と波巻の比較

項　目	重ね巻（並列巻）	波巻（直列巻）
極数p	p	p
全導体数z	z	z
並列回路数（ブラシ数）	極数と同じp	極数に関係なく2
直列導体数	$z \times \dfrac{1}{p}$	$z \times \dfrac{1}{2}$
用途	低電圧・大電流	高電圧・小電流

例題にチャレンジ！

次の□□□の中に適当な答えを記入せよ。

直流機の電機子の巻き方には、□(ア)□巻と□(イ)□巻とがある。前者では正負ブラシ間の並列電路数は□(ウ)□に等しいが、後者ではそれに無関係に2である。したがって、前者は□(エ)□電圧、□(オ)□電流に適し、後者はその反対である。

・解答・・・・・・・・・・・・・・・・・・・・・・・・・・・

(ア)重ね　　(イ)波　　(ウ)極数または磁極数　　(エ)低

(オ)大

・・・・・・・・・・・・・・・・・・・・・・・・・・・・・・

140

理解度チェック問題

問題　次の□□□の中に適当な答えを記入せよ。

　長さ l〔m〕の導体を磁束密度 B〔T〕の磁束の方向と直角に置き、速度 v〔m/s〕で導体及び磁束に直角な方向に移動すると、導体にはフレミングの □(ア)□ の法則により、e = □(イ)□〔V〕の誘導起電力が発生する。

　1極当たりの磁束が ϕ〔Wb〕、磁極数が p、電機子全導体数が Z、巻線の並列回路数が a、電機子の直径が D〔m〕なる直流機が速度 n〔min^{-1}〕で回転しているとき、周辺速度は $v = \pi D \dfrac{n}{60}$〔m/s〕となり、直流機の正負のブラシ間には □(ウ)□ 本の導体が □(エ)□ に接続されるので、電機子の誘導起電力 E は、$E =$ □(オ)□〔V〕となる。

解答

(ア)右手　　(イ)Blv　　(ウ)$\dfrac{Z}{a}$　　(エ)直列　　(オ)$p\phi\dfrac{n}{60}\cdot\dfrac{Z}{a}=k\phi n$

(または、$\dfrac{pZ}{60a}\phi n$ など、自分の覚えやすい形でよい)

LESSON 14 電機子反作用

直流機の構造上、ブラシによる整流動作というものがあります。ここでは、その整流動作の中で重要な電機子反作用について学習します。

関連過去問 029

電機子反作用
電機子電流（負荷電流）による磁束が、界磁主磁束に及ぼす現象のこと

対策
補極、補償巻線

何か、難しそうな言葉が並んでいるけど、頑張るニャン

---

① 直流発電機の電機子反作用　　重要度 A

直流発電機の誘導起電力は、界磁主磁束によって得られています。発電機に負荷を接続すると、電機子巻線に電流が流れます。この**電機子電流（負荷電流）による磁束が界磁主磁束に及ぼす現象**を総称して、**電機子反作用**といいます。

ギャップの磁束分布に偏り（かたよ）を生じる現象を**偏磁作用**、偏磁作用によって鉄心の一部が飽和して主磁束が減少し、起電力が低下する現象を**減磁作用**といいます。

磁束分布の偏りにより、ブラシの位置と**電気的中性軸**とのずれを生じさせます。このずれによって、整流子片をまたいだブラシでコイルが短絡します。さらに、短絡されたコイルが磁束を切ると、起電力が生じ短絡電流が流れてブラシから有害な火花を発生し、整流子面を損傷します。

電機子反作用の対策として、補極と補償巻線があります。**補極**は、**幾何学的中性軸**に小磁極を設け、電機子電流により生じる磁束を打ち消すようにしたものです。**補償巻線**は、磁極片に設けられた巻線で、電機子電流と反対方向の電流を流すようにして、電機子巻線の磁束を打ち消す作用をします。

用語

ギャップとは、固定子と回転子間の隙間（すきま）のこと。通常、空気で満たされているので、**エアギャップ**という。

用語

電気的中性軸
電機子反作用によって磁束密度が零となる点まで、角度 δ だけ移動した新しい中性軸。負荷電流が増加するにつれて、移動角度 δ が増加する。

幾何学的中性軸
無負荷（界磁電流のみ）のときの中性軸 $a-a'$（磁極間の中心線）。

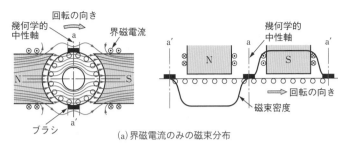

(a) 界磁電流のみの磁束分布

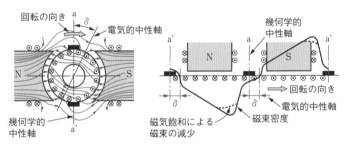

(b) 電機子電流のみの磁束分布

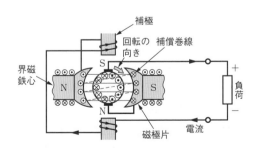

(c) 合成磁束分布

図3.11　電機子反作用

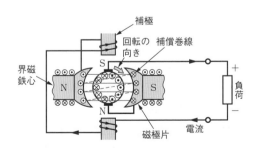

図3.12　補極と補償巻線

補足

図3.11(a)(b)(c)の右側の図は、左側の図（円筒形）のa-a'を切り取って開き、水平展開した図である。(a)と(b)を合成した磁束分布が(c)であり、電機子反作用を説明した図である。

プラスワン

電機子反作用によって磁束分布に偏りを生じると、磁束密度が増加した部分で鉄心が飽和し、主磁束は減少する。

プラスワン

補極巻線および**補償巻線**は、**電機子巻線**と**直列**に接続される。

電流経路は次のとおり。

負荷(−)→補極N巻線→補極S巻線→左側補償巻線○→○ 右側補償巻線○→⊗→下側ブラシ■→電機子巻線⊗⊗ →上側ブラシ■→負荷(+)

補足

補償巻線を設けると構造が複雑で高価になるので、補極だけを設ける場合が多い。

解法のヒント

図3.11(a)において、界磁電流が作る磁束（赤線）は左から右に向かう方向であるから、界磁起磁力F_0も同方向。図3.11(b)において、電機子電流が作る磁束（赤線）は上から下に向かう方向であるから、電機子起磁力F_aも同方向。

例題にチャレンジ！

　直流発電機に負荷が加わると、電機子巻線に負荷電流が流れ、電機子に起磁力が発生する。主磁極に生じる界磁起磁力の方向を基準としたとき、この電機子の起磁力の方向（電気角）〔rad〕を求めよ。

　ただし、ブラシは幾何学的中性軸に位置し、補極及び補償巻線はないものとする。

・解答と解説・・・・・・・・・・・・・・・・・・・・・・・・・・・・

本文解説図3.11電機子反作用において、図3.11(a)に示すように、界磁起磁力F_0は左から右に向かう方向である。また、電機子の回転の向きは時計回りであるから、フレミングの右手の法則により、電機子の左側コイルには⊗向き、右側コイルには⊙向きの電流が流れる。この電機子巻線に流れる負荷電流により発生する電機子起磁力F_aは、図3.11(b)に示すように上から下に向かう方向である。よって、電機子起磁力F_aは、界磁起磁力F_0と$\dfrac{\pi}{2}$〔rad〕（答）の位相差がある。

・・

② 整流作用　　　　　重要度 **B**

　整流とは、電機子コイルに誘導される交流の起電力を、ブラシと整流子によって直流に変換することです。図3.13に、重ね巻の場合の整流中の状態を示します。ブラシにより短絡される整流子片に接続されるコイルは中性軸にあって、起電力が誘導されていないことが必要です。良好な整流を行うには、磁極、電機子コイル、整流子片とブラシの位置関係が重要になります。**ブラシ圧力**は**強すぎても弱すぎても整流不良**となります。

　整流時間中のコイルの電流の変化を曲線で示すと、図3.14のようになります。

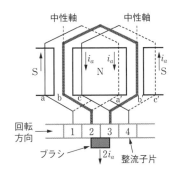

図3.13　整流中のコイル

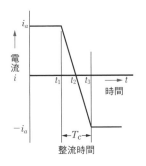

図3.14　基本的な整流曲線

補足

図3.14基本的な整流
曲線は、理想的な整流
で、図3.15（a）の直線
整流に相当する。

（1）抵抗整流

　抵抗整流は、インダクタンスの影響を少なくするため、**接触抵抗の大きいブラシ**（炭素質や電気黒鉛質など）を用いる整流です。しかし、接触抵抗が大きすぎると電圧降下や電力損失が大きくなるので、抵抗整流だけでは良好な整流が難しいことから、**小容量・低速機の整流**に限られることになります。

（2）電圧整流

　電機子コイルにはインダクタンスがあるため、整流時にコイルの電流変化を妨げる**逆起電力**が生じます。この逆起電力を**リアクタンス電圧**といいます。このリアクタンス電圧が生じると**火花**が発生し、ブラシや整流子片を過熱し、損傷するおそれがあります。

　この逆起電力を打ち消す方法には、補極を用いる方法と、ブラシを電気的中性軸を越えて回転方向に移動させ、このとき生じる誘導起電力により打ち消す方法があります。このようにして整流をよくすることを**電圧整流**といいます。

補足

補極は、電機子反作用
による悪影響を打ち消
すとともに、整流をよ
くする働きがある。

（3）整流曲線

　整流時間中の電流変化を表した曲線を整流曲線といいます（図3.15参照）。

a. 整流作用の基本形（直線整流）

b. 補極のない場合の整流（不足整流）

補足-🖉

補極のギャップを広げ
ると、補極の磁束が弱
くなって不足整流に近
づき、逆に狭めると磁
束が強くなって過整流
に近づく。

c. 補極の作用が強い場合
　（過整流）

d. 整流の初めと終わりで電
　流変化が小さい（正弦波
　整流、無火花整流）

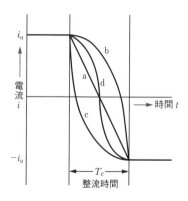

図3.15　整流曲線

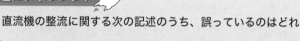

例題にチャレンジ！

　直流機の整流に関する次の記述のうち、誤っているのはどれ
か。

(1) ブラシからの火花発生の原因の1つに、整流を妨げようと
　するリアクタンス電圧の過大によるものがある。

(2) 補極のギャップを広げると、補極の磁束が弱くなって不足
　整流に近づき、逆に狭めると磁束が強くなって過整流に近
　づく。

(3) 整流作用によって、ブラシからは常に一定方向の電流を取
　り出せる。

(4) 短絡電流を抑えて整流をよくするには、整流子との接触抵
　抗が小さい炭素質や電気黒鉛質のブラシを用いる。

(5) ブラシ圧力は強すぎても弱すぎても整流不良となる。

・解答と解説・

(1)、(2)、(3)、(5)の記述は**正しい**。

(4)**誤り**（答）。

短絡電流を抑えて整流をよくするには、整流子との**接触抵抗が
大きい**炭素質や電気黒鉛質のブラシを用いて抵抗整流とする。

したがって、「接触抵抗が小さい」という記述は誤りである。

③ 直流電動機の電機子反作用　重要度 **A**

　電機子反作用は、電機子巻線に流れる電流によって生ずる磁束が原因なので、**電動機**にも**電機子反作用**が起こります。しかし、回転方向を同じとすると、発電機と電動機では電機子巻線に流れる電流が逆なので、電機子反作用も逆になります。つまり、電機子反作用は、次のようになります。

●**発電機の場合**

　　①電気的中性軸が回転方向に移動することによる整流不良

　　②磁束の減少による端子電圧の低下

●**電動機の場合**

　　①電気的中性軸が回転方向と逆方向に移動することによる整流不良

　　②磁束の減少による速度上昇、トルクの減少

　したがって、電動機もこれを補償する必要があるので**補極**や**補償巻線**を設けますが、電動機の電機子反作用は、発電機の場合と逆に起こるので、補極の極性と補償巻線の電流方向は逆になります。しかし、補極、補償巻線ともに電機子電流I_aで励磁され、発電機と電動機ではI_aの方向が変わるので、**接続を変える必要はありません**。

理解度チェック問題

問題　次の□□□の中に適当な答えを記入せよ。

　直流発電機の誘導起電力は、界磁主磁束によって得られている。発電機に負荷を接続すると、電機子巻線に電流が流れる。この電機子電流（負荷電流）による磁束が界磁主磁束に及ぼす現象を総称して　(ア)　という。

　ギャップの磁束分布に偏りを生じる現象を　(イ)　、　(イ)　によって鉄心の一部が飽和して主磁束が減少し、起電力が低下する現象を　(ウ)　という。

　磁束分布の偏りにより、ブラシの位置と　(エ)　とのずれを生じさせる。このずれによって、整流子片をまたいだブラシでコイルが短絡する。さらに、短絡されたコイルが磁束を切ると、起電力が生じ短絡電流が流れてブラシから有害な　(オ)　を発生し、整流子面を損傷する。

　　(ア)　の対策として、　(カ)　と　(キ)　がある。

　　(カ)　は、幾何学的中性軸に小磁極を設け、電機子電流により生じる磁束を打ち消すようにしたものである。　(キ)　は磁極片に設けられた巻線で、電機子電流と反対方向の電流を流すようにして、電機子巻線の磁束を打ち消す作用をする。

解答

(ア)電機子反作用　　(イ)偏磁作用　　(ウ)減磁作用　　(エ)電気的中性軸　　(オ)火花
(カ)補極　　(キ)補償巻線

15日目

LESSON 15

第3章 直流機

直流発電機の種類と特性

直流発電機の中で特に出題頻度の高い他励直流発電機と分巻直流発電機について学習します。それぞれの特性と数式を確実に理解してください。

関連過去問 030, 031

それぞれの組み合わせによる特性について学ぶニャン

特性曲線の種類	発電機の種類
①無負荷	①他励
②負荷	②分巻
③外部	③直巻
	④複巻

① 直流発電機の特性曲線　　重要度 A

直流発電機の**運転状態**を表す**特性曲線**には、いろいろな種類がありますが、その中で特に重要なのが**無負荷特性曲線**、**負荷特性曲線**、**外部特性曲線**の3つです。どの特性曲線の場合でも、回転速度は定格速度を一定に保って試験を行います。

◎**無負荷特性曲線**…界磁電流と無負荷端子電圧（誘導起電力）の関係を示すもので、無負荷飽和曲線ともいいます。

◎**負荷特性曲線**…負荷電流を一定に保ったときの界磁電流と端子電圧の関係を示すもので、負荷飽和曲線ともいいます。

◎**外部特性曲線**…界磁電流を一定に保ったときの負荷電流と端子電圧の関係を示すものです。

まず、3つの曲線の定義と、グラフ（次項以降で解説）の縦軸・横軸が何であるかを、理解してほしいニャン

② 他励発電機の特性と用途　　重要度 A

(1) 他励発電機の無負荷特性曲線

図3.16(a)は、**他励発電機**の回路図を示したものです。

また図3.16(b)は、**無負荷特性曲線**を示したものです。無負荷端子電圧（誘導起電力）E〔V〕は、LESSON13の式(1)から、

$$E = k\phi N \text{〔V〕}$$

補足 —

直流発電機には、他励、分巻、直巻、複巻の4種類がある。

で表されるので、回転速度 N〔$\min^{-1}$〕を一定に保つと、E〔V〕は磁束 ϕ〔Wb〕に比例することがわかります。また、磁束 ϕ〔Wb〕は、初めのうちは界磁電流 I_f〔A〕に比例し、I_f〔A〕と E〔V〕は直線に近い関係ですが、I_f〔A〕の増加とともに、鉄心の磁気飽和のため、ϕ〔Wb〕は I_f〔A〕に比例しなくなります。その結果、図3.16(b) の O′ A のような曲線になります。

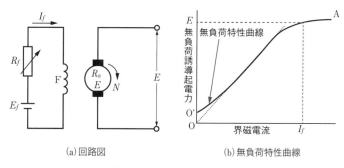

(a)回路図　　　　　(b)無負荷特性曲線

図3.16　他励発電機の回路図と無負荷特性曲線

(2) 他励発電機の負荷特性曲線

図3.17 (a) は、**他励発電機の負荷特性曲線**の回路図を示したものです。負荷電流 I〔A〕を流したときの端子電圧 V〔V〕は、電機子電流 I_a〔A〕により電機子回路の抵抗降下 $R_a I_a$〔Ω〕（R_a：電機子巻線の抵抗で補極の巻線抵抗も含む）、電機子反作用による電圧降下 e_a〔V〕、ブラシの接触抵抗による電圧降下 e_b〔V〕などの電圧降下を生じるので、誘導起電力を E〔V〕とすると、端子電圧 V〔V〕は次式のようになります。

！重要 公式 他励発電機の端子電圧 V と誘導起電力 E の関係
$$V = E - (R_a I_a + e_a + e_b) \text{〔V〕} \tag{5}$$

式 (5) より、負荷特性曲線は、無負荷特性曲線から各電圧降下を差し引いた曲線となります。他励発電機では、電機子電流と負荷電流は等しい（$I_a = I$）ので、この電流が増加するにつれて電圧降下も大きくなり、図3.17 (b) 負荷特性曲線は下の方へ移動します。

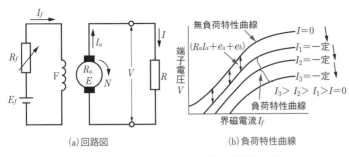

(a) 回路図　(b) 負荷特性曲線

図3.17　他励発電機の回路図と負荷特性曲線

(3) 他励発電機の外部特性曲線

図3.18 (a) の回路図において、回転速度 N [min^{-1}] と界磁電流 I_f [A] を一定に保ったまま、負荷電流 I [A] を次第に増加させたとき、端子電圧 V [V] がどのように変化するかを示した曲線が**外部特性曲線**です。図3.18 (b) は、その例を示したものです。

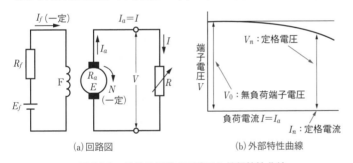

(a) 回路図　(b) 外部特性曲線

図3.18　他励発電機の回路図と外部特性曲線

(4) 他励発電機の電圧変動率

図3.18 (b) の外部特性曲線において、定格電圧 V_n [V]、定格電流 I_n [A] で運転中の他励発電機の界磁電流 I_f [A]、回転速度 N [min^{-1}] を一定にしたまま無負荷にすると、端子電圧 V [V] は無負荷端子電圧 V_0 [V] まで上昇します。この端子電圧の上昇分の V_n [V] に対する百分率を**電圧変動率** ε [%] といいます。

① 重要 公式　他励発電機の電圧変動率 ε

$$\varepsilon = \frac{V_0 - V_n}{V_n} \times 100 \ [\%] \tag{6}$$

補足

外部特性曲線で負荷電流 I_a を次第に増加させると、$R_a I_a$、e_a、e_b の電圧降下が増加するので、端子電圧は次第に減少する。これを垂下特性という。

(5) 他励発電機の用途

　他励発電機は、電圧の調整範囲が広く、電圧変動も少なく、界磁回路の電圧が発電機の端子電圧を考慮せずに設計できます。このため、同期発電機の励磁機やワード・レオナード方式の直流電源などに用いられています。

補足 📎

同期発電機は、第4章で学ぶ。

補足 📎

ワード・レオナード方式は、LESSON17で学ぶ。

例題にチャレンジ！

　定格出力6[kW]、定格電圧120[V]、定格回転速度1400[min⁻¹]の他励直流発電機がある。発電機を定格状態で運転しているとき、界磁電流および負荷の抵抗値を変えないで回転速度を1100[min⁻¹]にした場合の発電機の端子電圧 V [V] および負荷電流 I_L [A] の値を求めよ。ただし、電機子回路の抵抗はブラシの抵抗を含み、0.2[Ω]とし、電機子反作用の影響は無視するものとする。

・**解答と解説**・・

定格出力を P_n [W]、定格電圧を V_n [V] とすると、定格電流 I_n [A] は、

$$I_n = \frac{P_n}{V_n} = \frac{6000}{120} = 50 \text{[A]}$$

$I_a = I_n$ なので、電機子電流も50[A]となる。負荷の抵抗 R [Ω] は、

$$R = \frac{V_n}{I_n} = \frac{120}{50} = 2.4 \text{[Ω]}$$

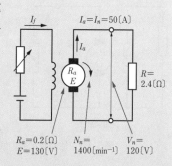

また、定格時の誘導起電力 E [V] は、

$$E = V_n + R_a I_n = 120 + 0.2 \times 50 = 130 \text{[V]}$$

ここで、回転速度 N を1100[min⁻¹]にしたとき、界磁電流は一定に保たれ、ϕ が変化しないので、誘導起電力は $E = k\phi N$ [V] の式により、回転速度に比例する。したがって、回転速度が変化したときの起電力 E' [V] は、$E' : E = N : N_n$ の関係より、

$$E' = E \cdot \frac{N}{N_n} = 130 \times \frac{1100}{1400} \fallingdotseq 102.1 \text{[V]}$$

👆 **解法のヒント**

$E = k\phi N$ [V] の式から、
- ϕ が一定なら E は N に比例
- N が一定なら E は ϕ に比例

これは非常に重要。ぜひ覚えておくニャン

また、負荷電流I_L〔A〕は、

$$I_L = \frac{E'}{R_a + R} = \frac{102.1}{0.2 + 2.4} \fallingdotseq 39 \,[\text{A}]\,(答)$$

以上のことから、端子電圧V〔V〕は、次式で求められます。

$$V = E' - R_a I_L = 102.1 - (0.2 \times 39) \fallingdotseq 94 \,[\text{V}]\,(答)$$

$$(または、V = R \times I_L = 2.4 \times 39 \fallingdotseq 94 \,[\text{V}])\,(答)$$

・・・

③ 分巻発電機の特性と用途　重要度 A

(1) 分巻発電機の無負荷特性曲線

　分巻発電機の回路図を図3.19 (a) に示します。発電機自身の誘導起電力E〔V〕によって界磁電流I_f〔A〕を得ています。無負荷であっても電機子に界磁電流I_f〔A〕が流れて、電機子回路の電圧降下$R_a I_f$〔V〕によって、無負荷端子電圧V_0〔V〕は誘導起電力E〔V〕よりも低くなります。しかし、電圧降下$R_a I_f$〔V〕の値は小さいのでこれを無視すると、無負荷特性曲線は他励発電機と同じ特性となります（図3.19 (b) O′ Mの曲線）。

補足 📎
分巻は、「ぶんまき」
または「ぶんけん」と
読む。

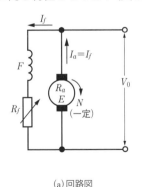

(a) 回路図

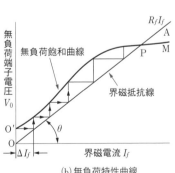

(b) 無負荷特性曲線

図3.19　分巻発電機の回路図と無負荷特性曲線

〈1〉電圧の確立

　分巻発電機は自励式なので、発電機が運転していないと磁束が発生しません。しかし、界磁鉄心には**残留磁気**があり、この

補足 📎
残留磁気とは、流した
電流による磁気が残っ
ていることをいう。磁
性体には、量の違いは
あっても必ず残留磁気
が存在する。

残留磁気によりわずかな電圧OO'が誘導されて界磁電流ΔI_f〔A〕が流れ、磁束ϕが生じます。さらに、残留磁気が加わると電圧が少し上昇し、これによって界磁電流が増加するとともに電圧が上昇します。この繰り返しにより、次第に定格電圧まで上昇します。このように、電圧が定格電圧に達することを**電圧の確立**といいます。

補足–📎
分巻発電機では、残留磁気で発生した起電力による界磁電流が残留磁気を打ち消すように接続すると、電圧が確立できない場合がある。なお、他励発電機では、電圧の確立は残留磁気によらないので、このようなことはない。

〈2〉界磁抵抗線と臨界抵抗

電圧の確立によって電圧は上昇しますが、磁気回路の磁気飽和によって上昇が抑えられ、ある点で安定します。分巻発電機の端子電圧V_0〔V〕は、図3.19 (b) より、次のような関係式が成り立ちます。

$$\tan\theta = \frac{V_0}{I_f} = \frac{R_f I_f}{I_f} = R_f \tag{7}$$

図3.19 (b) で$\tan\theta$は界磁回路の抵抗R_fを表し、$R_f I_f$は直線OAとなり、端子電圧は曲線O'Mと直線OAの交点Pで安定します。点Pを**頂上電圧**といい、直線OAを**界磁抵抗線**といいます。

分巻発電機における端子電圧の調整は、界磁抵抗器を使って界磁電流を変化させて行われます。このことは、界磁抵抗線の傾きを変化させて、頂上電圧を調整していることになります。

図3.20は、界磁抵抗の値を変えてグラフ化したもので、界磁抵抗を大きくすると、界磁抵抗線Odが曲線O'Mと重なって交点が不明瞭となり、端子電圧は不安定となります。こうした状態の界磁回路の抵抗を**臨界抵抗**といいます。

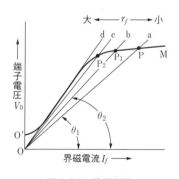

図3.20　臨界抵抗

(2) 分巻発電機の負荷特性曲線

図3.21 (b) は、**分巻発電機**の**負荷特性曲線**を示したものです。他励発電機と同じような曲線となります。分巻発電機では、負

荷電流 I 〔A〕が増加すると、他励発電機と同じように、電機子回路の抵抗 R_a 〔Ω〕による電圧降下 $R_a I_a$ 〔V〕、電機子反作用とブラシの接触抵抗による電圧降下 (e_a, e_b) によって端子電圧 V 〔V〕は低下して、次式のように表されます。

> **! 重要 公式**　分巻発電機の端子電圧 V と誘導起電力 E の関係
> $$V = E - (R_a I_a + e_a + e_b) \text{〔V〕} \tag{8}$$

ただし、E：誘導起電力〔V〕、電機子電流 $I_a = I + I_f$ 〔A〕

　分巻発電機の端子電圧は界磁回路の電圧なので、負荷特性曲線と界磁抵抗線との交点が必要です。負荷電流 I 〔A〕を0から I_4 までの範囲で、界磁抵抗線との交点を求めてみると、I_4 では端子電圧はその接点 P_4 で与えられ、これ以上抵抗 R を減じて負荷電流 I を増加させると、界磁抵抗線との交点がなくなります。このことは、電圧の確立ができないということであり、分巻発電機では I_4 以上の電流は流れません。この P_4 点を**臨界点**といいます。

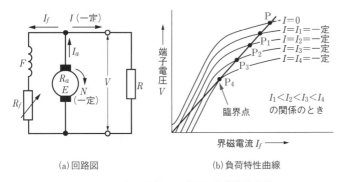

(a) 回路図　　　　　　　(b) 負荷特性曲線

図3.21　分巻発電機の回路図と負荷特性曲線

(3) 分巻発電機の外部特性曲線

　図3.22(b) は、**分巻発電機の外部特性曲線**を示したものです。

　分巻発電機は、電機子と励磁回路が並列に接続されているので、端子電圧の低下は界磁電流を減少させ、誘導起電力 E 〔V〕を低下させるため、負荷電流の変化に対して電圧変動率は他励発電機よりも大きくなります。

補足-📎

分巻発電機の負荷増加
に伴う端子電圧の降下
は、全負荷（全負荷電
流I_n）付近までは他励
発電機とほとんど変わ
りないが、過負荷にな
るに従って急激に電圧
降下が大きくなる。

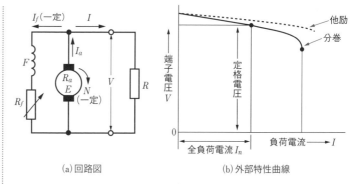

(a) 回路図　　　　　(b) 外部特性曲線

図3.22　分巻発電機の回路図と外部特性曲線

(4) 分巻発電機の用途

　分巻発電機は、他励発電機と同様に**電圧変動率が小さく、か
つ、励磁用に他の直流電源を必要としない**利点があります。また、
ある程度の電圧調整もできることから、同期発電機の励磁機や
ワード・レオナード方式の直流電源などとして用いられます。

④ 直巻発電機の特性と用途　重要度 B

　直巻発電機では、図3.23に示
すように、界磁巻線と電機子巻
線とが直列に接続される発電機
で、無負荷では、残留磁気でわ
ずかの誘導起電力が発生します
が、界磁電流が流れないので、
自己励磁による電圧の確立は起
こりません。

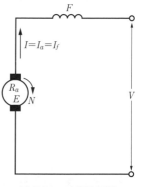

図3.23　直巻発電機

　負荷を接続すると、電機子回
路に電流が流れ、電圧の確立が
起こって、負荷電流I〔A〕（電機子電流I_a〔A〕に等しい）の増加
とともに誘導起電力E〔V〕、端子電圧V〔V〕も上昇します。

　直巻発電機は、今日では、直流回路の昇圧器としてまれに用
いられるほかは、ほとんど用いられません。

⑤ 複巻発電機の特性と用途　重要度 B

複巻発電機は、図3.24のように、**分巻界磁と直巻界磁の両巻線を持つ発電機**で、分巻界磁を直巻界磁の内側に接続したものを**内分巻**、外側に接続したものを**外分巻**といいます。発電機では内分巻が多く用いられます。また、直巻界磁の磁束と分巻界磁の磁束が相互に加わるような複巻発電機を**和動複巻発電機**といい、一般的に複巻発電機といえば和動複巻発電機のことをいいます。直巻界磁があるので、分巻発電機よりも**電圧降下を少なくする**ことができます。

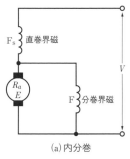　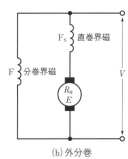

(a) 内分巻　　　　　(b) 外分巻

図3.24　複巻発電機

複巻発電機の**無負荷飽和特性**は、分巻発電機の特性と同じですが、**外部特性曲線**は分巻界磁と直巻界磁の起磁力の相対的な大きさによって、いろいろ設定することができます。

図3.25は、複巻発電機の外部特性曲線です。図中の曲線の意味は、次のとおりです。

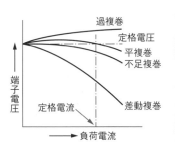

図3.25　複巻発電機の外部特性曲線

◎**平複巻**…**無負荷と全負荷の端子電圧が等しい**（電圧変動率が零となる）特性を持ち、定格電流による電圧降下を直巻界磁巻線の起磁力で補償したものです。

◎**不足複巻**…平複巻よりも直巻界磁巻線の起磁力が弱く、分巻発電機の特性に近くなります。

補足

複巻は、「ふくまき」または「ふっけん」と読む。

第3章

直流機

157

◎**過複巻**…平複巻よりも直巻界磁巻線の起磁力が強く、負荷電流の増加により端子電圧が上昇するようになります。

◎**差動複巻**…分巻界磁と直巻界磁の磁束がそれぞれ反対方向に作用するので、負荷電流の増加によって**端子電圧が著しく降下する**特性（これを**垂下特性**という）を持っています。

　平複巻発電機は電圧変動が少ないので、一般直流電源として制御用や励磁用に用いられています。また、過複巻発電機は長い給電線を有する鉱山や電車などの電源に、差動複巻発電機は垂下特性を利用して、電気溶接機などの電源に用いられます。

例題にチャレンジ！

　直流内分巻複巻発電機があり、その電機子、直巻界磁および分巻界磁の抵抗はそれぞれ0.10〔Ω〕、0.10〔Ω〕および60〔Ω〕である。誘導起電力が125.2〔V〕、電機子電流が52〔A〕であるとき、端子電圧V〔V〕、負荷電流I〔A〕の値を求めよ。

・**解答と解説**・・・・・・・・・・・・・・・・・・・・・・・・・・

分巻界磁に加わる電圧V'〔V〕は、

$$V' = E - R_a I_a = 125.2 - (0.10 \times 52) = 120 \text{〔V〕}$$

分巻界磁に流れる電流I_f〔A〕は、

$$I_f = \frac{V'}{R_f} = \frac{120}{60} = 2 \text{〔A〕}$$

よって、求める負荷電流I〔A〕は、

$$I = I_a - I_f = 52 - 2 = 50 \text{〔A〕（答）}$$

また、端子電圧V〔V〕は、

$$V = V' - r_s I = 120 - (0.1 \times 50) = 115 \text{〔V〕（答）}$$

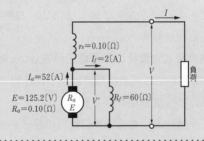

理解度チェック問題

問題　次の　　　の中に適当な答えを記入せよ。

　分巻発電機では、負荷電流 I〔A〕が　(ア)　すると、他励発電機と同じように、電機子回路の抵抗 R_a〔Ω〕による電圧降下 R_aI_a〔V〕、　(イ)　による電圧降下 e_a とブラシの　(ウ)　による電圧降下 e_b によって端子電圧 V〔V〕は低下して、次式のように表される。

$$V = \boxed{(エ)}\ 〔V〕$$

　ただし、E：誘導起電力〔V〕、$I_a =$ 電機子電流〔A〕

　分巻発電機は、電機子と励磁回路が並列に接続されているので、端子電圧の　(オ)　は界磁電流 I_f〔A〕を　(カ)　させ、誘導起電力 E〔V〕を　(キ)　させるため、負荷電流の変化に対して電圧変動率は他励発電機よりも　(ク)　なる。

　下図は、分巻発電機の回路図と外部特性曲線を示したものである。

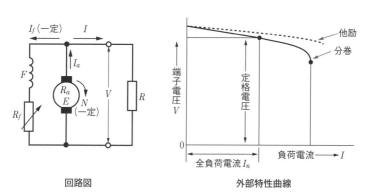

回路図　　　　　　　　　　　　外部特性曲線

　分巻発電機の負荷増加に伴う端子電圧の　(ケ)　は、全負荷（全負荷電流 I_n）付近までは　(コ)　発電機とほとんど変わりないが、過負荷になるに従って急激に電圧降下が大きくなる。

解答

（ア）増加　　（イ）電機子反作用　　（ウ）接触抵抗　　（エ）$E-(R_aI_a+e_a+e_b)$
（オ）低下（降下）　　（カ）減少　　（キ）低下（降下）　　（ク）大きく
（ケ）低下（降下）　　（コ）他励

直流電動機の種類と特性

回転速度やトルク、出力などの公式は直流電動機の種類に関わらず、ほぼ同じであり、最重要項目です。必ず覚えましょう。

関連過去問 032, 033, 034, 035

① 直流電動機の種類と特性　　重要度 Ａ

直流電動機は、機械としての**構造が直流発電機**（▶LESSON15）**とまったく同じ**であることから、**直流電動機の種類**も直流発電機と同じように、次の4つに分けられます。

①他励電動機　②分巻電動機　③直巻電動機　④複巻電動機

各電動機の特性については、特性曲線から知ることができます。その特性曲線には、次のような種類があります。

◎**速度特性曲線**…端子電圧と界磁抵抗を一定に保ったときの、負荷電流と回転速度の関係を示した曲線です。

◎**トルク特性曲線**…端子電圧と界磁抵抗を一定に保ったときの、負荷電流とトルクの関係を示した曲線です。

(1) 他励電動機の特性

〈1〉他励電動機の速度特性

図3.26は、他励電動機の接続図を示したものです。他励電動機は、界磁抵抗 R_f〔Ω〕が一定なので、界磁電流 I_f〔A〕は一定となります。したがって、界磁巻線Fに生じる磁束 ϕ〔Wb〕も一定となります。直流他励電動機の回転速度 N〔min^{-1}〕は、次式で表されます。

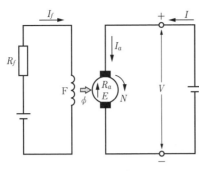

図3.26　他励電動機

補足 –📎

次ページで学ぶ直流分
巻電動機の回転速度も
公式(9)と同一式であ
る。

> **①重要 公式** 直流他励電動機の回転速度N
>
> $$N = \frac{E}{k\phi} = \frac{V - R_a I_a}{k\phi} \ [\mathrm{min^{-1}}] \tag{9}$$

ただし、E：逆起電力〔V〕、V：端子電圧（電機子電圧）〔V〕、

R_a：電機子抵抗〔Ω〕、I_a：電機子電流〔A〕

$k = \dfrac{pz}{60a}$ （一定）、p：極数、z：電機子全導体数、

a：並列回路数

この場合、端子電圧V〔V〕と磁束ϕ〔Wb〕が一定であれば、負荷電流$I(=I_a)$〔A〕の増加によって回転速度N〔$\mathrm{min^{-1}}$〕は低下しますが、電機子抵抗R_a〔Ω〕の値が小さいので、低下はわずかとなります。こうした特性を**定速度特性**または**分巻特性**といいます。

また、負荷電流I_a〔A〕がさらに増加すると、電機子反作用の影響により磁束ϕ〔Wb〕が減少するため、回転速度N〔$\mathrm{min^{-1}}$〕は上昇傾向となります。

〈2〉他励電動機のトルク特性

図3.27は、**他励電動機の各種特性**を示したものです。直流電動機のトルクT〔N・m〕は、$T = k_2 \phi I_a$〔N・m〕で表されます。

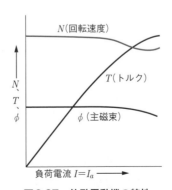

図3.27　他励電動機の特性

したがって、磁束 ϕ 〔Wb〕が一定であれば、トルク T〔N・m〕は電機子電流 $I_a(=I)$〔A〕に比例します。しかし、I_a〔A〕が増加すると、電機子反作用により磁束 ϕ〔Wb〕が減少するため、トルク T〔N・m〕は I_a〔A〕に比例しなくなります。

〈3〉他励電動機の速度変動率

直流電動機を運転中に負荷を増加すると、一般に回転速度は低下します。その低下の程度を表すのに用いられるのが**速度変動率**です。無負荷のときの回転速度を N_0〔min^{-1}〕、定格負荷のときの回転速度を N_n〔min^{-1}〕とすると、速度変動率 ε〔%〕は次式のように表せます。

> ①**重要** **公式** 　直流電動機の速度変動率 ε
> $$速度変動率 \ \varepsilon = \frac{N_0 - N_n}{N_n} \times 100 \ 〔\%〕 \tag{10}$$

他励電動機は、回転速度を広範囲に制御できるので、精密な制御が求められる圧延用電動機、ワード・レオナード方式（▶LESSON17）の電動機などに用いられてきました。

(2) 分巻電動機の特性

〈1〉分巻電動機の速度特性

図3.28は、分巻電動機の回路図を示したものです。分巻電動機の負荷電流 I〔A〕は、$I = I_a + I_f$〔A〕の関係があり、端子電圧 V〔V〕および界磁電流 I_f〔A〕を一定に保つと界磁磁束 ϕ〔Wb〕が一定となるので、負荷の変化に対して、回転速度 N〔min^{-1}〕は負荷電流 I〔A〕によってのみ変化することになります。

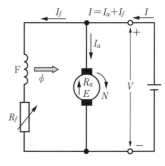

図3.28　分巻電動機

図3.29に、分巻電動機の速度特性およびトルク特性を示しますが、**他励電動機とほぼ同様**の特性になります。

補足—📎

速度変動率の公式(10)は、他励、分巻、直巻、複巻に関わらず、直流電動機の共通公式である。

用語📷

圧延とは、ロールによって金属などの材料に圧力を加え、より薄く細く延ばす加工技術のことをいう。

補足—📎

分巻電動機は、図3.28から、
$I = I_a + I_f$〔A〕
$I_a = \dfrac{V - E}{R_a}$〔A〕
$I_f = \dfrac{V}{R_f}$〔A〕
となる。

〈2〉分巻電動機のトルク特性

分巻電動機のトルクT〔N·m〕は、$T = k_2\phi I_a$〔N·m〕で表されます。すなわち、トルクT〔N·m〕は電機子電流I_a〔A〕と磁束ϕ〔Wb〕に比例することから、界磁電流I_f〔A〕を一定に保つと、分巻電動機のトルク特性は**他励電動機とほぼ同様**の特性になります。

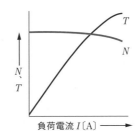

図3.29　分巻電動機の特性

(3) 直巻電動機の特性

〈1〉直巻電動機の速度特性

図3.30は、直巻電動機の回路図を示したものです。直巻電動機の界磁磁束ϕ〔Wb〕は、負荷電流I（=電機子電流I_a）〔A〕によって作られるので、負荷電流I〔A〕に比例して磁束が増加します。しかし、負荷電流I〔A〕が大きくなると、磁気飽和によって比例し

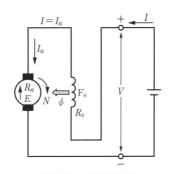

図3.30　直巻電動機

なくなり、界磁磁束ϕ〔Wb〕は一定となります。

界磁磁束ϕ〔Wb〕は、電流に比例する領域で、次式となります。

$\phi = k_3 I_a$〔Wb〕

また、逆起電力E〔V〕は、次式となります。

⚠**重要 公式　直流直巻電動機の逆起電力E**
$$E = V - (R_a + R_s)I_a \text{〔V〕} \tag{11}$$

ただし、R_sは界磁巻線抵抗。

直巻電動機の回転速度N〔min^{-1}〕は、次式のようになります。

$$N = \frac{E}{k\phi} = \frac{V - (R_a + R_s)I_a}{kk_3 I_a} = k_4 \cdot \frac{V - (R_a + R_s)I_a}{I_a} \text{〔min}^{-1}\text{〕} \tag{12}$$

第3章 直流機

ただし、$k_4 = \dfrac{1}{k k_3}$

式 (12) において、$R_a〔\Omega〕$、$R_s〔\Omega〕$ の値は無視できるほど小さいので、回転速度 $N〔\text{min}^{-1}〕$ は、次式のようになります。

> **⚠重要 公式** 直巻電動機の回転速度 N
>
> $$N = k_4 \cdot \dfrac{V}{I_a} 〔\text{min}^{-1}〕 \tag{13}$$

上式より、端子電圧 $V〔\text{V}〕$ を一定とすれば、「回転速度 $N〔\text{min}^{-1}〕$ は、負荷電流 $I(=I_a)〔\text{A}〕$ に反比例する」ことがわかります。

補足—📎

直巻電動機は負荷の変化により回転速度が大きく変化する。このような特性を、直巻特性という。

補足—📎

ベルト掛けとは、電動機と負荷をベルトでつないで動かすことである。ベルトが切れたときに無負荷運転となる。

負荷が減少すると急に速度が上昇し、**無負荷になると非常に高速**となって危険です。したがって、直巻電動機は**無負荷運転やベルト掛け運転は絶対に行ってはなりません**。図3.31に直巻電動機の速度特性およびトルク特性を示します。

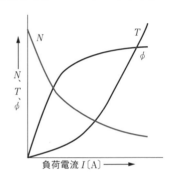

図3.31 直巻電動機の特性

〈2〉直巻電動機のトルク特性

直巻電動機のトルク $T〔\text{N·m}〕$ は、次式で表されます。

> **⚠重要 公式** 直巻電動機のトルク T
>
> $$T = k_2 \phi I_a = k_2 k_3 I_a I_a = k_5 I_a^2 〔\text{N·m}〕 \tag{14}$$

ただし、$k_5 = k_2 k_3$ となります。

式 (14) より、「トルク $T〔\text{N·m}〕$ は、負荷電流 $I(=I_a)〔\text{A}〕$ の2乗に比例する」ことがわかります。しかし、界磁磁束 $\phi〔\text{Wb}〕$ が磁気飽和をし始めると、図3.31のように負荷電流 $I〔\text{A}〕$ に比例します。

直巻電動機は、**始動時 $(N=0)$ のトルクが極めて大きい**という特徴があります。このため、始動時に大きなトルクを必要とする**電車**、**クレーン**などに用いられています。

(4) 複巻電動機の特性

　複巻電動機は図3.32に示すように、**外分巻**が標準となります。

　和動複巻電動機は、分巻と直巻の中間の特性を持つもので、分巻界磁Fと直巻界磁F_sの作る磁束の和（ϕ_f＋ϕ_s）で励磁されます。無負荷でも分巻界磁Fによる

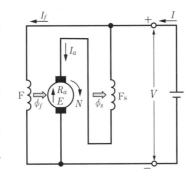

図3.32　和動複巻電動機（外分巻）

磁束ϕ_fが存在するので、**危険な回転速度になりません**。

　差動複巻電動機は、負荷電流の増加に伴って、直巻界磁F_sの作る磁束ϕ_s〔Wb〕が分巻界磁Fの磁束ϕ_f〔Wb〕を打ち消すように作用します。このため、**負荷が増加するほどトルクが減少し、回転速度が上昇して不安定な特性となる**ので、特殊な場合にしか用いられません。

② 各種直流電動機の比較　　重要度 **A**

　直流電動機は、励磁方法によって特性が大きく異なるので、それぞれの特性をよく把握し、負荷に応じた適切な利用が必要になります。次ページの図3.33は、各電動機の速度特性曲線およびトルク特性曲線を示したものです。

◎**他励電動機および分巻電動機**…速度変動率が小さく、定速度特性を持つ電動機です。界磁電流（界磁磁束）の調整により、広範囲な速度制御ができます。製鉄用圧延機、トルク制御を要する電動機などに広く利用されてきました。

◎**直巻電動機**…始動トルクが大きいという特徴があり、負荷によって大きく速度変化をする特性や無負荷で回転速度が異常に上昇する特性があります。電車、クレーン、巻上機などのように、始動時に重負荷である電動機などに利用されています。

第3章

直流機

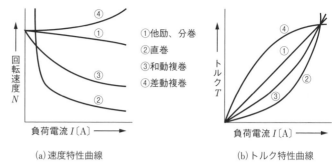

(a) 速度特性曲線   (b) トルク特性曲線

図3.33 直流電動機の特性

◎**和動複巻電動機**…分巻と直巻の中間の特性を持つ電動機で、直巻電動機のように無負荷で速度上昇することはありません。クレーン、エレベータ、工作機械などに利用されてきました。

◎**差動複巻電動機**…重負荷（過負荷）で速度上昇する特性があり、不安定な運転となるので、ほとんど利用されていません。

例題にチャレンジ！

次の ▢ の中に適当な答えを記入せよ。

各種直流電動機の種類と特徴を述べると、次のようになる。

①他励電動機および分巻電動機…速度変動率が小さく、 (ア) 特性を持つ電動機です。 (イ) の調整により、広範囲な速度制御ができる。

②直巻電動機…始動トルクが (ウ) という特徴があり、負荷によって大きく速度変化をする特性や (エ) で回転速度が異常に上昇する特性がある。

③和動複巻電動機…分巻と直巻の中間の特性を持つ電動機で、直巻電動機のように (エ) で速度上昇することはない。

④差動複巻電動機… (オ) で速度上昇する特性があり、不安定な運転となるので、ほとんど利用されていない。

・解答・ ....
(ア)定速度　　　(イ)界磁電流(界磁磁束)　　　(ウ)大きい

(エ)無負荷　　　(オ)重負荷(過負荷)
....

③ 直流電動機の回転速度、トルク、出力　　重要度 Ⓐ

これらの公式は極めて重要なので、再掲しているものもあるニャン

直流電動機はその種類に関わらず、回転速度N、トルクT、出力Pの公式はほぼ同じです。

(1) 直流電動機の回転速度

!重要 公式　直流電動機の回転速度N

$$N = \frac{E}{k\phi} = \frac{V - R_a I_a}{k\phi} \ [\mathrm{min^{-1}}] \qquad (15)$$

ただし、E：逆起電力〔V〕　V：端子電圧(電機子電圧)〔V〕

　　　　R_a：電機子抵抗〔Ω〕　I_a：電機子電流〔A〕

　　　　ϕ：界磁磁束〔Wb〕　　k：比例定数

補足 ―✐

式(15)および式(17)は、電機子反作用による電圧降下e_aおよびブラシの電圧降下e_bを無視している。

(2) 直流電動機のトルク

!重要 公式　直流電動機のトルクT

$$T = k_2 \phi I_a \ [\mathrm{N \cdot m}] \qquad (16)$$

ただし、k_2：比例定数

補足 ―✐

$T = k_2 \phi I_a$は、逆起電力の公式$E = k\phi N$とともに、極めて重要。必ず覚えよう。

(3) 直流電動機の出力

電動機の電機子入力は$P_{in} = VI_a$〔W〕であり、この式は、

$$P_{in} = VI_a = (E + R_a I_a)I_a = EI_a + R_a I_a{}^2 \ [\mathrm{W}] \qquad (17)$$

となります。

上式で$R_a I_a{}^2$は、電機子回路の銅損であるので、**EI_aは電動機で機械的動力に変換される電力(機械的出力)**P_oとなります。

P_oは次式のように表すことができます。

> **⚠重要 公式** 直流電動機の機械的出力 P_o
>
> $$P_o = EI_a = \omega T = 2\pi \frac{N}{60} \cdot T \,[\mathrm{W}] \qquad (18)$$

ただし、ω：角速度、N：回転速度 $[\mathrm{min}^{-1}]$

> **⚠重要 公式** 角速度 ω
>
> $$\omega = 2\pi \frac{N}{60} \,[\mathrm{rad/s}] \qquad (19)$$

なお、電動機の損失は $R_a I_a{}^2$ のほかに電機子鉄損および機械損などがあるので、**電動機の出力 P** は、次のようになります。

$$P = P_o - (鉄損 + 機械損など) \,[\mathrm{W}] \qquad (20)$$

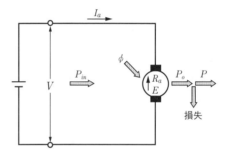

図3.34　直流電動機の入力と出力

例題にチャレンジ！

　直流分巻電動機がある。端子電圧が 210〔V〕、電機子電流が 50〔A〕、電機子全抵抗が 0.1〔Ω〕、回転速度が 1200〔min⁻¹〕であるとき、発生トルク T〔N・m〕の値を求めよ。また、界磁電流を変えずに、負荷が減少して電機子電流が 30〔A〕になったとき、回転速度 N'〔min⁻¹〕および発生トルク T'〔N・m〕の値を求めよ。

・解答と解説・・・・・・・・・・・・・・・・・・・・・・・・・・・・・・・・・・・・・・

1. 発生トルク T の算出

　電動機の機械的出力 P_o は、

$$P_o = 2\pi \frac{N}{60} \cdot T \cdots\cdots①$$

🖐解法のヒント

電動機の機械的出力の式がわかれば、解ける問題である。

また、回転速度1200〔min⁻¹〕で運転している機械的出力P_oは、

$$P_o = EI_a = (V - R_a I_a)I_a = \{210 - (0.1 \times 50)\} \times 50$$

$$= 10250 \,\text{〔W〕} \cdots\cdots ②$$

この数値を式①を変形した次式に代入すると、発生トルクTは、

$$T = \frac{P_o}{2\pi \dfrac{N}{60}} = \frac{10250}{2\pi \dfrac{1200}{60}} = \frac{10250}{2\pi \times 20} \fallingdotseq \mathbf{81.6}\,\text{〔N·m〕(答)}$$

2. 発生トルクT'の算出

電機子電流が30〔A〕に変化し、界磁電流I_f〔A〕が一定のときの発生トルクT'は、磁束ϕが一定(界磁電流I_fが一定)であるので、$T = k_2 \phi I_a$より電機子電流に比例する。したがって、発生トルクT'は、

$$T' = \frac{I_a'}{I_a} \cdot T = \frac{30}{50} \times 81.6 \fallingdotseq \mathbf{49.0}\,\text{〔N·m〕(答)}$$

3. 回転速度N'の算出

このときの回転速度N'は、$N = \dfrac{E}{k\phi}$より、磁束ϕが一定であれば逆起電力Eに比例するので、

$$N' = \frac{V - R_a I_a'}{V - R_a I_a} \cdot N = \frac{210 - (0.1 \times 30)}{210 - (0.1 \times 50)} \times 1200$$

$$\fallingdotseq \mathbf{1212}\,\text{〔min⁻¹〕(答)}$$

理解度チェック問題

問題　次の□の中に適当な答えを記入せよ。

直流電動機の回転速度Nは、次式で表される。

$$N = \boxed{\quad(ア)\quad} = \boxed{\quad(イ)\quad} \ [\text{min}^{-1}]$$

ただし、E：逆起電力〔V〕　　V：端子電圧(電機子電圧)〔V〕

　　　R_a：電機子抵抗〔Ω〕　I_a：電機子電流〔A〕

　　　ϕ：界磁磁束〔Wb〕　k：比例定数

直流電動機の発生するトルクTは、次式のようになる。

$$T = \boxed{\quad(ウ)\quad} \ [\text{N·m}]$$

ただし、k_2：比例定数

電動機の電機子入力は$P_{in} = VI_a$〔W〕であり、この式は、

$$P_{in} = VI_a = (E + R_aI_a)I_a = \boxed{\quad(エ)\quad} + \boxed{\quad(オ)\quad} \ [\text{W}]$$

となる。

上式で$\boxed{\ (オ)\ }$は、電機子回路の銅損であるから、$\boxed{\ (エ)\ }$は電動機で機械的動力に変換される電力(機械的出力)P_oとなる。P_oは次式のように表すことができる。

$$P_o = \boxed{\ (エ)\ } = \boxed{\ (カ)\ } = \boxed{\ (キ)\ } \ [\text{W}]$$

ただし、ω：角速度、N：回転速度〔min^{-1}〕

$$\omega = \boxed{\quad(ク)\quad} \ [\text{rad/s}]$$

なお、電動機の損失は$\boxed{\ (オ)\ }$のほかに電機子鉄損および機械損などがあるので、電動機の出力Pは、次のようになる。

$$P = \boxed{\quad(ケ)\quad} \ [\text{W}]$$

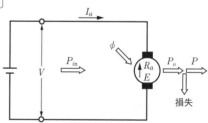

直流電動機の入力と出力

解答

$(ア)\dfrac{E}{k\phi}$　　$(イ)\dfrac{V-R_aI_a}{k\phi}$　　$(ウ)k_2\phi I_a$　　$(エ)EI_a$　　$(オ)R_aI_a^2$

$(カ)\omega T$　　$(キ)2\pi\dfrac{N}{60}\cdot T$　　$(ク)2\pi\dfrac{N}{60}$　　$(ケ)P_o-(鉄損＋機械損など)$

※(ア)と(イ)、(カ)と(キ)は逆でもよい。

170

直流電動機の運転と速度制御

直流電動機の始動法、速度制御法、制動（ブレーキ）の方法を学びます。ワード・レオナード方式など難しい項目は概要の理解で十分です。

関連過去問 036, 037, 038

直流電動機の運転
① 始動法
② 回転方向の変更
③ 速度制御
④ 制動

「制御」はスピードの調整、「制動」には停止も含まれるニャン

1 直流電動機の始動

重要度 A

直流電動機の電機子電流 I_a は、端子電圧（電機子電圧）を V〔V〕、逆起電力を E〔V〕、電機子抵抗を R_a〔Ω〕とすると、

$$I_a = \frac{V-E}{R_a} \text{〔A〕}$$

と表されます。この式の逆起電力 E〔V〕は、電動機の回転によって、電機子巻線が界磁磁束を切るために生じる起電力であるので、**電動機の始動時あるいは停止中の逆起電力 E〔V〕は 0〔V〕**となります。したがって、始動の瞬間に電機子に流れる始動電流 I_{as}〔A〕は、次式で表されます。

$$I_{as} = \frac{V}{R_a} \text{〔A〕}$$

直流電動機の電機子抵抗 R_a〔Ω〕はとても小さいので、始動電流 I_{as}〔A〕は極めて大きな値になり、定格電流の10～数10倍に達します。そのままでは、電機子巻線、整流子、ブラシなどを焼損し、電源にも悪影響を及ぼします。

これを防止するために、**始動時に、電機子回路に直列に抵抗を接続**し、始動電流を定格電流の1～2倍に抑え、回転速度の上昇に従って抵抗値を減少させるように始動を行います。この

補足

$I_a = \dfrac{V-E}{R_a}$〔A〕は、LESSON13の公式（4）$V = E + R_a I_a + e_a + e_b$〔V〕で、$e_a$、$e_b$ を省略した式より導かれる。

補足

I_{as} の s は、start（始動）の頭文字である。

ような抵抗を**始動抵抗**といい、この抵抗を組み込んだ装置を**始動器**または**始動抵抗器** R といいます。

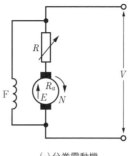

(a)分巻電動機　　　　　　　　(b)直巻電動機

図3.35　始動抵抗器 R

例題にチャレンジ！

電機子抵抗 $0.25\,(\Omega)$、界磁抵抗 $50\,(\Omega)$ の直流分巻電動機がある。これに定格電圧 $100\,(V)$ を加えたとき、始動電流 $I_s\,(A)$ は、いくらか。また、始動電流を定格電流の 1.2 倍に制限するには、電機子回路にいくらの始動抵抗 $R\,(\Omega)$ を入れればよいか。ただし、定格状態で運転しているときの逆起電力は $90\,(V)$ とする。

・解答と解説・・・・・・・・・・・・・・・・・・・・・・・・・・・・・・・・

①始動電流 I_s の算出：

電動機の電機子電流 I_a は、

$$I_a = \frac{V-E}{R_a}\ (A)$$

始動時は $E = 0\,(V)$ なので、そのときの電機子に流れる始動電流 I_{as} は、

$$I_{as} = \frac{V}{R_a} = \frac{100}{0.25} = 400\ (A)$$

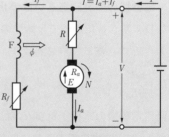

直流分巻電動機

界磁電流 I_f は、

$$I_f = \frac{V}{R_f} = \frac{100}{50} = 2\ (A)$$

よって、求める分巻電動機の始動電流 I_s は、

👆解法のヒント

1.
分巻電動機の始動電流や定格電流など負荷電流は、電機子回路および界磁回路に流れる。

2.
始動時は電機子が回転していないので、逆起電力は発生しない。

$I_s = I_{as} + I_f = 400 + 2 = \mathbf{402}$〔A〕（答）

②始動抵抗Rの算出：

問題の電動機の定格電流I_a〔A〕は、定格状態のときの逆起電力Eが90〔V〕であるから、定格時の電機子電流I_{an}は、

$$I_{an} = \frac{V - E}{R_a} = \frac{100 - 90}{0.25} = 40 \,〔A〕$$

また、定格電流I_nは、

$$I_n = I_{an} + I_f = 40 + 2 = 42 \,〔A〕$$

次に、始動電流を$1.2I_n$〔A〕にするために、電機子に直列に始動抵抗R〔Ω〕を入れると、このときの電機子電流$I_a{}'$は、

$$I_a{}' = 1.2 \times I_n - I_f = 1.2 \times 42 - 2 = 48.4 \,〔A〕$$

よって、次式より求める始動抵抗Rは、

$$I_a{}' = \frac{V}{R_a + R}$$

$$(R_a + R)I_a{}' = V$$

$$R_a I_a{}' + R I_a{}' = V$$

$$R I_a{}' = V - R_a I_a{}'$$

$$R = \frac{V}{I_a{}'} - R_a = \frac{100}{48.4} - 0.25 \fallingdotseq \mathbf{1.82} \,〔Ω〕（答）$$

② 直流電動機の回転方向の変更 　重要度 B

　直流電動機の**回転方向**を**逆にする**には、原理的には電機子電流と界磁電流のいずれかの電流の向きを変えればよいのですが、一般的には**電機子電流**の**向きを変える**方法が用いられています。また、電機子巻線の接続を逆にすると、電機子巻線と直列に接続されている**補償巻線**、**補極**の**接続も逆**になります（正回転のときと逆向きの電流が流れます）。

　なお、他励電動機以外の電動機端子で電源の極性を逆に接続しても、電機子電流と界磁電流が逆になるだけで、回転方向は変わりません。

補足-📎

補償巻線と補極
（▶LESSON14）は、電機子巻線と直列に接続され、電機子電流と反対方向の電流を流して電機子電流の磁束を打ち消す。

図3.36電動機の正回転の説明

回転軸

界磁極NからSへ向かう磁界Hの中で電機子コイル左辺の導体に⊙（紙面裏から表に向かう）方向の電流Iが流れると、コイル左辺はフレミングの左手の法則により、上方向の力Fを受ける。
同様に、コイル右辺は、⊗（紙面表から裏に向かう）方向の電流Iが流れるので、下方向の力Fを受け、コイル対辺は時計回り方向に回転する。

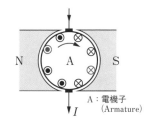

A：電機子
（Armature）

図3.36　電動機の正回転

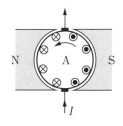

図3.37　電動機の逆回転

③ 直流電動機の速度制御　　重要度 A

　直流電動機は、ほかの回転機に比べて**速度制御が容易**なため、自動制御の分野において広く用いられています。直流電動機の回転速度N〔$\min^{-1}$〕は、

$$N = \frac{E}{k\phi} = \frac{V - R_a I_a}{k\phi} \ \text{〔}\min^{-1}\text{〕}$$

　ただし、kは一定（比例定数）

となります。回転速度N〔$\min^{-1}$〕を任意の値に制御することを**速度制御**といいます。実際に速度制御するには、上式より、端子電圧V〔V〕、界磁磁束ϕ〔Wb〕、電機子回路の抵抗R_a〔Ω〕のいずれかを変化させればよいことになります。したがって、制御の種類には、端子電圧を変化させる**電圧制御**、界磁磁束（界磁電流）を変化させる**界磁制御**、電機子回路に直列に抵抗を接続して電機子電流を変化させる**抵抗制御**の3つがあります。

（1）電圧制御

　電圧制御では、トルクを一定に保つ必要のある電動機や大容量機などに専用の電源を設け、電機子に加える**端子電圧を調整**して速度制御を行います。ほかの制御方式と比べて効率がよく、速度低下のときも大きいトルクを出せるのが電圧制御の利点ですが、その反面、装置が複雑化するという欠点があります。この電圧制御には、主として他励電動機を用いた**ワード・レオナード方式**と**イルグナ方式**、**静止レオナード方式（サイリスタレオナード方式）**、**直流チョッパ方式**などがあります。

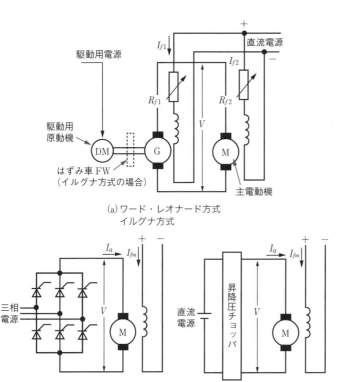

(a) ワード・レオナード方式
イルグナ方式

(b) 静止レオナード方式
　　（サイリスタレオナード方式）

(c) 直流チョッパ方式

図3.38　電圧制御

補足

図3.38(a)に示されている「はずみ車FW（フライホイール）」は、イルグナ方式の場合に設けるもので、ワード・レオナード方式では設けない。はずみ車は、重量のある円盤状の構造になっており、回転速度の急激な変動を抑える。

補足

サイリスタについては、LESSON25で学ぶ。直流チョッパについては、LESSON27で学ぶ。

(2) 界磁制御

　界磁抵抗を調整することにより、磁束 ϕ 〔Wb〕（界磁電流）を制御する方式を**界磁制御**といいます。界磁制御では、図3.39のように、界磁巻線に界磁抵抗器と呼ばれる**可変抵抗** R_f を、他励式や分巻式では直列に接続し、直巻式では並列に接続します（直巻式では界磁抵抗器ではなく、界磁巻線にタップを設けて、これを切り換える方法もあります）。

　他励式や分巻式の場合は、界磁電流は小電流のため制御しやすく、広範囲の速度制御が可能で、界磁抵抗器による損失も少ないという利点があります。反面、速度を上げるため磁束 ϕ を少なくすると、電機子反作用の影響が大きくなってトルクの低下や整流不良が発生しやすい欠点があります。

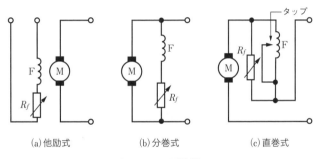

(a) 他励式　　　　　　(b) 分巻式　　　　　　(c) 直巻式

図3.39　界磁制御

(3) 抵抗制御

　抵抗制御は、図3.40のように、電機子回路に直列に可変抵抗器Rを接続し、電機子に流れる電流を調整して速度制御する方式です。抵抗器Rに電機子電流が流れるので、抵抗器も電流容量の大きなものが必要となります。このため、電

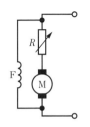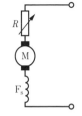

(a) 分巻電動機　　(b) 直巻電動機

図3.40　抵抗制御

力損失や速度変動率が大きくなり、効率が低下したり運転が不安定になります。

補足

分巻電動機や他励電動機では、抵抗制御はあまり用いられない。しかし、直巻電動機では、抵抗制御が単独に、またはほかの方法と組み合わせて用いられる。この場合、**可変抵抗器Rを制御器と称し、始動器と兼用**するのが普通である。

例題にチャレンジ！

　直流電源に接続された永久磁石界磁の直流電動機に一定トルクの負荷がつながっている。電機子抵抗が$1.00\,\Omega$である。回転速度が$1000\mathrm{min}^{-1}$のとき、電源電圧は120V、電流は20Aであった。この電源電圧を100Vに変化させたときの回転速度の値〔min^{-1}〕を求めよ。

　ただし、電機子反作用およびブラシ、整流子における電圧降下は無視できるものとする。

・解答と解説・・・・・・・・・・・・・・・・・・・・・・・・・・・・・・・

電源電圧$V = 120$〔V〕の回路図aと$V' = 100$〔V〕の回路図bを比較する。

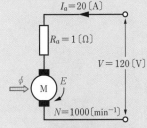

図a　電源電圧 $V = 120$〔V〕

電機子電流　$I_a = 20$〔A〕　電機子抵抗　$R_a = 1$〔Ω〕

逆起電力　　$E = V - I_a R_a$

$\qquad\qquad = 120 - 20 \times 1$

$\qquad\qquad = 100$〔V〕

$\qquad\qquad = k \phi N$

回転速度　　$N = 1000$〔min^{-1}〕　磁束　$\phi =$ 一定（永久磁石）

電動機出力　$P_o = E I_a$

トルク　　　$T = \dfrac{P_o}{\omega} = \dfrac{E I_a}{2\pi \dfrac{N}{60}}$

※枠内公式は別解で使用

$\qquad\qquad \omega$：角速度

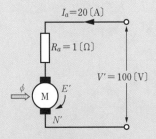

図b　電源電圧 $V' = 100$〔V〕

電機子電流　$I_a = 20$〔A〕

電機子抵抗　$R_a = 1$〔Ω〕

電動機発生トルク$T = k\phi I_a$であり、負荷要求トルクとの一致点で運転する。負荷トルクは題意より一定トルクなので、電動機トルクも一定、ϕも一定なのでI_aも変わらず20〔A〕のままとなる。

逆起電力　　$E' = V - I_a R_a$

$\qquad\qquad = 100 - 20 \times 1$

$\qquad\qquad = 80\,[\text{V}]$

$\qquad\qquad = k\phi N'$

求める回転速度 N'

磁束　　　　　$\phi = $ 一定（永久磁石）

電動機出力　$P_o' = E' I_a$

トルク　　　　$T' = \dfrac{P_o'}{\omega'} = \dfrac{E' I_a}{2\pi \dfrac{N'}{60}}$

※枠内公式は別解で使用

電源電圧変化前後の逆起電力の比較から、次式が成り立つ。

$$\frac{E'}{E} = \frac{k\phi N'}{k\phi N} = \frac{80}{100}$$

よって、求める回転速度 N' は、

$$N' = \frac{80}{100} \times N = \frac{80}{100} \times 1000$$

$$= 800\,[\text{min}^{-1}]\,（答）$$

・別解・ ・・・

定トルク負荷であるから、電源電圧が変化しても電動機発生トルクは変化せず、$T = T'$ である。

よって、次式が成り立つ。

$$\frac{E I_a}{2\pi \dfrac{N}{60}} = \frac{E' I_a}{2\pi \dfrac{N'}{60}}$$

$$\frac{E}{N} = \frac{E'}{N'}$$

$$N' = \frac{E'}{E} \times N = \frac{80}{100} \times 1000$$

$$= 800\,[\text{min}^{-1}]\,（答）$$

・・

(4) 直流電動機の制動 　　重要度 **A**

制動とは、運転中(回転中)の電動機を速やかに停止または減速させることをいい、その方法には**機械的制動法**と**電気的制動法**の2通りの方法があります。

〈1〉機械的制動法

機械的な摩擦(ブレーキパッドなど)によって制動する方法です。

〈2〉電気的制動法

回転エネルギーを電気的エネルギーに交換し、そのエネルギーを消費または回生しながら制動する方法で、以下に説明する3種類があります。

①発電制動

運転中の電動機を電源から切り離して発電機として作用させ、端子間に抵抗器を接続し、発電機としての回転エネルギーを、抵抗中で熱エネルギーとして消費させて制動するものです。

②回生制動

電車が坂道を下る場合やエレベータが下降する場合は、電動機が負荷によって駆動されるようになります。このとき、電動機は発電機として運転することになり、発生する電力を電源に送り返すことにより制動を行うものです。

③逆転制動(プラッギング)

運転中の電動機の界磁回路はそのままで、電機子回路だけを逆に接続すると、電動機に逆向きの大きなトルクが生じ、これによって制動を行います。電動機が停止したら、電源から切り離します。

①発電制動と②回生制動は、**発電機**として運転させるので混同しやすい。
電源に送り返すのは回生制動/抵抗で消費するのは発電制動。「電源返せ回生制動」と覚えるニャン

理解度チェック問題

問題 次の◯◯◯の中に適当な答えを記入せよ。

1. 直流電動機の回転速度 N〔min⁻¹〕は次式で表される。

$$N = \boxed{\quad (ア) \quad} = \boxed{\quad (イ) \quad} \text{〔min}^{-1}\text{〕}$$

ただし、E : 逆起電力〔V〕　　V : 端子電圧 (電機子電圧)〔V〕

R_a : 電機子抵抗〔Ω〕　I_a : 電機子電流〔A〕

ϕ : 界磁磁束〔Wb〕　　k : 定数

回転速度 N〔min⁻¹〕を任意の値に制御することを速度制御といい、次の3つがある。

①電圧制御：$\boxed{\quad (ウ) \quad}$ を変化させる速度制御

②$\boxed{\quad (エ) \quad}$：界磁磁束 (界磁電流) を変化させる速度制御

③$\boxed{\quad (オ) \quad}$：$\boxed{\quad (カ) \quad}$ 回路に直列に $\boxed{\quad (キ) \quad}$ を接続して、電機子電流を変化させる速度制御

2. 制動とは、運転中 (回転中) の電動機を速やかに停止または減速させることをいい、その方法には機械的制動法と電気的制動法の2通りの方法がある。

機械的制動法は、機械的な摩擦によって制動する方法である。

電気的制動法は、回転エネルギーを電気的エネルギーに交換し、そのエネルギーを消費または回生しながら制動する方法で、$\boxed{\quad (ク) \quad}$ $\boxed{\quad (ケ) \quad}$ $\boxed{\quad (コ) \quad}$ の3種類がある。

解答

$(ア) \dfrac{E}{k\phi}$　　$(イ) \dfrac{V - R_a I_a}{k\phi}$　　(ウ)端子電圧 (電機子電圧)　　(エ)界磁制御

(オ)抵抗制御　　(カ)電機子　　(キ)抵抗 (器)　　(ク)発電制動　　(ケ)回生制動

(コ)逆転制動 (プラッギング)　　※(ア)(イ)および(ク)(ケ)(コ)は順不同

直流機の損失と効率

直流機の損失・効率などについて学習します。特に、各損失の意味と
式との関係については十分に理解するよう努めてください。

関連過去問 039, 040

機器の損失が増加
すると、温度が高
くなり、効率が低
下するニャン

1 直流機の損失

重要度 A

運転中の発電機や電動機では、機械的入力や電気的入力によ
るエネルギーがすべて電気的エネルギーや機械的エネルギーに
変換されて出力されるわけではありません。一部のエネルギー
は、発電機や電動機の内部で主に熱エネルギーに変換され、機
械の温度を上昇させます。このように熱として無駄に消費され
るエネルギーを**損失**といいます。直流機における主な損失を分
類すると、表3.2のようになります。

表3.2 直流機の損失の分類

損失	銅損 (P_c)	電機子巻線の抵抗による損失
		界磁巻線の抵抗による損失
		ブラシの接触抵抗による損失
	鉄損 (P_i)	電機子鉄心のヒステリシス損
		電機子鉄心の渦電流損
	機械損 (P_m)	軸受摩擦損、ブラシ摩擦損
		風損(回転部と空気との摩擦)
	漂遊負荷損 (P_s)	正確に算出できないわずかな損失

補足

銅損は、抵抗損、ジュー
ル損とも呼ばれる。

電機子には負荷電流の
大部分が流れるので、
電機子と直列接続され
た直巻界磁巻線の銅損
は負荷損であるが、他
励および分巻界磁巻線
の銅損は負荷に関係な
くほぼ一定の電流が流
れるので、無負荷損と
なる。

表3.2から、直流機の**全損失**P_l〔W〕は、次式のように各損失を合計したものとなります。

全損失P_l＝銅損P_c＋鉄損P_i＋機械損P_m＋漂遊負荷損P_s〔W〕

また、上記の損失のうち、負荷の増減に関係なく一定なものを**無負荷損**または**固定損**といい、鉄損、機械損、他励および分巻界磁巻線の銅損があります。これに対して、負荷の増減によって変化するものを**負荷損**または**可変損**といい、電機子、直巻界磁、補極、補償の各巻線などの銅損、ブラシの接触抵抗損、漂遊負荷損があります。

② 直流機の効率　重要度 A

出力と入力の比を**効率**といいます。規格に定められた方法によって各損失を測定または算出し、これに基づいて、**式(22)**、**式(23)によって算出した効率**を**規約効率**といいます。一般に電気機器の効率は規約効率が用いられています。

$$効率\eta = \frac{出力}{入力} \times 100 〔\%〕 \tag{21}$$

$$発電機の規約効率\eta_G = \frac{出力}{出力＋全損失} \times 100 〔\%〕 \tag{22}$$

$$電動機の規約効率\eta_M = \frac{入力－全損失}{入力} \times 100 〔\%〕 \tag{23}$$

直流機の負荷時における損失と効率の関係を示した図3.41から、**無負荷損(固定損)と負荷損(可変損)が等しいときに最高効率となること**がわかります。これは、ほかの電気機器にも同じことがいえます。

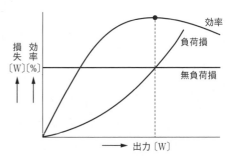

図3.41　負荷損と無負荷損の関係

　電動機に負荷をかけて、入力と出力とを実測から求めるのが**実測効率**です。測定にあたっては、電源や負荷設備、測定器具類などは大容量のものを必要とし、また消費電力も大きいなど欠点があるため、対象となる直流機は小容量機に限られます。

例題にチャレンジ！

　定格出力30kW、定格電圧220V、定格回転速度1500min^{-1}の他励発電機がある。この発電機の工場試験において次の実測値を得た。

　機械損：550W、鉄損：800W、電機子巻線抵抗：$0.008\,\Omega$

　補極巻線抵抗：$0.002\,\Omega$、他励界磁巻線抵抗損：500W

　この発電機の定格出力時の規約効率〔%〕はいくらか。ただし、漂遊負荷損は定格出力時に定格出力の1%、ブラシ電圧降下は正負ブラシとも各1Vとし、補償巻線はない。

解法のヒント

1.
銅損は抵抗損ともいう。

2.
全損失を負荷損と無負荷損に分ける必要はない。

・**解答と解説**・・・・・・・・・・・・・・・・・・・・・・・・・・・・

定格出力$P_n = 30 \times \underline{10^3}$〔W〕

$\underbrace{\qquad}_{\text{kW} \rightarrow \text{W}}$

定格電圧$V_n = 220$〔V〕とすると、

定格電流$I_n = $電機子電流$I_a$は、

$$I_n = I_a = \frac{P_n}{V_n} = \frac{30 \times 10^3}{220} \fallingdotseq 136.4 \text{〔A〕}$$

電機子巻線抵抗損P_{c1}は、

$$P_{c1} = I_a^2 R_a = 136.4^2 \times 0.008$$
$$\fallingdotseq 148.8 \text{〔W〕}$$

補極巻線抵抗損P_{c2}は、

$$P_{c2} = I_a^2 R_i = 136.4^2 \times 0.002$$
$$\fallingdotseq 37.2 \text{〔W〕}$$

ブラシの接触抵抗損P_{c3}は、

$$P_{c3} = \underline{2} \times \underline{e_b} \times I_a = 2 \times 1 \times 136.4 = 272.8 \text{〔W〕}$$

正負2つのブラシ　　ブラシ電圧降下

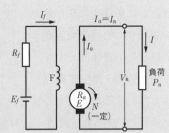

他励発電機

漂遊負荷損P_sは、

$$P_s = \underbrace{30 \times 10^3}_{\text{定格出力}} \times \underbrace{0.01}_{1\%} = 300 \,[\text{W}]$$

また題意より、機械損P_m、鉄損P_i、他励界磁巻線抵抗損P_{c4}は、

$$P_m = 550 \,[\text{W}]、P_i = 800 \,[\text{W}]、P_{c4} = 500 \,[\text{W}]$$

全損失P_lは、

$$P_l = P_{c1} + P_{c2} + P_{c3} + P_{c4} + P_m + P_i + P_s$$

$$= 148.8 + 37.2 + 272.8 + 500 + 550 + 800 + 300 = 2608.8$$

よって、求める発電機の規約効率η_Gは、

$$\eta_G = \frac{P_n}{P_n + P_l} \times 100 = \frac{30 \times 10^3}{30 \times 10^3 + 2608.8} \times 100$$

$$\fallingdotseq \mathbf{92.0} \,[\%]\,(\text{答})$$

③ 温度上昇と定格　　　重要度 A

(1) 温度上昇

　電気機器の各部の温度
は、停止中には周囲温度
と同じですが、運転開始
とともに各種の損失が熱
に変わり、機器の温度が
上昇していきます。やが
て平衡状態（発生する熱
量と放熱する熱量が等し

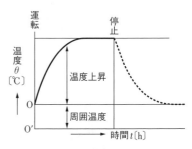

図3.42　温度上昇曲線

い状態）になると、温度の上昇が止まり一定となります。こう
した温度上昇は、図3.42に示すような曲線となります。図中
に表記されている「温度上昇」とは、機器各部の温度と周囲温
度との差をいいます。

　機器の温度が高くなりすぎると、絶縁物の性質の劣化、銅線
の抵抗の増加、鉄心の変質などによって損失が増加し、効率を

低下させます。したがって、機器の出力は、温度上昇によって使用制限を受けることになります。一般に、機械の性能を実用上損なうことなく使用できる最高の温度を最高許容温度といいます。

(2) 定格

　定格とは、指定された条件における使用限度と定義されています。この使用限度を出力で表したものを**定格出力**といいます。定格出力は、発電機では定格電圧・定格速度で発生する電力をいい、電動機では定格電圧・定格速度で発生する機械的出力をいいます。単位はそれぞれワット〔W〕またはキロワット〔kW〕を用います。

　また、定格には、主に次の2つの種類があります。

◎**連続定格**…指定された条件で連続使用しても、その機器に定められた温度上昇などの制限を超えないように定められた定格をいいます。

◎**短時間定格**…指定された条件で短時間、安全に使用できる定格をいいます。1時間定格、30分定格、15分定格などの指定があります。運転停止後、機器の各部が冷却する時間をおいた後、また指定された時間だけ運転可能な能力を、それぞれ備えています。

問題 次の□□□の中に適当な答えを記入せよ。

直流機の損失の主なものを挙げると次のようになる。

① 機械損 軸受摩擦損、ブラシ摩擦損、 (ア)

② 鉄 損 ヒステリシス損、 (イ)

③ 銅 損 (ウ) 、電機子巻線銅損、ブラシの接触抵抗損

④ (エ)

これらの損失のうち、機械損、鉄損および銅損のうちの (オ) および (カ) 界磁銅損は、負荷の変化に関係なくほぼ一定であるので、 (キ) または固定損と呼ばれる。その他の銅損（電機子、 (ク) 、補極、補償の各巻線の銅損、ブラシの接触抵抗損など）および (エ) は、負荷によって著しく変化するので、これらは (ケ) または可変損と呼ばれる。

19日目

LESSON 19

第4章 同期機

同期発電機の原理

同期機とは、定常運転時に同期速度で回転する交流機のことで、ここでは、同期発電機の原理や構造の基本的な事項を学習します。

関連過去問 041

コイルに発生する交流を、交流のまま取り出すのが同期発電機ニャ

① 同期発電機の原理　　重要度 A

図4.1 (a) のように界磁 (界磁極) の中で電機子巻線を回転させると、電機子巻線に交流の起電力が誘導されます。この誘導起電力をそのままスリップリングを通して取り出します。この形の発電機を**回転電機子形**といいます。また、図4.1 (b) のように電機子巻線を固定して界磁を回転させても、同様に交流の起電力が誘導されます。この形の発電機を**回転界磁形**といいます。

今日から、第4章、同期機ニャ

補足

同期発電機については、変圧器と同様、電力科目でも学習する。電験三種試験においても、**電力科目**、**機械科目**の**両方で出題**される。

補足

コイルに発生した交流をそのまま取り出すのが同期発電機。ブラシと整流子で直流にして取り出すのが直流発電機。誘導起電力の発生原理は同じである。

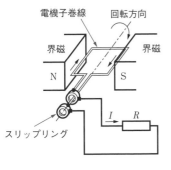

(a) 回転電機子形

(b) 回転界磁形

図4.1　同期発電機の原理

発電所などで実際に使われている発電機は、図4.2 (a) のよう

に、3組の電機子巻線が互いに120〔°〕間隔で固定子内に配置され、Y結線されている回転界磁形の三相同期発電機で、この発電機によって得られる誘導起電力は、図4.2(b)に示す**正弦波三相交流**となります。

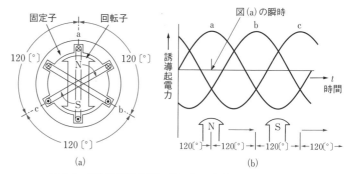

図4.2　三相同期発電機の原理と正弦波三相交流の発生

同期発電機の極数p、誘導起電力の周波数f〔Hz〕の、1分間の**回転速度**N_sは、次式で表されます。この回転速度N_sは、**同期速度**と呼ばれます。

> ⚠**重要** **公式**　同期発電機の同期速度N_s
>
> $$N_s = \frac{120f}{p} \ \text{〔min}^{-1}\text{〕} \tag{1}$$

詳しく解説！同期速度N_s

$N_s = \dfrac{120f}{p}$〔min^{-1}〕の導出

極数2の同期発電機が1秒間に1回転すると、1サイクルの電圧が誘起します。極数pの場合は、1秒間にn_s回転すると誘導起電力の周波数fは、

$$f = n_s \frac{p}{2} \ \text{〔Hz〕}$$

n_sは、同期速度といい、上式より、$n_s = \dfrac{2f}{p}$〔s^{-1}〕

1分間の回転速度N_sでは、

$$N_s = \frac{2f}{p} \times 60 = \frac{120f}{p} \ \text{〔min}^{-1}\text{〕}$$

補足
東日本の電力系統の周波数は50Hz、西日本は60Hzである。これらの電力系統に並列する発電機は、50Hzまたは60Hzを発生する同期速度N_sで回転しなければならない。また、周波数の一致のほか、電圧の大きさ、位相の一致が必要である。

補足
N_sおよびn_sのsは、synchronous（シンクロナス）の略で、「同期」という意味。

補足
sのマイナス1乗のsは、second（セコンド、セカンド）の略で、秒のこと。〔s^{-1}〕は毎秒の意味。minのマイナス1乗のminは、minute（ミニット）の略で、分のこと。〔min^{-1}〕は毎分の意味。

※同期発電機が Y 結線される理由

a. 同一絶縁で△結線に比べ $\sqrt{3}$ 倍の電圧が得られる。

b. Y 結線の**中性点を接地**でき、対地電圧の上昇を抑えることができる。また、**地絡保護継電器の設置、動作が確実**である。

c. 各相電圧に含まれる**第3高調波**は同相であり、△結線では各相の第3高調波が加わり合って巻線内に循環電流を流し、不必要に銅損を増やし、巻線温度を上昇させるが、Y 結線であれば、**第3高調波が互いに打ち消し合って線間電圧に現れない**。

例題にチャレンジ！

次の ☐ の中に適当な答えを記入せよ。

1. 同期発電機の極数 p、誘導起電力の周波数 f〔Hz〕の、1秒間の回転速度 n_s、および1分間の回転速度 N_s は、次式で表される。

$$n_s = \boxed{\text{(ア)}} \ (\text{s}^{-1})$$
$$N_s = \boxed{\text{(イ)}} \ (\text{min}^{-1})$$

この回転速度 n_s および N_s は、 $\boxed{\text{(ウ)}}$ と呼ばれる。

2. 同期発電機が Y 結線される理由は次のとおりである。

　a. 同一出力の△結線に比べ巻線の $\boxed{\text{(エ)}}$ 上、有利である。

　b. Y 結線の $\boxed{\text{(オ)}}$ を接地でき、対地電圧の上昇を抑えることができる。また、 $\boxed{\text{(カ)}}$ 継電器の設置、動作が確実である。

　c. 各相電圧に含まれる第3高調波は同相であり、△結線では巻線内に循環電流を流し、不必要に銅損を増やし、 $\boxed{\text{(キ)}}$ を上昇させるが、Y 結線であれば、第3高調波が互いに打ち消し合って $\boxed{\text{(ク)}}$ 電圧に現れない。

・解答・

(ア) $\dfrac{2f}{p}$ 　(イ) $\dfrac{120f}{p}$ 　(ウ)同期速度 　(エ)絶縁

(オ)中性点 　(カ)地絡保護 　(キ)巻線温度 　(ク)線間

第4章
同期機

② 同期発電機の分類　重要度 A

　同期発電機にはいろいろな種類がありますが、一般には回転子の構造、駆動する原動機、軸形式などによって分類されています。

(1) 回転子の構造による分類

　同期発電機は、界磁極を回転させて発電する**回転界磁形**と、電機子を回転させて発電する**回転電機子形**とに分けられます。原理的には、どちらも同じです。

　図4.3(a)は**回転界磁形**、(b)は**回転電機子形**と呼ばれます。

　回転界磁形は、電機子が固定子側であるので大電流も取り扱いやすいこと、界磁巻線は直流低電圧であるため、小容量のスリップリング2個で済むこと、また、機械的に堅固な構造に作れることなどから、**中・大容量機**に広く用いられています。

　回転電機子形は、ブラシレス励磁方式の励磁機など、**小容量**で**特殊な用途**に用いられています。

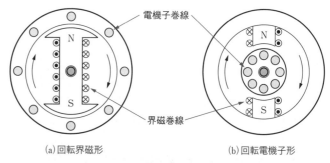

(a) 回転界磁形　　　(b) 回転電機子形

図4.3　回転界磁形と回転電機子形

(2) 原動機による分類

①水車発電機

　水車によって駆動される発電機です。水車の特性から、回転速度が比較的低速で、多極機となります。このため、回転子の直径が太く、界磁は突極形が用いられます。

②タービン発電機

　蒸気タービン、ガスタービンなどによって駆動される発電機

➕プラスワン

同期発電機の極数は、発電機を駆動する原動機によって異なり、**タービン発電機**では、一般に高速度のため2極または4極、**水車発電機**では、6極から72極程度までと広範囲になっている。

で、2極機または4極機が使用されます。高速運転に耐えられるように、回転子直径は細く、界磁は**円筒形**が用いられます。

(3) 軸形式による分類（立軸形と横軸形）

　水車発電機は、回転軸の置き方によって**立軸形**と**横軸形**に分けられ、それぞれ次のような特徴があります。

　立軸形は、**低速度・大容量**機に広く用いられており、水車の上部に発電機を設けるので落差を有効に利用できます。さらに、据付面積が小さく済む、洪水時に発電機が水をかぶらず保護できる、固定子の分割が容易なため輸送に便利などの利点があります。

　横軸形は、容積が大きくなるにつれ重量が増大し、それに伴ってできる固定子枠のひずみを防ぐため、固定子枠を大きくしなければならないという欠点があります。全体の構造は立軸形より単純で、主として**高速機**に用いられています。

　タービン発電機は、**高速機**であり、**横軸形**が採用されます。

③ 同期発電機の励磁方式　重要度 **A**

　同期機に直流の界磁電流を供給する電源装置を**励磁装置**といいます。

　同期発電機の励磁方式には、**直流励磁方式**、**交流励磁方式（回転界磁形、回転電機子形）**、**静止形励磁方式**などがあります。

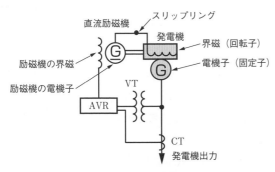

図4.4　直流励磁方式

補足

AVR（自動電圧調整装置）は、電圧変動を極力小さくさせ、機器の安定運転などを図る目的で設置される。

プラスワン

回転電機子形（ブラシレス励磁方式）は、回転接触部分が全くないので保守は非常に容易であるが、同一軸上に設置してある整流器が大きい遠心力を受けるため、これに耐える構造とすることが必要である。また、発電機軸に直結した回転部に交流励磁機、整流器を組み込むため、軸長が長くなる欠点がある。

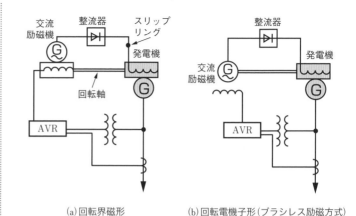

(a)回転界磁形　　　(b)回転電機子形（ブラシレス励磁方式）

図4.5　交流励磁方式

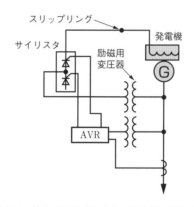

図4.6　静止形励磁方式（サイリスタ励磁方式）

補足

水素と空気の**混合ガス**は、水素ガスが容積で**4〜70〔%〕の範囲にあると爆発の可能性**がある。水素冷却タービン発電機の水素の純度は**85〔%〕以下で警報**を発することが、電気設備技術基準・解釈に定められている。

用語

風損とは、発電機の回転部分と空気、水素など冷却用気体との摩擦抵抗による損失のこと。

④ 冷却媒体と冷却方式　　重要度 A

　大容量タービン発電機の冷却方式には、冷却媒体に水素ガスを用いる**水素冷却**が多く採用されています。水素冷却発電機は、**空気冷却発電機**に比べて次の特徴があります。

a. 水素は、密度（比重）が空気の約7〔%〕ときわめて軽いため、**風損**が減少する。

b. 水素は、空気より**熱伝導率**および**比熱が大きい**ので、**冷却効果が向上**する。

c. 水素は、不活性のガスであり、**コロナ発生電圧が高いため**、**絶縁物の劣化が少ない**。

d. 水素を封入し**全閉形**となるため、運転中の**騒音が少ない**。

　一方、**水素**と**空気**の混合ガスは引火、**爆発の危険**があるので、**水素の純度を常に高く保つ**必要があること、固定子枠を**耐爆構**造としなければならないこと、**軸貫通部の水素漏れを防止**するために、軸受けの内側に**密封油装置**を設ける必要があることなど、取り扱いも慎重にしなければなりません。

　なお、水素間接冷却方式の発電機の回転子コイルは、水素ガスで間接的に冷却され、固定子コイルは、一般に導体内部に純水を通して冷却されます。

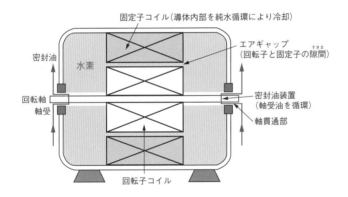

図4.7　水素間接冷却発電機のイメージ

補足

先のとがった電極の周りに、局部的に高い電界（＝高電界＝高電圧＝電気力線の集中）が生じることによって起こる持続的な放電を、**コロナ放電**という。電界の集中する部分に限定された発光部をコロナといい、**水素は空気よりコロナ発生電圧が高い**とは、空気中でコロナが発生する電圧に達しても、水素ガス中ではコロナが発生しないということである。このため、コイル絶縁の寿命が長くなる。

用語

固定子とは、発電機、電動機などの回転電気機械の回転子を内包し、固定して動かない部分の総称。ステータともいう。
固定子枠とは、固定子の外枠（フレーム）のこと。

プラスワン

水素直接冷却方式の発電機の冷却媒体は、固定子コイルの導体内部の冷却には水素ガスや純水などが採用され、回転子コイルの導体内部の冷却には水素ガスが採用されている。

第4章

同期機

問題　次の＿＿＿＿の中に適当な答えを記入せよ。

同期発電機は、回転子の構造から分類すると、＿(ア)＿形と回転電機子形に分けられる。

＿(ア)＿形は、電機子が固定子側であるので大電流も取り扱いやすいこと、界磁巻線は直流低電圧であるため、小容量のスリップリング2個で済むこと、また、機械的に堅固な構造に作れることなどから、中・大容量機に広く用いられている。

回転電機子形は、＿(イ)＿励磁方式の励磁機など、小容量で特殊な用途に用いられている。

また、同期発電機を駆動する原動機から分類すると、タービン発電機と水車発電機に分類される。

タービン発電機は、蒸気タービン、ガスタービンなどによって駆動される発電機で、＿(ウ)＿極機または＿(エ)＿極機が使用される。高速運転に耐えられるように、回転子直径は＿(オ)＿く、界磁は＿(カ)＿形が用いられる。

水車発電機は、水車によって駆動される発電機である。水車の特性から回転速度が比較的低速で、多極機となる。このため、回転子の直径が＿(キ)＿く、界磁は＿(ク)＿形が用いられる。

解答

(ア)回転界磁　　(イ)ブラシレス　　(ウ)2　　(エ)4　　(オ)細
(カ)円筒　　(キ)太　　(ク)突極

第4章 同期機

同期発電機の特性①

同期発電機の特性①として、電機子反作用やベクトル図、各種特性曲線など、円筒形（非突極形）同期発電機の基本的特性を学習します。

関連過去問 042, 043, 044

同期発電機の電機子反作用の種類

①力率が1の場合…交さ磁化作用

②遅れ力率が0の場合…減磁作用

③進み力率が0の場合…増磁作用

④任意の力率の場合

まず、同期発電機の電機子反作用の種類を理解するニャ

1 同期発電機の電機子反作用　　重要度 A

　回転界磁形の**三相同期発電機**は、同期速度で回転する界磁起磁力で誘導起電力を発生させます。このとき、発電機に負荷をかけると電機子巻線に電機子電流が流れます。この電機子電流が流れることにより生じる電機子起磁力の大部分は、誘導電動機と同様に、**同期速度で回転する回転磁界を作って界磁起磁力に影響**を与え、誘導起電力を変化させます。これを**電機子反作用**といい、電機子起磁力の残りの一部は電機子巻線とだけ鎖交する**漏れ磁束**となります。この漏れ磁束によるリアクタンスを**電機子漏れリアクタンス**といいます。

(1) 電機子反作用の種類

　円筒形（非突極形）同期発電機の電機子反作用は、誘導起電力と電機子電流との位相差、すなわち負荷の力率によって大きく異なり、以下に説明する4つの場合があります。

①電機子電流が誘導起電力と同相（力率が1）の場合

　　……**交さ磁化作用**

　界磁起磁力をF_f、電機子電流Iによる電機子起磁力をF_a、誘導起電力をEとすると、IはF_aと同相で、EはF_fより90〔°〕遅れます。このため、図4.8 (a) のように、EとIが同相（力率が1）

補足

突極形同期発電機の電機子反作用などの理論は大変難しく、電験三種試験にはほぼ出題されないので省略する。

の場合には、F_fにF_aが直角に交さします。これを**交さ磁化作用**（または**偏磁作用**）といいます。この交さ磁化作用は、F_aによる磁束が界磁の一方を強め、もう一方を弱めて、界磁磁束の分布をひずませます。しかし、界磁磁束に変化はなく、誘導起電力の大きさは変化しません。

②電機子電流が誘導起電力より位相が90°遅れている（遅れ力率0）場合……減磁作用

遅れ力率が0の場合、電機子電流Iによる電機子起磁力F_aは、図4.8(b)のように界磁起磁力F_fを減少する方向に作用するので、界磁磁束を減少させ、誘導起電力Eを低下させます。すなわち、電機子電流が誘導起電力より位相が遅れている場合は、界磁磁束を弱める働きをするので、この作用のことを**減磁作用**といいます。

③電機子電流が誘導起電力より位相が90°進んでいる（進み力率0）場合……増磁作用

進み力率が0の場合、電機子電流Iによる電機子起磁力F_aは、図4.8(c)のように界磁起磁力F_fと同じ方向に作用するので、界磁磁束を増加させ、誘導起電力を上昇させます。すなわち、電機子電流が誘導起電力より位相が進んでいる場合は、界磁磁束を強める働きをするので、この作用のことを**増磁作用**といいます。

補足

アンペアの右ねじの法則により、電機子起磁力の方向および磁束の向きが決まる。界磁起磁力は回転子内の磁気の方向となる。
また、誘導起電力と電機子電流の位相は発電機につながれた負荷により決まる。

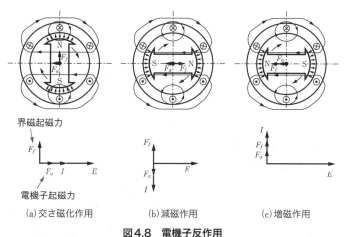

(a) 交さ磁化作用　　　(b) 減磁作用　　　(c) 増磁作用

図4.8　電機子反作用

④任意の力率の場合

一般の負荷では、これまで述べてきたような、誘導起電力 E と電機子電流 I の位相差が0あるいは90〔°〕という切りのよい数値ではありません。したがって、任意の位相差 θ における電機子反作用は、図4.9に示すように、I の E と同相成分である $I\cos\theta$ は交さ磁化作用として働き、I の E と90〔°〕位相の異なる直角成分である $I\sin\theta$ は減磁作用（遅れ力率）あるいは増磁作用（進み力率）として働きます。

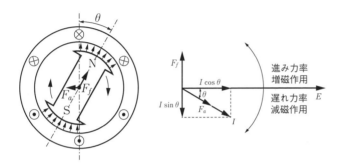

図4.9　任意の力率角の電機子反作用

補足
図4.9のベクトル図は、減磁作用（遅れ力率）の場合を示す。

(2) 電機子漏れリアクタンス

電機子電流によって発生した磁束は、その大部分が空隙（エアギャップ）を通って界磁に入り、電機子反作用を起こします。しかし、磁束の一部は、図4.10のように電機子巻線のみと鎖交し、電機子反作用に関係しないものがあります。こ

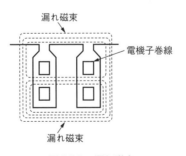

図4.10　漏れ磁束

のような磁束を**漏れ磁束**といい、変圧器の場合と同じように**漏れリアクタンス**として作用します。

こうした漏れ磁束によるリアクタンスを**電機子漏れリアクタンス**といい、x_l〔Ω〕で表します。

補足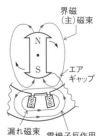
漏れ磁束のイメージ
図4.8 (a) 交さ磁化作用の図を参照。

(3) 同期リアクタンスと同期インピーダンス

　電機子反作用が誘導起電力に及ぼす効果は、**リアクタンス降下**として表せます。この仮想的なリアクタンスを**電機子反作用リアクタンス**jx_a〔Ω〕といい、このjx_a〔Ω〕と電機子漏れリアクタンスjx_l〔Ω〕の和を、**同期リアクタンス**$jx_s(=jx_a+jx_l)$〔Ω〕といいます。また、同期リアクタンスjx_s〔Ω〕に電機子巻線抵抗r_a〔Ω〕を加えたものを**同期インピーダンス**$\dot{Z_s}(=r_a+jx_s)$〔Ω〕といいます。一般に同期発電機は大容量なので、電機子巻線抵抗r_a〔Ω〕は非常に小さく、$x_s \gg r_a$の関係にあることから、同期インピーダンスと同期リアクタンスはほぼ等しく、$Z_s \fallingdotseq x_s$として扱うことができます。

　いま、界磁電流が一定の場合、誘導起電力E〔V〕が一定で、電機子電流I〔A〕の変化に伴う端子電圧V〔V〕の変化がすべて同期インピーダンスZ_s〔Ω〕による電圧降下であると考えると、同期発電機の1相分の等価回路は、図4.11のように示すことができます。

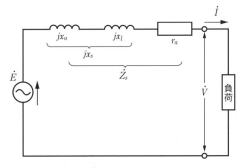

E　：誘導起電力
V　：端子電圧
I　：電機子電流
Z_s ：同期インピーダンス　$Z_s=r_a+jx_s$
r_a ：電機子巻線抵抗
jx_s：同期リアクタンス
jx_a：電機子反作用リアクタンス
jx_l：電機子漏れリアクタンス

図4.11　同期発電機の等価回路（1相分）

2　円筒形同期発電機のベクトル図（負荷角と出力）　重要度 A

　図4.11の等価回路における誘導起電力E〔V〕、端子電圧V〔V〕、電機子電流I〔A〕と同期インピーダンスZ_s〔Ω〕の関係をベクトル図にすると、図4.12のようになります。このベクトル図から、端子電圧V〔V〕と電圧降下$Z_s I$〔V〕のベクトル和が誘導起電力E〔V〕となり、E〔V〕はV〔V〕より角度δ〔°〕進んでいることがわかります。このE〔V〕とV〔V〕の位相差δ〔°〕を**負荷角**といいます。

補足
負荷角のことを「内部相差角」という場合もある。

補足
円筒形発電機では、負荷角$\delta = 90$〔°〕のときに出力が最大となる。

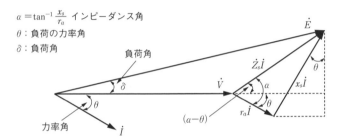

$\alpha = \tan^{-1} \dfrac{x_s}{r_a}$ インピーダンス角

θ：負荷の力率角

δ：負荷角

図4.12　円筒形同期発電機のベクトル図（1相分）

　円筒形同期発電機の1相当たりの出力P〔W〕は、

$$P = VI \cos\theta \text{〔W〕} \tag{1}$$

であるので、この出力P〔W〕を負荷角δ〔°〕を用いて表すと、次ページの式(3)のようになります。

　$Z_s \fallingdotseq x_s\,(x_s \gg r_a)$ の関係から、電機子巻線抵抗r_a〔Ω〕を無視したベクトル図を描くと、図4.12は図4.13のようになります。

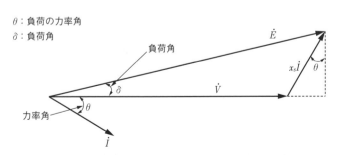

θ：負荷の力率角

δ：負荷角

図4.13　円筒形同期発電機のベクトル図（r_aを無視）（1相分）

第4章　同期機

この図から、1相分の誘導起電力E〔V〕と同期リアクタンスx_s〔Ω〕の関係は、次式で表せます。

$$E \sin\delta = x_s I \cos\theta$$

$$\therefore I \cos\theta = \frac{E \sin\delta}{x_s} \tag{2}$$

式(2)を式(1)に代入すると、一般式として次のように表されます。

ただし、E：誘導起電力〔V〕、V：端子電圧〔V〕、

x_s：同期リアクタンス〔Ω〕

上式より、E〔V〕とV〔V〕が一定であるならば、発電機の**出力P〔W〕は、負荷角δ〔°〕の正弦（sin）に比例**することがわかります。

（3）の式は、円筒形同期発電機の出力を表す非常に重要な式だニャ

補足

式(3)で、Eは1相当たりの誘導起電力、Vは1相当たりの端子電圧なので、三相出力P_3はこの3倍となり、次式で表される。

$$P_3 = \frac{3E \cdot V}{x_s} \sin\delta \ 〔\text{W}〕$$

ただし、EおよびVを線間電圧とした場合、1相の出力Pは、

$$P = \frac{\frac{E}{\sqrt{3}} \cdot \frac{V}{\sqrt{3}}}{x_s} \sin\delta \ 〔\text{W}〕$$

となり、三相出力P_3はこの3倍となり、次式で表される。

$$P_3 = \frac{E \cdot V}{x_s} \sin\delta \ 〔\text{W}〕$$

電圧の見方（相電圧、線間電圧）によって、1相出力、三相出力が同じ式となるので注意が必要である。

例題にチャレンジ！

1相当たりの同期リアクタンスが$x_s = 1$〔Ω〕の三相同期発電機が無負荷電圧$E = 346$〔V〕（相電圧$E_P = 200$〔V〕）を発生している。そこに抵抗器負荷Rを接続すると電圧が$V = 300$〔V〕（相電圧$V_P = 173$〔V〕）に低下した。電機子電流I〔A〕および出力P〔kW〕の値を求めよ。

ただし、三相同期発電機の回転速度は一定で、損失は無視するものとする。

• 解答と解説 •

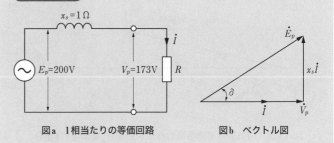

図a　1相当たりの等価回路　　　図b　ベクトル図

抵抗器負荷Rを接続した1相当たりの等価回路を図aに、ベクトル図を図bに示す。

(a) ベクトル図より、

$$E_p{}^2 = V_p{}^2 + (x_s \cdot I)^2$$

$$(x_s \cdot I)^2 = E_p{}^2 - V_p{}^2$$

$$I^2 = \frac{E_p{}^2 - V_p{}^2}{x_s{}^2}$$

> 1相当たりの誘導起電力E_pは、無負荷では電流Iが流れないため、同期リアクタンスx_s〔Ω〕による電圧降下を生ぜず、無負荷端子電圧（相電圧）V_{p0}と等しい。$V_{p0} = E_p = 200$〔V〕となる。

$$I = \sqrt{\frac{E_p{}^2 - V_p{}^2}{x_s{}^2}}$$

$$= \frac{\sqrt{E_p{}^2 - V_p{}^2}}{x_s} = \frac{\sqrt{200^2 - 173^2}}{1}$$

$$\fallingdotseq \mathbf{100}\,\text{〔A〕（答）}$$

(b) 三相出力P_3は、

$$P_3 = 3V_p I$$

$$= 3 \times 173 \times 100$$

$$= 51900$$

$$\fallingdotseq 52000\,\text{〔W〕} \rightarrow \mathbf{52}\,\text{〔kW〕（答）}$$

・(b)の別解・

$E_p = 200$〔V〕、$x_s I = 1 \times 100 = 100$〔V〕
であるから、

$$\sin\delta = \frac{x_s I}{E_p} = \frac{100}{200} = \frac{1}{2}$$

よって、三相出力P_3は、

$$P_3 = 3 \times \frac{E_p \cdot V_p}{x_s}\sin\delta = 3 \times \frac{200 \times 173}{1} \times \frac{1}{2}$$

$$= 51900 \fallingdotseq 52000\,\text{〔W〕} \rightarrow \mathbf{52}\,\text{〔kW〕（答）}$$

③ 同期発電機の特性曲線

重要度 A

同期発電機の特性曲線には、無負荷飽和曲線、三相短絡曲線、負荷飽和曲線、外部特性曲線などがありますが、このうち特に重要なのは**無負荷飽和曲線**と**三相短絡曲線**です。

(1) 無負荷飽和曲線

同期発電機を無負荷のまま定格速度で運転し、界磁電流I_f〔A〕を零から徐々に増加したときの、端子電圧（無負荷端子電圧）V_0〔V〕と界磁電流I_f〔A〕の関係を表したものを**無負荷飽和曲線**（図4.14のO-Mの曲線）といいます。

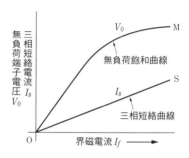

図4.14　無負荷飽和曲線と三相短絡曲線

図4.14からもわかるように、I_f〔A〕が小さいところでは、V_0〔V〕とI_f〔A〕がほぼ比例して変化します。しかし、I_f〔A〕が大きくなるにつれて鉄心の**磁気飽和**のためV_0〔V〕の増加が鈍り、飽和曲線を描くようになります。

(2) 三相短絡曲線

電機子巻線の三相の出力端子（中性点を除く）をすべて短絡した状態で、同期発電機を定格速度で運転し、界磁電流I_f〔A〕を零から徐々に増加したときの、端子電流（三相短絡電流）I_s〔A〕と界磁電流I_f〔A〕の関係を表したものを**三相短絡曲線**（図4.14のO-S）といいます。三相短絡曲線が直線性を示す理由は次のとおりです。短絡すると、回路のインピーダンスは同期リアクタンスx_s〔Ω〕だけとなり、短絡電流はほぼ90〔°〕遅れ電流となって、電機子反作用は減磁作用となります。このため、実在する磁束は極めて小さく、鉄心の磁気飽和が起こらないので、I_f〔A〕に比例してI_s〔A〕が増加するためです。

三相短絡曲線は、(1)の無負荷飽和曲線と組み合わせて、短

磁気飽和とは、界磁電流I_fを増やし、磁界の強さを増しても、磁束密度が上昇しなくなる現象のことをいう。強磁性体の分子磁石の向きが揃うと磁気飽和となる。

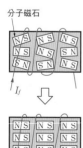

絡比や同期インピーダンスなど同期機の重要な特性を求めるのに用いられています。

（3）負荷飽和曲線

同期発電機を定格速度で運転し、一定力率および一定電流の負荷をかけたときの、端子電圧V〔V〕と界磁電流I_f〔A〕の関係を表したものを**負荷飽和曲線**といいます。

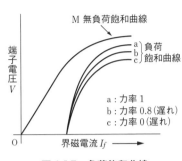

図4.15　負荷飽和曲線

負荷飽和曲線は、無負荷飽和曲線と比べて電圧降下$Z_s I$〔V〕があります。図4.15のように、界磁電流I_f〔A〕がある値以上になると端子電圧V〔V〕が生じて飽和曲線になります。V〔V〕は、進み力率では増磁作用で上昇し、遅れ力率では減磁作用で低下します。

（4）外部特性曲線

同期発電機を定格速度およびある力率の定格電圧、定格電流で運転している状態から、界磁電流I_f〔A〕を一定に保って負荷電流I〔A〕を変化させたときの、端子電圧V〔V〕と負荷電流I〔A〕

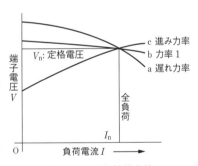

図4.16　外部特性曲線

の関係を表したものを**外部特性曲線**といいます。端子電圧に対する電機子反作用が、負荷力率によってどのように変化するかを表したものです。図4.16を見ると、負荷電流の増加とともに、aの曲線（遅れ力率の場合）は遅れ電流による減磁作用で端子電圧の低下が著しく、bの曲線（力率が1の場合）は端子電圧の低下はわずかで、cの曲線（進み力率の場合）は進み電流による増磁作用で端子電圧が上昇することがわかります。

問題　次の___の中に適当な答えを記入せよ。

1. 同期発電機の電機子反作用は、電機子電流が誘導起電力と同相 (力率が1) の場合、
___(ア)___ 作用 (または偏磁作用) を及ぼす。

　　電機子電流が誘導起電力より位相が90°遅れている (遅れ力率0) の場合、___(イ)___
作用となる。

　　電機子電流が誘導起電力より位相が90°進んでいる (進み力率0) の場合、___(ウ)___
作用となる。

2. 円筒形同期発電機の1相当たりの出力 P〔W〕は、次式で表される。

$$P = VI \cos \theta = \frac{EV}{x_s} \sin \delta$$

ただし、E：誘導起電力 (相電圧)〔V〕

　　　　V：端子電圧 (相電圧)〔V〕

　　　　x_s：___(エ)___〔Ω〕

　　　　θ：負荷力率角

　　　　δ：___(オ)___(内部相差角)

出力 P が最大となる ___(オ)___ は、___(カ)___〔°〕のときである。

三相出力 P_3〔W〕は、上記1相当たりの出力 P〔W〕の ___(キ)___ 倍となる。

解答

(ア)交さ磁化　　(イ)減磁　　(ウ)増磁　　(エ)同期リアクタンス　　(オ)負荷角
(カ)90　　(キ)3

同期発電機の特性②

ここでは、短絡比と同期インピーダンス、自己励磁現象などについて学びます。電験三種試験の頻出事項です。しっかり理解しましょう。

関連過去問 045, 046, 047, 048

どれも試験によく出る！しっかり理解するニャ

① 短絡比と同期インピーダンス   重要度 A

（1）短絡比

短絡比とは、電機子巻線が短絡したときに短絡電流がどれだけ流れやすいかの目安となるもので、その値が大きいほど短絡電流が大きくなります。

定格速度で無負荷定格電圧 V_n を発生させるのに必要な界磁電流を I_{f2}、三相

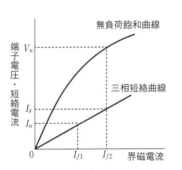

図4.17 同期発電機の特性曲線

短絡時に定格電流 I_n に等しい永久短絡電流を流すのに必要な界磁電流を I_{f1} とすると、短絡比 K_s は次式で定義されます。

 重要 公式 短絡比 K_s

$$K_s = \frac{I_{f2}}{I_{f1}} = \frac{I_s}{I_n} \tag{4}$$

ただし、I_s は I_{f2} のときの三相短絡電流

用語

無負荷飽和曲線
同期発電機を定格回転速度、無負荷で運転し、界磁電流に対する端子電圧の大きさを求めた曲線をいう。界磁鉄心の磁気飽和のため飽和曲線となる。

三相短絡曲線
同期発電機を定格回転速度で運転して、発電機端子を短絡し、界磁電流に対する短絡電流の大きさを求めた曲線をいう。短絡電流は遅れ電流であるから、減磁作用となり飽和曲線とはならず、直線となる。

＋ プラスワン

定格回転速度、定格電圧、無負荷で運転している発電機の3端子を突発的に短絡すると、電機子反作用が急には現れないため大きな短絡電流が流れる。この短絡電流を**突発短絡電**

流という。数秒後には
電機子反作用が現れて、
同期インピーダンスに
制限された一定の値に
なる。この電流を**永久
短絡電流**または**持続短
絡電流**という。

(2) 同期インピーダンス

同期インピーダンスZ_sは、次式で表されます。

> **!重要 公式** 同期インピーダンスZ_s
>
> $$Z_s = \sqrt{r_a{}^2 + x_s{}^2} = \frac{E_n}{I_s} = \frac{V_n}{\sqrt{3}\,I_s}\ [\Omega] \tag{5}$$

r_a：電機子巻線抵抗〔Ω〕、x_s：同期リアクタンス〔Ω〕、
E_n：定格相電圧〔V〕、V_n：定格線間電圧〔V〕、
I_s：E_nの電圧を誘起しているときの永久短絡電流〔A〕

※百分率同期インピーダンス

同期インピーダンスZ_sを Ω の単位で表さず、％の単位で表すこともあります。これを**百分率同期インピーダンス**%Z_s〔%〕といい、次式で定義します。

> **!重要 公式** 百分率同期インピーダンス%Z_s〔%〕
>
> $$\%Z_s = \frac{Z_s I_n}{E_n} \times 100 = \frac{\sqrt{3}\,Z_s I_n}{V_n} \times 100\ [\%] \tag{6}$$

百分率同期インピーダンス%Z_s〔%〕を**単位法**で表したものをZ_s〔p.u.〕とすると、

> **!重要 公式** 百分率同期インピーダンス%Z_s〔%〕を単位法で表したもの
>
> $$Z_s\,[\text{p.u.}] = \frac{1}{K_s} \tag{7}$$

となり、**単位法で表した同期インピーダンスは短絡比の逆数に等しい**ことがわかります。

+1 プラスワン

短絡比の大きな発電機
は同期インピーダンス
が小さいため、電圧変
動率が小さく、**安定度
もよくなる。**鉄を多く
使用しているので機械
の重量が重く、大型と
なり、**鉄機械**とも呼ば
れる。**短絡比の小さな
発電機**は上記とは逆の
特徴を持ち、銅を多く
使用しているので、**銅
機械**とも呼ばれる。一
般に、短絡比はタービ
ン発電機で0.6〜0.9程
度、水車発電機で0.9
〜1.2程度である。

受験生からよくある質問

Q 単位法とは何でしょうか？

A 単位法とは、全体を1としたとき、ある量がいくらになるのかを表す表記法である。わかりやすくいうと、「百分率で100倍するところを、100倍しない表記法」であるといえる。
例えば、力率を百分率で表すと、

$$力率 = \left(\frac{有効電力}{皮相電力}\right) \times 100 \,(\%)$$

とするところを、単位法では

$$力率 = \left(\frac{有効電力}{皮相電力}\right) \,[\text{p.u.}]\,（パーユニット）$$

となる。

＋ プラスワン

電圧、電流、電力、インピーダンスなども単位法で表すことができる。通常これらの定格値を基準値の 1 [p.u.] とする。

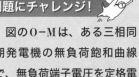

例題にチャレンジ！

図の O–M は、ある三相同期発電機の無負荷飽和曲線で、無負荷端子電圧を定格電圧 $V_n = 200\,(\text{V})$ の大きさにするための界磁電流 I_{f2} は 4 [A] である。O–S は、三相短絡曲線で、短絡電流が定格電流 $I_n = 21\,(\text{A})$ と等しくなるときの界磁電流 I_{f1} は 3 [A] である。この場合、この同期発電機の同期リアクタンス x_s [Ω] および短絡比 K_s の値を求めよ。

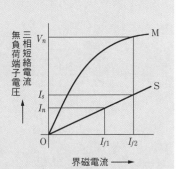

同期発電機の特性曲線

解答と解説

短絡比 K_s は、

$$K_s = \frac{I_{f2}}{I_{f1}} = \frac{4}{3} \fallingdotseq 1.33\,(答)$$

また、短絡電流 I_s は、$I_s = K_s I_n$ であるから、

$$I_s = \frac{4}{3} \times 21 = 28\,(\text{A})$$

したがって、同期リアクタンス x_s は、

$$x_s = \frac{V_n}{\sqrt{3}\,I_s} = \frac{200}{\sqrt{3} \times 28} \fallingdotseq 4.12\,(\Omega)\,(答)$$

🖐 解法のヒント

短絡比は、無負荷飽和曲線と三相短絡曲線から求めることができる。図の特性曲線で、

$$K_s = \frac{I_{f2}}{I_{f1}}$$

である。分母と分子を間違えないよう気を付けよう。

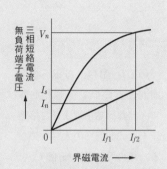

例題にチャレンジ！

定格電圧6600〔V〕、定格出力5000〔kV·A〕の三相同期発電機を定格回転速度で運転したとき、界磁電流200〔A〕に相当する無負荷端子電圧および短絡電流がそれぞれ6600〔V〕および500〔A〕であった。この発電機の短絡比を求めよ。

・解答と解説・

問題の三相同期発電機の定格電流I_nは、題意の定格電圧をV_n、定格出力をP_nとすると、$P_n = \sqrt{3}\,V_n I_n$であるから、

kV·A→V·A

$$I_n = \frac{P_n}{\sqrt{3}\,V_n} = \frac{5000 \times 10^3}{\sqrt{3} \times 6600}$$

$$\fallingdotseq 437\,〔A〕$$

よって、求める短絡比K_sは、

$$K_s = \frac{I_s}{I_n} = \frac{500}{437} \fallingdotseq 1.14\,（答）$$

同期発電機の特性曲線

補足 📎

静電容量C〔F〕に周波数f〔Hz〕の交流電圧V〔V〕を加えると、次のような進み電流I_aが流れる。
$I_a = 2\pi f C V$〔A〕
電流を横軸に、電圧を縦軸にとってこの関係を表した曲線を**充電特性曲線**という。

🔢 プラスワン

自己励磁現象の防止対策は次のとおり。
1. 短絡比の大きな発電機で充電する。
2. 充電容量に比べ発電機容量を大きくする。
3. 発電機を複数台並列にする。
4. 分路リアクトルや変圧器により、進み電流を補償する。

2 自己励磁現象

重要度 A

同期発電機が無負荷の高圧長距離送電線路（容量性負荷）に接続されている場合、無励磁のまま定格速度で運転しても、残留磁気による誘導電圧により、静電容量を充電する**進み電流**が流れます。この進み電流による電機子反作用は**増磁作用**

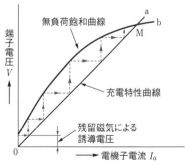

図4.18　自己励磁現象

となり、端子電圧が上昇します。すると、進み電流はさらに増加し、端子電圧もさらに上昇することになります。このような「進み電流が増加→端子電圧が上昇→進み電流がさらに増加」という繰り返しによって**端子電圧が上昇**していき、図4.18のaの**充電特性曲線**とbの無負荷飽和曲線の交点Mで落ち着きます。この現象を**自己励磁現象**といい、交点Mの電圧が定格電圧よりも非常に大きければ、**巻線の絶縁破壊**を起こすおそれがあります。

例題にチャレンジ！

次の　　　　の中に適当な答えを記入せよ。

同期発電機を無負荷の長距離送電線路に接続した場合、線路の有する　(ア)　に　(イ)　電流が流れ、その結果として、発電機の電機子反作用が　(ウ)　方向に働くので、発電機の端子電圧が異常に上昇することがある。この現象を　(エ)　という。

・解答・

(ア)静電容量、(イ)進み、(ウ)増磁、(エ)自己励磁現象

解法のヒント

自己励磁現象のキーワードは、**無負荷長距離送電線路の静電容量**（線路が長ければ長いほど静電容量は大きくなる）、**進み電流**、**増磁作用**、**発電機端子電圧上昇**である。しっかり覚えよう。

③ 電圧変動率　重要度 B

前章で学習した直流発電機と同じく、同期発電機でも電圧変動率を定義することができます。同期発電機を定格速度で運転し、定格力率で定格出力が出せるように界磁電流を調整し、それを一定として速度を変えることなく無負荷にした場合の、電圧変化の割合を百分率〔％〕で表したものを**電圧変動率**といいます。

ここで、定格端子電圧をV_n〔V〕、定格出力から無負荷にしたときの電圧（無負荷端子電圧）をV_0〔V〕とすると、電圧変動率ε〔％〕は次式となります。

$$\varepsilon = \frac{V_0 - V_n}{V_n} \times 100 \; [\%] \tag{8}$$

電圧変動率は、小さいほどよいとされています。また、磁気飽和率が高いほど、百分率同期インピーダンス$\%Z_s$〔%〕が小さい（短絡比K_sが大きい）ほど、電圧変動率が小さくなります。実際の同期発電機では、自動電圧調整装置（AVR）によって、負荷にかかわらず常に一定の端子電圧が保たれています。

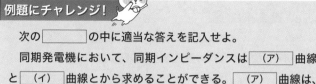

例題にチャレンジ！

次の □ の中に適当な答えを記入せよ。

同期発電機において、同期インピーダンスは □(ア)□ 曲線と □(イ)□ 曲線とから求めることができる。□(ア)□ 曲線は、発電機端子に何も接続しない状態で測定する。□(イ)□ 曲線は、三相を短絡した状態で測定する。また、百分率同期インピーダンスの小さい同期機は、□(ウ)□ が大きく、□(エ)□ 率が小さい。また、機械の重量は、□(オ)□ なる。

・解答と解説・

同期発電機において、同期インピーダンスは、(ア)**無負荷飽和曲線**と(イ)**三相短絡曲線**とから求めることができる。無負荷飽和曲線は、発電機端子に何も接続しない状態で測定する。また、三相短絡曲線は三相を短絡した状態で測定する。百分率同期インピーダンスの小さい同期機は、百分率同期インピーダンスと短絡比が反比例関係にあるので、(ウ)**短絡比**が大きくなる。また、百分率同期インピーダンスが小さいので、(エ)**電圧変動率**は小さくなる。機械の重量は、磁束を多く通すため鉄量が多く、(オ)**重く**なる。

理解度チェック問題

問題　次の　　　　**の中に適当な答えを記入せよ。**

　下図は、同期発電機の特性曲線である。同期発電機の短絡比とは、電機子巻線が短絡したときに短絡電流がどれだけ流れやすいかの目安となるもので、その値が大きいほど短絡電流が大きい。

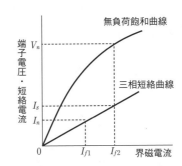

　定格速度で無負荷定格電圧V_nを発生させるのに必要な界磁電流をI_{f2}、三相短絡時に定格電流I_nに等しい永久短絡電流を流すのに必要な界磁電流をI_{f1}とすると、短絡比K_sは次式で定義される。

$$K_s = \boxed{\text{（ア）}} = \boxed{\text{（イ）}}$$

　また、同期インピーダンスZ_sは、次式で表される。

$$Z_s = \boxed{\text{（ウ）}} = \boxed{\text{（エ）}} = \boxed{\text{（オ）}} \ [\Omega]$$

　ただし、r_a：電機子巻線抵抗$[\Omega]$、x_s：同期リアクタンス$[\Omega]$、E_n：定格相電圧$[V]$、V_n：定格線間電圧$[V]$、I_s：E_nの電圧を誘起しているときの永久短絡電流$[A]$

　同期インピーダンスZ_sをΩの単位で表さず、%の単位で表すこともある。これを百分率同期インピーダンス$\%Z_s\,[\%]$といい、次式で定義される。

$$\%Z_s = \boxed{\text{（カ）}} = \boxed{\text{（キ）}} \ [\%]$$

　百分率同期インピーダンス$\%Z_s\,[\%]$を単位法で表したものを$Z_s\,[\text{p.u.}]$とすると、

$$Z_s\,[\text{p.u.}] = \boxed{\text{（ク）}}$$

となり、単位法で表した同期インピーダンスは　　（ケ）　　に等しいことがわかる。

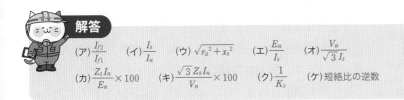

解答

(ア) $\dfrac{I_{f2}}{I_{f1}}$　　(イ) $\dfrac{I_s}{I_n}$　　(ウ) $\sqrt{r_a{}^2 + x_s{}^2}$　　(エ) $\dfrac{E_n}{I_s}$　　(オ) $\dfrac{V_n}{\sqrt{3}\,I_s}$

(カ) $\dfrac{Z_s I_n}{E_n} \times 100$　　(キ) $\dfrac{\sqrt{3}\,Z_s I_n}{V_n} \times 100$　　(ク) $\dfrac{1}{K_s}$　　(ケ) 短絡比の逆数

同期発電機の並行運転

同期発電機の並行運転では、有効電力の分担は調速機により行い、無効電力の分担は界磁調整により行うことがポイントです。

関連過去問 049, 050, 051

用語

母線とは、複数の電源と接続されている共通の導体のことをいう。

補足

並行運転は、並列運転ともいう。

補足

並行運転の4条件のうち、電圧の波形は大きな違いがないように設計されているので、実際にはa、b、cの3条件を考えればよい。

用語

原動機とは、発電機の軸に接続され、発電機を駆動する機械のことで、水車発電機では水車が、タービン発電機ではタービンが原動機となる。
原動機の入力は、水車では水車へ供給する水の流量、タービンでは

① 並行運転に必要な条件   重要度 A

　電力送電の系統では、**電力の供給信頼度を高める**ため、通常、複数（2台以上）の同期発電機を同一の母線に接続して運転する**並行運転**が行われています。並行運転を行うためには、各発電機が安定した負荷分担を行う必要があり、そのために同期発電機が備えるべき条件としては、次のようなものがあります。

　　a. 電圧の**大きさ**
　　b. 電圧の**位相**
　　c. **周波数**
　　d. 電圧の**波形**

が等しいこと

　このほかに、発電機の設置後または改修後の最初の運転時に**相回転方向の一致**を確認することが絶対条件となります。一度相回転方向を確認すれば、相回転方向は発電機の3線中2線を入れ替えない限り変わることはないので、並列のたびに確認する必要はありません。

　電圧の大きさを一致させるために**界磁**の調整を行います。また、位相、周波数を一致させるために**原動機の調速機（ガバナ）**の調整を行い、**同期検定器**により確認します。これらの3条件が1つでも満足されていなければ並列時に過大な突入電流を生

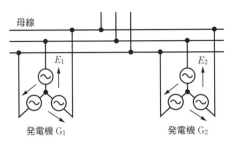

図4.19　同期発電機の並行運転

じて、著しい場合は発電機回路の遮断器がトリップします。

(1) 電圧の大きさが等しくない場合

　合成起電力 $\dot{E}_1 - \dot{E}_2 = \dot{E}r$ による**無効循環電流（無効横流）** $\dot{I}c$ が流れて電機子巻線の抵抗損が増加し、温度上昇の原因となります。

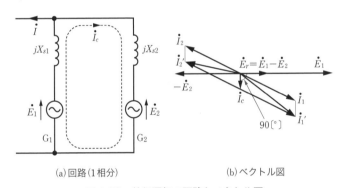

(a) 回路（1相分）　　　　(b) ベクトル図

図4.20　並行運転の回路とベクトル図

(2) 電圧の位相が等しくない場合

　両機間に**同期化電流（有効横流）** $\dot{I}s$ が流れ、位相の進んだ発電機は**同期化力**という有効電力を負担し、遅れ位相の発電機に有効電力を供給することになります。起電力の位相δを進めるには、原動機の入力を増し、速度を上昇させます。すなわち、並行運転している発電機の有効電力の

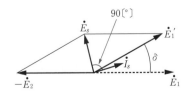

図4.21　位相の異なるベクトル

タービンへ供給する蒸気流量に比例する。これらを調整する装置を**調速機（ガバナ）**という。

用語

トリップとは、過電流などが発生した場合、保護装置により、遮断器が自動遮断すること。

プラスワン

発電機 G_1、G_2 がそれぞれ $\dot{I}_1$、$\dot{I}_2$ の負荷電流 $\dot{I}$ を分担しているとき、G_1 の界磁を強めると差の電圧 $\dot{E}_r$ を生じて $\dot{I}c$ が流れ、各発電機の電流は $\dot{I}_1{}'$、$\dot{I}_2{}'$ のようになる。しかし、有効電流の分担に変化はなく、無効電流の分担が変化するだけである。$\dot{I}c$ はこのため**無効循環電流（無効横流）**と呼ばれる。$\dot{I}c$ は G_1 に対しては遅れ無効電流となり減磁作用を生じ、G_2 に対しては進み無効電流となり増磁作用を生じ、両発電機の端子電圧の平衡を保つようになる。

プラスワン

発電機 G_1、G_2 が同位相で並行運転しているとき G_1 の速度を少し上昇させると $\dot{E}_1$ は位相がδだけ進み $\dot{E}_1{}'$ となる。すると、$\dot{E}_1{}' - \dot{E}_2 = \dot{E}_s$ を生じ $\dot{I}_s$ が流れる。$\dot{I}_s$ は $\dot{E}_1$、$\dot{E}_2$ を同位相に保つように働く有効電流であり、**同期化電流（有効横流）**と呼ばれる。δを元に戻そうとする電力は**同期化力**と呼ばれる。

第4章

同期機

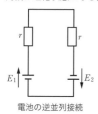
分担は、各発電機の原動機の入力によって決定されます。また、多数の発電機が並行運転していると系統容量が大きいため、回転速度（周波数）に変化は現れず、その発電機の負荷分担が増加するだけです。

(3) 周波数が等しくない場合

周波数が一致していないと、当然の結果として電圧の位相が一致しない時間が生じ、**同期化電流**が両機の間に周期的に交換して流れ、これが激しくなると**同期はずれ**（脱調）という現象を生じて同期運転を脱出してしまいます。

② 同期発電機の負荷分担　重要度 A

(1) 有効電力の分担

並行運転している発電機の**有効電力の分担**は、原動機の速度特性により決まります。原動機の**調速機**（ガバナ）を調整して原動機の入力を増やすと、分担する有効電力が大きくなります。

(2) 無効電力の分担

並行運転している発電機の**無効電力の分担**は、発電機の**界磁調整**により行います。界磁電流を増やすと、分担する**遅れ無効電力**が大きくなります。

界磁調整により起電力の大きさが異なるとき、両機の起電力の差を同期インピーダンスで割った値の無効循環電流が流れます。この電流は起電力の大きい発電機に対しては 90〔°〕遅れで、電機子反作用（減磁作用）により電圧を下げ、起電力の小さい発電機に対しては 90〔°〕進みで、電機子反作用（増磁作用）により電圧を上昇させます。その結果、両機の起電力の大きさが一致します。

また、負荷電流および負荷力率の変動に伴って、その端子電圧を常に一定に保つために自動電圧調整器（AVR）を使用して界磁電流を調整します。

例題にチャレンジ！

次の　　　　の中に適当な答えを記入せよ。

容量の似かよった2機の同期発電機を並行運転する場合、その起電力の　(ア)　が異なるときには、　(イ)　が流れる。この電流は、励磁の強い発電機に関しては　(ウ)　電流となり、その電機子反作用は界磁を弱め、励磁の弱い発電機に関しては　(エ)　電流となり、その電機子反作用は界磁を強めて、平衡を保とうとする。

● 解答 ●

(ア)大きさ　　　(イ)無効循環電流（無効横流）

(ウ)遅れ無効　　(エ)進み無効

---

③ 同期発電機の乱調　　重要度 B

並行運転している同期発電機に負荷の変化があると、**負荷角**が変化して、新しい負荷角で安定しようとします。しかし、負荷の変化が激しい場合には、回転子の**慣性**のために、回転子は安定すべき同期速度の前後で振動し、負荷角はすぐには落ち着かず、安定すべき負荷角を中心にしてその前後で周期的に変化し、安定するまでに時間がかかります。こうした現象を**乱調**といいます。

同期発電機の出力 P〔W〕は $P = \dfrac{EV}{x_s} \sin \delta$〔W〕で表されます。

負荷角 δ〔°〕が90〔°〕のとき、極限電力 $P_{max} = \dfrac{EV}{x_s}$〔W〕となります。

同期発電機の出力 P〔W〕と負荷角 δ〔°〕の関係を示した図4.22で、乱調を具体的に説明します。いま出力 P_1〔W〕、負荷角 δ_1〔°〕で運転中の同期発電機の負荷が P_2〔W〕まで急増したとき、発電機は減速して新しい負荷角 δ_2〔°〕で安定しようとし

補足 🖉

慣性とは、物体に外力を加え、ある速度で回転運動したとき、その速度を持続しようとする性質のことをいう。また、回転運動する物体の、回転に対する慣性の大きさを表す量を**慣性モーメント**といい、それが大きいほど回転運動の変化は起こりにくくなる。

第4章

同期機

ますが、回転子の慣性のため
b点で止まらずに、b点を中
心にa点とc点の間で振動を
繰り返し、次第に振動が減衰
して、b点（負荷角δ_2〔°〕）で
安定するようになります。

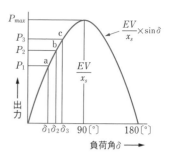

図4.22　出力と負荷角

　乱調が生じたとき、特に振
動周期が同期発電機の固有振
動数と接近している場合に
は、共振作用を起こして振動が増大され、発電機の出力・速度
は大きく動揺し、ついには同期運転が不能となり、**同期はずれ**
（**脱調**）を引き起こします。

　乱調は、調速機（ガバナ）の感度が非常に鋭敏または鈍感な場
合に、原動機のトルクが脈動したり、発電機負荷が脈動したり
するときに発生しやすくなります。**乱調を防止**するには、次の
ような方法があります。

①**調速機の感度**を適当な値に調整する。

②回転速度の変動を抑えるように、**はずみ車**を取り付ける。

③界磁表面に**制動巻線**を設ける。

　制動巻線とは、界磁表面に設ける巻線（誘導電動機のかご形
巻線と同じような巻線）で、負荷角が変動して同期速度からず
れると、回転磁界の磁束を切ることで制動トルクを生じ、変動
を抑える働きをします。

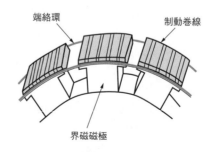

端絡環　　制動巻線

界磁磁極

図4.23　制動巻線

理解度チェック問題

問題　次の　　　の中に適当な答えを記入せよ。

1．電力送電の系統では、電力の供給信頼度を高めるため、通常、複数（2台以上）の同期発電機を同一の母線に接続して運転する並行運転が行われている。並行運転を行うためには、各発電機が安定した負荷分担を行う必要があり、そのために同期発電機が備えるべき条件としては、次のようなものがある。

a. 電圧の　(ア)
b. 電圧の　(イ)
c. 　(ウ)　　　　　　が等しいこと
d. 電圧の　(エ)

〈電圧の　(ア)　が等しくない場合〉

　合成起電力による　(オ)　が流れて電機子巻線の抵抗損が増加し、温度上昇の原因となる。

〈電圧の　(イ)　が等しくない場合〉

　両機間に　(カ)　が流れ、位相の進んだ発電機は　(キ)　という有効電力を負担し、遅れ位相の発電機に有効電力を供給することになる。

〈　(ウ)　が等しくない場合〉

　当然の結果として電圧の　(イ)　が一致しない時間が生じ、　(カ)　が両機の間に周期的に交換して流れ、これが激しくなると　(ク)　という現象を生じて同期運転を脱出してしまう。

2．並行運転している発電機の　(ケ)　の分担は、原動機の速度特性により決まる。原動機の　(コ)　を調整して原動機の入力を増やすと、分担する有効電力が大きくなる。

　並行運転している発電機の　(サ)　の分担は、発電機の　(シ)　により行う。界磁電流を増やすと、分担する遅れ無効電力が　(ス)　なる。

解答

(ア)大きさ　　(イ)位相　　(ウ)周波数　　(エ)波形　　(オ)無効循環電流（無効横流）
(カ)同期化電流（有効横流）　(キ)同期化力　(ク)同期はずれ（脱調）　　(ケ)有効電力
(コ)調速機（ガバナ）　　(サ)無効電力　　(シ)界磁調整　　(ス)大きく

同期電動機の原理

ここでは、三相同期電動機の回転原理や特徴出力とトルクなどについて学習します。

関連過去問 052, 053, 054

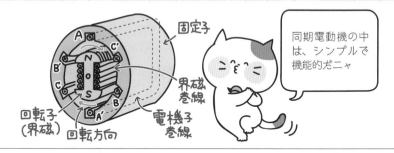

同期電動機の中は、シンプルで機能的だニャ

1 同期電動機の回転原理

重要度 A

補足

誘導電動機は、負荷の増加により滑り s が大きくなり、回転子は同期速度より低い速度で回転する。

一方、**同期電動機**は、負荷の増加により負荷角 δ が大きくなるが、**回転子は同期速度を保ったまま回転**する。

三相**同期電動機**では、三相電機子巻線に三相交流電流が流れると、同期速度で回転する**回転磁界**が生じます。この回転磁界の中に図4.24 (a) のように界磁の回転子を置くと、磁極の吸引力によって回転子は**同期速度**で回転します。

電動機を無負荷から負荷がかかった状態にすると、図4.24 (b) に示すように、界磁の回転位置が回転磁界より遅れます。この遅れる角度を**負荷角** δ〔°〕といい、電動機の負荷が増加すると大きくなります。

プラスワン

図4.24の機械的な負荷角 δ は、同期電動機の端子電圧 V と逆起電力 E の位相差と一致する。

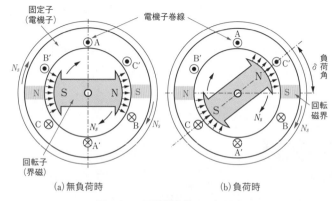

(a) 無負荷時   (b) 負荷時

図4.24 同期電動機の回転原理

　また、停止している電動機に三相交流電流を流すと回転磁界は発生しますが、回転子には慣性があるため、回転磁界に追従できずに吸引・反発を交互に繰り返し、回転することができなくなります。そこで**同期電動機**は、あらかじめ同期速度近くまで加速するための**始動装置**が必要となります。

詳しく解説！ 三相同期電動機と三相誘導電動機の回転原理

三相同期電動機と三相誘導電動機の固定子の
構造は同じです。
三相同期電動機の原理は、

　回転子を**NSの磁極**とすることにより、固定子が作る回転磁界のN極と回転子のS極（回転磁界のS極と回転子のN極）が引きつけ合い、回転子は**回転磁界の回転速度**、いわゆる**同期速度**で回転します。
三相誘導電動機の原理は、

　回転子を銅やアルミニウムなどの良導体とすることにより、**固定子が作る回転磁界を回転子の導体が切る**ことにより、導体に**誘導電流**が流れます。さらに、この誘導電流が回転磁界を切るために、**導体に回転磁界と同じ方向に力が発生し、回転する**というものです。

　導体が回転磁界を切るためには、導体が停止しているか、**導体の回転速度が回転磁界の回転速度より遅く**なければなりません。これが誘導電動機の**滑り**です。

② 同期電動機の特徴 　重要度 **A**

　同期電動機は、回転磁界を発生させる**電機子**と、その回転磁界とともに回転する**界磁極（界磁）**から構成されており、これまで学習してきた同期発電機と原理的にも構造的にもほとんど差はないので、同期発電機としてもそのまま使用することができます。**界磁極の形状**は、低速用では**突極形**、高速用では**円筒形**が多く採用されています。また、同期電動機にも単相と三相が

用語

電機子
発電機においては誘導起電力を発生、電動機においてはトルク（回転させようとする力）を発生する部分。電機子鉄心と電機子巻線からなる。

界磁極（界磁）
電機子に通じる磁束を作る部分。界磁鉄心と界磁巻線からなる一種の電磁石。

補足
同期電動機の固定子は電機子であり、回転子は界磁極である。

ありますが、一般動力用には**三相同期電動機**が使われています。

　同期電動機は、誘導電動機に次いで広く使われている電動機で、誘導電動機と比較すると次のような**長所**があります。

a　負荷の増減にかかわらず、回転速度が一定に保たれる。

b　界磁（励磁）の調整により、**力率が調整できる**。

c　低速度・大容量機の効率がよい。

d　回転子と固定子の間の空隙（エアギャップ）が広くとれるので、回転子と固定子の接触の危険性が少なく、**保守や据付けも容易**である。

　しかし、次のような**短所**もあります。

a　**始動トルクを持たないので**、始動用に制動巻線やほかの電動機が必要である。

b　励磁のための直流電源が必要である。

c　乱調、同期はずれ（脱調）を起こしやすい。

　同期電動機は、その特徴を生かし、大容量機で連続運転を行う場合や、低速度で同期速度が要求される場合などに使用されています。

プラスワン
同期機が空隙（エアギャップ）を大きくできる理由
電動機は、固定子と回転子間の**電力伝達に磁束が必要**である。
直流の界磁装置を持つ**同期機**は、**磁束を発生させるための起磁力を大きくすることは容易**である。
起磁力が大きければ空隙を広くとっても磁束は通る。
一方、**誘導機**は一次電流のうち**励磁電流成分**が磁束を発生させる。
起磁力を大きくすると、力率、効率が悪くなる。
このため、**空隙を小さくして磁気抵抗を下げ、小さな起磁力でも多くの磁束が通るようにしている。**
なお、空隙を小さくし過ぎると、固定子と回転子が接触し、焼損のおそれがある。

補足
同期発電機の電機子反作用は、電機子電流が遅れ電流の場合に減磁作用、進み電流の場合に増磁作用をする。

③　同期電動機の電機子反作用　　重要度 B

　同期電動機にも、同期発電機と同じように**電機子反作用**があります。同期発電機と同期電動機のそれぞれの回路を示したのが、図4.25です。この図の電機子電流I〔A〕の方向に注目すると、図4.25 (a) の発電機では、誘導起電力E〔V〕と同じ方向に電機子電流I〔A〕が流れ、図4.25 (b) の電動機では、誘導起電力E〔V〕と反対の方向に電機子電流I〔A〕が流れていることがわかります。

　これは、同期電動機の**電機子反作用が発電機とは逆**に生じることを意味しており、すなわち、**遅れ電流では増磁作用、進み電流では減磁作用**となります。また、発電機のときと同様に、電機子反作用は電機子反作用リアクタンスx_a〔Ω〕で表します。

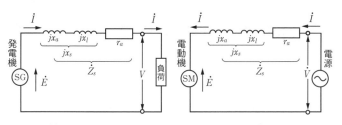

（a）同期発電機の回路　　　　　（b）同期電動機の回路

E ：誘導起電力〔V〕（電動機では逆起電力）
V ：端子電圧〔V〕
I ：電機子電流（負荷電流）〔A〕
Z_s ：同期インピーダンス〔Ω〕　$Z_s = r_a + jx_s$
r_a ：電機子巻線抵抗〔Ω〕
$jx_s = jx_a + jx_l$：同期リアクタンス〔Ω〕
jx_a ：電機子反作用リアクタンス〔Ω〕
jx_l ：電機子漏れリアクタンス〔Ω〕

図4.25　同期機の回路

　図4.25（b）の同期電動機の回路をベクトルで表したのが、図4.26です。ここで、同期電動機の逆起電力 $\dot{E}$〔V〕は、端子電圧 $\dot{V}$〔V〕からインピーダンス降下 $\dot{Z}_s\dot{I}$〔V〕を差し引いたものであるとともに、電動機の界磁電流による誘導起電力でもあります。

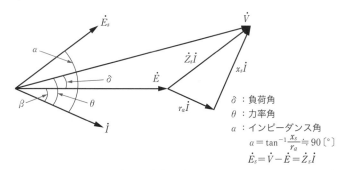

δ ：負荷角
θ ：力率角
α ：インピーダンス角
$\alpha = \tan^{-1}\dfrac{x_s}{r_a} \fallingdotseq 90$〔°〕
$\dot{E}_s = \dot{V} - \dot{E} = \dot{Z}_s\dot{I}$

図4.26　同期電動機のベクトル図

　また、端子電圧 $\dot{V}$〔V〕と逆起電力 $\dot{E}$〔V〕の差の電圧 $\dot{E}_s$（$= \dot{V} - \dot{E} = \dot{Z}_s\dot{I}$）を同期インピーダンス $\dot{Z}_s$〔Ω〕で割ったものが電機子電流 $\dot{I}$〔A〕なので、$x_s \gg r_a$ とすると $\dot{Z}_s \fallingdotseq jx_s$ となることから、$\dot{I}$〔A〕は $\dot{E}_s$〔V〕より約90〔°〕位相が遅れることになります。

4 同期電動機の出力とトルク 重要度 A

(1) 出力

図4.27より、同期電動機1相分の**出力**P〔W〕は、1相分の逆起電力E〔V〕と電機子電流の有効成分$I\cos\beta$〔A〕との積となるので、次式で表されます。

> **⚠️ 重要 公式** 同期電動機1相分の出力P①
> $$P = EI\cos\beta \ \text{〔W〕} \tag{9}$$

また、$Z_s \fallingdotseq x_s \ (x_s \gg r_a)$ の関係から、電機子巻線抵抗r_a〔Ω〕を無視したベクトル図を描くと、図4.26は図4.27のようになります。

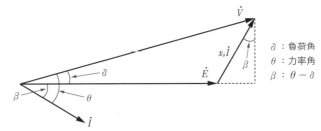

δ：負荷角
θ：力率角
β：$\theta - \delta$

図4.27　同期電動機のベクトル図（r_a無視）（1相分）

この図から、1相分の端子電圧V〔V〕と同期リアクタンスx_s〔Ω〕との間に、次の関係が成り立ちます。

$$V\sin\delta = x_s I\cos\beta \rightarrow I\cos\beta = \frac{V\sin\delta}{x_s}$$

これを式(9)に代入すると、出力P〔W〕は次式のようになります。

> **⚠️ 重要 公式** 同期電動機1相分の出力P②
> $$P = \frac{VE}{x_s}\sin\delta \ \text{〔W〕} \tag{10}$$

すなわち、発電機の場合と同じように、**電動機の出力**はほぼ**負荷角**δ〔°〕**の正弦に比例**します。

(2) トルク

一般に**電動機の出力**は、**トルクと角速度の積に比例**するので、同期速度をN_s〔min^{-1}〕、角速度をω〔rad/s〕とすると、同期電

補足 🖊

式(10)は、1相当たりの出力を求める式であるから、3相の場合は、3倍することになる。ただし、VとEを線間電圧とした場合、この式のままで三相出力P_3となるので、注意が必要である。

$$P_3 = \frac{3 \cdot \dfrac{V}{\sqrt{3}} \cdot \dfrac{E}{\sqrt{3}}}{x_s}\sin\delta$$
$$= \frac{VE}{x_s}\sin\delta \ \text{〔W〕}$$

動機の出力P〔W〕とトルクT〔N·m〕の関係は、

> **⚠重要** **公式**　同期電動機の出力P
>
> $$P = \omega T = 2\pi \frac{N_s}{60} T \,〔W〕 \tag{11}$$

となり、これを**トルクT〔N·m〕を求める式**に変形すると、次式で表されます。

$$T = \frac{60 \times P}{2\pi N_s} \,〔N·m〕$$

式 (11) から、同期電動機は、負荷の大小にかかわらず同期速度N_s〔min^{-1}〕が一定であるので、トルクT〔N·m〕は出力P〔W〕に比例することがわかります。

　同期電動機のトルクには、始動トルク、脱出トルク、引入れトルクがあります。図4.28は、円筒機（非突極機）のトルクT〔N·m〕と負荷角δ〔°〕の関係を示す曲線です。負荷の増加に伴ってδ〔°〕が大きくなり、負荷に必要なトルクが生じます。δ〔°〕が**90**〔°〕になると

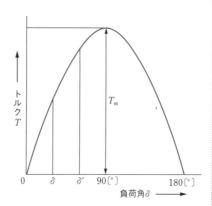

図4.28　負荷角とトルク（円筒機）

最大トルクT_m〔N·m〕となり、さらに負荷が増加し、δ〔°〕が90〔°〕以上になるとトルクT〔N·m〕が減少し、やがて運転が不可能になって電動機は停止します。これを**同期はずれ（脱調）**といい、**同期はずれをしない最大トルクを脱出トルク**といいます。脱出トルクは、実際には負荷角δ〔°〕が50〜60〔°〕の範囲にあって、電動機が定格周波数・定格電圧および常規の励磁において、運転を1分間継続できる最大トルクのことをいいます。

　また、同期電動機の負荷が急変すると、δが変化し、新たなδ'に落ち着こうとしますが、回転子の慣性のために、δ'を中心として周期的に変動します。これを**乱調**といい、電源の電圧

や周波数が変動した場合にも生じます。乱調を抑制するには、始動巻線を兼ねる**制動巻線**を設けたり、**はずみ車**を取り付けたりします。

　始動トルクは、**始動巻線（制動巻線）によって発生するトルク**のことをいいます。また、**引入れトルク**は、界磁を励磁したときに負荷の慣性に打ち勝って、**同期に入りうる最大負荷トルク**のことをいいます。

例題にチャレンジ！

　次の　　　　　の中に適する語句を記入せよ。

　同期電動機のトルクは、電動機の運転状態によって異なる。制動巻線によるトルクで、かご形誘導電動機と同じ原理で発生するのが　(ア)　である。界磁を励磁したときに、負荷の慣性に打ち勝って同期に入ることができる最大負荷トルクは　(イ)　という。また、同期運転中の電動機が同期はずれしないで負荷を供給できる最大トルクのことを　(ウ)　という。負荷トルクが電動機の　(ウ)　以上になると、同期はずれとなる　(エ)　を起こして電動機は停止する。

・解答・ ・・・

(ア)始動トルク　　　(イ)引入れトルク　　　(ウ)脱出トルク

(エ)脱調

・・

理解度チェック問題

問題　次の◯◯◯の中に適当な答えを記入せよ。

同期電動機は、誘導電動機に次いで広く使われている電動機で、誘導電動機と比較すると次のような長所がある。

a 負荷の増減にかかわらず、 (ア) が一定に保たれる。

b (イ) の調整により、力率が調整できる。

c 低速度・大容量機の (ウ) がよい。

d 回転子と固定子の間の (エ) が広くとれるので、回転子と固定子の接触の危険性が少なく、保守や据付けも容易である。

しかし、次のような短所もある。

a (オ) を持たないので、始動用に制動巻線やほかの電動機が必要である。

b (カ) のための直流電源が必要である。

c 乱調、 (キ) を起こしやすい。

解答

(ア)回転速度　　(イ)界磁(励磁)　　　(ウ)効率　　　(エ)空隙(エアギャップ)
(オ)始動トルク　　(カ)励磁　　(キ)同期はずれ(脱調)

同期電動機の特性

同期電動機の特性として、位相特性（V曲線）、始動法、同期調相機について学びます。いずれも重要項目です。

関連過去問 055, 056, 057

同期電動機は、始動トルクを持たないから、何らかの方法で同期速度付近まで加速させる必要があるニャ

同期電動機の始動法
① 自己始動法
② 始動電動機法
③ サイリスタ始動法

1 同期電動機の位相特性（V曲線） 重要度 A

同期電動機には、供給電圧と負荷を一定にして**界磁電流を変化させる**と、電機子電流の大きさが変化するだけでなく、**力率も同時に変化する**特性があります。このことを図4.29と図4.30を用いて説明します。

図4.29 (a) は、同期電動機を供給電圧 V〔V〕、電機子電流 I〔A〕、力率1で運転しているときのベクトル図です。この状態から、負荷を一定、すなわち電機子電流の有効分 $I\cos\theta$ と $E\sin\delta$ を一定に保ったまま、界磁電流 I_f〔A〕を図4.29 (a) より増加させると、界磁磁極

補足🖉

図4.29位相特性および図4.30V曲線の回路図は、LESSON23の図4.25(b)を参照。

補足🖉

図4.29(a)(b)(c)において、V、x_s、$I\cos\theta$、$E\sin\delta$ の大きさは一定だが、I、E、θ、δ の大きさは変わる。

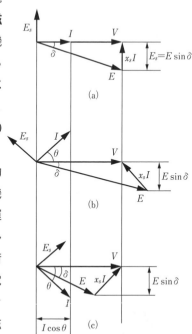

図4.29 位相特性

の強さが増すので、逆起電力 E〔V〕も増し、図4.29 (b) のような ベクトル図となります。このとき、電機子電流 I〔A〕は**進み電流**となり、その値は大きくなりますが、有効分 $I\cos\theta$ は変わりません。

　また、逆に界磁電流 I_f〔A〕を、図4.29 (a) より減少させると、逆起電力 E〔V〕は減少し、図4.29 (c) のようなベクトル図となります。このとき、電機子電流 I〔A〕は**遅れ電流**となって増加します。

　図4.30は、前述のような電機子電流 I〔A〕と界磁電流 I_f〔A〕の関係を示す曲線で、**位相特性曲線** または、その形状がV字形に似ていることから**V曲線**といいます。

　図中の曲線1は無負荷の場合、曲線2、3は徐々に負荷を増した場合を示

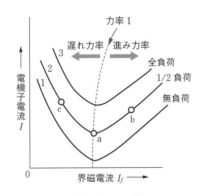

図4.30　V曲線

すもので、負荷が増加するほど曲線は上方に移動し、やや右にずれます。それぞれの曲線の最低点は、力率が1に相当する点を示しており、それより**右側は進み力率、左側は遅れ力率**の範囲となります。曲線2の a 点、b 点、c 点は、図4.29 (a)、(b)、(c) に相当する点です。

　このように、**同期電動機は界磁電流の加減によって電機子電流の大きさと位相（力率）を調整する**ことができるので、常に力率1の状態で運転することも、**必要に応じて進み力率、遅れ力率で運転**することもできます。

② 同期電動機の始動法　重要度 Ⓐ

　同期電動機は、始動トルクを持たないため、何らかの方法で同期速度付近まで加速させる必要があります。そのためには、

始動巻線（制動巻線）を設けるか、ほかの電動機で始動を行う必要があります。始動方法には、自己始動法、始動電動機法、サイリスタ始動法などがあります。

(1) 自己始動法

　自己始動法は、**始動巻線**（制動巻線）による始動トルクを利用し、**かご形誘導電動機として始動**する方法で、主に**中・小容量の同期電動機**の始動に用いられています。回転速度が上昇して同期速度に近くなったときに界磁磁極を励磁し、同期速度に引き入れ、完全な同期電動機として運転するものです。ただし、**始動トルクが小さい**ので、始動時には電動機を無負荷または軽負荷にする必要があります。

　この方法では、始動電流が大きすぎる場合に電源に悪影響を及ぼすため、誘導電動機のように**始動補償器**、**直列リアクトル**、**始動用変圧器**などを用いて始動電流を制限します。また、誘導電動機のように、固定子巻線をY結線から△結線に変える**Y-△始動**などを行います。

(2) 始動電動機法

　始動電動機法は、同期電動機に直結した誘導電動機や直流電動機などの**始動用電動機で始動**する方法で、比較的**大容量の同期電動機**の始動に用いられています。

　始動にあたっては、まず、同期電動機に直結した始動用電動機を用いて無負荷運転します。次に、ほぼ同期速度に達したときに同期電動機に励磁を与え、同期発電機として並行運転して同期化します。最終的には、始動用電動機を電源および同期電動機と切り離します。なお、始動用電動機には、**同期電動機とほぼ同じ速度かそれ以上の速度を必要とします**ので、誘導電動機を用いる場合は、**同期電動機より極数pが2極だけ少ないものを用います**。

(3) サイリスタ始動法

　サイリスタ始動法は、停止中の発電電動機にあらかじめ励磁

補足

例えば周波数$f=50$Hz、極数$p=6$の同期電動機の同期速度N_sは、

$$N_s = \frac{120 \times f}{p}$$
$$= \frac{120 \times 50}{6}$$
$$= 1000 \,[\text{min}^{-1}]$$

であるが、誘導電動機は滑りsがあるので、回転速度は1000〔min⁻¹〕以下となる。したがって、始動用の誘導電動機の極数pは、$p=4$極のものを使用し、回転速度を1000〔min⁻¹〕以上としなければならない。なお、$p=4$極の同期速度N_sは、

$$N_s = \frac{120 \times 50}{4}$$
$$= 1500 \,[\text{min}^{-1}]$$

である。

を与えておき、サイリスタ変換器によって電動機の回転子の磁極位置に応じた電機子電流を供給し、始動トルクを得て始動する方式です。サイリスタ始動法は、最近の揚水発電所の発電電動機(揚水時は同期電動機)の始動法として用いられています。

補足—⌀

サイリスタについては、第5章パワーエレクトロニクスのLESSON25を参照。

第4章

同期機

③ 同期調相機　重要度 A

先に「❶同期電動機の位相特性(V曲線)」で学習したように、同期電動機では、界磁電流の加減によって電機子電流の大きさと位相(力率)が調整できます。こうした特性を利用して、無負荷のままで同期電動機を送電系統に接続して、電力系統の電圧調整や力率改善に用いられます。このような目的に使用する同期電動機を**同期調相機**といいます。

負荷と並列に同期調相機を接続して無負荷で運転するとき、誘導性負荷の場合には界磁を過励磁にすると**コンデンサ**として働き、線路から進み電流を取り込み、電圧降下を減少させます。また、容量性負荷の場合には界磁を不足励磁にすると**分路リアクトル**として働き、線路から遅れ電流を取り込み、電圧の異常上昇を抑制します。

例題にチャレンジ！

負荷角(内部相差角)45〔°〕で1000〔kW〕の出力で運転している三相同期電動機がある。負荷角が60〔°〕になるとき、出力 P_m〔kW〕の値を求めよ。ただし、端子電圧および界磁電流は変わらないものとする。

・解答と解説・・・・・・・・・・・・・・・・・・・・・・・・・・

三相同期電動機の出力 P は

$$P = 3\frac{VE}{x_s}\sin\delta$$

ただし、V：端子電圧(相電圧)

E：逆起電力(相電圧)

x_s：同期リアクタンス

δ：負荷角

題意より、V一定、界磁電流一定のため、E一定。

$(E = k\phi N)$

よって出力Pは、負荷角δの正弦$\sin\delta$に比例する。

求める出力をP_m〔kW〕とすると、

> 内項の積と外項の積は等しい

$$\sin45\,[°] : 1000\,[\text{kW}] = \sin60\,[°] : P_m\,[\text{kW}]$$

$$1000 \times \sin60\,[°] = P_m \times \sin45\,[°]$$

$$P_m = 1000 \times \frac{\sin60\,[°]}{\sin45\,[°]} = 1000 \times \frac{\dfrac{\sqrt{3}}{2}}{\dfrac{1}{\sqrt{2}}}$$

$$\fallingdotseq 1000 \times \frac{0.866}{0.707} \fallingdotseq \mathbf{1225}\,[\text{kW}]\ (\text{答})$$

理解度チェック問題

問題　次の▢の中に適当な答えを記入せよ。

　同期電動機は、始動トルクを持たないため、何らかの方法で同期速度付近まで加速させる必要がある。そのためには、▢(ア)▢を設けるか、ほかの電動機で始動を行う必要がある。

　▢(イ)▢法は、▢(ア)▢による始動トルクを利用し、かご形誘導電動機として始動する方法で、主に中・小容量の同期電動機の始動に用いられている。回転速度が上昇して同期速度に近くなったときに界磁磁極を励磁し、同期速度に引き入れ、完全な同期電動機として運転するものである。

　この方法では、始動電流が大きすぎる場合に電源に悪影響を及ぼすため、誘導電動機のように▢(ウ)▢、直列リアクトル、始動用変圧器などを用いて始動電流を制限する。また、誘導電動機のように、▢(エ)▢巻線をY結線から△結線に変える▢(オ)▢などを行う。

　▢(カ)▢法は、同期電動機に直結した▢(キ)▢や▢(ク)▢などの始動用電動機で始動する方法で、比較的大容量の同期電動機の始動に用いられている。

　始動にあたっては、まず、同期電動機に直結した始動用電動機を用いて無負荷運転する。次に、ほぼ同期速度に達したときに同期電動機に励磁を与え、同期発電機として並行運転して同期化する。最終的には、始動用電動機を電源および同期電動機と切り離す。なお、始動用電動機には、同期電動機とほぼ同じ速度かそれ以上の速度を必要とするので、▢(キ)▢を用いる場合は、同期電動機より極数が2極だけ▢(ケ)▢ものを用いる。

　▢(コ)▢法は、停止中の発電電動機にあらかじめ励磁を与えておき、サイリスタ変換器によって電動機の回転子の磁極位置に応じた▢(サ)▢を供給し、始動トルクを得て始動する方式である。▢(コ)▢法は、最近の揚水発電所の発電電動機（揚水時は同期電動機）の始動法として用いられている。

解答

(ア)始動巻線(制動巻線)　　(イ)自己始動　　(ウ)始動補償器　　(エ)固定子
(オ)Y-△始動　　(カ)始動電動機　　(キ)誘導電動機　　(ク)直流電動機　　(ケ)少ない
(コ)サイリスタ始動　　(サ)電機子電流

25日目

第5章 パワーエレクトロニクス

LESSON 25

パワーエレクトロニクスと半導体デバイス

電力の変換・制御の重要な構成要素である半導体デバイスの原理・構造・特性などの基本的な事項について学習します。

関連過去問 058

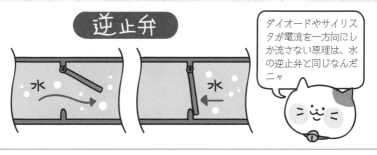

逆止弁

水

水

ダイオードやサイリスタが電流を一方向にしか流さない原理は、水の逆止弁と同じなんだニャ

今日から、第5章パワーエレクトロニクスだニャ

① 半導体の基礎　　　　重要度 A

パワーエレクトロニクスとは、電力用の**半導体（バルブ）デバイスを使って電力の変換・制御を行う技術**のことです。

パワーエレクトロニクスに必要不可欠な存在である**半導体**については、理論科目でも学習しますが、ここで改めて基本的な事項を確認しておきましょう。

半導体とは、導体（金属のように電気を通す物質）と不導体（絶縁体：電気を通さない物質）の中間の性質を持つ物質のことです。また、半導体は、不純物をほとんど含まない高純度の**真性半導体**と、微量の不純物を含んだ**不純物半導体**に分類されます。不純物半導体は、わずかなエネルギーを加えることで電気を通しやすくなるという性質があることから、**バルブデバイス**に使用されています。不純物半導体は、含まれる不純物の種類によって**n形半導体**と**p形半導体**に分けられます。

(1) 真性半導体

真性半導体の代表的なものに、**シリコン**（Si）と**ゲルマニウム**（Ge）があります。**第4価の元素**である純粋なシリコンは、最も外側の軌道に4個の電子（価電子）を持ち、その価電子を隣接する原子核が互いに共有し合って結合する構造になっています。

用語 📒

バルブデバイス

電力用半導体素子の**ダイオード**や**サイリスタ**は、**順方向には電流を通すが、逆方向には通さない**という弁のような動作をすることから、バルブデバイスと呼ばれている。バルブは「弁」のこと、デバイスは「素子」のことである。

これを**共有結合**といいます。共有結合では、自由に動ける価電子がないため、通常の状態では導電性を示しません。しかし、常温でもわずかなエネルギーが加われば、一部の価電子は結合を飛び出して**自由電子**となり、価電子が飛び出した抜け跡は**正孔**（ホール）と呼ばれる孔となります。この自由電子と正孔は**キャリヤ**と呼ばれ、電界を加えると移動して導電性を示す、つまり電流が流れるようになります。

（2）n形半導体

　n形半導体は、真性半導体に微量の5個の価電子を持つ**第5価の物質を添加**した不純物半導体です。添加される第5価の不純物を**ドナー**といいます。例えば、図5.1（a）のように、シリコン（Si）に第5価のりん（P）を添加すると、シリコンは4個の価電子、りんは5個の価電子を持っているので、共有結合すると1個の価電子が余ります。この余った価電子はりんとの結合が弱く、わずかなエネルギーで自由電子となって移動するため、電流が流れます。

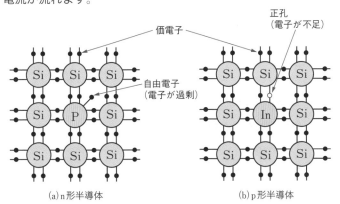

(a) n形半導体　　　(b) p形半導体

図5.1　n形半導体とp形半導体

（3）p形半導体

　p形半導体は、真性半導体に微量の3個の価電子を持つ**第3価の物質を添加**した不純物半導体です。添加される第3価の不純物を**アクセプタ**といいます。例えば、図5.1（b）で示すように、

電子（結合の手）

第5章

パワーエレクトロニクス

シリコンに第3価のインジウム（In）を添加すると、シリコンは4個の価電子、インジウムは3個の価電子しか持っていないので、共有結合すると価電子が1個不足します。この不足する価電子の場所が正孔であり、価電子をほかの共有結合から受け取ることにより、価電子が抜けた孔、つまり正孔が移動します。

② 半導体バルブデバイス　　　重要度 **B**

(1) ダイオード

ダイオードは、**交流を直流に変換**する装置に使用されている半導体バルブデバイスです。整流ダイオードの構造は、p形半導体とn形半導体を接合した形になっており、アノード（陽極）Aとカソード（陰極）Kを設けています。

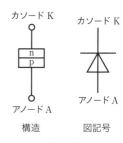

図5.2　整流ダイオード

ダイオードは、一方向の電流しか通さない性質から、電力用では整流に用いられています。

(2) トランジスタ

トランジスタは、パワーエレクトロニクスでは高速で動作するスイッチング素子として使用します。大電力を扱うためパワートランジスタともいいます。

電子と正孔の2つのキャリヤで動作するトランジスタを**バイポーラトランジスタ**といい、一般にこれをトランジスタといいます。

また、いずれか1つのキャリヤで動作するトランジスタを**ユニポーラトランジスタ**といいます。

スイッチング素子とは、一般的なスイッチのように、オン・オフの動作をさせる半導体バルブデバイスのことをいいます。

オフからオンに移行することを**ターンオン**、オンからオフに移行することを**ターンオフ**といいます。

〈1〉バイポーラトランジスタ

バイポーラトランジスタは、p形半導体とn形半導体をnpn、またはpnpの順に接合した3層構造になっており、ベースB、エミッタE、コレクタCの3つの電極を持ちます。ベースに小さい電流を流してコレクタ・エミッタ間の大電流をオン・オフ制御します。

バイポーラトランジスタは**自己消弧素子**で、ベース電流を止めると、オンしているコレクタ・エミッタ間はターンオフします。

自己消弧素子とは、ゲート信号などの外部から与えられる信号によって、素子のオン状態・オフ状態を任意に切り替えられる半導体バルブデバイスのことです。

〈2〉MOSFET

ユニポーラトランジスタにはいくつかの種類がありますが、一般にパワーエレクトロニクスでスイッチング素子として用いられているのがMOSFETです。MOSFETは、金属・酸化物・半導体（MOS）で構成される電界効果トランジスタ（FET）で、ゲートG、ドレーンD、ソースSの3つの電極を持った構造になっています。MOSFETは、ゲートにかける電圧によってソース・ドレーン間の電流をオン・オフ制御しま

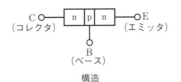

構造

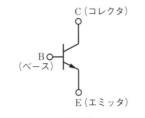

図記号

図5.3　バイポーラトランジスタ（npn形）

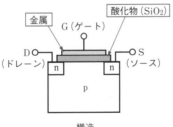

構造

図記号

図5.4　MOSFET

す。また、入力インピーダンスが大きいため、ゲート電流はほとんど流れません。特徴としては、バイポーラトランジスタと同じ**自己消弧素子**ですが、バイポーラトランジスタに比べて高速なスイッチングが可能で、高周波用の半導体バルブデバイスとして使用されています。

〈3〉IGBT（絶縁ゲートバイポーラトランジスタ）

IGBTは、絶縁ゲートによる電圧制御形のバイポーラトランジスタで、ゲート部分にMOSFETを組み込んだ構造で、ゲート信号によってターンオフできる**自己消弧素子**です。

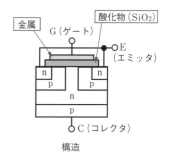

構造

高速スイッチができ、高耐圧という特長があります。つまり、バイポーラトランジスタとMOSFETの特長を併せ持った複合機能デバイスです。

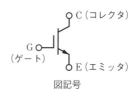

図記号

図5.5　IGBT

(3) サイリスタ

〈1〉サイリスタ（逆阻止3端子サイリスタ）

サイリスタにはいろいろな種類がありますが、その中でも基本となっているのが**逆阻止3端子サイリスタ**（SCR）です。その構造は、pnpnの4層接合になっており、アノードA（陽極）、カソードK（陰極）の両端子のほかに、ゲートG（制御極）の3つの端子が設けられています。

アノード・カソード間に順電圧Eを加え、スイッチS_2を閉じてゲート電流I_Gを一瞬流すと、**ターンオン**して、主電流I_Aが流れます。ゲート電流I_Gを一瞬流すことを「ゲート信号をオンにする」といいます。ゲート信号を取り去っても、アノードからカソードへ主電流I_Aが流れ続けます。サイリスタを**ターンオ**

フするには一度電源を切る（S_1を開く）か、Eを減少させ、**保持電流**（オン状態を維持できないほどの小電流）までI_Aを下げます。また、電源を逆に接続してアノード・カソード間に逆電圧を加えれば、ダイオードの逆方向と同じようにI_Aは流れず、オフ状態になります。

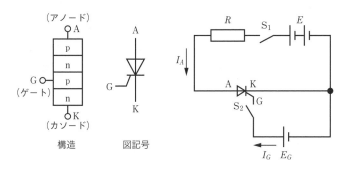

図5.6　サイリスタの構造と動作

〈2〉GTO（ゲートターンオフサイリスタ）

　GTOは、基本的な構造は逆阻止3端子サイリスタと同じですが、異なっている点は、ゲートに負の電流を強制的に流すことによって主電流（アノード・カソード間の電流）をターンオフさせることができる**自己消弧素子**であるということです。

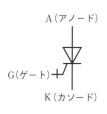

図5.7　GTO

＋1 プラスワン

ゲート電流を流さずにアノード・カソード間の順電圧を加えていった場合、ある電圧に達するとサイリスタはオフ状態を維持できずにターンオンする。
こうした現象を**ブレークオーバ**といい、このときの順電圧を**ブレークオーバ電圧**という。

＋1 プラスワン

GTOはトランジスタに比べて高耐圧化・大電流化に適した素子であることから、高電圧・大容量のインバータなどに用いられている。

第5章

パワーエレクトロニクス

次の □□□□ の中に適当な答えを記入せよ。

パワーエレクトロニクスのスイッチング素子として、逆阻止3端子サイリスタは、素子のカソード端子に対し、アノード端子に加わる電圧が （ア） のとき、ゲートに電流を注入するとターンオンする。同様に、npn形のバイポーラトランジスタでは、素子のエミッタ端子に対し、コレクタ端子に加わる電圧が （イ） のとき、ベースに電流を注入するとターンオンする。

なお、オンしている状態をターンオフさせる機能がある素子は （ウ） である。

・解答と解説・・・・・・・・・・・・・・・・・・・・・・・・・・・・・・・・・・・

②半導体バルブデバイスを参照。

（ア）正　　（イ）正　　（ウ）npn形バイポーラトランジスタ

・・

理解度チェック問題

問題　次の　　　の中に適当な答えを記入せよ。

1. 半導体は、不純物をほとんど含まない高純度の　(ア)　半導体と、微量の不純物を含んだ　(イ)　半導体に分類される。

　　n形半導体は、　(ア)　半導体に微量の第　(ウ)　価の物質を添加した　(イ)　半導体である。添加される第　(ウ)　価の不純物を　(エ)　という。

　　p形半導体は、　(ア)　半導体に微量の第　(オ)　価の物質を添加した　(イ)　半導体である。添加される第　(オ)　価の不純物を　(カ)　という。

2. パワーエレクトロニクス装置に使われている半導体デバイスには、バイポーラトランジスタ、MOSFET、IGBT、逆阻止3端子サイリスタ、GTOなどがある。

　　この中で　(キ)　は自己消弧素子ではない。　(キ)　以外は自己消弧素子である。自己消弧素子とは、ゲート信号などの外部から与えられる信号によって、ターンオン・ターンオフさせることができる素子であるが、　(キ)　は、　(ク)　だけが制御可能な半導体デバイスである。　(キ)　を　(ケ)　するためには、逆電圧を加えるなどの補助回路が必要である。

第5章

パワーエレクトロニクス

解答

(ア)真性　　(イ)不純物　　(ウ)5　　(エ)ドナー　　(オ)3　　(カ)アクセプタ
(キ)逆阻止3端子サイリスタ　　(ク)ターンオン　　(ケ)ターンオフ

第5章 パワーエレクトロニクス

整流回路

交流を直流に変換する整流回路は、パワーエレクトロニクスの基本です。半波整流と全波整流の原理や回路の特性について学習します。

関連過去問 059

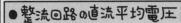

● 整流回路の直流平均電圧

単相半波整流回路
$$E_d \fallingdotseq 0.45V \frac{1+\cos\alpha}{2}$$

単相全波整流回路
$$E_d \fallingdotseq 0.9V \frac{1+\cos\alpha}{2}$$

全波は、半波の倍の電圧がかかる、これがポイントだニャ

---

① 整流回路　　重要度 B

交流を直流に変換することを**整流**または**順変換**といい、**交流電力を直流電力に変換**する装置を**順変換装置**または**コンバータ**といいます。代表的な整流回路には、(1)単相半波整流回路、(2)単相全波整流回路、(3)三相半波整流回路、(4)三相全波整流回路などがあります。

(1) 単相半波整流回路

サイリスタを用いた**単相半波整流回路**は、出力電圧を可変(制御)できる整流回路です。

交流電圧 $v = \sqrt{2}\,V\sin\theta$ 〔V〕(V：実効値)を、サイリスタの整流回路に入力すると、位相角 θ が $0 \sim \pi$〔rad〕の間において、位相角 α〔rad〕のときゲート電流を流しターンオンさせると、負荷 R に電流 i_d が流れます。この位相角 α を**制御角**(ターンオンする角度)といいます。しかし、位相角 θ が π〔rad〕になり、入力電圧が零になった瞬間にサイリスタはターンオフします。位相角 θ が $\pi \sim 2\pi$〔rad〕の間は、サイリスタに逆電圧が加わるため電流 i_d は流れません。サイリスタによる単相半波整流回路の直流平均電圧 E_d は、次式で表されます。

用語

半波整流回路
交流電流の正・負のどちらか1つを整流し、流れの向きを同じにする回路のこと。半波整流回路は、整流素子1個だけで手軽に整流回路が構成できるという利点がある。

> ⚠ **重要** **公式**　単相半波整流回路の直流平均電圧 E_d
>
> $$E_d \fallingdotseq 0.45V\,\frac{1+\cos\alpha}{2}\,[\mathrm{V}] \tag{1}$$

制御角 $\alpha=0$ $(\cos\alpha=1)$ のときは**無制御**となり、$E_d \fallingdotseq 0.45V$〔V〕となります。

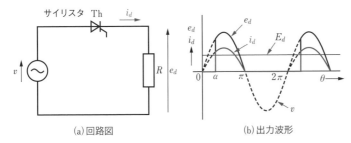

図5.8　単相半波整流回路

※単相半波整流回路(誘導性負荷の場合)

これまで、負荷が抵抗のみの場合を扱いましたが、ここではインダクタンス L〔H〕を含んだ誘導性負荷を単相半波整流回路に接続した場合を見ていきます。図5.9に、サイリスタによる単相半波整流回路に誘導性負荷を接続した回路図と出力波形を示します。

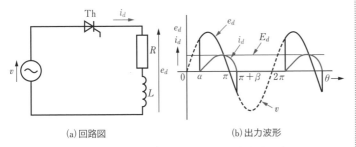

図5.9　誘導性負荷を接続した単相半波整流回路

図5.9の回路図で、制御角 α〔rad〕においてサイリスタがターンオンしたときに流れる順方向の電流 i_d〔A〕は、インダクタンス L〔H〕の影響で立ち上がりが遅れ、ゆっくりと増加した後、

減少していきます。インダクタンスL〔H〕の影響により、v〔V〕が零を超えて負の半周期になっても電流i_d〔A〕は流れ続けます。このサイリスタは、電流i_d〔A〕が零になるまでオン状態を維持しているため、$\pi \sim \pi + \beta$〔rad〕の間で出力に負の電圧が生じます。電流i_d〔A〕が零$(\theta = \pi + \beta)$〔rad〕になると、サイリスタはターンオフしますが、直流平均電圧E_d〔V〕は抵抗負荷の場合よりも低下します。

　こうした問題を解決するには、図5.10(a)のように、負荷R〔Ω〕と並列に還流ダイオードと呼ばれるダイオードD_Fを挿入します。この回路図では、$\pi \sim \pi + \beta$〔rad〕の間に流れる電流i_d〔A〕は、負荷R〔Ω〕とダイオードを還流する電流i_o〔A〕となります。この還流電流i_o〔A〕が生じると、それまでサイリスタに流れていた電流i_d〔A〕は流れなくなり、サイリスタは瞬時にターンオフをすることになります。したがって、出力に負の電圧が現れることはなくなります。

補足－

還流ダイオードは、**フリーホイリングダイオード**ともいう。このダイオードD_Fにより、「電源電圧vが正の区間は、i_dはサイリスタThと負荷(RとL)を流れる」が、「vが負になるとD_Fが導通状態となり、i_dはインダクタンスLにたまった電磁エネルギーによりD_Fを通り、負荷(RとL)に還流する」。このとき、負荷(RとL)に流れる電流i_dは、$i_d = i_o$である。

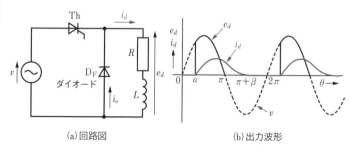

(a)回路図 　　　　　　　(b)出力波形

図5.10　還流ダイオードを用いた単相半波整流回路

解法のヒント

ダイオードにはゲートがないので、順方向の電圧が加わればすぐに導通する(ゲートは常に開いている)。これは、サイリスタの制御角が$\alpha = 0$の状態と同じである。

ダイオードのこのヒゲのようなものがゲートを表している。

例題にチャレンジ！

　ダイオードを用いた単相半波整流回路において、接続されている負荷が抵抗であった。このとき、実効値が200〔V〕の交流を入力した場合、直流平均電圧E_dは何〔V〕になるか。

・**解答と解説**・‥‥‥‥‥‥‥‥‥‥‥‥‥‥‥‥

サイリスタによる単相半波整流回路において、直流平均電圧E_dは、

$$E_d \fallingdotseq 0.45V \frac{1+\cos\alpha}{2}\,[\mathrm{V}]$$

この式において、ダイオードは位相制御ができないので、$\alpha=0\,[\mathrm{rad}]$とすると、$\cos 0=1$なので、求める直流平均電圧E_dは、

$$E_d \fallingdotseq 0.45V \frac{1+\cos\alpha}{2} = 0.45\times200\times\frac{1+1}{2} = \boldsymbol{90}\,[\mathrm{V}]\,(答)$$

(2) 単相全波整流回路

　サイリスタを用いた**単相全波整流回路**（**単相ブリッジ整流回路**）では、交流電圧vが、$v=\sqrt{2}\,V\sin\theta\,[\mathrm{V}]$で表されるとき、位相角$\theta$が$0\sim\pi\,[\mathrm{rad}]$の範囲では、制御角$\alpha\,[\mathrm{rad}]$でサイリスタ$\mathrm{Th}_1$と$\mathrm{Th}_4$がターンオンされてオン状態になり、それぞれのサイリスタに電流i_dが流れます。また、位相角が$\pi\sim2\pi\,[\mathrm{rad}]$の範囲では、$\mathrm{Th}_2$と$\mathrm{Th}_3$がターンオンされてオン状態となり、それぞれのサイリスタにi_dが流れます。

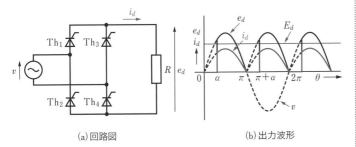

(a) 回路図　　　　　　　(b) 出力波形

図5.11　単相全波整流回路

　単相全波整流回路においては、サイリスタの制御角αを変化させることで、直流平均電圧E_dを可変（制御）することができます。単相全波整流回路の直流平均電圧E_dは、単相半波整流回路の2倍となり、次式で表されます。

> **❗重要 公式**　**単相全波整流回路の直流平均電圧E_d**
>
> $$E_d \fallingdotseq 0.9V \frac{1+\cos\alpha}{2}\,[\mathrm{V}] \tag{2}$$

第5章
パワーエレクトロニクス

用語

全波整流回路
交流電流の正・負両波とも整流し、流れの向きを同じにする回路のこと。

➕プラスワン

式(2)の導出（参考）

$$E_d = \frac{1}{\pi}\int_{\alpha}^{\pi}\sqrt{2}\,V\sin\theta\,d\theta$$
$$= \frac{2\sqrt{2}}{\pi}V\frac{1+\cos\alpha}{2}$$
$$\fallingdotseq 0.9V\frac{1+\cos\alpha}{2}\,[\mathrm{V}]$$

➕プラスワン

式(2)において、**制御角$\alpha=0$のとき**は、$E_d\fallingdotseq0.9V\,[\mathrm{V}]$となる。なお、整流素子として**ダイオード**を用いた場合も、$E_d\fallingdotseq0.9V\,[\mathrm{V}]$となる。

➕プラスワン

負荷Rに流れる平均電流I_dは、

$$I_d = \frac{E_d}{R}\,[\mathrm{A}]$$

で求めることができる。

例題にチャレンジ！

サイリスタを用いた単相全波整流回路において、実効値が 200〔V〕の交流を入力した場合、抵抗負荷 R〔Ω〕に加わる直流平均電圧 E_d は何〔V〕になるか。

ただし、制御角 α は $\dfrac{\pi}{6}$〔rad〕とする。

・解答と解説・

単相全波整流回路の抵抗負荷での直流平均電圧 E_d は、

$$E_d \fallingdotseq 0.9V\frac{1+\cos\alpha}{2}\ \text{〔V〕}$$

ここで、$\alpha = \dfrac{\pi}{6}$〔rad〕、$V = 200$〔V〕を代入すると、

求める直流平均電圧 E_d は、

$$E_d \fallingdotseq 0.9V\frac{1+\cos\alpha}{2} = 0.9 \times 200 \times \frac{1+\cos\dfrac{\pi}{6}}{2}$$

$$= 180 \times \frac{1+\dfrac{\sqrt{3}}{2}}{2} \fallingdotseq \mathbf{168}\ \text{〔V〕(答)}$$

(3) 三相半波整流回路

サイリスタを用いた**三相半波整流回路**の回路図と出力波形を図5.12に示します。

サイリスタを用いると、サイリスタの制御角 α〔rad〕によって直流平均電圧 E_d〔V〕を可変 (制御) することができます。また、半波整流回路のため、電流を連続的に取り出すには制御角 α〔rad〕の大きさを $0 \leqq \alpha \leqq \dfrac{\pi}{6}$〔rad〕の範囲に設定する必要があります。三相半波整流回路の直流平均電圧 E_d〔V〕は、次式で表されます。

➕プラスワン

α が $\dfrac{\pi}{6}$ を超えると出力波形 e_d が連続波形とならず、下図のようなのこぎり波となる。

$$E_d \fallingdotseq 1.17V \cos \alpha \ \text{(V)} \tag{3}$$

$$\left(\text{ただし、} 0 \le \alpha \le \frac{\pi}{6} \ \text{(rad)} \right)$$

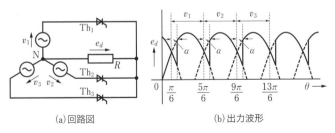

(a) 回路図　　　　　　　(b) 出力波形

図5.12　サイリスタによる三相半波整流回路

(4) 三相全波整流回路

　三相全波整流回路（**三相ブリッジ整流回路**）の回路図と出力波形を図5.13に示します。

　この回路はサイリスタを6個用いて、三相交流を全波整流します。

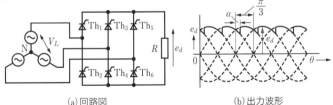

(a) 回路図　　　　　　　(b) 出力波形

図5.13　三相全波整流回路 (三相ブリッジ整流回路)

　図5.13 (b) において、制御角 α 〔rad〕が $0 \le \alpha \le \frac{\pi}{3}$ 〔rad〕の範囲では、三相全波整流回路に入力される線間電圧を $\sqrt{2} V_L \sin \theta$ 〔V〕（V_L 〔V〕は線間電圧実効値）とすると、直流平均電圧 E_d 〔V〕は次式で表されます。

> **! 重要　公式**　**三相全波整流回路の直流平均電圧 E_d**
> $$E_d \fallingdotseq 1.35V_L \cos \alpha \ \text{(V)} \tag{4}$$

　図5.13の三相全波整流回路において、負荷 R 〔Ω〕は中性点 N に接続されていないので、線間電圧の実効値 V_L 〔V〕を用いて直流平均電圧 E_d 〔V〕を考えます。ただし、電源が△結線になっ

+1 プラスワン

式(3)の導出（参考）

$$E_d = \frac{3}{2\pi} \int_{\frac{\pi}{6}+\alpha}^{\frac{5\pi}{6}+\alpha} \sqrt{2} V \sin \theta d\theta$$

$$= \frac{3\sqrt{6}}{2\pi} V \cos \alpha$$

$$\fallingdotseq 1.17V \cos \alpha \ \text{(V)}$$

+1 プラスワン

電圧の大きさが線間電圧であることに注意しよう。なお、三相全波整流回路に入力される電圧をY結線の相電圧 $V \left(V = \dfrac{V_L}{\sqrt{3}} \right)$ とすると、直流平均電圧 E_d は、次式で表される。

$$E_d \fallingdotseq 2.34V \cos \alpha \ \text{(V)}$$

+1 プラスワン

式(4)において、$\alpha = 0$ 〔rad〕とすると、6個のサイリスタをすべてダイオードに置き換えた場合の直流平均電圧は、$E_d \fallingdotseq 1.35V_L$ 〔V〕となる。

+1 プラスワン

式(4)の導出（参考）

$$E_d = \frac{3}{\pi} \int_{\frac{\pi}{3}+\alpha}^{\frac{2\pi}{3}+\alpha} \sqrt{2} V_L \sin \theta d\theta$$

$$= \frac{3\sqrt{2}}{\pi} V_L \cos \alpha$$

$$\fallingdotseq 1.35V_L \cos \alpha \ \text{(V)}$$

第5章　パワーエレクトロニクス

ている場合には、線間電圧＝相電圧となりますので、注意してください。

② 平滑回路　　　　　　　　　重要度 **B**

平滑回路は電子回路の一種で、交流を直流に変換する整流回路によって整流された電圧・電流の中に含まれている**脈流をより直流に近い状態にする**（**平滑化**）**ための回路**のことです。

整流回路によって整流された電圧・電流は、正・負のどちらか片方で周期的な波形を描いています。この波形を**脈流**と呼びます。

整流波形の平均値となる直線から、プラス方向、マイナス方向に変動している部分は**リプル**（または**リップル**。**脈動成分**）と呼ばれます。リプルと直流平均値の比を**リプル含有率**といい、リプル含有率が低いほど直流に近い波形となります。

脈流の周波数は、半波整流回路では入力周波数と同じですが、全波整流回路では入力周波数の2倍となります。これは、リプルの仕業です（▶表5.1）。

こうしたリプル（脈動成分）を減少させるため、整流回路に**コンデンサ**や**リアクトル**（チョークコイル）を挿入します。

①コンデンサの働き

コンデンサは、電圧が静電エネルギーを蓄積し、電圧の変化を妨げる**電圧維持作用**があります。また、電気を蓄える働きがあり、電圧の高いところで電気を蓄えて（充電して）、低いところで放電し、電圧を平滑にする働きがあります。これを**平滑コンデンサ**といいます。

単相整流回路に抵抗負荷 R を接続したとき、負荷端子間の電圧の脈動成分を減らすために、コンデンサを整流回路の出力端子間に挿入します。この場合、その**静電容量 C が大きく、抵抗 R が大きい**（**抵抗負荷電流が小さい**）ほど、つまり**時定数 $T = CR$ が大きい**ほど、コンデンサからの充放電が穏やかになり、**脈動成分は小さく**なります。

用語

電子回路
ダイオードやトランジスタなどの能動素子（電気信号などを増幅・制御する素子のこと。抵抗器、コンデンサ、インダクタンスなどは受動素子と呼ぶ）を構成要素に含む電気回路のこと。

チョークコイル
電気回路において、比較的高い周波数の電流を阻止し、直流または比較的低い周波数の電流を流しやすくするためのコイルをいう。平滑コイルともいう。

補足

静電エネルギー
$$W = \frac{1}{2}CV^2 \text{〔J〕}$$

用語

時定数
電子回路の RC 回路（抵抗器 - コンデンサ）などの過渡現象（ある定常状態から別の定常状態に変化する際に、いずれの定常状態とも異なって時間的に変化する、非定常状態になる現象）の応答速度の指標となる数値。なお、RC 直列回路の時定数 T は、$T = CR$〔秒〕である。

②リアクトルの働き

リアクトルとは、電気回路において、比較的高い周波数の電流を阻止し、直流または比較的低い周波数の電流を流しやすくするためのコイルのことをいい、**平滑コイル**とも呼びます。

リアクトルは、電流が電磁エネルギーを蓄積し、電流の変化を妨げる**電流維持作用**があります。

電磁エネルギーの蓄積と放出により、**電流波形を平滑にする**働きもあり、これを**平滑リアクトル**といいます。

③平滑回路と入出力波形の例

平滑回路の例として、ダイオードを使用した直流全波整流回路に**平滑コンデンサ**と**平滑リアクトル**を挿入した回路を、図5.14に示します。

また、入出力波形について、入力、整流後、整流平滑後（出力）の波形の比較を、表5.1に示します。

補足 🖉

電磁エネルギー

$W = \dfrac{1}{2}LI^2 \; \text{(J)}$

第5章

パワーエレクトロニクス

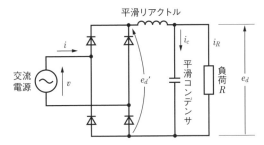

図5.14　ダイオードを使用した直流全波整流回路に
平滑コンデンサと平滑リアクトルを挿入した回路

この表の図を見ると、平滑化の効果がよくわかるニャン

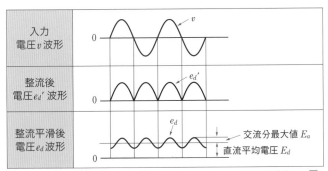

※リプル含有率 ＝ $\dfrac{交流分実効値 E_a/\sqrt{2}}{直流平均電圧 E_d}$

表5.1　入力、整流後、整流平滑後の出力波形の比較

補足 🖉

リプル含有率の計算は、電験三種試験には出題されない。リプルの意味だけを覚えておけば十分。

問題　次の◯◯◯の中に適当な答えを記入せよ。

1. 単相整流回路の出力電圧に含まれる主な脈動成分 (脈流) の周波数は、半波整流回路では入力周波数と同じであるが、全波整流回路では入力周波数の ◯(ア)◯ 倍である。

単相整流回路に抵抗負荷を接続したとき、負荷端子間の電圧の脈動成分を減らすために、平滑コンデンサを整流回路の出力端子間に挿入する。この場合、その静電容量が ◯(イ)◯、抵抗負荷電流が ◯(ウ)◯ ほど、コンデンサからの充放電が穏やかになり、脈動成分は小さくなる。

2. サイリスタを用いた単相半波整流回路において、交流電圧 $v = \sqrt{2}\,V \sin\theta$ 〔V〕(V：実効値) を整流回路に入力すると、出力の直流平均電圧 E_d〔V〕は次式で表される。

$$E_d \fallingdotseq \boxed{\quad(エ)\quad}\ \text{〔V〕}$$

ただし、サイリスタの制御角を α〔rad〕とする。

また、サイリスタを用いた単相全波整流回路においては、直流平均電圧 E_d〔V〕は次式で表される。

$$E_d \fallingdotseq \boxed{\quad(オ)\quad}\ \text{〔V〕}$$

解答

(ア) 2　　(イ) 大きく　　(ウ) 小さい　　(エ) $0.45V\dfrac{1+\cos\alpha}{2}$　　(オ) $0.9V\dfrac{1+\cos\alpha}{2}$

27日目

LESSON 27

第5章 パワーエレクトロニクス

半導体電力変換装置

電力用半導体素子を使用した電力変換装置について、インバータや直流チョッパの原理・特性などを中心に学習します。

関連過去問 060, 061

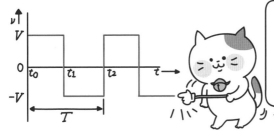

> 直流電力を交流電力に変換する**逆変換装置**代表の**インバータ**。スイッチの切り換えで、ほんとに交流になっている。凄いニャ！

1 インバータ　　重要度 B

　これまで学習してきた整流装置は、交流電力を直流電力に変換する順変換装置です。それとは逆に、直流電力を交流電力に変換する装置を**逆変換装置**といい、その代表的な装置が**インバータ**です。半導体バルブデバイスを用いたインバータには、サイリスタをターンオフさせるために転流回路を必要とする**他励式インバータ**と、半導体スイッチとしてトランジスタやMOSFET、IGBT、GTOなどを用いることで転流回路が不要となる**自励式インバータ**があります。

(1) インバータの基本回路

　インバータの基本回路(簡易回路)と出力波形を図5.15に示し、インバータの動作原理について説明します。

①まず、時刻t_0〔s〕でスイッチS_2とS_3を開き、同時にS_1とS_4を閉じると、負荷R〔Ω〕にはa点(正の電圧)とb点(負の電圧)、つまりa-b間で電圧$+V$〔V〕が加わります。そして、電流は$S_1 \rightarrow R \rightarrow S_4$の順に流れます。

②次に、時刻t_1〔s〕でスイッチS_1とS_4を開き、同時にS_2とS_3を閉じると、負荷R〔Ω〕にはa点(負の電圧)とb点(正の電圧)、つまりa-b間で電圧$-V$〔V〕が加わります。そして、電流は

補足

交流⇔直流の双方向の変換機能を有するものを**インバータ**と呼ぶこともある。

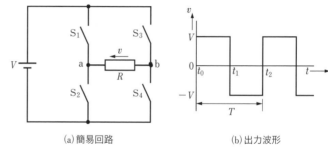

(a) 簡易回路　　　　　　(b) 出力波形

図5.15　インバータの簡易回路と出力波形

$S_3 \rightarrow R \rightarrow S_2$ の順に流れます。

③さらに、時刻 t_2〔s〕でスイッチ S_2 と S_3 を開き、同時に S_1 と S_4 を閉じると、再び時刻 t_0〔s〕の状態に戻ります。

　上記①～③の動作を繰り返すことによって、直流を図5.15(b)のような方形波の交流に変換することができます。また、t_0〔s〕から t_2〔s〕までの時間、つまり、周期 T〔s〕を変化させると、交流電圧の周波数を変えることができます。実際のインバータでは、スイッチ S_1～S_4 としてサイリスタなどの半導体バルブデバイスを用います。

(2) サイリスタによるインバータ（他励式インバータ）

　サイリスタを用いた他励式インバータの回路図と出力波形を図5.16に示します。この回路では、転流回路としてコンデンサ C を負荷 R と並列に接続しています。

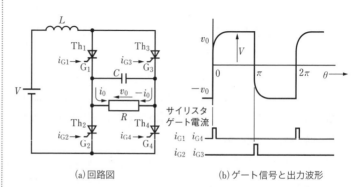

(a) 回路図　　　　　　(b) ゲート信号と出力波形

図5.16　サイリスタによる他励式インバータ

(3) トランジスタによるインバータ（自励式インバータ）

トランジスタによるインバータの回路図と出力波形を図5.17に示し、インバータの出力に誘導性負荷を接続した場合の動作原理について説明します。

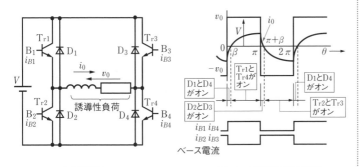

(a) 回路図　　　　　(b) ベース電流と出力波形

図5.17　トランジスタによるインバータ回路

半導体バルブデバイス $Tr_1 \sim Tr_4$ の印加電圧の向きが反転したとき、誘導性負荷の場合、電流変化を妨げる向きに誘導起電力が生じ、同じ向きに電流が流れ続けようとします。

この電流は、半導体バルブデバイスにとっては逆電流であるため、逆並列にダイオード $D_1 \sim D_4$ を接続してこの電流を流し、半導体バルブデバイスの破損を防止します。

このダイオードは、**遅れて変化する電流によるエネルギーを電源に帰還させる**ように働くことから、**帰還ダイオード**と呼ばれています。

(4) インバータの出力電圧制御

インバータは、出力の交流電圧と交流周波数を変化させて運転することができます。出力電圧を変化させる方法は、主に2つあります。

①直流電圧源の電圧 V〔V〕を変化させて、図5.18のように交流電圧波形の波高値を変化させる方法で、**PAM制御**（**パルス振幅変調制御**）と呼ばれます。

補足

オンオフ制御機能を持つ自励式インバータの半導体バルブデバイスには、トランジスタのほかに、MOSFET、IGBT、GTOなどが用いられる。

第5章

パワーエレクトロニクス

補足

負荷が純抵抗負荷だった場合、帰還ダイオードは必ずしも必要ではない。

図5.18　PAM制御

②直流電圧源の電圧V〔V〕は一定にして、基本波1周期の間に多数のスイッチングを行い、その多数のパルス幅を変化させて、図5.19のように全体で基本波の1周期の電圧波形を作り出す方法で、**PWM制御（パルス幅変調制御）**と呼ばれます。

　PWM制御は出力電圧の平均が正弦波に近づくため、**高調波成分を低減できる優れた電圧制御方法です。**

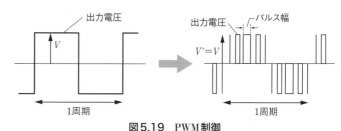

図5.19　PWM制御

(5) 電圧形インバータと電流形インバータ

　インバータの回路構成は、交流負荷側から見ると、電圧形と電流形の2つに分けることができます。モータの速度制御などでは電圧形インバータが、一部の大型インバータや多くの直流送電のインバータなどでは電流形インバータが、それぞれ使われています。

①電圧形インバータ

　電圧形インバータの回路構成を図5.20に示します。

　直流電源の電圧Vをスイッチングし、そのまま方形波の交流電圧を出力する方式をとっています。

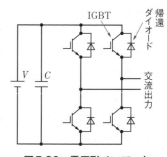

図5.20　電圧形インバータ

補足

電圧形インバータは、常に一定の直流電圧が必要になることから、直流側に容量の大きいコンデンサCを入れてある。

電圧形インバータは、スイッチング素子（ここではIGBT）と並列に帰還ダイオードを接続し、誘導性負荷の遅れ電流成分を直流電源に帰還させています。

②電流形インバータ

電流形インバータは、電流を出力するインバータです。

電流形インバータは、図5.21で示すように、直流電源とブリッジとの間にリアクトルL_Sを接続しているため、電流値は急には変化できず、スイッチング素子（ここではIGBT）が頻繁

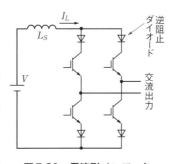

図5.21　電流形インバータ

にスイッチングしても電流I_Lはほとんど変化しません。

交流負荷側から見た回路のインピーダンスは、リアクトルが電源と直列に接続されているため高くなり、電流形インバータは**電流源とみなす**ことができます。

電流形の出力は、電流波形が方形波であり、電流が一方向しか流れません。このため、電圧形で必要であった帰還ダイオードは不要です。電流形インバータの逆阻止ダイオードは、純粋に電流の逆流を阻止するためのものです。

(6) インバータの応用

①VVVF（可変電圧可変周波数）インバータ

インバータ装置の中でも、電圧や周波数を可変できるのがVVVF（可変電圧可変周波数）インバータです。VVVFインバータは、電圧と周波数の制御が可能で、三相誘導電動機などの回転速度制御に用いられています。

②UPS（無停電電源装置）

無停電電源装置（UPS：Uninterruptible Power Supply）は、交流電源が停電した場合などに、コンピュータシステムや放送・通信機器などを保護する装置です。

常時は、交流電源からコンバータ（順変換回路）を通して得た

用語

VVVFは、Variable Voltage Variable Frequency（可変電圧可変周波数）の略。

UPSは、CVCF（Constant Voltage Constant Frequency：定電圧定周波数）電源装置とほとんど同じ意味で使用される。**CVCFに停電補償機能を持たせたものがUPS。**

第5章

パワーエレクトロニクス

UPSはPWM制御（パ
ルス幅変調制御）を用
いたインバータの電圧
調整機能により、定電
圧・定周波数の交流出
力を得ることが一般的。
PWM制御とは、イン
バータの出力電圧の高
調波成分をできるだけ
少なくする方式。パル
ス状の出力波形を発生
させ、パルス幅の電圧
を正弦波状に変化させ、
滑らかな正弦波出力を
得る。

直流電力をインバータで交流に変換し、定電圧・定周波数の交流電力を供給します。しかし、交流電源が停電あるいは電圧低下したときは、蓄電池（充電・放電が可能な二次電池）の直流電圧からインバータに電圧が加わり、交流電力の供給を継続させることによって、コンピュータ等のシステムの異常終了を防ぐことができます。

図5.22に無停電電源装置の基本構成を示します。

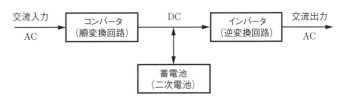

図5.22　無停電電源装置の基本構成

② 直流チョッパ　重要度 B

交流電力は、変圧器を用いて電圧変換できますが、直流電力の電圧変換は半導体バルブデバイスを用いた、直流チョッパによって行うことができます。

直流チョッパは効率がよく、出力電圧の制御が容易なので、電子・通信機器用の**直流電源装置や直流電動機の速度制御**などに用いられています。

(1) 直流チョッパの原理

直流チョッパ（DCチョッパ）とは、直流電圧を切り刻んで、目的の大きさの電圧に変換する回路のことです。図5.23に、

用語

チョッパとは「切り刻
むもの」という意味の
英語で、あたかも電圧
を切り刻んでいるかの
ように制御していると
ころから名付けられた。

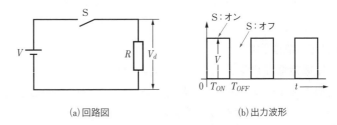

(a) 回路図　　　　　　　　(b) 出力波形

図5.23　直流チョッパの基本原理

直流チョッパの基本原理を示します。スイッチSがオンする時間T_{ON}とスイッチSがオフする時間T_{OFF}の長さを変化させることで、負荷R〔Ω〕に加わる直流電圧の平均値V_d〔V〕を制御します。

図5.24に示すように、スイッチSがオンする時間T_{ON}が短いと、平均出力電圧V_d〔V〕は小さくなり、オンする時間T_{ON}が長いと、平均出力電圧V_d〔V〕は大きくなります。

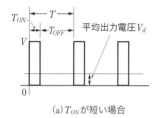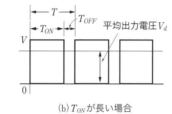

(a) T_{ON}が短い場合　　(b) T_{ON}が長い場合

図5.24　T_{ON}と平均出力電圧の関係

補足
$T=T_{ON}+T_{OFF}$をオン・オフ周期という。

直流チョッパには、この平均出力電圧V_d〔V〕を電源電圧V〔V〕より低い電圧に変換する**降圧チョッパ**と、これとは逆に平均出力電圧V_d〔V〕を電源電圧V〔V〕より高い電圧に変換する**昇圧チョッパ**があります。

また、降圧と昇圧の両方が可能な**昇降圧チョッパ**もあります。

(2) 降圧チョッパ

IGBTを用いた直流降圧チョッパの回路図と出力波形を図5.25に示します。

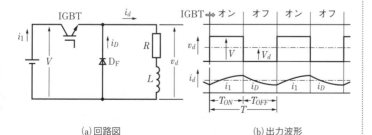

(a) 回路図　　(b) 出力波形

図5.25　IGBTによる直流降圧チョッパ

255

IGBTを時間T_{ON}の間オン状態にすると、負荷には電流i_1〔A〕が流れます。次に、IGBTを時間T_{OFF}の間オフ状態にすると、負荷のインダクタンスL〔H〕に蓄えられていた電磁エネルギーが電流i_D〔A〕として、還流ダイオードD_Fと負荷を還流します。このため、負荷電流i_d〔A〕は図5.25(b)に示すように、連続的に流れることになります。直流降圧チョッパの回路の平均出力電圧V_d〔V〕は、次式で表されます。

補足 📎

$\alpha = \dfrac{T_{ON}}{T_{ON}+T_{OFF}}$ を**通流率**または**デューティ比**という。

> ❶**重要** 公式　直流降圧チョッパの平均出力電圧V_d
> $$V_d = \frac{T_{ON}}{T_{ON}+T_{OFF}} \times V = \alpha V \text{〔V〕} \tag{5}$$

式(5)より、直流降圧チョッパの平均出力電圧V_d〔V〕は、**電源電圧V〔V〕よりも小さくなる**ことがわかります。

(3) 昇圧チョッパ

IGBTを用いた直流昇圧チョッパの回路図と出力波形を図5.26に示します。

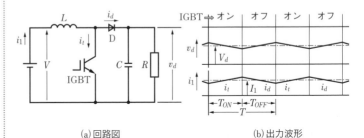

(a)回路図　　　　　　　　　　(b)出力波形

図5.26　IGBTによる直流昇圧チョッパ

IGBTを時間T_{ON}の間オン状態にすると、インダクタンスL〔H〕とIGBTのみに電流i_t〔A〕が流れて、インダクタンスに電磁エネルギーが蓄積されます。このとき、コンデンサCに蓄えられていた電荷によって、負荷に電流が流れます。ダイオードDは、コンデンサCからIGBTを通して放電するのを防止しています。次に、IGBTを時間T_{OFF}の間オフ状態にすると、インダクタンスL〔H〕に蓄えられていた電磁エネルギーが電流i_d〔A〕となって流れ、コンデンサCを充電します。この状態が繰り返されま

す。直流昇圧チョッパの回路の平均出力電圧V_d〔V〕は、次式で表されます。

> **! 重要 公式 直流昇圧チョッパの平均出力電圧V_d**
>
> $$V_d = \frac{T_{ON} + T_{OFF}}{T_{OFF}} \times V = \frac{1}{1-\alpha} V \text{〔V〕} \qquad (6)$$

式(6)より、直流昇圧チョッパの平均出力電圧V_d〔V〕は、**電源電圧V〔V〕よりも大きくなる**ことがわかります。

(4) 昇降圧チョッパ

IGBTを用いた昇降圧チョッパの回路図を図5.27に示します。

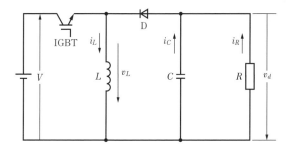

図5.27　昇降圧チョッパ

IGBTを時間T_{ON}の間オン状態にすると、IGBTとインダクタンスL〔H〕のみに電流i_L〔A〕が流れて、インダクタンスに電磁エネルギーが蓄積されます。

次に、IGBTを時間T_{OFF}の間オフ状態にすると、インダクタンスに蓄えられた電磁エネルギーが負荷抵抗RとコンデンサCにダイオードDを通して放出されます。なお、このとき**負荷抵抗Rを流れる電流i_Rと出力電圧v_dの向きは、降圧チョッパ回路の場合と逆向き**であることに注意しましょう。図5.27の向きにとると正になります。インダクタンスに蓄えられるエネルギーと放出エネルギーは等しく、i_Lはほぼ一定です。インダクタンスの両端電圧v_Lの平均電圧は、IGBTのスイッチング1周期で0となります。

この回路の平均出力電圧V_d〔V〕は、次式で表されます。

第5章

パワーエレクトロニクス

補足
IGBTのスイッチング1周期とは、IGBTがオンする時間T_{on}と、オフする時間T_{off}の時間の合計時間$T_{on}+T_{off}$のこと。

昇降圧チョッパの平均出力電圧 V_d

$$V_d = \frac{T_{ON}}{T_{OFF}} \times V = \frac{\alpha}{1-\alpha} V \,[\mathrm{V}] \tag{7}$$

　この式より、平均出力電圧 V_d は、通流率 α を $0 \leq \alpha < 1$ の範囲で調整することで、**電源電圧（入力電圧）V より高くしたり低くしたりする**ことができます。

例題にチャレンジ！

　図の直流チョッパにおいて、電源電圧 V が200V、オン状態が40ms、オフ状態が60msであるとき、直流チョッパの平均出力電圧 $V_d\,[\mathrm{V}]$ は、いくらになるか。

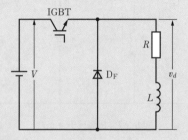

・解答と解説・

図の直流チョッパは降圧チョッパである。

降圧チョッパの平均出力電圧 $V_d\,[\mathrm{V}]$ は、

$$V_d = \frac{T_{ON}}{T_{ON}+T_{OFF}} \times V = \frac{40 \times 10^{-3}}{40 \times 10^{-3} + 60 \times 10^{-3}} \times 200$$

$$= \mathbf{80}\,[\mathrm{V}]\,(答)$$

👆**解法のヒント**

1ms（ミリセカンド、ミリセコンド）→1×10^{-3}s（セカンド、セコンド、秒）と変換する。なお、ms の単位のまま計算してもよい（10^{-3} は分子と分母にあるので消去される）。

理解度チェック問題

問題　次の[　　　]**の中に適当な答えを記入せよ。**

1. 下図は、[　(ア)　]の回路構成の一例を示す。

[　(ア)　]は、交流電源が停電した場合などに、[　(イ)　]システムや放送・通信機器などを保護する装置である。

常時は、交流電源から[　(ウ)　]を通して得た直流電力を[　(エ)　]で交流に変換し、定電圧・定周波数の交流電力を供給する。しかし、交流電源が停電あるいは電圧低下したときは、[　(オ)　]の直流電圧から[　(エ)　]に電圧が加わり、交流電力の供給を継続させることによって、[　(イ)　]システムなどの異常終了を防ぐことができる。

[　(ア)　]は[　(カ)　]を用いたインバータの電圧調整機能により、定電圧・定周波数の交流出力を得ることが一般的である。

[　(カ)　]とは、インバータの出力電圧の高調波成分をできる限り少なくする方式である。

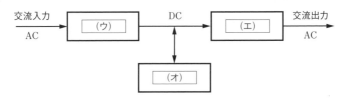

2. 直流チョッパの電源電圧をV〔V〕、平均出力電圧をV_d〔V〕、通流率をαとすると、

降圧チョッパのV_dは、$V_d =$[　(キ)　]$\times V$

昇圧チョッパのV_dは、$V_d =$[　(ク)　]$\times V$

昇降圧チョッパのV_dは、$V_d =$[　(ケ)　]$\times V$

で表される。

解答

(ア)無停電電源装置(UPS)　　(イ)コンピュータ　　(ウ)コンバータ(順変換回路)
(エ)インバータ(逆変換回路)　　(オ)蓄電池(二次電池)　　(カ)PWM制御(パルス幅変調制御)
(キ)α　　(ク)$\dfrac{1}{1-\alpha}$　　(ケ)$\dfrac{\alpha}{1-\alpha}$

第5章

パワーエレクトロニクス

力学の知識が電験三種試験に出題されることはまれですが、物体に加わる力と運動や力学的エネルギーなどの知識は確実に理解しておきましょう。

関連過去問 062

落下運動の場合、
重力加速度を与えるために
必要な力の式は、
$F = mg$〔N〕だニャ

（1）物体に加わる力と運動 重要度 A

今日から第6章
ニャン

物体に加わる力と運動に関する基本的な公式の概要について説明します。

（1）運動方程式

物体に力を加えると物体が動き始め、加速します。力の単位は〔N〕（ニュートン）を用い、質量1〔kg〕の物体に1〔m/s^2〕の加速度を与えるために必要な力が1〔N〕と定義されています。この定義より、図6.1 (a) に示すように、質量m〔kg〕の物体にα〔m/s^2〕の加速度を与えるために必要な力F〔N〕は、$F = m\alpha$〔N〕で表され、この式を**ニュートンの運動方程式**といいます。

補足 -∅

速度は「距離を時間で割った〔m/s〕」で表されるが、加速度は「速度を時間で割った〔(m/s)/s〕、つまり〔m/s^2〕」で表される。

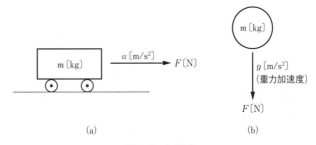

(a)　　　　　　　　　　(b)

図6.1　加速度

> **！重要 公式** 加速度を与えるために必要な力F
> $$F = m\alpha \,\text{〔N〕} \tag{1}$$

F：物体に加わる力〔N〕、m：物体の質量〔kg〕、

α：加速度〔m/s^2〕

なお、運動が落下運動の場合の加速度を**重力加速度**といい、加速度α〔m/s^2〕の代わりにg〔m/s^2〕を使います。図6.1 (b) にこれを示します。

補足

地球の重力加速度gは、$g \fallingdotseq 9.8$〔m/s^2〕である。

(2) 等速直線運動

等速直線運動とは、物体が一直線上を一定の速度（スピードが変わらない）で移動する運動です。等速直線運動は、物体に摩擦が生じていない場合の運動ですが、地球上では至る所に摩擦があるので、実際にはあり得ない話です。

等速直線運動では、速度は初速度（物体に与えられた速度）v_0〔m/s〕が不変ですので、移動距離l〔m〕は次式に示すように、初速度v_0〔m/s〕と時間t〔s〕の積となります。

> **！重要 公式** 等速直線運動における物体の移動距離l
> $$l = v_0 t \,\text{〔m〕} \tag{2}$$

l：物体の移動距離〔m〕、v_0：初速度〔m/s〕、t：時間〔s〕（秒）

補足
等速直線運動のイメージ

例えば、カーリングでストーンが氷上をどこまでも滑っていく運動（実際は、氷上とストーンの間にも摩擦があるので、いつかは停止する）が等速直線運動に近い運動である。

(3) 等加速度直線運動

物体が一直線上を一定の加速度（速度がどんどん増える、あるいはどんどん減る）で運動するとき、この運動を**等加速度直線運動**といいます。"等加速度"であるので、常に同じ大きさの加速度が物体に加えられ、速度が増加（あるいは減少）していきます。

等加速度直線運動における速度v〔m/s〕を、式 (3) に、また、物体の移動距離l〔m〕を式 (4) に示します。

> **！重要 公式** 等加速度直線運動における速度v
> $$v = v_0 + \alpha t \,\text{〔m/s〕} \tag{3}$$

第6章　機械一般その他

$$l = v_0 t + \frac{1}{2} \alpha t^2 \ \text{[m]} \tag{4}$$

v：時刻 t〔s〕における速度〔m/s〕、v_0：初速度〔m/s〕、

α：加速度〔m/s²〕、t：時間〔s〕(秒)、

l：t 秒間に物体が進む距離〔m〕

(4) 等速円運動

等速円運動とは、物体が1つの円周上を一定の速度で周り続ける運動をいいます。

〈1〉角速度

速度とは、直線運動においては単位時間 (例えば1秒間) 当たりどのくらいの距離を移動したかを表す値ですが、円運動においては円周上を単位時間当たりどのくらいの角度を回転したかで表すことのほうが都合がよい場合があります。この値を**角速度**といい、量記号は ω、単位は〔rad/s〕で表します。

図6.2において、半径 r〔m〕の円周上を等速円運動している物体が、t 秒間で回転した角度を θ〔rad〕とすると、単位時間 (1秒間) 当たりに回転する角度、つまり角速度 ω〔rad/s〕は次式で表されます。

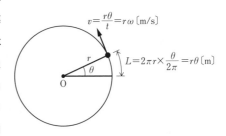

図6.2　等速円運動

$$\omega = \frac{\theta}{t} \ \text{[rad/s]} \tag{5}$$

ここで、1秒間の回転数 (回転速度) を n〔s⁻¹〕とすると、1回転 (360〔°〕) で 2π〔rad〕なので、式(5)より、このときの角速度 ω〔rad/s〕は次式となります。

$$\omega = 2\pi \ \text{[rad]} \times n \ \text{[s}^{-1}\text{]} = 2\pi n \ \text{[rad/s]}$$

補足

回転速度は、単位時間当たりの回転数を表し、1秒間当たり n 回転する場合の回転速度は n〔s⁻¹〕と表記する。このときの角速度は、
$\omega = 2\pi$〔rad〕$\times n$〔s⁻¹〕
$= 2\pi n$〔rad/s〕
となる。また、1分間の回転数(回転速度)を N〔min⁻¹〕とすると、
$\omega = 2\pi$〔rad〕$\times N$〔min⁻¹〕
$= 2\pi N$〔rad/min〕
$= 2\pi N$〔rad/60s〕
$= 2\pi \dfrac{N}{60}$〔rad/s〕
となる。
一般的に、回転速度は1分間の回転数で表される。

〈2〉等速円運動における物体の速度

図6.2において、半径 r〔m〕の円周上を等速円運動している物体が t 秒間で進んだ距離 L〔m〕は、円周の長さが $2\pi r$〔m〕なので、次式で表されます。

$$L = 2\pi r \times \frac{\theta}{2\pi} = r\theta \text{ 〔m〕}$$

したがって、円周上の物体の速度 v〔m/s〕は、次式となります。

$$v = \frac{L}{t} = \frac{r\theta}{t} \text{ 〔m/s〕} \tag{6}$$

なお、式(5)(6)より、速度 v〔m/s〕は、角速度 ω〔rad/s〕を使って表すと、次式のようになります。

$$v = r\omega \text{ 〔m/s〕}$$

(5) トルク

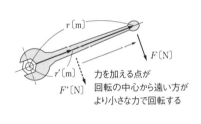

力を加える点が
回転の中心から遠い方が
より小さな力で回転する

図6.3 スパナのトルク

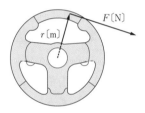

ハンドルの中心にかかるトルク
$T = Fr$〔N・m〕

図6.4 ハンドルのトルク

図6.3、図6.4に示すように、スパナでボルト・ナットを締めるときや自動車のハンドルを回すときの力を加える点は、回転の中心から遠いほうが、より小さな力で作業ができます。このように、**物体を回転させようとする力の働きをトルク** T〔N・m〕といい、次式で表されます。

⚠重要 公式 回転体に働くトルク T
$$T = Fr \text{ 〔N・m〕} \tag{7}$$

T：回転体に働くトルク〔N・m〕、F：加える力〔N〕、

r：回転体の半径〔m〕

2 力学的エネルギー

重要度 **A**

　物体はその状態により、さまざまな形のエネルギーを持っています。そのうち、**位置エネルギー**と**運動エネルギー**の総称を、**力学的エネルギー**といいます。

(1) 位置エネルギー

　位置エネルギーとは、ある地点(基準点)よりも高い位置にある場合に物体に蓄えられるエネルギーのことです。ある地点(基準点)よりh〔m〕高い所にある質量m〔kg〕の物体は、基準点にある物体よりもh〔m〕分に相当する大きいエネルギーを蓄えています。このことから、物体に蓄えられる位置エネルギーE_h〔J〕は、次式で表されます。

補足
エネルギーの単位〔J〕は、ジュールと読む。

> ① 重要 公式　位置エネルギーE_h
> $$E_h = mgh \ \text{〔J〕} \tag{8}$$

　m：物体の質量〔kg〕、g：重力加速度〔m/s²〕、
　h：基準点からの高さ〔m〕

(2) 運動エネルギー

　運動エネルギーとは、運動している物体が持つエネルギーのことです。直線運動、回転運動を問わず、運動している物体には運動エネルギーがあり、直線運動も回転運動も基本となる考え方は同じです。

〈1〉直線運動の運動エネルギー

　質量m〔kg〕の物体が速度v〔m/s〕で直線運動しているとき、物体の蓄える運動エネルギーE_v〔J〕は次式で表されます。

> ① 重要 公式　運動エネルギーE_v
> $$E_v = \frac{1}{2}mv^2 \ \text{〔J〕} \tag{9}$$

〈2〉回転運動の運動エネルギー

　質量m〔kg〕の物体が速度v〔m/s〕で半径r〔m〕の円周上を角速度ω〔rad/s〕で運動しているとき、物体の速度は$v = r\omega$〔m/s〕で表されます。このとき、物体に蓄えられる回転運動エネルギー

E〔J〕は、直線運動の運動エネルギーの式から、次式で表されます。

> **! 重要 公式 回転運動エネルギーE①**
>
> $$E = \frac{1}{2}mv^2 = \frac{1}{2}m(r\omega)^2 = \frac{1}{2}mr^2\omega^2 \text{〔J〕} \quad (10)$$

③ 慣性モーメント、はずみ車効果　重要度 **A**

(1) はずみ車

はずみ車とは、回転運動エネルギーの放出や蓄積を行う回転体のことで、**フライホイール**ともいいます。身近な例では「こま」が挙げられます（図6.5参照）。

回転させるエネルギー：大

回転させるエネルギー：小

蓄えられているエネルギーが大　　蓄えられているエネルギーが小

(a)半径が大きくて重いこま　　(b)半径が小さくて軽いこま

図6.5　はずみ車の例(こま)

　こまを回すときには、こまに回転運動エネルギーを与えますが、こまが回り続けるのは、こま自身の回転を一定に保とうとする慣性によるものです。言い換えると、こま（はずみ車）には回転運動エネルギーが蓄えられていることになります。感覚的に理解できると思われますが、この回転する部分について、

・**半径が大きい**

・**重さ(質量)が大きい**

ものであればあるほど、回転させるのに必要な力は大きくなります（こまに与えるエネルギーが大）が、一度回転すると長時間

第6章

機械一般その他

持続します。これは、こまに蓄えられているエネルギーが大きいことを示しています。

(2) 慣性モーメントとはずみ車効果

図6.6のように、質量m〔kg〕、半径r〔m〕の物体が周速度v〔m/s〕、角速度ω〔rad/s〕で回転運動していることを考えます。

ここで、質量m〔kg〕の回転体が持つ運動エネルギーE〔J〕は、$v=r\omega$〔m/s〕であることから、

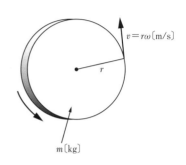

図6.6　慣性モーメント

$$E=\frac{1}{2}mv^2=\frac{1}{2}mr^2\omega^2\,\text{〔J〕}$$

となります。上式のmr^2をこの回転体の**慣性モーメント**Jといい、単位は〔kg・m²〕で表されます。J〔kg・m²〕を用いると、質量mの回転体が持つ運動エネルギーE〔J〕は、次式で表されます。

$$E=\frac{1}{2}mr^2\omega^2=\frac{1}{2}J\omega^2\,\text{〔J〕}$$

以上をまとめると、慣性モーメントJ〔kg・m²〕と運動エネルギーE〔J〕は次式となります。

> **！重要 公式　慣性モーメントJ**
> $$J=mr^2\,\text{〔kg・m}^2\text{〕} \tag{11}$$

> **！重要 公式　回転運動エネルギーE②**
> $$E=\frac{1}{2}J\omega^2\,\text{〔J〕} \tag{12}$$

m：回転体の質量〔kg〕、r：回転体の半径〔m〕、

ω：回転体の角速度〔rad/s〕

さらに、回転体の質量を$G=m$〔kg〕、回転体の直径を$D=2r$〔m〕とすると、式(12)は次式となります。

補足 📎

回転体には実際はいろいろな形状のものがある。しかし、通常、慣性モーメントは、回転体の全質量m〔kg〕が回転半径r〔m〕のところに集中したものと考え、$J=mr^2$〔kg・m²〕で表される。

$$E = \frac{1}{2}J\omega^2 = \frac{1}{2}mr^2\omega^2 = \frac{1}{2}G\left(\frac{D}{2}\right)^2\omega^2$$

$$= \frac{1}{2}\cdot\frac{GD^2}{4}\omega^2 \,〔\mathrm{J}〕$$

上式のGD^2をこの回転体の**はずみ車効果**といいます。このことから、慣性モーメントJとはずみ車効果GD^2の換算式は、次式で表されます。

> **！重要 公式** 慣性モーメントJとはずみ車効果
>
> $$J = mr^2 = \frac{GD^2}{4} \,〔\mathrm{kg\cdot m^2}〕 \tag{13}$$

(3) 合成はずみ車効果

　図6.7に示すように、電動機と負荷が減速歯車または増速歯車を介し接続されている場合、電動機側の歯車の歯数をn_1、はずみ車効

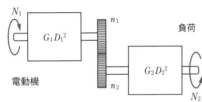

N_1　$G_1D_1^2$　n_1　負荷　$G_2D_2^2$　n_2　電動機　N_2

図6.7　合成はずみ車効果

果を$G_1D_1^2$〔$\mathrm{kg\cdot m^2}$〕、負荷側の歯車の歯数をn_2、はずみ車効果を$G_2D_2^2$〔$\mathrm{kg\cdot m^2}$〕とすると、電動機側に換算した合成はずみ車効果GD_M^2〔$\mathrm{kg\cdot m^2}$〕、負荷側に換算した合成はずみ車効果GD_L^2〔$\mathrm{kg\cdot m^2}$〕は、それぞれ次式で表されます。

$$GD_M^2 = G_1D_1^2 + \left(\frac{n_1}{n_2}\right)^2 G_2D_2^2 = G_1D_1^2 + \left(\frac{N_2}{N_1}\right)^2 G_2D_2^2 \,〔\mathrm{kg\cdot m^2}〕 \tag{14}$$

$$GD_L^2 = \left(\frac{n_2}{n_1}\right)^2 G_1D_1^2 + G_2D_2^2 = \left(\frac{N_1}{N_2}\right)^2 G_1D_1^2 + G_2D_2^2 \,〔\mathrm{kg\cdot m^2}〕 \tag{15}$$

　式(14)(15)において、N_1〔$\mathrm{min^{-1}}$〕は電動機の回転速度、N_2〔$\mathrm{min^{-1}}$〕は負荷の回転速度で、歯数比$\dfrac{n_2}{n_1} = \dfrac{N_1}{N_2}$の関係があります。

補足

はずみ車効果は、その値が大きければ大きいほど、回転軸に取り付けられた負荷が急激に変動する場合に、回転速度の変動幅を抑えることができる。つまり、負荷が急激に増加(減少)し、回転速度が急激に低下(上昇)しようとする場合、はずみ車自身の持つ回転を一定に保とうとする慣性によってエネルギーを放出(貯蔵)することにより、回転速度の変動は緩やかになる。

慣性モーメントJとはずみ車効果GD^2は、同じ単位〔$\mathrm{kg\cdot m^2}$〕を持っていて、電験三種試験ではどちらも出題されるので、混同しないよう注意しよう。
$GD^2 = 4J$ダニャン

補足

大歯車の歯数を小歯車の歯数で割った値、つまり、$\dfrac{大歯車の歯数}{小歯車の歯数}$を**歯数比**という。減速歯車により減速される割合を**減速比**といい、減速比と歯車比は一致する。

第6章　機械一般その他

慣性モーメント 20〔kg・m²〕の電動機が 5：1 の減速歯車を介して慣性モーメント 500〔kg・m²〕の負荷を駆動しているとき、電動機軸に換算された全慣性モーメント〔kg・m²〕はいくらか。

・解答と解説・

電動機のはずみ車効果を $G_1D_1^2$〔kg・m²〕、負荷のはずみ車効果を $G_2D_2^2$〔kg・m²〕、電動機の回転速度を N_1〔min⁻¹〕、負荷の回転速度を N_2〔min⁻¹〕、電動機側に換算された合成はずみ車効果を GD_M^2〔kg・m²〕とすると、

$$GD_M^2 = G_1D_1^2 + \left(\frac{N_2}{N_1}\right)^2 G_2D_2^2 \ \text{〔kg・m²〕}$$

ここで、題意より $\dfrac{N_2}{N_1} = \dfrac{1}{5}$、$\dfrac{G_1D_1^2}{4} = 20$〔kg・m²〕、

$\dfrac{G_2D_2^2}{4} = 500$〔kg・m²〕、また、求める全慣性モーメント J は

$$J = \frac{GD_M^2}{4} \ \text{〔kg・m²〕となるので、}$$

$$J = \frac{GD_M^2}{4} = \frac{G_1D_1^2}{4} + \left(\frac{N_2}{N_1}\right)^2 \cdot \frac{G_2D_2^2}{4}$$

$$= 20 + \left(\frac{1}{5}\right)^2 \times 500 = \mathbf{40} \ \text{〔kg・m²〕（答）}$$

解法のヒント

電動機が5回転するとき負荷は減速して1回転するので、

$N_1 : N_2 = 5 : 1$

$\dfrac{N_2}{N_1} = \dfrac{1}{5}$ となる。

補足

仕事をするためにはエネルギーが必要であるが、これは「仕事」と「エネルギー」は本質的に同じであることを意味しており、計算上も同様に扱われる。なお、本章で扱うエネルギーは力学的エネルギーと呼ぶ。また、第8章の電熱分野で学ぶ熱エネルギー(熱量)もエネルギーの1つである。

④ 仕事と仕事率　　重要度 **A**

(1) 仕事

　物体に力を加えて動かすことを**仕事**といいます。仕事の量記号は W、単位は〔J〕で表され、「物体を 1〔N〕の力で 1〔m〕動かしたときの仕事が 1〔J〕」と定義されています。

　これにより、図6.8に示すように、物体に F〔N〕の力を加えて距離 l〔m〕動かした場合に、物体に行った仕事 W〔J〕は、次

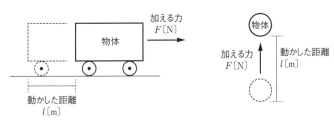

図6.8　仕事

式で表されます。

> **① 重要 公式）物体に行った仕事W**
> $$W = Fl \ \text{(J)} \tag{16}$$

(2) 仕事率

〈1〉 仕事率の定義

　前項で、物体に力を加えて動かすことを「仕事」といいましたが、単位時間内（1秒間）にどれだけの仕事を行う（エネルギーが使われている）ことができるかの値を**仕事率**といい、量記号はP、単位は〔W〕（ワット）で表します。また、これは電動機の計算で使っている"出力"や"動力"と同じ単位で、意味も同じです。

　いま、ある物体に力F〔N〕を加えて直線上を距離l〔m〕動かしたときの仕事がW〔J〕であったとします。このW〔J〕の仕事をするために時間t〔s〕かかるとき、仕事率（動力）P〔W〕は、

$$P = \frac{W \text{(J)}}{t \text{(s)}} = \frac{W}{t} \text{(J/s)} = \frac{W}{t} \text{(W)}$$

なお、$W = Fl$〔J〕$= F$〔N〕$\times l$〔m〕であるので、

$$P \text{(W)} = \frac{W \text{(J)}}{t \text{(s)}} = \frac{F \text{(N)} \times l \text{(m)}}{t \text{(s)}}$$

ここで、$\dfrac{l \text{(m)}}{t \text{(s)}}$は物体の速度を表すので、$\dfrac{l \text{(m)}}{t \text{(s)}} = v$〔m/s〕と置くと、仕事率（動力）$P$〔W〕は、

$$P \text{(W)} = \frac{F \text{(N)} \times l \text{(m)}}{t \text{(s)}} = F \text{(N)} \times v \text{(m/s)} = Fv \text{(N·m/s)}$$

式（16）からわかるように、力をいくら加えても（$F = \infty$）、動いていない場合（$l = 0$）、また、力を加えていない（$F = 0$）のに動いている（$l = \infty$）場合は、「仕事」をしたことにはならない（$W = 0$）ニャ

補足

単位時間になされる機械的な仕事を動力という。外部へ供給する仕事が電気エネルギーや熱エネルギーの場合、「出力」が使用される。これに対して、外部へ供給する仕事が機械的エネルギーの場合、「動力」と「出力」の両方が使用される。また、動力と入力の関係についても上記と同じ使われ方をする。

補足

仕事率は、

仕事率 $= \dfrac{仕事}{時間}$

　　　$=$力×速度

で表される。

第6章

機械一般その他

以上のことをまとめると、次式のような関係となります。

① 重要 公式 仕事率（動力）P

$$P\,[\mathrm{W}] = \frac{W}{t}\,[\mathrm{J/s}] = \frac{Fl}{t} = Fv\,[\mathrm{N\cdot m/s}] \qquad (17)$$

P：仕事率（動力）〔W〕、W：物体に行った仕事〔J〕、

F：物体に加えた力〔N〕、v：物体が動く速度〔m/s〕、

l：動いた距離〔m〕、t：仕事にかかった時間〔s〕

〈2〉回転運動における仕事率（動力）

図6.9において、半径 r〔m〕の円盤状の物体に力 F〔N〕を加えて、加速しながら回転する場合を考えます。円周上の点 A に接線方向に力 F〔N〕を加え、t 秒間に周長 L〔m〕進んで

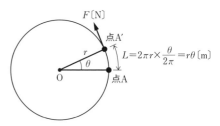

図6.9　回転運動

点 A′ の位置に来たとき、力のなした仕事 W〔J〕は、

$W = FL$〔J〕

ここで、$L = 2\pi r \times \dfrac{\theta}{2\pi} = r\theta$〔m〕となるので、仕事 W〔J〕は、

$W = Fr\theta$〔J〕

また、回転体に加わるトルクは $T = Fr$〔N・m〕ですから、これを上式に代入すると、

$W = Fr\theta = T\theta$〔J〕

この W〔J〕の仕事をするために時間 t〔s〕かかっていますので、回転体における仕事率（動力）P〔W〕は、

$$P = \frac{W}{t} = \frac{T\theta}{t}\,[\mathrm{W}]$$

ここで、回転体の角速度 ω は、$\omega = \dfrac{\theta}{t}$〔rad/s〕なので、これを上式に代入すると、回転体における仕事率、つまり動力 P〔W〕の基本式が、次式のように得られます。

> ⚠️**重要** **公式**　回転体における仕事率（動力）P
>
> $$P = \frac{T\theta}{t} = \omega T \text{ [W]} \qquad (18)$$

T：回転体に加わっているトルク〔N・m〕、

θ：回転する角度〔rad〕、ω：回転体の角速度〔rad/s〕、

t：仕事にかかった時間〔s〕

例題にチャレンジ！

　直径1〔m〕の巻胴（ドラム）を用い、2〔t〕の荷重を巻き上げている。巻胴の回転速度を60〔min⁻¹〕とすれば、必要な動力〔kW〕はいくらか。

　ただし、この装置の機械損は無視するものとする。

・解答と解説・

回転体における動力P〔W〕は、回転体の角速度をω〔rad/s〕、回転体に加わっているトルクをT〔N・m〕とすると、

$P = \omega T$〔W〕………①　　2〔t〕→2000〔kg〕

ここで、$m = 2000$〔kg〕の荷重を巻き上げるのに要する力F〔N〕は、重力加速度を$g ≒ 9.8$〔m/s²〕とすると、

$F = mg ≒ 2000 \times 9.8 = 19600$〔N〕

となり、巻胴にかかるトルクT〔N・m〕は、次式に直径（1〔m〕）を半径$r\left(\dfrac{1}{2}\text{〔m〕}\right)$に換算した値を代入すると、

$T = Fr = 19600 \times \dfrac{1}{2} = 9800$〔N・m〕………②

また、巻胴の角速度ω〔rad/s〕は、回転速度をN〔min⁻¹〕とすると、

$\omega = 2\pi \dfrac{N}{60} = 2\pi \times \dfrac{60}{60} = 2\pi$〔rad/s〕………③

したがって、2〔t〕の荷重を巻胴で巻き上げるのに必要な動力P〔W〕は、

$P = \omega T = 2\pi \times 9800$

$≒ 61.6 \times 10^3$〔W〕→ **61.6**〔kW〕（答）

🐾解法のヒント

1.
本問の巻胴（ドラム）による2〔t〕の荷重を巻き上げる仕組みは、下図のようなものである。

巻胴（ドラム）

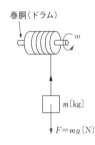

m〔kg〕

$F = mg$〔N〕

2.
重力加速度gは、
$g ≒ 9.8$〔m/s²〕
この値は覚えておくこと。

問題 次の ☐ の中に適当な答えを記入せよ。

右図のように、質量 m 〔kg〕、半径 r 〔m〕の物体が周速度 v 〔m/s〕、角速度 ω 〔rad/s〕で回転運動していることを考える。

ここで、質量 m 〔kg〕の回転体が持つ運動エネルギー E 〔J〕は、$v = r\omega$ 〔m/s〕であることから、

$$E = \frac{1}{2}mv^2 = \boxed{\quad(\text{ア})\quad} \text{〔J〕}$$

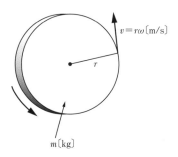

$v = r\omega$〔m/s〕

r

m〔kg〕

慣性モーメント

となる。上式の mr^2 をこの回転体の慣性モーメント J といい、単位は〔kg・m²〕で表される。
J〔kg・m²〕を用いると、質量 m の回転体が持つ運動エネルギー E 〔J〕は、次式で表される。

$$E = \boxed{\quad(\text{イ})\quad} \text{〔J〕}$$

さらに、回転体の質量を $G = m$ 〔kg〕、回転体の直径を $D = 2r$ 〔m〕とすると、運動エネルギー E は次式となる。

$$E = \boxed{\quad(\text{ウ})\quad} \text{〔J〕}$$

上式の GD^2 をこの回転体のはずみ車効果という。このことから、慣性モーメント J とはずみ車効果 GD^2 の換算式は、次式で表される。

$$J = mr^2 = \boxed{\quad(\text{エ})\quad} \text{〔kg・m²〕}$$

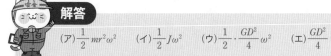

解答

(ア) $\dfrac{1}{2}mr^2\omega^2$　(イ) $\dfrac{1}{2}J\omega^2$　(ウ) $\dfrac{1}{2}\cdot\dfrac{GD^2}{4}\omega^2$　(エ) $\dfrac{GD^2}{4}$

注：エネルギー(仕事)の量記号は、E や W、単位は J、N・m (ニュートンメートル)、W・s (ワットセカンド)などが使用される。

29日目

LESSON

29

第6章 機械一般その他

/ / /

電動機応用機器

負荷のトルク、出力特性や電動機の種類、特徴を理解するとともに、
ポンプや送風機などの電動機応用機器の概要について学習します。

関連過去問 063, 064, 065

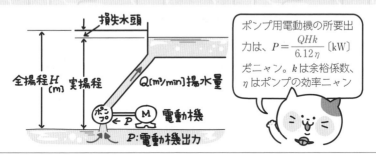

ポンプ用電動機の所要出力は、$P = \dfrac{QHk}{6.12\eta}$〔kW〕だニャン。$k$は余裕係数、$\eta$はポンプの効率ニャン

---

1 負荷のトルク特性

重要度 A

各種の負荷は、それぞれ固有の速度−トルク特性を持っています。これを大別すると、定トルク負荷、低減トルク負荷、定出力負荷の3種類に分けることができます。

(1) 定トルク負荷

定トルク負荷とは、図6.10に示すように、**回転速度にかかわらず一定のトルクを要求する**負荷のことをいいます。出力P〔W〕と角速度ω〔rad/s〕、トルクT〔N·m〕の関係は、

$P = \omega T$〔W〕

なので、角速度、すなわち回転速度に比例した動力を供給しなければなりません。

こうした定トルク特性を持つ負荷は、摩擦負荷、重力負荷などです。具体的には、巻上機やコンベヤ、印刷機などがあります。また、このような負荷に対する電動機の適用例として、誘

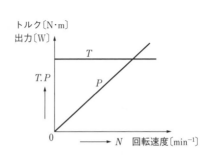

図6.10 定トルク負荷

導電動機、直流分巻電動機などがあります。

(2) 低減トルク負荷

低減トルク負荷とは、図6.11 に示すように、**トルクが回転速度の2乗に比例する**ような負荷のことをいいます。したがって、トルクT〔N·m〕は、回転速度をN〔min^{-1}〕とすると、次式で表されます。

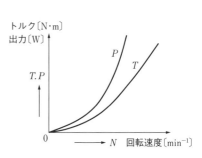

図6.11　低減トルク負荷

> **① 重要 公式**　低減トルク負荷のトルクT
> $$T = k_1 \cdot N^2 \text{〔N·m〕} \tag{19}$$

ただし、k_1は比例定数

また、出力P〔W〕は、$P = \omega T$〔W〕、$\omega = k_2 \cdot N$〔rad/s〕であることから、

> **① 重要 公式**　低減トルク負荷の出力P
> $$P = k_2 \cdot N \cdot k_1 \cdot N^2 = k_1 \cdot k_2 \cdot N^3 \text{〔W〕} \tag{20}$$

ただし、k_1、k_2は比例定数

となり、**出力P〔W〕は回転速度N〔min^{-1}〕の3乗に比例**することがわかります。

こうした低減トルク特性を持つ負荷は、流体負荷です。具体的には、遠心ポンプや軸流ポンプ、送風機などです。また、このような負荷に対する電動機の適用例として、誘導電動機、同期電動機などがあります。

(3) 定出力負荷

定出力負荷とは、図6.12に示すように、**出力が回転速度にかかわらず一定**である負荷のことをいいます。このときのトルクT〔N·m〕は、出力をP〔W〕、角速度をω〔rad/s〕とすると、式$P = \omega T$〔W〕を変形した次式で表されます。

低減トルク負荷は、よく出題されるニャ
・トルク…回転速度の2乗に比例
・出力……回転速度の3乗に比例
これは重要事項なので、必ず覚えるニャン

＋1 プラスワン

遠心ポンプや送風機のトルク、出力を求める試験問題では、式(19)、(20)の低減トルク負荷の公式を使う。この**2つの式を確実に覚えておこう。**

$$T = \frac{P}{\omega} \text{[N·m]}$$

　上式から、出力が一定であれば、トルクは角速度、すなわち回転速度に反比例することがわかります。

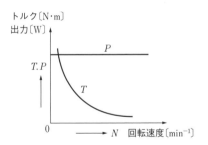

図6.12　定出力負荷

　こうした定出力特性の負荷は特殊負荷で、具体的には、巻取機、工作機械、定出力発電機の駆動用電動機などがあります。また、このような負荷に対する電動機の適用例として、直流直巻電動機などがあります。

② 電動機の安定運転　重要度 Ⓐ

　電動機と負荷の特性を速度－トルク特性曲線で考えます。負荷の要求するトルクよりも電動機発生トルクが大きいと回転は加速し、反対に、電動機発生トルクよりも負荷の要求トルクが大きいと回転は減速する。回転速度一定の運転を続けるには、**負荷と電動機のトルクが一致する安定な動作点が必要**です。

　図6.13は、誘導電動機のトルク特性曲線 T_M 上に2種類の負荷トルク特性 T_1、T_2 を重ねて描いています。

〈負荷トルク T_1 の場合〉

　誘導電動機の始動トルクよりも、負荷トルクが

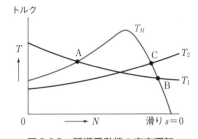

図6.13　誘導電動機の安定運転

大きいので始動ができません。仮に比例推移またはその他の始動法を応用して始動したとすると、交点Aまで加速できます。

　交点Aは不安定な動作点です。加速して安定な点（交点B）に落ち着くか、減速して停止するかのどちらかになります。

補足✎

交点Aが不安定の理由
何らかの理由により、点Aより速度が上昇すると、$T_M > T_1$ となり、さらに加速する。速度が減少すると $T_M < T_1$ となり、さらに減速する。

交点Bが安定の理由
何らかの理由により、点Bより速度が上昇すると、$T_M < T_1$ となり減速し点Bに戻る。速度が減少すると、$T_M > T_1$ となり、加速して点Bに戻る。

交点Cが安定の理由
交点Bの場合と同様。

〈負荷トルクT_2の場合〉

　始動に問題はないので加速されます。ただ1つの交点Cで安定運転になります。

③ 電動機応用機器 重要度 A

　電動機応用機器として、ポンプ、送風機、クレーン、エレベータなどがあります。

(1) ポンプ

　ポンプは、水などの液体を、ある地点（基準点）よりH〔m〕高い所に運ぶ（揚水する）機器です。

　ポンプに使用されている羽根車の慣性モーメントは比較的小さく、また、負荷（ポンプ）のトルク特性は**低減トルク特性**を示します。負荷（ポンプ）が要求する**トルクが回転速度の2乗に比例する**関係から、回転速度の低い始動時に必要なトルクは小さいので、かご形誘導電動機が多く使用されます。大容量機では、同期電動機が用いられることもあります。

　流量制御は、ポンプ出口弁の制御や電動機の可変速制御により行います。電動機の可変速制御はインバータ方式などにより行いますが、**出力が回転速度の3乗に比例する**ため、省エネルギーの観点から有効な方法です。

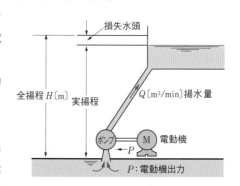

図6.14　揚水ポンプ

　ポンプ用電動機の所要出力の計算に必要な式は、Lesson28で学習した位置エネルギーの式である$E_h = mgH$〔J〕から導き出します。

　いま、1分間でQ〔m^3〕の水をH〔m〕揚水しようとするときに

必要な仕事 (エネルギー) W 〔J〕は、水の密度 ρ が 1000 〔kg/m³〕であることから、次式のようになります。

$$W = mgH = Q \,[\text{m}^3] \times 1000 \,[\text{kg/m}^3] \times 9.8 \,[\text{m/s}^2] \times H \,[\text{m}]$$
$$= 9.8QH \times 10^3 \,[\text{J}]$$

ただし、m：水の質量〔kg〕$(m = Q \times \rho = Q \times 1000)$、$g$：重力加速度 9.8〔m/s²〕、H：全揚程 (実揚程に損失水頭 (管路、弁などにおける損失) を加えた揚程)〔m〕

上式の仕事 W〔J〕を 1 分間 (60 秒間) で行うので、ポンプ用電動機の理論出力 P_o〔W〕(〔J/s〕) は、

$$P_o = \frac{W}{60} = \frac{9.8QH}{60} \times 10^3 \,[\text{W}]$$

となり、上式の分母と分子を 9.8 で割って整理すると、次式のようになります。

$$P_o \fallingdotseq \frac{QH}{6.12} \times 10^3 \,[\text{W}] \rightarrow \frac{QH}{6.12} \,[\text{kW}]$$

なお、どんな機械にも損失があるため、ポンプに P_o〔kW〕の仕事をさせる場合には、損失を含めて P〔kW〕$(> P_o$〔kW〕) がポンプ用電動機の所要出力として必要になります。

ポンプ用電動機の所要出力 P〔kW〕は、ポンプの効率 η (小数) を用いると、$P = \dfrac{P_o}{\eta}$〔kW〕となります。さらに、ポンプ用電動機の能力は、ある程度の余裕を考慮したものとするので、この余裕係数 (余裕率) を $k\,(k \geqq 1)$ とすると、ポンプ用電動機の所要出力 P〔kW〕は、次式で表されます。

$$P = \frac{P_o}{\eta} \times k \,[\text{kW}]$$

 重要 公式　ポンプ用電動機の所要出力 P

$$P = \frac{QHk}{6.12\,\eta} \,[\text{kW}] \tag{21}$$

Q：毎分当たりのポンプの揚水量〔m³/min〕、H：全揚程〔m〕、k：余裕係数 (余裕率) $(k \geqq 1)$、η：ポンプの効率 (小数)

用語

理論出力とは、損失や余裕係数を考えない理論的な出力のこと。

 補足

1.
電験三種試験では、全揚程 H を求めるとき、条件として損失水頭が数値で与えられていたり、全揚程＝実揚程×○倍などといった形で出題されている。

2.
余裕係数 (余裕率) k は、特に指定がなければ「$k = 1$」とする。よく覚えておこう。

補足

式 (21) の単位が〔kW〕になっていることに注意しよう。

第6章

機械一般その他

　　毎分5m³の水を実揚程10mの所にある貯水槽に揚水する場合、ポンプを駆動するのに十分と計算される電動機出力Pの値〔kW〕を求めよ。

　　ただし、ポンプの効率は80%、ポンプの設計、工作上の誤差を見込んで余裕を持たせる余裕係数は1.1とし、さらに全揚程は実揚程の1.05倍とする。また、重力加速度は9.8m/s²とする。

・解答と解説・・

ポンプ用電動機の所要出力Pは、

$$P = \frac{QHk}{6.12\eta} \text{〔kW〕} \cdots\cdots ①$$

ただし、Q：毎分当たりの揚水量〔m³/min〕、H：全揚程〔m〕、
　　　　　k：余裕係数、η：ポンプの効率(小数)

問題文に「全揚程は実揚程の1.05倍とする」とあるので、全揚程Hは、

$$H = 1.05 \times 実揚程 = 1.05 \times 10$$
$$= 10.5 \text{〔m〕}$$

式①に、$Q = 5$〔m³/min〕、$H = 10.5$〔m〕、$k = 1.1$、$\eta = 0.8$を代入すると、電動機所要出力Pは、

$$P = \frac{5 \times 10.5 \times 1.1}{6.12 \times 0.8} \fallingdotseq \mathbf{11.8} \text{〔kW〕(答)}$$

・・

(2) 送風機

　気体をある圧力で強制的に送風するものを、一般に**送風機**と総称しています。

　送風機は、遠心ポンプと同様に、負荷のトルク特性は低減トルク特性を示します。送風機用電動機は、一般にかご形誘導電動機が使用されます。

　送風機用電動機は、風圧H〔Pa〕と風量Q〔m³/min〕（毎分当たりの風量）によって理論出力P_o〔kW〕が決まります。図6.15

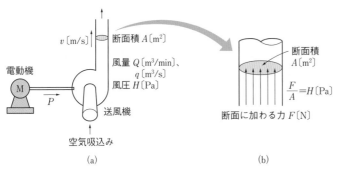

図6.15　送風機

において、空気の密度を1〔kg/m^3〕、風管の断面積をA〔m^2〕とすると、断面に加わる力F〔N〕は次式で表されます。

$F = AH$〔N〕

ここで、空気の移動速度をv〔m/s〕とすると、$Av = q$〔m^3/s〕（1秒当たりの風量）という関係があるので、次式のようになります。

$$Av = \frac{Q}{60}$$〔m^3/s〕

上式をv〔m/s〕を求める式に変形すると、次式となります。

$$v = \frac{Q}{60A}$$〔m/s〕

したがって、送風機用電動機の理論出力P_o〔kW〕は、次式で表されます。

$$P_o = Fv = \frac{AH \times Q}{60A} = \frac{QH}{60}$$〔W〕$\rightarrow \frac{QH}{60000}$〔kW〕

上式をポンプと同様に、余裕係数（余裕率）をk、効率をη（小数）とすると、送風機用電動機の所要出力P〔kW〕は、次式で表されます。

⏷ 重要 公式　送風機用電動機の所要出力P

$$P = \frac{QHk}{60000\,\eta}$$〔kW〕　　　　(22)

Q：毎分当たりの送風機の風量〔m^3/min〕、H：風圧〔Pa〕
k：余裕係数（余裕率）（$k \geqq 1$）、η：送風機の効率（小数）

補足－🖉

電験三種試験で使用される単位はSI単位なので、圧力（風圧H）の単位はパスカル〔Pa〕が使用される。なお、1〔Pa〕$= 1$〔N/m^2〕となる。

第6章

機械一般その他

例題にチャレンジ！

風量1000〔m³/min〕、風圧980〔Pa〕である送風機用電動機の所要出力〔kW〕の値を求めよ。

ただし、送風機の効率は0.9とし、余裕係数は1.1とする。

・解答と解説・

送風機用電動機の所要出力P〔kW〕は、次式で表される。

$$P = \frac{QHk}{60000\eta} \text{〔kW〕}$$

題意より、毎分当たりの風量$Q = 1000$〔m³/min〕、風圧$H = 980$〔Pa〕、余裕係数$k = 1.1$、効率$\eta = 0.9$であるので、これらの値を上式に代入すると、求める所要出力P〔kW〕は、

$$P = \frac{1000 \times 980 \times 1.1}{60000 \times 0.9} ≒ 20.0 \text{〔kW〕（答）}$$

(3) クレーン

クレーンは、物揚げ運搬を行う電動荷役設備で、構造・用途から多くの種類があります。ここでは、発電所や工場などで使われている一般的な**天井クレーン**について学習します。

天井クレーンは、図6.16に示すように、天井を走行する橋げた（ガータ）と、巻上機および横行装置を備えたクラブ（台車）の部分から構成されています。巻上げ、横行、走行のために3台の電動機を備えていて、荷物などの物体を上下方向（巻上げ、巻下げ）、左右方向（横行）、直線方向（走行）に移動させる装置です。

補足

横行は、クラブ（台車）の移動を指し、走行は橋げた（ガータ）の移動を指す。

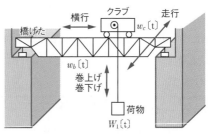

図6.16 天井クレーン

①巻上機

　巻上機はクラブ(台車)上にある巻上用電動機によって、荷物(荷重)を巻上げ、あるいは巻下げる装置です。いま、巻上荷重(質量)W_1〔t〕の物体を巻上機で吊っている状態では、重力により、

$$F_1 = W_1 \times 10^3 \times g \text{〔N〕}\ (g：重力加速度9.8〔m/s^2〕)$$

の力が下向きに働いています。この物体を巻上げる場合、F_1〔N〕と同じ力を上向きに加えればよく、この状態でH〔m〕巻上げるときに必要な仕事E_1〔J〕は、

$$\begin{aligned} E_1 &= F_1 \times H \\ &= W_1 \times 10^3 \times g \times H \text{〔N·m〕} \\ &= W_1 gH \times 10^3 \text{〔J〕} \end{aligned}$$

　この仕事をt_1〔s〕で行ったとすると、巻上用電動機の理論出力$P_1{}'$は、

$$P_1{}' \text{〔W〕} = \frac{E_1 \text{〔J〕}}{t_1 \text{〔s〕}} = \frac{W_1 gH \times 10^3}{t_1} \text{〔J/s〕}$$

　ここで、$\dfrac{H\text{〔m〕}}{t_1\text{〔s〕}}$は1秒間当たりに上昇する距離(高さ)であるので、これを毎秒の巻上速度v_1〔m/s〕とすると、

$$P_1{}' = W_1 g v_1 \times 10^3 \text{〔W〕}$$

　搬送設備の計算において、速度は1秒間当たりではなく、1分間当たりの数値を使うことが多いため、毎分の巻上速度V_1〔m/min〕とすると$v_1 = \dfrac{V_1}{60}$〔m/s〕なので、巻上用電動機の理論出力$P_1{}'$は、

$$P_1{}' = \frac{W_1 g V_1}{60} \times 10^3 = \frac{9.8 W_1 V_1}{60} \times 10^3 \text{〔W〕}$$

　上式の分母と分子を9.8で割って整理すると、

$$P_1{}' \fallingdotseq \frac{W_1 V_1}{6.12} \times 10^3 \text{〔W〕} \rightarrow \frac{W_1 V_1}{6.12} \text{〔kW〕}$$

となります。さらに、巻上機の機械効率η_1(小数)を考慮すると、巻上用電動機の所要出力P_1は次式で表されます。

補足

W_1〔t〕を〔kg〕に変換するため、W_1〔t〕$\times 10^3$〔kg/t〕としている。力の単位を〔N〕とするためには、〔kg〕$\times$〔m/s²〕$=$〔kg·m/s²〕$=$〔N〕とする必要がある。

補足

仕事(エネルギー)の単位は、〔N·m〕(ニュートンメートル)、〔J〕(ジュール)などが用いられる。
1〔N·m〕$=$1〔J〕である。

補足

仕事率(動力、出力)の単位は、〔J/s〕(ジュールパーセコンド、ジュール毎秒)、〔W〕(ワット)などが用いられる。
1〔J/s〕$=$1〔W〕である。

補足

分速V_1〔m/min〕と秒速v_1〔m/s〕の変換
$$\begin{aligned} V_1\text{〔m/min〕} &= V_1\text{〔m/60s〕} \\ &= \frac{V_1}{60}\text{〔m/s〕} \\ &= v_1\text{〔m/s〕} \end{aligned}$$
よって、$v_1 = \dfrac{V_1}{60}$〔m/s〕

第6章　機械一般その他

W_1：巻上荷重〔t〕、V_1：巻上速度〔m/min〕、

η_1：巻上機の機械効率(小数)

②横行装置

横行装置は、電車のようにレール上をクラブ(台車)の車輪が移動する装置で、横行用電動機で移動させます。車輪とレールの間には摩擦抵抗が存在するため、これに打ち勝つ力が必要となります。

車輪に加わる質量1t当たりの横行抵抗〔kg/t〕を横行抵抗係数(または単に横行抵抗)といいます。いま、横行抵抗をC_2〔kg/t〕、車輪に加わる荷重をW_2〔t〕、重力加速度をg〔m/s^2〕とすると、横行のために必要な力F_2〔N〕は、

$F_2 = C_2 W_2 g$ 〔N〕

となり、この力でs_2〔m〕移動させるために必要な仕事E_2〔J〕は、

$E_2 = F_2$〔N〕$\cdot s_2$〔m〕

$= C_2 W_2 g s_2$〔N·m〕(〔J〕)

この仕事をt_2〔s〕で行ったとすると、横行用電動機の理論出力$P_2{}'$は、

$$P_2{}' \text{(W)} = \frac{E_2 \text{(J)}}{t_2 \text{(s)}} = \frac{C_2 W_2 g s_2}{t_2} \text{ (J/s)}$$

ここで、$\dfrac{s_2\,\text{(m)}}{t_2\,\text{(s)}}$は1秒間当たりに横行する距離であるので、

これを横行速度v_2〔m/s〕とすると、

$P_2{}' = C_2 W_2 g v_2$ 〔W〕

巻上機の場合と同様、搬送設備の計算において、速度は1秒間当たりではなく、1分間当たりの数値を使うことが多いため、

毎分の巻上速度をV_2〔m/min〕とすると$v_2 = \dfrac{V_2}{60}$〔m/s〕なので、

横行用電動機の理論出力$P_2{}'$は、

補足

横行抵抗C_2〔kg/t〕に重力加速度$g = 9.8$〔m/s^2〕を掛けると、

$C_2 \cdot g$〔N/t〕

となり、1〔t〕当たりの力〔N〕となる。この値を横行抵抗と称する場合もある。③に出てくる走行抵抗も同様である。

$$P_2' = \frac{C_2 W_2 g V_2}{60} = \frac{9.8 C_2 W_2 V_2}{60} \text{〔W〕}$$

　上式の分母と分子を9.8で割り、単位を〔W〕から〔kW〕に換算すると、

$$P_2' \fallingdotseq \frac{C_2 W_2 V_2}{6.12} \text{〔W〕} \rightarrow \frac{C_2 W_2 V_2}{6120} \text{〔kW〕}$$

となります。さらに、横行装置の機械効率 η_2（小数）を考慮すると、横行用電動機の所要出力 P_2 は次式で表されます。

> **！重要 公式** **横行用電動機の所要出力 P_2**
>
> $$P_2 = \frac{C_2 W_2 V_2}{6120 \eta_2} \text{〔kW〕} \tag{24}$$

C_2：横行抵抗〔kg/t〕、W_2：横行装置の車輪に加わる荷重〔t〕
（W_2〔t〕＝巻上荷重 W_1〔t〕＋クラブ質量 w_c〔t〕）
V_2：横行速度〔m/min〕、η_2：横行装置の機械効率（小数）

③走行装置

　走行装置は、電車のようにレール上に橋げた（ガータ）の車輪が移動する装置で、走行用電動機で移動させます。車輪とレールの間には摩擦抵抗（走行抵抗）が存在するため、これに打ち勝つ力が必要となります。

　走行用電動機の所要出力 P_3 は、横行装置と同様に計算すると、次式で表されます。

> **！重要 公式** **走行用電動機の所要出力 P_3**
>
> $$P_3 = \frac{C_3 W_3 V_3}{6120 \eta_3} \text{〔kW〕} \tag{25}$$

C_3：走行抵抗〔kg/t〕、W_3：走行装置の車輪に加わる荷重〔t〕
（W_3〔t〕＝巻上荷重 W_1〔t〕＋クラブ質量 w_c〔t〕＋橋げたの質量 w_b〔t〕）、V_3：走行速度〔m/min〕、η_3：走行装置の機械効率（小数）

(4) エレベータ

　エレベータは、日頃から目にすることも多く日常的に使っている身近な装置です。構成はシンプルで、図6.17に示すように、電動機、かご、綱車（つなぐるま）、つり合いおもりが主な構成部品です。

第6章

機械一般その他

エレベータ用電動機
の所要出力の計算は、
基本的にはクレーンの
巻上用電動機の計算と
同じです。異なる点は、
図6.17 に示されてい
る「つり合いおもり」
の分だけ、荷重を減ず
ることです。

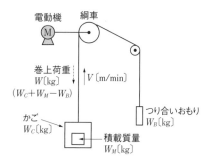

図6.17 エレベータの構成

図6.17より、エレベータ用電動機が巻上げるべき荷重 W〔kg〕
は、

$$W = W_C(かご質量) + W_M(積載質量) - W_B(つり合いおもり質量)〔kg〕$$

となります。なお、エレベータの計算では、通常、荷重の単位
は〔t〕ではなく〔kg〕が用いられます。昇降速度は、クレーンと
同様に V〔m/min〕が用いられます。

エレベータ用電動機の所要出力 P は、クレーンの巻上機の式
(23)より、次式で表されます。

> **❗重要 公式** **エレベータ用電動機の所要出力 P**
> $$P = \frac{WV}{6120\eta}〔kW〕 \tag{26}$$

W：巻上荷重〔kg〕（$W = W_C + W_M - W_B$〔kg〕）、

W_C：かごの質量〔kg〕、W_M：積載質量〔kg〕、

W_B：つり合いおもりの質量〔kg〕、

V：エレベータの昇降速度〔m/min〕、η：機械効率（小数）

例題にチャレンジ！

定格積載質量にかごの質量を加えた値が1500〔kg〕、昇降速度が90〔m/min〕、つり合いおもりの質量が1000〔kg〕のエレベータがある。このエレベータに用いる電動機の出力〔kW〕の値を求めよ。ただし、機械の効率は0.7とし、加速に要する動力およびロープの質量は無視するものとする。

・解答と解説・

エレベータ用電動機の所要出力P〔kW〕は、

$$P = \frac{WV}{6120\eta} \text{〔kW〕} \cdots\cdots\cdots ①$$

エレベータの巻上荷重W〔kg〕は、定格積載質量にかご質量を加えたものから、つり合いおもりの質量を引いたものとなるので、

$$W = 1500 - 1000 = 500 \text{〔kg〕}$$

したがって、題意の値($V = 90$〔m/min〕、$\eta = 0.7$)と巻上荷重W $= 500$〔kg〕を式①に代入すると、求めるエレベータ用電動機の所要出力P〔kW〕は、

$$P = \frac{500 \times 90}{6120 \times 0.7} \fallingdotseq \mathbf{10.5} \text{〔kW〕(答)}$$

第6章

機械一般その他

問題　次の　　　の中に適当な答えを記入せよ。

ポンプは、水などの液体を、ある地点（基準点）よりH〔m〕高い所に運ぶ（揚水する）機器である。

ポンプに使用されている羽根車の慣性モーメントは比較的小さく、また、負荷（ポンプ）のトルク特性は　(ア)　特性を示す。負荷（ポンプ）が要求するトルクが回転速度の　(イ)　乗に比例する関係から、回転速度の低い始動時に必要なトルクは小さいので、かご形誘導電動機が多く使用される。

流量制御は、ポンプ　(ウ)　の制御や電動機の　(エ)　制御により行う。電動機の　(エ)　制御はインバータ方式などにより行うが、出力が回転速度の　(オ)　乗に比例するため、省エネルギーの観点から有効な方法である。

ポンプ用電動機の所要出力の計算に必要な式は、位置エネルギーE_h〔J〕の式である$E_h =$　(カ)　〔J〕から導き出す。

いま、1分間でQ〔m³〕の水をH〔m〕揚水しようとするときに必要な仕事（エネルギー）W〔J〕は、水の密度ρが1000〔kg/m³〕であることから、次式のようになる。

$W =$　(カ)　$= Q$〔m³〕$\times 1000$〔kg/m³〕$\times 9.8$〔m/s²〕$\times H$〔m〕

$= 9.8QH \times 10^3$〔J〕

ただし、m：水の質量〔kg〕$(m = Q \times \rho = Q \times 1000)$、$g$：重力加速度9.8〔m/s²〕、$H$：全揚程（実揚程に損失水頭（管路、弁などにおける損失）を加えた揚程）〔m〕

上式の仕事W〔J〕を1分間（60秒間）で行うので、ポンプ用電動機の理論出力P_o〔W〕（〔J/s〕）は、

$$P_o = \frac{W}{60} = \frac{9.8QH}{60} \times 10^3 \text{〔W〕} \fallingdotseq \frac{QH}{6.12} \times 10^3 \text{〔W〕} \rightarrow \boxed{\text{(キ)}} \text{〔kW〕となる。}$$

ポンプ用電動機の所要出力P〔kW〕は、ポンプの効率η（小数）、余裕係数（余裕率）k $(k \geq 1)$を考慮すると、

$$P = \frac{P_o}{\eta} \times k \text{〔kW〕} = \boxed{\text{(ク)}} \text{〔kW〕となる。}$$

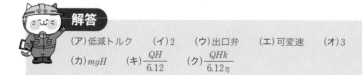

解答

(ア) 低減トルク　　(イ) 2　　(ウ) 出口弁　　(エ) 可変速　　(オ) 3

(カ) mgH　　(キ) $\dfrac{QH}{6.12}$　　(ク) $\dfrac{QHk}{6.12\eta}$

電力用設備機器

機械科目でもたびたび出題される、太陽光発電設備、調相設備の概要について学習します。

関連過去問 066, 067, 068

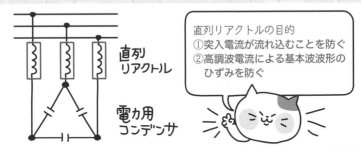

直列リアクトルの目的
①突入電流が流れ込むことを防ぐ
②高調波電流による基本波波形のひずみを防ぐ

直列リアクトル

電力用コンデンサ

① 太陽光発電設備 　　重要度 A

(1) 太陽電池の動作原理

太陽電池は、シリコンなどの**半導体**に光が当たると電気が発生する**光電効果（光起電力効果）**を利用した電池です。**太陽光発電**は、太陽電池により光エネルギーを直接電気エネルギーに変換する発電方式です。

p、n形接合半導体に太陽光が入射すると電子と正孔（せいこう）が発生し、内部電界により、電子が**n形半導体**に、正孔が**p形半導体**に引き寄せられ、それぞれ負極、正極となります。その間に直流電圧を生じ、電極に外部負荷を接続することにより、光エネルギーの強さに応じた電力を供給します。

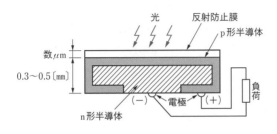

図6.18 太陽電池

+1 プラスワン

p形半導体の表面は、通常、**反射防止膜**で覆われており、太陽光を可能な限り内部に取り入れている。

補足

μm（マイクロメートル）は、1000分の1mm。

(2) 太陽光発電設備の構成

太陽光発電設備は、**太陽電池アレイ**、**パワーコンディショナ**、これらを接続する接続箱、交流側に設置する交流開閉器などで構成されています。

太陽電池素子そのものを**セル**と呼び、1個当たりの出力電圧は約0.5〔V〕です。数十個のセルを直列および並列に接続して、屋外で使用できるよう樹脂や強化ガラスなどで保護し、パッケージ化したものを**モジュール**といいます。

モジュールは、太陽電池パネルとも呼ばれます。このモジュールを直並列接続し、集合配置したものは**太陽電池アレイ**と呼ばれ、実際に発電を行う装置となります。

太陽電池で発電するのは、直流電力です。これを電気事業者の交流配電系統に連系するためには、直流を交流に変換する**逆変換装置（インバータ）**だけでなく、系統連系用保護装置を設ける必要があり、この一連の機能を備えた装置のことを**パワーコンディショナ**といいます。

太陽光発電設備が連系されている配電線のどこかで事故が生じても、そのままであれば太陽光発電設備から配電線へ電力が送られます。この状態のことを**単独運転**状態といいます。単独運転状態では、事故等の修理を行う作業員に感電などの事故が発生したり、再閉路時の電圧に位相差が生じたりするため、電力系統から切り離すことが定められています。

用語に関して電気設備技術基準の解釈第220条によると、

単独運転：分散型電源を連系している電力系統が事故等によって系統電源と切り離された状態において、当該分散型電源が発電を継続し、線路負荷に有効電力を供給している状態

自立運転：分散型電源が、連系している電力系統から解列された状態において、当該分散型電源設置者の構内負荷にのみ電力を供給している状態

と定義されています。

➕プラスワン

太陽電池アレイの出力は、日射強度や太陽電池の温度によって変動する。これらの変動に対し、太陽電池アレイから常に最大の電力を取り出す制御は、MPPT（Maximum Power Point Tracking）制御と呼ばれている。

➕プラスワン

パワーコンディショナには、単独運転状態の検出のため、**電圧位相**や**周波数**の急変などを常時監視する機能が組み込まれている。
太陽光発電設備については、停電時では電力系統から切り離されるが、**瞬時電圧低下**時には系統から切り離されない。なお、瞬時電圧低下とは、短い時間（数十〔ms〕程度）に電圧が数〔%〕低下する現象である。

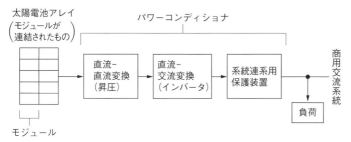

太陽電池アレイ
（モジュールが連結されたもの）

パワーコンディショナ

モジュール

図6.19　太陽光発電設備の構成

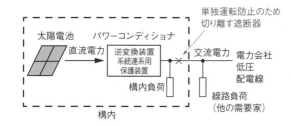

図6.20　太陽光発電設備の単独運転の防止

② 調相設備　重要度 A

　電力系統の**無効電力を調整**することを**調相**といい、そのための設備を調相設備といいます。調相設備は、**負荷と並列に接続**されます。力率を進み方向に調整する働きをするものを**進相設備**といい、**電力用コンデンサ（進相コンデンサ）**などがあります。力率を遅れ方向に調整する働きをするものを**遅相設備**といい、**分路リアクトル**などがあります。

（1）電力用コンデンサ

　電力用コンデンサは、進み無効電力を消費する負荷設備です。日中重負荷時など、**負荷が遅れ力率のとき投入**し、電流の位相を進めて**力率を改善**し、線路損失の低減、電圧降下の低減を図ります。

①電力用コンデンサによる力率改善の計算

　負荷が有効電力P_L〔kW〕一定で、力率を$\cos\theta_1$から$\cos\theta_2$まで改善するのに要するコンデンサ容量Q_C〔kvar〕は、図6.21よ

第6章

機械一般その他

＋プラスワン
コンデンサは、**進み無効電力を消費する設備**だが、言い換えると、**遅れ無効電力を供給する設備**と同じ意味になる。

＋プラスワン
負荷力率を改善すると、負荷の皮相電力、皮相電流が減少するので、線路電流が減少する。線路損失は線路電流の2乗に比例するので、線路損失を低減することができる。

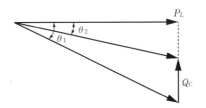

図6.21　コンデンサによる力率改善

り次式で求められます。

> **① 重要 公式　力率改善に要するコンデンサ容量**
> $$Q_C = P_L(\tan\theta_1 - \tan\theta_2)\,[\text{kvar}] \tag{27}$$

②直列リアクトルについて

直列リアクトルは、**電力用コンデンサに直列に常時接続**されるもので、次のような目的があります。

a. コンデンサ投入時に、大きな突入電流が流れ込むことを防ぐ。

b. 高調波電流による基本波波形のひずみを防ぐ。

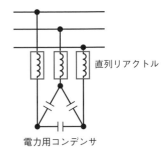

直列リアクトル

電力用コンデンサ

図6.22　電力用コンデンサと直列リアクトル

高調波対策の観点から、直列リアクトルは基本波周波数に対して、コンデンサの 6 [%] 以上のリアクタンス [Ω] とします。

③定格設備容量とは

進相コンデンサの**定格設備容量**とは、コンデンサと直列リアクトルを組み合わせた設備の定格電圧および定格周波数における無効電力をいいます。つまり、

進相コンデンサの定格設備容量 Q [kvar]（進み）

＝進相コンデンサの定格容量 Q_c [kvar]（進み）

　－直列リアクトルの定格容量 Q_L [kvar]（遅れ）

となります。

+1 プラスワン

コンデンサ（容量性負荷）は、第5高調波電流を拡大し、基本波の波形をひずませる。第5高調波に対し誘導性とするために、**理論上 4 [%]** を超えるリアクタンス [Ω] が必要（下記計算式参照）。**実用上は 6 [%]** 以上のリアクタンスを用いている。

$$5\omega L - \frac{1}{5\omega C} > 0$$

$$\omega L > 0.04\frac{1}{\omega C}$$

用語

リアクトル
力率改善や高調波の抑制などを目的とした誘導性リアクタンスを持つコイル。

リアクタンス
交流回路のコイルやコンデンサにおける電圧と電流の比のこと。電気抵抗と同じ次元を持ち、単位はΩで、電流の通しにくさを表すものだが、エネルギーを消費しない。**誘導抵抗**ともいう。
また、コイルのリアクタンスは誘導性リアクタンス、コンデンサのリアクタンスは容量性リアクタンスである。

補足
電力用コンデンサと直列に接続する**直列リアクトル**と、負荷と並列に接続する**分路リアクトル**を混同しないように注意すること。

詳しく解説！　定格設備容量

定格設備容量 $Q=100$〔kvar〕の進相コンデンサ設備の具体例を図解と数値で説明します。

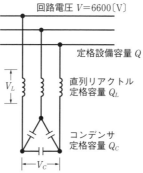

回路電圧 $V=6600$〔V〕

定格設備容量 Q

直列リアクトル
定格容量 Q_L

コンデンサ
定格容量 Q_C

V_L

V_C

図6.23　進相コンデンサ設備

$$V_C = \frac{回路電圧}{(1-L/100)} = \frac{6600}{(1-6/100)} = \frac{6600}{0.94}$$

$$= 7021.27 \rightarrow 7020 〔V〕$$

$$Q_C = \frac{定格設備容量}{(1-L/100)} = \frac{100}{0.94} = 106.38 \rightarrow 106 〔kvar〕$$

$$V_L = \frac{回路電圧/\sqrt{3}}{(1-L/100)} \times \frac{L}{100} = \frac{6600/\sqrt{3}}{(1-6/100)} \times 0.06$$

$$= 243.22 \rightarrow 243 〔V〕$$

$$Q_L = \frac{定格設備容量}{(1-L/100)} \times \frac{L}{100} = \frac{100}{0.94} \times 0.06$$

$$= 6.3830 \rightarrow 6.38 〔kvar〕$$

※コンデンサの定格電圧 V_C は、直列リアクトル（$L=6\%$）による電圧上昇を見込み、上式により算出する。

(2) 分路リアクトル

　分路リアクトルは、**遅れ無効電力を消費する負荷設備**です。深夜軽負荷時など、**負荷が進み力率のとき投入**し、電流の位相を遅らせ、**フェランチ効果による電圧上昇を抑制**します。

※フェランチ効果

　フェランチ効果（フェランチ現象）とは、図6.24の (c) に示す

+1 プラスワン

V_C、V_L、Q_C、Q_L の導出

$$X_L = \frac{L}{100}X_C \quad \sqrt{3}\,V_L$$

$$X_C \quad V_C \quad V$$

上記単線図より

$V = V_C - \sqrt{3}\,V_L$

V、V_C、$\sqrt{3}\,V_L$ は線間電圧

$$V_C = \frac{X_C}{X_C - X_L}V$$

$$= \frac{X_C}{X_C - \frac{L}{100}X_C}V$$

$$= \frac{X_C}{\left(1-\frac{L}{100}\right)X_C}V$$

よって、

$$V_C = \frac{V}{1-\frac{L}{100}}$$

$$\sqrt{3}\,V_L = \frac{X_L}{X_C - X_L}V$$

$$= \frac{\frac{L}{100}X_C}{X_C - \frac{L}{100}X_C}V$$

$$= \frac{\frac{L}{100}}{1-\frac{L}{100}}V$$

よって、

$$V_L = \frac{V/\sqrt{3}}{1-\frac{L}{100}} \times \frac{L}{100}$$

$Q_C - Q_L = Q$ ……①

$Q_L = \frac{L}{100}Q_C$ ……②

式②を式①に代入

$$Q_C - \frac{L}{100}Q_C = Q$$

$$Q_C\left(1-\frac{L}{100}\right) = Q$$

よって、

$$Q_C = \frac{Q}{1-\frac{L}{100}}$$

上式を式②に代入

$$Q_L = \frac{Q}{1-\frac{L}{100}} \times \frac{L}{100}$$

ように、負荷が進み力率負荷(容量性負荷)のとき、負荷の進み電流により、**送電端電圧 $\dot{V_s}$ より受電端電圧 $\dot{V_r}$ が高くなる現象**です。送電端電圧 $\dot{V_s}$ は通常一定ですから、受電端電圧 $\dot{V_r}$ が上昇すると、負荷に悪影響を与えます。この電圧上昇を防ぐため、負荷と並列に**分路リアクトル**を投入します。

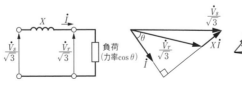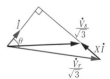

(a) 送配電線路の回路モデル(1相分)　　(b) 遅れ力率負荷(通常負荷)時のベクトル図　　(c) 進み力率負荷時のベクトル図

図6.24　フェランチ効果

例題にチャレンジ！

次の　　　　　の中に適当な答えを記入せよ。

　高圧負荷の力率改善用として、その負荷が接続されている三相高圧母線回路に進相コンデンサが設置される。この進相コンデンサは、保護のためにリアクトルが　(ア)　に挿入されるが、その目的は、コンデンサの電圧波形の　(イ)　を軽減させ、かつ、進相コンデンサ投入時の突入電流を抑制するものである。したがって、進相コンデンサの定格設備容量は、コンデンサと　(ア)　リアクトルを組み合わせた設備の定格電圧および定格周波数における無効電力を示す。この　(ア)　リアクトルの定格容量は、一般的には5次以上の高調波に対して、進相コンデンサ設備のインピーダンスを　(ウ)　にし、また、コンデンサの端子電圧の上昇を考慮して、コンデンサの定格容量の　(エ)　(%)としている。

・解答 ・・

(ア)直列　　(イ)ひずみ　　(ウ)誘導性　　(エ)6

理解度チェック問題

問題　次の[ ]の中に適当な答えを記入せよ。

1． 太陽光発電システムは、太陽電池[　(ア)　]、パワーコンディショナ、これらを接続する接続箱、交流側に設置する交流開閉器などで構成される。

　太陽電池[　(ア)　]は、複数の太陽電池[　(イ)　]を通常は直列に接続して構成される太陽電池モジュールをさらに[　(ウ)　]に接続したものである。パワーコンディショナは、直流を交流に変換するインバータと、連系保護機能を実現する[　(エ)　]装置などで構成されている。

　パワーコンディショナは、連系中の配電線で事故が生じた場合に、太陽光発電設備が[　(オ)　]状態を継続しないように、これを検出して太陽光発電設備を系統から切り離す機能を持っている。パワーコンディショナには、[　(オ)　]の検出のために、[　(カ)　]や周波数の急変などを常時監視する機能が組み込まれている。ただし、配電線側で発生する瞬時電圧低下に対しては、系統からの不要な切り離しをしないよう対策がとられている。

2． 進相コンデンサの定格設備容量とは、コンデンサと直列リアクトルを組み合わせた設備の定格電圧および定格周波数における無効電力をいう。定格設備容量 $Q = 100$〔kvar〕の進相コンデンサ設備のコンデンサの定格容量 Q_C は[　(キ)　]〔kvar〕、直列リアクトルの定格容量 Q_L は[　(ク)　]〔kvar〕となる。ただし、直列リアクトルの定格容量 Q_L は、コンデンサの定格容量 Q_C の 6〔%〕とする。

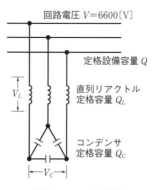

回路電圧 $V = 6600$〔V〕

定格設備容量 Q

直列リアクトル
定格容量 Q_L

コンデンサ
定格容量 Q_C

V_L

V_C

進相コンデンサ設備

(ア)アレイ　　(イ)セル　　(ウ)直並列　　(エ)系統連系用保護　　(オ)単独運転
(カ)電圧位相　　(キ)106　　(ク)6.38

解説

2.の計算は以下のとおりである。

$Q_C - Q_L = 100$ ………①

$Q_L = 0.06 Q_C$ ………②

式②を式①に代入して、

$Q_C - 0.06 Q_C = 100$

$$Q_C = \frac{100}{1 - 0.06}$$

$$= \frac{100}{0.94}$$

$\fallingdotseq 106.38 \rightarrow \mathbf{106}$ [kvar]（答）

$Q_L = 0.06 \times Q_C$

$= 0.06 \times 106.38$

$\fallingdotseq 6.383 \rightarrow \mathbf{6.38}$ [kvar]（答）

第7章 照明

光源と単位、発光現象

測光量の定義や単位、熱放射などの発光現象について学びます。照度の計算式は重要です。必ず覚えましょう。

関連過去問 069, 070

光束F〔lm〕　光束F〔lm〕

面積A〔m²〕　面積A〔m²〕

照度と光束発散度では、光束の方向が逆になるニャン

照度の概念　光束発散度の概念

① 光源と単位

重要度 **A**

今日から第7章照明が始まるニャ

(1) 光の性質

光は、**電磁波**の一種です。

1〔nm〕程度から1〔mm〕程度の波長の電磁波を、**光（紫外線、可視光線、赤外線）**といい、この波長域の電磁波を放射する放射体を光源といいます。

可視光線とは、目に入って**明るさを感じる光放射**のことで、波長が380〔nm〕（紫）から760〔nm〕（赤）の電磁波をいいます。**可視光線を波長の順に並べたもの**を、**スペクトル**といいます。

目に見えない光として、紫色より波長の短い**紫外線**と、赤色より波長の長い**赤外線**があります。

可視光線の明るさは、人間の目に刺激を与える側の放射エネルギーの量と、刺激を受ける側の感度の組み合わせで決まります。刺激を与える側の量を**放射束** ϕ といい、刺激を受ける側の量を**光束** F といいます。

放射束 ϕ とは、ある面を単位時間1〔s〕に通過する放射エネルギーの量〔J〕であり、人間の目に無関係な物理量で、単位は電力と同じ W（ワット）です。これに対し**光束** F とは、放射束 ϕ のうち人間の目に明るさとして感じとられるものをいい、単位

補足 📎

長さの単位〔nm〕は、ナノメートルと読む。1nm ＝ 10⁻⁹mになる。

用語 ✏️

放射とは、波あるいは粒子の形によるエネルギーの放出もしくは伝達する現象、またはそれらの波、粒子をいう。

補足 📎

放射束の記号の ϕ は、ファイと読む。

第7章

照明

はルーメン〔lm〕を使用します。

人工光は、電気エネルギーを熱エネルギーに変換し、温度の高くなった物体から放射される**熱放射**（**温度放射**）によるものと、電気エネルギーを直接光に変換する**ルミネセンス**によるものの2種類に大別できます。熱放射により発光させるものには、白熱電球、ハロゲン電球などがあります。ルミネセンスにより発光させるものには、蛍光ランプ、水銀ランプなどがあります。

(2) 測光量と単位
①光束

すでに述べたように、**光束**とは、放射束のうち人間の目に明るさとして感じとられるものをいいます。単位は〔lm〕を使用します。

②光度

ある方向の単位立体角内に発散される光束、すなわち、光束の立体角密度を**光度**といい、単位はカンデラ〔cd〕を使用します。

光束をF〔lm〕、立体角をω〔sr〕とすると、光度Iは、

光度I

$$I = \frac{F}{\omega} \text{〔cd〕} \tag{1}$$

となり、この式から、1〔cd〕は1〔lm/sr〕（立体角1〔sr〕に放射される1〔lm〕の光束）と定義されます。

また、I〔cd〕の点光源からは、光は四方八方、立体角で$\omega = 4\pi$〔sr〕に発散するので、点光源の周囲の全光束Fは、

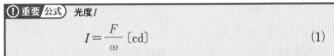

全光束F
$$F = 4\pi I \text{〔lm〕} \tag{2}$$

と表されます。

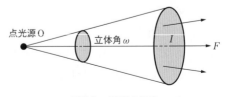

図7.1 光度の概念

➕**プラスワン**

1〔W〕の放射束から出る光束は、555〔nm〕の波長（黄緑色）のとき最大となり、その値は683〔lm/W〕と定められている。

補足

〔sr〕はステラジアンと読む。

例題にチャレンジ！

　立体角 0.25〔sr〕内に 400〔lm〕の光束が放射されているとき、光源のその方向の光度〔cd〕の値を求めよ。

・解答と解説・・・

光度 I は、

$$I = \frac{F}{\omega} = \frac{400}{0.25} = 1600 \,〔cd〕\text{（答）}$$

・・

解法のヒント

光度 I〔cd〕は、光束 F〔lm〕の立体角密度である。

③照度

　ある面に入射する光束をその面の面積で割った値、つまり被照射面の単位面積 1〔m²〕当たりに入射する光束を**照度**といい、単位はルクス〔lx〕を使用します。照度は、**光源によって照らされている場所の明るさの程度**を表します。

　光束を F〔lm〕、面積を A〔m²〕とすると、照度 E は次式で表されます。

補足

照度の単位は、

$$〔lx〕 = \frac{〔lm〕}{〔m²〕}$$

となる。

！重要 公式 照度 E

$$E = \frac{F}{A} \,〔lx〕 \tag{3}$$

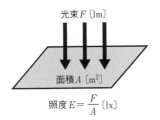

光束 F〔lm〕

面積 A〔m²〕

照度 $E = \dfrac{F}{A}$〔lx〕

図7.2　照度の概念

※距離の逆2乗の法則

　図7.3に示すように、点光源の光度を I〔cd〕とし、すべての向きに対して一様な光度を持つものとすると、点光源からすべての向きに放射される全光束は、$F = \omega I = 4\pi I$〔lm〕となります。

したがって、点光源からr〔m〕離れた仮想球面の照度Eは、次式で表されます。

⚠重要 公式 照度E（距離の逆2乗の法則）

$$E = \frac{F}{A} = \frac{4\pi I}{4\pi r^2} = \frac{I}{r^2} \ 〔lx〕 \tag{4}$$

上式を照度に関する**距離の逆2乗の法則**といいます。また、この照度Eは入射光束に垂直な面に対する照度でもあるので、**法線照度**ともいわれます。

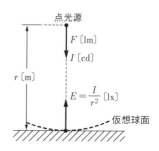

点光源
F〔lm〕
I〔cd〕
r〔m〕
$E=\dfrac{I}{r^2}$〔lx〕
仮想球面

図7.3　法線照度

※水平面照度と入射角余弦の法則

図7.4において、I〔cd〕の点光源からr〔m〕離れている点で入射角θにおける**水平面照度E_h**は、次式で表されます。

⚠重要 公式 水平面照度E_h（入射角余弦の法則）

$$E_h = E_n \cos\theta = \frac{I}{r^2}\cos\theta \ 〔lx〕 \tag{5}$$

上式は、水平面照度が法線照度E_n〔lx〕の$\cos\theta$（余弦）倍になることから、**入射角余弦の法則**と呼ばれます。

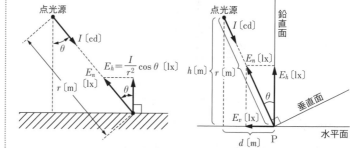

図7.4　入射角余弦の法則

図7.5　各面の照度

図7.5において、被照面の点Pにおける法線照度E_n、水平面照度E_h、鉛直面照度E_vは、それぞれ次式のようになります。

① 重要 公式 法線照度 E_n

$$E_n = \frac{I}{r^2} = \frac{I}{h^2 + d^2} \ [\text{lx}] \qquad (6)$$

① 重要 公式 水平面照度 E_h

$$E_h = E_n \cos\theta = \frac{I}{r^2}\cos\theta = \frac{Ih}{(h^2 + d^2)^{\frac{3}{2}}} \ [\text{lx}] \qquad (7)$$

① 重要 公式 鉛直面照度 E_v

$$E_v = E_n \sin\theta = \frac{I}{r^2}\sin\theta = \frac{Id}{(h^2 + d^2)^{\frac{3}{2}}} \ [\text{lx}] \qquad (8)$$

補足

$$\cos\theta = \frac{h}{\sqrt{h^2 + d^2}}$$

$$\sin\theta = \frac{d}{\sqrt{h^2 + d^2}}$$

となる。

例題にチャレンジ！

水平面上3〔m〕の高さにおいて、4〔m〕を隔てて2つの光源A、Bがある。その光度はいずれの方向も等しく、100〔cd〕および250〔cd〕である。A光源直下の点Pにおける水平面照度〔lx〕の値を求めよ。

・解答と解説・

点Pが光源Aから受ける水平面照度 E_a は、

$$E_a = \frac{I_a}{h^2} = \frac{100}{3^2} = \frac{100}{9} \fallingdotseq 11.1 \ [\text{lx}]$$

点Pが光源Bから受ける水平面照度 E_b は、

$$E_b = \frac{I_b}{r^2}\cos\theta = \frac{250}{5^2} \times \frac{3}{5} = 6.0 \ [\text{lx}]$$

求める点Pの水平面照度

E_p は、

$$\begin{aligned} E_p &= E_a + E_b \\ &= 11.1 + 6.0 \\ &= \mathbf{17.1} \ [\text{lx}] \ (答) \end{aligned}$$

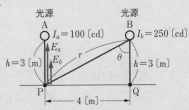

解法のヒント

1.

BPQの三角形は、3：4：5の直角三角形になるので、$r = 5$〔m〕となり、

$$\cos\theta = \frac{3}{5}$$

となる。

2.

点Pの水平面照度は、光源Aおよび光源Bから点Pが受ける水平面照度を合成したものとなる。距離の逆2乗の法則および入射角余弦の法則を使用する。

第7章

照明

④光束発散度

照度とは逆で、光源の発光面(透過面、反射面を含む)の単位面積1〔m²〕から発散される光束を、**光束発散度**といいます。単位は〔lm/m²〕を使用します。発光面積をA〔m²〕、光束をF〔lm〕とすると、光束発散度Mは次式で表されます。

⚠️**重要** **公式** 光束発散度M

$$M = \frac{F}{A} \ \text{〔lm/m²〕} \tag{9}$$

図7.2の**照度**の概念と図7.6の**光束発散度**の概念を比較し、その違いを理解しよう。
照度は、**被照射面の明るさ**を表し、**光束発散度**は、**光源の発光面の明るさ**を表す。

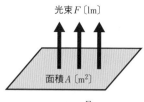

光束発散度 $M = \dfrac{F}{A}$ 〔lm/m²〕

図7.6 光束発散度の概念

補足

ρ はローと読む。
τ はタウと読む。

反射光束の入射光束に対する割合を反射率ρといい、反射率ρの面の照度がE〔lx〕のとき、この面は反射光束を発散する二次光源となり、光束発散度M_ρは次式で表されます。

$$M_\rho = \rho E \ \text{〔lm/m²〕} \tag{10}$$

透過光束の入射光束に対する割合を透過率τといい、透過率τの面の照度がE〔lx〕のとき、この面は透過光束を発散する二次光源となり、光束発散度M_τは次式で表されます。

$$M_\tau = \tau E \ \text{〔lm/m²〕} \tag{11}$$

⑤輝度

光源の発光面(透過面、反射面を含む)からの光度を、その方向の見かけの面積(正射影面積)で割った値を**輝度**といい、単位は〔cd/m²〕を使用します。発光面の輝きの強さの程度を表し、輝度が高くなるとまぶしく見えます。

光度をI〔cd〕、見かけの面積をA'〔m²〕とすると、輝度Lは次式で表されます。

> **⚠ 重要** **公式** 輝度 L
>
> $$L = \frac{I}{A'} \; [\mathrm{cd/m^2}] \tag{12}$$

図7.7 (a) のように、ある光源の面積 A の法線が目の方向と θ の角度をなすとき、その方向への正射影面積 A' は $A' = A\cos\theta$ $[\mathrm{m^2}]$ となるので、その方向から見た光源の輝度 L は次式で表されます。

$$L = \frac{I}{A'} = \frac{I}{A\cos\theta} \; [\mathrm{cd/m^2}] \tag{13}$$

また、図7.7 (b) のように、もし光源のある方向の光度 I $[\mathrm{cd}]$ が法線光度 I_n $[\mathrm{cd}]$ に対して $I = I_n\cos\theta$ $[\mathrm{cd}]$ とすると、

$$L = \frac{I}{A\cos\theta} = \frac{I_n}{A} \; [\mathrm{cd/m^2}] \tag{14}$$

となり、見る方向に無関係に一定になります。

このように、どの方向から見ても輝度の一定な光源面を、**完全拡散面**といいます。完全拡散面の光源は現実には存在しませんが、白色吸取紙はこれに近いものです。完全拡散面において、その輝度を L $[\mathrm{cd/m^2}]$、光束発散度を M $[\mathrm{lm/m^2}]$ とすると、次式のようになります。

> **⚠ 重要** **公式** 光束発散度 M
>
> $$M = \pi L \; [\mathrm{lm/m^2}] \tag{15}$$

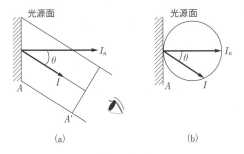

図7.7　輝度

補足

法線とは、曲線上の一点において、この点における曲線の接線または接する平面に直交する直線のこと。図7.7においては、ある点の光源面に直交する直線、すなわち I_n 方向の直線。

補足

図7.7 (a) を立体的に描くと下図のようになる。ただし、光源は円板状光源と仮定（長方形でもかまわない）。

面積 A の光源の法線と θ の角度で光源（真円）を下から見ると楕円形に見える。その面積（正射影面積）A' は、$A' = A\cos\theta$ となる。

用語

完全拡散面とは、入射した光をあらゆる方向に反射（拡散反射）する面をいう。一様に曇った空、乳白色ガラス面、光沢のない（つやつやしてない）白い紙などはこれに近い。本書の白い紙もそうである。なお、鏡は一方向にしか反射せず、これを鏡面反射という。

第7章

照明

Q 見かけの面積とは何ですか？

A 立体的な物体に水平方向から光を当てたとき、後ろの壁にできる影の面積のことを**みかけの面積（正射影面積）**といいます。これは片目をつむり遠近感をなくして見た物体の面積のことでもあり、例えば、半径 r〔m〕の球の表面積は $4\pi r^2$〔m²〕ですが、見かけの面積は半径 r〔m〕の円の面積、すなわち πr^2〔m²〕になります。

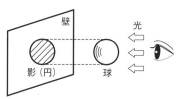

見かけの面積（正射影面積）

解法のヒント

輝度の計算では、光源（発光面）の見かけの面積が必要となる。

例題にチャレンジ！

完全拡散性の直管形蛍光ランプがあり、管の直径が 38〔mm〕、管の発光部分の長さが 800〔mm〕、その軸と直角方向の光度は 114〔cd〕で一定である。この蛍光ランプの輝度〔cd/m²〕を求めよ。

・解答と解説・

直管形蛍光ランプの直径を d〔m〕、長さを l〔m〕とすると、見かけの面積（正射影面積）A' は $A'=dl$〔m²〕となる。

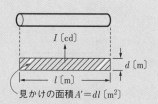

見かけの面積 $A'=dl$〔m²〕

したがって、ランプの輝度 L は、

$$L=\frac{I}{A'}=\frac{I}{dl}=\frac{114}{38\times10^{-3}\times800\times10^{-3}}$$

$$=3750〔\text{cd/m}^2〕（答）$$

⑥反射、透過、吸収

　光がある物質に当たって、その一部がもとの媒質内に返る現象を**反射**といいます。また、ガラスのような物質が光を通す現象を**透過**といい、そのとき、物質

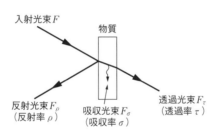

図7.8　反射、透過、吸収

に光の一部が吸収されてほかのエネルギー（例えば、熱）に変わる現象を**吸収**といいます。

　ある物体に光束F〔lm〕が入射し、その一部のF_ρ〔lm〕が反射し、ほかの一部のF_τ〔lm〕が透過し、さらにほかの一部のF_σ〔lm〕が吸収されたとすると、次の関係が成り立ちます。

> **① 重要 公式** 光束F（反射＋透過＋吸収）
> $$F = F_\rho + F_\tau + F_\sigma \,〔\mathrm{lm}〕 \tag{16}$$

> **① 重要 公式** 反射率ρ、透過率τ、吸収率σ
> $$反射率\ \rho = \frac{F_\rho}{F}、透過率\ \tau = \frac{F_\tau}{F}、吸収率\ \sigma = \frac{F_\sigma}{F} \tag{17}$$

> **① 重要 公式** 反射率ρ、透過率τ、吸収率σの和
> $$\rho + \tau + \sigma = 1 \tag{18}$$

　ただし、　ρ 、　τ 、　$\sigma \leqq 1$

② 発光現象　　　重要度 A

（1）熱放射（温度放射）

　物質を構成する粒子（原子・分子・イオンなど）は、その温度に応じた熱振動をしており、その振動の結果、外部にエネルギーを光として放出しています。これを**熱放射（温度放射）**といいます。放射束は、それぞれの温度に相当する**連続スペクトル**になります。

　物体を加熱すると、最初に目に見えない赤外線を放射し、温

用語

媒質とは、何らかの物理的作用を伝えるため、仲介する空気などの物質のことをいう。

補足

σ はシグマと読む。

第7章

照明

度の上昇に伴い、赤みを帯びた光を発し、さらに黄色の光となり、やがて**白色光**を発します。

この特性を考えるとき、理想的な熱放射体を想定し、これを**黒体**といいます。

①ステファン・ボルツマンの法則

単位表面積当たりに放射する放射束を**放射発散度**といい、単位は〔W/m²〕です。

黒体を加熱し温度を上げていくと、黒体の表面から単位表面積当たりに放射する放射束、すなわち放射発散度 J 〔W/m²〕は絶対温度 T 〔K〕の **4乗**に比例します。これを**ステファン・ボルツマンの法則**といい、次式で表されます。

⚠️**重要** **公式** 放射発散度 J（ステファン・ボルツマンの法則）
$$J = \sigma T^4 \,[\text{W/m}^2] \tag{19}$$

$\sigma ≒ 5.67 \times 10^{-8}$ 〔W/m²·K⁴〕をステファン・ボルツマン定数といいます。

②ウィーンの変位則

黒体の表面から放射する放射束の各波長のエネルギーのうち、最大エネルギーとなる波長 λ_m 〔m〕は、絶対温度 T 〔K〕に反比例します。これを**ウィーンの変位則**または**ウィーンの法則**といい、次式で表されます。

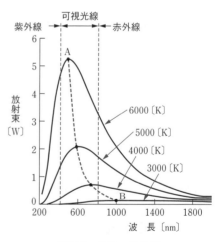

図7.9 黒体の熱放射

⚠️**重要** **公式** 最大エネルギーとなる波長 λ_m（ウィーンの変位則）
$$\lambda_m = \frac{R}{T} \,[\text{m}] \tag{20}$$

R は定数で、$R ≒ 2.8978 \times 10^{-3}$ 〔m·K〕

③色温度

黒体を加熱し温度を上昇していくと、放射エネルギーの分布状態が変わり、光の色が変わってきます。高温物体の**光色（色度）**を表す方法として、同じ色の黒体の温度を用いることがあります。これを**色温度**といいます。これによれば、熱放射による発光はもちろん、それ以外の発光でも色温度で色別を表すことができます。

例えば、ある蛍光ランプの光色が4500〔K〕のときの黒体の色と同じであれば、その蛍光灯の色温度は4500〔K〕になります。一般に**色温度は、真の温度より高くなります。**

(2) ルミネセンス

物質を構成する原子・分子・イオンなどの電子が、外部刺激によって高いエネルギー状態に励起（れいき）され、それが再び安定なエネルギー状態に戻るとき、その余分なエネルギーを光として放出する現象を**ルミネセンス**といいます。ただし、熱放射を含みません。いいかえれば、**熱放射以外の発光現象**をルミネセンスといいます。ルミネセンスによるスペクトルは、ところどころに線や帯が見られます。これを、**線スペクトル**、**帯スペクトル**（たい）といいます。

ルミネセンスは、発光の原因となる外部刺激の違いによって次のように分類されます。

①ホトルミネセンス（放射ルミネセンス）

光（紫外線、可視光線など）によって励起され、発光する現象を**ホトルミネセンス（放射ルミネセンス）**といいます。通常、**励起光より長波長の光を放出**します。

発光する光の波長が励起光の波長より長いことを、**ストークスの法則**といいます。ホトルミネセンスには、物質により**蛍光**を発するものと、**りん光**を発するものがあります。

②電気ルミネセンス

ガスまたは気体の放電によって起こる発光現象を**電気ルミネセンス**といいます。ネオン、水銀、アルゴンなど気体の種類に

用語

励起とは、原子または分子内の電子が、電子の衝突などによってエネルギーを受けて、正常の安定状態（基底状態）よりも高いエネルギーの状態に移ることをいう。

補足

ホトルミネセンスによる光は、「励起光より波長が長い＝エネルギーが小さい」といえる。

用語

蛍光とは、光の照射を止めるとすぐ発光が消える現象、**りん光**とは、照射を止めても相当長い時間（数時間か数日）発光を継続する現象のことをいう。蛍光の用途例として蛍光ランプ、りん光の用途例として夜光塗料などがある。

第7章

照明

より固有の色の発光をします。用途例として、水銀ランプなどがあります。

③陰極線ルミネセンス

陰極線(電子ビーム)の照射により発光する現象を**陰極線ルミネセンス**といいます。用途例として、ブラウン管などがあります。

④電界ルミネセンス(エレクトロルミネセンス)

固体が電界の作用により発光する現象を**電界ルミネセンス(エレクトロルミネセンス)**といいます。用途例として、ELランプ、発光ダイオード(LED)などがあります。

理解度チェック問題

問題 次の □ の中に適当な答えを記入せよ。

測光量の単位は、光度としては □ (ア) 、光束としては □ (イ) 、照度としては □ (ウ) 、光束発散度としては □ (エ) 、輝度としては □ (オ) が使用されている。

□ (カ) の色度を表す方法として、同じ色の黒体の □ (キ) を用いることがある。これを □ (ク) という。黒体とは、これに入射するエネルギーを全部 □ (ケ) してしまうと考える理想の物体である。一般に □ (ク) は真の温度より □ (コ) なる。

紫外線、可視光線などによって □ (サ) され、発光する現象を □ (シ) という。通常、励起光より □ (ス) の光を放出する。

□ (シ) には、物質により □ (セ) を発するものと □ (ソ) を発するものがある。 □ (セ) とは、光の照射を止めるとすぐ発光が消える現象、 □ (ソ) とは、照射を止めても相当長い時間発光を継続する現象のことをいう。

解答

(ア) cd (イ) lm (ウ) lx (エ) lm/m^2 (オ) cd/m^2
(カ) 高温物体 (キ) 温度 (ク) 色温度 (ケ) 吸収 (コ) 高く
(サ) 励起 (シ) ホトルミネセンス (ス) 長波長 (セ) 蛍光 (ソ) りん光

光源の種類と特徴

各種光源の種類と特徴、および屋内照明、道路照明の照度計算について学びます。いずれも重要事項です。しっかり理解しましょう。

関連過去問 071, 072

室内の平均照度
Eの計算は、この式をしっかり覚えるニャン

$$室内の平均照度E$$

$$E = \frac{FNUM}{A} = \frac{FNU}{AD} \ [lx]$$

① 光源の種類と特徴　　　　重要度 A

（1）白熱電球

①原理と構造

白熱電球は、フィラメントに通電させて高温にし、その**熱放射**（温度放射）による光を利用した光源です。ガラス球は、透明または透光性のよいシリカの白色塗膜が塗布されています。

②効率と寿命

白熱電球は、触れると熱いことがすぐにわかります。入力のほとんどが熱損失となります。光として利用できるのは、入力の10〔%〕前後にすぎず、このため、ランプの**発光効率**は低く、約14〔lm/W〕です。

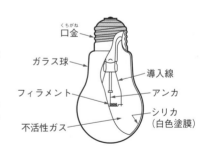

図7.10　白熱電球

（口金、ガラス球、フィラメント、不活性ガス、導入線、アンカ、シリカ（白色塗膜））

発光効率とは、ランプの全光束をランプの消費電力で割った値のことで、単位は〔lm/W〕（ルーメン毎ワット）で表します。

なお、単位の定義上、発光効率が683〔lm/W〕を超えること

➕プラスワン

球の黒化を抑制するため、ガラス球内にアルゴン、窒素、クリプトンなどの不活性ガスを入れた電球をガス入り電球という。

補足 📎

ランプの発光効率（ランプ効率）は、日本語では効率と表現しているが、分子と分母の単位が異なるために、通常の意味の効率の概念とは異なる。分母は通常、光源の消費電力を用いるが、それが困難な場合は、光源の消費電力に安定器などの補助装置で消費される電力を含めて用いることがある。

はありません。

　また、ランプの寿命とは、点灯不能になるまでの点灯時間（**絶対寿命**）と光束維持率が基準値以下になるまでの点灯時間（**有効寿命**）のうち、短いほうの時間をいいます。白熱電球の定格寿命は、1000 〜 1500時間程度となります。

(2) ハロゲン電球

　不活性ガスを入れた白熱電球（ガス入り電球）でも、蒸発したタングステンがガラス球面に付着し、黒化により電球が暗くなっていきます。**ハロゲン電球**は、**ハロゲンサイクル**によりこの黒化の進行を著しく少なくし、光束維持率、寿命特性ともに改善された電球です。

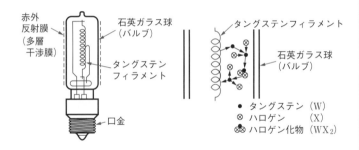

図7.11　ハロゲン電球とハロゲンサイクル

(3) 蛍光ランプ
①原理と構造

　蛍光ランプは、ガラス管の内面に蛍光体を塗布し、アルゴンなどの不活性ガスと水銀を封入したものです。両端の電極間をアーク放電させると、電極から飛び出した電子によって水銀原子が励起され、その後、水銀から放射される波長253.7〔nm〕の**紫外線**によって励起された蛍光体から**可視光**が放射されます。

+1 プラスワン

ハロゲン電球では、フィラメントから蒸発したタングステン（W）が管壁付近でハロゲン元素（X）と結合し、管壁に付着せずに対流、拡散などによって石英ガラス球内を循環することにより、フィラメント付近に移動する。フィラメントは高温なので、ここでタングステンとハロゲン元素に分解し、タングステンはフィラメント表面に析出し、ハロゲン元素は再び管内に拡散し、管壁付近で別のタングステンと結合を繰り返す。これを**ハロゲンサイクル**という。

また、バルブ外表面に可視放射を透過し、赤外放射を反射する赤外反射膜（多層干渉膜）を設け、高効率化を図ったものが一般的である。

用語
励起
原子、分子などはとびとびのエネルギー値をもつ状態にしか存在できない。通常はエネルギーの最も低い基底状態にあるが、外部から粒子の衝突や放射線の吸収などによりエネルギーを受け取って、より高いエネルギーの状態に移行する。これを励起という。

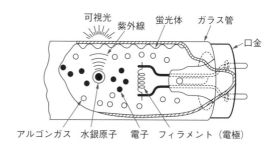

図7.12 蛍光ランプの原理と構造

②蛍光ランプの点灯方式

蛍光ランプの点灯方式には、次のようなものがあります。

a. スタータ点灯方式（予熱始動方式）

電圧を印加すると、**点灯管（グローランプ）** のバイメタル（可動電極）と固定電極の間でグロー放電が起こり、この発熱でバイメタル接点が閉じ、蛍光ランプの電極に電流が多く流れ、予熱され熱電子が放出しやすい状態になります。この間、バイメタルの温度が下がり、バイメタルの接点が離れる瞬間、安定器（チョークコイル）に生じる逆起電力（スパイク電圧）によって、蛍光ランプ電極間に放電が起こりランプが点灯します。ランプ電圧は、点灯管の動作電圧より低くしているので、点灯管の再動作はしません。図7.13に点灯回路を示します。

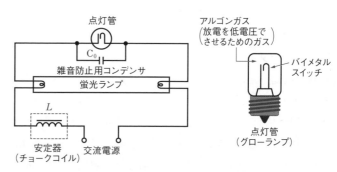

図7.13 スタータ点灯方式（予熱始動方式）

b. ラピッドスタート点灯方式

電極の予熱と同時に電極間に電圧を印加して、1秒程度で点灯する方式です。点灯管などは不要です。

バイメタルは、熱膨張率の異なる2種の金属をはり合わせたもので、温度が上がると熱膨張率の差によって曲がり、冷えると元に戻る。そのため、グロー放電の発熱で曲がり、接点が閉じる。接点が閉じ通電されると発熱が止むので、接点が離れる。

グロー放電の発熱で曲がり、接点が閉じる

バイメタル（可動電極）

熱膨張率大

熱膨張率小

接点

固定電極

バイメタルの原理

非常に短い時間で変化する電圧を**スパイク電圧**という。

c. 高周波点灯方式（インバータ点灯方式）

　商用周波数の交流電源をいったん直流に変換し、インバータにより高周波に変換し、蛍光ランプに供給する方式です。

（4）HIDランプ（高輝度高圧放電ランプ）

　HIDランプは、**水銀ランプ、メタルハライドランプ、高圧ナトリウムランプ**などの総称です。蛍光ランプは低圧水銀蒸気中の放電を利用した光源でしたが、HIDランプは高圧水銀蒸気などの放電を利用しています。道路、工場などの照明に使用されています。

（5）その他のランプと光源
①低圧ナトリウムランプ

　低圧ナトリウム蒸気中の放電を利用したランプで、**黄橙色の単色光で演色性はよくありません**が、発光効率が約140〔lm/W〕と優れています。**透過性**がよいため、**トンネル照明**、道路照明に広く用いられています。

②LEDランプ

　LED（Light Emitting Diode）とは、**発光ダイオード**のことです。**半導体のpn接合における電子と正孔（ホール）の再結合発光**を利用したもので、電気エネルギーを直接光に変換します。

　LEDランプは、一般の電球と比較して高い発光効率、**長寿命**、**省電力**を実現しています。

② 照明設計　重要度 A

　経済的な照明設計にあたり、具体的に屋内照明と道路照明の照度計算である**光束法**について説明します。

（1）屋内照明の照度計算

　全般照明において、室内の平均照度E〔lx〕は、**光束法**により次式で表されます。

プラスワン

蛍光ランプは白熱電球と比較して、次の特徴がある。
・始動時に安定器が必要で力率が低い
・発光効率が50〜100〔lm/W〕と高い
・寿命は長いが、周囲温度により発光効率や寿命が変化する

補足

HIDは高輝度高圧放電ランプ（high intensity discharge lamp）の頭文字からとっている。

プラスワン

HIDランプの特徴
・水銀ランプは、大光束が得られ長寿命
・メタルハライドランプは、発光効率、演色性が優れる
・高圧ナトリウムランプは、光の透過性に優れる

用語

演色性とは、物体の色の見え方を決める光源の性質をいう。光源の演色性は、平均演色評価数（Ra）で表す。

補足

省エネルギーが強く叫ばれている昨今、LED照明への期待は大きく、今後、さらに技術開発と市場導入が進むと予測される。

第7章 照明

① 重要 公式　**室内の平均照度 E**

$$E = \frac{FNUM}{A} = \frac{FNU}{AD} \; [\text{lx}] \tag{21}$$

F：照明器具1台当たりの光束〔lm〕、N：照明器具灯数、U：照明率、A：被照面積〔m^2〕＝a×b〔m^2〕(間口：a〔m〕、奥行：b〔m〕)、M：保守率、D：減光補償率

全般照明における光束法の概略を図7.14に示します。

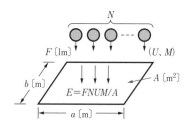

図7.14　全般照明における光束法

※照明率

光源から放射される総光束はFN〔lm〕ですが、そのすべてが被照面に達するのではなく、一部は天井、壁などで反射、吸収され、被照面に達する光束は、全光束にある係数を乗じた値になります。この係数をUで表し、**照明率**といいます。照明率Uは次式で示され、1以下の値となります。

$$U = \frac{\text{被照面に達する光束}}{\text{光源の全光束}}$$

※保守率

照明施設を一定期間使用した後の照度低下の割合を表す係数です。この係数をMで表し、**保守率**といいます。保守率Mは次式で示され、1以下の値となります。保守率Mが1に近いほど保守の状態がよいことを示します。

$$M = \frac{\text{一定期間経過後の被照面の平均照度}}{\text{新設時の被照面の平均照度}}$$

※減光補償率

照明器具や部屋の汚れなど、経年的な照度低下を補うためにあらかじめ上乗せしておく係数を**減光補償率**といい、Dで表します。減光補償率Dは、保守率Mの逆数になります。

$$D = \frac{1}{M}$$

補足

減光補償率Dは**1以上**の値であり、白熱電球では1.3〜2.0、蛍光灯では1.3〜2.5程度である。

例題にチャレンジ！

　照明設計において、作業面に必要な照度をE〔lx〕、作業面の面積をA〔m²〕とする。また、照明率をU、保守率をMとする。ランプ1本の光束をF〔lm〕、ランプの本数をN〔本〕とすると、光源から放射される総光束は、FN〔lm〕となる。この総光束FN〔lm〕と、E、A、U、Mの関係を表す式を求めよ。

・解答と解説・

$E = \dfrac{FNUM}{A}$〔lx〕を変形し、

$FN = \dfrac{EA}{UM}$〔lm〕（答）

解法のヒント
重要公式(21)を変形する。

(2) 道路照明の照度計算

道路照明設計の基本的な考え方は、**屋内照明設計と同じ**です。道路灯の配列は、**片側配列**、**向き合わせ（両側）配列**、**千鳥配列**などがあります。

道路の平均照度E〔lx〕の計算は、一般に光束法により行われ、次の式が用いられます。

重要 公式 道路の平均照度E

$$E = \frac{FNUM}{SB} = \frac{FNU}{SBD} \text{〔lx〕} \tag{22}$$

F：ランプ1灯の光束〔lm〕、N：灯柱の数（片側配列と千鳥配列は1、向き合わせ配列は2）、U：照明率、M：保守率、D：減光補償率、S：スパン（灯柱の間隔）〔m〕、B：道路幅〔m〕

プラスワン
道路灯を道路の中央に配列する**中央配列**もあるが、この照度計算は**片側配列**の場合とまったく同じである。

この公式の運用については、次のように道路灯の配列に応じて1灯当たりの分担面積を求め、平均照度を計算する方法が理解しやすいものとなります。

a. 片側配列の場合(図7.15参照)

　1灯の分担面積：$A = SB \,[\text{m}^2]$

　1灯の有効光束：$F' = FUM \,[\text{lm}]$

> ⚠**重要** **公式**　片側配列の道路の平均照度 E
>
> $$E = \frac{F'}{A} = \frac{FUM}{SB} \,[\text{lx}] \tag{23}$$

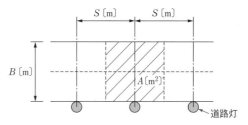

図7.15　片側配列

b. 向き合わせ(両側)配列の場合(図7.16参照)

　1灯の分担面積：$A = \dfrac{SB}{2} \,[\text{m}^2]$

　1灯の有効光束：$F' = FUM \,[\text{lm}]$

> ⚠**重要** **公式**　向き合わせ(両側)配列の道路の平均照度 E
>
> $$E = \frac{F'}{A} = \frac{2FUM}{SB} \,[\text{lx}] \tag{24}$$

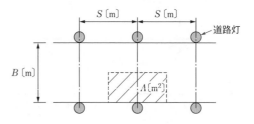

図7.16　向き合わせ(両側)配列

c. 千鳥配列の場合（図7.17参照）

1灯の分担面積：$A = SB$〔m^2〕

1灯の有効光束：$F' = FUM$〔lm〕

> **❗重要 公式** 千鳥配列の道路の平均照度E
>
> $$E = \frac{F'}{A} = \frac{FUM}{SB} \ 〔\text{lx}〕 \tag{25}$$

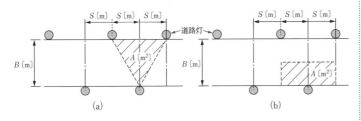

図7.17　千鳥配列

補足

千鳥配列の1灯の分担面積A〔m^2〕は、図7.17 (a) のように考えても、図7.17(b)のように考えてもよい。どちらも$A = SB$〔m^2〕となる。

➕プラスワン

千鳥配列の場合、スパンSの取り方に注意しよう。問題によっては、道路片側だけの灯間隔をSとして出題される場合もある。

第7章

照明

理解度チェック問題

問題　次の　　　の中に適当な答えを記入せよ。

1. ハロゲン電球では、　(ア)　バルブ内に不活性ガスとともに微量のハロゲンガスを封入してある。点灯中に高温のフィラメントから蒸発したタングステンは、対流によって管壁付近に移動するが、管壁付近の低温部でハロゲン元素と化合してハロゲン化物となる。管壁温度をある値以上に保っておくと、このハロゲン化物は管壁に付着することなく、対流などによってフィラメント近傍の高温部に戻り、そこでハロゲンと解離してタングステンはフィラメント表面に析出する。このように、蒸発したタングステンを低温部の管壁付近に析出することなく高温部のフィラメントへ移す循環反応を、　(イ)　サイクルと呼んでいる。このような化学反応を利用して管壁の　(ウ)　を防止し、電球の寿命や光束維持率を改善している。

　また、バルブ外表面に可視放射を透過し、　(エ)　を　(オ)　するような膜（多層干渉膜）を設け、これによって電球から放出される　(エ)　を低減し、小形化、高効率化を図ったハロゲン電球は、店舗や博物館などのスポット照明用や自動車前照灯用などに広く利用されている。

2. 蛍光ランプの始動方式の1つである予熱始動方式には、電流安定用のチョークコイルと点灯管より構成されているものがある。

　点灯管には、管内にバイメタルスイッチと　(カ)　ガスを封入した放電管式のものが広く利用されてきている。点灯管は、蛍光ランプのフィラメントを通してランプと並列に接続されていて、点灯回路に電源を投入すると点灯管内で　(キ)　が起こり、放電による熱によってスイッチが閉じ、蛍光ランプのフィラメントを予熱する。スイッチが閉じて放電が停止すると、スイッチが冷却し開こうとする。このとき、チョークコイルのインダクタンスの作用によって　(ク)　が発生し、これによってランプが点灯する。

　この方式は、ランプ点灯中はスイッチは動作せず、フィラメントの電力損がない特徴を持つが、電源投入から点灯するまでに多少の時間を要すること、電源電圧や周囲温度が低下すると始動し難いといった欠点がある。

解答

(ア)石英ガラス球　　(イ)ハロゲン　　(ウ)黒化　　(エ)赤外放射　　(オ)反射
(カ)アルゴン　　(キ)グロー放電　　(ク)逆起電力（スパイク電圧）

第**8**章 電熱

電熱の基礎

熱の移動、熱量の計算、熱回路と電気回路の比較などについて学びます。熱量の計算では、単位に注目して計算することが大切です。

関連過去問 073, 074

太陽からの熱放射は、真空中でも熱を伝達するニャン。だから地球も暖かくなるニャン

① 電熱の基礎　重要度 **A**

今日から、第8章電熱だニャ

（1）熱の移動と伝わり方

ストーブの前に立つと暖かく感じたり、水を温めたときにお湯になって沸騰したりするのは熱の移動によるもので、これらの熱の移動は、**伝導**、**対流**、**放射**（熱放射）の現象が複合して起こります。

※**伝導**

固体において、物質の流れや移動を伴わずに高温側から低温側に熱が伝わる現象を**伝導**といいます。

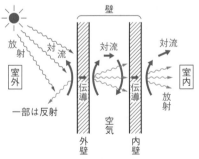

図8.1　熱の移動

※**対流**

流体（液体や気体）において、各部の質量差（比重差）による物質の流れや移動で全体に熱が伝わる現象を**対流**といいます。

※**放射**（熱放射）

物体が持つエネルギーの一部が、温度に応じた電磁波の形で放出されほかの物体に伝わり、熱に変わる現象を**放射**（**熱放射**）といいます。空気などの熱媒体を必要としません。

補足

対流とは、例えば水の下の部分が温められると熱膨張して軽くなって上昇し、周囲の冷たい部分の水がそこへ入り込んでくる。次に、その部分も温められて上昇し、周囲の冷たい部分が下降し、これが温められ…と繰り返され、次第に流体全体に熱が伝わる現象をいう。

補足

放射（**熱放射**）とは、例えば、ストーブやたき火に当たっているとき、これらが放射している電磁波（赤外線）を身体が吸収して暖かく感じる現象をいう。

第8章

電熱

(2) 温度と熱量の単位

①温度

　私たちが日常生活で一般に使用している温度は**セルシウス温度** t〔℃〕で、**熱力学温度**（**絶対温度**）T〔K〕との間に次の関係があります。

> **①重要 公式** 熱力学温度 T とセルシウス温度 t の関係
> $$T = t + 273.15 〔K〕 \tag{1}$$

　式(1)から、例えば、0〔K〕＝－273.15〔℃〕であることがわかります。0〔K〕＝－273.15〔℃〕は絶対零度と呼ばれ、物理的にこの温度以下に下がることはありません。

※温度差の単位

　熱力学温度と**セルシウス温度**は、式(1)からわかるように、温度の基準点が異なるだけで、その温度差は同じ値となります。

1K（温度差）＝1℃（温度差）

②熱量

　熱エネルギーの量を**熱量**といい、熱量のSI単位（国際単位）はジュール〔J〕で表されます。また、**電力量**（電気エネルギー）と熱量（熱エネルギー）には、次の重要な関係があります。

> **①重要 公式** 電力量（1秒単位）と熱量の関係
> $$1〔W \cdot s〕= 1〔J〕 \tag{2}$$

> **①重要 公式** 電力量（1時間単位）と熱量の関係
> $$1〔kW \cdot h〕= 3600〔kJ〕 \tag{3}$$

(3) 比熱、熱容量

①比熱（比熱容量）

　物質1〔kg〕の温度を1〔K〕（＝1〔℃〕）上昇させるのに必要な熱量を**比熱**（**比熱容量**）といい、単位は〔J/(kg·K)〕で表されます。例えば、1013〔hPa〕（1気圧）のもとで、1〔kg〕の水の温度を1〔K〕（＝1〔℃〕）上昇させるときに必要な熱量は 4.186×10^3〔J〕ですから、水の比熱は、次の値となります。

　4.186×10^3〔J/(kg·K)〕、または4.186〔kJ/(kg·K)〕

プラスワン
熱力学温度は、温度の最下限を0〔K〕とおき、1〔K〕との温度差を1〔℃〕と同じと定義されている。

プラスワン
1〔J〕とは、1〔N〕の力が、力の方向に物体を1〔m〕動かすときの仕事と定義されている。

プラスワン
1〔W·s〕＝1〔J〕の単純な換算式を覚えておけば、1〔kW·h〕＝3600〔kJ〕は、次のように導ける。
1〔kW·h〕
＝1〔kW·3600s〕
　（1〔h〕＝3600〔s〕）
＝3600〔kW·s〕
＝3600〔kJ〕

②熱容量

　ある物質全体の温度を1〔K〕(＝1〔℃〕)上昇させるのに必要な熱量を**熱容量**といい、単位は〔J/K〕で表されます。

　物質の質量をm〔kg〕とすると、比熱c〔J/(kg·K)〕と熱容量C〔J/K〕には、次式の関係があります。

> **① 重要 公式　熱容量C**
> $$C = cm \ \text{〔J/K〕} \tag{4}$$

　また、物質の温度をθ〔K〕上昇させるのに必要な熱量Qは、次式となります。

> **① 重要 公式　熱量Q**
> $$Q = C\theta = cm\theta \ \text{〔J〕} \tag{5}$$

(4) 顕熱と潜熱

　物質を加熱(冷却)すると、物質の状態や温度に変化が生じます。加熱(冷却)する際に物質の状態に変化がなく、温度変化のみに関係する熱を**顕熱**(けんねつ)と呼び、反対に温度の変化がなく、物質の状態の変化のみに関係する熱を**潜熱**(せんねつ)と呼びます。

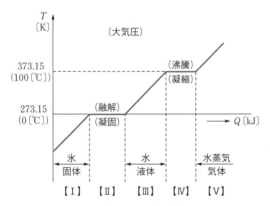

図8.2　水の温度と状態変化

　図8.2に1気圧のもとでの水の温度と状態変化を示しますが、【Ⅰ】から【Ⅴ】の各部分における熱は、以下のようになります。

【Ⅰ】の部分に要する熱……顕熱

　温度が0〔℃〕以下の氷を加熱すると、温度が上昇し0〔℃〕の

第8章

電熱

氷になります。このとき加えた熱は、状態に変化がなく（固体（氷）→固体（氷））、温度が上昇する**顕熱**です。

【Ⅰ】の部分で、1〔kg〕の氷を1〔℃〕だけ温度上昇させる熱量（比熱）は、2.1〔kJ/(kg·K)〕です。冷却する場合も同様です。

【Ⅱ】の部分に要する熱……潜熱

温度が0〔℃〕の氷を加熱すると、温度が0〔℃〕の水になります。加熱中、温度は0〔℃〕のまま変化がなく、状態が固体（氷）から液体（水）に変化します。すべての氷が水に変わるまで加えた熱は**潜熱**であり、この潜熱を**融解潜熱**（**融解熱**）といいます。冷却の場合の潜熱は**凝固潜熱**（**凝固熱**）といいます。

【Ⅱ】の部分で、0〔℃〕・1〔kg〕の氷を0〔℃〕・1〔kg〕の水に状態変化させる熱量（融解潜熱）は、334〔kJ/kg〕です。冷却する場合（凝固潜熱）も同様です。

【Ⅲ】の部分に要する熱……顕熱

温度が0〔℃〕の水を加熱すると、温度が上昇し100〔℃〕の水になります。このとき加えた熱は状態に変化がなく（液体（水）→液体（水））、温度が上昇する**顕熱**です。

【Ⅲ】の部分で、1〔kg〕の水を1〔℃〕だけ温度上昇させる熱量（比熱）は、そのときの温度によって変わりますが、約4.2〔kJ/(kg·K)〕です。冷却する場合も同様です。

【Ⅳ】の部分に要する熱……潜熱

温度が100〔℃〕の水を加熱すると、沸騰して温度が100〔℃〕の水蒸気になります。加熱中、温度は100〔℃〕のまま変化がなく、状態が液体（水）から気体（水蒸気）に変化します。この水蒸気に変化する温度を**沸点**といいます。すべての水が水蒸気に変わるまで加えた熱は**潜熱**であり、この潜熱を**蒸発潜熱**（**蒸発熱**、**気化熱**）といいます。冷却の場合の潜熱は**凝縮潜熱**（**凝縮熱**）といいます。

【Ⅳ】の部分で、100〔℃〕・1〔kg〕の水を100〔℃〕・1〔kg〕の水蒸気に状態変化させる熱量（蒸発潜熱）は、2256〔kJ/kg〕です。冷却する場合（凝縮潜熱）も同様です。

補足

液体が沸騰するときの温度を**飽和温度**という（**沸点**と同じ意味）。また、そのときの圧力を**飽和圧力**という。水の飽和温度100〔℃〕に対する飽和圧力は、1013〔hPa〕(1気圧)となる。

【V】の部分に要する熱……顕熱

　温度が100〔℃〕の水蒸気を加熱すると、温度が上昇し100〔℃〕以上の水蒸気になります。このとき加えた熱は状態に変化がなく（気体（水蒸気）→気体（水蒸気））、温度が上昇する**顕熱**です。

　【V】の部分で、1〔kg〕の水蒸気を1気圧のもとで1〔℃〕だけ温度上昇させる熱量（比熱）は、約2.1〔kJ/（kg·K）〕です。冷却する場合も同様です。

例題にチャレンジ！

　水5.0〔L〕を加熱し、すべての水を蒸発させるために必要な熱量〔kJ〕の値を求めよ。

　ただし、加熱前の水の温度は20〔℃〕、水の蒸発潜熱は2260〔kJ/kg〕、比熱は4.186〔kJ/（kg·K）〕とする。

・解答と解説・

水を100〔℃〕まで上昇させるのに要する熱量（顕熱）は、水1〔L〕の重さが1〔kg〕であることを考慮すると、

　4.186〔kJ/（kg·K）〕×5.0〔kg〕×（100−20）〔K〕

　=1674.4〔kJ〕

100〔℃〕の水（湯）をすべて水蒸気にするのに要する熱量（潜熱）は、

　2260〔kJ/kg〕×5.0〔kg〕=11300〔kJ〕

となるので、求める熱量の値は、

　1674.4＋11300≒**12974**〔kJ〕（答）

（5）熱量とオームの法則

①ジュールの法則

　電気抵抗 R〔Ω〕の導線に I〔A〕の電流が t〔s〕間流れたとき、発生する熱量 Q は、

! 重要 公式　熱量 Q（ジュールの法則）
$$Q = RI^2t \text{〔J〕} \tag{6}$$

で表されます。これを**ジュールの法則**といい、発生する熱量を

解法のヒント

熱量〔kJ〕を求める公式は、次のとおり。
顕熱：熱量〔kJ〕
　=比熱〔kJ/（kg·K）〕×質量〔kg〕×温度差〔K〕
潜熱：熱量〔kJ〕
　=潜熱〔kJ/kg〕×質量〔kg〕

公式を覚えていなくても単位の文字を計算し、必要な単位〔kJ〕を"作る"ことが、各種単位が多く出てくる熱の計算では非常に有効である。
数値の計算と同時に、単位の計算も必ず実施しよう。求める単位にならなければ、立てた式が誤っていることになる。

補足

〔L〕は体積の単位でリットルと読む。1〔L〕=0.001〔m³〕。なお、小文字の〔l〕、〔ℓ〕が用いられる場合もある。

第8章
電熱

ジュール熱と呼びます。

②熱回路のオームの法則

図8.3に示すように、物質に**温度差** θ 〔K〕がある場合、熱は高温部から低温部へ向かって、伝導、対流および放射の3種類により移動し**熱流** I 〔W〕が発生しますが、高温部と低温部の間の物質の状態(断面積、長さなど)により、熱流の大きさは変わります。この熱流の通りにくさを示す値を**熱抵抗** R といい、単位は〔K/W〕(または〔℃/W〕)で表されます。

熱流 I と温度差 θ と熱抵抗 R には次の関係式が成り立ち、これを**熱回路のオームの法則**といいます。

用語

熱流〔J/s＝W〕とは、単位時間(1秒間)に伝わる熱量のことをいう。量記号は I もしくは ϕ が使われる。

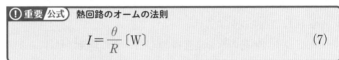

①重要 公式 熱回路のオームの法則

$$I = \frac{\theta}{R} \text{〔W〕} \tag{7}$$

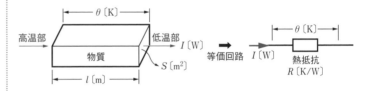

図8.3 熱回路のオームの法則

(6) 熱の移動

①伝導による熱の移動

固体中において、熱は伝導により移動して熱流が発生しますが、この伝導による「熱流の流れやすさを表す率」を**熱伝導率** λ といい、単位は〔W/(m・K)〕(または〔W/(m・℃)〕)で表されます。熱伝導率は、**逆数に**すると**熱抵抗率** ρ となり、単位は〔m・K/W〕(または〔m・℃/W〕)となります。

ここで熱抵抗を R 〔K/W〕、物体(固体)の長さを l 〔m〕、断面積を S 〔m²〕、熱抵抗率

補足

λ：ラムダと読む。

ρ：ローと読む。

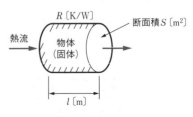

図8.4 物体の熱抵抗

をρ〔m·K/W〕、熱伝導率をλ〔W/(m·K)〕とすると、電気回路の電気抵抗と抵抗率、導電率(電気伝導率)の関係と同様に、次式が成り立ちます。

> **!重要 公式** 熱抵抗R
>
> $$R = \rho \frac{l}{S} = \frac{l}{\lambda S} \ \text{〔K/W〕} \tag{8}$$

②対流による熱の移動

固体と空気あるいは液体などの流体間の熱の移動は、対流と放射によって行われます。固体と流体間の温度差が比較的小さいときは、対流が主になります。対流による**熱伝達係数(熱伝達率)**αは、**2種類の物質の境目における熱流の流れやすさを表す値**で、〔W/(m²·K)〕(または〔W/(m²·℃)〕)で表されます。

図8.5に示すように、表面積S〔m²〕の固体が流体と接しているとき、固体と流体の温度差を$\theta = t_2 - t_1$〔K〕、熱伝達係数をα〔W/(m²·K)〕としたとき、対流によって伝わる熱流I〔W〕は、次式となります。

$$I = \alpha S \theta \ \text{〔W〕} \tag{9}$$

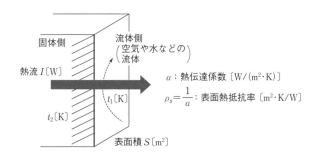

図8.5 熱伝達係数と表面熱抵抗率

熱伝達係数の逆数$\rho_s = \dfrac{1}{\alpha}$は、2種類の物質の境目における熱流の流れにくさを表す値で、**表面熱抵抗率**ρ_sといい、単位は〔m²·K/W〕(または〔m²·℃/W〕)で表されます。表面熱抵抗をR〔K/W〕、固体と流体の接している表面積をS〔m²〕、表面熱抵抗率をρ_s〔m²·K/W〕、熱伝達係数をα〔W/(m²·K)〕とすると、

補足

熱伝導率λは、固体の熱の移動(伝導)に関係する係数で、その単位は〔W/(m·K)〕である。
熱伝達係数(熱伝達率)αは、固体と流体間の対流による熱の移動に関係する係数で、その単位は〔W/(m²·K)〕である。
名称や単位が似ており紛らわしいので、注意しよう。

第8章

電熱

次式が成り立ちます。

> ① **重要** 公式　表面熱抵抗 R
>
> $$R = \frac{\rho_s}{S} = \frac{1}{\alpha S} \ \text{(K/W)} \tag{10}$$

③放射による熱の移動

　熱放射は、熱媒体を必要とせず、真空中でも熱を伝達します。図8.6に示すように、高温側で温度 t_2〔K〕の面 S_2〔m²〕と、低温側で温度 t_1〔K〕の面 S_1〔m²〕が向かい合う場合の熱流 I〔W〕は、次式で与えられます。

$$I = S_2 F_{21} \sigma \, (t_2{}^4 - t_1{}^4) \ \text{(W)} \tag{11}$$

　ただし、F_{21} は**形態係数**、σ〔W/(m²·K⁴)〕は**ステファン・ボルツマン定数**です。

形態係数とは、熱放射において、ある面から放射された放射エネルギーのうち、別のある面に到達する割合を2つの面の幾何学的な形状から表したものである。

ステファン・ボルツマン定数とは、ステファン・ボルツマンの法則において、黒体の温度と放射エネルギーを結びつける物理定数。
ステファン・ボルツマンの法則とは、熱放射によって放出されるエネルギーが絶対温度の**4乗**に比例するという法則。

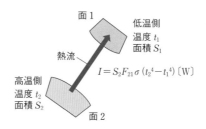

図8.6　熱放射

(7) 熱回路と電気回路の比較

　図8.7に、熱回路と電気回路の比較を示します。

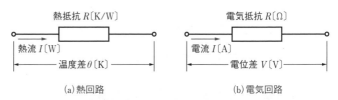

図8.7　熱回路と電気回路

　次ページの表8.1に、熱系と電気系の名称と単位を示します。

表8.1 熱系と電気系の名称と単位

熱系			電気系		
種別	記号	SI単位系	種別	記号	SI単位系
温度	T、t	K、(℃)	電位	E	V
温度差	θ	K、(℃)	電位差	V	V
熱流	I、ϕ	W	電流	I	A
熱抵抗	R	K/W	抵抗	R	Ω(V/A)
熱容量	C	J/K	静電容量	C	F
熱量	Q	J	電気量	Q	C
熱伝導率	λ	W/(m・K)	導電率 (電気伝導率)	σ	S/m、 (1/(Ω・m))
熱抵抗率	$\rho = \dfrac{1}{\lambda}$	m・K/W	抵抗率	$\rho = \dfrac{1}{\sigma}$	Ω・m
熱伝達係数 (熱伝達率)	α	W/(m^2・K)			
表面熱抵抗率	$\rho_s = \dfrac{1}{\alpha}$	m^2・K/W			

第8章

電熱

問題　次の ▭ **の中に適当な答えを記入せよ。**

1. 電気量(電気エネルギー)と熱量(熱エネルギー)には、次の関係がある。

$$1〔W·s〕= \boxed{(ア)} 〔J〕$$

$$1〔kW·h〕= \boxed{(イ)} 〔kJ〕$$

2. 物質1〔kg〕の温度を1〔K〕(=1〔℃〕)上昇させるのに必要な熱量を $\boxed{(ウ)}$ といい、単位は〔J/(kg·K)〕で表される。

ある物質全体の温度を1〔K〕(=1〔℃〕)上昇させるのに必要な熱量を $\boxed{(エ)}$ といい、単位は〔J/K〕で表される。

物質の質量を m〔kg〕とすると、$\boxed{(ウ)}$ c〔J/(kg·K)〕と $\boxed{(エ)}$ C〔J/K〕には、次式の関係がある。

$$C = \boxed{(オ)} 〔J/K〕$$

また、物質の温度を θ〔K〕上昇させるのに必要な熱量 Q は、次式となる。

$$Q = \boxed{(カ)} = \boxed{(キ)} 〔J〕$$

3. 物質を加熱(冷却)すると、物質の状態や温度に変化が生じる。加熱(冷却)する際に物質の状態に変化がなく、温度変化のみに関係する熱を $\boxed{(ク)}$ と呼び、反対に温度の変化がなく、物質の状態の変化のみに関係する熱を $\boxed{(ケ)}$ と呼ぶ。

4. 物体とその周囲の外界(気体または液体)との間の熱の移動は、対流と $\boxed{(コ)}$ によって行われる。そのうち、物体表面と周囲の外界との温度差が比較的小さいときは、対流が主になる。

いま、物体の表面積を S〔m²〕、周囲との温度差を θ〔K〕とすると、物体から対流によって伝達される熱流 I〔W〕は次式となる。

$$I = \alpha S\theta 〔W〕$$

この式で、α は $\boxed{(サ)}$ と呼ばれ、単位は〔W/(m²·K)〕で表される。この値は主として、物体の周囲の流体および流体の流速によって大きく変わる。また、α の

逆数 $\dfrac{1}{\alpha}$ は $\boxed{(シ)}$ と呼ばれる。

解答

(ア)1　　(イ)3600　　(ウ)比熱または比熱容量　　(エ)熱容量　　(オ)cm　　(カ)$C\theta$
(キ)$cm\theta$　　(ク)顕熱　　(ケ)潜熱　　(コ)放射　　(サ)熱伝達係数　　(シ)表面熱抵抗率

第8章 電熱

電気加熱ほか

抵抗加熱や誘導加熱などの電気加熱方式、電子冷凍、ヒートポンプなどについて学びます。誘導加熱、誘電加熱、ヒートポンプは頻出です。

関連過去問 075, 076

誘導加熱は、電磁誘導によって被加熱物に生じる熱エネルギーニャ

① 電気加熱の原理と特徴　重要度 **A**

（1）抵抗加熱

抵抗加熱は、**ジュール熱**（抵抗損）を利用して加熱する方式で、**直接抵抗加熱**（被加熱物に直接通電して過熱する方式）と**間接抵抗加熱**（通電過熱するヒータ（抵抗器）の周囲に被加熱物を配置し、間接的に加熱する方式）に大別できます。

（2）誘導加熱

誘導加熱は、電磁誘導によって被加熱物に生じる熱エネルギーで加熱する方式です。

コイルに交流電流を流すと、電線の周りに交番磁界が発生します。その交番磁界の中に金属などの電気を通す被加熱物を置くと、電磁誘導により、被加熱物が**渦電流損**によるジュール熱と**ヒステリシス損**による発熱のため、急速に

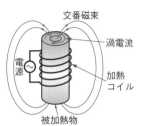

図8.8　誘導加熱の原理

加熱されます。誘導加熱を利用したものに、電気炉（低周波誘導炉、高周波誘導炉）、**高周波表面焼き入れ装置**などがあります。

用語 🔌
ヒステリシス損とは、鉄などの金属中の各分子が交番磁界により振動、摩擦するために発生する熱損失のこと。

補足 📎
誘導加熱の被加熱金属として、銅やアルミニウムよりも、**鉄やステンレス**のほうが透磁率、抵抗率が高く加熱されやすい。

➕ プラスワン

被加熱物への渦電流の浸透深さ(δ)は、電流の周波数をfとすると、

$$\delta \propto \frac{1}{\sqrt{f}}$$

で表される。周波数が高くなるほど浸透深さが浅く、つまり表面部分のみに渦電流が流れ、その電流により表面部分が加熱される。この浸透深さが浅くなる現象を**表皮効果**という。なお、$\propto$は、比例を表す記号である。

➕ プラスワン

被加熱物に電界を加えると、被加熱物の分子が電界の向きに合わせて“＋”、“－”に分かれて整列する**分極**が生じる。電界が交番電界の場合は、電界の向きが絶えず変わるため、分子の向きもそれに合わせて変わり、それにより周りの分子との摩擦を生じて**熱エネルギー（誘電体損）**が発生する。

また、身近なものとして、**IHヒータ**（アイエイチ）（被加熱物はフライパンなどの金属）があります。

詳しく解説！ 高周波表面焼き入れ装置

誘導加熱で周波数を高くすると、表皮効果により**被加熱物**の表面だけが加熱されます。

鋼材を焼き入れする場合、高周波の交番磁界によって生ずる渦電流は、鋼材の表面近くを流れ、表面だけが加熱されます。加熱された鋼材を急冷することにより、表面部分が焼き入れされます。

高周波焼き入れを行うと、耐摩耗性をよくし、機械的強度を著しく向上させることが可能です。

（3）誘電加熱

誘電加熱とは、誘電体（被加熱物）に交番電界を加え、**誘電体損**（被加熱物中の分子どうしの摩擦による熱エネルギー）で加熱する方式をいいます。

RとCの並列回路で表される誘電体に高周波電圧を加えた等価回路とベクトル図は、図8.9のように表すことができます。

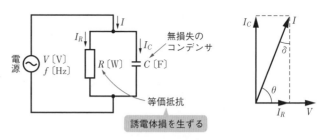

図8.9　等価回路とベクトル図

加熱電力（誘電体損）P〔W〕は、次のようにして求められます。

誘電体損を生ずる等価抵抗R〔Ω〕に流れる電流I_R〔A〕は、ベクトル図から次式で表されます。

$$I_R = I_C \tan\delta \ \text{〔A〕} \tag{12}$$

ここで、$I_C = \omega CV$〔A〕なので、式 (12) は次式のようになります。

$$I_R = \omega CV \tan \delta \,〔A〕\,(\omega = 2\pi f：電源の角周波数)$$
$$\quad = 2\pi f CV \tan \delta \,〔A〕 \tag{13}$$

したがって、等価抵抗Rの消費電力、すなわち誘電体損Pは次式で表されます。

> **①重要 公式　誘電体損P**
> $$P = VI_R = 2\pi f CV^2 \tan \delta \,〔W〕 \tag{14}$$

誘電加熱は、木材の乾燥やプラスチックの成形加工、食品の加熱（電子レンジ）などに利用されています。なお、電子レンジはマイクロ波（1〜3GHz）による交番電界を利用するため、**マイクロ波加熱**とも呼ばれます。被加熱物への浸透深さは、電磁波の周波数が高いほど小さくなります。

(4) 赤外線加熱

被加熱物に赤外線を当て加熱する方式を**赤外線加熱（赤外加熱）**といいます。

赤外線は電磁波の一種で、それ自体には熱エネルギーはありません。赤外線の波長は可視光の波長より長く、ある波長を持つ光エネルギーを持っています。赤外線は、ほとんどすべての光エネルギーが熱エネルギーに変換されるため、**熱線**とも呼ばれています。

(5) アーク加熱

アーク放電に伴うアーク熱を利用して加熱する方式を**アーク加熱**といいます。

被加熱物自体を電極としてアークを発生させ加熱する方式を**直接アーク加熱**といいます。

また、被加熱物以外のもの（炭素等）を電極として電極間にアークを発生させて被加熱物を加熱する方式を**間接アーク加熱**といいます。

補足 🖉
$\tan\delta$は、**誘電正接**と呼ばれる。

補足 🖉
1〔GHz〕（ギガヘルツ）
$= 1 \times 10^9$〔Hz〕

➕ プラスワン
電子レンジは数GHzの電磁波が使われる。被加熱物は、水などの**有極性分子**を含む必要がある。

補足 🖉
赤外線加熱は、**表面を加熱**するので、薄い材料や粉体の加熱・乾燥に適し、食料品、塗料、繊維、染色などの乾燥に広く用いられている。

第8章
電熱

誘電加熱に関する次の記述で、誤っているのはどれか。

(1) 加熱の対象は絶縁物である。

(2) 電源には高周波を使う。

(3) 発熱は誘電損（誘電体損）を利用する。

(4) 交番電界中で加熱する。

(5) 加熱は外周から次第に内部に及ぶ。

・解答と解説・

(1)、(2)、(3)、(4)の記述は**正しい**。

(5) **誤り**（答）。誘電加熱は絶縁物を加熱の対象としたもので、被加熱物の内部に発生する誘電損（誘電体損）を利用した加熱法であるから、外周から内部に加熱されるものではない。

② 電子冷凍 　重要度 B

　電子冷凍は、**ペルチェ効果**を利用して行われます。ペルチェ効果とは、2種類の異種金属の接合点に電流が流れたとき、一方の接合点で熱の吸収、もう一方の接合点で熱の発生が起こる現象をいいます。

　実用的には、異種金属としてp形半導体およびn形半導体の合金が用いられています。普通の冷凍装置に比べ、モータも冷媒（れい
ばい）も不要なため騒音が小さく、長寿命です。また、電流の方向を逆にすると発熱するので、冷温両用装置として使用できます。しかし、効率が悪く高価である、という欠点があります。現在、小型であまり吸熱量が要求されない携帯用冷却箱、冷温両用の恒温槽（こうおんそう）などに使用されています。

　なお、ペルチェ効果（起電力を与えると温度差が発生）は、**ゼーベック効果**（温度差を与えると起電力が発生）とは相反する関係となります。図8.10にこの比較を示します。

補足🖋
恒温槽とは、長時間一定の温度に保つことができる容器のこと。

＋プラスワン
ゼーベック効果については、本レッスン「④温度の測定」で学ぶ。

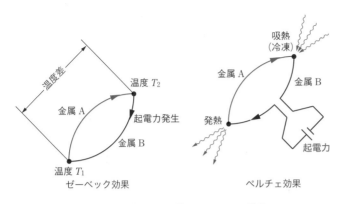

図8.10　ゼーベック効果とペルチェ効果

③ ヒートポンプ

重要度 **A**

(1) ヒートポンプの原理

　電気エネルギーによる機械的な仕事を加えて、冷媒を使用し低温部から高温部へ熱を移動させる（くみ上げる）装置を**ヒートポンプ**といいます。ヒートポンプで熱を移動させることにより、低温部の温度はより低く、高温部の温度はより高くなります。

　熱力学サイクルにおいて、冷凍機は低温部で熱が奪われること（冷却）に着目し、ヒートポンプは高温部での熱の放出（加熱）に着目しています。図8.11にヒートポンプの動作図を示します。

補足 -🖉

冷却および加熱の両方を同時に利用する場合も**ヒートポンプ**という。例えば、凝縮器を室外器、蒸発器を室内器とすればエアコンの室内冷房運転となり、逆なら暖房運転となる。冷暖房の切り換えは四方弁（図8.11では省略）により行う。

第8章

電熱

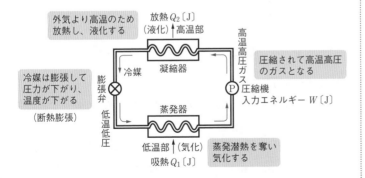

図8.11　ヒートポンプの原理

(2) 成績係数(COP)

　成績係数(COP)は、**エネルギー消費効率**とも呼ばれ、入力(消費)する電気エネルギー1〔kW〕当たりどのくらいの冷房能力〔kW〕または暖房能力があるかを示す数値で、次式で表されます。

> **!重要 公式** 冷房の成績係数(COP)
> $$\mathrm{COP}_冷 = \frac{冷房能力〔kW〕}{入力電力〔kW〕} = \frac{蒸発器吸熱量\ Q_1〔J〕}{圧縮器入力\ W〔J〕} \tag{15}$$

> **!重要 公式** 暖房の成績係数(COP)その1
> $$\mathrm{COP}_暖 = \frac{暖房能力〔kW〕}{入力電力〔kW〕} = \frac{凝縮器放熱量\ Q_2〔J〕}{圧縮器入力\ W〔J〕} \tag{16}$$

　なお、理想的な状態においては、$\mathrm{COP}_暖$は、

暖房能力〔kW〕＝冷房能力〔kW〕＋入力電力〔kW〕

$Q_2 = Q_1 + W$〔J〕

となるため、次式のように**1より大きく**なります。

> **!重要 公式** 暖房の成績係数(COP)その2
> $$\mathrm{COP}_暖 = \frac{暖房能力〔kW〕}{入力電力〔kW〕} = \frac{Q_2}{W} = \frac{Q_1 + W}{W}$$
> $$= \frac{Q_1}{W} + 1 = \mathrm{COP}_冷 + 1 > 1 \tag{17}$$

　また、外気から熱を出し入れすることから、外気温度によって成績係数は変化します。

⊞ **プラスワン**

冷媒は、ヒートポンプの装置や配管内を循環している過程で液体になったりガスになったりをくり返す。**圧力を上げれば液化**し、**下げれば気化(ガス化)**する。小さな圧力差で液化、気化ができれば小さな動力ですむので有利である。

したがって冷媒は、あまり高くない圧力でも液化し、かつあまり低くない圧力でも気化する物質が望ましい。

······· 受験生からよくある質問 ·······

Q 冷媒とは何ですか？

A 冷媒とは、冷凍機やヒートポンプなどで，低温の物体から高温の物体に熱を運ぶ作動流体をいいます。

　最も多用される圧縮式では、冷媒は熱を与える際に凝縮し、熱を受け取る際に蒸発します。冷媒は蒸発圧力はあまり低くなく、かつ凝縮圧力があまり高くない物質で、毒性や腐食性がないことが望まれます。

オゾン層破壊の問題に伴って、フロン系の冷媒から環境にやさしいイソブタンなど炭化水素系冷媒に移行が進んでいます。また、従来使用されていたアンモニアへの回帰も見直されています。

④ 温度の測定　重要度 B

電気的な温度計は、抵抗温度計、熱電温度計などの接触式と、光高温計、放射温度計などの非接触式があります。

（1）抵抗温度計

金属や半導体の抵抗値が温度に応じて変化することを利用した温度計を**抵抗温度計**といいます。金属抵抗を使う場合で最も一般的なものは、白金を使用した白金抵抗温度計で、半導体抵抗の場合は**サーミスタ温度計**が一般的な温度計です。

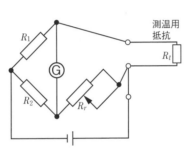

図8.12　抵抗温度計の原理

t_1〔℃〕における抵抗値がR_{t1}〔Ω〕とわかっている抵抗体を、被測定物に接触させると抵抗体の温度が変化するため抵抗値が変わります。このときの抵抗値R_{t2}〔Ω〕をブリッジ回路などで測定して、被測定物の温度t_2〔℃〕を求めます。

詳しく解説！ 抵抗温度係数と抵抗値の関係

抵抗温度係数と抵抗値の関係は、

$R = R_0(1 + \alpha_0 t)$

　ただし、R_0：0〔℃〕における抵抗値

　　　　　α_0：0〔℃〕における抵抗温度係数

で表されます。

用語

サーミスタとは、マンガン（Mn）、ニッケル（Ni）、コバルト（Co）などを成分とするセラミックスであり、半導体である。温度変化に対して電気抵抗の変化が大きく、この現象を利用し温度を測定するセンサとしても利用される。

第8章

電熱

ここで、抵抗温度係数とは、「温度が1〔℃〕変化したときの抵抗変化の割合」を示す値で、単位は〔1/℃〕(または〔K^{-1}〕)で表されます。なお、抵抗温度係数は温度によって変わります。この式を使用する問題が理論科目で出題されることがあるので、式は覚えておきましょう。

また、一般に金属(導体)の抵抗温度係数は正、半導体や絶縁物の抵抗温度係数は負です。これもあわせて覚えておきましょう。

(2) 熱電温度計

図8.13に示すように、2種類の金属の両端を接続して閉回路を構成し、金属の接続部に温度差を与えると、金属の接続端には与えた温度差に比例した起電力を生じます。この現象を**ゼーベック効果**といいます。

温度差
温度 T_2
金属 A
起電力発生
金属 B
温度 T_1

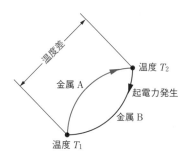

図8.13　ゼーベック効果

熱電温度計は、この起電力を測定することによって温度を測定する温度計です。なお、2種類の金属の組み合わせを**熱電対**(ねつでんつい)といい、測定温度などに応じて、白金−白金ロジウム、クロメル−アルメル、鉄−コンスタンタン、銅−コンスタンタンなどの熱電対が用いられます。

補足
- **クロメル**：ニッケル、クロムを主とした合金
- **アルメル**：ニッケル、アルミニウム、マンガンを主とした合金
- **コンスタンタン**：銅、ニッケルを主とした合金

熱電対
補償導線（リード線）
保護管
指示計
測温（熱）接点
基準（冷）接点
氷

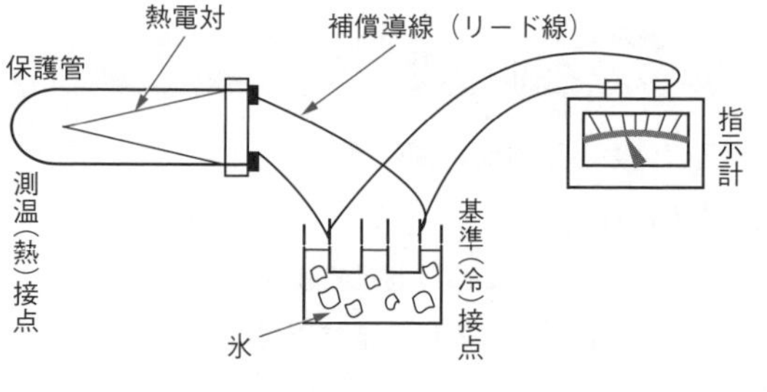

図8.14　熱電温度計の構成

　また、高価な熱電対をそのまま長くひくのは不経済なので、比較的低い温度では、熱電対と起電力特性がほとんど変わらない安価な**補償導線**（リード線）で途中を代用させることもあります。

(3) 光高温計

　物体は、低温の場合は暗赤色に、高温になるに従って白色に輝くようになります。**光高温計**はこの特徴を利用して、物体の温度を測定する温度計です。測定は、被測温物体の輝度L_1と光高温計内にある電球のフィラメントの輝度L_2を比較して、輝度が等しくなるようにフィラメントに流す電流を調整し、輝度L_1とL_2が一致したとき一見フィラメントが消失したかのように見えるときの電流を測定することで、温度測定をします。

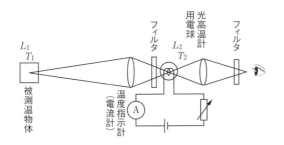

図8.15　光高温計の原理

(4) 放射温度計

　放射温度計は、高温物体から放射される放射エネルギーを測定して、物体の温度を測定する温度計です。高温物体が単位時間に放出する放射エネルギーは、絶対温度の**4乗**に比例する（**ステファン・ボルツマンの法則**）ことから、被測温物体から放出される放射エネルギーを、熱電対を多数直列に接続した受熱板（サーモパイル）に集め、この端子に接続された指示計により、被測温物体の温度を測定します。

　放射温度計のうち、波長20〔μm〕程度までの赤外線を利用する温度計を、特に**赤外線放射温度計**（または単に**赤外線温度計**）

補足

非接触で計測できる**放射温度計**は、高温部や充電部の温度計測に広く用いられている。

第8章

電熱

といい、検出素子には、抵抗温度計にも使用されている**サーミスタ**やHgCdTe、InGaAs、PbSなどの**光電素子**があります。

例題にチャレンジ！

　次の温度計のうち、ゼーベック効果を利用して温度を測定する方式の温度計はどれか。

(1) 白金抵抗温度計

(2) サーミスタ温度計

(3) 熱電温度計

(4) 放射温度計

(5) 光高温計

・解答と解説・

ゼーベック効果とは、2種類の金属の両端を接続し、それぞれの接続点を異なる温度にするとき熱起電力が生じる現象である。この2種類の金属の組み合わせを**熱電対**といい、この熱電対を利用した温度計を(3)**熱電温度計**(答)という。

理解度チェック問題

問題　次の◯◯◯の中に適当な答えを記入せよ。

　導電性の被加熱物を交番磁束内に置くと、被加熱物内に起電力が生じ、渦電流が流れる。　(ア)　加熱は、この渦電流によって生じるジュール熱によって被加熱物自体が昇温する加熱方式である。抵抗率の　(イ)　被加熱物は相対的に加熱されにくい。

　また、交番磁束は　(ウ)　効果によって被加熱物の表面近くに集まるため、渦電流も被加熱物の表面付近に集中する。この電流の表面集中度を示す指標として、電流浸透深さが用いられる。電流浸透深さは、交番磁束の周波数が　(エ)　ほど浅くなる。したがって、被加熱物の深部まで加熱したい場合には、交番磁束の周波数は　(オ)　ほうが適している。

　ヒートポンプは、外部から機械的な仕事 W〔J〕を与え、　(カ)　部より熱量 Q_1〔J〕を吸収して、　(キ)　部へ熱量 Q_2〔J〕を放出する機関のことである。この場合（定常状態では）、熱量 Q_1〔J〕と熱量 Q_2〔J〕の間には　(ク)　の関係が成り立つ。ヒートポンプの効率 η は、　(ケ)　係数（COP）と呼ばれ、加熱サイクルの場合　(コ)　または $\dfrac{Q_1 + W}{W}$ となり、1より大きくなる。

　熱電温度計は、　(サ)　の熱起電力が熱接点と冷接点間の温度差に応じて生じるという　(シ)　効果を利用したものである。

　抵抗温度計は、白金や銅、ニッケルなどの純粋な金属や　(ス)　のような半導体の抵抗率が温度によって規則的に変化する特性を利用したものである。

　放射温度計は、「放射体から単位時間に放射される放射エネルギーは、放射体の絶対温度の　(セ)　に比例する」というステファン・ボルツマンの法則を応用したもので、光学系を使用して被測温体からの放射エネルギーを受熱板に集めて、その温度上昇を熱電温度計などによって測定するものである。

第8章

電熱

解答

(ア)誘導　　(イ)低い　　(ウ)表皮　　(エ)高い　　(オ)低い

(カ)低温　　(キ)高温　　(ク)$Q_2 = Q_1 + W$　　(ケ)成績　　(コ)$\dfrac{Q_2}{W}$

(サ)熱電対　　(シ)ゼーベック　　(ス)サーミスタ　　(セ)4乗

電気化学の基礎

電気分解、ファラデーの法則、電池などについて学びます。ファラデーの法則を利用する計算は重要です。しっかり意味を理解しましょう。

関連過去問 077, 078

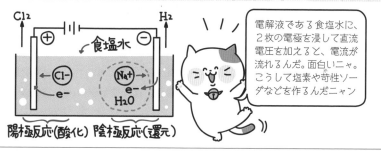

電解液である食塩水に、2枚の電極を浸して直流電圧を加えると、電流が流れるんだ。面白いニャ。こうして塩素や苛性ソーダなどを作るんだニャン

今日から第9章、電気化学ニャン

補足

電流とは、電荷の移動であり、イオンが移動すれば、電流が流れたことになる。

補足

酸化とは、酸素と化合することをいうが、広い意味では「ある物質が**電子を失うこと**」をいう。
また、**還元**とは「ある物質が**電子を得ること**」をいう。電気分解では、陽極では陰イオンが電子を失う酸化が起こり、陰極では陽イオンが電子を得て還元が行われる。

① 電気分解とファラデーの法則 　重要度 Ａ

(1) 電気分解

　水溶液中で陽イオンと陰イオンに電離する物質を**電解質**といい、電解質が溶け込んだ水溶液を**電解液**といいます。

　電解液中に2枚の電極を浸し直流電圧を加えると、陽 (正) 極に陰イオンが引き寄せられ、陰 (負) 極に陽イオンが引き寄せられます。それぞれのイオンは、電極で電荷を放出または受け取り、中性の物質となって電極面に析出します。イオンの移動により、水溶液中には電流が流れたことになります。

　このように、電解液に電流が流れたとき、電極と電解質の水溶液中の分子やイオンとの間の電子の授受によって化学変化を起こすことを**電気分解** (または**電解**) といいます。これを工業的に行うものを**電解化学工業**といいます。

　いま、電解質の水溶液として、図9.1のように食塩水 (水：H_2O、塩化ナトリウム：$NaCl$) の例を考えます。

　陽極では、水溶液 (陰イオン) が**電子を失う反応** (酸化といいます)、**陰極**では、水溶液 (陽イオン) が**電子を得る反応** (還元といいます) が起こります。このとき、陽極には塩素ガス (Cl_2) が、陰極には水酸化ナトリウム (か性ソーダ：$2NaOH$) と水素ガス

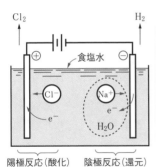

図9.1　食塩水の電気分解

(H₂) が析出します。

陽極反応（酸化）：

$2Cl^- \rightarrow Cl_2 + 2e^-$

陰極反応（還元）：

$2Na^+ + 2e^- + 2H_2O \rightarrow 2NaOH + H_2$

全反応：

$2NaCl + 2H_2O \rightarrow 2NaOH + Cl_2 + H_2$

＋1 **プラスワン**

実際の食塩電解の工業プロセスとしては、**イオン交換膜法**が採用されている。これは陽極側と陰極側を陽イオンだけを選択的に透過する**密隔膜**で仕切り、陽極側で生じたナトリウムイオンNa^+は、この密隔膜を通して陰極側に入り、NaOHとなる。

(2) ファラデーの法則

電気分解において、電解液を通過した電気量と電極に析出する物質の量との関係を示す法則を電気分解に関する**ファラデーの法則**といい、次の2つの法則があります。

◎**ファラデーの第一法則：電気分解において、電極に析出する物質の量は、電解液を通過した電気量に比例する。**

◎**ファラデーの第二法則：電気分解において、同一電気量による各電極の物質析出量は、その物質の化学当量に比例する。**

ファラデーの法則は、次式で表されます。

> ① **重要** **公式** 電極に析出する物質の量W（ファラデーの法則）
>
> $$W = \frac{1}{F} \cdot \frac{m}{n} \cdot I \cdot t = K \cdot Q \,〔g〕 \qquad (1)$$

ただし、W：電極に析出する物質の量〔g〕

F：ファラデー定数 $= 96500$〔C/mol〕

m：原子量、n：原子価、$\dfrac{m}{n}$：化学当量

K：電気化学当量〔g/C〕　$K = \dfrac{1}{F} \times \dfrac{m}{n}$〔g/C〕

I：電解液を流れた電流〔A〕、t：電流が流れた時間〔s〕

Q：電解液を通過した電気量〔C〕（$Q = I \cdot t$〔C〕）

1〔mol〕の電子が持つ電荷（電気量）を**ファラデー定数**といい、$1.602 \times 10^{-19} \times 6.022 \times 10^{23} \fallingdotseq 96500$〔C/mol〕となります。

補足

化学当量の値にg（グラム）を付けたものを**1グラム当量**という。

＋1 **プラスワン**

公式(1)のWは**理論析出量**であって、電流効率ηを考慮すると、**実際の析出量**W'は、

$W' = W \times \eta$〔g〕

となる。

第9章

電気化学

補足—🖉

電子は負の電荷なので負号をつけるが、1〔F〕の電気量は、通常、絶対値で表すため、これを計算するときの電荷は絶対値を用いる。

補足—🖉

電気量の単位Fは、ファラデーと読む。

補足—🖉

電気化学当量*K*は、1〔A·h〕当たりの析出量〔g/A·h〕としても表される。

＋1 プラスワン

電験三種試験問題を解くにあたっては、通過電気量$Q(=I×t)$の単位が〔C＝A·s〕で出題されているのか、〔A·h〕で出題されているのか、よく見極めよう。

✋ 解法のヒント

電気量$Q=I·t$の単位に〔A·h〕を使用したファラデーの法則により解く。

電気量$Q=I·t$の単位に〔C〕＝〔A·s〕を使用した式で解くと、ファラデー定数は、$F＝96500$〔C/mol〕となるので、次式のようになる。

$$W＝\frac{1}{96500}×\frac{108}{1}$$
$$×30×3600$$
$$≒121〔g〕(答)$$

　ファラデーの第二法則から、すべての物質1グラム当量を析出させるための電気量は一定であり、この電気量を1〔F〕といい、ファラデー定数と同じ値になります。1〔F〕は、1価のイオンの場合、物質の1グラム当量に相当する原子に1個ずつの電子を与える全電気量となります。

　電子の電荷eとアボガドロ定数Nと電気量1〔F〕の関係は、次のようになります。

$$e＝-1.602×10^{-19}〔C〕$$
$$N＝6.022×10^{23}〔mol^{-1}〕$$
$$1〔F〕＝N×e＝6.022×10^{23}×1.602×10^{-19}$$
$$≒96500〔C/mol〕≒26.8〔A·h/mol〕$$

（ただし、1〔C〕＝1〔A·s〕＝1/3600〔A·h〕）

　また、1〔C〕の電気量で析出する量を電気化学当量Kといいます。すなわち、電気化学当量$K＝\dfrac{1}{96500}×$その物質のグラム当量〔g/C〕となります。

※モル(mol)とアボガドロ定数

　モル (mol) とは、集合体の呼び名です。例えば、鉛筆が12本集まって1ダースと呼ぶように、物質の構成要素（原子、分子、イオン、電子など）が$6.022×10^{23}$個集まると物質の構成要素の1〔mol〕となります。

　$6.022×10^{23}〔mol^{-1}〕$は**アボガドロ定数**と呼ばれ、質量数12の炭素 (^{12}C) の12〔g〕中に含まれる炭素原子の数で定義されています。

例題にチャレンジ！

　硝酸銀の溶液に直流電流30〔A〕を1時間流したとき、析出する銀の量〔g〕を求めよ。ただし、銀の原子量を108、原子価を1とし、ファラデー定数は27〔A·h/mol〕とする。

・解答と解説・・・・・・・・・・・・・・・・・・・・・・

析出量Wは、

$$W = \frac{1}{F} \cdot \frac{m}{n} \cdot I \cdot t = \frac{1}{27} \times \frac{108}{1} \times 30 \times 1 = \mathbf{120} \text{ (g) (答)}$$

② 化学電池　重要度 A

(1) 化学電池の動作原理

　還元剤と**酸化剤**をイオン導電体を介して接触させ、酸化還元反応の自由エネルギー変化に基づく起電力を利用するものを**化学電池**といい、通常、電池といえばこの化学電池を指します。

　起電反応のもとになる還元剤および酸化剤を**活物質**（**作用物質**、**減極剤**ともいう）といい、還元剤を**負（陰）極活物質**、酸化剤を**正（陽）極活物質**といいます。

　鉛蓄電池は、放電に伴い正極表面に水素ガスが発生し、再びイオン化して逆起電力を生じ、端子電圧が低下します。これを**分極作用**といいます。この分極作用を、例えば水素を酸化して水に変える酸化剤などを用いて防いでいます。

　鉛蓄電池は、負極活物質として金属鉛（Pb）を、また正極活物質として二酸化鉛（PbO_2）を用い、これらを希硫酸（H_2SO_4）に浸して放電反応を起こさせると、正極ではPbO_2が硫酸鉛（$PbSO_4$）となる還元反応が進行し、負極ではPbが$PbSO_4$となる酸化反応が進行します。次ページ図9.2に、鉛蓄電池の**放電反応**を示します。

　この放電反応時、正極では電子を取り入れ、負極では電子を放出します。この両極を外部の電気回路（負荷）で結ぶと、反応の進行により、持続電流が流れることになります。

　放電が続くと、電解液は硫酸が水になるので、比重が次第に小さくなり、起電力は小さくなります。規定された放電終止電圧（約1.8〔V〕）以下まで放電を続けることを過放電といい、**サルフェーション**（白色硫酸鉛化）により充電しても元に戻らなくなってしまいますので、過放電にならないうちに充電するよう

＋1 プラスワン

酸化剤とは酸化作用を有する物質で、一般に相手の物質に**酸素を与える**か、**水素を奪う**か、**電子を奪う**ものである。したがって、**酸化剤自身は還元される**ことになる。逆に、還元を起こさせることのできる物質を**還元剤**という。相手の物質から**酸素を奪う**か、**水素を与える**か、**電子を与える**ものである。したがって、**還元剤自身は酸化される**ことになる。

補足

正（陽）極：
⊕符号がある側の電極。放電時、電子が外部回路から電池内に流入するほうの電極。英語の名称はCathode（カソード）で、電気分解やダイオードなどの場合と逆であることに注意しよう。
負（陰）極：
⊖符号がある側の電極。正極の逆。英語の名称はAnode（アノード）。

第9章　電気化学

補足

サルフェーション（白色硫酸鉛化）とは、よくある鉛蓄電池の劣化現象で、最も注意すべきものである。過放電や高温で長時間放置後、電極面上に白い硫酸鉛（$PbSO_4$）が析出する現象で、電極は導電性の悪い膜で覆われ、充放電反応は著しく阻害され、容量は激減する。

注意が必要です。

充電時には、正極では酸化反応が起き、$PbSO_4$がPbO_2になり電子を放出します。

また、負極では$PbSO_4$が還元されてPbになり、再び放電可能になります。なお、過充電を行うと$PbSO_4$が尽きるため、電解液中の水（$2H_2O$）が水素（$2H_2$）と酸素（O_2）に電気分解し、正極から酸素ガス、負極から水素ガスが発生します。図9.3に、鉛蓄電池の**充電**反応を示します。

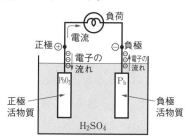

図9.2　鉛蓄電池の放電反応

正（陽）極反応：

$$PbO_2 + SO_4{}^{2-} + 4H^+ + 2e^- \underset{充電}{\overset{放電}{\rightleftarrows}} PbSO_4 + 2H_2O$$

負（陰）極反応：

$$Pb + SO_4{}^{2-} \underset{充電}{\overset{放電}{\rightleftarrows}} PbSO_4 + 2e^-$$

全反応：

$$Pb + PbO_2 + 2H_2SO_4 \underset{充電}{\overset{放電}{\rightleftarrows}} 2PbSO_4 + 2H_2O$$

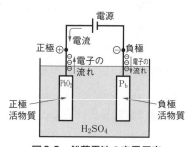

図9.3　鉛蓄電池の充電反応

　電池の**開放電圧**（正極と負極間に負荷を接続しない状態での両極間の電圧）は、両極の物質の**標準電極電位**の差により決まります。金属の**イオン化傾向**と標準電極電位の順序は対応しているため、正極と負極の**イオン化傾向の差が大きい**ほど標準電極電位の差も大きくなるので、**開放電圧は高くなります**。

(2) 化学電池の種類
①一次電池
　一次電池は、一度使い切ったら再使用できない電池です。マンガン乾電池、アルカリ・マンガン乾電池、リチウム電池などがあります。二次電池に比べエネルギー密度が高く、使い勝手が簡単で安価です。そのため、懐中電灯、電動玩具、時計、カメラ、電卓など、現代生活のあらゆる分野で使用されています。
②二次電池
　二次電池とは、充電することにより何度も繰り返し使用可能な電池のことで、蓄電池ともいいます。

表9.1　主な二次電池の例

	電池名	正極活物質	負極活物質	電解質（電解液）	起電力(V)（公称電圧）	特徴・用途例
二次電池	鉛蓄電池	PbO_2	Pb	H_2SO_4	2.0／セル	大電流取出、安価・自動車
	アルカリ鉛蓄電池（ニッケル・カドミウム蓄電池）	NiOOH	Cd	KOH	1.2／セル	重負荷向き、長寿命、急速充電可能・電気カミソリ、非常灯、電動玩具
	ニッケル・水素蓄電池	NiOOH	MH	KOH	1.2／セル	高エネルギー密度、重負荷用、急速充電可能・携帯電話、パソコン、ハイブリッド車
	リチウムイオン（二次）電池	$LiCoO_2$	黒鉛(C)	有機電解液	3.6／セル	高エネルギー密度、高作動電圧、長寿命・パソコン、携帯電話、電気自動車

NiOOH：オキシ水酸化ニッケル　Cd：カドミウム　KOH：水酸化カリウム
$LiCoO_2$：コバルト酸リチウム

用語
標準電極電位
金属を、その金属イオンを含む溶液に浸したとき、金属と溶液間に生じる電位差をいう。イオン化傾向を表す尺度となる。
イオン化傾向
金属が溶液中で陽イオンになろうとする性質のことをいう。イオン化傾向が大きな金属ほど、電子を放出して（酸化して）陽イオンになりやすい。

補足
通常私たちが使用している乾電池は、安価なマンガン乾電池、またはマンガン乾電池より長時間使用に耐え、少し高価なアルカリ・マンガン乾電池（単にアルカリ乾電池ともいう）である。

用語
セルとは、単電池（1個の電池）のことをいう。例えば、自動車のバッテリーは、バッテリー内部に鉛蓄電池2〔V〕が6セル積層されており、12〔V〕を発生している。

用語
MH（水素吸蔵合金）とは、水素を吸蔵・放出できる合金で、ニッケル、コバルト、マンガン、希土類混合物などを主成分とした合金である。ニッケル・水素蓄電池の負極に用いる

と、H$^+$イオンの吸蔵
や放出を行い、充電・
放電ができる。

補足

ニッケル・水素蓄電池
は、ニッケル・カドミ
ウム蓄電池に比べ、体
積エネルギー密度が高
く、カドミウムの環境
問題が回避できる。

補足

図9.4の例では、正極
活物質にマンガン酸リ
チウム（LiMn$_2$O$_4$）、負
極活物質に黒鉛（C）を
使用している。

補足

アセチレンブラックと
は、カーボンブラック
（炭素微粒子）の一種
で、高純度のアセチレ
ンガスを原料として、
熱分解により生成され
たものである。電解液
の吸収や導電剤などと
して使用される。

補足

セパレータは、正極と
負極を隔離するが、電
解液が染み込み、イオ
ンが流れる高分子膜で
ある。

　近年、技術の進歩が著しく、次世代型二次電池として期待されている**リチウムイオン（二次）電池**について、その概要を説明します。

　リチウムイオン（二次）電池は、一次電池であるリチウム電池の二次電池化の研究開発途上で誕生した電池です。リチウムイオン電池の正極、負極活物質としては、可逆なリチウム挿入・放出反応が

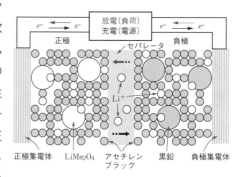

図9.4　リチウムイオン電池の作動原理

可能な材料がすべて候補となることから、非常に多様な材料系が存在しています。電解質には、有機電解質（有機電解液）が用いられます。図9.4に、リチウムイオン電池の作動原理を示します。

　リチウムイオン（Li$^+$）は、充電中および放電中に正極と負極を往復します。負極上では、リチウムが析出したり溶解したりするのではなく、充電中はリチウムが黒鉛（C）に吸蔵され、放電中はこの吸蔵リチウムの放出が起こり、マンガン酸リチウム（LiMn$_2$O$_4$）に吸蔵されます。

　リチウムイオン電池はエネルギー密度が高く、ノートパソコンや携帯電話などの携帯形電子機器用の中心的な電源として利用されています。最近では、電動工具用や電動アシスト自転車、電気自動車の電源として利用が拡大しています。

例題にチャレンジ！

　鉛蓄電池（A）、ニッケル・カドミウム蓄電池（B）、リチウムイオン電池（C）の3種類の二次電池の電解質の組み合わせとして、正しいのは次のうちどれか。

	(A)	(B)	(C)
(1)	有機電解質	水酸化カリウム	希硫酸
(2)	希硫酸	有機電解質	水酸化カリウム
(3)	水酸化カリウム	希硫酸	有機電解質
(4)	希硫酸	水酸化カリウム	有機電解質
(5)	有機電解質	希硫酸	水酸化カリウム

・解答と解説・・・・・・・・・・・・・・・・・・・・・・・・・・・・・・・・・・・

(A) 鉛蓄電池の電解質（電解液、バッテリー液）は、**希硫酸**（H_2SO_4）である。

(B) ニッケル・カドミウム蓄電池の電解質は、**水酸化カリウム**（KOH）溶液である。

(C) リチウムイオン電池の電解質は、**有機電解質**である。

解答：**(4)**

・・・

③ その他の電池　　　　重要度 **A**

(1) 燃料電池

燃料電池は、外部から還元剤である燃料（水素、メタノール、ヒドラジンなど）を負極に、酸化剤（酸素、空気など）を正極に連続して供給して、直接電気エネルギーを取り出します。燃料と酸化剤（空気中の酸素）を供給し続けると発電を継続できます。燃料電池は、電解質の種類によって分類され、アルカリ形、りん酸形、溶融炭酸塩形、固体酸化物形、固体高分子形などがあります。

図9.5に、電解液に水酸化カリウム（KOH）を用いたアルカリ形の動作原理を示します。負極に水素ガスが送られると、触媒の働きにより、水素イオン（H^+）と電子（e^-）に分かれ、水素イオンは電解液を通って正極に、電子は負荷を通って正極に向かいます。正極で、水素イオンと電子は酸素と反応して水になります。

第9章

電気化学

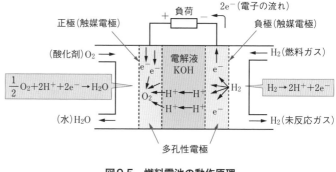

図9.5　燃料電池の動作原理

　燃料電池は、化学エネルギーを直接電気エネルギーに変換しますので、65〜70〔％〕と高い発電効率が得られ、小形のものは家庭用電源や宇宙用として実用化されています。

(2) 太陽電池

　太陽電池は、光起電力効果によって光エネルギーを直接電気エネルギーに変換する装置です。現在、太陽電池としては、シリコン単結晶からなるp形半導体とn形半導体を接合した単結晶シリコン太陽電池などがあります。動作原理は、pn接合部に光を照射し、内部光電効果によって生じた電

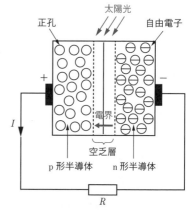

図9.6　太陽電池のしくみ

子と正孔が、それぞれn形半導体とp形半導体に移動し、外部回路に電気エネルギーとして取り出されます。

　太陽電池は、環境・エネルギー問題の深刻化に伴い、無尽蔵でクリーンなエネルギーとして注目を集めています。

理解度チェック問題

問題　次の[   ]**の中に適当な答えを記入せよ。**

1. 電気分解に関するファラデーの法則は、次式で表される。

$$W = \frac{1}{F} \cdot \frac{m}{n} \cdot I \cdot t = K \cdot Q \,〔\text{g}〕$$

ただし、W：電極に析出する物質の量〔g〕

F：ファラデー定数$= 96500\,〔\text{C/mol}〕$

$\fallingdotseq$ [　(ア)　]〔A・h/mol〕

m：原子量、n：原子価、$\dfrac{m}{n}$：[　(イ)　]

I：電解液を流れた電流〔A〕、

t：電流が流れた時間〔s〕

K：[　(ウ)　]〔g/C〕　　$K =$ [　(エ)　] $\times \dfrac{m}{n}$〔g/C〕

Q：電解液を通過した電気量

$$Q = I \cdot t 〔\text{A} \cdot \text{s} = \text{C}〕 = [　(オ)　] \; I \cdot t 〔\text{A} \cdot \text{h}〕$$

2. 鉛蓄電池は、正極と負極の両極に[　(カ)　]を用いる。希硫酸を電解液として初充電すると、正極に[　(キ)　]、負極に[　(ク)　]ができる。これを放電すると、両極 とももとの[　(カ)　]に戻る。

　放電すると水ができ、電解液の濃度が下がり、両極間の電圧が低下する。そこで、充電により電圧を回復させる。過充電を行うと電解液中の水が電気分解して、正極から[　(ケ)　]、負極から[　(コ)　]が発生する。

解答

(ア) 26.8　　(イ) 化学当量　　(ウ) 電気化学当量　　(エ) $\dfrac{1}{F}$　　(オ) $\dfrac{1}{3600}$

(カ) 硫酸鉛 (PbSO₄)　　(キ) 二酸化鉛 (PbO₂)　　(ク) 鉛 (Pb)　　(ケ) 酸素ガス

(コ) 水素ガス

解説

1. (ア) 1〔h〕は 3600〔s〕（1 時間は 3600 秒）であるから、電気量 1〔C〕$= 1〔\text{A} \cdot \text{s}〕 = \dfrac{1}{3600}$〔A・h〕となる。

よって (ア) は、$96500〔\text{C/mol}〕 = \dfrac{96500}{3600} \fallingdotseq \mathbf{26.8}$〔A・h/mol〕(答) となる。

2. (カ) 鉛蓄電池の正極と負極は、それぞれ正極活物質の二酸化鉛 (PbO₂)、負極活物質の鉛 (Pb) を指す場合も多い。

しかし、設問文から両極が同じ物質であるので、放電終了後の両極物質ととらえ、(カ) **硫酸鉛 (PbSO₄)** (答) となる。

第9章

電気化学

電気化学工業

電気エネルギーを消費して、電極で反応を起こさせる電解プロセスに関連する電解化学工業と、界面電解工業を中心に学びます。

関連過去問 079, 080

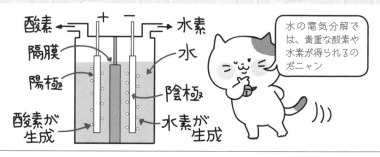

水の電気分解では、貴重な酸素や水素が得られるのだニャン

① 電解化学工業 重要度 B

電解化学工業には、水の電解や食塩水の電解をはじめ、溶融塩電解、電解精製(電解製錬)、電気めっき、電解研磨などがあります。

(1) 水の電解

水 (H_2O) を電気分解して酸素 (O_2) と水素 (H_2) を生成し、各種工業材料とします。導電性を増すため、水に20〔%〕程度の水酸化ナトリウム (NaOH) などを加え、アルカリ水溶液とします。水の電気分解の反応式は次のよう

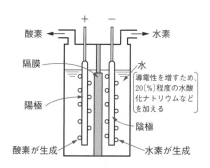

図9.7 水の電気分解

に表され、陽極に酸素ガス、陰極に水素ガスが生成されます。

陽極反応：$2OH^- \rightarrow \dfrac{1}{2}O_2 + H_2O + 2e^-$

陰極反応：$2H_2O + 2e^- \rightarrow H_2 + 2OH^-$

> **補足**
> 電気分解のことを**電解**と省略して表記することが多いので、覚えておこう。

全反応：$H_2O \rightarrow H_2 + \dfrac{1}{2}O_2$

　陽極では「電子を失う反応＝酸化」、陰極では「電子を得る反応＝還元」が起こっています。

（2）食塩水の電解（食塩電解）

　食塩水（NaCl）を電気分解して、陽極に塩素（Cl_2）、陰極に水酸化ナトリウム（NaOH）と水素（H_2）を生成します。この方法には、イオン交換膜法、石綿を用いる隔膜法、水銀法がありますが、石綿を用いる隔膜法や水銀法は公害問題のため現在使用されておらず、わが国で採用されている食塩水の電解は**イオン交換膜法**です。

　イオン交換膜法は、図9.8に示すように、陽極側と陰極側をイオン交換膜で仕切ったものです。イオン交換膜は**密隔膜**であり、この密隔膜は特殊な樹脂を用い、陽イオンだけを透過させる性質を持っています。

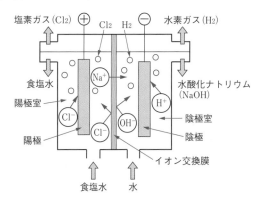

図9.8　食塩水の電解

　イオン交換膜法による**食塩水の電気分解**は、次のようにして行われます。

　陽極室には食塩水を、陰極室には水を注入して外部から電流を流すと、ナトリウムイオン（Na^+）は陽極室からイオン交換膜を透過して陰極室に入ります。一方、塩素イオン（Cl^-）は陰イオンなので陽極室にとどまって、陽極で電子を放出して塩素ガ

補足

水の電気分解の反応式は、次のように表すこともできる。
$2H_2O \rightarrow 2H_2 + O_2$
酸素は通常、原子単独の状態では存在せず、分子O_2の形で存在する。このため、上記のような反応式で書き表す。

補足

密隔膜とは、陽極液と陰極液が完全に分離され、膜中はイオンが選択的に通過できる膜のことをいう。

第9章

電気化学

ス（Cl_2）になります。

　陰極室では、注入された水の一部が水素イオン（H^+）と水酸化物イオン（OH^-）に分かれており、水素イオンが陰極で電子を得て水素ガス（H_2）になります。残された水酸化物イオン（OH^-）は陽極室に引かれますが、イオン交換膜で遮断されて陰極室にとどまり、陽極室から移動してきたナトリウムイオン（Na^+）と結合して、水酸化ナトリウム（NaOH）になります。

　食塩水の電気分解の反応式は、次のように表されます。

陽極反応：$2Cl^- \rightarrow Cl_2 + 2e^-$

陰極反応：$2Na^+ + 2e^- + 2H_2O \rightarrow 2NaOH + H_2$

全反応：$2NaCl + 2H_2O \rightarrow 2NaOH + Cl_2 + H_2$

(3) 溶融塩の電解

　塩の固体を融点以上に加熱溶融することにより、水を含まないイオン液体の状態にすることができます。これを**溶融塩**といいます。溶融塩は、水が存在すると得られないような化合物を、電気化学的に合成するために用いられます。工業電解としては、水溶液電解では製造不可能な金属を中心に利用されています。リチウムやナトリウムのアルカリ金属、マグネシウムやカルシウムのアルカリ土類金属、アルミニウム、希土類金属、ふっ素などが溶融塩電解で得られる代表的なものです。

　例えば、ナトリウムなどのアルカリ金属を水溶液電解すると、アルカリ金属のほうが水素よりイオン化傾向が大きく、酸化されやすいので、アルカリ金属より先に水素イオンが放電し、水素ガスが発生してしまいます。このため、溶融塩電解が利用されます。

(4) アルミニウム電解

　溶融塩電解の例として、**アルミニウム電解**があります。

　アルミニウムの原料は、アルミナ（Al_2O_3）です。氷晶石（Na_3AlF_6）を主体とする電解浴中に、約1000〔℃〕のアルミナを5～8〔%〕溶かして電解すると、陰極にアルミニウムが析出されます。陽

補足
アルミナは、原鉱石である**ボーキサイト**を化学処理し、不純物を除いて得られる。

補足
電解浴とは、電解槽中の電解液をいう。

極には炭素電極を使用します。これは発明者にちなんで**ホール・エルー法**と呼ばれ、アルミニウムを工業的に生産する方法としては現状では唯一のものです。

アルミニウム電解の反応式は、次のように表されます。

陽極反応：$3C + 6O^{2-} \rightarrow 3CO_2 + 12e^-$

陰極反応：$4Al^{3+} + 12e^- \rightarrow 4Al$

全反応：$2Al_2O_3 + 3C \rightarrow 4Al + 3CO_2$

(5) 電解精製（電解製錬）

精製したい粗金属を鋳込んだ陽極を、目的の金属と同一の金属塩を含む液を電解液として電解し、陰極に純度の高い金属を析出させる方法を**電解精製**または**電解製錬**といいます。工業的には銅の精製が代表的で、こうして得られた銅を**電気銅**といいます。

(6) 電気めっき

金属イオンを含んだ水溶液の電解を行うと、陰極にその金属が析出します。これを利用して、陰極の表面を他の金属の薄い膜で覆うことを**電気めっき**といいます。めっきの目的は装飾のみならず、耐食性や耐摩耗性を与えることが

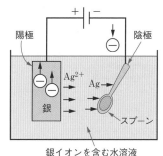

図9.9　電気めっき

できます。用途により、金や銀をはじめ、ニッケル、亜鉛、すずなどの金属イオンが使用されます。図9.9に電気めっき（スプーンの銀めっき）の例を示します。

また、原理は電気めっきと同じですが、長時間連続操作して厚い金属層を作り、これを原形からはがして原形と同じ複製を得ることを**電気鋳造**（**電鋳**、**厚めっき**）といいます。電鋳金属は銅、ニッケル、鉄などで、印刷用版画やコンパクトディスクの金型などの製作に利用されています。

補足－

「鋳込む」とは、高温にして溶かした金属を砂などで作った鋳型に流し入れ、冷やして固めること。出来上がったものが鋳物。溶けた金属を流し込むだけなので、複雑な形状の製品も、安く、大量に作ることができる。

第9章

電気化学

(7) 電解研磨

特定の電解液の中で磨くべき金属を陽極として電解を行うと、表面が平滑で光沢のある状態になり、耐食性や耐摩耗性が著しく向上します。これを**電解研磨**といいます。電解研磨は、電解析出と反対の現象で、電流によって陽極金属が液の中へ溶け出すことにより起こります。溶け出す際に、金属の微小な凹凸が電解作用により溶解され、きれいな表面仕上げとなります。

研磨可能な金属はアルミニウム、銅、ニッケル、クロム、黄銅、炭素鋼など多様にわたります。精密機械部品やミシン針、注射針、洋食器などに広く利用されています。

例題にチャレンジ！

次の □ の中に適当な答えを記入せよ。

アルカリ金属は、 (ア) よりもイオン化傾向が (イ) ので、水溶液を電気分解すると負極に水素が発生してしまうために析出させることができない。このような金属は、塩の固体を (ウ) した溶融塩として電気分解をする。

・解答と解説・ ・・・・・・・・・・・・・・・・・・・・・・・・・・・・・・・

ナトリウムなどのアルカリ金属を水溶液電解するような場合は、アルカリ金属のほうが(ア)**水素**よりイオン化傾向が(イ)**大きい**ので、酸化されやすく、アルカリ金属より先に水素イオンが放電し、負極に水素ガスが発生してしまう。このため、このような金属は水溶液を含まない塩の固体を、融点以上に(ウ)**加熱溶融**した溶融塩として電気分解する。

・・・

② 界面電解工業　　重要度 B

界面電解工業は、通常、電解化学工業とは別に分類されます。界面電解とは、固体と液体の境界面での電荷のふるまいによって起こる現象をいい、電気泳動、電気浸透、電気透析（電解透析）

などがあります。

(1) 電気泳動

　固体の微粒子が溶液中の
イオンを吸着して帯電し、
あたかも自らがイオンのよ
うに逆符号の電極に向かっ
て移動する現象を**電気泳動**
といいます。図9.10に示
すように、微粒子が負に帯
電すると、帯電している符
号と逆符号の電極、すなわ
ち陽極に向かって移動しま
す。

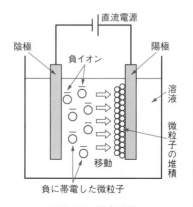

図9.10　電気泳動

　例えば、水にまじっている粘土は負に帯電するので、陽極に
粘土を集めて精製することができます。また、こうした現象を
利用して、導電性のよい水溶性の塗料（合成樹脂塗料またはエ
マルジョン塗料）を自動車などの被塗装物表面に析出させ塗装
する方法を、**電着塗装**（電気泳動塗装）といいます。

(2) 電気浸透

　図9.11に示すように、多
孔質の隔膜でコロイド溶液
を2つに分け、それぞれに
電極を入れて直流電圧を加
えると、液が隔膜を通って
移動して液面に差ができま
す。こうした現象を**電気浸
透**といい、粘土や泥炭の脱
水などに利用されていま
す。

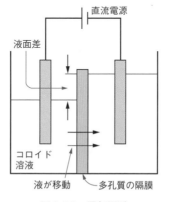

図9.11　電気浸透

　電気浸透は、液体の中にある帯電した微粒子だけが動く電気
泳動と違い、**液体そのものが動く**現象です。多孔質固体に液体

用語
エマルジョンとは、乳
濁液ともいわれ、液中
に混じり合わないほか
の液体が微細粒子とな
り、分散・浮遊してい
る混合物をいう。

補足
電着塗装は、金属イオ
ンを含んだ水溶液を用
いた**電気めっき**とは異
なる。注意しよう。

用語
多孔質とは、多数のご
く小さい孔がある材質
をいう。
また、**コロイド**とは、
ある物質（固体、液体、
気体）が0.1〔μm〕（マ
イクロメートル）程度
の極めて小さな粒子と
なってほかの物質の中
に分散している状態を
いう。エマルジョンは
コロイドの一種である。

第9章 電気化学

用語 📷

液体や固体など2つの異なる物質が接する界面には、ある程度の電位差が生じます。この電位差による電界に従って物質の荷電粒子が移動した結果、界面に正負の荷電粒子が対を形成して層状に並んだものを**電気二重層**という。

を入れると、固液界面に電気二重層ができ、ここに電圧を加えると、液体の荷電部分が動き、それに引かれて液体全体も流れ出します。

(3) 電気透析（電解透析）

図9.12に示すように、電解質溶液を隔膜で3室に分け、両側に直流電圧を加えると、正負イオンがそれぞれ両側の電極に移動し濃縮されます。また、中央の室にはイオンが含まれないようになり、電解質が取り除かれます。

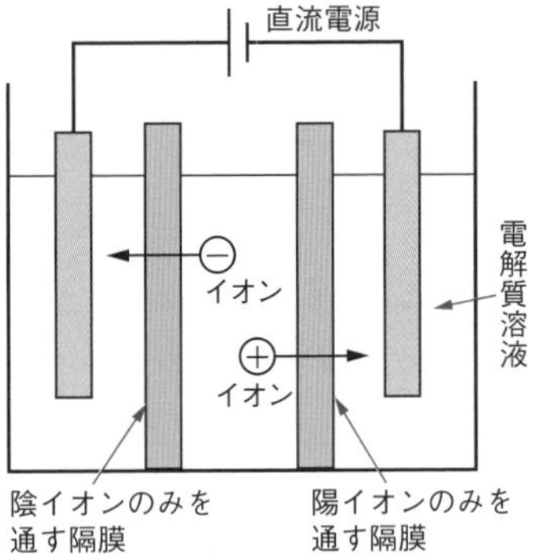

図9.12　電気透析

こうした現象を**電気透析**（または**電解透析**）といい、海水の淡水化、海水からの食塩の製造、血清やたんぱく質の精製などに利用されています。

理解度チェック問題

問題 次の □ の中に適当な答えを記入せよ。

1. 食塩水を分解して、水酸化ナトリウム (NaOH、か性ソーダ) と塩素 (Cl_2) を得るプロセスは食塩電解と呼ばれる。食塩電解の工業プロセスとして、わが国で採用されているものは、 □(ア)□ である。

この食塩電解法では、陽極側と陰極側を仕切る膜に □(イ)□ イオンだけを選択的に透過する密隔膜が用いられている。外部電源から電流を流すと、陽極側にある水との間で電気分解が生じてイオンの移動が起こる。陽極側で生じた □(ウ)□ イオンが密隔膜を通して陰極側に入り、 □(エ)□ となる。

2. 多孔質の隔膜を中にして陽極室と陰極室を作り、直流電圧をかけると、水分が陰極室のほうに移動する。この現象を □(オ)□ という。

電解質を含む液を2枚の隔膜で3室に分け、左右の室に電極を入れて直流電圧をかけると、中央の室の電解質が外側の室に移動する。この現象を □(カ)□ という。

微粒子が含まれている液中に2枚の電極を入れて直流電圧をかけると、微粒子は溶液中のイオンを吸着して帯電する。そして、電荷をもった微粒子は自身の電荷と逆符号の電極に向かって動き出す。この現象を □(キ)□ という。

解答

(ア) イオン交換膜法 　(イ) 陽 　(ウ) ナトリウム 　(エ) 水酸化ナトリウム (NaOH)
(オ) 電気浸透 　(カ) 電気透析または電解透析 　(キ) 電気泳動

自動制御系の構成

シーケンス制御では、インタロック、自己保持回路などを、フィードバック制御では、目標値の時間的性質による分類などを学びます。

関連過去問 081, 082, 083

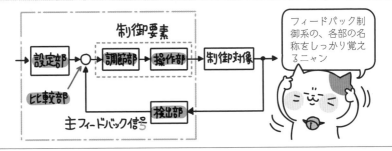

フィードバック制御系の、各部の名称をしっかり覚えるニャン

今日から、第10章、自動制御の始まりニャ

補足 📎

リモコンは、リモートコントロール（remote control）の略。ラジコンは、ラジオコントロール（radio control）の略。

① 自動制御とは　重要度 A

制御（control；コントロール）という言葉は、自動制御、システム制御、リモコン、ラジコンなどのように一般に広く使われています。制御とは、「**対象**となるものに、**目的**に応じて所要の**操作**を加えること」と定義されています。こうした制御動作を制御装置によって自動的に行うものを**自動制御**といいます。これに対して、制御動作を人間が行うものを**手動制御**といいます。

自動制御の例として、電気こたつやエレベータなどの制御動作があります。

また、手動制御の例として、自動車の速度制御があります。これは、アクセルをどれだけ踏むのかという制御を人間が行うので、手動制御となります。

電気こたつの温度制御

図10.1　自動制御の例

自動車の速度制御　——アクセル　——ブレーキ

図10.2　手動制御の例

② 自動制御の分類　重要度 **A**

　自動制御を大別すると、**シーケンス制御**と**フィードバック制御**に分類されます。

（1）シーケンス制御

　シーケンス制御とは、あらかじめ定められた順序に従って、制御の各段階を逐次（ちくじ）進めていく制御をいいます。順序のことを英語で「シーケンス」といいます。例えば、機械の起動停止、工作機械の制御、スケジュールの決まった操作など、制御が比較的簡単で、環境変化がほとんど影響しない場合に用いられます。シーケンス制御は、**開ループ制御**とも呼ばれます。先に述べたエレベータの制御もシーケンス制御に当たります。

　シーケンス制御を行う機器には、電磁スイッチや電磁リレー、タイマリレーなどがあります。電磁リレーなど有接点の機器を用いたシーケンス制御を**リレーシーケンス**といいます。リレーシーケンスにおいて、2個の電磁リレーのそれぞれのコイルに相手のb接点を直列に接続して、両者が決して同時に働かないようにすることを**インタロック**といいます。また、トランジスタ、ICなどの論理素子（無接点リレー）を用いたシーケンス制御を**無接点シーケンス**といいます。

　シーケンス制御の動作内容の確認などのため、横軸に時間をとり、縦軸にコイルや接点の動作状態を表したものを**タイムチャート**といいます。

　リレーシーケンスの例として、図10.3に三相誘導電動機のY-△始動の制御回路を示します。入り操作の押しボタンスイッチBS-1を押すと同時に、三相誘導電動機の一次巻線は電磁スイッチMC-YによりY結線に接続され、タイマリレーTLRで定められた時間（数秒）経過後に、△結線に接続が変えられ始動が完了します。BS-1を"入り"操作してその接点が離れても、電磁スイッチMCの補助接点により電磁スイッチMCは励磁状態のまま保持されます。この回路を**自己保持回路**といいます。

＋プラスワン

シーケンス制御は、リレーシーケンス、無接点シーケンスのほかに、専用のマイクロコンピュータを利用したPLC（**プログラマブルコントローラ）シーケンス**がある。PLCでは、スイッチ、リレー、タイマなどをソフトウェアで書くことにより、変更が容易なシーケンス制御を実現できる。

補足

図10.3は、リレーシーケンス制御の一例であり、仕組みの概略と、**インタロック**、**タイムチャート**、**自己保持回路**の用語の意味を覚えておけば十分である。

第10章　自動制御

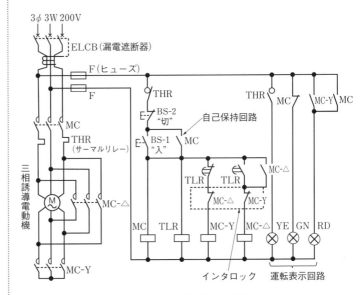

図10.3 三相誘導電動機の始動回路

　自己保持は、切り操作の押しボタンスイッチBS-2を押すことにより解除されます。また、この回路には、MC-YとMC-△の電磁スイッチが両方同時にONになることがないようインタロックが組まれています。もしインタロックがなく、MC-YとMC-△の電磁スイッチが両方同時にONになると、主回路の三相短絡事故となってしまいます。

(2) フィードバック制御

　制御した結果を計測・監視しながら目標とする値から外れている場合、修正し、常に目標とする値に保とうと働きかける制御を**フィードバック制御**といいます。制御結果を目標値と比較するため、元に戻すことをフィードバックといいます。

　フィードバック制御には、**正フィードバック**と**負フィードバック**がありますが、通常、自動制御でフィードバックといえば、**負フィードバック**のことです。フィードバック制御は、**閉ループ制御**とも呼ばれます。工業プロセスの制御や運動する物体の制御の場合は、ほとんどフィードバック制御が用いられ

ます。フィードバック制御は、シーケンス制御に比べ複雑な構成になりますが、制御精度が高く、外乱・特性変化の影響を受けにくいなど優れた特徴を持っています。

　フィードバック制御の身近な例として、図10.4に自動温度調節器付電気こたつを示します。

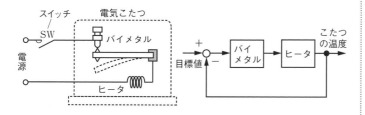

図10.4　自動温度調節器付電気こたつ

　自動温度調節器付電気こたつは、こたつの温度が"強""中""弱"と設定でき、こたつの設定温度を超えると**バイメタル**が湾曲し、接点を開き電流を断ち、温度が下がると接点が閉じ、再びヒータに電流が流れます。これにより、こたつの温度はほぼ一定に保たれます。この場合の信号の伝わる経路は、閉じた一巡する伝達経路となります。

　フィードバック制御は、与えた操作量の結果を見てから修正しているため、制御を乱す外乱が突然発生しても、その影響が現れてからでなければ修正を行うことができません。

　そこで考えられたのが、**フィードフォワード制御**を付加することです。フィードフォワード制御は、影響を及ぼす外乱が発生した場合、前もってその影響を極力なくすように必要な修正動作を行う制御方式で、開ループを構成します。フィードフォワード制御のみでは目標値に一致させることができないので、通常、フィードバック制御に付加し、制御の高性能化を図ります。

　図10.5（a）にフィードフォワード制御、図10.5（b）にフィードバック制御を示します。

補足

人間の行動のうち、意識的に行われるものは、基本的にフィードバック制御方式となっている。すなわち、行動の結果は、視覚、聴覚、触覚などの感覚器官により検出され、その結果が神経を経て頭脳にいたり、そこで適当な判断を下し、行動に何らかの修正が加えられる。

用語

バイメタルとは、熱膨張率の違う2種類の金属板を貼り合わせたもので、温度が高くなれば熱膨張率の大きいほうがよく伸びるため曲がる。この曲がりを利用して、電気接点を開閉する温度調節器がある。

用語

開ループとは、フィードバックをかけない、ということである。

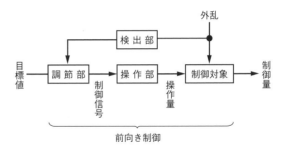

(a) フィードフォワード制御（開ループ制御）

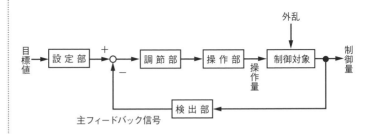

(b) フィードバック制御（閉ループ制御）

図10.5　フィードフォワード制御とフィードバック制御

(3) フィードバック制御の分類

　フィードバック制御は非常に広い分野にわたって応用されていますが、目標値の時間的性質（ふるまい）によって、次のように分類されます。

①定値制御

　目標値が一定の制御を**定値制御**といいます。

②追値制御

　目標値が変化する制御を**追値制御**といい、次の3つに区分できます。

◎**追従制御**：目標値が任意に変化する制御をいう。

◎**比率制御**：目標値がある値の量と一定の比率関係を持って変化する制御をいう。例えば、燃料と燃焼用空気流量の比率を燃焼に適した値に保つ制御のように、複数の量の比率を制御するもの。

◎**プログラム制御**：目標値があらかじめ定められたプログラム
によって変化する制御をいう。例えば、金属を熱
処理する場合の温度制御がある。

> **例題にチャレンジ！**
>
> 次の◻︎◻︎◻︎の中に適当な答えを記入せよ。
>
> フィードバック制御を◻︎ (ア) ◻︎の時間的性質（ふるまい）に
> より分類すると、目標値が一定の◻︎ (イ) ◻︎制御、目標値が変
> 化する追値制御に分けられるが、後者は、目標値が任意に変化
> する◻︎ (ウ) ◻︎制御、目標値がある値の量と一定の比率関係を
> 持って変化する◻︎ (エ) ◻︎制御およびあらかじめ定められた時
> 間変化をする◻︎ (オ) ◻︎制御に分けられる。
>
> ・解答・・・・・・・・・・・・・・・・・・・・・・・・・・・・・・・・・・・
> (ア)目標値　　(イ)定値　　(ウ)追従　　(エ)比率
> (オ)プログラム
>
> ・・

(4) フィードバック制御系の基本構成

　一般に、フィードバック制御系は、制御装置と制御対象から
なる閉ループ系として構成されます。その基本構成の**ブロック
線図**を図10.6に示します。

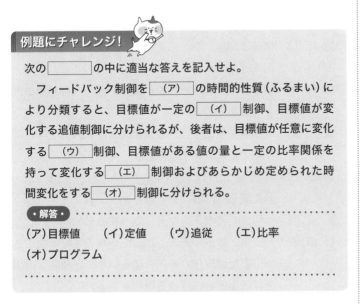

用語

自動制御系を構成している各要素を、◻︎で囲んだものを**ブロック**といい、これらのブロック間を信号の流れを表す矢印で結んだ線図を**ブロック線図**という（単にブロック図ともいう）。

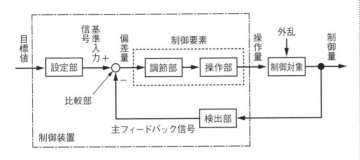

図10.6　フィードバック制御系の基本構成

図10.6に示す用語の定義は、次のとおりです。

第10章

自動制御

361

ブロック線図で比較部の○印は、加算を意味する。通常、フィードバック制御は**負帰還**となるので、基準入力信号は＋の符号を、主フィードバック信号は－の符号を付ける。「偏差量（動作信号）＝基準入力信号－主フィードバック信号」となる。

> フィードバック制御系の基本構成と用語は重要ニャン。初めに各部の位置をしっかり理解しよう。

◎**制御対象**：制御の対象となるもので、機械、プロセス、システムの全体あるいは一部のこと。

◎**制御装置**：制御を行うために制御対象に付加される装置。

◎**制御要素**：偏差量（動作信号）を操作量に変換する要素で、**調節部**と**操作部**から構成される。

◎**調 節 部**：偏差量（動作信号）によって、操作部へ信号を送り出す部分。

◎**操 作 部**：調節部からの信号を操作量に変え、制御対象に働きかける部分。

◎**検 出 部**：制御量を検出し、目標値または基準入力信号と同種類の量に変換する部分。

◎**比 較 部**：基準入力信号と主フィードバック信号を比較し、偏差量（動作信号）を求める部分。

◎**設 定 部**：目標値を基準入力信号に変換する部分。

◎**目 標 値**：制御系とは無関係に外から何らかの手段で固定され、または変化する入力量をいう。定値制御の場合は**設定値**と呼ばれる場合もある。

◎**基準入力信号**：目標値とある一定の関係を有し、制御系において比較の基準として設定される信号で、主フィードバック信号と比較される。

◎**主フィードバック信号**：制御量を基準入力信号と比較するためにフィードバックされる信号のこと。

◎**偏 差 量（動作信号）**：基準入力信号と主フィードバック信号の差で、これが調節部への入力信号となる。

◎**操 作 量**：制御要素が制御対象に加える信号で、これにより制御量を変化させる。

◎**制 御 量**：制御対象の量で、**出力信号**ということもある。

◎**外   乱**：制御量を乱したり、目標値から外れさせようとする、**系の外部からの要因**をいう。

例題にチャレンジ！

　フィードバック制御系の基本構成を示す下図について、(ア)、(イ)、(ウ)、(エ)および(オ)に当てはまる適当な答えを記入せよ。

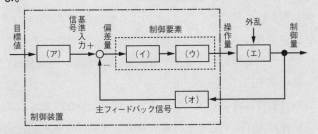

・解答・・・

(ア)設定部　　　(イ)調節部　　　(ウ)操作部　　　(エ)制御対象

(オ)検出部

・・

③　各種制御機器　　　重要度 **B**

　制御装置は、一般に**検出部**、**調節部**、**操作部**などからなり、各種制御機器が使用されます。

(1) 検出部

　検出部は、制御量を検出して主フィードバック信号とする部分です。**比較部と検出部が一体**となっている部品であるとき、それを一般に**検出器**といいます。

(2) 調節部

　調節部は、基準入力と検出部出力を元として、制御系が所要の働きをするのに必要な信号を作り、操作部へ送り出す部分です。

　調節器の主な素子としては、電気式(可動コイル式、自動平衡式、純電子式)、空気式(ノズルフラッパ、案内弁)、油圧式(案内弁、噴射管、操作シリンダ)などがあります。

純電子式の調節器として広く使用されているものに、**PID調節器**（ビーアイディー）があります。これは、図10.7に示す**P（比例）動作**、**I（積分）動作**、**D（微分）動作**を適切に組み合わせて制御するものです。PID動作は、**三項動作**とも呼ばれます。

PID調節器の特徴としては、次のようなものが挙げられます。

a. **比例動作**は入力信号（偏差）に比例した信号を出力しますが、比例動作のみでは**オフセット**（定常偏差、残留偏差）が残ります。

b. **積分動作**は**オフセット**をなくし、**定常特性を改善**します。積分動作が強すぎると、応答速度は速くなりますが、安定度が低下します。

c. **微分動作**は**過渡特性**（安定度と速応度）を改善します。しかし、制御のタイミングによっては偏差を増幅し、不安定になることがあります。

一般に、比例動作に積分動作、微分動作を組み合わせ、PI動作、PD動作、PID動作として用いることが多く、各動作の長所を生かしています。なお、これらの動作を従来のアナログ的な動作に代えて計算機で代行させるシステムを**DDC**（直接ディジタル制御系：direct digital control）といいます。

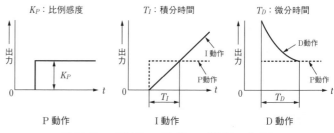

図10.7　P（比例）、I（積分）、D（微分）の各動作

（3）操作部

調節部からの信号を受けて制御対象に働きかける部分が**操作部**です。操作機器の主な素子としては、調節器と同様、電気式（電磁弁、電動弁）、空気式（ダイアフラム、操作シリンダ）、油圧式（操作シリンダ）などがあります。

理解度チェック問題

問題　次の[　　]の中に適当な答えを記入せよ。

1. 純電子式の調節器として広く使用されているものに、PID調節器がある。

   PID調節器の特徴としては、次のようなものが挙げられる。

   a. 比例動作は入力信号に比例した信号を出力するが、比例動作のみでは[　(ア)　]が残る。

   b. 積分動作は[　(ア)　]をなくし、[　(イ)　]を改善する。

   積分動作が強すぎると、応答速度は速くなるが、安定度は低下する。

   c. 微分動作は[　(ウ)　]を改善する。

   一般に、比例動作に積分動作、微分動作を組み合わせ、PI動作、PD動作、PID動作として用いることが多く、各動作の長所を生かしている。なお、これらの動作を従来のアナログ的な動作に代えて計算機で代行させるシステムを[　(エ)　]という。

2. 下図は、ある制御系の基本的構成を示す。制御対象の出力信号である[　(オ)　]が検出部によって検出される。その検出部の出力が比較部で[　(カ)　]と比較され、その差が調節部に加えられる。その調節部の出力によって操作部で[　(キ)　]が決定され、制御対象に加えられる。このような制御方式を[　(ク)　]と呼ぶ。

   ただし、[　(オ)　]、[　(カ)　]および[　(キ)　]は、図中のそれぞれに対応している。

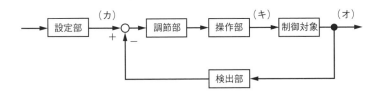

第10章

自動制御

 解答

(ア) オフセット (定常偏差、残留偏差)　　　(イ) 定常特性　　　(ウ) 過渡特性　　　(エ) DDC

(オ) 制御量　　　(カ) 基準入力信号　　　(キ) 操作量　　　(ク) フィードバック

伝達関数と応答

ラプラス変換の基礎知識をもとに、制御系構成要素の伝達関数とその求め方、ブロック線図の表し方と等価変換などについて学びます。

関連過去問 084, 085

ブロック線図の**等価変換**

直列結合

ブロック線図の等価変換は重要だニャン。しっかり覚えるニャン

---

① 伝達関数とブロック線図　重要度 B

（1）伝達関数

制御系の中の構成要素の入出力の関係を関数で表したものを**伝達関数**といい、次のように定義されています。

「**伝達関数とは、初期値をすべて0として、出力信号のラプラス変換$E_o(s)$と入力信号のラプラス変換$E_i(s)$の比をいう**」

伝達関数は、自動制御系全体の特性を数量的に表すことができます。自動制御系の特性は、周波数と位相を主体とした関数で表しますが、数学的には出力、入力の時間の関数を$e_o(t)$、$e_i(t)$とすると、これらをラプラス変換した関数は$E_o(s)$、$E_i(s)$として表すことができ、伝達関数$G(s)$は$E_o(s)$と$E_i(s)$

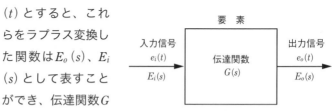

図10.8　伝達関数の表し方

要素

入力信号
$e_i(t)$
$E_i(s)$

伝達関数
$G(s)$

出力信号
$e_o(t)$
$E_o(s)$

の比、つまり$G(s) = \dfrac{E_o(s)}{E_i(s)}$で表されます。

図10.8にこれを示します。

微分方程式やラプラス変換など難しい数学の式の展開は覚えなくてもよいニャン。公式などを利用して、例題や過去問が解ければ十分だニャン

補足

ラプラス変換については、次項で説明する。

補足

伝達関数を簡単にいうと「**出力信号と入力信号の比**」となる。ある入力をしたときに、どのような出力になるかを決定づけるものが伝達関数である。

! 重要 公式 伝達関数 $G(s)$

$$伝達関数 G(s) = \frac{出力信号のラプラス変換}{入力信号のラプラス変換}$$

$$= \frac{\mathcal{L}[e_o(t)]}{\mathcal{L}[e_i(t)]} = \frac{E_o(s)}{E_i(s)} \tag{1}$$

$e_i(t)$：入力信号、$e_o(t)$：出力信号、初期値：0

補足

ラプラス変換の記号に使われている文字 $\mathcal{L}$ は、大文字の L（Laplace の頭文字）の筆記体である。

(2) ラプラス変換

$t \geqq 0$ で定義される時間関数 $f(t)$ に関する積分は、次式で表されます。

$$F(s) = \int_0^\infty f(t)\,\varepsilon^{-st}\,dt$$

（ただし、s は**ラプラス演算子**といい、複素数で $s = \sigma + j\omega$）

上式を $f(t)$ のラプラス変換といい、一般に次の記号で表します。

$$F(s) = \mathcal{L}[f(t)]$$

また、ラプラス逆変換は、次式のように表します。

$$f(t) = \mathcal{L}^{-1}[F(s)]$$

計算が困難な微分方程式を解くときにラプラス変換を用いると、微分や積分を含まない式に置き換えることができ、誰でも簡単に微分方程式が解けるようになります。

電験三種試験においては、ラプラス変換の定義を理解する必要はありません。次ページの表10.1に、自動制御でよく用いられる代表的な時間関数 $f(t)$ のラプラス変換 $F(s)$ を示します。

補足

ε（イプシロン）は、自然対数の底で2.71828。「鮒一鉢二鉢」という覚え方がある。
なお、数学では e の記号を用いるが、電気工学では電圧記号と紛らわしいので、通常 ε を用いる。

(3) ブロック線図

図10.9に示すように、自動制御系を構成している各要素を □ で囲んだものをブロックといい、これらのブロック間を信号の流れを表す矢印で結んだ線図を**ブロック線図**といいます（単にブロック図ともいいます）。

ブロック線図の作り方の要点を図10.9に示します。

第10章 自動制御

表10.1　ラプラス変換表

t 表示関数 $f(t)$	s 表示関数 $F(s)$	t 表示関数 $f(t)$	s 表示関数 $F(s)$
1 （単位ステップ関数）	$\dfrac{1}{s}$	$\dfrac{1}{a}(1-\varepsilon^{-at})$	$\dfrac{1}{s(s+a)}$
$\delta(t)$ （単位インパルス関数）	1	$\sin \omega t$	$\dfrac{\omega}{s^2+\omega^2}$
ε^{-at}	$\dfrac{1}{s+a}$	$\cos \omega t$	$\dfrac{s}{s^2+\omega^2}$
t	$\dfrac{1}{s^2}$		

- 制御系の構成要素の伝達関数などをブロック（□）内に記入する（図10.9(a)）
- 信号の伝達方向を矢印で表す（図10.9 (a)、(b)）
- 信号の加え合わせ点（加算点）は、2つ以上の信号の和、

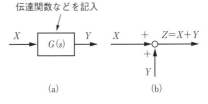

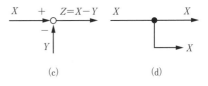

図10.9　ブロック線図の作り方

または差を作る点で、和の場合は○に＋記号、差の場合は－記号を付けて示す（図10.9(b)、(c)）
- 信号の引き出し点は、1つの信号から引き出してほかに分配する点で、黒丸を付けて🕴のように示す（図10.9(d)）

② 伝達関数の求め方　重要度 **A**

　電気回路の伝達関数は、一般にその定義から微分方程式とラプラス変換により求めます。ただし、交流回路における計算法とまったく同様に処理して求めることもできます。例として、

抵抗の直列接続回路、抵抗とインダクタンスの直列接続回路、抵抗と静電容量の直列接続回路について、伝達関数の求め方を説明します。

(1) 抵抗の直列接続回路

図10.10に示すような抵抗の直列接続回路に、入力電圧e_i〔V〕を加え、R_2〔Ω〕の端子電圧を出力電圧e_o〔V〕とすると、伝達関数は次式で表されます。

$$伝達関数 = \frac{E_o(s)}{E_i(s)} = \frac{R_2}{R_1 + R_2} \tag{2}$$

（注：$e_i(t)$、$e_o(t)$のラプラス変換は、$\mathscr{L}[e_i(t)] = E_i(s)$、$\mathscr{L}[e_o(t)] = E_o(s)$として扱います）

上式より、図10.10の回路のブロック線図は、図10.11のように表すことができます。

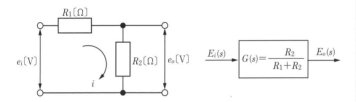

図10.10　抵抗の直列接続回路　　図10.11　ブロック線図

(2) 抵抗とインダクタンスの直列接続回路

図10.12に示すように、抵抗とインダクタンスの直列接続回路に入力電圧e_i〔V〕を加え、R〔Ω〕の端子電圧を出力電圧e_o〔V〕とすると、次式のようになります。

$$e_i = Ri + L\frac{di}{dt} \text{〔V〕} \tag{3}$$

$$e_o = Ri \text{〔V〕} \tag{4}$$

この両式をラプラス変換すると、次式のように表されます。

$$E_i(s) = RI(s) + L\{sI(s) - i(0)\} \tag{5}$$

$$E_o(s) = RI(s) \tag{6}$$

式(5)において、$i(0)$は初期値あるいは初期条件を与える式で、入力e_i〔V〕が与えられないときはこの回路に電流iは流れ

式(3)〜式(7)までは覚える必要はないニャン。最終式(8)の結果だけが重要ニャン

第10章

自動制御

ないので、$i(0) = 0$ となります。したがって、式 (5) を整理すると、

$$E_i(s) = (R + Ls)I(s) \tag{7}$$

となるので、伝達関数 $G(s)$ は次式で表されます。

$$G(s) = \frac{E_o(s)}{E_i(s)} = \frac{R}{R+Ls} = \frac{1}{1+\dfrac{L}{R}s} = \frac{1}{1+Ts} \tag{8}$$

補足—✎
時定数については、LESSON39 ❶自動制御系の基本要素と応答の「(4)一次遅れ要素」の項で説明する。

ただし、$T = \dfrac{L}{R}$〔s〕(この T を**時定数**(time constant)といいます)。

式 (8) より、図10.12の回路のブロック線図は、図10.13のように表すことができます。

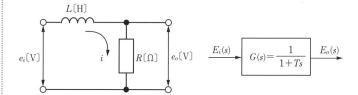

図10.12　抵抗とインダクタンスの　　　図10.13　ブロック線図
　　　　　　直列接続回路

なお、図10.12の回路の伝達関数は、次のように通常の交流回路の計算として処理し求めることもできます。ここで、入力電圧を E_i〔V〕、出力電圧を E_o〔V〕、この回路の角周波数を ω〔rad/s〕とします。

まず、合成インピーダンス Z〔Ω〕を求めると、次式のようになります。

$$Z = R + j\omega L \text{〔Ω〕} \tag{9}$$

この回路に流れる電流を I〔A〕とすると、入力電圧 E_i〔V〕、出力電圧 E_o〔V〕は次式で表されます。

$$E_i = (R + j\omega L)I \text{〔V〕} \tag{10}$$

$$E_o = RI \text{〔V〕} \tag{11}$$

したがって、式 (10)(11) より、伝達関数 G は次式のようになります。

$$G = \frac{E_o}{E_i} = \frac{R}{R + j\omega L} \tag{12}$$

ここで、$j\omega \rightarrow s$ とおくと、伝達関数 $G(s)$ は次式で表されます。

$$G(s) = \frac{E_o(s)}{E_i(s)} = \frac{R}{R + Ls} = \frac{1}{1 + \dfrac{L}{R}s} = \frac{1}{1 + Ts} \tag{13}$$

ただし、T は時定数で、$T = \dfrac{L}{R}$ 〔s〕。

(3) 抵抗と静電容量の直列接続回路

図10.14に示すように、抵抗と静電容量の直列接続回路に入力電圧 e_i 〔V〕を加え、R 〔Ω〕の端子電圧を出力電圧 e_o 〔V〕とすると、次式のようになります。

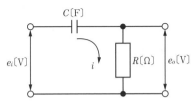

図10.14　抵抗と静電容量の直列接続回路

$$e_i = Ri + \frac{1}{C} \int i\,dt \ \text{〔V〕} \tag{14}$$

$$e_o = Ri \ \text{〔V〕} \tag{15}$$

この両式をラプラス変換すると、次式のように表されます。

$$E_i(s) = RI(s) + \frac{1}{C}\left\{\frac{1}{s}I(s) + \frac{1}{s}\int i(0)\,dt\right\} \tag{16}$$

$$E_o(s) = RI(s) \tag{17}$$

式(16)において、$i(0)$ は静電容量 C 〔F〕には初期電荷がないものとすると、$i(0) = 0$ となります。したがって、式(16)を整理すると、

$$E_i(s) = RI(s) + \frac{1}{Cs}I(s) = \frac{1 + RCs}{Cs}I(s) \tag{18}$$

となるので、式(17)(18)より、伝達関数 $G(s)$ は次式で表されます。

式(9)〜(13)で解く場合は、$j\omega \rightarrow s$ とおくことがポイントだニャン。
$j\omega$ がラプラス演算子 s に変換できる証明は難しいので省略するけど、微分方程式をラプラス変換して解いた式
$$G(s) = \frac{R}{R + Ls}$$
と、通常の交流回路の計算で解いた
$$G = \frac{R}{R + j\omega L}$$
を対応させれば、理解できると思うニャン

式(14)〜式(18)までは覚える必要はないニャン。最終式(19)の結果だけが重要ニャン

$$G(s) = \frac{E_o(s)}{E_i(s)} = \frac{R}{\dfrac{1+RCs}{Cs}} = \frac{RCs}{1+RCs} = \frac{Ts}{1+Ts} \qquad (19)$$

ただし、Tは時定数で、$T = RC$〔s〕。

式 (19) より、図10.14の回路のブロック線図は、図10.15のように表すことができます。

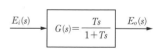

$E_i(s) \longrightarrow \boxed{G(s) = \dfrac{Ts}{1+Ts}} \longrightarrow E_o(s)$

**図10.15　抵抗と静電容量の
　　　　　 ブロック線図**

なお、図10.14の回路の伝達関数は、先に述べたRL回路と同様に、次のように求めることもできます。ここで、入力電圧をE_i〔V〕、出力電圧をE_o〔V〕、この回路の角周波数をω〔rad/s〕とします。

まず、合成インピーダンスZ〔Ω〕を求めると、次式のようになります。

$$Z = R + \frac{1}{j\omega C} \ 〔\Omega〕 \qquad (20)$$

この回路に流れる電流をI〔A〕とすると、入力電圧E_i〔V〕、出力電圧E_o〔V〕は、

$$E_i = \left(R + \frac{1}{j\omega C}\right) I \ 〔\mathrm{V}〕 \qquad (21)$$

$$E_o = RI \ 〔\mathrm{V}〕 \qquad (22)$$

となります。したがって、伝達関数Gは次式のようになります。

$$G = \frac{E_o}{E_i} = \frac{R}{R + \dfrac{1}{j\omega C}} \qquad (23)$$

さらに、$j\omega \to s$とおくと、伝達関数$G(s)$は次式で表されます。

$$G(s) = \frac{E_o(s)}{E_i(s)} = \frac{R}{R + \dfrac{1}{sC}} = \frac{sCR}{1+sCR} = \frac{Ts}{1+Ts} \qquad (24)$$

ただし、Tは時定数で、$T = CR$〔s〕。

例題にチャレンジ！

右図に示すRC回路の

伝達関数$G(s) = \dfrac{E_o(s)}{E_i(s)}$

を表す式を求めよ。

・解答と解説・

通常の交流回路の計算により求める。入力電圧をE_i〔V〕、出力電圧をE_o〔V〕、この回路の角周波数をω〔rad/s〕とする。

まず、合成インピーダンスZ〔Ω〕を求めると、

$$Z = R + \frac{1}{j\omega C} \text{〔Ω〕}$$

この回路に流れる電流をI〔A〕とすると、入力電圧E_i〔V〕、出力電圧E_o〔V〕は、

$$E_i = \left(R + \frac{1}{j\omega C}\right) I \text{〔V〕} \qquad E_o = \frac{1}{j\omega C} I \text{〔V〕}$$

したがって、伝達関数Gは、

$$G = \frac{E_o}{E_i} = \frac{\frac{1}{j\omega C}}{R + \frac{1}{j\omega C}} = \frac{1}{1 + j\omega CR}$$

ここで、$j\omega \to s$とおくと、伝達関数$G(s)$は次式で表される。

$$G(s) = \frac{E_o(s)}{E_i(s)} = \frac{1}{1 + sCR} = \frac{1}{1 + Ts} \text{（答）}$$

ただし、Tは時定数で、$T = CR$〔s〕。

③ ブロック線図の等価変換　重要度 A

　自動制御系の構成要素をブロックで表したとき、各ブロックが複雑に組み合わされていると、これを計算したり、系統全体の特性を考えるとき取り扱いにくいので、簡略化した形に変換します。この変換を**ブロック線図の等価変換**といいます。

加え合わせ点、引き出し点なども含めた代表的なブロック線図の等価変換を表10.2に示します。この表を用いて複雑なブロック線図システムも逐次簡略化していき、最終的には1つのブロックにまとめることにより、その制御系全体の伝達関数を知ることができます。

表10.2のブロック線図の等価変換では、直列結合、並列結合、フィードバック結合の3つが重要。特に、フィードバック信号が比較部（○）にマイナス（−）で入る**負フィードバック結合**が最も重要。必ず覚えるニャン

補足-📎

フィードバック結合の等価変換の導出は、次のようになる。
比較部（○）の出力は、
$X \mp ZH$
出力 Z は、
$Z = (X \mp ZH)G$
この式を変形すると、
$Z = XG \mp ZHG$
$Z \pm ZHG = XG$
$Z(1 \pm GH) = XG$
よって、出力 Z と入力 X の比を求めると、
$$\frac{Z}{X} = \frac{G}{1 \pm GH}$$
なお、$H = 1$ の場合を直結フィードバック結合という。

表10.2　ブロック線図の等価変換

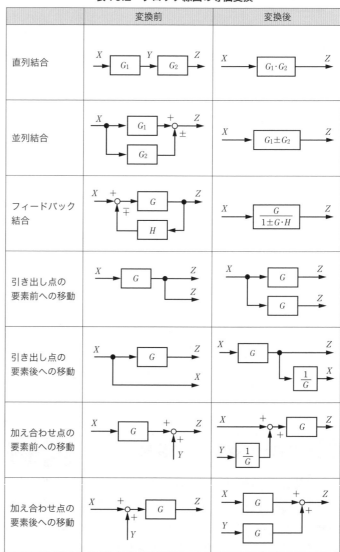

例題にチャレンジ！

図のブロック線図で示す制御系において、$R(s)$と$C(s)$間の合成伝達関数 $\dfrac{C(s)}{R(s)}$ を示す式を求めよ。

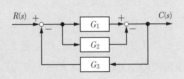

・解答と解説・

各点の信号の流れは、次式のようになる。

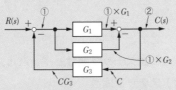

① $R - CG_3$ ……①

② $(R - CG_3)G_1 - (R - CG_3)G_2 = C$ ……②

式②から、合成伝達関数 $\dfrac{C}{R}$ を次のように導く。

$$RG_1 - CG_1G_3 - RG_2 + CG_2G_3 = C$$

$$R(G_1 - G_2) = C + CG_1G_3 - CG_2G_3$$

$$R(G_1 - G_2) = C(1 + G_1G_3 - G_2G_3)$$

$$\frac{C}{R} = \frac{G_1 - G_2}{1 + G_1G_3 - G_2G_3} = \frac{G_1 - G_2}{1 + (G_1 - G_2)G_3} \text{（答）}$$

・別解・

下図のように、小ブロックを次々に等価変換し、最終的に1つのブロック線図に変換しても同じ式になる。

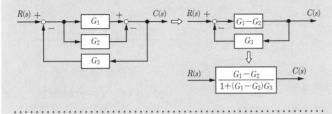

🐾 解法のヒント

式②をRでまとめた項とCでまとめた項に分離することがポイント。

🐾 解法のヒント

表10.2のブロック線図の等価変換の、並列結合と負フィードバック結合を利用する。

第10章　自動制御

制御系を伝達関数で表し、その伝達関数にラプラス変換を行った入力信号を掛けると、ラプラス変換形式の出力応答が求められます。さらに、この応答をラプラス逆変換すると、時間領域での出力応答が求められます。したがって、制御系の伝達関数、入力のラプラス変換形式があらかじめわかっている場合には、時間領域での出力応答を解析的に求めることができます。

ここでは、制御工学において、入力の既知関数としてよく用いられる**ステップ関数**と**インパルス関数**について説明します。

補足 −
制御系に何らかの物理的変化（入力信号）を与えたときの出力変化を**出力応答**という。

(1) ステップ関数

ある値から急に一定値へ階段状に変化する物理量を数学的に表現する関数を**ステップ関数**といい、このステップ関数を制御系へ入力信号として加えることを**ステップ入力**といいます。その際の出力応答を**ステップ応答**といいます。

例えば、電気回路に一定の電圧を加える瞬間を時間の原点にとると、ステップ関数は図10.16(a)のようになり、次のように表されます。

$$f(t) = 0 \ (t < 0)$$
$$f(t) = K(一定) \ (t \geq 0)$$

図10.16 (b) に示すように、$t \geq 0$ でステップ（段差）の高さが1単位のものを、**単位ステップ関数**といい、$u(t)$ で表す習慣になっています。

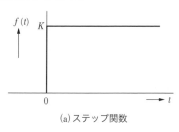

(a) ステップ関数

(b) 単位ステップ関数

**図10.16　ステップ関数と
単位ステップ関数**

補足 −
制御工学では、断りのない限り $t \geq 0$ の範囲で入力や出力の現象を考えることが多いため、$u(t) = 1$ とおいても混乱を生じることはない。

したがって、$\dfrac{1}{s}$ のラプラス逆変換は $u(t)$ と表す代わりに、単に「1」とすることもある。

このときの出力応答を**単位ステップ応答**または**インディシャル応答**といいます。単位ステップ関数は、次のように定義されています。

$u(t) = 0 (t < 0)$

$u(t) = 1 (t \geqq 0)$

この単位ステップ関数を用いると、任意のステップ関数 $f(t)$ は、

$f(t) = Ku(t)$

となります。

また、単位ステップ関数 $u(t)$ のラプラス変換は表10.1より、$\dfrac{1}{s}$ となります。

伝達関数 $G(s)$ を $G(s) = \dfrac{Y(s)}{X(s)}$ で示すと、出力 $Y(s)$ は $Y(s) = X(s) \cdot G(s)$ となりますが、ここで単位ステップ応答は入力 $X(s) = \dfrac{1}{s}$ となるので、

$$Y(s) = G(s) \cdot \dfrac{1}{s}$$

となります。つまり、伝達関数 $G(s)$ に $\dfrac{1}{s}$ を掛けたものが s 領域での出力になります。したがって、時間領域での単位ステップ応答 $y(t)$ は、伝達関数 $G(s) \cdot \dfrac{1}{s}$ をラプラス逆変換することにより求めることができます。

(2) インパルス関数

鐘やドラムをたたくとか、落雷のように瞬時に加わる大きな力は、インパルス（衝撃）と呼ばれています。実在する制御系を考える場合は、インパルスの大きさは有限ですが、数学の世界では一瞬の間に無限大となり、直ちに0に戻るような関数を定義できます。この例として、**デルタ関数** $\delta(t)$ があります。

このデルタ関数は、制御工学の分野では**単位インパルス関数**と呼ばれ、その定義は次のようになります。

補足 📎

δは、デルタと読む。

$\delta(t) = 0 \, (t \neq 0)$

$\delta(t) = +\infty \, (t = 0)$

$\int_{-\infty}^{+\infty} \delta(t) \, dt = 1$

インパルス関数 $\delta(t)$ のラプラス変換は表10.1より1となり、極めて簡単なことから、制御系を解析的に検討する場合に単位インパルス関数はよく使用され

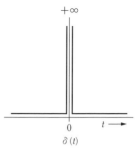

図10.17 デルタ関数

ます。制御系の入力にこの単位インパルス関数を加えた場合の出力応答を**単位インパルス応答**といいます。

伝達関数 $G(s)$ を $G(s) = \dfrac{Y(s)}{X(s)}$ で示すと、出力 $Y(s)$ は $Y(s) = G(s) \cdot X(s)$ となりますが、ここで、単位インパルス応答は入力 $X(s) = 1$ ですから、次式となります。

$Y(s) = G(s)$

つまり、伝達関数 $G(s)$ そのものが s 領域での出力になります。したがって、時間領域での単位インパルス応答 $y(t)$ は、伝達関数 $G(s)$ そのものをラプラス逆変換することにより求めることができます。

例題にチャレンジ！

次の ☐ の中に適当な答えを記入せよ。

　ある値から急に一定値へ階段状に変化する関数を ☐（ア）☐ 関数といい、階段の高さが ☐（イ）☐ の ☐（ア）☐ 関数を制御系へ入力信号として加えたときの ☐（ウ）☐ 応答を ☐（エ）☐ 応答または ☐（オ）☐ 応答という。

・解答と解説・・・・・・・・・・・・・・・・・・・・・・・・・・・

　ある値から急に一定値へ階段状に変化する関数を(ア)**ステップ**関数といい、階段の高さが(イ)**1**のステップ関数を制御系へ入力信号として加えたときの(ウ)**出力**応答を(エ)**単位ステップ**応答または(オ)**インディシャル**応答という。

・・・・・・・・・・・・・・・・・・・・・・・・・・・・・・・・・・

理解度チェック問題

問題　次の [　　] の中に適当な答えを記入せよ。

表は、ブロック線図の等価変換を表している。

	変換前	変換後
直列結合	X → G_1 → Y → G_2 → Z	X → (ア) → Z
並列結合(加算)	X → G_1 → $+$／$+$ → Z ／ G_2	X → (イ) → Z
並列結合(減算)	X → G_1 → $+$／$-$ → Z ／ G_2	X → (ウ) → Z
正フィードバック結合(正帰還)	X → $+$／$+$ → G → Z ／ H	X → (エ) → Z
負フィードバック結合(負帰還)	X → $+$／$-$ → G → Z ／ H	X → (オ) → Z
直結フィードバック結合(負帰還)	X → $+$／$-$ → G → Z	X → (カ) → Z
引き出し点の要素後への移動	X → G → Z ／ X	X → G → Z ／ (キ) → X

第10章　自動制御

解答

(ア) $G_1 \cdot G_2$　　(イ) $G_1 + G_2$　　(ウ) $G_1 - G_2$　　(エ) $\dfrac{G}{1 - G \cdot H}$　　(オ) $\dfrac{G}{1 + G \cdot H}$

(カ) $\dfrac{G}{1 + G}$　　(キ) $\dfrac{1}{G}$

自動制御系の基本要素と応答

自動制御系の基本要素である比例要素、微分要素、積分要素などの特徴と、フィードバック制御系の単位ステップ応答を学びます。

関連過去問 086

1 自動制御系の基本要素
①比例要素　電気抵抗など
②微分要素　コイルなど
③積分要素　コンデンサなど
④一次遅れ要素
⑤二次遅れ要素
2 フィードバック制御系の単位ステップ応答

今日は、自動制御系の基本要素とフィードバック制御系について学習するニャン

① 自動制御系の基本要素と応答　　重要度 B

　自動制御系の構成要素には、電気抵抗のような比例要素、コイルのような微分要素、コンデンサのような積分要素、抵抗とコイルまたはコンデンサの組み合わせ回路である一次遅れ要素、抵抗、コンデンサ、コイルの組み合わせ回路である二次遅れ要素などがあります。複雑な制御システムも、それを分析していくとこれらの基本要素で構成されていることが多く、ここではこれらの基本要素の特徴と伝達関数について述べます。

（1）比例要素

　ある制御系の構成要素に入力$x(t)$を加えた場合、その出力$y(t)$が「$y(t)=K\cdot x(t)$」で示されるとき、このKを**比例ゲイン**といい、この要素を**比例要素**といいます。例えば、ばねに加えた力と変位、加速度と力、増幅器の入力電圧と出力電圧、電気抵抗に流れる電流と電圧の関係など、比例関係が成り立つ範囲において多くの物理現象に比例要素とみなせるものがあります。

　次ページの図10.18に示すように、入力$x(t)$を電流$i(t)$〔A〕、出力$y(t)$を電圧$v(t)$〔V〕、比例定数Kを電気抵抗R〔Ω〕とすると、オームの法則により、次式の関係が成り立ちます。

$$v(t)=Ri(t) 〔V〕$$

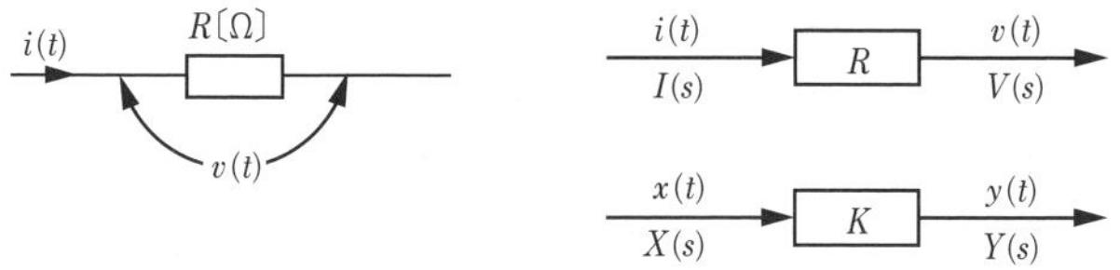

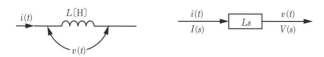

図10.18　比例要素の伝達関数

ここで、入力信号 $i(t)$ のラプラス変換を $I(s)$、出力 $v(t)$ のラプラス変換を $V(s)$ とすると、伝達関数 $G(s)$ は次式となります。

$$G(s) = \frac{V(s)}{I(s)} = R \tag{25}$$

また、入力信号を $X(s)$、出力信号を $Y(s)$、比例定数を K とすると、伝達関数 $G(s)$ は次式で表されます。

$$G(s) = \frac{Y(s)}{X(s)} = K \tag{26}$$

このように、比例要素の伝達関数は比例定数そのものであって、この例では、オームの法則の電気抵抗 R〔Ω〕が伝達関数になります。

(2) 微分要素

入力信号の微分が出力信号となる要素を**微分要素**といいます。電気系の微分要素に**コイル**があります。

図10.19　微分要素の伝達関数

図10.19に示すように、インダクタンス L〔H〕のコイルに交流電流 $i(t)$〔A〕を流すと、コイルの両端電圧 $v(t)$〔V〕は電流の微分量に比例し、次式で表されます。

$$v(t) = L\frac{di(t)}{dt}〔V〕 \tag{27}$$

式(27)をラプラス変換すると、次式のように表されます。

第10章

自動制御

$$V(s) = L\{sI(s) - i(0)\} \tag{28}$$

ここで $t = 0$ のとき、$i(0) = 0$ となるので、式 (28) は

$$V(s) = LsI(s) \tag{29}$$

となり、入力信号を $I(s)$、出力信号を $V(s)$ とすると、伝達関数 $G(s)$ は次式で表されます。

$$G(s) = \frac{V(s)}{I(s)} = Ls \tag{30}$$

(3) 積分要素

　入力信号の積分が出力信号となる要素を**積分要素**といいます。電気系の積分要素に**コンデンサ**があります。

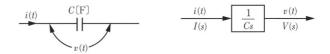

図10.20　積分要素の伝達関数

　図10.20に示すように、静電容量 C〔F〕のコンデンサに交流電流 $i(t)$〔A〕を流すと、コンデンサの両端電圧 $v(t)$〔V〕は電流の積分値に比例し、次式で表されます。

$$v(t) = \frac{1}{C} \int i(t) \, dt \, \text{〔V〕} \tag{31}$$

上式をラプラス変換すると、次のように表されます。

$$V(s) = \frac{1}{C} \left\{ \frac{1}{s} I(s) + \frac{1}{s} \int i(0) \, dt \right\} \tag{32}$$

　ここで、静電容量 C〔F〕に初期電荷がないものとすると、$t = 0$ のとき、$i(0) = 0$ となるので、式 (32) は

$$V(s) = \frac{1}{Cs} I(s) \tag{33}$$

となり、入力信号を $I(s)$、出力信号を $V(s)$ とすると、伝達関数 $G(s)$ は次式で表されます。

$$G(s) = \frac{V(s)}{I(s)} = \frac{1}{Cs} \tag{34}$$

(4) 一次遅れ要素

　一次遅れ要素は、出力が入力に追従して一定値になるのに、時間の遅れがあるような応答をする要素で、伝達関数の分母がsの一次式で表される要素です。一次遅れ要素は制御系の構成に最もよく現れる関数で、LESSON38 ❷「伝達関数の求め方」で説明した「抵抗とインダクタンスの直列接続回路」がこれに当たります。

　すなわち、抵抗R〔Ω〕とインダクタンスL〔H〕の直列接続回路において、入力電圧を$E_i(s)$、抵抗R〔Ω〕の両端にかかる電圧を出力電圧$E_o(s)$とすると、一次遅れ要素の伝達関数は次式で表されます。

> **① 重要 公式** 　一次遅れ要素の伝達関数G
>
> $$G(s) = \frac{E_o(s)}{E_i(s)} = \frac{R}{R+Ls} = \frac{1}{1+\dfrac{L}{R}s}$$
> $$= \frac{1}{1+Ts} \tag{35}$$

　ただし、Tは時定数で、$T = \dfrac{L}{R}$〔秒〕。

①一次遅れ要素の単位ステップ応答

　入力を$X(s)$、出力を$Y(s)$とすると、一次遅れ要素の一般的な伝達関数$G(s)$は、

$$G(s) = \frac{Y(s)}{X(s)} = \frac{K}{1+Ts} \tag{36}$$

となります、したがって、出力$Y(s)$は次式となります。

$$Y(s) = \frac{K}{1+Ts} \cdot X(s) \tag{37}$$

　ここで、入力$X(s)$を単位ステップ関数$X(s) = \dfrac{1}{s}$とすると、式(37)は次式のように表せます。

$$Y(s) = \frac{K}{1+Ts} \cdot \frac{1}{s} = K\left(\frac{1}{s} - \frac{1}{s+\dfrac{1}{T}}\right) \tag{38}$$

第10章　自動制御

式(38)をラプラス逆変換すると次式のようになり、**一次遅れ要素の単位ステップ応答**が求められます。

$$y(t) = K\left(1 - \varepsilon^{-\frac{1}{T}t}\right) \tag{39}$$

図10.21に、一次遅れ要素の単位ステップ応答を示します。

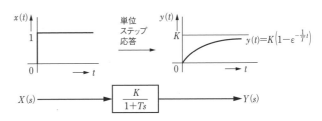

図10.21　一次遅れ要素の単位ステップ応答

②時定数

式(39)において、数学的に出力が定常値Kに達するまで無限大の時間がかかることになります。これでは、応答の速さの目安がわかりません。式(39)において$T = t$のとき、次式のようになります。

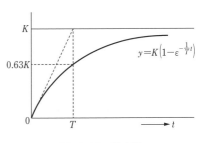

図10.22　時定数

$$y(t) = K(1 - \varepsilon^{-1}) = K\left(1 - \frac{1}{\varepsilon}\right)$$

$$= K\left(1 - \frac{1}{2.71828}\right) \fallingdotseq 0.63K$$

上式において、定常値Kの63〔%〕に達する時間Tを**時定数**と定め、応答の速さの目安としています。

(5) 二次遅れ要素

二次遅れ要素(二次振動要素ともいいます)は、入力信号を受けたときに減衰振動的な応答をする要素です。電気系では、図

+1 プラスワン

時定数Tは、図10.22に示すように、応答曲線の初期傾斜の接線（原点0からの曲線の接線）が定常値Kと交わるまでの時間と一致する。

補足

減衰振動とは、振幅が時間とともに徐々に小さくなるような振動現象である。

10.23に示すように、抵抗、インダクタンスおよび静電容量の直列接続回路において、入力電圧を$E_i(s)$、コンデンサの両端に加わる電圧を出力電圧$E_o(s)$としたときがこれに当たります。

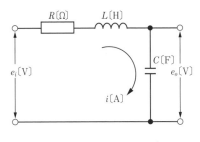

図10.23
二次遅れ要素(抵抗、インダクタンスおよび静電容量の直列接続回路)

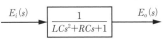

図10.24
二次遅れ要素の伝達関数

図10.23の回路の方程式は、

$$e_i = Ri + L\frac{di}{dt} + \frac{1}{C}\int i\,dt \;[\text{V}] \tag{40}$$

$$e_o = \frac{1}{C}\int i\,dt \;[\text{V}] \tag{41}$$

となるので、この両式をラプラス変換すると、

$$E_i(s) = RI(s) + L\{sI(s) - i(0)\} + \frac{1}{C}\left\{\frac{1}{s}I(s) + \frac{1}{s}\int i(0)\,dt\right\} \tag{42}$$

$$E_o(s) = \frac{1}{C}\left\{\frac{1}{s}I(s) + \frac{1}{s}\int i(0)\,dt\right\} \tag{43}$$

となります。ここで$i(0)=0$とすると、

$$E_i(s) = \left(R + Ls + \frac{1}{Cs}\right)I(s) \tag{44}$$

$$E_o(s) = \frac{1}{Cs}I(s) \tag{45}$$

となります。したがって、伝達関数$G(s)$は次式で表されます。

$$G(s) = \frac{E_o(s)}{E_i(s)} = \frac{1}{LCs^2 + RCs + 1} \tag{46}$$

式(40)～式(46)は、重要公式(47)二次遅れ要素の伝達関数を導出するための参考式なので、覚える必要はないニャ

第10章

自動制御

385

式 (46) を $\dfrac{1}{LCs^2+RCs+1}=\dfrac{\dfrac{1}{LC}}{s^2+\dfrac{R}{L}s+\dfrac{1}{LC}}$ とし、$\omega_n=\dfrac{1}{\sqrt{LC}}$、

$\zeta=\dfrac{R}{2}\sqrt{\dfrac{C}{L}}$ とおくと、式 (46) の伝達関数 $G(s)$ は次式で表すことができます。

$$G(s)=\dfrac{\left(\dfrac{1}{\sqrt{LC}}\right)^2}{s^2+2\times\dfrac{R}{2}\sqrt{\dfrac{C}{L}}\times\dfrac{1}{\sqrt{LC}}s+\left(\dfrac{1}{\sqrt{LC}}\right)^2}$$

$$=\dfrac{\omega_n{}^2}{s^2+2\zeta\omega_ns+\omega_n{}^2}$$

> **❶重要 公式** 　**二次遅れ要素の伝達関数 G**
> $$G(s)=\dfrac{\omega_n{}^2}{s^2+2\zeta\omega_ns+\omega_n{}^2} \tag{47}$$

式 (47) で、ζ は減衰の程度を表す係数で**減衰係数**といいます。また、ω_n はその周波数で**非減衰固有角周波数**といいます。

●**二次遅れ要素の単位ステップ応答**

入力を $X(s)$、出力を $Y(s)$ とすると、二次遅れ要素の伝達関数 $G(s)$ は次式で表されます。

$$G(s)=\dfrac{Y(s)}{X(s)}=\dfrac{\omega_n{}^2}{s^2+2\zeta\omega_ns+\omega_n{}^2} \tag{48}$$

したがって、出力 $Y(s)$ は、

$$Y(s)=\dfrac{\omega_n{}^2}{s^2+2\zeta\omega_ns+\omega_n{}^2}\cdot X(s) \tag{49}$$

となります。ここで、入力 $X(s)$ を単位ステップ関数 $X(s)=\dfrac{1}{s}$ とすると、式 (49) は次式のようになります。

$$Y(s)=\dfrac{\omega_n{}^2}{s^2+2\zeta\omega_ns+\omega_n{}^2}\cdot\dfrac{1}{s} \tag{50}$$

式 (50) をラプラス逆変換すると、二次遅れ要素の単位ステップ応答が求められます（時間領域で表した単位ステップ応答式

は省略します)。

　単位ステップ応答波形は、図10.25のようになります。

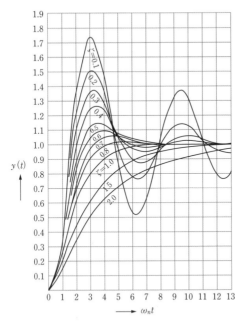

図10.25　二次遅れ要素の単位ステップ応答波形

　この図からわかるように、ζの範囲により、減衰の程度は次のようになります。

- ζ＞1　過制動(非振動的)
- ζ＝1　臨界制動(臨界的)
- ζ＜1　不足制動(振動的)

図のようなフィードバック制御系がある。この系の伝達関数を

$$\frac{Y(s)}{X(s)} = \frac{\omega_n{}^2}{s^2 + 2\zeta\omega_n s + \omega_n{}^2}$$

と表した場合、固有角周波数ω_nおよび減衰係数ζの値を求めよ。

補足－

ζ≧1のときは振動せず、ζ＜1のときに振動する。

問題図で、$G(s) = \dfrac{2}{s(s+2)}$ とおくと、合成伝達関数 $W(s)$ は、

$$W(s) = \frac{Y(s)}{X(s)} = \frac{G(s)}{1+G(s)} = \frac{\dfrac{2}{s(s+2)}}{1+\dfrac{2}{s(s+2)}} = \frac{\dfrac{2}{s(s+2)}}{\dfrac{s(s+2)+2}{s(s+2)}}$$

$$= \frac{2}{s^2+2s+2} \cdots\cdots ①$$

式①を、与えられた式 $\dfrac{Y(s)}{X(s)} = \dfrac{\omega_n{}^2}{s^2+2\zeta\omega_n s+\omega_n{}^2}$ と比べると、

次式のようになる。

$2 = \omega_n{}^2$ より $\omega_n = \sqrt{2}$ （答）

$2s = 2\zeta\omega_n s$ より $\zeta = \dfrac{1}{\omega_n} = \dfrac{1}{\sqrt{2}}$ （答）

② フィードバック制御系の応答 　重要度 B

　図10.26(a)に示すフィードバック制御系において、目標値を図10.26(b)のように急変した場合、制御量の応答(単位ステップ応答)は、図10.26(c)のように時間的に変化します。つまり、応答曲線は、時間の経過とともに振幅が小さくなり、定常値(目標値の±5〔%〕以内)に落ち着きます。定常値に落ち着くまでの応答を**過渡応答**といい、定常値に落ち着いた後の応答を**定常応答**といいます。

　応答曲線の名称は、それぞれ次のように定義されています。

◎**立上がり時間** T_r：応答が目標値の10〔%〕～90〔%〕に達するのに要する時間

◎**遅れ時間** T_d：応答が目標値の50〔%〕に達するのに要する時間

◎**行過ぎ量**：振動性応答が目標値を超えて、最初に現れる偏差の最大値

補足

不安定な制御系では、時間の経過とともに過渡応答の振幅が次第に大きくなっていき、定常値には落ち着かない。

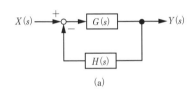

(a)

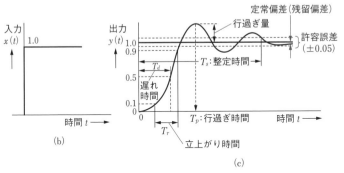

図10.26　フィードバック制御系の単位ステップ応答

◎**行過ぎ時間**T_p：行過ぎ量が最大になるまでの時間

◎**定常偏差**（**残留偏差**）：応答が定常状態に落ち着いた後に残る偏差（目標値と定常値との差、**オフセット**ともいいます）

◎**整定時間**T_s：応答が目標値の許容範囲（±5〔％〕以内）に収まるまでの時間

※整定時間内の系の動作状態の応答を**過渡特性**といい、それ以後の系の動作状態の応答を**定常特性**といいます。

第10章

自動制御

問題　次の □ の中に適当な答えを記入せよ。

　自動制御系において、一次遅れ要素は最も基本的な要素であり、その特性はゲイン K と時定数 T を記述できることである。 （ア） 応答において、ゲイン K は応答の定常値から求められ、また、時定数 T は応答曲線の初期傾斜の接線が （イ） を表す直線と交わるまでの時間として求められる。

　電気系のみならず、機械系、圧力系、熱系などのシステムにも、電気系の抵抗と静電容量に相当する量が存在する。それらが1つの抵抗に相当するものと1つの静電容量に相当するものから成るとき、これらは一次遅れ要素として働き、両者の （ウ） は時定数 T（単位は〔 （エ） 〕）に等しくなる。

解答

解説文中に赤字で表記。

解説

　図aに示すように、ある時間 $t=0$ を境に、ステップ状（階段状）に変化する波形を入力した場合の応答を（ア）ステップ応答といい、応答（出力波形）の定常値はゲインとなる。出力が定常値の約63〔%〕の値になるまでの時間を時定数 T という。時定数 T は、図bに示すように、応答曲線の初期傾斜の接線（原点0からの曲線の接線）が（イ）定常値を表す直線と交わるまでの時間と一致する。

　図cに示す電気系の RC 直列回路は一次遅れ要素となるが、この回路の時定数 T は、抵抗 R と静電容量 C の（ウ）積、$T=CR$〔s〕となる。時定数の単位は（エ）s（秒）である。

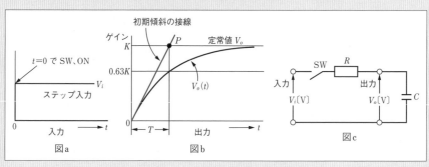

周波数応答

ナイキスト線図、ボード線図、ゲイン・位相図と、これらの線図を用いた制御系の各要素について学びます。

関連過去問 087, 088

入力と出力の比較、周波数伝達関数がすべての基本だニャン

1 周波数応答の定義　重要度 C

ステップ応答やインパルス応答で制御系の過渡特性を調べる代わりの方法として、**周波数応答**があります。

制御系の構成要素に角周波数 ω の正弦波の入力信号を加えたときの出力信号は、入力と同じ角周波数 ω ですが、大きさと位相が異なります。一般に、伝達関数が $G(s)$ で与えられている場合、その伝達関数に含まれる s を $j\omega$ に置き換えると、定常状態における $j\omega$ に関する伝達関数 $G(j\omega)$ が得られます。この $G(j\omega)$ を**周波数伝達関数**といいます。

制御系に正弦波の入力信号を与え、出力信号が正弦波の定常状態に達したときの応答を**周波数応答**といい、周波数伝達関数は、**周波数応答の次の2つの値を表現したもの**です。

①出力 y の入力 x に対する**振幅比（ゲイン）** $\dfrac{Y}{X}$（**振幅特性**といいます）

②入力と出力の位相差 ϕ（**位相特性**といいます）

入出力の振幅比 $\dfrac{Y}{X}$ は $|G(j\omega)|$ で表し、位相差 ϕ は $G(j\omega)$ の位相角ということで $\angle G(\omega)$ のように記号 $\angle$ を用いることもあ

補足 🔖

$G(j\omega)$ は、本来は角周波数伝達関数と呼ぶべきだが、慣例上、**周波数伝達関数**と呼んでいる。

ります。

入力信号と出力信号の波形を図10.27 (b) (c) に、**周波数応答をベクトルで表したもの**を図10.27 (d) に示します。

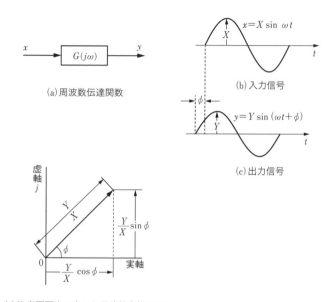

(a) 周波数伝達関数

(b) 入力信号

(c) 出力信号

(d) 複素平面上で表した周波数応答ベクトル

図10.27　周波数応答

補足

複素平面とは、横軸を実軸、縦軸を虚軸とした平面のことをいう。ベクトルの大きさと位相角が表現できる。

また、周波数応答を示すベクトルは、次のように表現することもできます。

◎**極座標表示**　　$G = \dfrac{Y}{X} \angle \phi$

◎**三角関数表示**　$G = \dfrac{Y}{X} (\cos \phi + j \sin \phi)$

◎**指数関数表示**　$G = \dfrac{Y}{X} \varepsilon^{j\phi}$

周波数応答について簡単に言うと

ステップ応答

　ある制御系への入力が**直流電圧**、定常状態で**出力も直流電圧**

周波数応答

　ある制御系への入力が**正弦波交流電圧**、定常状態で**出力も正**

弦波交流電圧

　ステップ入力が変化するのは、**入力を入れた瞬間**（0→一定

値に変化）である。

　このときの出力の**過渡特性を調べる代わりの方法**として、**正**

弦波交流電圧を入力する方法＝**周波数応答**である。

　周波数応答を示すベクトル $G(j\omega)$ は、一般に角周波数 ω の

値により変化します。その状況を図示する方法には、以下に説

明する**ナイキスト線図**（ベクトル軌跡）、**ボード線図**および**ゲイ**

ン・位相図などがあります。

② ナイキスト線図（ベクトル軌跡）　重要度 Ⓑ

　複素平面上で、原点からひいたベクトル $G(j\omega)$ の先端は、

角周波数 ω の変化により軌跡を描きます。この軌跡を描いた図

を**ナイキスト線図**といい、その軌跡を**ベクトル軌跡**といいます。

ベクトル軌跡の進行方向は ω の増加方向とし、 $\omega = 0$ から出発

し、 $\omega = \infty$ で止まります。

（1）比例要素のナイキスト線図

　比例要素の伝達関数は、

$$G(s) = K$$

で表されるので、周波数伝達関数は

次式となります。

$$G(j\omega) = K \qquad (51)$$

　ここで、角周波数 ω を 0→∞ に変

化させても、このベクトル軌跡は

ω に関係なく比例ゲイン K のまま

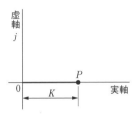

図10.28
比例要素のナイキスト線図

補足 🖊
点 P は正の実軸上にあり、$0P$ が比例ゲイン K の大きさを表す。

第10章

自動制御

一定です。したがって、比例要素のナイキスト線図は図10.28のようになります。

(2) 微分要素のナイキスト線図

微分要素の伝達関数は、

$$G(s) = Ks$$

で表されるので、周波数伝達関数は次式となります。

$$G(j\omega) = Kj\omega \qquad (52)$$

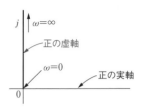

図10.29
微分要素のナイキスト線図

この式から、$G(j\omega)$ は常に90〔°〕の位相角 ϕ を保ち、大きさは角周波数 ω に比例することがわかります。したがって、微分要素のナイキスト線図は、図10.29のように**正の虚軸**と一致します。

(3) 積分要素のナイキスト線図

積分要素の伝達関数は、

$$G(s) = \frac{K}{s}$$

で表されるので、周波数伝達関数は次式となります。

$$G(j\omega) = \frac{K}{j\omega} \qquad (53)$$

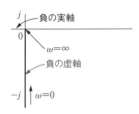

図10.30
積分要素のナイキスト線図

式(53)から、$G(j\omega)$ は常に -90〔°〕の位相角 ϕ を保ち、大きさは角周波数 ω に反比例することがわかります。したがって、積分要素のナイキスト線図は、図10.30のように**負の虚軸**と一致します。

(4) 一次遅れ要素のナイキスト線図

一次遅れ要素の伝達関数は、

$$G(s) = \frac{1}{1 + Ts}$$

で表されるので、周波数伝達関数は次式となります。

$$G(j\omega) = \frac{1}{1+j\omega T} \tag{54}$$

この式を変形すると（分母から虚数をなくすため、分子、分母に共役複素数 $1-j\omega T$ を掛けます）、次式となります。

$$G(j\omega) = \frac{1}{1+j\omega T} = \frac{1-j\omega T}{(1+j\omega T)(1-j\omega T)}$$

$$= \frac{1}{1+(\omega T)^2} - j\frac{\omega T}{1+(\omega T)^2} \tag{55}$$

したがって、一次遅れ要素のナイキスト線図は、図10.31のようになります。

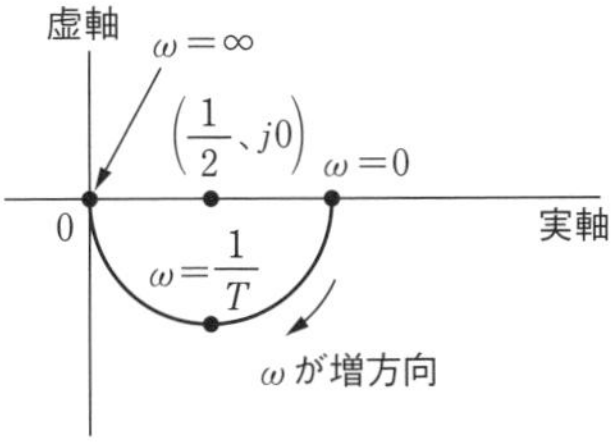

図10.31の軌跡は、$\omega=0$ で $1+j0$ の点を出発し、半径 $\frac{1}{2}$、中心の位置が $\frac{1}{2}+j0$ の円に沿って時計方向に進み、

虚軸
$\omega=\infty$
$\left(\frac{1}{2}、j0\right)$　$\omega=0$
0　実軸
$\omega=\frac{1}{T}$
ω が増方向

図10.31
一次遅れ要素のナイキスト線図

角周波数 $\omega=\infty$ で原点に達します。式 (55) から、実数部は正の値、虚数部は負の値ですから、このベクトル軌跡は第4象限にだけ存在することがわかります。

位相角は ω の増加に伴い遅れ、$\omega=\infty$ で -90〔°〕となります。このように、位相角 ϕ が負となる特性を**位相遅れ特性**といいます。一方、ベクトルの大きさ $|G(j\omega)|$ は ω の増加とともに減少し、$\omega=\infty$ で0となります。

(5) 二次遅れ要素のナイキスト線図

二次遅れ要素の伝達関数は、

$$G(s) = \frac{\omega_n^2}{s^2 + 2\zeta\omega_n s + \omega_n^2}$$

で表されるので、周波数伝達関数は次式となります。

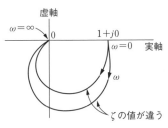

虚軸
$\omega=\infty$　0　$1+j0$
$\omega=0$　実軸
ω
ζ の値が違う

図10.32
二次遅れ要素のナイキスト線図

補足

式 (55) の位相角 $\phi = \angle G(j\omega)$ は、次のように求める。

$$G(j\omega) = \frac{1}{1+(\omega T)^2}$$

$$- \frac{j\omega T}{1+(\omega T)^2}$$

$$\tan\phi = \frac{虚数部}{実数部}$$

$$= \frac{-\omega T}{1} = -\omega T$$

$$\phi = -\tan^{-1}\omega T$$

用語

象限とは、複素平面を4つに区切って、それぞれの領域を第1象限、第2象限などと呼ぶ。図10.31では、右下の区分が第4象限になる。

虚軸
第2象限｜第1象限
実軸
第3象限｜第4象限

第10章
自動制御

$$G(j\omega) = \frac{\omega_n{}^2}{\omega_n{}^2 - \omega^2 + j2\zeta\omega_n\omega} \tag{56}$$

この二次遅れ要素のナイキスト線図は、ζの値によりその軌跡が変わります。ζの値の違いによって、図10.32のような軌跡となります。角周波数ωの増加とともに時計方向に進んで第4象限から第3象限に入りますが、ω＝∞で位相角が−180〔°〕となるので、第2象限に入ることはありません。

例題にチャレンジ！

　一次遅れ要素のベクトル軌跡は、次のうちどれか。

(1) 実軸と一致　　　　　(4) 原点を中心の円

(2) 虚軸と一致　　　　　(5) 実軸から下半円

(3) 原点に接する円

・解答と解説・

一次遅れ要素の周波数伝達関数は、次式で表される。

$$G(j\omega) = \frac{1}{1 + j\omega T}$$

そのベクトル軌跡（ナイキスト線図）は、直径1で (5) 実軸から下半円(答)を描く。

解法のヒント
一次遅れ要素のベクトル軌跡は、円の公式から導くことができる。右記のように、ベクトル軌跡の定義に忠実にωを代入し、推測する方法もある。

詳しく解説！ベクトル軌跡の推測

　一次遅れ要素の周波数伝達関数に含まれる
Tは時定数であり、定数なので仮に1とおく。

ここで、ωを0から∞まで変化させたときのベクトルは、次のようになる。

ω＝0のとき　　$G(j\omega) = \dfrac{1}{1} = 1$

ω＝1のとき　　$G(j\omega) = \dfrac{1}{1 + j1} = \dfrac{1 - j1}{(1 + j1)(1 - j1)} = \dfrac{1}{2} - j\dfrac{1}{2}$

$\omega = 2$ のとき $\quad G(j\omega) = \dfrac{1}{1+j2} = \dfrac{1-j2}{(1+j2)(1-j2)} = \dfrac{1}{5} - j\dfrac{2}{5}$

以下、$\omega = 3$ のとき、4のとき、と次々に求め、最後に $\omega = \infty$ のときを求める。

$\omega = \infty$ のとき $\quad G(j\omega) = \dfrac{1}{1+j\infty} \fallingdotseq \dfrac{1}{j\infty} = \dfrac{-j1}{\infty} = -j0$

上記のようにして求めたベクトルの先端をプロットすると、直径1で**実軸**から**下半円**を描くことが推測できる。

補足 –⌖

「プロットする」とは、座標上で求めた各点を線で結ぶこと。

③ ボード線図 重要度 B

ボード線図は、周波数伝達関数の大きさと位相を2本1組で表した線図です。まず、大きさ $|G(j\omega)|$ については、その常用対数をとって20倍した次式で表します。

$g = 20 \log |G(j\omega)|$ 〔dB〕 $\qquad\qquad$ (57)

上式の g を**ゲイン**といい、単位はデシベル〔dB〕が用いられます。

縦軸にゲイン、横軸に角周波数 ω の常用対数 $\log \omega$ をとって描いた曲線をボード線図の**ゲイン特性曲線**といいます。また、位相角 ϕ については、縦軸に位相角 $\phi = \angle G(j\omega)$、横軸にゲイン特性曲線と同様に、角周波数 ω の常用対数 $\log \omega$ をとって描きます。このようにして描いた曲線をボード線図の**位相特性曲線**といいます。

なお、横軸は対数目盛をとっていますが、これは制御系の周波数成分が直流成分から非常に高い周波数成分まで広範囲に分布しており、これを連続的に表すのに対数目盛が適しているからです。対数目盛なので1：10の間隔寸法はどこで測っても等しく、この間隔を1**デカード**〔dec〕と呼びます（▶図10.36参照）。また、縦軸のゲインもかなり広範囲に変化するので、振幅比の常用対数をとっています。

第10章

自動制御

(1) 比例要素のボード線図

比例要素の周波数伝達
関数は、

$$G(j\omega) = K$$

で表されるので、ゲイン
g〔dB〕および位相角 ϕ は
次式のようになります。

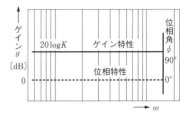

図10.33　比例要素のボード線図

$$g = 20 \log|G(j\omega)|$$
$$= 20 \log K \,〔dB〕 \,（一定） \tag{58}$$
$$\phi = \angle G(j\omega) = 0\,〔°〕\,（一定） \tag{59}$$

比例要素のボード線図を図10.33に示します。

(2) 微分要素のボード線図

微分要素の周波数伝達
関数は、

$$G(j\omega) = Kj\omega$$

で表されるので、ゲイン
g〔dB〕および位相角 ϕ は
次式のようになります。

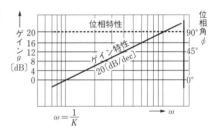

図10.34　微分要素のボード線図

$$g = 20 \log|G(j\omega)|$$
$$= 20 \log K\omega \,〔dB〕 \tag{60}$$
$$\phi = \angle G(j\omega) = 90\,〔°〕\,（一定） \tag{61}$$

微分要素のボード線図を図10.34に示します。ゲイン g〔dB〕
は $\omega = \dfrac{1}{K}$ のとき 0〔dB〕となり、20〔dB/dec〕勾配の直線とな
ります。

(3) 積分要素のボード線図

積分要素の周波数伝達関数は、

$$G(j\omega) = \frac{K}{j\omega}$$

で表されるので、ゲイン g〔dB〕および位相角 ϕ は次式のよう

になります。

$$g = 20 \log |G(j\omega)| = 20 \log \frac{K}{\omega} \text{〔dB〕}$$

ここで、$K = \dfrac{1}{T}$ とおくと、

$$g = 20 \log \frac{1}{\omega T} = 20 \log 1 - 20 \log \omega T = 0 - 20 \log \omega T$$

$$= -20 \log \omega T \text{〔dB〕} \tag{62}$$

$$\phi = \angle G(j\omega) = -90 \text{〔°〕}（一定）\tag{63}$$

積分要素のボード線図を図10.35に示します。

ゲイン g〔dB〕は $\omega = \dfrac{1}{T}$ のとき 0〔dB〕となり、−20〔dB/dec〕勾配の直線となります。

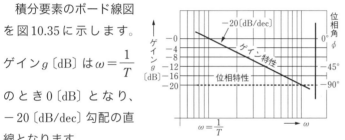

図10.35　積分要素のボード線図

(4) 一次遅れ要素のボード線図

一次遅れ要素の周波数伝達関数は、

$$G(j\omega) = \frac{1}{1 + j\omega T}$$

で表されるので、ゲイン g〔dB〕および位相角 ϕ は次式のようになります。

$$g = 20 \log |G(j\omega)| = 20 \log \frac{1}{\sqrt{1 + (\omega T)^2}} \text{〔dB〕}$$

$$= 20 \log 1 - 20 \log \sqrt{1 + (\omega T)^2}$$

$$= -20 \log \sqrt{1 + (\omega T)^2} \text{〔dB〕} \tag{64}$$

$$\phi = \angle G(j\omega) = -\tan^{-1} \omega T \text{〔°〕} \tag{65}$$

ゲイン g〔dB〕については、

① $\omega T \ll 1$ のとき

$$g = -20 \log \sqrt{1 + (\omega T)^2} \fallingdotseq -20 \log \sqrt{1} = 0 \text{〔dB〕}$$

第10章

自動制御

② $\omega T \gg 1$ のとき

$$g = -20 \log \sqrt{1+(\omega T)^2} \fallingdotseq -20 \log \omega T$$

$$= -20 \log \omega - 20 \log T = -20 \log \omega + 20 \log \frac{1}{T} \,[\mathrm{dB}]$$

となるので、ゲイン特性は①$\omega T \ll 1$のとき$0\,[\mathrm{dB}]$、②$\omega T \gg 1$のとき勾配が$-20\,[\mathrm{dB/dec}]$の2本の直線からなる折れ線で近似することができます。この2本の直線の交点の角周波数ω_cを**折れ点角周波数**といいます。一次遅れ要素のボード線図を図10.36に示します。

なお、正確に計算し、描いたゲイン特性を破線で示しまし

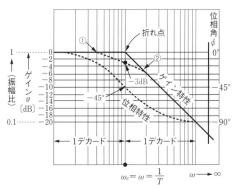

図10.36　一次遅れ要素のボード線図

たが、折れ線で近似したゲイン特性曲線との誤差は、ω_cのとき最も大きく約$3\,[\mathrm{dB}]$です。すなわち、

$$\omega_c = \omega = \frac{1}{T} \,(\omega T = 1 \text{のとき})$$

$$g = -20 \log \sqrt{1+(\omega T)^2}$$

$$= -20 \log \sqrt{2} = -20 \log 2^{\frac{1}{2}} = -10 \log 2 \fallingdotseq -3\,[\mathrm{dB}]$$

しかし、実用的には折れ線近似で十分とされています。

補足－📎

正確なゲイン特性曲線
と折れ線近似のゲイン
特性曲線の折れ点での
ゲインの誤差は、約3
〔dB〕であることを覚
えておこう。

(5) 二次遅れ要素のボード線図

二次遅れ要素の周波数伝達関数は、

$$G(j\omega) = \frac{\omega_n{}^2}{\omega_n{}^2 - \omega^2 + j2\zeta\omega_n\omega}$$

で表されるので、ゲイン$g\,[\mathrm{dB}]$および位相角ϕは次式のようになります。

$$g = 20 \log |G(j\omega)|$$

$$= 20 \log \frac{1}{\sqrt{\left\{ 1 - \left(\dfrac{\omega}{\omega_n} \right)^2 \right\}^2 + \left\{ 2\zeta \left(\dfrac{\omega}{\omega_n} \right) \right\}^2}} \text{(dB)} \qquad (66)$$

$$\phi = \angle G(j\omega) = -\tan^{-1} \frac{2\zeta \dfrac{\omega}{\omega_n}}{1 - \left(\dfrac{\omega}{\omega_n} \right)^2} \text{(°)} \qquad (67)$$

二次遅れ要素のボード線図を図10.37に示します。

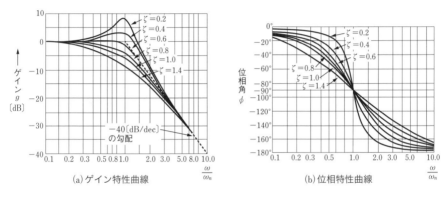

(a) ゲイン特性曲線　　　　　　　　(b) 位相特性曲線

図10.37　二次遅れ要素のボード線図

図10.37では、横軸を $\dfrac{\omega}{\omega_n}$ としています。ζ の値により曲線の形が変わります。$\omega \ll \omega_n$ であればゲイン $g \doteqdot 0$ 〔dB〕となり水平方向に直線、$\omega \gg \omega_n$ であればゲインは勾配が -40〔dB/dec〕の直線となります。

これらの2直線は、$\omega = \omega_n$ の点で交わります。また、すべての位相特性曲線は $\omega = \omega_n$ のところで、ζ に関係なく $\phi = -90$〔°〕となり、この点に対して点対称となります。

第10章

自動制御

ゲイン・位相図とは、前述のボード線図のゲイン特性曲線と位相特性曲線を1本の曲線にまとめたもので、縦軸にゲインg〔dB〕を、横軸には位相角ϕ〔°〕をとって、角周波数ωをパラメータとして描いたものです。ゲイン・位相図は、制御系の設計に際してボード線図とともによく用いられます。

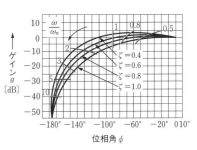

図10.38
二次遅れ要素のゲイン・位相図

ゲイン・位相図の作成は、ボード線図の書き換えにより容易に行えます。例として、図10.38に二次遅れ要素のゲイン・位相図を示します。

例題にチャレンジ！

次の 　　　　 の中に適当な答えを記入せよ。

制御系あるいは構成要素の 　(ア)　 応答特性を図示する方法の1つに 　(イ)　 線図がある。この表し方は、周波数伝達関数の 　(ウ)　 を横軸に対数目盛でとり、縦軸に 　(エ)　 および 　(オ)　 をとってプロットしたグラフである。

・解答・

(ア)**周波数**　　(イ)**ボード**　　(ウ)**角周波数**

(エ)**ゲイン**　　(オ)**位相角**

理解度チェック問題

問題　次の　　　　の中に適当な答えを記入せよ。

1. 微分要素のナイキスト線図は、複素平面上で　(ア)　と一致する。

2. 積分要素のナイキスト線図は、複素平面上で　(イ)　と一致する。

3. 一次遅れ要素の周波数伝達関数 $G(j\omega)$ は、ゲイン定数 $K=1$ とすると、次式で表される。ただし、T(秒)は時定数、ω〔rad/s〕は角周波数である。

$G(j\omega) = $ 　(ウ)　

したがって、ゲイン g〔dB〕、位相角 ϕ〔°〕は、次式で表される。

$g = 20\log|G(j\omega)| = $ 　(エ)　〔dB〕

$\phi = \angle G(j\omega) = $ 　(オ)　〔°〕

なお、この要素のナイキスト線図の形状は、直径1で実軸から　(カ)　を描く。

解答

(ア)正の虚軸　　(イ)負の虚軸　　(ウ)$\dfrac{1}{1+j\omega T}$　　(エ)$-20\log\sqrt{1+(\omega T)^2}$

(オ)$-\tan^{-1}\omega T$　　(カ)下半円

自動制御系の安定判別

ここでは、特性方程式による自動制御系の安定判別法、LESSON40 で学習した各種線図による安定判別法について学習します。

関連過去問 089, 090

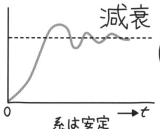

目標値の急変や外乱が あっても、出力の過渡応 答が時間とともに減衰し 定常状態に速やかに戻る ことを、自動制御系の安 定というニャン

① 制御系の過渡応答と安定性　重要度 A

　自動制御系は、安定であることが求められます。制御系が安定であるとは、目標値の急変や外乱があっても、出力の過渡応答が時間とともに減衰し、定常状態に速やかに戻ることをいいます。過渡応答が時間とともに増大（発散）していくとき、この制御系は「不安定である」といいます。そして、この両者の中間、過渡応答が一定振幅の持続振動になる場合、この制御系は「安定限界にある」といいます。安定限界にある場合は、不安定の範疇に入れて考えます。

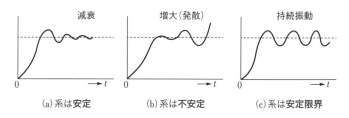

図10.39　制御系の過渡応答と安定性

安定判別法　重要度 A

(1) 特性方程式による安定判別法

フィードバック制御系は、一般に図10.40 (a) に示すように、**閉ループ**で構成され、安定性を保つため**負フィードバック（ネガティブフィードバック）**としています。この場合の伝達関数 $G_o(s)$ は、次式で表されます。

$$G_o(s) = \frac{Y(s)}{X(s)} = \frac{G(s)}{1 + G(s)H(s)}$$

ここで、伝達関数 $G_o(s)$ の分母を0とおいた「$1 + G(s)H(s) = 0$」を**特性方程式**といいます。この特性方程式を満足する s の値を**特性根**といいます。また、$G(s)$ と $H(s)$ を掛けた「$G(s)H(s)$」を**開ループ伝達関数**あるいは**一巡伝達関数**といいます。

開ループとは、図10.40 (b) に示すように、図10.40 (a) のフィードバックループを点a、bで切り離し、点aから $G(s)$ → $H(s)$ をたどり、点bに至るまでのループをいいます。したがって、特性方程式とは、開ループ伝達関数に1を加え、それを0とおいた式といえます。

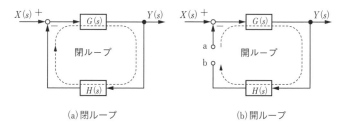

(a) 閉ループ　　　　　　(b) 開ループ

図10.40　フィードバック制御系の開ループと閉ループ

特性根が共役複素数 $s = \sigma \pm j\omega$ となる場合に、フィードバック制御系は振動系となります。共役複素数の実部 σ が、正か、0か、負かによって、発散振動か、持続振動か、減衰振動かに分けられます。一方、特性根が実根となる場合は振動を伴わず、実根 σ が「正か、0か、負か」により「発散か、定常か、減衰か」のいずれかになります。

補足

一般にフィードバック制御系は、目標値と出力を比較するため、その差が必要であり、**負フィードバック**としている。正フィードバックとすると、出力が増大（発散）してしまう。

補足

σ は、シグマと読む。

補足

実根とは、実数根（実数解）のこと。

第10章

自動制御

405

補足-
特性根sを複素平面で表したものをs平面という。

　フィードバック制御系の過渡応答は、s平面上の特性根の位置によって決まります。**特性根のすべてがs平面上の左半面にあれば、減衰振動または振動を伴わない減衰となり、その制御系は安定です。**

　以上のことをまとめると、次のようになります。

表10.3　特性根の位置による制御系の状態と安定判別

特性根$(s=\sigma\pm j\omega)$の位置	状態	安定判別
第1、4象限（$\sigma>0$、$\omega\neq0$）	発散振動	不安定
第2、3象限（$\sigma<0$、$\omega\neq0$）	減衰振動	安定
正の実軸上（$\sigma>0$、$\omega=0$）	発散	不安定
負の実軸上（$\sigma<0$、$\omega=0$）	減衰	安定
虚軸上（$\sigma=0$、$\omega\neq0$）	持続振動	不安定
s平面上の原点（$\sigma=0$、$\omega=0$）	入・出力同じ	制御していない

　図10.41に、s平面上の根の位置と過渡応答の形を示します。

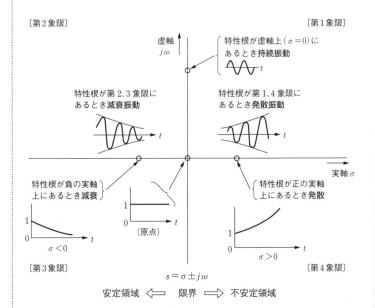

図10.41　s平面上の根の位置と過渡応答の形

この項を要約すると、「フィードバック制御系の伝達関数の分母を0とおいた、$1+G(s)H(s)=0$ を特性方程式といい、この特性方程式のすべての根の実数部が負であればこの制御系は安定」となります。このことだけを覚えておけば十分ニャン

(2) ナイキスト線図による安定判別法

　開ループ伝達関数 (一巡伝達関数) のベクトル軌跡 (ナイキスト線図) 上を角周波数 ω が増方向に進むとき、点 $-1+j0$ (実軸上の -1) の右側を通れば安定、左側を通れば不安定となります。これがナイキスト線図による安定判別法です。

　特性方程式 $1+G(s)H(s)=0$ を変形すると、$G(s)H(s)=-1$ となりますが、実軸上の -1 はこれに対応します。

　図10.42に、ナイキスト線図の安定判別法を示します。

補足

「$(-1+j0)$ の点の右側を通るとき安定」という表現は、「$(-1+j0)$ の点を左側に見て通るとき安定」という表現と同じである。
同様に、「$(-1+j0)$ の点の左側を通るとき不安定」という表現は、「$(-1+j0)$ の点を右側に見て通るとき不安定」という表現と同じである。注意しよう。

判別	安定	安定限界	不安定
条件	ゲイン余裕 $g_m>0$ 位相余裕 $\phi_m>0$	$g_m=0$ $\phi_m=0$	$g_m<0$ $\phi_m<0$
ベクトル軌跡	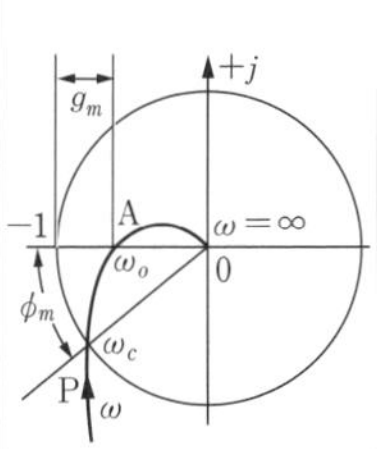	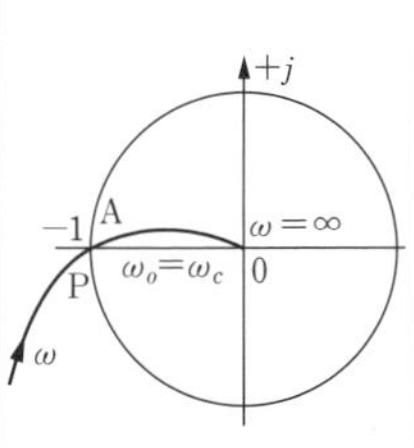	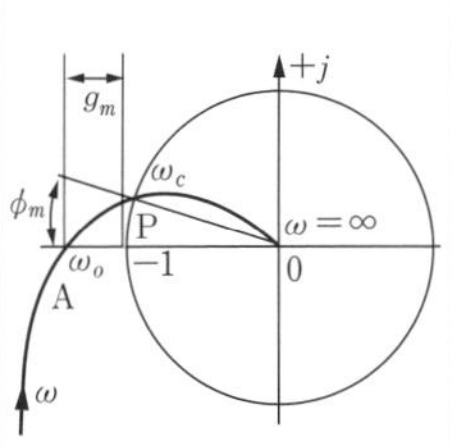

図10.42　ナイキスト線図による安定判別法

より詳しく！ナイキスト線図による安定判別法

●位相余裕とゲイン余裕

　図10.42のナイキスト線図上で、ベクトル軌跡が単位円 (半径1の円) と交差する点をPとすると、ゲイン交点Pと原点を結んだ直線と負の実軸 (-180〔°〕) のなす角度 ϕ_m は、-180〔°〕(安定限界) までに残された位相角の余裕であっ

て、これを**位相余裕**という。

　また、軌跡と負の実軸（-180〔°〕）との交差する点Aが（$-1+j0$）の点に至るまでどれだけ余裕が残されているかをゲインで表したものを**ゲイン余裕**g_mという。

　ゲイン余裕g_mは次式で表される。

$$g_m = 20 \log(1) - 20 \log(0A)$$
$$= -20 \log(0A) 〔dB〕 \tag{68}$$

　安定な系で0Aは1より小さいので、g_mは正となる。

　なお、角周波数ωが点Pに達したときの$\omega = \omega_c$を**ゲイン交点角周波数**といい、負の実軸に達した時の角周波数$\omega = \omega_0$を**位相交点角周波数**という。

●ナイキスト線図による安定判別法の大まかな解釈

　自動制御系におけるフィードバックは、一般に負になっているので、不安定になることはないように思われる。しかし、一般に制御系は、周波数が増大するにつれて位相が遅れる特性を持っており、開ループ周波数伝達関数（一巡周波数伝達関数）の位相の遅れが$180°$になる周波数に対してフィードバックは正になる。制御系にはあらゆる周波数成分を持った雑音が存在するので、その周波数における開ループ周波数伝達関数（一巡周波数伝達関数）のゲインが1以上になると、入力信号を除いたあとも一巡ごとにその周波数成分の振幅が増大していって、ついには不安定になる。これがナイキスト線図による安定判別法の大まかな解釈である。

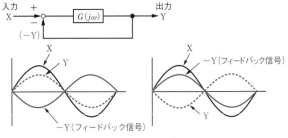

(a) Y が X に対し位相遅れなし　　(b) Y が X に対し 180°遅れ

図10.43　ナイキスト線図の解釈

(3) ボード線図による安定判別法

　開ループ伝達関数(一巡伝達関数)のボード線図において、ゲインが0〔dB〕となる角周波数ω_c(**ゲイン交点角周波数**)における位相余裕ϕ_mと、位相が-180〔°〕になる角周波数ω_o(**位相交点角周波数**)におけるゲイン余裕g_mに注目すると、安定か不安定かの判別ができます。

　ボード線図で安定判別が行える理由は、ナイキスト線図と同様、特性方程式に含まれる"1"に依存していることによります。

　図10.44にボード線図による安定判別を示します。

判別	安定	安定限界	不安定
条件	ゲイン余裕 $g_m>0$ 位相余裕 $\phi_m>0$	$g_m=0$ $\phi_m=0$	$g_m<0$ $\phi_m<0$
ボード線図	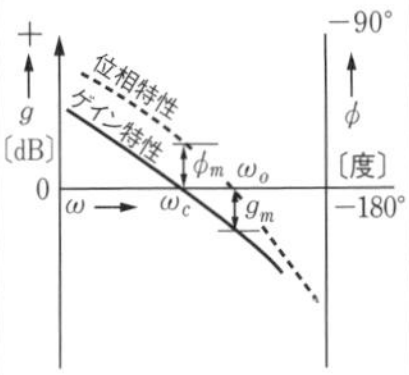	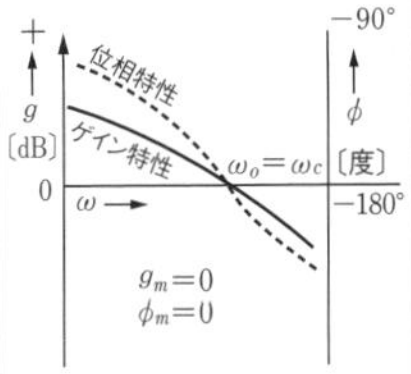	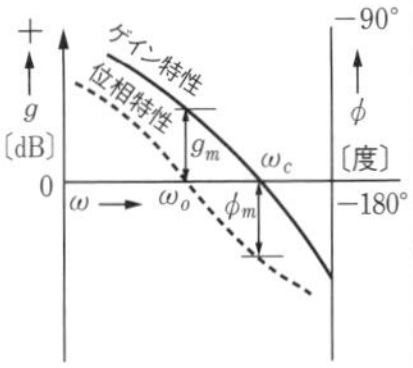

図10.44　ボード線図による安定判別法

補足
ボード線図の縦軸の目盛は自由なので注意しよう(0dBと−180°の水平線が一致しているとは限らない)。

　ボード線図において、位相交点角周波数ω_oに対応するゲインのデシベル値の符号を変えた値をゲイン余裕g_mといい、正なら安定となります。また、ゲイン交点角周波数ω_cに対応する位相角に180〔°〕を加えた位相角を位相余裕ϕ_mといい、こちらも正なら安定となります。

(4) ゲイン・位相図による安定判別法

　ゲイン・位相図とは、前述の開ループ伝達関数ボード線図のゲイン特性曲線と位相特性曲線を1本の曲線にまとめたものです。ゲイン・位相図におけるゲイン余裕g_m、位相余裕ϕ_mの位置および安定判別法を図10.45に示します。

第10章　自動制御

判別	安定		安定限界	不安定
条件	ゲイン余裕 $g_m>0$ 位相余裕 $\phi_m>0$		$g_m=0$ $\phi_m=0$	$g_m<0$ $\phi_m<0$
ゲイン位相図	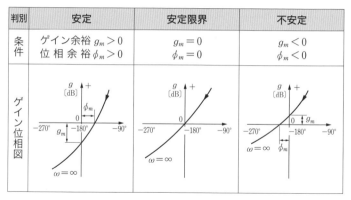			

図10.45　ゲイン・位相図による安定判別法

例題にチャレンジ！

図は、あるフィードバック制御系に関する一巡伝達関数の

ボード線図を示したものである。安定限界に達するまでに増加できる（または減少すべき）ゲイン〔dB〕の概数値を求めよ。

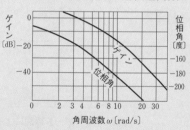

・解答と解説・

位相特性曲線が -180〔°〕となる角周波数（位相交点）に対するゲインの値の符号を変えた値をゲイン余裕 g_m といい、正値なら安定である。

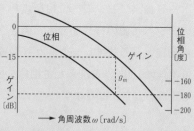

問題図から、位相角が -180〔°〕のときのゲインの値を読み取ると -15〔dB〕となるので、ゲイン余裕 g_m は符号を変えて $+15$〔dB〕となり、安定である。安定限界は -180〔°〕におけるゲインが 0〔dB〕であるので、増加できるゲインの概数値は **15〔dB〕**（答）となる。

(5) その他の安定判別法

これまでは、ボード線図など線図による安定判別について説明してきましたが、ここでは、数学的に安定判別を行う方法について説明します。

①ラウスの安定判別法

制御系の特性を支配するのは特性方程式であり、その根の実数部が負であればシステムは安定であることはすでに説明したとおりです。一般に、特性方程式は高次方程式であり、その根を実用的に求めることは容易ではありません。この特性方程式の根を求めることなく、システムの安定性を判別する方法の1つに**ラウスの安定判別法**があります。

特性方程式はsに関する多項式ですから、次式のようになります。

$$1+G(s)H(s) = a_0 s^n + a_1 s^{n-1} \cdots + a_{n-1}s + a_n = 0 \qquad (69)$$

次の2つの条件が満足されるとき、制御系は安定となります。

a. すべての係数a_0、a_1、…………が0でなく存在し、同符号であること

b. 特性方程式（式(69)）の係数を用い、ラウス数列（省略）を作ったとき、その第1列の全部が、すべて同符号であること

②フルビッツの安定判別法

フルビッツの安定判別法は、制御系の特性方程式の根を求めなくても、制御系の特性方程式の係数からフルビッツの行列式を作り出すことにより、これを計算して安定判別する方法です。本質的には前項で説明したラウスの安定判別法と同じものです。いま、制御系の特性方程式が

$$1+G(s)H(s) = a_0 s^n + a_1 s^{n-1} \cdots + a_{n-1}s + a_n = 0 \qquad (70)$$

と与えられているとすると、この式において次の2つの条件が満足されるとき、制御系は安定となります。

a. すべての係数a_0、a_1、…………が0でなく存在し、同符号であること

b. フルビッツの行列式（省略）がすべて正であること

ラウスの安定判別法と、次のフルビッツの安定判別法については、その概要を覚えておくだけで十分ニャ

図のブロック線図で示される制御系がある。この制御系の特性方程式を求め、安定性を判別せよ。

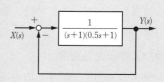

・解答と解説・

問題のブロック線図において、

$$G(s) = \frac{1}{(s+1)(0.5s+1)}$$

とおくと、合成伝達関数$G_o(s)$は、右図のようなブロック線図となり、次式で表される。

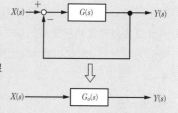

$$G_o(s) = \frac{Y(s)}{X(s)} = \frac{G(s)}{1+G(s)}$$

$$G_o(s) = \frac{\dfrac{1}{(s+1)(0.5s+1)}}{1+\dfrac{1}{(s+1)(0.5s+1)}} = \frac{1}{0.5s^2+1.5s+2} \quad\cdots\cdots ①$$

式①より、特性方程式は分母＝0となるので、次式となる。

$\boxed{1+G(s)=0}$

$$\mathbf{0.5s^2 + 1.5s + 2 = 0}（答）$$

この方程式のsについて解の公式により解くと、次のようになる。

$$s = \frac{-1.5 \pm \sqrt{1.5^2 - 4 \times 0.5 \times 2}}{2 \times 0.5}$$

$$= -1.5 \pm \sqrt{-1.75} = -1.5 \pm j\sqrt{1.75}$$

したがって、共役複素数の実数部はともに負であるから、この制御系は**安定**（答）となる。

解法のヒント

直結フィードバックであるから、❷安定判別法で説明した特性方程式
$1+G(s)H(s)=0$において、$H(s)=1$と考え、$1+G(s)=0$とする。

解法のヒント

解の公式は、方程式が$ax^2+bx+c=0\,(a\neq0)$のとき、この方程式の解は、
$$x = \frac{-b \pm \sqrt{b^2-4ac}}{2a}$$
となる。

解法のヒント

この問題の特性方程式の根（解）は、
$-1.5+j\sqrt{1.75}$と
$-1.5-j\sqrt{1.75}$の2つである。
2つともその実数部は-1.5で負値であるから、安定である。

例題にチャレンジ！

　自動制御系の安定性に関する次の記述のうち、誤っているものは次のうちどれか。

(1) 伝達関数の分母を0とおいた特性方程式の根に1つでも正の実数部を持つものの系は、不安定である。

(2) 自動制御系の過渡応答が一定振幅で持続振動している系は安定である。

(3) ナイキストの安定判別法は、開ループ伝達関数から安定法を判別できる。

(4) ラウスの安定判別法は、特性方程式の根を計算することなく、その係数から安定性を判別できる。

(5) フィードバック制御系には、安定性のための余裕が必要である。

・解答と解説・

(1) 正しい。系が安定であるためには、特性方程式の根のすべての実数部が負である必要がある。

(2) 誤り(答)。自動制御系の過渡応答が一定振幅で持続振動している系は安定限界にあり、安定とはいえない。

(3) 正しい。ナイキストの安定判別法は、開ループ伝達関数(一巡伝達関数)のベクトル軌跡(ナイキスト線図)を描いて安定判別する方法である。

(4) 正しい。同様なものに、フルビッツの安定判別法がある。

(5) 正しい。系が安定であるためには、ゲイン余裕と位相余裕が必要である。

第10章 自動制御

問題　次の□**の中に適当な答えを記入せよ。**

1．フィードバック制御系は、一般に右図
に示すように　(ア)　ループで構成さ
れ、安定性を保つため、　(イ)　フィー
ドバックとしている。この場合の伝達関
数 $G_0(s)$ は次式となる。

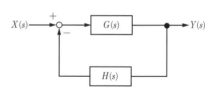

$$G_0(s) = \frac{Y(s)}{X(s)} = \boxed{(ウ)}$$

　　ここで、$G_0(s)$ の分母の　(エ)　を0とおいた　(エ)　＝0を特性方程式という。
　　また、$G(s)H(s)$ を　(オ)　伝達関数という。
　　特性方程式を満足する s の値を特性根といい、すべての特性根の実数部が　(カ)
であれば、この制御系は安定である。
　　なお、　(オ)　伝達関数から安定性を判別する方法として、ナイキスト線図によ
る方法、ボード線図による方法などがある。

2．　(キ)　伝達関数のベクトル軌跡（ナイキスト線図）上を角周波数 ω〔rad/s〕が増
方向に進むとき、実軸上の－1の点の　(ク)　側を通れば、この制御系は安定である。
見方を変えれば、実軸上の－1の点を　(ケ)　側に見て通れば安定であるといえる。

解答

　(ア)閉　　(イ)負またはネガティブ　　(ウ)$\dfrac{G(s)}{1+G(s)H(s)}$　　(エ)$1+G(s)H(s)$

　(オ)開ループまたは一巡　　(カ)負　　(キ)開ループまたは一巡　　(ク)右　　(ケ)左

第11章 情報伝送・処理とメカトロニクス

計算機の概要

ハードウェアを構成する主記憶装置の種類と特徴、信頼性ブロック図と稼働率の計算などが過去に出題されています。

関連過去問 091

主記憶装置(メモリ)
① 揮発性 メモリ
(a) SRAM
(b) DRAM
② 不揮発性 メモリ
(a) マスクROM
(b) PROM
(c) EPROM
(d) EEPROM

電源を切ると、記憶内容が失われる記憶装置が揮発性メモリだニャン。電源を切ると、記憶内容が揮発して消えてしまうんだニャン

1 計算機の構成

重要度 C

計算機とは、内部に蓄積された手順（プログラム）に従って、計算などの処理を実行する機械のことです。この計算機を構成する電子回路や周辺機器などの物理的実体を**ハードウェア**といい、ハードウェアを動作させるためのプログラムや命令などを計算機が理解できる形式で記述したもの、簡単に言えば、計算機を利用する技術の総称を**ソフトウェア**といいます。

(1) ハードウェア

ハードウェアは、**中央処理装置（演算装置および制御装置）**、**主記憶装置、補助記憶装置、入力装置、出力装置**から構成されています。

図 11.1 は、計算機を構成する各装置の関係とデータの流れを表したものです。

今日から、最後の第11章ニャン

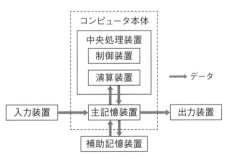

図11.1 ハードウェア

📎プラスワン

計算機の原形は、1940年代前後に登場したノイマン形コンピュータと呼ばれるもので、フォン・ノイマンによって提唱されたものである。

計算機には、一般に普及しているPC（パーソナルコンピュータ）から産業用の大形計算機まで、さまざまな種類、規模のものがあるが、ほとんどすべての計算機は、このノイマン形コンピュータが原形となっている。

〈1〉中央処理装置（CPU　Central Processing Unit）

中央処理装置（CPU）は、計算機の心臓部に当たる部分で、演算装置と制御装置から成っています。**演算装置**は文字どおり、さまざまな演算（計算）を行う装置です。**制御装置**は、命令を解読して演算装置に指令を送ったり、計算機内の各装置の動作のタイミングなどを制御しています。

〈2〉主記憶装置

主記憶装置は**メモリ**と呼ばれ、プログラムやデータを記憶し、CPUの求めに応じて素早くプログラムあるいはデータを引き出したり、CPUから返された処理結果を記憶するなど、計算機上のデータの記憶場所です。主記憶装置には、半導体による記憶素子（半導体メモリ）が利用されますが、コストが高いため、あまり大容量のものは搭載しません。大容量データの保存は、〈3〉で説明する補助記憶装置で行います。

主記憶装置は主に、**RAM**（Random Access Memory）と**ROM**（Read Only Memory）の2種類があります。RAMとROMの違いは、揮発性か不揮発性かの違いです。**揮発性**とは、電源を切ると記憶内容が失われる性質のことで、**不揮発性**とは、電源を切っても記憶内容を保持する性質のことをいいます。

揮発性メモリと不揮発性メモリには、それぞれ次のような種類があります。

①**揮発性メモリ**

電源を切ると記憶情報が失われるものを揮発性メモリ（Volatile Memory）といい、次のような種類があります。

(a) SRAM（Static Random Access Memory）

フリップフロップ回路などを使ったスタティック形と呼ばれるもので、リフレッシュ動作（情報保持のため、定期的に情報を再書き込みする動作）が不要であり、一般的には半導体メモリの中でも読み書き動作が最も高速なメモリです。

(b) DRAM（Dynamic Random Access Memory）

情報を微小なコンデンサに電荷の形で蓄えるメモリです。DRAMはダイナミック形と呼ばれ、一定時間ごとにリフレッ

補足—
揮発性メモリは、電源を供給している限り、記憶情報が保持される。

補足—
フリップフロップ回路については、LESSON44で学習する。

補足—
スタティックは「静的」という意味。ダイナミックは「動的」という意味。

シュ動作が必要です。

②不揮発性メモリ

電源を切っても記憶情報が保持されるものを不揮発性メモリ（Non-Volatile Memory）といいます。**ROM**（Read Only Memory）は不揮発性メモリに分類されます。不揮発性メモリの中でも書き換え可能なものは、記憶保持動作により記憶素子が劣化してしまうため、書き換え可能回数に上限があります。代表的な不揮発性メモリとして、次のような種類があります。

(a) マスクROM

製造過程でデータを書き込み、後からはデータを変更できないROMです。

(b) PROM（Programmable ROM）

一度だけデータを書き込めるようにしたROMです。マスクROMなどの通常のROMが製造時にデータを記録するのに対して、PROMは製造時には書き込まれず、使用時に**ROMライタ**という装置を使って記録を行います。ただし、一度記録を行うと、通常のROMと同じように書き込まれたデータの変更や削除はできません。

(c) EPROM（Erasable Programmable ROM）

PROMのうち、データの消去と書き込みを繰り返し行えるようにしたものをEPROMといいます。データの消去は紫外線により行います。

(d) EEPROM（Electrically Erasable and Programmable ROM）

データの消去や書き換えを電気（電圧）の操作によって行うROMです。EEPROMは、通常より高い電圧をかけることによってデータを消去します。ただし、データの読み出しはRAMほど高速ではありません。

なお、EEPROMの改良によって登場した**フラッシュメモリ**（**フラッシュEEPROM**）は、データを保存するデバイスの構成などを変更することで、データの読み出し、書き込み速度の高速化や大容量化がなされています。

〈3〉補助記憶装置

　高速なデータの出し入れを行う主記憶装置とは違い、速度的には劣るものの、大容量でかつ価格の安いハードディスク（HDD）のような記憶装置を補助記憶装置と呼びます。ハードディスク、CD、DVDなどが該当します。

〈4〉入力装置

　キーボードやマウス、スキャナーなど、計算機を操作したり、さまざまな情報を計算機に与えるために使用される装置を入力装置といいます。

〈5〉出力装置

　データを計算機の外部に取り出す役割を持つ装置を出力装置と呼びます。ディスプレイやプリンタなど、計算機の処理状況や処理結果を表示、印刷するものに加え、音声データを再生するスピーカなども出力装置です。

(2) ソフトウェア

　ソフトウェアは、その役割によってWindowsやMacOS、UNIXなどに代表される**基本ソフトウェア（オペレーティングシステム：通称OS）**と、ワープロソフトや表計算ソフトなどに代表される**アプリケーションソフト**に大別されます。

例題にチャレンジ！

EEPROMの特徴として、正しいものは次のうちどれか。

(1) フリップフロップ回路を使ったスタティック形と呼ばれる揮発性メモリで、リフレッシュ動作（すべてのコンデンサ内の電荷の再蓄積を行う動作）が不要なメモリである。

(2) 一定時間ごとにリフレッシュ動作が必要なダイナミック形と呼ばれる揮発性メモリである。

(3) データが製造時点で固定されていて、後からはデータを変更できない不揮発性メモリである。

(4) 製造時にはデータが書き込まれず、使用時にROMライタという装置を使って一度だけデータを書き込めるようにした不揮発性メモリである。

(5) データの消去や書き換えを電気（電圧）の操作によって行う不揮発性メモリである。

・解答と解説・

電源を切っても記憶情報が保持されるものを不揮発性メモリ（Non-Volatile Memory）といい、EEPROMは不揮発性メモリの一種である。不揮発性メモリのうち、マスクROMは製造時、PROMは使用時にデータを書き込み、データの消去や変更はできない。データの消去と書き込みが可能な不揮発性メモリとして、EPROMとEEPROMがある。その中で、EEPROMは、データの消去や書き換えを電気（電圧）の操作によって行うROMである。

(1) 誤り。SRAMの特徴を述べたものである。

(2) 誤り。DRAMの特徴を述べたものである。

(3) 誤り。マスクROMの特徴を述べたものである。

(4) 誤り。PROMの特徴を述べたものである。

(5) 正しい（答）。EEPROMの特徴を述べたものである。

解法のヒント

リフレッシュ動作とは、情報保持のため、定期的に情報を再書き込みする動作をいう。コンデンサに蓄えられた電荷は時間とともに減少し情報が失われてしまう。これを防ぐために、一定時間ごとに電荷の再蓄積を行う動作がリフレッシュ動作である。

第11章

情報伝送・処理とメカトロニクス

計算機システムに限らず、さまざまな製品において、信頼性はとても重要な項目です。私たちが何かを購入する場合でも、単に価格が高い、安いで比較するのではなく、例えば、長持ちするかどうかということも考慮に入れて購入します。ここでは、この信頼性という尺度を、数値を使って表現する方法を学びます。

(1) 信頼度

計算機システムなどの信頼度を表す指標は、次の5つに分けて表すことができます。

〈1〉信頼性

信頼性とは、システムが故障せずに一定時間安定に動作することを示すもので、**MTBF**（Mean Time Between Failures：**平均故障間隔**）で表します。MTBFとは、システムが連続して動作可能な時間の平均、すなわち、システムの故障から次の故障までの平均時間をいい、次式で表されます。

$$MTBF = \frac{\text{正常に稼働している合計時間数}}{\text{故障回数}}$$

したがって、MTBFの値が大きいほど信頼性が高いことになります。

〈2〉保守性

保守性とは、システムが故障したときの修理のしやすさを示すもので、**MTTR**（Mean Time To Repair：**平均修理時間**）で表します。MTTRとは、システムが故障した場合に修理するために必要な時間の平均をいい、次式で表されます。

$$MTTR = \frac{\text{修理に要した合計時間数}}{\text{故障回数}}$$

したがって、MTTRの値が小さいほど保守性が高いことになります。

〈3〉可用性

可用性とは、必要とするときにいつでも使用できることを示

すもので、**稼働率**（Availability）で表します。稼働率とは、システムが正常に動作している時間の割合（確率）をいい、稼働率を α とすると、MTBF と MTTR を用いて次式で表されます。

$$稼働率\ \alpha = \frac{正常に稼働している時間数}{全時間数} = \frac{MTBF}{MTBF + MTTR}$$

補足
稼働率 α は、$0 < \alpha < 1$ となる。

したがって、稼働率が高い（大きい）ものほど信頼性が高いことになります。

〈4〉保全性

保全性とは、データを保護し、万一データの破壊などがあっても修復できる度合を示すものです。

〈5〉安全性

安全性とは、データの機密保護ができる度合を示すものです。

(2) 信頼性ブロック図

複雑なシステム全体の信頼度は、そのシステムの信頼性ブロック図を描き、それぞれのサブシステムの信頼度から計算によって求めます。

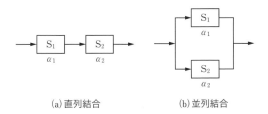

(a) 直列結合　　　　(b) 並列結合

図11.2　信頼性ブロック図

図11.2(a)に示すサブシステムの結合形態を**直列結合**といい、各サブシステムの1つだけが故障してもシステム全体として故障したことを表します。したがって、各サブシステムの稼働率を α_1、α_2 とすると、全体の稼働率 α は、次式で表されます。

$$\alpha = \alpha_1 \times \alpha_2 \tag{1}$$

（ただし、$0 < \alpha < 1$）

また、図11.2(b)に示すサブシステムの結合形態を**並列結合**といい、各サブシステムの両方が故障したときのみシステムが

故障したことを表します。したがって、全体の稼働率 α は次式で表されます。

$$\alpha = 1 - (1 - \alpha_1)(1 - \alpha_2) \tag{2}$$

（ただし、$0 < \alpha < 1$）

さらに、直列系と並列系のブロック図を組み合わせることにより、さまざまなシステムの稼働率を求めることができます。

例題にチャレンジ！

図に示されている信頼性ブロック図の稼働率 α の値を求めよ。ただし、各サブシステムの稼働率を α_1、α_2、α_3 とする。

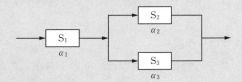

・解答と解説・

並列結合の部分の稼働率は、

$$1 - (1 - \alpha_2)(1 - \alpha_3)$$

と表されるので、全体の稼働率 α は、

$$
\begin{aligned}
\alpha &= \alpha_1 \times \{1 - (1 - \alpha_2)(1 - \alpha_3)\} \\
&= \alpha_1 - \alpha_1(1 - \alpha_2)(1 - \alpha_3) \\
&= \alpha_1 - \alpha_1(1 - \alpha_2 - \alpha_3 + \alpha_2\alpha_3) \\
&= \alpha_1 - \alpha_1 + \alpha_1\alpha_2 + \alpha_1\alpha_3 - \alpha_1\alpha_2\alpha_3 \\
&= \alpha_1(\alpha_2 + \alpha_3) - \alpha_1\alpha_2\alpha_3 \quad \text{(答)}
\end{aligned}
$$

または、

$$= \alpha_1\alpha_2 + \alpha_1\alpha_3 - \alpha_1\alpha_2\alpha_3 \quad \text{(答)}$$

理解度チェック問題

問題　次の　　　の中に適当な答えを記入せよ。

　計算機とは、内部に蓄積された手順（プログラム）に従って、計算などの処理を実行する機械のことである。この計算機を構成する電子回路や周辺機器などの物理的実体を　(ア)　といい、　(ア)　を動作させるためのプログラムや命令などを計算機が理解できる形式で記述したもの、簡単に言えば、計算機を利用する技術の総称を　(イ)　という。

　(ア)　は、中央処理装置（演算装置および制御装置）、主記憶装置、補助記憶装置、入力装置、出力装置から構成されている。

　図aは、計算機を構成する各装置の関係とデータの流れを表したものである。

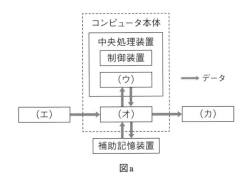

図a

　(イ)　は、その役割によってWindowsやMacOS、UNIXなどに代表される基本　(イ)　（オペレーティングシステム：通称OS）と、ワープロソフトや表計算ソフトに代表される　(キ)　ソフトに大別される。

解答

(ア)ハードウェア　　(イ)ソフトウェア　　(ウ)演算装置　　(エ)入力装置
(オ)主記憶装置　　(カ)出力装置　　(キ)アプリケーション

第11章 情報伝送・処理とメカトロニクス

2進数、16進数と10進数

電験三種試験では、2進数、16進数と10進数に関する問題がよく出題されるので、相互の変換方法などについて理解しておきましょう。

関連過去問 092, 093, 094

各進数の対応表

10進数	2進数	16進数
1	1	1
2	10	2
3	11	3
⋮	⋮	⋮
9	1001	9
10	1010	A
11	1011	B

10進数の10は、16進数ではAになるんだニャン。面白いニャン

① 10進数

重要度 **A**

10進数とは、0から9までの10個の数字を使って数を表現する方法です。私たちの生活に一番なじみのある数え方です。10進数では、0、1、2、3、4、5、6、7、8、9と順に増え、次に位が繰り上がって10になり、さらに、100、1000、10000…となった時点でさらに位が繰り上がります。

ここで10進数を、指数を使って表すと、次のようになります。

$1 = 10^0$

$10 = 10^1$

$100 = 10^2$

$1000 = 10^3$

　　⋮

したがって、10進数の位の繰り上がり方は、10^0、10^1、10^2、10^3…と上がっていくことになります。

例えば、10進数で345という数は、以下のように表すことができます。

10^3の位	10^2の位	10^1の位	10^0の位
0	3	4	5

これを、数式で表すと、次のようになります。

$$345\,(10進数) = 0 \times 10^3 + 3 \times 10^2 + 4 \times 10^1 + 5 \times 10^0$$

この中で、例えば、3という数字は単なる3ではなく、「×10^2」によって100倍であるという、「**重み**」が付けられています。このように、各数字は位によって「重み」が異なります。つまり、10進数では、それぞれの位が「**×10^n**」の重みが付けられていることになりますが、この10を「**基数**」といいます。なお、10進数の表記は$(345)_{10}$のように、数値を（　）でくくり、基数である10を添字として付けます。

補足

基数は10でなくてもよく、2や4、8、16などさまざまな数字を基数とすることができる。計算機の世界では、基数は2、16が使われる。

② 2進数　　重要度 Ⓐ

2進数は、0と1の2個の数字を使って数を表現する方法です。数は0、1と増え、次に位が繰り上がって10になります。このように2進数は、10（＝2）、100（＝4）、1000（＝8）…と位が繰り上がります。なお、（　）内は10進数での数です。

ここで、10進数を2進数にし、2の指数を使って表すと、次のようになります。

$$(1)_{10} = (1)_2 = 2^0$$

$$(2)_{10} = (10)_2 = 2^1$$

$$(4)_{10} = (100)_2 = 2^2$$

$$(8)_{10} = (1000)_2 = 2^3$$

$$\vdots \qquad \vdots$$

このように、2進数の位の繰り上がり方は、2^0、2^1、2^2、2^3…と上がっていくことになります。例えば、2進数で101011001という数は、以下のように表すことができます。

2^8の位	2^7の位	2^6の位	2^5の位	2^4の位	2^3の位	2^2の位	2^1の位	2^0の位
1	0	1	0	1	1	0	0	1

これを、数式で表すと、次のようになります。

$$(101011001)_2 = 1 \times 2^8 + 0 \times 2^7 + 1 \times 2^6 + 0 \times 2^5 + 1 \times 2^4 + 1 \times 2^3 + 0 \times 2^2 + 0 \times 2^1 + 1 \times 2^0$$

したがって、前記の数値は、10進数では次のようになります。

$$1 \times 2^8 = 256$$
$$0 \times 2^7 = 0$$
$$1 \times 2^6 = 64$$
$$0 \times 2^5 = 0$$
$$1 \times 2^4 = 16$$
$$1 \times 2^3 = 8$$
$$0 \times 2^2 = 0$$
$$0 \times 2^1 = 0$$
$$1 \times 2^0 = +) 1$$
$$(345)_{10}$$

逆に、10進数から2進数へ変換するには、10進数を2で割って、その商をさらに2で割って、またその商を2で割って…というように、余りを出しながら商が0になるまで繰り返します。そして、最後の余りを先頭に**下から順**に並べます。

例えば、10進数で345という数は、次のようにして2進数に変換します。

補足

左記の変換は、次のように表記してもよい。

2) 345
2) 172 … 1
2) 86 … 0
2) 43 … 0
2) 21 … 1
2) 10 … 1
2) 5 … 0
2) 2 … 1
2) 1 … 0
　　0 … 1

数値を並べる順序

	商		余り
$345 \div 2 =$	172	…	1
$172 \div 2 =$	86	…	0
$86 \div 2 =$	43	…	0
$43 \div 2 =$	21	…	1
$21 \div 2 =$	10	…	1
$10 \div 2 =$	5	…	0
$5 \div 2 =$	2	…	1
$2 \div 2 =$	1	…	0
$1 \div 2 =$	0	…	1

数値を並べる順序　101011001

したがって、$(345)_{10} = (101011001)_2$ となります。

なお、2進数の表記は $(101011001)_2$ のように、数値を（　）でくくり、基数である2を添字として付けます。

ビットとバイト

2進数において、0と1で表される1桁分を**1ビット**(<u>binary digit</u>の略)といいます。また、計算機内の情報は2進数の8桁分、つまり8ビットを1つの情報の単位として扱うことが多いため、この8ビットを**1バイト**(byte)といいます。

❸ 16進数　重要度 **A**

16進数は、0から9までの数字に加え、10から15までの数に対応する記号としてAからFまでのアルファベットを使って数を表現します。つまり、16進数では、0、1、2、3、4、5、6、7、8、9、A、B、C、D、E、Fと順に増え、次に位が繰り上がって10になります。このように、16進数は、10(＝16)、100(＝256)、1000(＝4096)…と位が繰り上がります。なお、( )内は10進数での数です。

例えば、16進数で159という数は、右のように表すことができます。

16^2の位	16^1の位	16^0の位
1	5	9

これを、数式で表すと、次のようになります。

$$(159)_{16} = 1 \times 16^2 + 5 \times 16^1 + 9 \times 16^0$$

したがって、上記の数値は、10進数では次のようになります。

$1 \times 16^2 = \quad 256$

$5 \times 16^1 = \quad 80$

$9 \times 16^0 = +)\quad \underline{\quad 9}$

$\qquad\qquad (345)_{10}$

逆に、10進数から16進数へ変換するには、10進数を16で割って、その商をさらに16で割って、またその商を16で割って…というように、余りを出しながら商が0になるまで繰り返します。そして、最後の余りを先頭に**下から順**に並べます。

例えば、10進数で345という数は、次のようにして16進数

に変換します。

$$\begin{array}{lll} & \text{商} & \text{余り} \\ 345 \div 16 = 21 & \cdots & 9 \\ 21 \div 16 = 1 & \cdots & 5 \\ 1 \div 16 = 0 & \cdots & 1 \end{array}$$

数値を並べる順序　159

したがって、$(345)_{10} = (159)_{16}$ となります。

なお、16進数の表記は$(159)_{16}$のように、数値を（　）でくくり、基数である16を添字として付けます。

表11.1に、これまで学習した10進数、2進数、16進数の関係を示します。

補足

10進数、2進数、16進数の表記の違いを確認しておこう。
10進数　　　　$(345)_{10}$
2進数　$(101011001)_2$
16進数　　　　$(159)_{16}$

表11.1　10進数、2進数、16進数の関係

10進数	2進数	16進数	10進数	2進数	16進数
0	0000	0	10	1010	A
1	0001	1	11	1011	B
2	0010	2	12	1100	C
3	0011	3	13	1101	D
4	0100	4	14	1110	E
5	0101	5	15	1111	F
6	0110	6	16	10000	10
7	0111	7	17	10001	11
8	1000	8	18	10010	12
9	1001	9	19	10011	13
			20	10100	14

右の表は、自分ですぐに作れるようにしておくことが大切ニャン

2進数-16進数変換

2進数を16進数に変換

16進数の0〜Fは、4桁の2進数で表されるので、2進数を下位から4桁ずつ区切り、それぞれの重みの合計を単に並べれば16進数になります。つまり、それぞれの4桁と16進数の1桁とを対応させて求めます。例えば、$(10001011)_2$を16進数に変換する場合は、

$(10001011)_2 \rightarrow (1000)_2 = (8)_{16}$、$(1011)_2 = (B)_{16} \Rightarrow (8B)_{16}$

のようにして求めます。

16進数を2進数に変換

　16進数のそれぞれを2進数に変換して、これを左から順に並べると2進数になります。例えば、

$(35C)_{16}$を2進数に変換する場合は、

$(3)_{16} \rightarrow (0011)_2$、$(5)_{16} \rightarrow (0101)_2$、$(C)_{16} \rightarrow (1100)_2$ となるので、

$(35C)_{16} = (001101011100)_2$

のようにして求めます。

例題にチャレンジ！

　10進数の$(436)_{10}$を16進数で表せ。

・解答と解説・

10進数の436を16進数に変換するには、次のように計算する。

$$
\begin{array}{lll}
 & 商 & 余り \\
436 \div 16 = 27 & \cdots & 4 \\
27 \div 16 = 1 & \cdots & 11（Bに対応） \\
1 \div 16 = 0 & \cdots & 1
\end{array}
$$

↑ 数値を並べる順序

$(1B4)_{16}$（答）

例題にチャレンジ！

　16進数の$(18)_{16}$を10進数で表せ。

・解答と解説・

16進数の18を10進数に変換するには、次のように計算する。

$$
\begin{aligned}
(18)_{16} &= 1 \times 16^1 + 8 \times 16^0 \\
&= 16 + 8 \\
&= (24)_{10}（答）
\end{aligned}
$$

第11章

情報伝送・処理とメカトロニクス

(1) 2進数の加算

2進数の加算は10進数の場合と同様に、下位の桁から順に加算し、桁上げは上位の桁に含めて行います。例として、

$(1011)_2 + (0110)_2$

の場合は、次のように求めます。

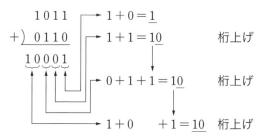

(2) 2進数の減算と補数

〈1〉2の補数

補足-🖉

2進数の負数の表現方法には、1の補数表示、2の補数表示などがある。これらの補数を使用すると、加算器を用いて減算を実行することができる。

10進数では、減算(引き算)を「引かれる数−引く数」で行いますが、2進数を使う計算機は、減算よりも加算のほうが得意であるため、加算により減算を行っています。つまり、2進数の減算は、「引く数を減じる」のではなく、「**仮の負数を加える**」ことで減算を行っています。

仮の負数とは「**2の補数**」のことをいいます。2の補数の求め方は、次のとおりです。

①2の補数を求めたい数において、各桁の「0」と「1」を入れ替えた(反転した)数を作る(入れ替えた数を**1の補数**という)

②①で求めた数に「1」を加える(これを**2の補数**という)

〈2〉2進数の減算

2の補数を用いた2進数の減算は、次の手順で行います。

①引く数の2の補数を求める(上記〈1〉①②の方法)

②引かれる数に、①で求めた引く数の2の補数を加える

③桁上げされた1桁分を除いた値が演算結果となる

例えば、

$(11)_{10} - (6)_{10}$

の計算を2進数で行う場合は、次のようになります。

$(11)_{10} = (1011)_2$、$(6)_{10} = (0110)_2$

であるから、

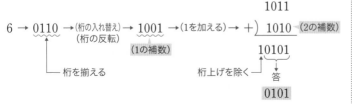

補足—🖉

桁の反転のことを「ビット反転」ともいう。

〈3〉負の数の表現

　2進数8ビット (8桁) で表現できるデータは、2^8通り (256通り) あります。これを正と負の数字に割り当てれば、-128から+127のデータを取り扱うことができます (0の割り当てを含みます)。例えば、

$(3)_{10}$

は、2進数8ビットで表現すると、

$(0000\ 0011)_2$

になります。

　ここで、1の補数はビット (桁) ごとの反転ですので、

$(1111\ 1100)_2$

となります。

　1を加えて2の補数を求めると、

$(1111\ 1101)_2$

となります。これが $(-3)_{10}$ を表すことになります。

　2の補数で負の数を表現するこの方式は、

　最上位ビット (MSB) = 1は負の整数、

　MSB = 0は正の整数

を示すことになります。

　この方式は、2進数の減算に適しています。

$(1111\ 1101)_2$

を10進数で確認すると、次のようになります。

補足—🖉

最上位ビット (MSB：Most Significant Bit) とは、最も上位のビット(桁)をいう。例えば、8ビットの数1111 1100の場合、最上位 (一番左側) のビットは1になる。また、最下位ビット (LSB：Least Significant Bit) は一番右側のビットで、0になる。

第11章　情報伝送・処理とメカトロニクス

$$-1 \times 2^7 + 1 \times 2^6 + 1 \times 2^5 + 1 \times 2^4 + 1 \times 2^3 + 1 \times 2^2 + 0 \times 2^1 + 1 \times 2^0$$

$$= -128 + 64 + 32 + 16 + 8 + 4 + 1$$

$$= (-3)_{10}$$

例題にチャレンジ！

2の補数を使用し、$(1100\ 0101)_2 - (0110\ 1101)_2$ を計算せよ。

・解答と解説・

2進数の減算の手順に従い、次のように計算する。

初めに、引く数 $(0110\ 1101)_2$ の2の補数を求める。

$$\underbrace{(1001\ 0010)_2}_{\text{1の補数}} + \underset{\text{「1」を加える}}{(1)_2} = \underbrace{(1001\ 0011)_2}_{\text{2の補数}}$$

次に、引かれる数 $(1100\ 0101)_2$ に、$(0110\ 1101)_2$ の2の補数 $(1001\ 0011)_2$ を加え、演算結果を求める。

$$(1100\ 0101)_2 - (0110\ 1101)_2$$

$$= (1100\ 0101)_2 + (1001\ 0011)_2$$

$$= \mathbf{(0101\ 1000)_2} \text{(答)}$$

👆 解法のヒント

1.
直接減算をすれば簡単に求まるが、2の補数を使用し、加算して求めよう。

2.
最終加算時に次のように桁上げされた1桁分を除く。

```
  1100 0101
+) 1001 0011
 10101 1000
```
　　　答
桁上げを除く

理解度チェック問題

問題　次の◻️の中に適当な答えを記入せよ。

1. 2進数の$(10101)_2$を10進数で表すと　(ア)　になる。

2. 16進数の$(A3)_{16}$を10進数で表すと　(イ)　になる。

3. 16進数の$(A3)_{16}$を2進数で表すと　(ウ)　になる。

4. 10進数の$(25)_{10}$を2進数で表すと　(エ)　になる。

解答

(ア) $(21)_{10}$　　　(イ) $(163)_{10}$　　　(ウ) $(10100011)_2$　　　(エ) $(11001)_2$

解説

1. $(10101)_2 = 1 \times 2^4 + 0 \times 2^3 + 1 \times 2^2 + 0 \times 2^1 + 1 \times 2^0$
$= 1 \times 2^4 + 1 \times 2^2 + 1 \times 2^0 = (21)_{10}$(ア)

2. 16進数では3に16^0の重みがついており、Aには16^1の重みがついているので、
$(A3)_{16} = A \times 16^1 + 3 \times 16^0 = 10 \times 16^1 + 3 \times 16^0 = (163)_{10}$(イ)

3. 2進数4桁を16進数で表していることから、$A = 1010$、$3 = 0011$となるので、
$(A3)_{16} = (10100011)_2$(ウ)

4.
```
2 ) 25      余り
2 ) 12 …… 1
2 )  6 …… 0
2 )  3 …… 0
2 )  1 …… 1
     0 …… 1
```
矢印の順に並べて
11001
　　$(25)_{10} = (11001)_2$(エ)

論理回路

論理回路は、試験によく出題されます。NOT、OR、ANDなど基本となる論理演算の論理式をはじめ、真理値表などをしっかり理解しましょう。

関連過去問 095, 096, 097, 098

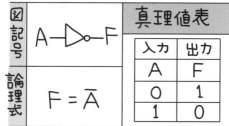

それぞれの演算回路には、図記号、論理式、真理値表があるんだニャン

① 命題　　　　重要度 **A**

計算機はさまざまな演算を内部で行っており、演算に当たっては、論理代数（ブール代数）の概念が利用されています。また、論理代数は電子回路や制御回路の設計にも使われます。

論理代数においては、事象や事柄のことを**命題**といい、一般に記号A、B、C…といった変数で表します。命題が真であれば"1"、偽であれば"0"という2つの記号で表します。

例えば、"スイッチが入っている"という命題Aが与えられている場合、スイッチが入っている場合には"Aは真である"といい、A＝1と表します。また、スイッチが切れている場合には"Aは偽である"といい、A＝0と表します。

補足
論理代数（ブール代数）とは、イギリスの数学者ブールが提唱した記号論理学をいい、1または0の2値のみを持つ変数で演算を定義した数学である。

② 論理演算の基本　　　　重要度 **A**

論理代数では、次の3つの基本となる論理演算があります。
　NOT演算（否定）
　OR演算（論理和）
　AND演算（論理積）
この3つの基本となる演算で、論理代数のすべての演算を表

現することができます。しかし、3つの演算だけの論理回路は表現が煩雑になってしまうため、上記3つ以外にも次の論理演算が使われます。

NOR演算（否定論理和）
NAND演算（否定論理積）
EX－OR演算（EXCLUSIVE－OR演算）（排他的論理和）

これらを含めた6つの演算について次に説明します。

(1) NOT演算（否定）回路

変数Aを否定（反転）する演算をNOT演算（否定）といいます。演算の出力は$\overline{A}$と表し、入力端子に加えられた信号の反転を出力します。つまり、入力Aが"0"の場合は出力は"1"、入力Aが"1"の場合は出力は"0"となります。NOT回路の図記号、論理式、**真理値表**（論理演算の入力と出力についてわかりやすく表にしたもの）を図11.3に示します。

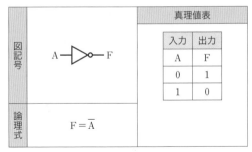

図11.3　NOT回路の図記号、論理式、真理値表

NOT回路で特に否定の意味を表現しているのは、図記号の三角形の先端に付いている"○"の部分です。ほかの**論理ゲート**の入力部あるいは出力部にNOTゲートを付す場合、単に"○"記号を付けてNOTゲートと組み合わせたゲートとすることもあります（図11.6、図11.7の図記号を参照）。

(2) OR演算（論理和）回路

変数A、Bのどちらかが真の場合に、出力が真となる演算を**OR演算（論理和）**といいます。演算の出力はA＋Bと表し、2つの入力A、Bのうち、どちらかあるいは両方とも"1"である

補足

スイッチの"入""切"など、2つの状態が"0"か"1"のいずれかの値をとる変数（A、B、Cなどで表す）を**論理変数**、または2値変数という。この論理変数と"‾"と"・"のような論理演算記号で表した式を**論理式**という。

補足

論理式の$\overline{A}$の"‾"は論理演算記号で、「Aの否定」の意味で、「Aバー」と読む。

用語

論理ゲートとは、NOT演算回路、OR演算回路などの論理演算を行う電子回路のこと。NOTゲート、ORゲートなどともいう。

場合に"1"を出力し、2つの入力が両方とも"0"である場合のみ"0"を出力します。OR回路の図記号、論理式、真理値表を図11.4に示します。

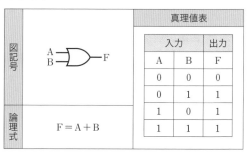

図11.4　OR回路の図記号、論理式、真理値表

(3) AND演算(論理積)回路

変数A、Bのどちらも真の場合に、出力が真となる演算を**AND演算**(**論理積**)といいます。演算の出力はA・Bと表し、2つの入力が共に"1"である場合に"1"を出力し、1つでも入力が"0"であれば"0"を出力します。AND回路の図記号、論理式、真理値表を図11.5に示します。

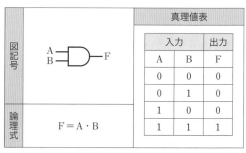

図11.5　AND回路の図記号、論理式、真理値表

(4) NOR演算(否定論理和)回路

OR演算の出力端子にNOT演算を施したものを**NOR演算**(**否定論理和**)といい、OR演算の出力の否定(反転)を出力します。NOR演算の出力は$\overline{A+B}$と表し、2つの入力が共に"0"である場合に"1"を出力し、1つでも入力が"1"であれば"0"を出力し

ます。NOR回路の図記号、論理式、真理値表を図11.6に示します。

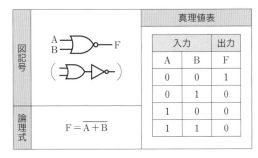

図11.6　NOR回路の図記号、論理式、真理値表

(5) NAND演算(否定論理積)回路

AND演算の出力端子にNOT演算を施したものを**NAND演算**
(**否定論理積**)といい、AND演算の出力の否定(反転)を出力します。NAND演算の出力は$\overline{A \cdot B}$と表し、2つの入力が共に"1"である場合に"0"を出力し、1つでも入力が"0"であれば"1"を出力します。NAND回路の図記号、論理式、真理値表を図11.7に示します。

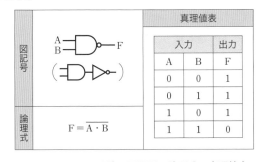

図11.7　NAND回路の図記号、論理式、真理値表

(6) EX-OR演算(排他的論理和)回路

EX-OR演算(**排他的論理和**)は、2つの入力がどちらも同じ値である場合に"0"を出力し、異なる場合に"1"を出力します。この回路は2つの入力が同じかどうかを検出する回路として使われます。EX-OR回路の図記号、論理式、真理値表を図11.8

に示します。

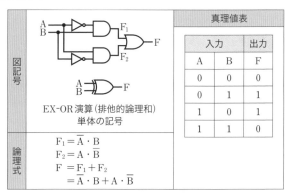

			真理値表		
			入力		出力
			A	B	F
			0	0	0
			0	1	1
			1	0	1
			1	1	0

図11.8 EX−OR回路の図記号、論理式、真理値表

③ 論理代数の基本定理と法則 重要度 A

論理代数の演算において基本となる定理と論理演算（NOT、OR、AND）から導き出される法則を、次に示します。

①単位元

論理代数における "**1**" を**単位元**という。

命題変数と1の論理和（OR）は、1。

$$A+1=1$$

命題変数と1の論理積（AND）は、その命題変数と同一。

$$A \cdot 1=A$$

②零元

論理代数における**0**を**零元**という。

命題変数と0の論理和（OR）は、その命題変数と同一。

$$A+0=A$$

命題変数と0の論理積（AND）は、0。

$$A \cdot 0=0$$

③補元

命題変数の否定を**命題変数の補元**という。

お互いにないものを持っていて、重なり合う部分がない。したがって、

命題変数とその補元の論理和（OR）は、1。

$$A+\overline{A}=1$$

命題変数とその補元の論理積（AND）は、0。

$$A \cdot \overline{A}=0$$

論理回路の計算では必ず必要となる知識だから、しっかり覚えるニャン

④交換則

論理和（OR）の演算または論理積（AND）の演算において、それぞれの命題変数を交換しても同じであることをいう。

$$A+B=B+A$$
$$A \cdot B=B \cdot A$$

⑤分配則

複数の命題変数の項からなる論理演算の組み合わせにより、項を分配することができる。

$$A+(B \cdot C)=(A+B) \cdot (A+C)$$
$$A \cdot (B+C)=(A \cdot B)+(A \cdot C)$$

⑥結合則

論理和（OR）の演算または論理積（AND）の演算において、それぞれの命題変数の計算の優先順位（結合）を変えても演算結果は同じになる。

$$A+(B+C)=(A+B)+C$$
$$A \cdot (B \cdot C)=(A \cdot B) \cdot C$$

⑦吸収則

複数の命題変数の項からなる論理演算の組み合わせにより、項を吸収することができる。

$$A+(A \cdot B)=A$$
$$A \cdot (A+B)=A$$
$$A+(\overline{A} \cdot B)=(A+\overline{A}) \cdot (A+B)=A+B$$

⑧ド・モルガンの定理

複数の命題変数の論理積（AND）全体の否定（NOT）は命題変数それぞれの否定（NOT）の論理和（OR）と等しく、複数の命題変数の論理和（OR）全体の否定（NOT）は命題変数それぞれの否定（NOT）の論理積（AND）と等しくなる。このことは否定（NOT）と組み合わせることで論理和（OR）と論理積（AND）が変換可能であることを示している。

$$\overline{A \cdot B}=\overline{A}+\overline{B}$$
$$\overline{A+B}=\overline{A} \cdot \overline{B}$$

第11章

情報伝送・処理とメカトロニクス

⑨対合(二重否定)則

命題変数の否定 (NOT) の否定 (NOT) は、
その命題変数と同じになる。

$$\overline{\overline{A}} = A$$

⑩べき等則

同じ命題変数どうしの論理和 (OR) は、そ
の命題変数と同一となる。

$$A + A = A$$

同じ命題変数どうしの論理積 (AND) は、
その命題変数と同一となる。

$$A \cdot A = A$$

④ 論理式の簡略化　　重要度 Ⓐ

　論理式は、正確に記載することは重要ですが、項数が非常に
多くなると、実際の電子回路の設計などでは部品数が多くなり、
コストが増加します。したがって、論理式の結果を変えること
なく項数を減らして簡略化することは、製造コストが安くなり、
さらに、部品数が少なくなることで信頼性も上がります。

　このため、**論理式の簡略化**は電子回路の設計ではとても重要
なことです。論理式を簡略化する方法は何種類かありますが、
ここでは、電験三種試験の問題を解く方法として、加法標準形
と定理、法則による簡略化、カルノー図による簡略化について
説明します。

(1) 加法標準形による簡略化

　加法標準形とは、**真理値表から導き出された最小項の和で表
された論理式**をいいます。しかし、加法標準形により表された
論理式は必ずしも簡略化されているとは限らないので、先に学
習した交換則、分配則、吸収則、ド・モルガンの定理などを適
用して、さらに簡略化を行います。

　例えば、図11.9のEX−ORの真理値表において、出力Fの
加法標準形の論理式を求める手順は、次のようになります。

①出力Fが1になっている部分に注目する。

②①の部分で入力が0なら否定、1なら肯定のAND形式の式を
　作る。

③得られた式の論理和が真理値表を表す論理式になる。

入力		出力
A	B	F
0	0	0
0	1	1
1	0	1
1	1	0

図11.9　真理値表（加法標準形の説明）

真理値表において、出力Fが1となっている部分は、$\overline{A} \cdot B$と$A \cdot \overline{B}$であることがわかります。加法標準形により、出力Fは、次式のようになります。

$$F = \overline{A} \cdot B + A \cdot \overline{B}$$

(2) カルノー図による簡略化

カルノー図とは、論理式を簡略化するときに用いられる真理値表です。カルノー図で用いられる真理値表は、これまで説明した真理値表を変形し、図11.10のように示します。

図(a)は、入力がAとB、出力がYの真理値表を表しており、これをカルノー図に変形したのが図(b)となります。

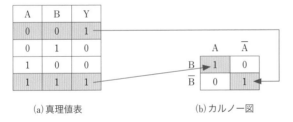

(a) 真理値表　　　(b) カルノー図

図11.10　カルノー図の例

図(a)では、AとBが"1"のとき、出力が"1"になっています。これを、図(b)のカルノー図に書き表す場合は、AかつBの位置に"1"を記入します。同様に、図(a)でAとBが"0"のとき出力が"1"になっていますので、図(b)の$\overline{A}$かつ$\overline{B}$の位置に"1"を記入します。真理値表の出力Yの残りの部分は"0"のため、カルノー図の残りの部分も"0"を記入して、カルノー図が完成します。

このカルノー図で1となる部分のAND（論理積）の式を作り、得られた式をOR（論理和）で結ぶと、論理式が完成します。

図11.10より、"1"となる部分を求めると、AとBがANDで結ばれているとき、つまり、$A \cdot B$のときと、$\overline{A}$と$\overline{B}$がANDで

結ばれているとき、つまり、$\overline{A} \cdot \overline{B}$ のときの2つがあります。

この論理式をORで結ぶと出力Yとなり、次式で表すことができます。

$$Y = A \cdot B + \overline{A} \cdot \overline{B}$$

これがカルノー図による論理式の簡略化になります。

⑤ フリップフロップ回路　重要度 A

原理上は、NOT演算、OR演算、AND演算の3つの演算のみで、論理代数のすべての演算を表現することができます。しかし、この3つの演算は、現在の入力だけで回路の出力が決まるので、入力の履歴や記憶に関する処理をしようとすると、かなり大掛かりな回路構成になってしまいます。このため、現在の入力だけでなく、過去の入力に依存する素子、つまり、**「記憶」を扱える回路**があれば、回路構成がかなりシンプルになります。

このような回路の基本となる回路要素が**フリップフロップ**（Flip Flop。以下FFと略します）で、次の入力信号が入力されるまで出力状態を保持する記憶回路です。主なFFに、**RS-FF**、**D-FF**、**JK-FF**があります。

（1）RS-FF（リセットセット-フリップフロップ）

RS-FFはフリップフロップの基本となる回路の1つで、R、Sという2つの入力と、Q、$\overline{Q}$ という2つの出力を持つ回路です。RS-FFの例を図11.11に示します。

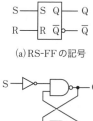

(a) RS-FFの記号

(b) RS-FFの回路

R	S	Q	$\overline{Q}$
0	0	状態保持 （直前のQ）	状態保持 （直前の$\overline{Q}$）
0	1	1	0
1	0	0	1
1	1	入力禁止（不安定状態）	

(c) RS-FFの真理値表

図11.11　RS-FFの例

RS-FFは、2つの入力、R、Sの状態に応じて、次の動作をします。

- **R＝0、S＝0の場合**　Q、$\overline{Q}$は、直前の出力値を保持する。
- **R＝0、S＝1の場合**　Q、$\overline{Q}$は、直前の出力値に関係なく、Q＝1，$\overline{Q}$＝0となり、出力Qをセットした（Q＝1）ことになる。
- **R＝1、S＝0の場合**　Q、$\overline{Q}$は、直前の出力値に関係なく、Q＝0，$\overline{Q}$＝1となり、出力Qをリセットした（Q＝0）ことになる。
- **R＝1、S＝1の場合**　Q、$\overline{Q}$は、それぞれ1または0のどちらの値も取り得る状態となって、不安定な状態となる。そのため、RS-FFでは、**R＝1、S＝1の場合の入力は禁止**される。

(2) D-FF（D-フリップフロップ）

RS-FFには禁止状態がありましたが、それらを改良したものがD-FFで、入力D、クロック入力CLKおよび出力Q（および$\overline{Q}$）を持つ回路です。D-FFの例を図11.12に示します。

(a) D-FFの記号

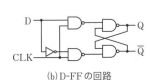

(b) D-FFの回路

D	CLK （クロック）	Q	$\overline{Q}$
1	0⇒1	1	0
0	0⇒1	0	1
any	1⇒0	状態保持 （直前のQ）	状態保持 （直前の$\overline{Q}$）

(c) D-FFの真理値表

図11.12　D-FFの例

D-FFは、クロック入力が“0”から“1”に変化するとき（クロックパルスの立上がり時）に、出力Qの値が入力Dの値と同じ値に変化します。それ以外は、出力Qは直前の値を保持します。

(3) JK-FF（JK-フリップフロップ）

JK-FFは、入力J、K、クロック入力CLKおよび出力Q、$\overline{Q}$を持つ回路です。JK-FFの例を図11.13に示します。

用語

クロック入力とは、“0”から“1”、または“1”から“0”に変化する矩形波（方形波）を入力することをいう。トリガ入力ともいう。また、一定周期で繰り返す矩形波を**クロックパルス**という。

補足

図11.12(c) の表中のanyとは、「任意の」という意味で、“0”または“1”を入力することを指す。

補足

D-FFは、クロックパルスが入力されたとき、入力Dを読み取ってQに出力するが、**出力が入力より遅れる**（delay）ため、この名が付いている。なお、この例ではクロックパルスの立上がり時に動作するポジティブエッジ形のFFを示したが、このほかに、クロックパルスの立下がり時に動作するネガティブエッジ形などがある。

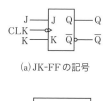

(a) JK-FFの記号

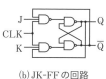

(b) JK-FFの回路

J	K	CLK （クロック）	Q	$\overline{Q}$
0	0	1⇒0	状態保持 （直前のQ）	状態保持 （直前の$\overline{Q}$）
0	1	1⇒0	0	1
1	0	1⇒0	1	0
1	1	1⇒0	状態反転 （直前の$\overline{Q}$）	状態反転 （直前のQ）
any	any	0⇒1	状態保持 （直前のQ）	状態保持 （直前の$\overline{Q}$）

(c) JK-FFの真理値表

図11.13　JK-FFの例

　このJK-FFは、**クロック入力が"1"から"0"に変化するとき（クロックパルスの立下がり時）に出力の値を変化させる回路**で、J、Kの値によって次の動作をします。なお、**クロック入力が"1"から"0"に変化するとき以外は、直前の出力値を保持**します。

- **J＝0、K＝0の場合**　Q、$\overline{Q}$は、それぞれ直前の出力値を保持する。

- **J＝0、K＝1の場合**　Q、$\overline{Q}$は、それぞれ直前の出力値に関係なく、Q＝0、$\overline{Q}$＝1。

- **J＝1、K＝0の場合**　Q、$\overline{Q}$は、それぞれ直前の出力値に関係なく、Q＝1、$\overline{Q}$＝0。

- **J＝1、K＝1の場合**　Q、$\overline{Q}$は、それぞれ直前値を反転した出力となる。この直前の値を反転する動作を**トグル動作**という。

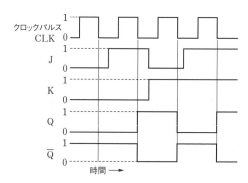

図11.14　JK-FFのタイムチャート

例題にチャレンジ！

　図の論理回路において、表はその真理値表である。表中の空白箇所（ア）、（イ）および（ウ）に正しい数値を記入せよ。

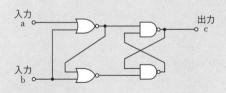

a	b	c
0	0	0
0	1	（ア）
1	0	（イ）
1	1	（ウ）

・解答と解説・

問題の回路図は、NOR回路とNAND回路からなっている。

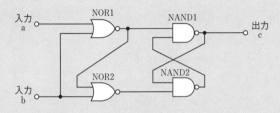

NORは入力のどれか1つでも"1"であれば、出力は"0"。

NANDは入力のどれか1つでも"0"であれば、出力は"1"になる。

問題の回路図を見ると、出力cはNAND1の出力であるので、NOR1の出力を見れば、出力cを求めることができる。

問題の回路図の入力a、bにそれぞれ0あるいは1を入力すると、次のようになる。

（ア）a＝0、b＝1のとき

　　NOR1の出力＝0　→　NAND1の出力＝出力c＝1（答）

（イ）a＝1、b＝0のとき

　　NOR1の出力＝0　→　NAND1の出力＝出力c＝1（答）

（ウ）a＝1、b＝1のとき

　　NOR1の出力＝0　→　NAND1の出力＝出力c＝1（答）

第11章

情報伝送・処理とメカトロニクス

問題　次の□**の中に適当な答えを記入せよ。**

1．2つの入力をA、Bとすると、次の論理回路の出力Fは次のようになる。ただし、NOT回路の入力はAのみとする。

(1) AND回路　　F＝ (ア)　　　　(2) OR回路　　　F＝ (イ)

(3) NOT回路　　F＝ (ウ)　　　　(4) NAND回路　　F＝ (エ)

(5) NOR回路　　F＝ (オ)　　　　(6) EX-OR回路　F＝ (カ)

2．次式は、論理代数の基本的な法則と定理である。

(1) 単位元　　$A + 1 =$ (キ)　　　　$A \cdot 1 =$ (ク)

(2) 零元　　　$A + 0 =$ (ケ)　　　　$A \cdot 0 =$ (コ)

(3) 補元　　　$A + \overline{A} =$ (サ)　　　　$A \cdot \overline{A} =$ (シ)

(4) 交換則　　$A + B =$ (ス)　　　　$A \cdot B =$ (セ)

(5) 分配則　　$A + (B \cdot C) =$ (ソ)　　　　$A \cdot (B + C) =$ (タ)

(6) 結合則　　$A + (B + C) =$ (チ)　　　　$A \cdot (B \cdot C) =$ (ツ)

(7) 吸収則　　$A + (A \cdot B) =$ (テ)　　　　$A \cdot (A + B) =$ (ト)

(8) ド・モルガンの定理　　$\overline{A \cdot B} =$ (ナ)　　　　$\overline{A + B} =$ (ニ)

(9) 二重否定則　　$\overline{\overline{A}} =$ (ヌ)

(10) べき等則　　$A + A =$ (ネ)　　　　$A \cdot A =$ (ノ)

解答

45日目

LESSON
45

プログラムとメカトロニクス

ここでは BASIC 言語の概要を学習します。また、マイクロコンピュータ、インタフェース、アクチュエータなどの概要についても学習します。

関連過去問 099, 100

> フローチャートの図記号で新しい顔を作ったニャー。これは、「データ」と「判断」という図記号ニャン

① プログラム

重要度 C

(1) 流れ図

流れ図は、**フロー図**、**フローチャート**とも呼ばれ、実際にプログラムを作成する前にプログラムの全体的な流れを確認するために、演算、処理の流れ、装置などを記号を用いて表した図のことです。流れ図を用いることにより、考え方の誤りを事前に把握できるだけでなく、プログラムの内容を他者にわかりやすく説明できます。図11.15に、半径Rを与えて円の面積Sを求めるプログラムと流れ図の例を示します。

図11.16に、基本的な流れ図の記号を示します。

```
10    INPUT R
20    S=3.14*R^2
30    PRINT S
40    END
```

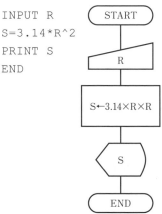

**図11.15
円の面積を求めるプログラムと流れ図**

> プログラムの分野は範囲が広いので、ここでの解説は概要にとどめるニャン。選択問題として出題されたときなど、情報伝送・処理が得意な人は挑戦しよう

第11章

情報伝送・処理とメカトロニクス

	図記号	名称	意味
データ記号	 <img parallelogram>	データ	入出力装置を指定しない入出力データ
	 <img document>	書類	印刷されたドキュメントやレポートなど、人が読み取ることができるデータ
	 <img manual input>	手操作入力	キーボードなどの入力装置を操作して情報を入力
	 <img display>	表示	表示装置の画面など、人が利用する情報を表示
処理記号	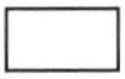 <img process>	処理	演算の実行など、あらゆる種類の処理
	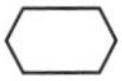 <img preparation>	準備	初期値の設定
	 <img decision>	判断	判断、分析、比較
	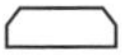 <img loop limit>	ループ始端	ループの始まり
	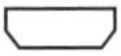 <img loop limit>	ループ終端	ループの終わり
線記号	 ——	線	データまたは制御の流れを表す。流れの向きを明示する必要があるときは、矢先を付ける
特殊記号	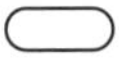 <img terminator>	端子	プログラムの流れの開始または終了を表す

図11.16　基本的な流れ図の記号

(2) プログラム言語

計算機が直接解釈できる言語は、0と1で表現された機械語（マシン語）です。

人間が扱いやすいように、機械語を命令コードと呼ばれる記号で表した言語をアセンブラ言語といいます。さらに、人間が容易にプログラムを作成できるように考案された言語を高水準言語といい、数式や各種の関数を直接記述できます。

代表的な高水準言語に、次のようなものがあります。

- **BASIC**（ベーシック）**言語**：初心者向けの簡易言語
- **C言語**：システム記述用として開発され、現在は広く利用されている言語
- **FORTRAN**（フォートラン）**言語**：科学技術計算を目的とした言語

BASIC言語で使用される命令語、関数、演算子には、次の

ようなものがあります。

①命令語

IF〜THEN〜ELSE	条件分岐	LET	変数代入
FOR〜NEXT	ループ構文	MAT	行列処理
END	プログラム終了	PRINT	文字列表示
READ〜DATA	データを変数に代入	LPRINT	プリンタ印字
DIM	配列変数の宣言	INPUT	対話形入力
REM	コメント行	SWAP	変数の入れ替え

②関数

CHR$	アスキーコードから文字に変換	RND	ランダム関数
VAL	文字列を数値に変換	INPUT$	1文字入力
MID$	文字列操作関数	INT	小数点以下切り捨て

③演算子

+	加算	XOR	排他的論理和
−	減算	>、<	大小比較
*	乗算	=	等号・または(LETでの)変数代入
/	除算(実数)		
^	べき乗	<>	不等号
OR	論理和	=>、>=	以上
AND	論理積	<=、=<	以下

(3) プログラムの構成

　プログラムは指示の集まりです。プログラムの1つの指示を文(statement)といいます。次ページにBASICのプログラムの例を示します。

　このプログラムは10個のデータを入力し、入力されたデータを10で割った値が1未満なら"○番目の入力データは10未満です"と、1以上なら"○番目の入力データは10以上です"と画面に順番に表示するプログラムです。

右のプログラムは全部
で12桁のプログラム
で、その概略は次のと
おり。
①110行は宣言文で、
　プログラムの中で使
　用される変数の名称、
　個数を計算機内に確
　保するための文
②120行から150行ま
　ではFOR NEXT文と
　呼ばれ、同じ動作を
　何度も繰り返すとき
　に使う
③130行はINPUT文
　でD(I)に入力するた
　めの文
④140行は代入を表す
　ための文
⑤160行から210行も、
　FOR NEXT文
⑥170行はIF文と呼
　ばれ、条件に当ては
　まればTHENに続く
　動作として180行を、
　当てはまらなければ
　ELSEに続く動作と
　して200行を行う
⑦180行、200行は
　PRINT文と呼ばれ、
　画面に表示する文
⑧220行はEND文と
　いうもので、プログ
　ラムの終了を指示す
　る
※プログラムの文には
　文法があり、文法に
　従って記述しなけれ
　ばエラーとなり、計
　算機は受け付けない。

（行番号）	（本文）
110	DIM I,J,D(10)
120	FOR I=1 TO 10
130	INPUT D(I)
140	D(I)=D(I)/10
150	NEXT I
160	FOR J=1 TO 10
170	IF D(J)<1 THEN
180	PRINT J; "番目の入力データは10未満です"
190	ELSE
200	PRINT J; "番目の入力データは10以上です"
210	NEXT J
220	END

　上記のように、プログラムは複数の行からなり、行は行番号と本文からなります。本文は複数の文からなります。

　行番号は、各行の先頭に記述します。行番号は、1ずつ増やしてもかまいませんが、通常10おきにつけます。これは、プログラムの変更、修正等が必要となったときに、途中に行番号を追加しやすいようにするためです。

　ここでは、これ以上のプログラムの詳細な説明は割愛します。

例題にチャレンジ！

　下記のプログラムで、140行が終わった段階でAの値を求めよ。

```
110 .........
120 .........
130 A=3
140 A=A+2
※以下省略
```

(4) アルゴリズム

　アルゴリズムとは、問題を解くための手順や方法のことです。計算機は、人間より速く大量に正しい計算を行うことができ、さらに、作成したプログラムを実行させることでさまざまな作業を行わせることができます。しかし、プログラムの作成に当たっては、ただ単にエラーのない正確なプログラムを作ればよいのではなく、効率的に計算が行われるようにしなければ、時間のかかるプログラムが出来てしまいます。したがって、プログラムを作成するに当たっては、アルゴリズムを十分検討したうえで、正しく、効率のよいプログラムにする必要があります。アルゴリズムの例として、データを順番に並べるソート(整列)のアルゴリズム、目的のデータを探す探索のアルゴリズムなどがあります。

② メカトロニクス　重要度 C

(1) メカトロニクスの構成

　メカトロニクスとは、メカニクス (mechanics：機械工学) とエレクトロニクス (electronics：電子工学) が融合した工学で、具体的には自動車、エアコン、洗濯機、デジカメ、DVDプレイヤーなどがあり、身の回りの多くの製品がメカトロニクスに関係したものです。なお、現在は、機械工学、電子工学のほかに情報工学との関わりも深くなり、インターネットで情報通信する工作機械も実用化されています。

　メカトロニクスの構成要素として、図11.17に示すように、小形の計算機であるマイクロコンピュータ、アクチュエータ、

用語

アクチュエータとは、電気などのエネルギーを、直進移動や回転など、何らかの動きに変換する装置のこと。例えば、モータもアクチュエータの1つである。(4)を参照。

第11章　情報伝送・処理とメカトロニクス

各種センサ、インタフェースなどがあります。

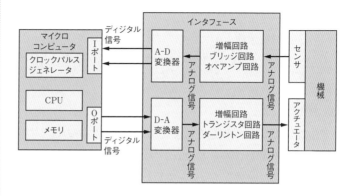

図11.17　メカトロニクスの構成

(2) マイクロコンピュータ（マイコン）

　マイクロコンピュータは、**マイコン**とも呼ばれ、センサから入力された情報をもとに内蔵されたプログラムによって判断・演算などの処理をし、アクチュエータによって目的に沿った制御を適切に行わせるため、CPU（中央処理装置）やメモリ（記憶装置）、入出力ポートなどを組み合わせて一体化したシステムです。マイコンの種類として、1つのシリコン基板の上にICやLSIを集積したワンチップマイコン、また、1枚のIC基板上に実装したワン（シングル）ボードマイコン、さらに、キーボード（キーによる入力装置）、ディスプレイ（画面に文字や図形を表示する出力装置）、プリンタ（処理結果を印字する装置）などの媒体をシステム化したパーソナルコンピュータ（PC）があります。

　コンピュータには、外部からの信号をディジタル信号で取り入れるための**入力ポート**（**Iポート**）と、信号を外部に取り出すための**出力ポート**（**Oポート**）が設けられています。

(3) インタフェース

　センサとマイコン、あるいはマイコンとアクチュエータとは、電気信号のレベルや信号授受のタイミングが調整され、接続されます。

補足

入力ポートと出力ポートを合わせて、入出力ポート（I/O：input/outputの略）という。

452

温度や速度など連続的に変化する物理量を**アナログ量**といい、コンピュータで取り扱う量は2進数の"0"、"1"の**ディジタル量**です。このため、センサからマイコンへ信号を伝える場合、**A-D変換**（**アナログ-ディジタル変換**）技術が必要となり、この装置をA-D変換器といいます。また、マイコンからのディジタル信号をアクチュエータに伝えるために、**D-A変換**（**ディジタル-アナログ変換**）技術が必要となり、この装置をD-A変換器といいます。このように、ディジタル信号とアナログ信号を変換してマイコンと外部機器の間でデータの入出力を支障なく行う部分の総称を**インタフェース**といいます。インタフェースとは、物を2つに切ったときの切り口の両断面の様子を意味する用語です。

①A-D/D-A変換の概要

アナログ値をディジタル値に置き換えた例を、表11.2に示します。

この表では、アナログ量を8分割し、それぞれのディジタル値に対応させます。入力電圧が、＋1.7〔V〕のときは「110」と置き換え、中央値の「＋2.0〔V〕」と扱います。このとき、0.3〔V〕の誤差が生じます。これを**量子化雑音**といいます。

表11.2　A-D変換の例

アナログ値	ディジタル値
＋2.5〜＋3.5	111
＋1.5〜＋2.5	110
＋0.5〜＋1.5	101
−0.5〜＋0.5	100
−1.5〜−0.5	011
−2.5〜−1.5	010
−3.5〜−2.5	001
−4.5〜−3.5	000

誤差を小さくするには、入力するアナログ量の範囲を小さくするか分割する数を増やすことになります。この例の場合は、**分解能**は3ビットと表現し、分解能を上げることにより、量子化雑音を小さくすることができます。

表11.2でアナログ値の中央値をとり、入出力を対応させると、次のようになります。

補足
表11.2で、ある範囲を持つアナログ値＋1.5〔V〕〜＋2.5〔V〕に対応するディジタル値は110の1つだけなので、アナログ値も中央値の＋2.0〔V〕の1つだけが完全に対応し、＋1.7〔V〕のときは、0.3〔V〕の誤差が生じる。

補足
分解能とは、A-D変換器やD-A変換器などにおいて、測定対象となる信号（電圧）をどの程度細かく検出できるかを示す能力のこと。通常、分解能を表現する単位としてはビットを用いる。分解能が3ビットの場合、分割数は$2^3＝8$となる。

アナログ入力	ディジタル出力
$+3〔V〕$	$(111)_2 = (7)_{10}$
$+2〔V〕$	$(110)_2 = (6)_{10}$
$\vdots$	$\vdots$
$-3〔V〕$	$(001)_2 = (1)_{10}$
$-4〔V〕$	$(000)_2 = (0)_{10}$

> この差1〔V〕が、1ビットが表すアナログ量の大きさ

上記の対応表を使用した計算例を、以下に示します。

1ビットが表すアナログ量の大きさは、

$$\frac{アナログ量の差}{ディジタル量の差} = \frac{3-(-4)}{7-0} = 1〔V〕$$

アナログ入力が$+2〔V〕$のときの出力は、10進数では次式のようになります。

$$\frac{アナログ量の差}{1ビットが表すアナログ量の大きさ} = \frac{2-(-4)}{1} = (6)_{10}$$

これを、ディジタル量に変換すると、$(110)_2$になります。

② A-D変換の原理

A-D変換器としては、論理回路の構成により、**逐次比較形**、**追従比較形**、**積分形**などがあります。

例として、図11.18に逐次比較形のA-D変換器のブロック図を示します。

逐次比較形のイメージとしては天秤ばかりのようなものです。アナログ入力電圧と最上位ビットを"1"としたD-A変換値とを比較

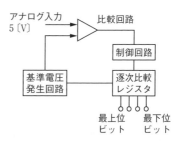

図11.18 逐次比較形A-D変換器

し、アナログ入力が大きければ、最上位ビットはそのまま、小さければ最上位ビットを"0"とし、次の下位ビットの比較を逐次行い、変換結果とする方式です。

③ D-A変換の原理

D-A変換は、2進数の数値に対して、比例した値を出力することになります。代表的なD-A変換器には、**重み抵抗形**があ

ります。重み抵抗形は**電流加算形**ともいわれ、それぞれの桁の重みに相当する電流値を、抵抗値で重み付けしてやるものです。図11.19に、重み抵抗形D-A変換器の原理図を示します。

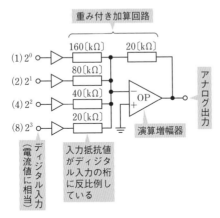

図11.19　重み抵抗形D-A変換器

(4) アクチュエータ

　アクチュエータとは、制御対象に対してマイコンからの指令を受けて、機械本体のメカニズム部を操作するための駆動源となる部分で、**「エネルギーを機械的な動きに変換する機器」**と定義されています。

　つまり、アクチュエータは電気的な信号を物理量に変換する機器で、動作原理から、次のように分類されます。

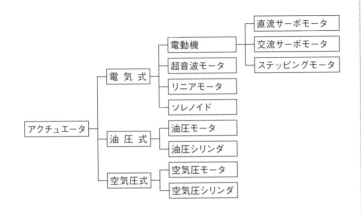

第11章
情報伝送・処理とメカトロニクス

(5) センサ

センサ（sensor）とは、メカトロニクスの重要なシステム構成要素の1つであり、いろいろな情報（位置、速度、圧力、温度など）を何らかの方法で電気信号に変換するもので、信号変換素子とも呼ばれます。代表的なセンサを以下に掲げます。

光センサ	光電管、光起電力セル、ホトトランジスタ、ホトダイオード
温度センサ	熱電対、測温抵抗体、サーミスタ
圧力センサ（感圧素子）	半導体ひずみゲージ、感圧ダイオード、感圧トランジスタ、圧電半導体
赤外線センサ	熱形センサ、量子形センサ
その他のセンサ	磁気センサ、超音波センサ、ガスセンサ

例題にチャレンジ！

あるA-D変換器で入力電圧が510〔mV〕のとき、2進数のディジタル量が$(11111111)_2$である。また、入力電圧が0〔mV〕のとき、2進数のディジタル量が$(00000000)_2$である。このA-D変換器の1ビットが表すアナログ量の大きさは何〔mV〕か。

・解答と解説・

2進数のディジタル量$(11111111)_2$を10進数で表すと、

$1×2^7+1×2^6+1×2^5+1×2^4+1×2^3+1×2^2+1×2^1+1×2^0$
$=128+64+32+16+8+4+2+1=255$

また、2進数のディジタル量$(00000000)_2$を10進数で表すと、

$0×2^7+0×2^6+0×2^5+0×2^4+0×2^3+0×2^2+0×2^1+0×2^0$
$=0$

したがって、1ビットが表すアナログ量の大きさは、

$$\frac{アナログ量の差}{ディジタル量の差}=\frac{510-0}{255-0}=2〔mV〕（答）$$

理解度チェック問題

問題　次の◯◯の中に適当な答えを記入せよ。

1. 右表は、基本的な流れ図の図記号と名称である。

2. 次の文章は、メカトロニクスに関する記述である。

　　温度や速度など連続的に変化する物理量を◯(シ)◯といい、コンピュータで取り扱う量は2進数の "0"、"1" の◯(ス)◯である。このため、センサからマイコンへ信号を伝える場合、◯(セ)◯技術が必要となる。また、マイコンからの信号をアクチュエータに伝えるために、◯(ソ)◯技術が必要となる。このように、信号を変換してマイコンと外部機器の間でデータの入出力を支障なく行う部分の総称を◯(タ)◯という。

図記号	名称
▱	（ア）
⬜	（イ）
⬜	（ウ）
⬠	（エ）
▭	（オ）
⬡	（カ）
◇	（キ）
⬭	（ク）
⬭	（ケ）
—	（コ）
⬭	（サ）

解答

(ア) データ　　(イ) 書類　　(ウ) 手操作入力　　(エ) 表示　　(オ) 処理　　(カ) 準備
(キ) 判断　　(ク) ループ始端　　(ケ) ループ終端　　(コ) 線　　(サ) 端子
(シ) アナログ量　　(ス) ディジタル量　　(セ) A-D変換（アナログ-ディジタル変換）
(ソ) D-A変換（ディジタル-アナログ変換）　　(タ) インタフェース

テキスト編の重要公式をまとめて収録しました。

いずれも計算問題で頻出の公式です。

計算問題で実際に使えるように、しっかりマスターしましょう。

第1章 変圧器

❗重要 公式 巻数比

$$a = \frac{N_1}{N_2} = \frac{E_1}{E_2} \tag{3}$$

N_1：一次巻線の巻数　　　　N_2：二次巻線の巻数
E_1：一次誘導起電力〔V〕　　E_2：二次誘導起電力〔V〕

❗重要 公式 変圧比と変流比

$$a = \frac{V_1}{V_2} \tag{4}$$

$$\frac{1}{a} = \frac{I_1}{I_2} \tag{5}$$

V_1：一次端子電圧〔V〕　　V_2：二次端子電圧〔V〕
I_1：一次電流〔A〕　　　　I_2：二次電流〔A〕

❗重要 公式 変圧器の一次、二次間の関係

$$\frac{V_1}{V_2} = \frac{I_2}{I_1} \tag{6}$$

$$V_1 I_1 = V_2 I_2 \tag{7}$$

❗重要 公式 電圧変動率 ε

$$\varepsilon = \frac{V_{20} - V_{2n}}{V_{2n}} \times 100 \ [\%] \tag{8}$$

V_{20}：無負荷二次端子電圧〔V〕　　V_{2n}：定格二次電圧〔V〕

! 重要 公式 電圧変動率 ε

$$\varepsilon \fallingdotseq p\cos\theta + q\sin\theta\ [\%] \tag{10}$$

p：百分率抵抗降下〔%〕　　$\cos\theta$：力率〔小数〕
q：百分率リアクタンス降下〔%〕　　$\sin\theta$：無効率〔小数〕

! 重要 公式 百分率抵抗降下 p

$$p = \frac{I_{2n}R_2}{V_{2n}} \times 100\ [\%] \tag{11}$$

I_{2n}：定格二次電流〔A〕　　R_2：二次換算全抵抗〔Ω〕

! 重要 公式 百分率リアクタンス降下 q

$$q = \frac{I_{2n}X_2}{V_{2n}} \times 100\ [\%] \tag{12}$$

X_2：二次換算全リアクタンス〔Ω〕

! 重要 公式 百分率インピーダンス降下 $\%Z$

$$\%Z = \frac{I_{2n}Z_2}{V_{2n}} \times 100 = \sqrt{p^2 + q^2}\ [\%] \tag{13}$$

Z_2：二次換算全インピーダンス〔Ω〕

! 重要 公式 規約効率 η

$$\eta = \frac{出力}{入力} \times 100 = \frac{出力}{出力+損失} \times 100$$

$$= \frac{V_{2n}I_{2n}\cos\theta}{V_{2n}I_{2n}\cos\theta + P_i + P_c} \times 100$$

$$= \frac{S_n\cos\theta}{S_n\cos\theta + P_i + P_c} \times 100$$

$$= \frac{P_n}{P_n + P_i + P_c} \times 100\ [\%] \tag{14}$$

P_i：鉄損〔W〕　　　　P_c：全負荷銅損〔W〕
S_n：定格容量〔V・A〕　　P_n：定格出力〔W〕

> ⚠ **重要** 公式 α 負荷時の効率 η_α
>
> $$\eta_\alpha = \frac{\alpha P_n}{\alpha P_n + P_i + \alpha^2 P_c} \times 100$$
>
> $$= \frac{P}{P + P_i + \alpha^2 P_c} \times 100 \,[\%] \qquad (16)$$
>
> α：負荷率〔小数〕　　P：出力〔W〕

> ⚠ **重要** 公式 V結線変圧器の利用率
>
> $$利用率 = \frac{V結線出力}{設備容量}$$
>
> $$= \frac{\sqrt{3}\,P}{2P} = \frac{\sqrt{3}\,V_2 I_2}{2V_2 I_2} = \frac{\sqrt{3}}{2} \fallingdotseq 0.866 \qquad (18)$$

> ⚠ **重要** 公式 V結線変圧器の出力比
>
> $$出力比 = \frac{V結線出力}{\triangle 結線出力}$$
>
> $$= \frac{\sqrt{3}\,P}{3P} = \frac{\sqrt{3}\,V_2 I_2}{3V_2 I_2} \fallingdotseq 0.577 \qquad (19)$$

> ⚠ **重要** 公式 基準温度75〔℃〕における巻線抵抗値
>
> $$R_{75} = R_t \times \frac{234.5 + 75}{234.5 + t} \,[\Omega] \qquad (20)$$
>
> R_t：t〔℃〕のときの巻線抵抗〔Ω〕　　t：温度〔℃〕

> ⚠ **重要** 公式 パーセントインピーダンス（百分率インピーダンス）
>
> $$\%Z = \frac{Z_1 I_{1n}}{V_{1n}} \times 100 = \frac{Z_2 I_{2n}}{V_{2n}} \times 100 \,[\%] \qquad (22)$$
>
> Z_1：一次換算全インピーダンス〔Ω〕
> I_{1n}：定格一次電流〔A〕　　V_{1n}：定格一次電圧〔V〕

> ⚠ **重要** 公式 ％インピーダンスの計算方法①
>
> $$\%Z = \frac{Z}{Z_n} \times 100 \,[\%] \qquad (23)$$
>
> Z：インピーダンス〔Ω〕　　Z_n：定格インピーダンス〔Ω〕

!重要 公式 %インピーダンスの計算方法②

$$\%Z = \frac{ZI_n}{E_n} \times 100 \,[\%] \tag{24}$$

I_n：定格電流〔A〕　　E_n：定格電圧〔V〕

!重要 公式 %インピーダンスの計算方法③

$$\%Z = \frac{ZP_n}{E_n{}^2} \times 100 \,[\%] \tag{25}$$

P_n：定格出力〔V・A〕

!重要 公式 %インピーダンスの基準容量の合わせ方

$$\%Z' = \%Z \times \frac{P'}{P} \,[\%] \tag{26}$$

$\%Z'$：新%インピーダンス〔%〕
$\%Z$：旧%インピーダンス〔%〕
P'：新基準容量〔V・A〕　　P：旧基準容量〔V・A〕

!重要 公式 無負荷循環電流 $\dot{I}_0$ の値

$$\dot{I}_0 = \frac{\dfrac{V_1}{a_A} - \dfrac{V_1}{a_B}}{\dot{Z}_A + \dot{Z}_B} \,[\text{A}] \tag{27}$$

V_1：一次側電源電圧〔V〕
a_A：A器の巻数比　　a_B：B器の巻数比
$\dot{Z}_A$：A器の二次換算インピーダンス〔Ω〕
$\dot{Z}_B$：B器の二次換算インピーダンス〔Ω〕

!重要 公式 2台の変圧器が負荷 P_L〔kV・A〕をかけて並行運転している場合、A変圧器が分担する負荷 P_A〔kV・A〕

分子は相手側のB

$$P_A = P_L \times \frac{\%Z_2{}'}{\%Z_1 + \%Z_2{}'} = P_L \times \frac{\%Z_2\left(\dfrac{P_1}{P_2}\right)}{\%Z_1 + \%Z_2\left(\dfrac{P_1}{P_2}\right)}$$

$$= \frac{\%Z_2 P_1}{\%Z_1 P_2 + \%Z_2 P_1} P_L \,[\text{kV·A}] \tag{28}$$

P_1：A器の容量〔kV・A〕　　P_2：B器の容量〔kV・A〕
$\%Z_1$：A器の%インピーダンス〔%〕
$\%Z_2$：B器の%インピーダンス〔%〕
$\%Z_2{}'$：A器の容量に換算したB器の%インピーダンス〔%〕

> **① 重要 公式** 2台の変圧器が負荷P_L〔kV·A〕をかけて並行運転している
> 場合、B変圧器が分担する負荷P_B〔kV·A〕
> $$P_B = P_L - P_A = \frac{\%Z_1 P_2}{\%Z_1 P_2 + \%Z_2 P_1} P_L \text{〔kV·A〕} \qquad (29)$$

> **① 重要 公式** 単巻変圧器の変圧比a
> $$a = \frac{N_1}{N_2} = \frac{V_1}{V_2} = \frac{I_2}{I_1} \qquad (30)$$
> N_1：分路巻線の巻数　　N_2：全体の巻数
> V_1：一次端子電圧〔V〕　　V_2：二次端子電圧〔V〕
> I_2：二次電流〔A〕　　I_1：一次電流〔A〕

> **① 重要 公式** 単巻変圧器の自己容量P_s
> $$P_s = (V_2 - V_1) I_2 \text{〔V·A〕} \qquad (32)$$

> **① 重要 公式** 単巻変圧器の負荷容量(通過容量)P_l
> $$P_l = V_2 I_2 \text{〔V·A〕} \qquad (33)$$

第2章　誘導機

> **① 重要 公式** 同期速度N_s
> $$N_s = \frac{120f}{p} \text{〔min}^{-1}\text{〕} \qquad (1)$$
> f：周波数〔Hz〕　　p：極数

> **① 重要 公式** 滑りs
> $$s = \frac{N_s - N}{N_s} \qquad (2)$$
> N_s：同期速度〔min^{-1}〕　　N：回転子の速度〔min^{-1}〕

> **① 重要 公式** 回転子の速度N
> $$N = N_s(1-s) = \frac{120f}{p}(1-s) \text{〔min}^{-1}\text{〕} \qquad (3)$$
> s：滑り

LESSON **8**

三相誘導電動機の理論

> **!重要 公式** 二次側の誘導起電力 E_{2s} および周波数 f_{2s}
> $$E_{2s} = sE_2 \, [\text{V}] \qquad f_{2s} = sf_1 \, [\text{Hz}] \qquad (4)$$
> E_2：停止中の二次誘導起電力 $[\text{V}]$ f_1：一次周波数 $[\text{Hz}]$

> **!重要 公式** 負荷抵抗（出力等価抵抗）R
> $$R = r_2\left(\frac{1-s}{s}\right) [\Omega] \qquad (6)$$
> r_2：二次巻線抵抗 $[\Omega]$

> **!重要 公式** 一次入力（固定子の入力）P_1
> $$P_1 = P_{c1} + P_i + P_{c2} + P_o = V_1 I_1 \cos\theta_1 \, [\text{W}] \qquad (7)$$
> P_{c1}：一次銅損 $[\text{W}]$ P_i：鉄損 $[\text{W}]$ P_{c2}：二次銅損 $[\text{W}]$
> P_o：機械的出力 $[\text{W}]$ V_1：一次端子電圧 $[\text{V}]$
> I_1：一次電流 $[\text{A}]$ $\cos\theta_1$：力率 $[\text{小数}]$

> **!重要 公式** 二次入力（一次出力）P_2
> $$P_2 = P_o + P_{c2} = I_1'^2 \frac{r_2'}{s} \, [\text{W}] \qquad (8)$$
> I_1'：一次負荷電流 $[\text{A}]$
> r_2'：二次巻線抵抗（一次換算値）$[\Omega]$

> **!重要 公式** 二次銅損 P_{c2}
> $$P_{c2} = I_1'^2 r_2' = sP_2 \, [\text{W}] \qquad (9)$$

> **!重要 公式** 機械的出力 P_o
> $$P_o = I_1'^2 R' = (1-s)P_2 \, [\text{W}] \qquad (10)$$
> R'：出力等価抵抗（一次換算値）$[\Omega]$

> **!重要 公式** 二次入力 P_2、二次銅損 P_{c2}、機械的出力 P_o の関係
> $$P_2 : P_{c2} : P_o = P_2 : sP_2 : (1-s)P_2$$
> $$= 1 : s : (1-s) \qquad (11)$$

> **!重要 公式** 機械的出力 $P_o \, [\text{W}]$、角速度 $\omega \, [\text{rad/s}]$、トルク $T \, [\text{N·m}]$ の関係
> $$P_o = \omega T \, [\text{W}] \qquad (12)$$
> $$T = \frac{P_o}{\omega} \, [\text{N·m}] \qquad (13)$$

① 重要 公式　トルク T〔N·m〕と同期ワット P_2〔W〕

$$T = \frac{P_2(1-s)}{\omega_s(1-s)} = \frac{P_2}{\omega_s} \text{〔N·m〕} \tag{14}$$

$$P_2 = \omega_s T = 2\pi \frac{N_s}{60} T \text{〔W〕} \tag{15}$$

ω_s：同期角速度〔rad/s〕

① 重要 公式　誘導電動機の効率 η ①

$$\eta = \frac{P_o}{P_1} \times 100 = \frac{(1-s)P_2}{P_1} \times 100 \text{〔%〕} \tag{16}$$

P_1：一次入力〔W〕

① 重要 公式　誘導電動機の効率 η ②

$$\eta = \frac{P_o}{P_1} \times 100 = \frac{P_o}{P_o + P_i + P_{c1} + P_{c2}} \times 100$$

$$= \frac{P_1 - P_i - P_{c1} - P_{c2}}{P_1} \times 100 \text{〔%〕} \tag{17}$$

P_i：鉄損〔W〕　　P_{c1}：一次銅損〔W〕　　P_{c2}：二次銅損〔W〕

① 重要 公式　鉄損 P_i

$$P_i = I_w^2 \cdot \frac{1}{g_0} = (g_0 V_1)^2 \cdot \frac{1}{g_0} = g_0 V_1^2 \text{〔W〕} \tag{19}$$

I_w：鉄損供給電流〔A〕　　V_1：一次端子電圧〔V〕
g_0：励磁コンダクタンス〔S〕

① 重要 公式　誘導電動機のトルク T

$$T = k \cdot V_1^2 \cdot \frac{\dfrac{r_2'}{s}}{\left(r_1 + \dfrac{r_2'}{s}\right)^2 + (x_1 + x_2')^2} \text{〔N·m〕}$$

$$\tag{21}$$

k：比例定数　　　r_1：一次巻線抵抗〔Ω〕
r_2'：二次巻線抵抗(一次換算値)〔Ω〕
x_1：一次漏れリアクタンス〔Ω〕
x_2'：二次漏れリアクタンス(一次換算値)〔Ω〕

(!) 重要 公式 滑りsが滑り$s'=ms$に推移したときの関係

$$\frac{r_2}{s} = \frac{mr_2}{ms} = \frac{r_2 + R}{s'} \quad (22)$$

m：倍率　r_2：二次巻線抵抗〔Ω〕　R：外部抵抗〔Ω〕

第3章　直流機

(!) 重要 公式 直流発電機の誘導起電力E

$$E = p\phi\frac{N}{60}\cdot\frac{z}{a} = k\phi N \,\text{〔V〕} \quad (1)$$

p：極数　　　　　　ϕ：1極当たりの磁束〔Wb〕
N：回転速度〔min^{-1}〕　z：電機子全導体数
a：並列回路数　　　k：比例定数

LESSON **13**

直流機の原理と構造

(!) 重要 公式 直流電動機の逆起電力E

$$E = p\phi\frac{N}{60}\cdot\frac{z}{a} = k\phi N \,\text{〔V〕} \quad (3)$$

(!) 重要 公式 直流電動機の端子電圧Vと逆起電力Eの関係
$$V = E + (R_a I_a + e_a + e_b)\,\text{〔V〕} \quad (4)$$

R_a：電機子抵抗〔Ω〕　I_a：電機子電流〔A〕
e_a：電機子反作用による電圧降下〔V〕
e_b：ブラシの電圧降下〔V〕

(!) 重要 公式 他励発電機の端子電圧Vと誘導起電力Eの関係
$$V = E - (R_a I_a + e_a + e_b)\,\text{〔V〕} \quad (5)$$

LESSON **15**

直流発電機の
種類と特性

(!) 重要 公式 他励発電機の電圧変動率ε

$$\varepsilon = \frac{V_0 - V_n}{V_n} \times 100 \,\text{〔%〕} \quad (6)$$

V_0：無負荷端子電圧〔V〕　V_n：定格電圧〔V〕

(!) 重要 公式 分巻発電機の端子電圧Vと誘導起電力Eの関係
$$V = E - (R_a I_a + e_a + e_b)\,\text{〔V〕} \quad (8)$$

⚠️重要 公式 直流他励電動機の回転速度 N

$$N = \frac{E}{k\phi} = \frac{V - R_a I_a}{k\phi} \ [\text{min}^{-1}] \tag{9}$$

⚠️重要 公式 直流電動機の速度変動率 ε

$$\text{速度変動率} \ \varepsilon = \frac{N_0 - N_n}{N_n} \times 100 \ [\%] \tag{10}$$

N_0：無負荷回転速度 $[\text{min}^{-1}]$　N_n：定格回転速度 $[\text{min}^{-1}]$

⚠️重要 公式 直流直巻電動機の逆起電力 E

$$E = V - (R_a + R_s) I_a \ [\text{V}] \tag{11}$$

R_s：直巻界磁巻線抵抗 $[\Omega]$

⚠️重要 公式 直巻電動機の回転速度 N

$$N = k_4 \cdot \frac{V}{I_a} \ [\text{min}^{-1}] \tag{13}$$

⚠️重要 公式 直巻電動機のトルク T

$$T = k_2 \phi I_a = k_2 k_3 I_a I_a = k_5 I_a{}^2 \ [\text{N·m}] \tag{14}$$

⚠️重要 公式 直流電動機の回転速度 N

$$N = \frac{E}{k\phi} = \frac{V - R_a I_a}{k\phi} \ [\text{min}^{-1}] \tag{15}$$

⚠️重要 公式 直流電動機のトルク T

$$T = k_2 \phi I_a \ [\text{N·m}] \tag{16}$$

⚠️重要 公式 直流電動機の機械的出力 P_o

$$P_o = E I_a = \omega T = 2\pi \frac{N}{60} \cdot T \ [\text{W}] \tag{18}$$

⚠️重要 公式 角速度 ω

$$\omega = 2\pi \frac{N}{60} \ [\text{rad/s}] \tag{19}$$

第4章 同期機

> **！重要 公式** 同期発電機の同期速度 N_s
>
> $$N_s = \frac{120f}{p} \ [\text{min}^{-1}] \tag{1}$$
>
> f：周波数〔Hz〕　　p：極数

LESSON 19

同期発電機の原理

> **！重要 公式** 円筒形同期発電機の出力 P
>
> $$P = \frac{EV}{x_s} \sin\delta \ [\text{W}] \tag{3}$$
>
> E：誘導起電力〔V〕　　　　V：端子電圧〔V〕
> x_s：同期リアクタンス〔Ω〕　δ：負荷角〔°〕

LESSON 20

同期発電機の特性①

> **！重要 公式** 短絡比 K_s
>
> $$K_s = \frac{I_{f2}}{I_{f1}} = \frac{I_s}{I_n} \tag{4}$$
>
> I_{f2}：無負荷定格電圧 V_n の発生に必要な界磁電流〔A〕
> I_{f1}：短絡時 I_n を流すのに必要な界磁電流〔A〕
> I_s：I_{f2} のときの短絡電流〔A〕
> I_n：短絡時の定格電流〔A〕

LESSON 21

同期発電機の特性②

> **！重要 公式** 同期インピーダンス Z_s
>
> $$Z_s = \sqrt{r_a{}^2 + x_s{}^2} = \frac{E_n}{I_s} = \frac{V_n}{\sqrt{3}\,I_s} \ [\Omega] \tag{5}$$
>
> r_a：電機子巻線抵抗〔Ω〕　x_s：同期リアクタンス〔Ω〕
> E_n：定格電圧（相電圧）〔V〕
> I_s：E_n を誘起しているときの短絡電流〔A〕
> V_n：定格電圧（線間電圧）〔V〕

> **！重要 公式** 百分率同期インピーダンス $\%Z_s$〔%〕
>
> $$\%Z_s = \frac{Z_s I_n}{E_n} \times 100 = \frac{\sqrt{3}\,Z_s I_n}{V_n} \times 100 \ [\%] \tag{6}$$
>
> Z_s：同期インピーダンス〔Ω〕　　I_n：定格電流〔A〕

> **！重要 公式** 百分率同期インピーダンス $\%Z_s$〔%〕を単位法で表したもの
>
> $$Z_s \ [\text{p.u.}] = \frac{1}{K_s} \tag{7}$$
>
> K_s：短絡比

> **⚠重要 公式** 同期電動機1相分の出力P①
> $$P = EI\cos\beta \ [\text{W}]$$ (9)
> E：逆起電力〔V〕　I：電機子電流〔A〕
> β：EとIのなす角〔°〕

> **⚠重要 公式** 同期電動機1相分の出力P②
> $$P = \frac{VE}{x_s}\sin\delta \ [\text{W}]$$ (10)
> V：端子電圧〔V〕　E：逆起電力〔V〕　δ：負荷角〔°〕

> **⚠重要 公式** 同期電動機の出力P
> $$P = \omega T = 2\pi\frac{N_s}{60}T \ [\text{W}]$$ (11)
> ω：角速度〔rad/s〕　T：トルク〔N·m〕
> N_s：同期速度〔min^{-1}〕

第5章　パワーエレクトロニクス

> **⚠重要 公式** 単相半波整流回路の直流平均電圧E_d
> $$E_d \fallingdotseq 0.45V\frac{1+\cos\alpha}{2} \ [\text{V}]$$ (1)
> V：電源電圧〔V〕　α：制御角〔°〕

> **⚠重要 公式** 単相全波整流回路の直流平均電圧E_d
> $$E_d \fallingdotseq 0.9V\frac{1+\cos\alpha}{2} \ [\text{V}]$$ (2)

> **⚠重要 公式** 三相全波整流回路の直流平均電圧E_d
> $$E_d \fallingdotseq 1.35V_L\cos\alpha \ [\text{V}]$$ (4)
> V_L：電源電圧（線間電圧）〔V〕

> ⚠ 重要 公式 **直流降圧チョッパの平均出力電圧 V_d**
>
> $$V_d = \frac{T_{ON}}{T_{ON} + T_{OFF}} \times V = \alpha V \text{ (V)} \qquad (5)$$
>
> T_{ON}：スイッチがオンする時間〔s〕
> T_{OFF}：スイッチがオフする時間〔s〕
> V：電源電圧〔V〕　α：通流率

> ⚠ 重要 公式 **直流昇圧チョッパの平均出力電圧 V_d**
>
> $$V_d = \frac{T_{ON} + T_{OFF}}{T_{OFF}} \times V = \frac{1}{1 - \alpha} V \text{ (V)} \qquad (6)$$

> ⚠ 重要 公式 **昇降圧チョッパの平均出力電圧 V_d**
>
> $$V_d = \frac{T_{ON}}{T_{OFF}} \times V = \frac{\alpha}{1 - \alpha} V \text{ (V)} \qquad (7)$$

第**6**章　機械一般その他

> ⚠ 重要 公式 **加速度を与えるために必要な力 F**
>
> $$F = m\alpha \text{ (N)} \qquad (1)$$
>
> m：質量〔kg〕　α：加速度〔m/s^2〕

> ⚠ 重要 公式 **等速直線運動における物体の移動距離 l**
>
> $$l = v_0 t \text{ (m)} \qquad (2)$$
>
> v_0：初速度〔m/s〕　　t：時間〔s〕

> ⚠ 重要 公式 **等加速度直線運動における速度 v**
>
> $$v = v_0 + \alpha t \text{ (m/s)} \qquad (3)$$

> ⚠ 重要 公式 **等加速度直線運動における物体の移動距離 l**
>
> $$l = v_0 t + \frac{1}{2} \alpha t^2 \text{ (m)} \qquad (4)$$

⚠️重要 公式 回転体に働くトルク T

$$T = Fr \ [\text{N·m}] \tag{7}$$

F：力〔N〕　　r：半径〔m〕

⚠️重要 公式 位置エネルギー E_h

$$E_h = mgh \ [\text{J}] \tag{8}$$

g：重力加速度〔m/s²〕　　h：高さ〔m〕

⚠️重要 公式 運動エネルギー E_v

$$E_v = \frac{1}{2}mv^2 \ [\text{J}] \tag{9}$$

v：速度〔m/s〕

⚠️重要 公式 回転運動エネルギー E①

$$E = \frac{1}{2}mv^2 = \frac{1}{2}m(r\omega)^2 = \frac{1}{2}mr^2\omega^2 \ [\text{J}] \tag{10}$$

ω：角速度〔rad/s〕

⚠️重要 公式 慣性モーメント J

$$J = mr^2 \ [\text{kg·m}^2] \tag{11}$$

⚠️重要 公式 回転運動エネルギー E②

$$E = \frac{1}{2}J\omega^2 \ [\text{J}] \tag{12}$$

⚠️重要 公式 慣性モーメント Jとはずみ車効果

$$J = mr^2 = \frac{GD^2}{4} \ [\text{kg·m}^2] \tag{13}$$

$G(=m)$：質量〔kg〕　　D：直径〔m〕

⚠️重要 公式 物体に行った仕事 W

$$W = Fl \ [\text{J}] \tag{16}$$

F：力〔N〕　　l：移動距離〔m〕

! 重要 公式 仕事率(動力)P

$$P\,[\mathrm{W}] = \frac{W}{t}\,[\mathrm{J/s}] = \frac{Fl}{t} = Fv\,[\mathrm{N\cdot m/s}] \qquad (17)$$

! 重要 公式 回転体における仕事率(動力)P

$$P = \frac{T\theta}{t} = \omega T\,[\mathrm{W}] \qquad (18)$$

θ：回転角〔rad〕

! 重要 公式 低減トルク負荷のトルクT

$$T = k_1 \cdot N^2\,[\mathrm{N\cdot m}] \qquad (19)$$

k_1：比例定数　　N：回転速度〔min^{-1}〕

! 重要 公式 低減トルク負荷の出力P

$$P = k_2 \cdot N \cdot k_1 \cdot N^2 = k_1 \cdot k_2 \cdot N^3\,[\mathrm{W}] \qquad (20)$$

! 重要 公式 ポンプ用電動機の所要出力P

$$P = \frac{QHk}{6.12\,\eta}\,[\mathrm{kW}] \qquad (21)$$

Q：揚水量〔m³/min〕　　H：全揚程〔m〕
k：余裕係数$(k \geqq 1)$　　η：ポンプの効率〔小数〕

! 重要 公式 送風機用電動機の所要出力P

$$P = \frac{QHk}{60000\,\eta}\,[\mathrm{kW}] \qquad (22)$$

Q：風量〔m³/min〕　　H：風圧〔Pa〕
η：送風機の効率〔小数〕

! 重要 公式 巻上用電動機の所要出力P_1

$$P_1 = \frac{W_1 V_1}{6.12\,\eta_1}\,[\mathrm{kW}] \qquad (23)$$

W_1：巻上荷重〔t〕　　V_1：巻上速度〔m/min〕
η_1：巻上機の効率〔小数〕

LESSON **29**

電動機応用機器

> **❗重要 公式** 横行用電動機の所要出力 P_2
>
> $$P_2 = \frac{C_2 W_2 V_2}{6120 \eta_2} \text{ [kW]} \tag{24}$$
>
> C_2：横行抵抗〔kg/t〕　　W_2：車輪に加わる荷重〔t〕
> V_2：横行速度〔m/min〕　η_2：横行装置効率〔小数〕

> **❗重要 公式** 走行用電動機の所要出力 P_3
>
> $$P_3 = \frac{C_3 W_3 V_3}{6120 \eta_3} \text{ [kW]} \tag{25}$$
>
> C_3：走行抵抗〔kg/t〕　　W_3：車輪に加わる荷重〔t〕
> V_3：走行速度〔m/min〕　η_3：走行装置効率〔小数〕

> **❗重要 公式** エレベータ用電動機の所要出力 P
>
> $$P = \frac{WV}{6120 \eta} \text{ [kW]} \tag{26}$$
>
> W：巻上荷重〔kg〕　　V：昇降速度〔m/min〕
> η：機械効率〔小数〕

LESSON **30**

電力用設備機器

> **❗重要 公式** 力率改善に要するコンデンサ容量
>
> $$Q_C = P_L(\tan\theta_1 - \tan\theta_2) \text{ [kvar]} \tag{27}$$
>
> P_L：負荷の有効電力〔kW〕
> θ_1：力率改善前の力率角〔°〕
> θ_2：力率改善後の力率角〔°〕

第**7**章　照明

LESSON **31**

光源と単位、発光現象

> **❗重要 公式** 光度 I
>
> $$I = \frac{F}{\omega} \text{ [cd]} \tag{1}$$
>
> F：光束〔lm〕　　ω：立体角〔sr〕

> **❗重要 公式** 全光束 F
> $$F = 4\pi I \text{ [lm]} \tag{2}$$

⚠️重要 公式 照度 E

$$E = \frac{F}{A} \ [\mathrm{lx}] \tag{3}$$

A：面積〔m^2〕

⚠️重要 公式 照度 E（距離の逆2乗の法則）

$$E = \frac{F}{A} = \frac{4\pi I}{4\pi r^2} = \frac{I}{r^2} \ [\mathrm{lx}] \tag{4}$$

r：距離〔m〕

⚠️重要 公式 水平面照度 E_h（入射角余弦の法則）

$$E_h = E_n \cos\theta = \frac{I}{r^2}\cos\theta \ [\mathrm{lx}] \tag{5}$$

θ：入射角〔°〕

⚠️重要 公式 法線照度 E_n

$$E_n = \frac{I}{r^2} = \frac{I}{h^2 + d^2} \ [\mathrm{lx}] \tag{6}$$

h：点光源までの距離 r の鉛直成分〔m〕
d：点光源までの距離 r の水平成分〔m〕

⚠️重要 公式 水平面照度 E_h

$$E_h = E_n \cos\theta = \frac{I}{r^2}\cos\theta = \frac{Ih}{(h^2+d^2)^{\frac{3}{2}}} \ [\mathrm{lx}] \tag{7}$$

⚠️重要 公式 鉛直面照度 E_v

$$E_v = E_n \sin\theta = \frac{I}{r^2}\sin\theta = \frac{Id}{(h^2+d^2)^{\frac{3}{2}}} \ [\mathrm{lx}] \tag{8}$$

⚠️重要 公式 光束発散度 M

$$M = \frac{F}{A} \ [\mathrm{lm/m^2}] \tag{9}$$

> ⚠️ 重要 公式 　輝度 L
>
> $$L = \frac{I}{A'} \ [\text{cd/m}^2] \tag{12}$$
>
> A'：見かけの面積 $[\text{m}^2]$

> ⚠️ 重要 公式 　光束発散度 M
>
> $$M = \pi L \ [\text{lm/m}^2] \tag{15}$$

> ⚠️ 重要 公式 　光束 F（反射＋透過＋吸収）
>
> $$F = F_\rho + F_\tau + F_\sigma \ [\text{lm}] \tag{16}$$
>
> F_ρ：反射光束 $[\text{lm}]$　F_τ：透過光束 $[\text{lm}]$　F_σ：吸収光束 $[\text{lm}]$

> ⚠️ 重要 公式 　反射率 ρ、透過率 τ、吸収率 σ
>
> $$反射率 \ \rho = \frac{F_\rho}{F}、透過率 \ \tau = \frac{F_\tau}{F}、吸収率 \ \sigma = \frac{F_\sigma}{F} \tag{17}$$

> ⚠️ 重要 公式 　反射率 ρ、透過率 τ、吸収率 σ の和
>
> $$\rho + \tau + \sigma = 1 \tag{18}$$

> ⚠️ 重要 公式 　放射発散度 J（ステファン・ボルツマンの法則）
>
> $$J = \sigma T^4 \ [\text{W/m}^2] \tag{19}$$
>
> σ：ステファン・ボルツマン定数　　T：絶対温度 $[\text{K}]$

> ⚠️ 重要 公式 　最大エネルギーとなる波長 λ_m（ウィーンの変位則）
>
> $$\lambda_m = \frac{R}{T} \ [\text{m}] \tag{20}$$
>
> R：比例定数

> ⚠️ 重要 公式 　室内の平均照度 E
>
> $$E = \frac{FNUM}{A} = \frac{FNU}{AD} \ [\text{lx}] \tag{21}$$
>
> F：照明器具1台当たりの光束 $[\text{lm}]$
> N：照明器具灯数　　U：照明率　　M：保守率
> A：被照面積 $[\text{m}^2]$　　D：減光補償率

!重要 公式) 道路の平均照度E

$$E = \frac{FNUM}{SB} = \frac{FNU}{SBD} \ [\text{lx}] \tag{22}$$

S：スパン（灯柱の間隔）〔m〕　　B：道路幅〔m〕

!重要 公式) 片側配列の道路の平均照度E

$$E = \frac{F'}{A} = \frac{FUM}{SB} \ [\text{lx}] \tag{23}$$

F'：1灯の有効光束〔lm〕

!重要 公式) 向き合わせ(両側)配列の道路の平均照度E

$$E = \frac{F'}{A} = \frac{2FUM}{SB} \ [\text{lx}] \tag{24}$$

!重要 公式) 千鳥配列の道路の平均照度E

$$E = \frac{F'}{A} = \frac{FUM}{SB} \ [\text{lx}] \tag{25}$$

第8章 電熱

!重要 公式) 熱力学温度Tとセルシウス温度tの関係
$$T = t + 273.15 \ [\text{K}] \tag{1}$$

LESSON **33**

電熱の基礎

!重要 公式) 電力量(1秒単位)と熱量の関係
$$1 \ [\text{W·s}] = 1 \ [\text{J}] \tag{2}$$

!重要 公式) 電力量(1時間単位)と熱量の関係
$$1 \ [\text{kW·h}] = 3600 \ [\text{kJ}] \tag{3}$$

> **⚠重要 公式** 熱容量 C
> $$C = cm \ [\mathrm{J/K}] \tag{4}$$
> c：比熱$[\mathrm{J/(kg\cdot K)}]$　　m：質量$[\mathrm{kg}]$

> **⚠重要 公式** 熱量 Q
> $$Q = C\theta = cm\theta \ [\mathrm{J}] \tag{5}$$
> θ：温度上昇値$[\mathrm{K}]$

> **⚠重要 公式** 熱量 Q（ジュールの法則）
> $$Q = RI^2 t \ [\mathrm{J}] \tag{6}$$
> R：抵抗$[\Omega]$　　I：電流$[\mathrm{A}]$　　t：通電時間$[\mathrm{s}]$

> **⚠重要 公式** 熱回路のオームの法則
> $$I = \frac{\theta}{R} \ [\mathrm{W}] \tag{7}$$

> **⚠重要 公式** 熱抵抗 R
> $$R = \rho\frac{l}{S} = \frac{l}{\lambda S} \ [\mathrm{K/W}] \tag{8}$$
> ρ：熱抵抗率$[\mathrm{m\cdot K/W}]$　　l：物体の長さ$[\mathrm{m}]$
> S：断面積$[\mathrm{m^2}]$　　　　　　λ：熱伝導率$[\mathrm{W/(m\cdot K)}]$

> **⚠重要 公式** 表面熱抵抗 R
> $$R = \frac{\rho_s}{S} = \frac{1}{\alpha S} \ [\mathrm{K/W}] \tag{10}$$
> ρ_s：表面熱抵抗率$[\mathrm{m^2\cdot K/W}]$　　α：熱伝達係数$[\mathrm{W/(m^2\cdot K)}]$
> S：表面積$[\mathrm{m^2}]$

LESSON **34**
....
電気加熱ほか

> **⚠重要 公式** 誘電体損 P
> $$P = VI_R = 2\pi fCV^2 \tan\delta \ [\mathrm{W}] \tag{14}$$
> V：電圧$[\mathrm{V}]$　　　　I_R：等価抵抗Rに流れる電流$[\mathrm{A}]$
> f：周波数$[\mathrm{Hz}]$　　C：静電容量$[\mathrm{F}]$　　$\tan\delta$：誘電正接

> **重要 公式** 冷房の成績係数（COP）
>
> $$\mathrm{COP}_{冷} = \frac{冷房能力〔kW〕}{入力電力〔kW〕} = \frac{蒸発器吸熱量 Q_1〔J〕}{圧縮器入力 W〔J〕} \qquad (15)$$

> **重要 公式** 暖房の成績係数（COP）その1
>
> $$\mathrm{COP}_{暖} = \frac{暖房能力〔kW〕}{入力電力〔kW〕} = \frac{凝縮器放熱量 Q_2〔J〕}{圧縮器入力 W〔J〕} \qquad (16)$$

> **重要 公式** 暖房の成績係数（COP）その2
>
> $$\mathrm{COP}_{暖} = \frac{暖房能力〔kW〕}{入力電力〔kW〕} = \frac{Q_2}{W} = \frac{Q_1 + W}{W}$$
>
> $$= \frac{Q_1}{W} + 1 = \mathrm{COP}_{冷} + 1 > 1 \qquad (17)$$

第9章 電気化学

> **重要 公式** 電極に析出する物質の量 W（ファラデーの法則）
>
> $$W = \frac{1}{F} \cdot \frac{m}{n} \cdot I \cdot t = K \cdot Q〔g〕 \qquad (1)$$
>
> F：ファラデー定数＝96500〔C/mol〕
> m：原子量　　　　　n：原子価
> I：電流〔A〕　　　　t：通電時間〔s〕
> K：電気化学当量〔g/C〕　Q：通過電気量〔C〕

LESSON 35

電気化学の基礎

第10章 自動制御

> **①重要 公式** 伝達関数 $G(s)$
>
> $$伝達関数\ G(s) = \frac{出力信号のラプラス変換}{入力信号のラプラス変換}$$
>
> $$= \frac{\mathcal{L}[e_o(t)]}{\mathcal{L}[e_i(t)]} = \frac{E_o(s)}{E_i(s)} \tag{1}$$

> **①重要 公式** 一次遅れ要素の伝達関数 G
>
> $$G(s) = \frac{E_o(s)}{E_i(s)} = \frac{R}{R+Ls} = \frac{1}{1+\dfrac{L}{R}s}$$
>
> $$= \frac{1}{1+Ts} \tag{35}$$
>
> R：抵抗〔Ω〕 L：インダクタンス〔H〕
> s：ラプラス演算子 T：時定数〔s〕

> **①重要 公式** 二次遅れ要素の伝達関数 G
>
> $$G(s) = \frac{\omega_n^2}{s^2 + 2\zeta\omega_n s + \omega_n^2} \tag{47}$$
>
> ζ：減衰係数 ω_n：非減衰固有角周波数〔rad/s〕

ユーキャンの電験三種
独学の機械
合格テキスト＆問題集

問 題 集 編

頻出過去問 **100** 題

機械科目の出題傾向を徹底分析し、
頻出の過去問 100 題を厳選収録しました。
どれも必ず完答しておきたい過去問です。
正答できるまで、くり返し取り組んでください。
各問には、テキスト編の参照ページ
（内容が複数レッスンに及ぶ場合は、主なレッスン）
を記載しています。理解が不足している項目については、
テキストを復習しましょう。

001 変圧器の基礎

 LESSON 1

難易度 高 **中** 低 　H30 B問題 問15改

　無負荷で一次電圧6600V、二次電圧200Vの単相変圧器がある。一次巻線抵抗 $r_1 = 0.6\ \Omega$、一次巻線漏れリアクタンス $x_1 = 3\ \Omega$、二次巻線抵抗 $r_2 = 0.5\mathrm{m}\Omega$、二次巻線漏れリアクタンス $x_2 = 3\mathrm{m}\Omega$ である。計算に当たっては、二次側の諸量を一次側に換算した簡易等価回路を用い、励磁回路は無視するものとする。

　この変圧器の一次側に換算したインピーダンスの大きさ〔Ω〕として、最も近いものを次の⑴〜⑸のうちから一つ選べ。

⑴　1.15　　⑵　3.60　　⑶　6.27　　⑷　6.37　　⑸　7.40

002 変圧器の基礎

難易度 高 中 低　H26 A問題 問7

次の文章は、単相変圧器の簡易等価回路に関する記述である。

変圧器の電気的な特性を考える場合、等価回路を利用すると都合がよい。また、等価回路は負荷も含めた電気回路として考えると便利であり、特に二次側の諸量を一次側に置き換え、一次側の回路はそのままとした「一次側に換算した簡易等価回路」は広く利用されている。

一次巻線の巻数を N_1、二次巻線の巻数を N_2 とすると、巻数比 a は $a = \dfrac{N_1}{N_2}$ で表され、この a を使用すると二次側諸量の一次側への換算は以下のように表される。

$\dot{V_2}'$：二次電圧 $\dot{V_2}$ を一次側に換算したもの　$\dot{V_2}' = \boxed{\text{（ア）}} \cdot \dot{V_2}$

$\dot{I_2}'$：二次電流 $\dot{I_2}$ を一次側に換算したもの　$\dot{I_2}' = \boxed{\text{（イ）}} \cdot \dot{I_2}$

r_2'：二次抵抗 r_2 を一次側に換算したもの　$r_2' = \boxed{\text{（ウ）}} \cdot r_2$

x_2'：二次漏れリアクタンス x_2 を一次側に換算したもの　$x_2' = \boxed{\text{（エ）}} \cdot x_2$

$\dot{Z_L}'$：負荷インピーダンス $\dot{Z_L}$ を一次側に換算したもの　$\dot{Z_L}' = \boxed{\text{（オ）}} \cdot \dot{Z_L}$

ただし、´（ダッシュ）の付いた記号は、二次側諸量を一次側に換算したものとし、´（ダッシュ）のない記号は二次側諸量とする。

上記の記述中の空白箇所（ア）、（イ）、（ウ）、（エ）及び（オ）に当てはまる組合せとして、正しいものを次の(1)～(5)のうちから一つ選べ。

	（ア）	（イ）	（ウ）	（エ）	（オ）
(1)	a	$\dfrac{1}{a}$	a^2	a^2	a^2
(2)	$\dfrac{1}{a}$	a	a^2	a^2	a
(3)	a	$\dfrac{1}{a}$	$\dfrac{1}{a^2}$	$\dfrac{1}{a^2}$	$\dfrac{1}{a^2}$
(4)	$\dfrac{1}{a}$	a	$\dfrac{1}{a^2}$	$\dfrac{1}{a^2}$	a^2
(5)	$\dfrac{1}{a}$	a	$\dfrac{1}{a^2}$	$\dfrac{1}{a^2}$	$\dfrac{1}{a^2}$

003 変圧器の種類と構造

一次線間電圧が66kV、二次線間電圧が6.6kV、三次線間電圧が3.3kVの三相三巻線変圧器がある。一次巻線には線間電圧66kVの三相交流電源が接続されている。二次巻線に力率0.8、8000kV・Aの三相誘導性負荷を接続し、三次巻線に4800kV・Aの三相コンデンサを接続した。一次電流の値〔A〕として、最も近いものを次の(1)～(5)のうちから一つ選べ。ただし、変圧器の漏れインピーダンス、励磁電流及び損失は無視できるほど小さいものとする。

(1)　42.0　　(2)　56.0　　(3)　70.0　　(4)　700.0　　(5)　840.0

004 変圧器の種類と構造

テキスト LESSON 2 など

難易度 高 **中** 低　H21 A問題 問7　

　同一仕様である3台の単相変圧器の一次側を星形結線、二次側を三角結線にして、三相変圧器として使用する。20 [Ω] の抵抗器3個を星形に接続し、二次側に負荷として接続した。一次側を3300 [V] の三相高圧母線に接続したところ、二次側の負荷電流は12.7 [A] であった。この単相変圧器の変圧比として、最も近いのは次のうちどれか。

　ただし、変圧器の励磁電流、インピーダンス及び損失は無視するものとする。

(1)　4.33　　(2)　7.50　　(3)　13.0　　(4)　22.5　　(5)　39.0

005 変圧器の特性

次の文章は、変圧器の損失と効率に関する記述である。

電圧一定で出力を変化させても、出力一定で電圧を変化させても、変圧器の効率の最大は鉄損と銅損とが等しいときに生じる。ただし、変圧器の損失は鉄損と銅損だけとし、負荷の力率は一定とする。

a. 出力1000〔W〕で運転している単相変圧器において鉄損が40.0〔W〕、銅損が40.0〔W〕発生している場合、変圧器の効率は　(ア)　〔%〕である。

b. 出力電圧一定で出力を500〔W〕に下げた場合の鉄損は40.0〔W〕、銅損は　(イ)　〔W〕、効率は　(ウ)　〔%〕となる。

c. 出力電圧が20〔%〕低下した状態で、出力1000〔W〕の運転をしたとすると鉄損は25.6〔W〕、銅損は　(エ)　〔W〕、効率は　(オ)　〔%〕となる。ただし、鉄損は電圧の2乗に比例するものとする。

上記の記述中の空白箇所(ア)、(イ)、(ウ)、(エ)及び(オ)に当てはまる最も近い数値の組合せを、次の(1)〜(5)のうちから一つ選べ。

	(ア)	(イ)	(ウ)	(エ)	(オ)
(1)	94	20.0	89	61.5	91
(2)	93	10.0	91	62.5	92
(3)	94	20.0	89	63.5	91
(4)	93	10.0	91	50.0	93
(5)	92	20.0	89	61.5	91

006 変圧器の特性

テキスト **LESSON 3** など　　　難易度 高**中**低　**H23 B問題 問15**　／／／

　次の定数をもつ定格一次電圧 2000 〔V〕、定格二次電圧 100 〔V〕、定格二次電流 1000 〔A〕の単相変圧器について、(a)及び(b)の問に答えよ。

　ただし、励磁アドミタンスは無視するものとする。

　一次巻線抵抗 $r_1 = 0.2$ 〔Ω〕、一次漏れリアクタンス $x_1 = 0.6$ 〔Ω〕、

　二次巻線抵抗 $r_2 = 0.0005$ 〔Ω〕、二次漏れリアクタンス $x_2 = 0.0015$ 〔Ω〕

(a)　この変圧器の百分率インピーダンス降下〔%〕の値として、最も近いものを次の(1)〜(5)のうちから一つ選べ。

(1)　2.00　　(2)　3.16　　(3)　4.00　　(4)　33.2　　(5)　664

(b)　この変圧器の二次側に力率 0.8(遅れ)の定格負荷を接続して運転しているときの電圧変動率〔%〕の値として、最も近いものを次の(1)〜(5)のうちから一つ選べ。

(1)　2.60　　(2)　3.00　　(3)　27.3　　(4)　31.5　　(5)　521

007 変圧器の特性

定格容量 $50 \, [\text{kV} \cdot \text{A}]$ の単相変圧器がある。この変圧器を定格電圧、力率 $100 \, [\%]$ 、全負荷の $\dfrac{3}{4}$ の負荷で運転したとき、鉄損と銅損が等しくなり、そのときの効率は $98.2 \, [\%]$ であった。この変圧器について、次の(a)及び(b)に答えよ。

　ただし、鉄損と銅損以外の損失は無視できるものとする。

(a) この変圧器の鉄損 $[\text{W}]$ の値として、最も近いのは次のうちどれか。

(1) 344　(2) 382　(3) 425　(4) 472　(5) 536

(b) この変圧器を全負荷、力率 $100 \, [\%]$ で運転したときの銅損 $[\text{W}]$ の値として、最も近いのは次のうちどれか。

(1) 325　(2) 453　(3) 579　(4) 611　(5) 712

008 変圧器の結線

　三相電源に接続する変圧器に関する記述として、誤っているものを次の(1)～(5)のうちから一つ選べ。

(1)　変圧器鉄心の磁気飽和現象やヒステリシス現象は、正弦波の電圧、又は正弦波の磁束による励磁電流高調波の発生要因となる。変圧器のΔ結線は、励磁電流の第3次高調波を、巻線内を循環電流として流す働きを担っている。

(2)　Δ結線がないY－Y結線の変圧器は、第3次高調波の流れる回路がないため、相電圧波形がひずみ、これが原因となって、近くの通信線に雑音などの障害を与える。

(3)　Δ－Y結線又はY－Δ結線は、一次電圧と二次電圧との間に角変位又は位相変位と呼ばれる位相差45°がある。

(4)　三相の磁束が重畳して通る部分の鉄心を省略し、鉄心材料を少なく済ませている三相内鉄形変圧器は、単相変圧器3台に比べて据付け面積の縮小と軽量化が可能である。

(5)　スコット結線変圧器は、三相3線式の電源を直交する二つの単相(二相)に変換し、大容量の単相負荷に電力を供給する場合に用いる。三相のうち一相からの単相負荷電力供給は、三相電源に不平衡を生じるが、三相を二相に相数変換して二相側の負荷を平衡させると、三相側の不平衡を緩和できる。

009 変圧器の試験・並行運転

　2台の単相変圧器があり、それぞれ、巻数比（一次巻数/二次巻数）が30.1、30.0、二次側に換算した巻線抵抗及び漏れリアクタンスからなるインピーダンスが $(0.013 + j0.022)\,\Omega$、$(0.010 + j0.020)\,\Omega$ である。この2台の変圧器を並列接続し二次側を無負荷として、一次側に6600Vを加えた。この2台の変圧器の二次巻線間を循環して流れる電流の値〔A〕として、最も近いものを次の(1)〜(5)のうちから一つ選べ。ただし、励磁回路のアドミタンスの影響は無視するものとする。

(1)　4.1　　(2)　11.2　　(3)　15.3　　(4)　30.6　　(5)　61.3

010 変圧器の試験・並行運転

テキスト LESSON **5**　　　　難易度 高 中 **低**　

変圧器の規約効率を計算する場合、巻線の抵抗値を75℃の基準温度の値に補正する。

ある変圧器の巻線の温度と抵抗値を測ったら、20℃のとき1.0 Ωであった。この変圧器の75℃における巻線抵抗値〔Ω〕として、最も近いものを次の(1)〜(5)のうちから一つ選べ。

ただし、巻線は銅導体であるものとし、T〔℃〕とt〔℃〕の抵抗値の比は、

$(235 + T):(235 + t)$

である。

(1)　0.27　　(2)　0.82　　(3)　1.22　　(4)　3.75　　(5)　55.0

011 変圧器の試験・並行運転

定格容量 10〔kV・A〕、定格一次電圧 1000〔V〕、定格二次電圧 100〔V〕の単相変圧器で無負荷試験及び短絡試験を実施した。高圧側の回路を開放して低圧側の回路に定格電圧を加えたところ、電力計の指示は 80〔W〕であった。次に、低圧側の回路を短絡して高圧側の回路にインピーダンス電圧を加えて定格電流を流したところ、電力計の指示は 120〔W〕であった。

(a) 巻線の高圧側換算抵抗〔Ω〕の値として、最も近いものを次の(1)～(5)のうちから一つ選べ。

(1) 1.0 (2) 1.2 (3) 1.4 (4) 1.6 (5) 2.0

(b) 力率 $\cos\phi = 1$ の定格運転時の効率〔%〕の値として、最も近いものを次の(1)～(5)のうちから一つ選べ。

(1) 95 (2) 96 (3) 97 (4) 98 (5) 99

012 単巻変圧器・その他の変圧器

テキスト LESSON **6**

難易度 高 **中** 低 | **H30 A問題 問9** | / | / | / |

　定格一次電圧6000V、定格二次電圧6600Vの単相単巻変圧器がある。消費電力200kW、力率0.8（遅れ）の単相負荷に定格電圧で電力を供給する。単巻変圧器として必要な自己容量の値〔kV・A〕として、最も近いものを次の⑴〜⑸のうちから一つ選べ。ただし、巻線のインピーダンス、鉄心の励磁電流及び鉄心の磁気飽和は無視できる。

⑴　22.7　　⑵　25.0　　⑶　160　　⑷　200　　⑸　250

013 単巻変圧器・その他の変圧器

次の文章は、単相単巻変圧器に関する記述である。

巻線の一部が一次と二次との回路に共通になっている変圧器を単巻変圧器という。巻線の共通部分を　(ア)　、共通でない部分を　(イ)　という。

単巻変圧器では、　(ア)　の端子を一次側に接続し、　(イ)　の端子を二次側に接続して使用すると通常の変圧器と同じように動作する。単巻変圧器の　(ウ)　は、二次端子電圧と二次電流との積である。

単巻変圧器は、巻線の一部が共通であるため、漏れ磁束が　(エ)　、電圧変動率が　(オ)　。

上記の記述中の空白箇所(ア)、(イ)、(ウ)、(エ)及び(オ)に当てはまる組合せとして、正しいものを次の(1)〜(5)のうちから一つ選べ。

	(ア)	(イ)	(ウ)	(エ)	(オ)
(1)	分路巻線	直列巻線	負荷容量	多 く	小さい
(2)	直列巻線	分路巻線	自己容量	少なく	小さい
(3)	分路巻線	直列巻線	定格容量	多 く	大きい
(4)	分路巻線	直列巻線	負荷容量	少なく	小さい
(5)	直列巻線	分路巻線	定格容量	多 く	大きい

014 三相誘導電動機の原理と構造

テキスト LESSON **7**　　　　　　難易度 高 中 **低**　**H21 A問題 問3**　／　／　／

三相誘導電動機は、　(ア)　磁界を作る固定子及び回転する回転子からなる。

回転子は、　(イ)　回転子と　(ウ)　回転子との2種類に分類される。

　(イ)　回転子では、回転子溝に導体を納めてその両端が　(エ)　で接続される。

　(ウ)　回転子では、回転子導体が　(オ)　、ブラシを通じて外部回路に接続される。

　上記の記述中の空白箇所(ア)、(イ)、(ウ)、(エ)及び(オ)に当てはまる語句として、正しいものを組み合わせたのは次のうちどれか。

	(ア)	(イ)	(ウ)	(エ)	(オ)
(1)	回　転	円筒形	巻線形	スリップリング	整流子
(2)	固　定	かご形	円筒形	端絡環	スリップリング
(3)	回　転	巻線形	かご形	スリップリング	整流子
(4)	回　転	かご形	巻線形	端絡環	スリップリング
(5)	固　定	巻線形	かご形	スリップリング	整流子

015 三相誘導電動機の理論

 LESSON **8**

難易度 (高) 中 低　R2 B問題 問15　／ ／ ／

定格出力45kW、定格周波数60Hz、極数4、定格運転時の滑りが0.02である三相誘導電動機について、次の(a)及び(b)の問に答えよ。

(a) この誘導電動機の定格運転時の二次入力(同期ワット)の値〔kW〕として、最も近いものを次の(1)～(5)のうちから一つ選べ。

(1) 43　(2) 44　(3) 45　(4) 46　(5) 47

(b) この誘導電動機を、電源周波数50Hzにおいて、60Hz運転時の定格出力トルクと同じ出力トルクで連続して運転する。この50Hzでの運転において、滑りが50Hzを基準として0.05であるときの誘導電動機の出力の値〔kW〕として、最も近いものを次の(1)～(5)のうちから一つ選べ。

(1) 36　(2) 38　(3) 45　(4) 54　(5) 56

016 三相誘導電動機の理論

テキスト LESSON **8**

難易度 高 **中** 低 | H28 A問題 問4 | / | / | /

定格周波数50Hz、6極のかご形三相誘導電動機があり、トルク200N・m、機械出力20kWで定格運転している。このときの二次入力（同期ワット）の値〔kW〕として、最も近いものを次の(1)～(5)のうちから一つ選べ。

(1) 19　　(2) 20　　(3) 21　　(4) 25　　(5) 27

017 三相誘導電動機の理論

　誘導電動機に関する記述として、誤っているものを次の(1)～(5)のうちから一つ選べ。ただし、誘導電動機の滑りをsとする。

(1)　誘導電動機の一次回路には同期速度の回転磁界、二次回路には同期速度のs倍の回転磁界が加わる。したがって、一次回路と二次回路の巻数比を1とした場合、二次誘導起電力の周波数及び電圧は一次誘導起電力のs倍になる。

(2)　sが小さくなると、二次誘導起電力の周波数及び電圧が小さくなるので、二次回路に流れる電流が小さくなる。この変化を電気回路に表現するため、誘導電動機の等価回路では、二次回路の抵抗の値を$\dfrac{1}{s}$倍にして表現する。

(3)　誘導電動機の等価回路では、一次巻線の漏れリアクタンス、一次巻線の抵抗、二次巻線の漏れリアクタンス、二次巻線の抵抗、及び電動機出力を示す抵抗が直列回路で表されるので、電動機の力率は1にはならない。

(4)　誘導電動機の等価回路を構成するリアクタンス値及び抵抗値は、電圧が変化してもsが一定ならば変わらない。s一定で駆動電圧を半分にすれば、等価回路に流れる電流が半分になり、電動機トルクは半分になる。

(5)　同期速度と電動機トルクとで計算される同期ワット(二次入力)は、二次銅損と電動機出力との和となる。

機械 誘導機

018 三相誘導電動機の特性

テキスト LESSON **9** など

難易度 高 **中** 低 R1 A問題 問3 / / /

4極の三相誘導電動機が60Hzの電源に接続され、出力5.75kW、回転速度1656min^{-1}で運転されている。このとき、一次銅損、二次銅損及び鉄損の三つの損失の値が等しかった。このときの誘導電動機の効率の値〔%〕として、最も近いものを次の(1)～(5)のうちから一つ選べ。

ただし、その他の損失は無視できるものとする。

(1) 76.0   (2) 77.8   (3) 79.3   (4) 80.6   (5) 88.5

019 三相誘導電動機の特性

　定格出力11.0kW、定格電圧220Vの三相かご形誘導電動機が定トルク負荷に接続されており、定格電圧かつ定格負荷において滑り3.0%で運転されていたが、電源電圧が低下し滑りが6.0%で一定となった。滑りが一定となったときの負荷トルクは定格電圧のときと同じであった。このとき、二次電流の値は定格電圧のときの何倍となるか。最も近いものを次の(1)～(5)のうちから一つ選べ。ただし、電源周波数は定格値で一定とする。

(1)　0.50　　(2)　0.97　　(3)　1.03　　(4)　1.41　　(5)　2.00

020 三相誘導電動機の特性

テキスト LESSON **9** など

難易度 (**高**) 中 低 H27 B問題 問15

定格出力15kW、定格電圧220V、定格周波数60Hz、6極の三相巻線形誘導電動機がある。二次巻線は星形（Y）結線でスリップリングを通して短絡されており、各相の抵抗値は0.5Ωである。この電動機を定格電圧、定格周波数の電源に接続して定格出力（このときの負荷トルクを T_n とする）で運転しているときの滑りは5%であった。

計算に当たっては、L形簡易等価回路を採用し、機械損及び鉄損は無視できるものとして、次の(a)及び(b)の問に答えよ。

(a) 速度を変えるために、この電動機の二次回路の各相に0.2Ωの抵抗を直列に挿入し、上記と同様に定格電圧、定格周波数の電源に接続して上記と同じ負荷トルク T_n で運転した。このときの滑りの値〔%〕として、最も近いものを次の(1)～(5)のうちから一つ選べ。

(1) 3.0　(2) 3.6　(3) 5.0　(4) 7.0　(5) 10.0

(b) 電動機の二次回路の各相に上記(a)と同様に0.2Ωの抵抗を直列に挿入したままで、電源の周波数を変えずに電圧だけを200Vに変更したところ、ある負荷トルクで安定に運転した。このときの滑りは上記(a)と同じであった。

この安定に運転したときの負荷トルクの値〔N·m〕として、最も近いものを次の(1)～(5)のうちから一つ選べ。

(1) 99　(2) 104　(3) 106　(4) 109　(5) 114

021 三相誘導電動機の特性

 LESSON **9**

難易度 高 **中** 低

　二次電流一定(トルクがほぼ一定の負荷条件)で運転している三相巻線形誘導電動機がある。滑り0.01で定格運転しているときに、二次回路の抵抗を大きくしたところ、二次回路の損失は30倍に増加した。電動機の出力は定格出力の何〔%〕になったか。最も近いものを次の(1)〜(5)のうちから一つ選べ。

(1)　10　　(2)　30　　(3)　50　　(4)　70　　(5)　90

022 三相誘導電動機の運転と速度制御

定格出力15kW、定格電圧400V、定格周波数60Hz、極数4の三相誘導電動機がある。この誘導電動機が定格電圧、定格周波数で運転されているとき、次の(a)及び(b)の問に答えよ。

(a) 軸出力が15kW、効率と力率がそれぞれ90%で運転されているときの一次電流の値〔A〕として、最も近いものを次の(1)～(5)のうちから一つ選べ。

(1) 22　　(2) 24　　(3) 27　　(4) 33　　(5) 46

(b) この誘導電動機が巻線形であり、全負荷時の回転速度が1746min⁻¹であるものとする。二次回路の各相に抵抗を追加して挿入したところ、全負荷時の回転速度が1455min⁻¹となった。ただし、負荷トルクは回転速度によらず一定とする。挿入した抵抗の値は元の二次回路の抵抗の値の何倍であるか。最も近いものを次の(1)～(5)のうちから一つ選べ。

(1) 1.2　　(2) 2.2　　(3) 5.4　　(4) 6.4　　(5) 7.4

023 三相誘導電動機の運転と速度制御

次の文章は、三相かご形誘導電動機に関する記述である。

定格負荷時の効率を考慮して二次抵抗値は、できるだけ (ア) する。滑り周波数が大きい始動時には、かご形回転子の導体電流密度が (イ) となるような導体構造(たとえば深溝形)にして、始動トルクを大きくする。

定格負荷時は、無負荷時より (ウ) であり、その差は (エ) 。このことから三相かご形誘導電動機は (オ) 電動機と称することができる。

上記の記述中の空白箇所(ア)、(イ)、(ウ)、(エ)及び(オ)に当てはまる組合せとして、正しいものを次の(1)～(5)のうちから一つ選べ。

	(ア)	(イ)	(ウ)	(エ)	(オ)
(1)	小さく	不均一	低速度	小さい	定速度
(2)	大きく	不均一	低速度	大きい	変速度
(3)	小さく	均 一	低速度	小さい	定速度
(4)	大きく	均 一	高速度	大きい	変速度
(5)	小さく	不均一	高速度	小さい	変速度

024 三相誘導電動機の円線図と試験

　普通かご形誘導電動機の円線図は、簡単な試験結果から一次電流のベクトルに関する半円を描いて、電動機の特性を求めることに利用される。この円線図を描くには、次の三つの試験を行って基本量を求める必要がある。

a. 抵抗測定では、任意の周囲温度において一次巻線の端子間で抵抗を測定し、　（ア）　における一次巻線の一相分の抵抗を求める。

b. 無負荷試験では、誘導電動機を定格電圧、定格周波数、無負荷で運転し、無負荷電流と　（イ）　を測定し、無負荷電流の有効分と無効分を求める。

c. 拘束試験では、誘導電動機の回転子を拘束し、一次巻線に定格周波数の低電圧を加えて定格電流を流し、一次電圧、一次入力を測定し、定格電圧を加えた時の　（ウ）　、拘束電流及び拘束電流の有効分と無効分を求める。

　上記の記述中の空白箇所(ア)、(イ)及び(ウ)に記入する字句として、正しいものを組み合わせたのは次のうちどれか。

	(ア)	(イ)	(ウ)
(1)	冷媒温度(基準周囲温度)	無負荷入力	二次入力
(2)	冷媒温度(基準周囲温度)	回転速度	一次入力
(3)	基準巻線温度	回転速度	二次入力
(4)	冷媒温度(基準周囲温度)	回転速度	二次入力
(5)	基準巻線温度	無負荷入力	一次入力

025 単相誘導電動機と誘導発電機

次の文章は、誘導機に関する記述である。

誘導機の二次入力は　(ア)　とも呼ばれ、トルクに比例する。二次入力における機械出力と二次銅損の比は、誘導機の滑りを s として　(イ)　の関係にある。この関係を用いると、二次銅損は常に正であることから、s が -1 から 0 の間の値をとるとき機械出力は　(ウ)　となり、誘導機は　(エ)　として運転される。

上記の記述中の空白箇所(ア)、(イ)、(ウ)及び(エ)に当てはまる組合せとして、正しいものを次の(1)～(5)のうちから一つ選べ。

	(ア)	(イ)	(ウ)	(エ)
(1)	同期ワット	$(1-s):s$	負	発電機
(2)	同期ワット	$(1+s):s$	負	発電機
(3)	トルクワット	$(1+s):s$	正	電動機
(4)	同期ワット	$(1-s):s$	負	電動機
(5)	トルクワット	$(1-s):s$	正	電動機

026 単相誘導電動機と誘導発電機

テキスト LESSON **12** など　　難易度 高 ⊕ 低　　H23 A問題 問2　／　／　／

次の文章は、誘導電動機の始動に関する記述である。

a.　三相巻線形誘導電動機は、二次回路を調整して始動する。トルクの比例推移特性を利用して、トルクが最大値となる滑りを　(ア)　付近になるようにする。具体的には、二次回路を　(イ)　で引き出して抵抗を接続し、二次抵抗値を定格運転時よりも大きな値に調整する。

b.　三相かご形誘導電動機は、一次回路を調整して始動する。具体的には、始動時はY結線、通常運転時はΔ結線にコイルの接続を切り替えてコイルに加わる電圧を下げて始動する方法、　(ウ)　を電源と電動機の間に挿入して始動時の端子電圧を下げる方法、及び　(エ)　を用いて電圧と周波数の両者を下げる方法がある。

c.　三相誘導電動機では、三相コイルが作る磁界は回転磁界である。一方、単相誘導電動機では、単相コイルが作る磁界は交番磁界であり、主コイルだけでは始動しない。そこで、主コイルとは　(オ)　が異なる電流が流れる補助コイルやくま取りコイルを固定子に設けて、回転磁界や移動磁界を作って始動する。

　上記の記述中の空白箇所(ア)、(イ)、(ウ)、(エ)及び(オ)に当てはまる組合せとして、正しいものを次の(1)〜(5)のうちから一つ選べ。

	(ア)	(イ)	(ウ)	(エ)	(オ)
(1)	1	スリップリング	始動補償器	インバータ	位相
(2)	0	整流子	始動コンデンサ	始動補償器	位相
(3)	1	スリップリング	始動抵抗器	始動コンデンサ	周波数
(4)	0	整流子	始動コンデンサ	始動抵抗器	位相
(5)	1	スリップリング	始動補償器	インバータ	周波数

027 直流機の原理と構造

テキスト LESSON **13**

難易度 高 **中** 低

　図は、磁極数が2の直流発電機を模式的に表したものである。電機子巻線については、1巻き分のコイルを示している。電機子の直径Dは0.5〔m〕、電機子導体の有効長lは0.3〔m〕、ギャップの磁束密度Bは、図の状態のように電機子導体が磁極の中心付近にあるとき一定で0.4〔T〕、回転速度nは1200〔min⁻¹〕である。図の状態におけるこの1巻きのコイルに誘導される起電力e〔V〕の値として、最も近いものを次の(1)～(5)のうちから一つ選べ。

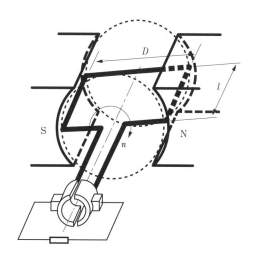

(1) 2.40 　(2) 3.77 　(3) 7.54 　(4) 15.1 　(5) 452

028 直流機の原理と構造

次の文章は、直流機の構造に関する記述である。

直流機の構造は、固定子と回転子とからなる。固定子は、　(ア)　、継鉄などによって、また、回転子は、　(イ)　、整流子などによって構成されている。

電機子鉄心は、　(ウ)　磁束が通るため、　(エ)　が用いられている。また、電機子巻線を収めるための多数のスロットが設けられている。

六角形（亀甲形）の形状の電機子巻線は、そのコイル辺を電機子鉄心のスロットに挿入する。各コイル相互のつなぎ方には、　(オ)　と波巻とがある。直流機では、同じスロットにコイル辺を上下に重ねて2個ずつ入れた二層巻としている。

上記の記述中の空白箇所(ア)、(イ)、(ウ)、(エ)及び(オ)に当てはまる組合せとして、正しいものを次の(1)～(5)のうちから一つ選べ。

	(ア)	(イ)	(ウ)	(エ)	(オ)
(1)	界 磁	電機子	交 番	積層鉄心	重ね巻
(2)	界 磁	電機子	一 定	積層鉄心	直列巻
(3)	界 磁	電機子	一 定	鋳 鉄	直列巻
(4)	電機子	界 磁	交 番	鋳 鉄	重ね巻
(5)	電機子	界 磁	一 定	積層鉄心	直列巻

029 電機子反作用

次の文章は、直流発電機の電機子反作用とその影響に関する記述である。

　直流発電機の電機子反作用とは、発電機に負荷を接続したとき　（ア）　巻線に流れる電流によって作られる磁束が　（イ）　巻線による磁束に影響を与える作用のことである。電機子反作用はギャップの主磁束を　（ウ）　させて発電機の端子電圧を低下させたり、ギャップの磁束分布に偏りを生じさせてブラシの位置と電気的中性軸とのずれを生じさせる。このずれがブラシがある位置の導体に　（エ）　を発生させ、ブラシによる短絡等の障害の要因となる。ブラシの位置と電気的中性軸とのずれを抑制する方法の一つとして、補極を設けギャップの磁束分布の偏りを補正する方法が採用されている。

　上記の記述中の空白箇所(ア)、(イ)、(ウ)及び(エ)に当てはまる組合せとして、正しいものを次の(1)～(5)のうちから一つ選べ。

	（ア）	（イ）	（ウ）	（エ）
(1)	界　磁	電機子	減　少	接触抵抗
(2)	電機子	界　磁	増　加	起電力
(3)	界　磁	電機子	減　少	起電力
(4)	電機子	界　磁	減　少	起電力
(5)	界　磁	電機子	増　加	接触抵抗

030 直流発電機の種類と特性

出力20kW、端子電圧100V、回転速度1500min⁻¹で運転していた直流他励発電機があり、その電機子回路の抵抗は0.05Ωであった。この発電機を電圧100Vの直流電源に接続して、そのまま直流他励電動機として使用したとき、ある負荷で回転速度は1200min⁻¹となり安定した。

このときの運転状態における電動機の負荷電流(電機子電流)の値〔A〕として、最も近いものを次の(1)〜(5)のうちから一つ選べ。

ただし、発電機での運転と電動機での運転とで、界磁電圧は変わらないものとし、ブラシの接触による電圧降下及び電機子反作用は無視できるものとする。

(1) 180　　(2) 200　　(3) 220　　(4) 240　　(5) 260

031 直流発電機の種類と特性

直流発電機に関する記述として、正しいのは次のうちどれか。

(1) 直巻発電機は、負荷を接続しなくても電圧の確立ができる。

(2) 平複巻発電機は、全負荷電圧が無負荷電圧と等しくなるように(電圧変動率が零になるように)直巻巻線の起磁力を調整した発電機である。

(3) 他励発電機は、界磁巻線の接続方向や電機子の回転方向によっては電圧の確立ができない場合がある。

(4) 分巻発電機は、負荷電流によって端子電圧が降下すると、界磁電流が増加するので、他励発電機より負荷による電圧変動が小さい。

(5) 分巻発電機は、残留磁気があれば分巻巻線の接続方向や電機子の回転方向に関係なく電圧の確立ができる。

032 直流電動機の種類と特性

次の文章は、直流電動機に関する記述である。

直流分巻電動機は界磁回路と電機子回路とが並列に接続されており、端子電圧及び界磁抵抗を一定にすれば、界磁磁束は一定である。このとき、機械的な負荷が　(ア)　すると、電機子電流が　(イ)　し回転速度はわずかに　(ウ)　するが、ほぼ一定である。このように負荷の変化に関係なく、回転速度がほぼ一定な電動機は定速度電動機と呼ばれる。

上記のように直流分巻電動機の界磁磁束を一定にして運転した場合、電機子反作用等を無視すると、トルクは電機子電流にほぼ　(エ)　する。

一方、直流直巻電動機は界磁回路と電機子回路とが直列に接続されており、界磁磁束は負荷電流によって作られる。界磁磁束が磁気飽和しない領域では、界磁磁束は負荷電流にほぼ　(エ)　し、トルクは負荷電流の　(オ)　にほぼ比例する。

上記の記述中の空白箇所(ア)、(イ)、(ウ)、(エ)及び(オ)に当てはまる組合せとして、正しいものを次の(1)～(5)のうちから一つ選べ。

	(ア)	(イ)	(ウ)	(エ)	(オ)
(1)	減 少	減 少	増 加	反比例	$\frac{1}{2}$乗
(2)	増 加	増 加	増 加	比 例	2乗
(3)	減 少	増 加	減 少	反比例	$\frac{1}{2}$乗
(4)	増 加	増 加	減 少	比 例	2乗
(5)	減 少	減 少	減 少	比 例	$\frac{1}{2}$乗

033 直流電動機の種類と特性

テキスト LESSON **16**など　　　難易度 高 **中** 低　H25 A問題 問1 ／ ／ ／

　直流電動機に関する記述として、誤っているものを次の(1)～(5)のうちから一つ選べ。

(1)　分巻電動機は、端子電圧を一定として機械的な負荷を増加したとき、電機子電流が増加し、回転速度は、わずかに減少するがほぼ一定である。このため、定速度電動機と呼ばれる。

(2)　分巻電動機の速度制御の方法の一つとして界磁制御法がある。これは、界磁巻線に直列に接続した界磁抵抗器によって界磁電流を調整して界磁磁束の大きさを変え、速度を制御する方法である。

(3)　直巻電動機は、界磁電流が負荷電流(電動機に流れる電流)と同じである。このため、未飽和領域では界磁磁束が負荷電流に比例し、トルクも負荷電流に比例する。

(4)　直巻電動機は、負荷電流の増減によって回転速度が大きく変わる。トルクは、回転速度が小さいときに大きくなるので、始動時のトルクが大きいという特徴があり、クレーン、巻上機などの電動機として適している。

(5)　複巻電動機には、直巻界磁巻線及び分巻界磁巻線が施され、合成界磁磁束が直巻界磁磁束と分巻界磁磁束との和になっている構造の和動複巻電動機と、差になっている構造の差動複巻電動機とがある。

034 直流電動機の種類と特性

直流電動機の速度とトルクを次のように制御することを考える。

　損失と電機子反作用を無視した場合、直流電動機では電機子巻線に発生する起電力は、界磁磁束と電機子巻線との相対速度に比例するので、　(ア)　では、界磁電流一定、すなわち磁束一定条件下で電機子電圧を増減し、電機子電圧に回転速度が　(イ)　するように回転速度を制御する。この電動機では界磁磁束一定条件下で電機子電流を増減し、電機子電流とトルクとが　(ウ)　するようにトルクを制御する。この電動機の高速運転では電機子電圧一定の条件下で界磁電流を増減し、界磁磁束に回転速度が　(エ)　するように回転速度を制御する。このように広い速度範囲で速度とトルクを制御できるので、　(ア)　は圧延機の駆動などに広く使われてきた。

　上記の記述中の空白箇所(ア)、(イ)、(ウ)及び(エ)に当てはまる語句として、正しいものを組み合わせたのは次のうちどれか。

	(ア)	(イ)	(ウ)	(エ)
(1)	直巻電動機	反比例	比　例	比　例
(2)	直巻電動機	比　例	比　例	反比例
(3)	他励電動機	反比例	反比例	比　例
(4)	他励電動機	比　例	比　例	反比例
(5)	他励電動機	比　例	反比例	比　例

035 直流電動機の種類と特性

　電機子回路の抵抗が0.20〔Ω〕の直流他励電動機がある。励磁電流、電機子電流とも一定になるように制御されており、電機子電流は50〔A〕である。回転速度が1200〔min^{-1}〕のとき、電機子回路への入力電圧は110〔V〕であった。励磁電流、電機子電流を一定に保ったまま電動機の負荷を変化させたところ、入力電圧が80〔V〕となった。このときの回転速度〔min^{-1}〕の値として、最も近いのは次のうちどれか。

　ただし、電機子反作用はなく、ブラシの抵抗は無視できるものとする。

(1)　764　　(2)　840　　(3)　873　　(4)　900　　(5)　960

036 直流電動機の運転と速度制御

テキスト LESSON 17 など　　難易度 高 **中** 低　　R2 A問題 問1　／／／

次の文章は、直流他励電動機の制御に関する記述である。ただし、鉄心の磁気飽和と電機子反作用は無視でき、また、電機子抵抗による電圧降下は小さいものとする。

a　他励電動機は、 (ア) と (イ) を独立した電源で制御できる。磁束は (ア) に比例する。

b　磁束一定の条件で (イ) を増減すれば、 (イ) に比例するトルクを制御できる。

c　磁束一定の条件で (ウ) を増減すれば、 (ウ) に比例する回転数を制御できる。

d　 (ウ) 一定の条件で磁束を増減すれば、ほぼ磁束に反比例する回転数を制御できる。回転数の (エ) のために (ア) を弱める制御がある。

このように広い速度範囲で速度とトルクを制御できるので、直流他励電動機は圧延機の駆動などに広く使われてきた。

上記の記述中の空白箇所(ア)〜(エ)に当てはまる組合せとして、正しいものを次の(1)〜(5)のうちから一つ選べ。

	(ア)	(イ)	(ウ)	(エ)
(1)	界磁電流	電機子電流	電機子電圧	上　昇
(2)	電機子電流	界磁電流	電機子電圧	上　昇
(3)	電機子電圧	電機子電流	界磁電流	低　下
(4)	界磁電流	電機子電圧	電機子電流	低　下
(5)	電機子電圧	電機子電流	界磁電流	上　昇

037 直流電動機の運転と速度制御

　界磁磁束を一定に保った直流電動機において、0.5 Ωの抵抗値をもつ電機子巻線と直列に始動抵抗(可変抵抗)が接続されている。この電動機を内部抵抗が無視できる電圧200Vの直流電源に接続した。静止状態で電源に接続した直後の電機子電流は100Aであった。

　この電動機の始動後、徐々に回転速度が上昇し、電機子電流が50Aまで減少した。トルクも半分に減少したので、電機子電流を100Aに増やすため、直列可変抵抗の抵抗値を R_1〔Ω〕から R_2〔Ω〕に変化させた。R_1 及び R_2 の値の組合せとして、正しいものを次の(1)〜(5)のうちから一つ選べ。

　ただし、ブラシによる電圧降下、始動抵抗を調整する間の速度変化、電機子反作用及びインダクタンスの影響は無視できるものとする。

	R_1	R_2
(1)	2.0	1.0
(2)	4.0	2.0
(3)	1.5	1.0
(4)	1.5	0.5
(5)	3.5	1.5

038 直流電動機の運転と速度制御

　電機子巻線抵抗が$0.2\,\Omega$である直流分巻電動機がある。この電動機では界磁抵抗器が界磁巻線に直列に接続されており界磁電流を調整することができる。また、この電動機には定トルク負荷が接続されており、その負荷が要求するトルクは定常状態においては回転速度によらない一定値となる。

　この電動機を、負荷を接続した状態で端子電圧を$100V$として運転したところ、回転速度は$1500\mathrm{min}^{-1}$であり、電機子電流は$50A$であった。この状態から、端子電圧を$115V$に変化させ、界磁電流を端子電圧が$100V$のときと同じ値に調整したところ、回転速度が変化し最終的にある値で一定となった。この電動機の最終的な回転速度の値〔min^{-1}〕として、最も近いものを次の(1)〜(5)のうちから一つ選べ。

　ただし、電機子電流の最終的な値は端子電圧が$100V$のときと同じである。また、電機子反作用及びブラシによる電圧降下は無視できるものとする。

(1)　1290　　(2)　1700　　(3)　1730　　(4)　1750　　(5)　1950

039 直流機の損失と効率

テキスト LESSON **18** など

難易度 (高) 中 低　R2 A問題 問2

　界磁に永久磁石を用いた小形直流発電機がある。回転軸が回らないよう固定し、電機子に 3V の電圧を加えると、定格電流と同じ 1A の電機子電流が流れた。次に、電機子回路を開放した状態で、回転子を定格回転数で駆動すると、電機子に 15V の電圧が発生した。この小形直流発電機の定格運転時の効率の値〔％〕として、最も近いものを次の(1)〜(5)のうちから一つ選べ。

　ただし、ブラシの接触による電圧降下及び電機子反作用は無視できるものとし、損失は電機子巻線の銅損しか存在しないものとする。

(1)　70　　(2)　75　　(3)　80　　(4)　85　　(5)　90

040 直流機の損失と効率

テキスト LESSON **18** など　　　　難易度 高 中 低　　H29 A問題 問1 ／ ／ ／

　界磁に永久磁石を用いた小形直流電動機があり、電源電圧は定格の12V、回転を始める前の静止状態における始動電流は4A、定格回転数における定格電流は1Aである。定格運転時の効率の値〔％〕として、最も近いものを次の(1)～(5)のうちから一つ選べ。

　ただし、ブラシの接触による電圧降下及び電機子反作用は無視できるものとし、損失は電機子巻線による銅損しか存在しないものとする。

(1)　60　　(2)　65　　(3)　70　　(4)　75　　(5)　80

041 同期発電機の原理

テキスト LESSON **19** など

難易度 高 中 低 H13 A問題 問4 ／ ／ ／

　回転速度600〔min⁻¹〕で運転している極数12の同期発電機がある。この発電機に極数8の同期発電機を並行運転させる場合、極数8の発電機の回転速度〔min⁻¹〕の値として、正しいのは次のうちどれか。

(1)　400　　(2)　450　　(3)　600　　(4)　900　　(5)　1200

042 同期発電機の特性①

　定格容量 P〔kV・A〕、定格電圧 V〔V〕の星形結線の三相同期発電機がある。電機子電流が定格電流の40%、負荷力率が遅れ86.6%（$\cos30° = 0.866$）、定格電圧でこの発電機を運転している。このときのベクトル図を描いて、負荷角 δ の値〔°〕として、最も近いものを次の(1)〜(5)のうちから一つ選べ。

　ただし、この発電機の電機子巻線の1相当たりの同期リアクタンスは単位法で0.915p.u.、1相当たりの抵抗は無視できるものとし、同期リアクタンスは磁気飽和等に影響されず一定であるとする。

(1)　0　　(2)　15　　(3)　30　　(4)　45　　(5)　60

043 同期発電機の特性①

テキスト LESSON 20　　難易度 高 中 低　　H26 A問題 問5

次の文章は、三相同期発電機の電機子反作用に関する記述である。

　三相同期発電機の電機子巻線に電流が流れると、この電流によって電機子反作用が生じる。図1は、力率1の電機子電流が流れている場合の電機子反作用を説明する図である。電機子電流による磁束は、図の各磁極の　(ア)　側では界磁電流による磁束を減少させ、反対側では増加させる交差磁化作用を起こす。

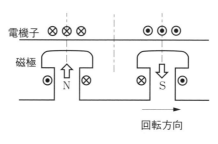

図1

　次に遅れ力率0の電機子電流が流れた場合を考える。このときの磁極と電機子電流との関係は、図2　(イ)　となる。このとき、N及びS両磁極の磁束はいずれも　(ウ)　する。進み力率0の電機子電流のときには逆になる。

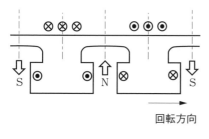

図2A

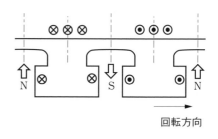

図2B

　電機子反作用によるこれらの作用は、等価回路において電機子回路に直列に接続された　(エ)　として扱うことができる。

　上記の記述中の空白箇所(ア)、(イ)、(ウ)及び(エ)に当てはまる組合せとして、正しいものを次の(1)～(5)のうちから一つ選べ。

	(ア)	(イ)	(ウ)	(エ)
(1)	右	A	減　少	リアクタンス
(2)	右	B	増　加	リアクタンス
(3)	左	A	減　少	抵　抗
(4)	左	B	減　少	リアクタンス
(5)	左	A	増　加	抵　抗

044 同期発電機の特性①

テキスト LESSON 20

難易度 高 **中** 低 　H23 A問題 問4　／／／

次の文章は、同期発電機に関する記述である。

Y結線の非突極形三相同期発電機があり、各相の同期リアクタンスが3〔Ω〕、無負荷時の出力端子と中性点間の電圧が424.2〔V〕である。この発電機に1相当たり $R+jX_L$〔Ω〕の三相平衡Y結線の負荷を接続したところ各相に50〔A〕の電流が流れた。接続した負荷は誘導性でそのリアクタンス分は3〔Ω〕である。

ただし、励磁の強さは一定で変化しないものとし、電機子巻線抵抗は無視するものとする。

このときの発電機の出力端子間電圧〔V〕の値として、最も近いものを次の(1)～(5)のうちから一つ選べ。

(1) 300　　(2) 335　　(3) 475　　(4) 581　　(5) 735

045 同期発電機の特性②

　定格出力10MV·A、定格電圧6.6kV、百分率同期インピーダンス80%の三相同期発電機がある。三相短絡電流700Aを流すのに必要な界磁電流が50Aである場合、この発電機の定格電圧に等しい無負荷端子電圧を発生させるのに必要な界磁電流の値$[\text{A}]$として、最も近いものを次の(1)〜(5)のうちから一つ選べ。

　ただし、百分率同期インピーダンスの抵抗分は無視できるものとする。

(1)　50.0　　(2)　62.5　　(3)　78.1　　(4)　86.6　　(5)　135.3

046 同期発電機の特性②

　図は、同期発電機の無負荷飽和曲線(A)と短絡曲線(B)を示している。図中でV_n〔V〕は端子電圧(星形相電圧)の定格値、I_n〔A〕は定格電流、I_s〔A〕は無負荷で定格電圧を発生するときの界磁電流と等しい界磁電流における短絡電流である。この発電機の百分率同期インピーダンスz_s〔%〕を示す式として、正しいものを次の(1)～(5)のうちから一つ選べ。

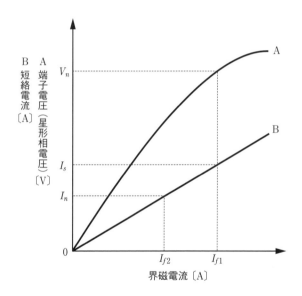

(1) $\dfrac{I_s}{I_n} \times 100$　　(2) $\dfrac{V_n}{I_n} \times 100$　　(3) $\dfrac{I_n}{I_{f2}} \times 100$

(4) $\dfrac{V_n}{I_{f1}} \times 100$　　(5) $\dfrac{I_{f2}}{I_{f1}} \times 100$

047 同期発電機の特性②

テキスト LESSON **21**

難易度 高 **中** 低 H25 A問題 問6

定格電圧 6.6〔kV〕、定格電流 1050〔A〕の三相同期発電機がある。この発電機の短絡比は 1.25 である。

この発電機の同期インピーダンス〔Ω〕の値として、最も近いものを次の(1)～(5)のうちから一つ選べ。

(1)　0.80　　(2)　2.90　　(3)　4.54　　(4)　5.03　　(5)　7.86

048 同期発電機の特性②

次の文章は、同期発電機の自己励磁現象に関する記述である。

同期発電機は励磁電流が零の場合でも残留磁気によってわずかな電圧を発生し、発電機に　(ア)　力率の負荷をかけると、その　(ア)　電流による電機子反作用は　(イ)　作用をするので、発電機の端子電圧は　(ウ)　する。端子電圧が　(ウ)　すれば負荷電流は更に　(エ)　する。このような現象を繰り返すと、発電機の端子電圧は　(オ)　負荷に流れる電流と負荷の端子電圧との関係を示す直線と発電機の無負荷飽和曲線との交点まで　(ウ)　する。このように無励磁の同期発電機に　(ア)　電流が流れ、電圧が　(ウ)　する現象を同期発電機の自己励磁という。

上記の記述中の空白箇所(ア)、(イ)、(ウ)、(エ)及び(オ)に当てはまる組合せとして、正しいものを次の(1)～(5)のうちから一つ選べ。

	(ア)	(イ)	(ウ)	(エ)	(オ)
(1)	進 み	増 磁	低 下	増 加	容量性
(2)	進 み	減 磁	低 下	減 少	誘導性
(3)	遅 れ	減 磁	低 下	減 少	誘導性
(4)	遅 れ	増 磁	上 昇	増 加	誘導性
(5)	進 み	増 磁	上 昇	増 加	容量性

049 同期発電機の並行運転

 テキスト LESSON 22 など　　難易度 高 **中** 低　 R1 B問題 問15

　並行運転しているA及びBの2台の三相同期発電機がある。それぞれの発電機の負荷分担が同じ7300kWであり、端子電圧が6600Vのとき、三相同期発電機Aの負荷電流I_Aが1000A、三相同期発電機Bの負荷電流I_Bが800Aであった。損失は無視できるものとして、次の(a)及び(b)の問に答えよ。

(a) 三相同期発電機Aの力率の値〔%〕として、最も近いものを次の(1)～(5)のうちから一つ選べ。

(1) 48　　(2) 64　　(3) 67　　(4) 77　　(5) 80

(b) 2台の発電機の合計の負荷が調整の前後で変わらずに一定に保たれているものとして、この状態から三相同期発電機A及びBの励磁及び駆動機の出力を調整し、三相同期発電機Aの負荷電流は調整前と同じ1000Aとし、力率は100%とした。このときの三相同期発電機Bの力率の値〔%〕として、最も近いものを次の(1)～(5)のうちから一つ選べ。

　ただし、端子電圧は変わらないものとする。

(1) 22　　(2) 50　　(3) 71　　(4) 87　　(5) 100

050 同期発電機の並行運転

次の文章は、三相同期発電機の並行運転に関する記述である。

既に同期発電機Aが母線に接続されて運転しているとき、同じ母線に同期発電機Bを並列に接続するために必要な条件又は操作として、誤っているものを次の(1)～(5)のうちから一つ選べ。

(1)　母線電圧と同期発電機Bの端子電圧の相回転方向が一致していること。同期発電機Bの設置後又は改修後の最初の運転時に相回転方向の一致を確認すれば、その後は母線への並列のたびに相回転方向を確認する必要はない。

(2)　母線電圧と同期発電機Bの端子電圧の位相を合わせるために、同期発電機Bの駆動機の回転速度を調整する。

(3)　母線電圧と同期発電機Bの端子電圧の大きさを等しくするために、同期発電機Bの励磁電流の大きさを調整する。

(4)　母線電圧と同期発電機Bの端子電圧の波形をほぼ等しくするために、同期発電機Bの励磁電流の大きさを変えずに励磁電圧の大きさを調整する。

(5)　母線電圧と同期発電機Bの端子電圧の位相の一致を検出するために、同期検定器を使用するのが一般的であり、位相が一致したところで母線に並列する遮断器を閉路する。

051 同期発電機の並行運転

　同期発電機を商用電源（電力系統）に遮断器を介して接続するためには、同期発電機の　(ア)　の大きさ、　(イ)　及び位相が商用電源のそれらと一致していなければならない。同期発電機の商用電源への接続に際しては、これらの条件が一つでも満足されていなければ、遮断器を投入したときに過大な電流が流れることがあり、場合によっては同期発電機が損傷する。仮に、　(ア)　の大きさ、　(イ)　が一致したとしても、位相が異なる場合には位相差による電流が生じる。同期発電機が無負荷のとき、この電流が最大となるのは位相差が　(ウ)　(°) のときである。

　同期発電機の　(ア)　の大きさ、　(イ)　及び位相を商用電源のそれらと一致させるには、　(エ)　及び調速装置を用いて調整する。

　上記の記述中の空白箇所(ア)、(イ)、(ウ)及び(エ)に当てはまる語句又は数値として、正しいものを組み合わせたのは次のうちどれか。

	(ア)	(イ)	(ウ)	(エ)
(1)	インピーダンス	周波数	60	誘導電圧調整器
(2)	電　圧	回転速度	60	電圧調整装置
(3)	電　圧	周波数	60	誘導電圧調整器
(4)	インピーダンス	回転速度	180	電圧調整装置
(5)	電　圧	周波数	180	電圧調整装置

052 同期電動機の原理

次の文章は、三相同期電動機に関する記述である。

三相同期電動機が負荷を担って回転しているとき、回転子磁極の位置と、固定子の三相巻線によって生じる回転磁界の位置との間には、トルクに応じた角度 δ〔rad〕が発生する。この角度 δ を　（ア）　という。

回転子が円筒形で2極の三相同期電動機の場合、トルク T〔N・m〕は δ が　（イ）　〔rad〕のときに最大値になる。さらに δ が大きくなると、トルクは減少して電動機は停止する。同期電動機が停止しない最大トルクを　（ウ）　という。

また、同期電動機の負荷が急変すると、δ が変化し、新たな δ' に落ち着こうとするが、回転子の慣性のために、δ' を中心として周期的に変動する。これを　（エ）　といい、電源の電圧や周波数が変動した場合にも生じる。　（エ）　を抑制するには、始動巻線も兼ねる　（オ）　を設けたり、はずみ車を取り付けたりする。

上記の記述中の空白箇所（ア）〜（オ）に当てはまる組合せとして、正しいものを次の(1)〜(5)のうちから一つ選べ。

	（ア）	（イ）	（ウ）	（エ）	（オ）
(1)	負荷角	π	脱出トルク	乱調	界磁巻線
(2)	力率角	π	制動トルク	同期外れ	界磁巻線
(3)	負荷角	$\dfrac{\pi}{2}$	脱出トルク	乱調	界磁巻線
(4)	力率角	$\dfrac{\pi}{2}$	制動トルク	同期外れ	制動巻線
(5)	負荷角	$\dfrac{\pi}{2}$	脱出トルク	乱調	制動巻線

053 同期電動機の原理

テキスト LESSON **23**

難易度 高 **中** 低  R2 A問題 問5 ／ ／ ／

第4章

同期機

図はある三相同期電動機の1相分の等価回路である。ただし、電機子巻線抵抗は無視している。相電圧 $\dot{V}$ の大きさは $V = 200\text{V}$、同期リアクタンスは $x_s = 8\,\Omega$ である。この電動機を運転して力率が1になるように界磁電流を調整したところ、電機子電流 $\dot{I}$ の大きさ I が10Aになった。このときの誘導起電力 E の値〔V〕として、最も近いものを次の(1)〜(5)のうちから一つ選べ。

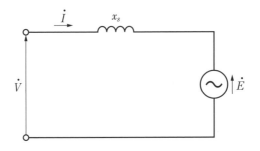

(1) 120　(2) 140　(3) 183　(4) 215　(5) 280

054 同期電動機の原理

　三相同期電動機は、50〔Hz〕又は60〔Hz〕の商用交流電源で駆動されることが一般的であった。電動機としては、極数と商用交流電源の周波数によって決まる一定速度の運転となること、　（ア）　電流を調整することで力率を調整することができ、三相誘導電動機に比べて高い力率の運転ができることなどに特徴がある。さらに、誘導電動機に比べて　（イ）　を大きくできるという構造的な特徴などがあることから、回転子に強い衝撃が加わる鉄鋼圧延機などに用いられている。

　しかし、商用交流電源で三相同期電動機を駆動する場合、　（ウ）　トルクを確保する必要がある。近年、インバータなどパワーエレクトロニクス装置の利用拡大によって可変電圧可変周波数の電源が容易に得られるようになった。出力の電圧と周波数がほぼ比例するパワーエレクトロニクス装置を使用すれば、　（エ）　を変えると　（オ）　が変わり、このときのトルクを確保することができる。

　さらに、回転子の位置を検出して電機子電流と界磁電流をあわせて制御することによって幅広い速度範囲でトルク応答性の優れた運転も可能となり、応用範囲を拡大させている。

　上記の記述中の空白箇所（ア）、（イ）、（ウ）、（エ）及び（オ）に当てはまる語句として、正しいものを組み合わせたのは次のうちどれか。

	（ア）	（イ）	（ウ）	（エ）	（オ）
(1)	励　磁	固定子	過負荷	周波数	定格速度
(2)	励　磁	固定子	始　動	電　圧	定格速度
(3)	電機子	空げき	過負荷	電　圧	定格速度
(4)	電機子	固定子	始　動	周波数	同期速度
(5)	励　磁	空げき	始　動	周波数	同期速度

055 同期電動機の特性

テキスト LESSON **24**　　　　難易度 高 **中** 低　 H28 A問題 問5　／／／

次の文章は、同期電動機の特性に関する記述である。記述中の空白箇所の記号は、図中の記号と対応している。

図は同期電動機の位相特性曲線を示している。形がVの字のようになっているのでV曲線とも呼ばれている。横軸は　(ア)　、縦軸は　(イ)　で、負荷が増加するにつれ曲線は上側へ移動する。図中の破線は、各負荷における力率　(ウ)　の動作点を結んだ線であり、この破線の左側の領域は　(エ)　力率、右側の領域は　(オ)　力率の領域である。

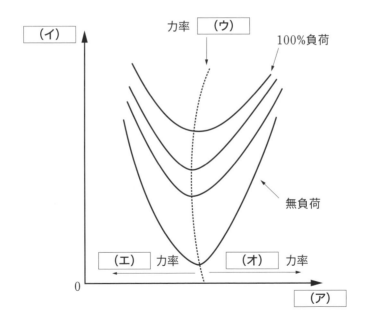

上記の記述中の空白箇所(ア)、(イ)、(ウ)、(エ)及び(オ)に当てはまる組合せとして、正しいものを次の(1)〜(5)のうちから一つ選べ。

	（ア）	（イ）	（ウ）	（エ）	（オ）
⑴	電機子電流	界磁電流	1	遅　れ	進　み
⑵	界磁電流	電機子電流	1	遅　れ	進　み
⑶	界磁電流	電機子電流	1	進　み	遅　れ
⑷	電機子電流	界磁電流	0	進　み	遅　れ
⑸	界磁電流	電機子電流	0	遅　れ	進　み

056 同期電動機の特性

テキスト LESSON **24** など　　難易度 高 **中** 低　H25 A問題 問5　／　／　／

次の文章は、一般的な三相同期電動機の始動方法に関する記述である。

同期電動機は始動のときに回転子を同期速度付近まで回転させる必要がある。

一つの方法として、回転子の磁極面に施した　(ア)　を利用して、始動トルクを発生させる方法があり、　(ア)　は誘導電動機のかご形　(イ)　と同じ働きをする。この方法を　(ウ)　法という。

この場合、　(エ)　に全電圧を直接加えると大きな始動電流が流れるので、始動補償器、直列リアクトル、始動用変圧器などを用い、低い電圧にして始動する。

他の方法には、誘導電動機や直流電動機を用い、これに直結した三相同期電動機を回転させ、回転子が同期速度付近になったとき同期電動機の界磁巻線を励磁し電源に接続する方法があり、これを　(オ)　法という。この方法は主に大容量機に採用されている。

上記の記述中の空白箇所(ア)、(イ)、(ウ)、(エ)及び(オ)に当てはまる組合せとして、正しいものを次の(1)～(5)のうちから一つ選べ。

	(ア)	(イ)	(ウ)	(エ)	(オ)
(1)	制動巻線	回転子導体	自己始動	固定子巻線	始動電動機
(2)	界磁巻線	回転子導体	Y−Δ始動	固定子巻線	始動電動機
(3)	制動巻線	固定子巻線	Y−Δ始動	回転子導体	自己始動
(4)	界磁巻線	固定子巻線	自己始動	回転子導体	始動電動機
(5)	制動巻線	回転子導体	Y−Δ始動	固定子巻線	自己始動

057 同期電動機の特性

三相同期電動機が定格電圧 3.3〔kV〕で運転している。

ただし、三相同期電動機は星形結線で1相当たりの同期リアクタンスは 10〔Ω〕であり、電機子抵抗、損失及び磁気飽和は無視できるものとする。

次の(a)及び(b)の問に答えよ。

(a) 負荷電流(電機子電流)110〔A〕、力率 $\cos\phi = 1$ で運転しているときの1相当たりの内部誘導起電力〔V〕の値として、最も近いものを次の(1)～(5)のうちから一つ選べ。

(1) 1100　(2) 1600　(3) 1900　(4) 2200　(5) 3300

(b) 上記(a)の場合と電圧及び出力は同一で、界磁電流を 1.5 倍に増加したときの負荷角(電動機端子電圧と内部誘導起電力との位相差)を δ' とするとき、$\sin\delta'$ の値として、最も近いものを次の(1)～(5)のうちから一つ選べ。

(1) 0.250　(2) 0.333　(3) 0.500　(4) 0.707　(5) 0.866

058 パワーエレクトロニクスと半導体デバイス

テキスト LESSON 25　　　　難易度 高 **中** 低　H23 A問題 問10

　半導体電力変換装置では、整流ダイオード、サイリスタ、パワートランジスタ（バイポーラパワートランジスタ）、パワーMOSFET、IGBTなどのパワー半導体デバイスがバルブデバイスとして用いられている。

　バルブデバイスに関する記述として、誤っているものを次の(1)〜(5)のうちから一つ選べ。

(1)　整流ダイオードは、n形半導体とp形半導体とによるpn接合で整流を行う。

(2)　逆阻止三端子サイリスタは、ターンオンだけが制御可能なバルブデバイスである。

(3)　パワートランジスタは、遮断領域と能動領域とを切り換えて電力スイッチとして使用する。

(4)　パワーMOSFETは、主に電圧が低い変換装置において高い周波数でスイッチングする用途に用いられる。

(5)　IGBTは、バイポーラとMOSFETとの複合機能デバイスであり、それぞれの長所を併せもつ。

059 整流回路

　図1は整流素子としてサイリスタを使用した単相半波整流回路で、図2は、図1において負荷が (ア) の場合の電圧と電流の関係を示す。電源電圧 v が $\sqrt{2}\,V\sin\omega t$ 〔V〕であるとき、ωt が0から π 〔rad〕の間においてサイリスタ Th を制御角 α 〔rad〕でターンオンさせると、電流 i_d 〔A〕が流れる。このとき、負荷電圧 v_d の直流平均値 V_d 〔V〕は、次式で示される。ただし、サイリスタの順方向電圧降下は無視できるものとする。

　　$V_d = 0.450\,V \times$ (イ)

　したがって、この制御角 α が (ウ) 〔rad〕のときに V_d は最大となる。

　上記の記述中の空白箇所(ア)、(イ)および(ウ)に記入する語句、式または数値として、正しいものを組み合わせたのは次のうちどれか。

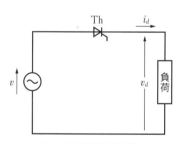

図1　単相半波整流回路

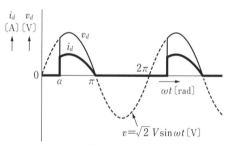

図2　電圧と電流の関係

	(ア)	(イ)	(ウ)
(1)	抵　抗	$\dfrac{(1+\cos\alpha)}{2}$	0
(2)	誘導性	$(1+\cos\alpha)$	$\dfrac{\pi}{2}$
(3)	抵　抗	$(1-\cos\alpha)$	0
(4)	抵　抗	$\dfrac{(1-\cos\alpha)}{2}$	$\dfrac{\pi}{2}$
(5)	誘導性	$(1+\cos\alpha)$	0

060 半導体電力変換装置

テキスト LESSON **27**　　　　難易度 高 **中** 低　　R3 A問題 問11

　図は昇降圧チョッパを示している。スイッチQ、ダイオードD、リアクトルL、コンデンサCを用いて、図のような向きに定めた負荷抵抗Rの電圧v_0を制御するためのものである。これらの回路で、直流電源Eの電圧は一定とする。また、回路の時定数は、スイッチQの動作周期に対して十分に大きいものとする。回路のスイッチQの通流率γとした場合、回路の定常状態での動作に関する記述として、誤っているものを次の(1)～(5)のうちから一つ選べ。

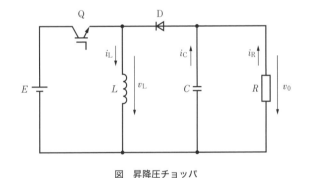

図　昇降圧チョッパ

(1)　Qがオンのときは、電源EからのエネルギーがLに蓄えられる。

(2)　Qがオフのときは、Lに蓄えられたエネルギーが負荷抵抗RとコンデンサCにDを通して放出される。

(3)　出力電圧v_0の平均値は、γが0.5より小さいときは昇圧チョッパ、0.5より大きいときは降圧チョッパとして動作する。

(4)　出力電圧v_0の平均値は、図のv_0の向きを考慮すると正になる。

(5)　Lの電圧v_Lの平均電圧は、Qのスイッチング一周期で0となる。

061 半導体電力変換装置

次の文章は、直流を交流に変換する電力変換器に関する記述である。

図は、直流電圧源から単相の交流負荷に電力を供給する　（ア）　の動作の概念を示したものであり、　（ア）　は四つのスイッチS_1～S_4から構成される。スイッチS_1～S_4を実現する半導体バルブデバイスは、それぞれ　（イ）　機能をもつデバイス（例えばIGBT）と、それと逆並列に接続した　（ウ）　とからなる。

この電力変換器は、出力の交流電圧と交流周波数とを変化させて運転することができる。交流電圧を変化させる方法は主に二つあり、一つは、直流電圧源の電圧Eを変化させて、交流電圧波形の　（エ）　を変化させる方法である。もう一つは、直流電圧源の電圧Eは一定にして、基本波1周期の間に多数のスイッチングを行い、その多数のパルス幅を変化させて全体で基本波1周期の電圧波形を作り出す　（オ）　と呼ばれる方法である。

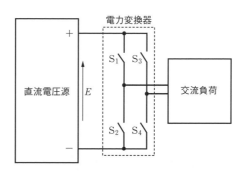

図　直流を交流に変換する電力変換器

上記の記述中の空白箇所(ア)、(イ)、(ウ)、(エ)及び(オ)に当てはまる組合せとして、正しいものを次の(1)～(5)のうちから一つ選べ。

	（ア）	（イ）	（ウ）	（エ）	（オ）
⑴	インバータ	オンオフ制御	サイリスタ	周 期	PWM制御
⑵	整流器	オンオフ制御	ダイオード	周 期	位相制御
⑶	整流器	オン制御	サイリスタ	波高値	PWM制御
⑷	インバータ	オン制御	ダイオード	周 期	位相制御
⑸	インバータ	オンオフ制御	ダイオード	波高値	PWM制御

062 力学の基礎知識

 LESSON **28**など

難易度 高 **中** 低   R3 A問題 問10 / / /

　巻上機によって質量1000kgの物体を毎秒0.5mの一定速度で巻き上げているときの電動機出力の値〔kW〕として、最も近いものを次の(1)～(5)のうちから一つ選べ。ただし、機械効率は90%、ロープの質量及び加速に要する動力については考慮しないものとする。

(1) 0.6　　(2) 4.4　　(3) 4.9　　(4) 5.5　　(5) 6.0

063 電動機応用機器

　電動機と負荷の特性を、回転速度を横軸、トルクを縦軸に描く、トルク対速度曲線で考える。電動機と負荷の二つの曲線が、どのように交わるかを見ると、その回転数における運転が、安定か不安定かを判定することができる。誤っているものを次の(1)～(5)のうちから一つ選べ。

(1)　負荷トルクよりも電動機トルクが大きいと回転は加速し、反対に電動機トルクよりも負荷トルクが大きいと回転は減速する。回転速度一定の運転を続けるには、負荷と電動機のトルクが一致する安定な動作点が必要である。

(2)　巻線形誘導電動機では、回転速度の上昇とともにトルクが減少するように、二次抵抗を大きくし、大きな始動トルクを発生させることができる。この電動機に回転速度の上昇とともにトルクが増える負荷を接続すると、両曲線の交点が安定な動作点となる。

(3)　電源電圧を一定に保った直流分巻電動機は、回転速度の上昇とともにトルクが減少する。一方、送風機のトルクは、回転速度の上昇とともにトルクが増大する。したがって、直流分巻電動機は、安定に送風機を駆動することができる。

(4)　かご形誘導電動機は、回転トルクが小さい時点から回転速度を上昇させるとともにトルクが増大、最大トルクを超えるとトルクが減少する。この電動機に回転速度でトルクが変化しない定トルク負荷を接続すると、電動機と負荷のトルク曲線が2点で交わる場合がある。この場合、加速時と減速時によって安定な動作点が変わる。

(5)　かご形誘導電動機は、最大トルクの速度より高速な領域では回転速度の上昇とともにトルクが減少する。一方、送風機のトルクは、回転速度の上昇とともにトルクが増大する。したがって、かご形誘導電動機は、安定に送風機を駆動することができる。

064 電動機応用機器

テキスト LESSON 29　　　　難易度 高 中 低　H30 A問題 問10

　　貯水池に集められた雨水を、毎分300m³の排水量で、全揚程10mを揚水して河川に排水する。このとき、100kWの電動機を用いた同一仕様のポンプを用いるとすると、必要なポンプの台数は何台か。最も近いものを次の⑴〜⑸のうちから一つ選べ。ただし、ポンプの効率は80%、設計製作上の余裕係数は1.1とし、複数台のポンプは排水を均等に分担するものとする。

⑴　1　　⑵　2　　⑶　6　　⑷　7　　⑸　9

065 電動機応用機器

　　かごの質量が200kg、定格積載質量が1000kgのロープ式エレベータにおいて、釣合いおもりの質量は、かごの質量に定格積載質量の40%を加えた値とした。このエレベータで、定格積載質量を搭載したかごを一定速度90m/minで上昇させるときに用いる電動機の出力の値〔kW〕として、最も近いものを次の⑴〜⑸のうちから一つ選べ。ただし、機械効率は75%、加減速に要する動力及びロープの質量は無視するものとする。

(1)　1.20　　(2)　8.82　　(3)　11.8　　(4)　23.5　　(5)　706

066 電力用設備機器

次の文章は、太陽光発電システムに関する記述である。

太陽光発電システムは、太陽電池アレイ、パワーコンディショナ、これらを接続する接続箱、交流側に設置する交流開閉器などで構成される。

太陽電池アレイは、複数の太陽電池 （ア） を通常は直列に接続して構成される太陽電池 （イ） をさらに直並列に接続したものである。パワーコンディショナは、直流を交流に変換する （ウ） と、連系保護機能を実現する系統連系用保護装置などで構成されている。

太陽電池アレイの出力は、日射強度や太陽電池の温度によって変動する。これらの変動に対し、太陽電池アレイから常に （エ） の電力を取り出す制御は、MPPT（Maximum Power Point Tracking）制御と呼ばれている。

上記の記述中の空白箇所（ア）、（イ）、（ウ）及び（エ）に当てはまる組合せとして、正しいものを次の(1)〜(5)のうちから一つ選べ。

	（ア）	（イ）	（ウ）	（エ）
(1)	モジュール	セル	整流器	最　小
(2)	ユニット	セル	インバータ	最　大
(3)	ユニット	モジュール	インバータ	最　小
(4)	セ　ル	ユニット	整流器	最　小
(5)	セ　ル	モジュール	インバータ	最　大

067 電力用設備機器

　次の文章は、太陽光発電設備におけるパワーコンディショナに関する記述である。

　近年、住宅に太陽光発電設備が設置され、低圧配電線に連系されることが増えてきた。連系のためには、太陽電池と配電線との間にパワーコンディショナが設置される。パワーコンディショナは　（ア）　と系統連系用保護装置とが一体になった装置である。パワーコンディショナは、連系中の配電線で事故が生じた場合に、太陽光発電設備が　（イ）　状態を継続しないように、これを検出して太陽光発電設備を系統から切り離す機能をもっている。パワーコンディショナには、　（イ）　の検出のために、電圧位相や　（ウ）　の急変などを常時監視する機能が組み込まれている。ただし、配電線側で発生する　（エ）　に対しては、系統からの不要な切り離しをしないよう対策がとられている。

　上記の記述中の空白箇所（ア）、（イ）、（ウ）及び（エ）に当てはまる組合せとして、正しいものを次の(1)～(5)のうちから一つ選べ。

	（ア）	（イ）	（ウ）	（エ）
(1)	逆変換装置	単独運転	周波数	瞬時電圧低下
(2)	逆変換装置	単独運転	発電電力	瞬時電圧低下
(3)	逆変換装置	自立運転	発電電力	停　電
(4)	整流装置	自立運転	発電電力	停　電
(5)	整流装置	単独運転	周波数	停　電

068 電力用設備機器

　力率改善の目的で用いる低圧進相コンデンサは、図のように直列に6〔%〕のリアクトルを接続することを標準としている。このため、回路電圧 V_L〔V〕の設備に用いる進相コンデンサの定格電圧 V_N〔V〕は、次の式で与えられる値となる。

$$V_N = \frac{V_L}{1 - \dfrac{L}{100}}$$

　ここで、L は、組み合わせて用いる直列リアクトルの％リアクタンスであり、$L = 6$ である。

　これから、回路電圧220〔V〕（相電圧127.0〔V〕）の三相受電設備に用いる進相コンデンサでは、コンデンサの定格電圧を234〔V〕（相電圧135.1〔V〕）とする。

　定格設備容量50〔kvar〕、定格周波数50〔Hz〕の進相コンデンサ設備を考える。その定格電流は、131〔A〕となる。この進相コンデンサ設備に直列に接続するリアクトルのインダクタンス〔mH〕（1相分）の値として、最も近いのは次のうちどれか。

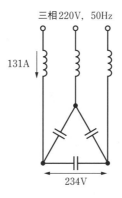

三相220V，50Hz

131A

234V

(1)　0.20　　(2)　0.34　　(3)　3.09　　(4)　3.28　　(5)　5.35

069 光源と単位、発光現象

　図に示すように、LED 1個が、床面から高さ2.4mの位置で下向きに取り付けられ、点灯している。このLEDの直下方向となす角（鉛直角）をθとすると、このLEDの配光特性（θ方向の光度$I(\theta)$）は、LED直下方向光度$I(0)$を用いて$I(\theta) = I(0)\cos\theta$で表されるものとする。次の(a)及び(b)の問に答えよ。

(a) 床面A点における照度が20lxであるとき、A点がつくる鉛直角θ_Aの方向の光度$I(\theta_A)$の値〔cd〕として、最も近いものを次の(1)～(5)のうちから一つ選べ。

　　ただし、このLED以外に光源はなく、天井や壁など、周囲からの反射光の影響もないものとする。

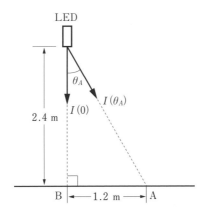

(1)　60　　(2)　119　　(3)　144　　(4)　160　　(5)　319

(b) このLED直下の床面B点の照度の値〔lx〕として、最も近いものを次の(1)～(5)のうちから一つ選べ。

(1)　25　　(2)　28　　(3)　31　　(4)　49　　(5)　61

070 光源と単位、発光現象

 LESSON **31**

難易度 高 **中** 低　　H26 B問題 問17　／　／　／

　均等放射の球形光源（球の直径は30cm）がある。床からこの球形光源の中心までの高さは3mである。また、球形光源から放射される全光束は12000lmである。次の(a)及び(b)の問に答えよ。

(a) 球形光源直下の床の水平面照度の値〔lx〕として、最も近いものを次の(1)〜(5)のうちから一つ選べ。ただし、天井や壁など、周囲からの反射光の影響はないものとする。

(1)　35　　(2)　106　　(3)　142　　(4)　212　　(5)　425

(b) 球形光源の光度の値〔cd〕と輝度の値〔cd/m²〕との組合せとして、最も近いものを次の(1)〜(5)のうちから一つ選べ。

	光度	輝度
(1)	1910	1010
(2)	955	3380
(3)	955	13500
(4)	1910	27000
(5)	3820	13500

071 光源の種類と特徴

テキスト **LESSON 32**　　　難易度 高 **中** 低　　**R2 A問題 問12**　／　／　／

教室の平均照度を500lx以上にしたい。ただし、その時の光源一つの光束は2400lm、この教室の床面積は15m×10mであり、照明率は60%、保守率は70%とする。必要最小限の光源数として、最も近いものを次の(1)～(5)のうちから一つ選べ。

(1)　30　　(2)　40　　(3)　75　　(4)　115　　(5)　150

第7章

照明

072 光源の種類と特徴

テキスト LESSON 32 など

難易度 高 **中** 低　H23 A問題 問11

　照明用光源の性能評価と照明施設に関する記述として、誤っているものを次の(1)～(5)のうちから一つ選べ。

(1)　ランプ効率は、ランプの消費電力に対する光束の比で表され、その単位は〔lm/W〕である。

(2)　演色性は、物体の色の見え方を決める光源の性質をいう。光源の演色性は平均演色評価数(Ra)で表される。

(3)　ランプ寿命は、ランプが点灯不能になるまでの点灯時間と光束維持率が基準値以下になるまでの点灯時間とのうち短い方の時間で決まる。

(4)　色温度は、光源の光色を表す指標で、これと同一の光色を示す黒体の温度〔K〕で示される。色温度が高いほど赤みを帯び、暖かく感じる。

(5)　保守率は、照明施設を一定期間使用した後の作業面上の平均照度の、新設時の平均照度に対する比である。なお、照明器具と室の表面の汚れやランプの光束減退によって照度が低下する。

073 電熱の基礎

熱の伝わり方について、次の(a)及び(b)の問に答えよ。

(a) 　(ア)　は、熱媒体を必要とせず、真空中でも熱を伝達する。高温側で温度 T_2〔K〕の面 S_2〔m²〕と、低温側で温度 T_1〔K〕の面 S_1〔m²〕が向かい合う場合の熱流 ϕ〔W〕は、$S_2 F_{21} \sigma (\boxed{\quad(イ)\quad})$ で与えられる。

　　ただし、F_{21} は、　(ウ)　である。また、σ〔W/(m²·K⁴)〕は、　(エ)　定数である。

　上記の記述中の空白箇所(ア)〜(エ)に当てはまる組合せとして、正しいものを次の(1)〜(5)のうちから一つ選べ。

	(ア)	(イ)	(ウ)	(エ)
(1)	熱伝導	$T_2{}^2 - T_1{}^2$	形状係数	プランク
(2)	熱放射	$T_2{}^2 - T_1{}^2$	形態係数	ステファン・ボルツマン
(3)	熱放射	$T_2{}^4 - T_1{}^4$	形態係数	ステファン・ボルツマン
(4)	熱伝導	$T_2{}^4 - T_1{}^4$	形状係数	プランク
(5)	熱伝導	$T_2{}^4 - T_1{}^4$	形状係数	ステファン・ボルツマン

(b) 下面温度が350K、上面温度が270Kに保たれている直径1m、高さ0.1mの円柱がある。伝導によって円柱の高さ方向に流れる熱流 ϕ の値〔W〕として、最も近いものを次の(1)〜(5)のうちから一つ選べ。

　　ただし、円柱の熱伝導率は0.26W/(m·K)とする。また、円柱側面からのその他の熱の伝達及び損失はないものとする。

(1) 3　　(2) 39　　(3) 163　　(4) 653　　(5) 2420

074 電熱の基礎

熱の伝導は電気の伝導によく似ている。下記は、電気系の量と熱系の量の対応表である。

電気系と熱系の対応表

電気系の量	熱系の量
電圧 V〔V〕	(ア)　〔K〕
電気量 Q〔C〕	熱量 Q〔J〕
電流 I〔A〕	(イ)　〔W〕
導電率 σ〔S/m〕	熱伝導率 λ〔W/(m·K)〕
電気抵抗 R〔Ω〕	熱抵抗 R_T　(ウ)
静電容量 C〔F〕	熱容量 C　(エ)

上記の記述中の空白箇所(ア)～(エ)に当てはまる組合せとして、正しいものを次の(1)～(5)のうちから一つ選べ。

	(ア)	(イ)	(ウ)	(エ)
(1)	熱流 ϕ	温度差 θ	〔J/K〕	〔K/W〕
(2)	温度差 θ	熱流 ϕ	〔K/W〕	〔J/K〕
(3)	温度差 θ	熱流 ϕ	〔K/J〕	〔J/K〕
(4)	熱流 ϕ	温度差 θ	〔J/K〕	〔J/W〕
(5)	温度差 θ	熱流 ϕ	〔K/W〕	〔J/W〕

075 電気加熱ほか

テキスト LESSON **34** 　　　　難易度 高 **中** 低　H29 A問題 問13 ／　／　／

　誘導加熱に関する記述として、誤っているものを次の(1)～(5)のうちから一つ選べ。

(1)　産業用では金属の溶解や金属部品の熱処理などに用いられ、民生用では調理加熱に用いられている。

(2)　金属製の被加熱物を交番磁界内に置くことで発生するジュール熱によって被加熱物自体が発熱する。

(3)　被加熱物の透磁率が高いものほど加熱されやすい。

(4)　被加熱物に印加する交番磁界の周波数が高いほど、被加熱物の内部が加熱されやすい。

(5)　被加熱物として、銅、アルミよりも、鉄、ステンレスの方が加熱されやすい。

第8章

電熱

076 電気加熱ほか

次の文章は、ヒートポンプに関する記述である。

　ヒートポンプはエアコンや冷蔵庫、給湯器などに広く使われている。図はエアコン（冷房時）の動作概念図である。　(ア)　温の冷媒は圧縮機に吸引され、室内機にある熱交換器において、室内の熱を吸収しながら　(イ)　する。次に、冷媒は圧縮機で圧縮されて　(ウ)　温になり、室外機にある熱交換器において、外気へ熱を放出しながら　(エ)　する。その後、膨張弁を通って　(ア)　温となり、再び室内機に送られる。

　暖房時には、室外機の四方弁が切り替わって、冷媒の流れる方向が逆になり、室外機で吸収された外気の熱が室内機から室内に放出される。ヒートポンプの効率（成績係数）は、熱交換器で吸収した熱量を Q 〔J〕、ヒートポンプの消費電力量を W 〔J〕とし、熱損失などを無視すると、冷房時は $\dfrac{Q}{W}$、暖房時は $1+\dfrac{Q}{W}$ で与えられる。これらの値は外気温度によって変化　(オ)　。

　上記の記述中の空白箇所(ア)、(イ)、(ウ)、(エ)及び(オ)に当てはまる組合せとして、正しいものを次の(1)～(5)のうちから一つ選べ。

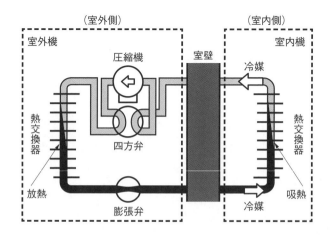

	(ア)	(イ)	(ウ)	(エ)	(オ)
(1)	低	気 化	高	液 化	しない
(2)	高	液 化	低	気 化	しない
(3)	低	液 化	高	気 化	す る
(4)	高	気 化	低	液 化	す る
(5)	低	気 化	高	液 化	す る

077 電気化学の基礎

電池に関する記述として、誤っているものを次の(1)〜(5)のうちから一つ選べ。

(1)　充電によって繰り返し使える電池は二次電池と呼ばれている。

(2)　電池の充放電時に起こる化学反応において、イオンは電解液の中を移動し、電子は外部回路を移動する。

(3)　電池の放電時には正極では還元反応が、負極では酸化反応が起こっている。

(4)　出力インピーダンスの大きな電池ほど大きな電流を出力できる。

(5)　電池の正極と負極の物質のイオン化傾向の差が大きいほど開放電圧が高い。

078 電気化学の基礎

テキスト LESSON **35** 難易度 高 中 低

　二次電池は、電気エネルギーを化学エネルギーに変えて電池内に蓄え（充電という）、貯蔵した化学エネルギーを必要に応じて電気エネルギーに変えて外部負荷に供給できる（放電という）電池である。この電池は充放電を反復して使用できる。

　二次電池としてよく知られている鉛蓄電池の充電時における正・負両電極の化学反応（酸化・還元反応）に関する記述として、正しいのは次のうちどれか。

　なお、鉛蓄電池の充放電反応全体をまとめた化学反応式は次のとおりである。

$$2PbSO_4 + 2H_2O \rightleftarrows Pb + PbO_2 + 2H_2SO_4$$

(1)　充電時には正極で酸化反応が起き、正極活物質は電子を放出する。

(2)　充電時には負極で還元反応が起き、$PbSO_4$ が生成する。

(3)　充電時には正極で還元反応が起き、正極活物質は電子を受け取る。

(4)　充電時には正極で還元反応が起き、$PbSO_4$ が生成する。

(5)　充電時には負極で酸化反応が起き、負極活物質は電子を受け取る。

第9章

電気化学

079 電気化学工業

　硫酸亜鉛（$ZnSO_4$）／硫酸系の電解液の中で陽極に亜鉛を、陰極に鋼帯の原板を用いた電気めっき法はトタンの製造法として広く知られている。今、両電極間に2〔A〕の電流を5〔h〕通じたとき、原板に析出する亜鉛の量〔g〕の値として、最も近いのは次のうちどれか。

　ただし、亜鉛の原子価（反応電子数）は2、原子量は65.4、電流効率は65〔%〕、ファラデー定数$F = 9.65×10^4$〔C/mol〕とする。

(1)　0.0022　　(2)　0.13　　(3)　0.31　　(4)　7.9　　(5)　16

080 電気化学工業

　水溶液中に固体の微粒子が分散している場合、微粒子は溶液中の （ア） を吸着して帯電することがある。この溶液中に電極を挿入して直流電圧を加えると、微粒子は自身の電荷と （イ） の電極に向かって移動する。この現象を （ウ） という。

　この現象を利用して、陶土や粘土の精製、たんぱく質や核酸、酵素などの分離精製や分析などが行われている。

　また、良い導電性の （エ） 合成樹脂塗料又はエマルジョン塗料を含む溶液を用い、被塗装物を一方の電極として電気を通じると、塗料が （ウ） によって被塗装物表面に析出する。この塗装は電着塗装と呼ばれ、自動車や電気製品などの大量生産物の下地塗装に利用されている。

　上記の記述中の空白箇所(ア)、(イ)、(ウ)及び(エ)に記入する語句として、正しいものを組み合わせたのは次のうちどれか。

	(ア)	(イ)	(ウ)	(エ)
(1)	水 分	同符号	電気析出	油 性
(2)	イオン	逆符号	電気泳動	水溶性
(3)	イオン	同符号	電気析出	水溶性
(4)	イオン	逆符号	電気泳動	揮発性
(5)	水 分	逆符号	電解透析	油 性

081 自動制御系の構成

次の文章は、フィードバック制御における三つの基本的な制御動作に関する記述である。

目標値と制御量の差である偏差に (ア) して操作量を変化させる制御動作を (ア) 動作という。この動作の場合、制御動作が働いて目標値と制御量の偏差が小さくなると操作量も小さくなるため、制御量を目標値に完全に一致させることができず、 (イ) が生じる欠点がある。

一方、偏差の (ウ) 値に応じて操作量を変化させる制御動作を (ウ) 動作という。この動作は偏差の起こり始めに大きな操作量を与える動作をするので、偏差を早く減衰させる効果があるが、制御のタイミング(位相)によっては偏差を増幅し不安定になることがある。

また、偏差の (エ) 値に応じて操作量を変化させる制御動作を (エ) 動作という。この動作は偏差が零になるまで制御動作が行われるので、 (イ) を無くすことができる。

上記の記述中の空白箇所(ア)、(イ)、(ウ)及び(エ)に当てはまる組合せとして、正しいものを次の(1)～(5)のうちから一つ選べ。

	(ア)	(イ)	(ウ)	(エ)
(1)	積 分	目標偏差	微 分	比 例
(2)	比 例	定常偏差	微 分	積 分
(3)	微 分	目標偏差	積 分	比 例
(4)	比 例	定常偏差	積 分	微 分
(5)	微 分	定常偏差	比 例	積 分

082 自動制御系の構成

シーケンス制御に関する記述として、誤っているものを次の(1)～(5)のうちから一つ選べ。

(1) 前もって定められた工程や手順の各段階を、スイッチ、リレー、タイマなどで構成する制御はシーケンス制御である。

(2) 荷物の上げ下げをする装置において、扉の開閉から希望階への移動を行う制御では、シーケンス制御が用いられる。

(3) 測定した電気炉内の温度と設定温度とを比較し、ヒータの発熱量を電力制御回路で調節して、電気炉内の温度を一定に保つ制御はシーケンス制御である。

(4) 水位の上限を検出するレベルスイッチと下限を検出するレベルスイッチを取り付けた水のタンクがある。水位の上限から下限に至る容積の水を次段のプラントに自動的に送り出す装置はシーケンス制御で実現できる。

(5) プログラマブルコントローラでは、スイッチ、リレー、タイマなどをソフトウェアで書くことで、変更が容易なシーケンス制御を実現できる。

083 自動制御系の構成

次の文章は、自動制御に関する記述である。

機械、装置及び製造ラインの運転や調整などを制御装置によって行うことを自動制御という。自動制御は、シーケンス制御と　（ア）　制御とに大別される。

シーケンス制御は、あらかじめ定められた手順や判断によって制御の各段階を順に進めていく制御である。この制御を行うための機器として電磁リレーがある。電磁リレーを用いた　（イ）　シーケンス制御をリレーシーケンスという。

リレーシーケンスにおいて、2個の電磁リレーのそれぞれのコイルに、相手のb接点を直列に接続して、両者が決して同時に働かないようにすることを　（ウ）　という。

シーケンス制御の動作内容の確認や、制御回路設計の手助けのために、横軸に時間を表し、縦軸にコイルや接点の動作状態を表したものを　（エ）　という。

上記の記述中の空白箇所（ア）、（イ）、（ウ）及び（エ）に当てはまる組合せとして、正しいものを次の(1)～(5)のうちから一つ選べ。

	（ア）	（イ）	（ウ）	（エ）
(1)	フィードバック	有接点	インタロック	タイムチャート
(2)	フィードフォワード	無接点	ブロック	フローチャート
(3)	フィードバック	有接点	ブロック	フローチャート
(4)	フィードフォワード	有接点	インタロック	タイムチャート
(5)	フィードバック	無接点	ブロック	タイムチャート

084 伝達関数と応答

図のようなブロック線図で示す制御系がある。出力信号 $C(\mathrm{j}\omega)$ の入力信号 $R(\mathrm{j}\omega)$ に対する比、すなわち $\dfrac{C(\mathrm{j}\omega)}{R(\mathrm{j}\omega)}$ を示す式として、正しいものを次の(1)〜(5) のうちから一つ選べ。

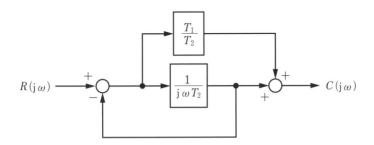

(1) $\dfrac{T_1+\mathrm{j}\omega}{T_2+\mathrm{j}\omega}$
　　(2) $\dfrac{T_2+\mathrm{j}\omega}{T_1+\mathrm{j}\omega}$
　　(3) $\dfrac{\mathrm{j}\omega T_1}{1+\mathrm{j}\omega T_2}$

(4) $\dfrac{1+\mathrm{j}\omega T_1}{1+\mathrm{j}\omega T_2}$
　　(5) $\dfrac{1+\mathrm{j}\omega \dfrac{T_1}{T_2}}{1+\mathrm{j}\omega T_2}$

085 伝達関数と応答

　図は、フィードバック制御におけるブロック線図を示している。この線図において、出力 V_2 を、入力 V_1 及び外乱 D を使って表現した場合、正しいものを次の(1)～(5)のうちから一つ選べ。

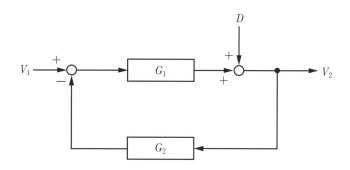

(1)　$V_2 = \dfrac{1}{1+G_1G_2}V_1 + \dfrac{G_2}{1+G_1G_2}D$

(2)　$V_2 = \dfrac{G_2}{1+G_1G_2}V_1 + \dfrac{1}{1+G_1G_2}D$

(3)　$V_2 = \dfrac{G_2}{1+G_1G_2}V_1 - \dfrac{1}{1+G_1G_2}D$

(4)　$V_2 = \dfrac{G_1}{1+G_1G_2}V_1 - \dfrac{1}{1+G_1G_2}D$

(5)　$V_2 = \dfrac{G_1}{1+G_1G_2}V_1 + \dfrac{1}{1+G_1G_2}D$

086 自動制御系の基本要素と応答

テキスト LESSON 39

難易度 高 **中** 低 H16 A問題 問13

　あるフィードバック制御系にステップ入力を加えたとき、出力の過渡応答は図のようになった。図中の過渡応答の時間に関する諸量(ア)、(イ)及び(ウ)に記入する語句として、正しいものを組み合わせたのは次のうちどれか。

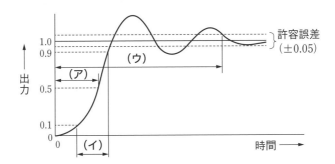

	(ア)	(イ)	(ウ)
(1)	遅れ時間	立上り時間	減衰時間
(2)	むだ時間	応答時間	減衰時間
(3)	むだ時間	立上り時間	整定時間
(4)	遅れ時間	立上り時間	整定時間
(5)	むだ時間	応答時間	整定時間

087 周波数応答

　次の文章は、図に示す抵抗R、並びにキャパシタCで構成された一次遅れ要素に関する記述である。

　図の回路において、入力電圧に対する出力電圧を、一次遅れ要素の周波数伝達関数として表したとき、折れ点角周波数ω_cは　(ア)　rad/sである。ゲイン特性は、ω_cよりも十分低い角周波数ではほぼ一定の　(イ)　dBであり、ω_cよりも十分高い角周波数では、角周波数が10倍になるごとに　(ウ)　dB減少する直線となる。また、位相特性は、ω_cよりも十分高い角周波数でほぼ一定の　(エ)　°の遅れとなる。

　上記の記述中の空白箇所(ア)〜(エ)に当てはまる組合せとして、正しいものを次の(1)〜(5)のうちから一つ選べ。

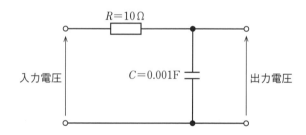

	(ア)	(イ)	(ウ)	(エ)
(1)	100	20	10	45
(2)	100	0	20	90
(3)	100	0	20	45
(4)	0.01	0	10	90
(5)	0.01	20	20	45

088 周波数応答

　図1に示すR–L回路において、端子a–a′間に5Vの階段状のステップ電圧$v_1(t)$〔V〕を加えたとき、抵抗R_2〔Ω〕に発生する電圧を$v_2(t)$〔V〕とすると、$v_2(t)$は図2のようになった。この回路のR_1〔Ω〕、R_2〔Ω〕及びL〔H〕の値と、入力を$v_1(t)$、出力を$v_2(t)$としたときの周波数伝達関数$G(j\omega)$の式として、正しいものを次の(1)～(5)のうちから一つ選べ。

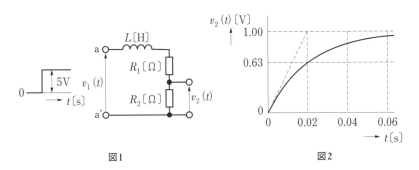

図1　　　　　　　　　　　　図2

	R_1	R_2	L	$G(j\omega)$
(1)	80	20	0.2	$\dfrac{0.5}{1+j0.2\,\omega}$
(2)	40	10	1.0	$\dfrac{0.5}{1+j0.02\,\omega}$
(3)	8	2	0.1	$\dfrac{0.2}{1+j0.2\,\omega}$
(4)	4	1	0.1	$\dfrac{0.2}{1+j0.02\,\omega}$
(5)	0.8	0.2	1.0	$\dfrac{0.2}{1+j0.2\,\omega}$

089 自動制御系の安定判別

開ループ周波数伝達関数 $G(j\omega)$ が、

$$G(j\omega) = \frac{10}{j\omega(1+j0.2\,\omega)}$$

で表される制御系がある。

変数 ω を 0 から ∞ まで変化させたとき、$G(j\omega)$ の値は図のようなベクトル軌跡となる。次の (a) 及び (b) に答えよ。

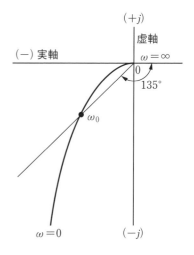

(a) この系の位相角が $-135°$ となる角周波数 ω_0 (rad/s) の値として、正しいのは次のうちどれか。

⑴ 1　　⑵ 2　　⑶ 5　　⑷ 8　　⑸ 10

(b) この ω_0 (rad/s) におけるゲイン $|G(j\omega)|$ の値として、最も近いのは次のうちどれか。

⑴ 0.45　　⑵ 1.41　　⑶ 3.53　　⑷ 4.62　　⑸ 9.78

090 自動制御系の安定判別

　自動制御系における (ア) は、一般に負になっているので、不安定になることはないように思われる。しかし、一般に制御系は、周波数が増大するにつれて位相が遅れる特性をもっており、一巡周波数伝達関数の位相の遅れが (イ) になる周波数に対しては (ア) は正になる。制御系にはあらゆる周波数成分をもった雑音が存在するので、その周波数における一巡周波数伝達関数のゲインが (ウ) になるとその周波数成分の振幅が増大していって、ついには不安定になる。これがナイキスト安定判別法の大まかな解釈である。

　上記の記述中の空白箇所(ア)、(イ)および(ウ)に記入する字句または数値として、正しいものを組み合わせたのは次のうちどれか。

	(ア)	(イ)	(ウ)
(1)	フィードバック	90°	2以上
(2)	フィードフォワード	90°	1以上
(3)	フィードバック	180°	1以上
(4)	フィードフォワード	180°	1以上
(5)	フィードバック	90°	2以下

091 計算機の概要

　記憶装置には、読み取り専用として作られたROM[1]と読み書きができるRAM[2]がある。ROMには、製造過程においてデータを書き込んでしまう （ア） ROM、電気的にデータの書き込みと消去ができる （イ） ROMなどがある。また、RAMには、電源を切らない限りフリップフロップ回路などでデータを保持する （ウ） RAMと、データを保持するために一定時間内にデータを再書き込みする必要のある （エ） RAMがある。

　上記の記述中の空白箇所（ア）、（イ）、（ウ）及び（エ）に当てはまる語句として、正しいものを組み合わせたのは次のうちどれか。

	（ア）	（イ）	（ウ）	（エ）
(1)	マスク	EEP[3]	ダイナミック	スタティック
(2)	マスク	EEP	スタティック	ダイナミック
(3)	マスク	EP[4]	ダイナミック	スタティック
(4)	プログラマブル	EP	スタティック	ダイナミック
(5)	プログラマブル	EEP	ダイナミック	スタティック

（注）※1の「ROM」は、「Read Only Memory」の略、
　　　※2の「RAM」は、「Random Access Memory」の略、
　　　※3の「EEP」は、「Electrically Erasable and Programmable」の略及び
　　　※4の「EP」は、「Erasable Programmable」の略である。

092 2進数、16進数と10進数

2進数、10進数、16進数に関する記述として、誤っているものを次の(1)〜(5)のうちから一つ選べ。

(1)　16進数の $(6)_{16}$ を16倍すると $(60)_{16}$ になる。

(2)　2進数の $(1010101)_2$ と16進数の $(57)_{16}$ を比較すると $(57)_{16}$ の方が大きい。

(3)　2進数の $(1011)_2$ を10進数に変換すると $(11)_{10}$ になる。

(4)　10進数の $(12)_{10}$ を16進数に変換すると $(C)_{16}$ になる。

(5)　16進数の $(3D)_{16}$ を2進数に変換すると $(111011)_2$ になる。

093 2進数、16進数と10進数

 LESSON **43**

難易度 高 **中** 低

2進数 A と B がある。それらの和が $A + B = (101010)_2$、差が $A - B = (1100)_2$ であるとき、B の値として、正しいものを次の(1)〜(5)のうちから一つ選べ。

(1)　$(1110)_2$

(2)　$(1111)_2$

(3)　$(10011)_2$

(4)　$(10101)_2$

(5)　$(11110)_2$

094 2進数、16進数と10進数

テキスト LESSON 43 など

難易度 高 ⊕ 低 　H28 A問題 問14

次の文章は、基数の変換に関する記述である。

・2進数00100100を10進数で表現すると　（ア）　である。

・10進数170を2進数で表現すると　（イ）　である。

・2進数111011100001を8進数で表現すると　（ウ）　である。

・16進数　（エ）　を2進数で表現すると11010111である。

上記の記述中の空白箇所（ア）、（イ）、（ウ）及び（エ）に当てはまる組合せとして、正しいものを次の(1)〜(5)のうちから一つ選べ。

	（ア）	（イ）	（ウ）	（エ）
(1)	36	10101010	7321	D7
(2)	37	11010100	7341	C7
(3)	36	11010100	7341	D7
(4)	36	10101010	7341	D7
(5)	37	11010100	7321	C7

095 論理回路

難易度 高 **中** 低 R2 A問題 問14 ／／／

　入力信号 A、B 及び C、出力信号 X の論理回路の真理値表が次のように示されたとき、X の論理式として、正しいものを次の(1)〜(5)のうちから一つ選べ。

A	B	C	X
0	0	0	0
0	0	1	1
0	1	0	0
0	1	1	1
1	0	0	0
1	0	1	1
1	1	0	1
1	1	1	1

(1)　$A \cdot B + A \cdot \overline{C} + B \cdot C$

(2)　$A \cdot \overline{B} + A \cdot \overline{C} + \overline{B} \cdot \overline{C}$

(3)　$A \cdot \overline{B} + C + \overline{A} \cdot B$

(4)　$B \cdot \overline{C} + \overline{A} \cdot B + \overline{B} \cdot C$

(5)　$A \cdot B + C$

096 論理回路

論理関数について、次の(a)及び(b)の問に答えよ。

(a) 論理式 $X \cdot Y \cdot Z + X \cdot \overline{Y} \cdot \overline{Z} + \overline{X} \cdot Y \cdot Z + X \cdot \overline{Y} \cdot Z$ を積和形式で簡単化したものとして、正しいものを次の(1)～(5)のうちから一つ選べ。

(1) $X \cdot Y + X \cdot Z$

(2) $X \cdot \overline{Y} + Y \cdot Z$

(3) $\overline{X} \cdot Y + X \cdot Z$

(4) $X \cdot Y + \overline{Y} \cdot Z$

(5) $X \cdot Y + \overline{X} \cdot Z$

(b) 論理式 $(X + Y + Z) \cdot (X + Y + \overline{Z}) \cdot (X + \overline{Y} + Z)$ を和積形式で簡単化したものとして、正しいものを次の(1)～(5)のうちから一つ選べ。

(1) $(X + Y) \cdot (X + Z)$

(2) $(X + \overline{Y}) \cdot (X + Z)$

(3) $(X + Y) \cdot (Y + \overline{Z})$

(4) $(X + \overline{Y}) \cdot (Y + Z)$

(5) $(X + Z) \cdot (Y + \overline{Z})$

097 論理回路

難易度 高 **中** 低

図の論理回路に、図に示す入力 A、B 及び C を加えたとき、出力 X として正しいものを次の(1)～(5)のうちから一つ選べ。

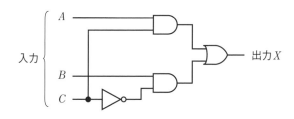

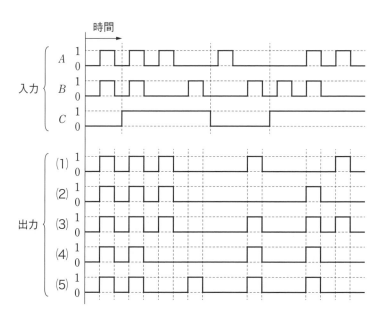

098 論理回路

難易度 高 **中** 低　H23 A問題 問14

　図のように、入力信号 A、B 及び C、出力信号 Z の論理回路がある。この論理回路の真理値表として、正しいものを次の(1)〜(5)のうちから一つ選べ。

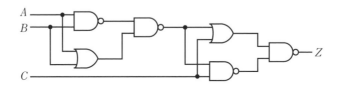

(1)

入力信号			出力信号
A	B	C	Z
0	0	0	0
0	0	1	1
0	1	0	1
0	1	1	0
1	0	0	1
1	0	1	0
1	1	0	0
1	1	1	1

(2)

入力信号			出力信号
A	B	C	Z
0	0	0	1
0	0	1	1
0	1	0	0
0	1	1	0
1	0	0	1
1	0	1	0
1	1	0	1
1	1	1	0

(3)

入力信号			出力信号
A	B	C	Z
0	0	0	1
0	0	1	1
0	1	0	1
0	1	1	0
1	0	0	1
1	0	1	0
1	1	0	1
1	1	1	0

(4)

入力信号			出力信号
A	B	C	Z
0	0	0	1
0	0	1	0
0	1	0	1
0	1	1	1
1	0	0	0
1	0	1	1
1	1	0	1
1	1	1	1

(5)

入力信号			出力信号
A	B	C	Z
0	0	0	0
0	0	1	0
0	1	0	1
0	1	1	1
1	0	0	0
1	1	0	0
1	1	1	1

099 プログラムとメカトロニクス

テキスト LESSON 45

難易度 高 中 低　H26 A問題 問14

次のフローチャートに従って作成したプログラムを実行したとき、印字されるA、Bの値として、正しい組合せを次の(1)～(5)のうちから一つ選べ。

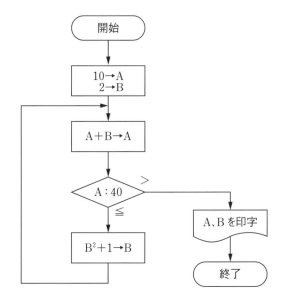

	A	B
(1)	43	288
(2)	43	677
(3)	43	26
(4)	720	26
(5)	720	677

100 プログラムとメカトロニクス

テキスト LESSON 45　　　　難易度 高 **中** 低　　H9 B問題 問14

A-D変換器の入力電圧が510〔mV〕のとき、2進数のディジタル量が$(11111111)_2$である。また、入力電圧が−510〔mV〕のとき、2進数のディジタル量が$(00000000)_2$である。アナログ量の入力電圧が210〔mV〕のとき、2進数のディジタル量として、正しいのは次のうちどれか。

(1)　$(00110100)_2$

(2)　$(00110101)_2$

(3)　$(01001011)_2$

(4)　$(10001101)_2$

(5)　$(10110100)_2$

索　引

す

memo

memo

●**法改正・正誤等の情報につきましては、下記「ユーキャンの本」ウェブサイト内**
「追補（法改正・正誤）」をご覧ください。
　https://www.u-can.co.jp/book/information
●**本書の内容についてお気づきの点は**
　・「ユーキャンの本」ウェブサイト内「よくあるご質問」をご参照ください。
　　https://www.u-can.co.jp/book/faq
　・郵送・FAXでのお問い合わせをご希望の方は、書名・発行年月日・お客様のお名前・ご住所・
　　FAX番号をお書き添えの上、下記までご連絡ください。
　　【郵送】〒169-8682 東京都新宿北郵便局 郵便私書箱第2005号
　　　　　　ユーキャン学び出版 電験三種資格書籍編集部
　　【FAX】03-3350-7883
　　◎より詳しい解説や解答方法についてのお問い合わせ、他社の書籍の記載内容等に関しては回答
　　いたしかねます。
●**お電話でのお問い合わせ・質問指導は行っておりません。**

ユーキャンの電験三種 独学の機械 合格テキスト&問題集

2022年10月7日 初 版 第1刷発行	編　者	ユーキャン電験三種 試験研究会
	発行者	品川泰一
	発行所	株式会社 ユーキャン 学び出版 〒151-0053 東京都渋谷区代々木1-11-1 Tel 03-3378-1400
	編　集	株式会社 東京コア
	発売元	株式会社 自由国民社 〒171-0033 東京都豊島区高田3-10-11 Tel 03-6233-0781（営業部）

印刷・製本　カワセ印刷株式会社

ユーキャンの
電験三種

独学の機械
合格テキスト&問題集

問題集編
頻出過去問
100題
解答と解説

取り外せます

ユーキャンの電験三種
独学の機械
合格テキスト&問題集

問 題 集 編

頻出過去問 **100** 題

別冊 **解答**と**解説**

二次側の諸量を一次側に換算する。

巻数比aは、

$$a = \frac{6600}{200} = 33$$

であるから、

二次巻線抵抗（一次換算値）

$$r_2' = a^2 r_2 = 33^2 \times 0.5 \times 10^{-3}$$
$$\fallingdotseq 0.545 \,[\Omega]$$

（mΩ→Ω）

二次巻線漏れリアクタンス（一次換算値）

$$x_2' = a^2 x_2 = 33^2 \times 3 \times 10^{-3}$$
$$= 3.267 \,[\Omega]$$

（mΩ→Ω）

一次側に換算した簡易等価回路は、励磁回路を無視するので次図のようになる。

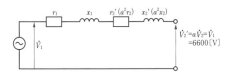

無負荷時簡易等価回路

一次側に換算したインピーダンスの大きさZは、

$$Z = \sqrt{(r_1 + r_2')^2 + (x_1 + x_2')^2}$$
$$= \sqrt{(0.6 + 0.545)^2 + (3 + 3.267)^2}$$
$$\fallingdotseq \mathbf{6.37} \,[\Omega] \,（答）$$

解答：(4)

❗ 重要ポイント

●巻数比（≒変圧比）a

$$a = \frac{N_1}{N_2} \left(\fallingdotseq \frac{V_1}{V_2} \right)$$

N_1：一次巻線の巻数

N_2：二次巻線の巻数

V_1：一次端子電圧

V_2：二次端子電圧

●変圧器二次側諸量の一次側換算

電圧：a倍

電流：$\dfrac{1}{a}$倍

インピーダンス（抵抗、リアクタンス）：

$$a^2 \left(= \frac{a}{\frac{1}{a}} \right) 倍$$

アドミタンス（コンダクタンス、サセプタンス）：$\dfrac{1}{a^2}$倍

変圧器の回路は、図aのように表すことができる。

巻数比$a = \dfrac{N_1}{N_2} = \dfrac{\dot{E}_1}{\dot{E}_2}$の変圧器の二次巻数を仮に一次巻数と等しくした$(N_1 = aN_2)$とすれば、現在の二次側の電圧$\dot{E}_2$、電流$\dot{I}_2$がそれぞれ$\dot{E}_2{}' = a\dot{E}_2$、$\dot{I}_2{}' = \dfrac{\dot{I}_2}{a}$に変化する。また、近似的に$a \fallingdotseq \dfrac{\dot{V}_1}{\dot{V}_2}$であるので、$\dot{V}_2$は$\dot{V}_2{}' = a\dot{V}_2$に変化する。ただし、一次電圧はともに等しいとしている。このことは、二次側の電圧レベルを一次側の電圧レベルにそろえたことになる。このように、二次動作量（電圧、電流）を一次側電圧レベルの動作量に変換することを、二次回路の一次回路への換算という。

図bは励磁回路を左端の電源側に移し、二次側の諸量を一次側に換算した回路で、**簡易等価回路（L形等価回路）** と呼ばれる。

このような換算の前後において、動作量の積、すなわち、皮相電力は不変でなければならないが、

$$\dot{E}_2{}'\,\dot{I}_2{}' = a\dot{E}_2\left(\dfrac{\dot{I}_2}{a}\right) = \dot{E}_2\dot{I}_2$$

のように、その関係が保たれている。

このとき、元の二次回路のインピーダンス$\dot{Z}_2$を一次回路側に換算するには、

$$\dot{Z}_2{}' = \dfrac{\dot{E}_2{}'}{\dot{I}_2{}'} = \dfrac{a\dot{E}_2}{\dfrac{\dot{I}_2}{a}} = a^2\dot{Z}_2$$

とすればよい。したがって、変圧器の二次巻線の抵抗r_2、漏れリアクタンスx_2、および負荷回路のインピーダンス$\dot{Z}_L$は、それぞれ、次のように等価変換される。

$$r_2' = a^2 r_2 \qquad x_2' = a^2 x_2 \qquad \dot{Z}_L{}' = a^2\dot{Z}_L$$

以上のことから、（ア）はa、（イ）は$\dfrac{1}{a}$、（ウ）はa^2、（エ）はa^2、（オ）はa^2となる。

解答：(1)

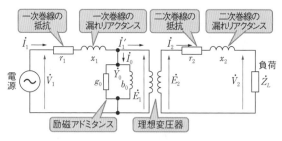

図a 変圧器の回路

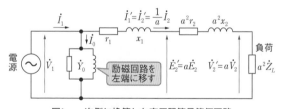

図b 一次側に換算した変圧器簡易等価回路

三巻線変圧器回路図の各部の電圧、電流、電力の記号を図aのように定める。

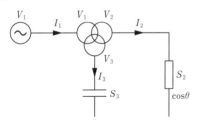

V_1：一次線間電圧66〔kV〕
V_2：二次線間電圧6.6〔kV〕
V_3：三次線間電圧3.3〔kV〕
I_1：一次(負荷)電流
I_2：二次(負荷)電流
I_3：三次(負荷)電流
S_2：二次皮相電力8000〔kV·A〕
S_3：三次皮相電力4800〔kV·A〕

図a

三巻線変圧器の二次負荷電流(皮相電流)I_2は、$S_2 = \sqrt{3}\,V_2 I_2$により、

> kV·Aの単位のままでよい

$$I_2 = \frac{S_2}{\sqrt{3}\,V_2} = \frac{8000}{\sqrt{3} \times 6.6} \fallingdotseq 700 \,〔A〕$$

> kVの単位のままでよい

皮相電流I_2を有効電流I_{2r}と遅れ無効電流I_{2x}に分解すると、

$$I_{2r} = I_2\cos\theta = 700 \times 0.8 = 560 \,〔A〕$$
$$I_{2x} = I_2\sin\theta = I_2 \times \sqrt{1-\cos^2\theta}$$
$$= I_2 \times \sqrt{1-0.8^2} = 700 \times 0.6 = 420 \,〔A〕$$

> $\cos\theta = 0.8$なら
> $\sin\theta = 0.6$である。
> 暗記しておこう

I_2を複素数で表示すると、jの符号に気を付けて、

$$\dot{I}_2 = I_{2r} - jI_{2x} = 560 - j420 \,〔A〕$$

I_2を一次側に換算した電流$\dot{I}_{12}$は、一次二次間の変圧比$a_2 = \dfrac{V_1}{V_2} = \dfrac{66}{6.6} = 10$であるから、

$$\dot{I}_{12} = \frac{\dot{I}_2}{a_2} = \frac{560 - j420}{10} = 56 - j42 \,〔A〕$$

次に、三巻線変圧器の三次負荷電流(進み無効電流)I_3は、$S_3 = \sqrt{3}\,V_3 I_3$より、

$$I_3 = \frac{S_3}{\sqrt{3}\,V_3} = \frac{4800}{\sqrt{3} \times 3.3} \fallingdotseq 840 \,〔A〕$$

I_3は進み無効電流なので、これを複素数で表示しI_{3x}とすると、jの符号に注意して、

$$\dot{I}_3 = +jI_{3x} = +j840 \,〔A〕$$

$\dot{I}_3 = +jI_{3x}$を一次側に換算した電流$\dot{I}_{13} = +jI_{13x}$は、一次三次間の変圧比$a_3 = \dfrac{V_1}{V_3}$

$$= \frac{66}{3.3} = 20であるから、$$

$$\dot{I}_{13} = +jI_{13x} = \frac{+jI_{3x}}{a_3} = \frac{+j840}{20}$$

$$= +j42 \,〔A〕$$

よって、求める一次(負荷)電流I_1は、

$$\dot{I}_1 = \dot{I}_{12} + \dot{I}_{13} = 56 - j42 + j42$$

$$= 56 + j0 \,〔A〕$$

$\dot{I}_1$の大きさI_1は、

$$I_1 = |\dot{I}_1| = \mathbf{56} \,〔A〕(答)$$

解答：(2)

次図より、星形結線の抵抗$R_2 = 20$〔Ω〕にかかるV_2'は、

$$V_2' = R_2 \times I_2 = 20 \times 12.7 = 254 \,〔\text{V}〕$$

変圧器二次側三角結線の線間電圧V_2は、

$$V_2 = \sqrt{3} \times V_2' = \sqrt{3} \times 254 \fallingdotseq 440 \,〔\text{V}〕$$

変圧器一次側星形結線の相電圧V_1'は、

$$V_1' = \frac{V_1}{\sqrt{3}} = \frac{3300}{\sqrt{3}} \fallingdotseq 1905 \,〔\text{V}〕$$

単相変圧器の変圧比は、

$$変圧比 = \frac{V_1'}{V_2} = \frac{1905}{440} \fallingdotseq \mathbf{4.33} \,(答)$$

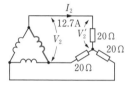

変圧器結線図

※赤で示した巻線が単相変圧器1台の対応する一次巻線と二次巻線を表す。

解答：(1)

! 重要ポイント

●三相変圧器の変圧比と単相変圧器の変圧比（解説図参照）

同一仕様の単相変圧器3台を結線して三相変圧器として使用した場合、

・三相変圧器としての変圧比

$$= \frac{一次側線間電圧}{二次側線間電圧} = \frac{V_1}{V_2} = \frac{3300}{440}$$

・単相変圧器の変圧比

$$= \frac{単相変圧器の一次巻線電圧}{単相変圧器の二次巻線電圧}$$

$$= \frac{V_1'}{V_2} = \frac{1905}{440}$$

a. 　出力 $P = 1000$〔W〕、鉄損 $P_i = 40.0$〔W〕、銅損 $P_c = 40.0$〔W〕のときの効率 η は、

$$\eta = \frac{P}{P + P_i + P_c} \times 100$$

$$= \frac{1000}{1000 + 40.0 + 40.0} \times 100$$

$$\fallingdotseq \mathbf{93}〔\%〕（ア）$$

b. 　出力電圧 V〔V〕が一定で、出力を $P' = 500$〔W〕に下げた場合の負荷電流を I'〔A〕、出力 $P = 1000$〔W〕のときの負荷電流を I〔A〕とすると、

$$P = VI\cos\theta = 1000〔\text{W}〕$$

$$P' = VI'\cos\theta = 500〔\text{W}〕$$

　上式より電流 I'〔A〕と I〔A〕の比を求めると、

$$\frac{I'}{I} = \frac{500}{1000} = \frac{1}{2}$$

　出力が $P' = 500$〔W〕のときの銅損を P_c'〔W〕とすると、銅損は負荷電流の2乗に比例するので、

$$P_c' = P_c\left(\frac{I'}{I}\right)^2 = 40.0 \times \left(\frac{1}{2}\right)^2$$

$$= \mathbf{10.0}〔\text{W}〕（イ）$$

　このときの効率 η' は、

$$\eta' = \frac{P}{P + P_i + P_c'} \times 100$$

$$= \frac{500}{500 + 40.0 + 10.0} \times 100$$

$$\fallingdotseq \mathbf{91}〔\%〕（ウ）$$

c. 　出力が $P = 1000$〔W〕一定で、出力電圧が20〔%〕低下（$0.8V$〔V〕）の状態で運転したときの電流を I''〔A〕とすると、

$$P = VI\cos\theta = 1000〔\text{W}〕$$

$$P = 0.8VI''\cos\theta = 1000〔\text{W}〕$$

　上式より電流 I''〔A〕と I〔A〕の比を求めると、

$$\frac{I''}{I} = \frac{1}{0.8}$$

　このときの銅損を P_c''〔W〕とすると、銅損は負荷電流の2乗に比例するので、

$$P_c'' = P_c\left(\frac{I''}{I}\right)^2 = 40.0 \times \left(\frac{1}{0.8}\right)^2$$

$$= \mathbf{62.5}〔\text{W}〕（エ）$$

　また、このときの鉄損 P_i''〔W〕は25.6〔W〕なので、効率 η'' は、

$$\eta'' = \frac{P}{P + P_i'' + P_c''} \times 100$$

$$= \frac{1000}{1000 + 25.6 + 62.5} \times 100$$

$$\fallingdotseq \mathbf{92}〔\%〕（オ）$$

解答：(2)

❗重要ポイント

●変圧器の銅損

　銅損とは、変圧器の巻線抵抗 r に負荷電流 I が流れることによる電力損失 $P_c = I^2 \cdot r$ のことである。電圧一定のもと、次のことが言える。

a. 銅損は、負荷の**皮相電力** S **の2乗に比例**する。

b. 銅損は負荷力率1のもと、**出力（負荷の有効電力）** P **の2乗に比例**する。

c. 銅損は、**負荷電流** I **の2乗に比例**する。

d. 銅損は、**負荷率** α **の2乗に比例**する。

　上記a、b、c、dは表現は違うが、同じ意味である。

単相変圧器の巻数比（変圧比）a は、

$$a = \frac{V_{1n}}{V_{2n}} = \frac{2000}{100} = 20$$

一次巻線抵抗 r_1、一次漏れリアクタンス x_1 をそれぞれ二次側から見た値 r_1'、x_1' に換算すると、

$$r_1' = \frac{r_1}{a^2} = \frac{0.2}{20^2} = 0.0005 \, [\Omega]$$

$$x_1' = \frac{x_1}{a^2} = \frac{0.6}{20^2} = 0.0015 \, [\Omega]$$

したがって、二次側から見た変圧器の全抵抗 R_2 と全漏れリアクタンス X_2 は、二次巻線抵抗を r_2、二次漏れリアクタンスを x_2 とすると、

$$R_2 = r_1' + r_2 = 0.0005 + 0.0005 = 0.001 \, [\Omega]$$

$$X_2 = x_1' + x_2 = 0.0015 + 0.0015 = 0.003 \, [\Omega]$$

(a) 単相変圧器の定格二次電圧を V_{2n}、定格二次電流を I_{2n} とすると、百分率抵抗降下 p、百分率リアクタンス降下 q、百分率インピーダンス降下 $\%Z$ は、

$$p = \frac{I_{2n} \cdot R_2}{V_{2n}} \times 100$$

$$= \frac{1000 \times 0.001}{100} \times 100 = 1.00 \, [\%]$$

$$q = \frac{I_{2n} \cdot X_2}{V_{2n}} \times 100$$

$$= \frac{1000 \times 0.003}{100} \times 100 = 3.00 \, [\%]$$

$$\%Z = \sqrt{p^2 + q^2} = \sqrt{1.00^2 + 3.00^2}$$

$$\fallingdotseq 3.16 \, [\%] \, （答）$$

解答：**(a)－(2)**

別 解

二次側から見た変圧器の全インピーダンス Z_2 は、

$$Z_2 = \sqrt{R_2^2 + X_2^2} = \sqrt{0.001^2 + 0.003^2}$$

$$\fallingdotseq 0.00316 \, [\Omega]$$

百分率インピーダンス降下 $\%Z$ は、

$$\%Z = \frac{I_{2n} \cdot Z_2}{V_{2n}} \times 100$$

$$= \frac{1000 \times 0.00316}{100} \times 100$$

$$= 3.16 \, [\%] \, （答）$$

(b) 変圧器に接続した負荷の力率が $\cos\theta = 0.8$ のとき、負荷の無効率 $\sin\theta$ は、

$$\sin\theta = \sqrt{1 - \cos^2\theta} = \sqrt{1 - 0.8^2} = 0.6$$

となる。変圧器の電圧変動率 ε は、

$$\varepsilon = p\cos\theta + q\sin\theta$$

$$= 1.00 \times 0.8 + 3.00 \times 0.6$$

$$= 2.60 \, [\%] \, （答）$$

解答：**(b)－(1)**

(a) 定格容量を $S_n = 50 \times 10^3$〔V·A〕とすると、全負荷出力 $P_n = S_n \cos\theta = 50 \times 10^3$〔W〕、全負荷時の鉄損を P_i〔W〕、銅損を P_c〔W〕とすると、$\alpha = \dfrac{3}{4}$ 負荷時の銅損は $\alpha^2 P_c$〔W〕

題意より、

$$P_i = \alpha^2 P_c$$

$$P_i + \alpha^2 P_c = 2P_i$$

となるので、α 負荷時の効率 η_α は、

$$\eta_\alpha = \frac{\text{出力}}{\text{入力}} \times 100$$

$$= \frac{\text{出力}}{\text{出力}+\text{損失}} \times 100 \,〔\%〕$$

であるから、

$$\eta_\alpha = \frac{\alpha P_n}{\alpha P_n + P_i + \alpha^2 P_c} \times 100$$

$$= \frac{\alpha P_n}{\alpha P_n + 2P_i} \times 100 \,〔\%〕$$

上式に数値を代入すると、

$$98.2 = \frac{\dfrac{3}{4} \times 50 \times 10^3}{\dfrac{3}{4} \times 50 \times 10^3 + 2P_i} \times 100$$

$$98.2 = \frac{37500}{37500 + 2P_i} \times 100$$

$$98.2 \times (37500 + 2P_i) = 37500 \times 100$$

$$37500 + 2P_i = \frac{37500 \times 100}{98.2}$$

$$2P_i = \frac{37500 \times 100}{98.2} - 37500$$

$$P_i = \frac{1}{2} \times \left(\frac{37500 \times 100}{98.2} - 37500 \right)$$

$$\fallingdotseq 343.7 \fallingdotseq \mathbf{344}\,〔W〕(答)$$

このとき、$P_i = \alpha^2 P_c = 343.7$〔W〕となる。

解答：(a)-(1)

(b) 全負荷時の銅損は P_c〔W〕
α 負荷時 $\left(\dfrac{3}{4} \text{負荷時} \right)$ の銅損は、
$\alpha^2 P_c = 343.7$〔W〕なので、

銅損は負荷率 α の2乗に比例する

$$\left(\frac{3}{4} \right)^2 P_c = 343.7$$

$$\frac{9}{16} P_c = 343.7$$

$$P_c = \frac{16}{9} \times 343.7 \fallingdotseq \mathbf{611}\,〔W〕(答)$$

解答：(b)-(4)

(1) **正しい。** 正弦波の電圧が加わっている、または正弦波の磁束が鉄心内を通っているとき、変圧器の鉄心に磁気飽和現象やヒステリシス現象があると、図aのように励磁電流はひずみ、正弦波とは異なる波形となる。この励磁電流は図bのように正弦波励磁電流(基本波)以外に、第3次高調波励磁電流や第5次高調波励磁電流などが含まれている。

変圧器のΔ結線は、励磁電流の第3次高調波を巻線内を循環する電流として流すことができ、外部回路への影響をなくすことができる。

図a　励磁電流波形の例

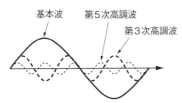

図b　基本波・高調波励磁電流波形の例
〈励磁電流〉

(2) **正しい。** Δ結線がないY−Y結線の変圧器は、第3次高調波が流れる回路がないので、正弦波の磁束が鉄心内を通ると、磁気飽和現象やヒステリシス現象により、巻線の誘導起電力(相電圧)の波形がひずむ(ただし、電源電圧と平衡を保つ(=対抗する)線間電圧はひずまない)。

その結果、高調波電圧が発生し、その高調波電圧により中性点を接地していれば、高調波電流が流れて磁界が発生する。この磁界により、近くの通信線に雑音などの障害を与える。

(3) **誤り。** Δ−Y結線は、一次電圧に対して二次電圧の**位相が30°進み**、Y−Δ結線は一次電圧に対して二次電圧の**位相が30°遅れる**。この一次電圧と二次電圧の間の位相差を、角変位または位相変位という。

したがって、「位相差45°がある」という記述は誤りである。

(4) **正しい。** 三相の磁束が重畳して通る部分の磁束は0となるため、鉄心を省略し、鉄心材料を少なく済ませている三相内鉄形変圧器は、単相変圧器3台に比べて据付け面積の縮小と軽量化が可能である。なお、三相内鉄形変圧器は、故障した際は修理が終わるまで、または変圧器を交換するまで使用することができない。

単相変圧器3台の場合は、故障した単相変圧器1台を切り離して、2台をV結線にすることにより、応急的に使用を続けることができる。

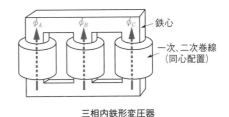

三相内鉄形変圧器

⑸ **正しい**。スコット結線変圧器は下図に
示すような結線で、三相3線式の電源を
直交する2つの単相(位相が90°異なる二
相)に変換し、大容量の単相負荷に電力
を供給する場合に用いる。

三相のうち一相から単相負荷へ電力を
供給する場合は、その相だけ電流が多く
流れるので三相電源に不平衡を生じる
が、三相を二相に相数変換して二相側の
負荷を平衡させると、三相側の不平衡を
緩和することができる。

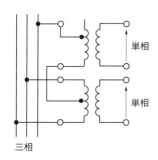

単相

単相

三相

スコット結線

解答：⑶

2台の単相変圧器をA器、B器とする。一次側電源電圧を$V_1 = 6600$〔V〕とすると、A器の二次電圧V_Aは、

$$V_A = \frac{V_1}{a_A} = \frac{6600}{30.1} \fallingdotseq 219.269 \text{〔V〕}$$

ただし、a_AはA器の巻数比

B器の二次電圧V_Bは、

$$V_B = \frac{V_1}{a_B} = \frac{6600}{30.0} = 220 \text{〔V〕}$$

ただし、a_BはB器の巻数比

2台の変圧器並列接続の二次側等価回路は、図aのようになる。

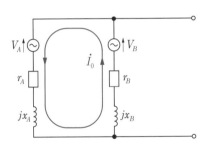

図a 並列接続二次側等価回路

図aより、循環電流$\dot{I}_0$は、

$$\dot{I}_0 = \frac{V_B - V_A}{(r_A + jx_A) + (r_B + jx_B)}$$

$$= \frac{220 - 219.269}{(0.013 + j0.022) + (0.010 + j0.020)}$$

$$= \frac{0.731}{0.023 + j0.042}$$

$\dot{I}_0$の大きさI_0は、

$$I_0 = |\dot{I}_0| = \frac{0.731}{\sqrt{0.023^2 + 0.042^2}}$$

$$\fallingdotseq \frac{0.731}{0.0479}$$

$$\fallingdotseq 15.266 \text{〔A〕} \rightarrow \boldsymbol{15.3} \text{〔A〕（答）}$$

解答：(3)

❗重要ポイント

●わずかに巻数比の異なる変圧器の並行運転

無負荷循環電流$\dot{I}_0$が流れ、銅損（抵抗損）が発生する。

$$\dot{I}_0 = \frac{\dfrac{V_1}{a_A} - \dfrac{V_1}{a_B}}{\dot{Z}_A + \dot{Z}_B}$$

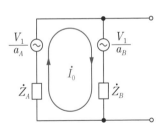

二次側等価回路

　巻線の温度が T〔℃〕のときの抵抗値を R_T〔Ω〕、t〔℃〕のときの抵抗値を R_t〔Ω〕とすると、抵抗値の比は、

$$R_T : R_t = (235 + T) : (235 + t)$$

内項の積と外項の積は等しい

　上式を変形すると、

$$R_T \cdot (235 + t) = R_t \cdot (235 + T)$$

$$R_T = R_t \cdot \frac{(235 + T)}{(235 + t)} \text{〔Ω〕}$$

　$t = 20$〔℃〕のときの抵抗値を $R_t = 1.0$〔Ω〕とすると、$T = 75$〔℃〕のときの抵抗値 R_T は、

$$R_T = 1.0 \times \frac{(235 + 75)}{(235 + 20)} \fallingdotseq \mathbf{1.22} \text{〔Ω〕（答）}$$

解答：(3)

！ 重要ポイント

●温度 t〔℃〕のときの巻線抵抗を R_t〔Ω〕としたとき、基準温度75〔℃〕における巻線抵抗 R_{75}〔Ω〕

$$R_{75} = R_t \times \frac{234.5 + 75}{234.5 + t} \text{〔Ω〕}$$

無負荷試験より、鉄損（無負荷損）$P_i = 80$〔W〕、短絡試験より、定格運転時の銅損（負荷損）$P_c = 120$〔W〕となる。

定格容量をS_n、定格一次電圧をV_{1n}とすると、定格一次電流I_{1n}は、

$$10\,〔kV\cdot A〕 \to 10 \times 10^3 〔V\cdot A〕$$

$$I_{1n} = \frac{S_n}{V_{1n}} = \frac{10 \times 10^3}{1000} = 10 〔A〕$$

(a) 高圧側に換算した巻線の全抵抗をR_1とすると、

$$R_1 = \frac{P_c}{I_{1n}^2} = \frac{120}{10^2} = 1.2 〔\Omega〕（答）$$

解答：(a)-(2)

(b) 力率$\cos\phi = 1$の定格運転時の効率ηは、

$$\eta = \frac{S_n \cdot \cos\phi}{S_n \cdot \cos\phi + P_i + P_c} \times 100$$

$$= \frac{10 \times 10^3 \times 1}{10 \times 10^3 \times 1 + 80 + 120} \times 100$$

$$\fallingdotseq 98 〔\%〕（答）$$

解答：(b)-(4)

参考に、$\cos\phi = 1$の定格運転時の高圧側（一次側）換算簡易等価回路を下図に示す。

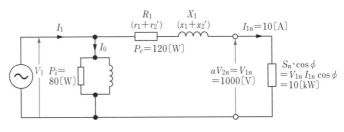

一次側換算簡易等価回路

次図に単相単巻変圧器の構造図を示す。

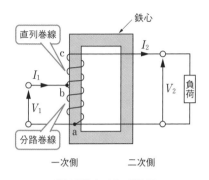

単相単巻変圧器の構造図

　巻線の一部が一次側と二次側との回路に共通になっている部分abを**分路巻線**（または共通巻線）といい、共通でない部分bcを**直列巻線**という。分路巻線の端子を一次側に接続し、直列巻線の端子を二次側に接続して使用すると、通常の変圧器と同じように動作する。

　単巻変圧器の直列巻線の持つ容量$P_s = (V_2 - V_1) \cdot I_2$を**自己容量**といい、二次側から取り出せる容量$P_l = V_2 \cdot I_2$を**負荷容量**という。

　負荷の消費電力を$P = V_2 \cdot I_2 \cos\theta = 200 \times 10^3$〔W〕とすると、負荷電流$I_2$は、$P = V_2 \cdot I_2 \cos\theta$を変形して、

$$I_2 = \frac{P}{V_2 \cos\theta} = \frac{200 \times 10^3}{6600 \times 0.8} \fallingdotseq 37.88 〔A〕$$

したがって自己容量P_sは、

$$P_s = (V_2 - V_1) \cdot I_2$$
$$= (6600 - 6000) \times 37.88$$
$$\fallingdotseq 22.7 \times 10^3 〔V \cdot A〕 → \mathbf{22.7}〔kV \cdot A〕（答）$$

！重要ポイント

●単巻変圧器の自己容量と負荷容量

　解説図において、

　　自己容量$P_s = (V_2 - V_1) \cdot I_2$〔V·A〕

　　負荷容量$P_l = V_2 \cdot I_2 = V_1 \cdot I_1$〔V·A〕

※負荷容量P_lは通過容量とも呼ばれる。

　　負荷の消費電力（有効電力）

　　$P = V_2 \cdot I_2 \cos\theta$〔W〕

●変圧器の容量と出力

　一般に電気機器の容量とは、皮相電力で単位は〔V·A〕、出力とは有効電力で単位は〔W〕であるが、変圧器や同期発電では、出力と呼びながら皮相電力〔V·A〕で表す場合がある。注意しよう。

次図に単相単巻変圧器の構造図を示す。

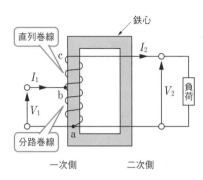

単相単巻変圧器の構造図

　巻線の一部が一次側と二次側との回路に共通になっている部分を(ア)**分路巻線**(または共通巻線)といい、共通でない部分を(イ)**直列巻線**という。分路巻線の端子を一次側に接続し、直列巻線の端子を二次側に接続して使用すると、通常の変圧器と同じように動作する。

　単巻変圧器の直列巻線の持つ容量$P_s = (V_2 - V_1) \cdot I_2$を自己容量といい、二次側から取り出せる容量$P_l = V_2 \cdot I_2$を(ウ)**負荷容量**という。

　単巻変圧器は、分路巻線が一次側と二次側とで共通しているので漏れ磁束が(エ)**少なく**なり、漏れリアクタンスが減少して、その結果、電圧変動率が(オ)**小さい**という特徴がある。

　なお、単巻変圧器は一次巻線と二次巻線が共通になっていて、その間が絶縁されていないので、低圧側も高圧側と同じ対地絶縁を施す必要がある。

解答：(4)

！重要ポイント

●単巻変圧器の原理

　単巻変圧器は図aのように、一次、二次巻線の一部を共通に用いるものである。共通部分abを**分路巻線**(共通巻線)といい、共通でない部分bcを**直列巻線**という。

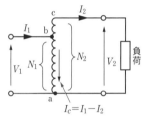

$I_c = I_1 - I_2$

図a　単巻変圧器

　分路巻線の巻数をN_1、全体の巻数をN_2とすると、変圧比aは次式で表される(巻線の電圧降下および励磁電流を無視している)。

$$a = \frac{N_1}{N_2} = \frac{V_1}{V_2} = \frac{I_2}{I_1}$$

　また、分路巻線を流れる電流I_cは次式で表される。

$$I_c = I_1 - I_2 = I_1 - aI_1 = (1-a)I_1 \,[\text{A}]$$

　I_cは巻数比aが1に近いほど小さくなり、分路巻線の導線は細いものでよいことになる。

　また、分路巻線は共通で漏れ磁束が少ないので、電圧変動率が小さくなる。

　三相誘導電動機は、(ア)**回転**磁界を作る固定子と回転部の回転子で構成されている。

　固定子は、図aに示すように、固定子鉄心、固定子巻線および固定子わくから成り立っている。固定子鉄心は鉄損を減少させるために、けい素鋼板積層鉄心が用いられている。

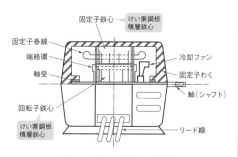

図a　三相誘導電動機の構造例

　回転子の鉄心は、固定子鉄心と同様に、けい素鋼板積層鉄心が用いられている。回転子の巻線法によって、(イ)**かご形**回転子と(ウ)**巻線形**回転子に分けられる(▶図b)。

　(イ)**かご形**回転子は、図b(a)に示すように、回転子鉄心のスロット(溝)に銅棒またはアルミニウムを鋳込んで、回転子の両端で(エ)**端絡環**により短絡したものである。

　(ウ)**巻線形**回転子は、固定子巻線と同じように、絶縁した巻線が回転子鉄心に施されている。巻線の結線は主にY結線で、(オ)**スリップリング**やブラシを通じて外部回路の抵抗に接続される。図b(b)にそれを示す。この回転子に接続される抵抗によって、速度制御や始動特性の改善などが可能となっている。

解答：(4)

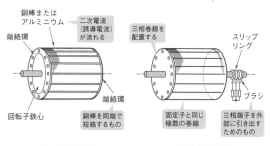

(a)かご形回転子　　(b)巻線形回転子

図b　回転子

(a) 三相誘導電動機の滑りがsのとき、二次入力P_2と定格出力(機械的出力)P_0には、次の関係がある。

$$P_2 : P_0 = 1 : (1-s)$$

上式を変形すると、

> kWの単位のまま計算する

$$P_2 = \frac{P_0}{1-s} = \frac{45}{1-0.02}$$

$$\fallingdotseq 46 \,[\text{kW}]\,(\text{答})$$

※機械損が与えられていないので、定格出力(軸出力)＝機械的出力と考えてよい。

> 解答：(a)-(4)

(b) 角速度ω(回転速度N)、トルクTで回転している電動機の出力Pは、

$$P = \omega T = 2\pi \frac{N}{60} \cdot T$$

で表される。

この式から、トルクTが一定なら、出力Pは回転数Nに比例することがわかる。定格周波数$f_{60} = 60\,[\text{Hz}]$、極数$p = 4$、滑り$s_{60} = 0.02$で運転している三相誘導電動機の回転数N_{60}は、

$$N_{60} = \frac{120 f_{60}}{p}(1 - s_{60})$$

$$= \frac{120 \times 60}{4} \times (1 - 0.02)$$

$$= 1764\,[\text{min}^{-1}]$$

この電動機を$f_{50} = 50\,[\text{Hz}]$、滑り$s_{50} = 0.05$で運転すると、三相誘導電動機の回転数N_{50}は、

$$N_{50} = \frac{120 f_{50}}{p}(1 - s_{50})$$

$$= \frac{120 \times 50}{4} \times (1 - 0.05)$$

$$= 1425\,[\text{min}^{-1}]$$

題意より、60[Hz]運転時の定格出力トルクと、50[Hz]運転時のトルクは等しいので、出力は回転数に比例する。

50[Hz]運転時の誘導電動機の出力をP_{50}、60[Hz]運転時の誘導電動機の出力をP_{60}とすると、

> 内項の積と外項の積は等しい

$$P_{50} : P_{60} = N_{50} : N_{60}$$

よって、

$$P_{50} = \frac{N_{50}}{N_{60}} \times P_{60} = \frac{1425}{1764} \times 45$$

$$\fallingdotseq 36\,[\text{kW}]\,(\text{答})$$

> 解答：(b)-(1)

⚠ 重要ポイント

●二次入力P_2と二次銅損P_{c2}と機械的出力P_0の関係

$$P_2 : P_{c2} : P_0 = P_2 : sP_2 : (1-s)P_2$$
$$= 1 : s : (1-s)$$

●電動機の共通公式

$$P = \omega T = 2\pi \frac{N}{60} \cdot T$$

かご形三相誘導電動機の同期速度N_s、同期角速度ω_s、二次入力(同期ワット)P_2は、それぞれ次式で表される。

$$N_s = \frac{120f}{p} \ [\text{min}^{-1}] \cdots\cdots①$$

$$\omega_s = 2\pi \frac{N_s}{60} \ [\text{rad/s}] \cdots\cdots②$$

$$P_2 = \omega_s T \ [\text{W}] \cdots\cdots③$$

ただし、f：電源周波数〔Hz〕、p：極数、T：トルク〔N・m〕

式①より、同期速度N_sは、

$$N_s = \frac{120 \times 50}{6} = 1000 \ [\text{min}^{-1}]$$

式②より、同期角速度ω_sは、

$$\omega_s = 2\pi \times \frac{1000}{60} \fallingdotseq 104.7 \ [\text{rad/s}]$$

式③より、二次入力(同期ワット)P_2は、

$$P_2 = 104.7 \times 200$$

$$= 20940 \ [\text{W}] \rightarrow \textbf{21} \ [\text{kW}] \ (答)$$

解答：(3)

⚠️ 重要ポイント

●トルクと同期ワット

一般に、回転体の機械的出力P_0〔W〕、角速度ω〔rad/s〕、トルクT〔N・m〕の間には、次の関係が成立する。

$$P_0 = \omega T \ [\text{W}] \ \cdots\cdots④$$

$$T = \frac{P_0}{\omega} \ [\text{N・m}] \cdots\cdots⑤$$

ただし、$\omega = 2\pi \dfrac{N}{60}$、$N$：回転速度〔min^{-1}〕

ここで$P_0 = (1-s) P_2$、$\omega = (1-s) \omega_s$なので、式⑤は、次のように表すことができる。

$$T = \frac{P_2(1-s)}{\omega_s(1-s)} = \frac{P_2}{\omega_s} \ [\text{N・m}] \cdots\cdots⑥$$

$$P_2 = \omega_s T = 2\pi \frac{N_s}{60} T \ [\text{W}] \cdots\cdots⑦$$

ただし、P_2は二次入力〔W〕、ω_sは同期角速度〔rad/s〕、N_sは同期速度〔min^{-1}〕。

式⑥でω_sは定数なので、トルクTの大きさは二次入力P_2で表すことができる。二次入力P_2は、誘導電動機のトルクの大小を表す尺度として、**同期ワットで表したトルク**と呼ばれる。

(1) **正しい。**誘導電動機の一次回路に三相交流電流を流すと、同期速度N_s〔min^{-1}〕で回転する回転磁界が発生し、回転子はN〔min^{-1}〕の回転速度で回転する。このときの速度差$N_s - N$〔min^{-1}〕を、同期速度N_s〔min^{-1}〕で割った値を滑りsといい、次式で表される。

$$s = \frac{N_s - N}{N_s}$$

　上式を変形すると、$N_s - N = s \cdot N_s$〔min^{-1}〕となり、回転子は回転磁界よりも$s \cdot N_s$〔min^{-1}〕だけ遅く回転する。二次回路(回転子)から回転磁界を見ると、$s \cdot N_s$〔min^{-1}〕で回転しているように見えるので、二次回路に鎖交する磁束の周波数は一次回路のs倍になる。このため、二次回路に生じる二次誘導起電力の周波数は、一次誘導起電力の周波数のs倍になる。また、一次回路と二次回路の巻数比を1とした場合、誘導起電力は周波数に比例するため、二次誘導起電力の大きさも一次誘導起電力のs倍になる。

(2) **正しい。**三相誘導電動機のL形等価回路1相分を図aに示す。二次回路の抵抗r_2は$\dfrac{1}{s}$倍して$\dfrac{r_2}{s}$で表現する。なお、図bはこの$\dfrac{r_2}{s}$をr_2と$\dfrac{1-s}{s} \cdot r_2$に分けて描いた図である。

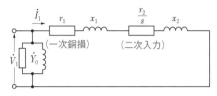

図a　一次換算L形等価回路

$$\frac{r_2}{s} = r_2 + \frac{1-s}{s} \cdot r_2$$

図b　一次換算L形等価回路
（$\dfrac{r_2}{s}$をr_2と$\dfrac{1-s}{s} \cdot r_2$に分離）

分離式の確認

$$
\begin{aligned}
r_2 + \frac{1-s}{s} \cdot r_2 &= \frac{sr_2}{s} + \frac{r_2 - sr_2}{s} \\
&= \frac{sr_2 + r_2 - sr_2}{s} \\
&= \frac{r_2}{s}
\end{aligned}
$$

(3) **正しい。**(2)の図aおよび図bの等価回路に示すように、抵抗とリアクタンスがあるので力率は1にはならない。

(4) **誤り。**等価回路において電流I_1は、

$$I_1 = \frac{V_1}{\sqrt{\left(r_1 + \dfrac{r_2}{s}\right)^2 + (x_1 + x_2)^2}} \quad 〔\text{A}〕$$

　上式よりsが一定なら、I_1は駆動電圧(一次電圧)V_1に比例する。V_1が$\dfrac{1}{2}$になればI_1も$\dfrac{1}{2}$になる。

また、電動機トルクは同期ワット(二次入力)に比例する。

同期ワットP_2は$\frac{r_2}{s}$で消費される電力の3倍となるので、

$$P_2 = 3 \cdot \left(\frac{r_2}{s}\right) \cdot I_1^2 \ \text{〔W〕}$$

上式より、電動機トルクTは電流の2乗に比例するので、V_1が$\frac{1}{2}$になり、I_1が$\frac{1}{2}$になれば、Tは$\left(\frac{1}{2}\right)^2 = \frac{1}{4}$になる。

したがって、「電動機トルクは半分になる」という記述は誤りである。

(5) **正しい。**(2)の図bにおいて、二次銅損P_{c2}はr_2で消費される電力の3倍となるので、

$$P_{c2} = 3 \cdot r_2 \cdot I_1^2 \ \text{〔W〕}$$

また、電動機出力P_oは$\frac{1-s}{s} \cdot r_2$で消費される電力の3倍となるので、

$$P_o = 3 \cdot \left(\frac{1-s}{s} \cdot r_2\right) \cdot I_1^2 \ \text{〔W〕}となる。$$

したがって、

$$P_{c2} + P_o = 3 \cdot r_2 \cdot I_1^2 + 3 \cdot \left(\frac{1-s}{s} \cdot r_2\right) \cdot I_1^2$$

$$= 3 \cdot \left(\frac{r_2}{s}\right) \cdot I_1^2 = P_2$$

となるので、同期ワットP_2は、二次銅損P_{c2}と電動機出力P_oとの和になる。

なお、同期ワットP_2は次のように、同期速度N_sと電動機トルクTとで計算することもできる。

ただし、ω：角速度〔rad/s〕
ω_s：同期角速度〔rad/s〕

$$P_o = \omega T$$

$$\therefore P_2(1-s) = \omega_s(1-s)T$$

$$P_2 = \omega_s T = 2\pi \cdot \frac{N_s}{60} \cdot T \ \text{〔W〕}$$

解答：(4)

同期速度N_sは、

$$N_s = \frac{120f}{p} = \frac{120 \times 60}{4} = 1800 \,[\text{min}^{-1}]$$

滑りsは、

$$s = \frac{N_s - N}{N_s} = \frac{1800 - 1656}{1800} = 0.08$$

図aのL形等価回路において、1相分の出力P_oは、

$$P_o = \frac{1-s}{s}r_2 I^2$$

一次銅損P_{c1}は、

$$P_{c1} = r_1 I^2$$

二次銅損P_{c2}は、

$$P_{c2} = r_2 I^2$$

鉄損P_iは、

$$P_i = g_0 V^2$$

効率ηは、

$$\eta = \frac{P_o}{P_o + P_{c1} + P_{c2} + P_i} \times 100$$

題意より、

$P_{c1} = P_{c2} = P_i$であるから、

$P_{c1} + P_{c2} + P_i = 3P_{c2} = 3r_2 I^2$とすると、

$$\eta = \frac{P_o}{P_o + 3P_{c2}} \times 100$$

$$= \frac{\dfrac{1-s}{s}\cancel{r_2}\cancel{I^2}}{\dfrac{1-s}{s}\cancel{r_2}\cancel{I^2} + 3\cancel{r_2}\cancel{I^2}} \times 100$$

$$= \frac{\dfrac{1-s}{s}}{\dfrac{1-s}{s}+3} \times 100$$

$$= \frac{\dfrac{1-0.08}{0.08}}{\dfrac{1-0.08}{0.08}+3} \times 100$$

$$= \frac{11.5}{14.5} \times 100$$

$$\fallingdotseq 79.3 \,[\%] \,(答)$$

解答：(3)

別解

$s = 0.08$までは本解と同じ。

二次入力：二次銅損：出力
$\quad(P_2)\qquad\ (P_{c2})\qquad (P_o)$

$= 1 : s : 1-s$であるから、

$$sP_o = (1-s)P_{c2}$$

$$P_{c2} = \frac{s}{1-s}P_o$$

$$P_{c1} + P_{c2} + P_i = 3P_{c2} = \frac{3s}{1-s}P_o$$

$$\eta = \frac{P_o}{P_o + 3P_{c2}} \times 100$$

$$= \frac{\cancel{P_o}\,1}{1\cancel{P_o} + \dfrac{3s}{1-s}\cancel{P_o}\,1} \times 100$$

$$= \frac{1}{1 + \dfrac{0.24}{0.92}} \times 100$$

$$\fallingdotseq 79.3 \,[\%] \,(答)$$

図a　一次換算L形等価回路

r_1：一次巻線抵抗
（一次銅損）

r_2：二次巻線抵抗
（一次換算値）

g_0：励磁コンダクタンス

定格電圧のとき、および電圧低下時の滑りートルク特性を図aに示す。電動機は定トルク負荷に接続されているので、電圧が低下してもトルクは変わらず一定である。

また、電動機トルクは二次入力P_2に比例するので、二次入力P_2も一定である。

滑りは、$s = 0.03$から$s' = 0.06$へと変化する。

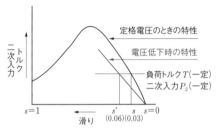

図a　滑り-トルク特性

三相誘導電動機の二次入力P_2は、次式で表される。

$$P_2 = 3 \cdot \left(\frac{r_2}{s} \right) \cdot I_2{}^2 \text{ (W)} \cdots\cdots(1)$$

ただし、r_2：二次巻線抵抗〔Ω〕
　　　　I_2：二次電流〔A〕

定格電圧のときの二次入力P_2は、式(1)に数値を代入して、

$$P_2 = 3 \times \left(\frac{r_2}{0.03} \right) \times I_2{}^2 \text{ (W)}$$

電圧低下時の二次入力P_2'は、二次電流をI_2'〔A〕とすると、

$$P_2' = 3 \cdot \left(\frac{r_2}{s'} \right) \cdot I_2'{}^2 \text{ (W)} \cdots\cdots(2)$$

式(2)に数値を代入して、

$$P_2' = 3 \times \left(\frac{r_2}{0.06} \right) \times I_2'{}^2 \text{ (W)}$$

ここで、$P_2 = P_2'$であるから、

$$3 \times \left(\frac{r_2}{0.03} \right) \times I_2{}^2 = 3 \times \left(\frac{r_2}{0.06} \right) \times I_2'{}^2$$

$$\frac{I_2{}^2}{0.03} = \frac{I_2'{}^2}{0.06}$$

$$I_2'{}^2 = \frac{0.06}{0.03} I_2{}^2 = 2 I_2{}^2$$

$$I_2' = \sqrt{2}\, I_2 \fallingdotseq 1.41 I_2$$

I_2'は、I_2の**1.41倍**（答）である。

解答：(4)

❗重要ポイント

●二次入力P_2

$$P_2 = 3 \cdot \left(\frac{r_2}{s} \right) \cdot I_2{}^2 \text{ (W)}$$

二次入力（同期ワット）P_2は、電動機トルクに比例するので、**同期ワットで表したトルク**とも呼ばれる。

(a) 二次抵抗 r_2 〔Ω〕、トルク T_n 〔N・m〕、滑り s で運転しているとき、二次抵抗を R_2 〔Ω〕に変えたときにトルク T_n 〔N・m〕となる滑りを s' とすると、トルクの比例推移により次式が成立する。

$$\frac{r_2}{s} = \frac{R_2}{s'}$$

上式を変形すると、

$$s' = \frac{R_2}{r_2} \cdot s$$

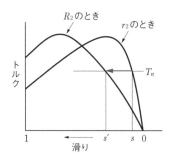

滑り-トルク特性

二次回路に 0.2〔Ω〕の抵抗を加えたときの滑り s' は、$r_2 = 0.5$〔Ω〕、$R_2 = 0.5 + 0.2 = 0.7$〔Ω〕、$s = 5$〔%〕→ 0.05 を上式に代入すると、

$$s' = \frac{0.7}{0.5} \times 0.05 = 0.07 \rightarrow \mathbf{7}〔\%〕（答）$$

解答：(a)-(4)

(b) 周波数を f〔Hz〕、極数を p とすると、同期速度 N_s は、

$$N_s = \frac{120f}{p} = \frac{120 \times 60}{6}$$

$$= 1200〔\text{min}^{-1}〕$$

同期角速度 ω_s は、

$$\omega_s = 2\pi \frac{N_s}{60} = 2\pi \times \frac{1200}{60}$$

$$= 40\pi〔\text{rad/s}〕$$

定格出力 $P = 15 \times 10^3$〔W〕、滑り $s = 0.05$ で運転しているときのトルク T_n は、角速度を ω とすると、

$$T_n = \frac{P}{\omega} = \frac{P}{\omega_s(1-s)}$$

$$= \frac{15 \times 10^3}{40\pi(1 - 0.05)}$$

$$\fallingdotseq 125.6〔\text{N・m}〕$$

トルクは、二次抵抗 r_2 と滑り s の比 $\left(\dfrac{r_2}{s}\right)$ が変わらなければ電圧の2乗に比例するので、定格電圧 $V_n = 220$〔V〕を電圧 $V = 200$〔V〕に変更したときの負荷トルク T_L は、

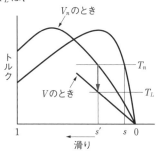

電圧変更時の滑り-トルク特性

$$T_L = \left(\frac{V}{V_n}\right)^2 \times T_n$$

$$= \left(\frac{200}{220}\right)^2 \times 125.6$$

$$\fallingdotseq \mathbf{104}〔\text{N・m}〕（答）$$

解答：(b)-(2)

三相誘導電動機の二次入力P_2と二次銅損(二次回路の損失)P_{c2}、出力P_oには、次の関係がある。ただし、滑りをsとする。

$$P_2 : P_{c2} : P_o = 1 : s : (1-s)$$

$$P_{c2} = sP_2$$

$$P_o = (1-s)P_2$$

また、トルクTは次の式のように二次入力P_2に比例する。ただし、ω_sは同期角速度(一定)である(このことから、二次入力は同期ワットで表したトルクとも呼ばれる)。

$$T = \frac{P_2}{\omega_s}$$

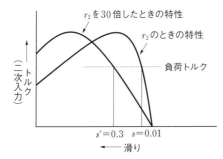

r_2を30倍したときの特性

r_2のときの特性

負荷トルク

トルク(二次入力)

$s'=0.3$　$s=0.01$

滑り

トルクの比例推移

二次回路の抵抗を大きくしたとき、二次銅損sP_2が30倍に増加したということは題意より二次入力P_2は変わらない(トルクがほぼ一定)のだから、滑りsが30倍になったということである。

したがって、定格運転時の出力をP_o、滑りをs、二次回路の抵抗を大きくしたときの出力をP_o'、滑りをs'とすれば、

$$s' = 30s = 30 \times 0.01 = 0.3$$

となるので、出力の比$\dfrac{P_o'}{P_o}$は、

$$\frac{P_o'}{P_o} = \frac{(1-s')P_2}{(1-s)P_2} = \frac{1-0.3}{1-0.01}$$

$$\fallingdotseq 0.71 \rightarrow 70 \,(\%)\,(答)$$

解答:(4)

(a) 誘導電動機の定格出力(軸出力)を P_o 〔W〕、定格電圧を V〔V〕、一次電流を I〔A〕、効率を η(小数)、力率を $\cos\theta$(小数)とすると、次式が成り立つ。

$$P_o = \sqrt{3}\,VI\cos\theta\cdot\eta \text{〔W〕}$$

よって、

$$I = \frac{P_o}{\sqrt{3}\,V\cos\theta\cdot\eta}$$

> 15〔kW〕→ 15×10^3〔W〕

$$= \frac{15\times10^3}{\sqrt{3}\times400\times0.9\times0.9}$$

$$\fallingdotseq 26.7 \text{〔A〕} \rightarrow \mathbf{27}\text{〔A〕(答)}$$

解答：(a)-(3)

(b) 巻線形誘導電動機の同期速度 N_s〔min^{-1}〕は、周波数を f〔Hz〕、極数を p とすると、

$$N_s = \frac{120f}{p} = \frac{120\times60}{4}$$

$$= 1800 \text{〔min}^{-1}\text{〕}$$

回転速度 $N = 1746$〔min^{-1}〕のときの滑り s は、

$$s = \frac{N_s - N}{N_s}$$

$$= \frac{1800 - 1746}{1800}$$

$$= 0.03$$

二次回路の各相に抵抗 R〔Ω〕を挿入し、回転速度 $N' = 1455$〔min^{-1}〕になったときの滑り s' は、

$$s' = \frac{N_s - N'}{N_s}$$

$$= \frac{1800 - 1455}{1800}$$

$$\fallingdotseq 0.192$$

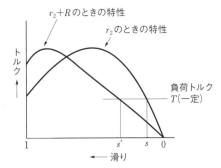

トルクの比例推移

ここで元の二次回路の抵抗を r_2〔Ω〕とすると、トルクの比例推移より、

$$\frac{r_2}{s} = \frac{r_2 + R}{s'}$$

が成り立つ。

上式を変形すると、

$$s(r_2 + R) = s'r_2$$

$$r_2 + R = \frac{s'}{s}r_2$$

$$R = \frac{s'}{s}r_2 - r_2$$

$$= \left(\frac{s'}{s} - 1\right)r_2$$

$$= \left(\frac{0.192}{0.03} - 1\right)r_2$$

$$= 5.4\,r_2$$

よって、R は r_2 の **5.4倍**(答)

解答：(b)-(3)

(r_2+R) は r_2 の $\dfrac{s'}{s}=\dfrac{0.192}{0.03}=6.4$ 倍

となるが、この設問で問われているのは「R は r_2 の何倍か」である。

! 重要ポイント

●誘導電動機の入力 P_i と出力 P_o

$P_i=\sqrt{3}\,VI\cos\theta$

$P_o=P_i\times\eta=\sqrt{3}\,VI\cos\theta\cdot\eta$

ただし、

V：電動機端子電圧（線間電圧）

I：一次電流

$\cos\theta$：力率

η：効率

●トルクの比例推移

次図において、二次回路の抵抗が r_2 だけである場合の速度－トルク特性曲線を T' とし、T_1 のトルクが滑り s で生じているものとすると、二次回路の抵抗を m 倍にした場合には、同じトルク T_1 は滑り $s'=ms$ のところで生じる。

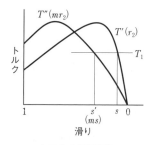

トルクの比例推移

したがって、二次回路の抵抗が r_2 の場合

の速度－トルク特性曲線 T' が与えられていると、二次回路の抵抗が mr_2 の場合の速度－トルク特性曲線 T'' は、曲線 T' 上の各トルクの値をこれらに対応する滑りの m 倍の滑りの点に移すことによって求めることができる。

このように r_2 が m 倍になるとき、前と同じトルクが前の滑りの m 倍の点に起こる。これを**トルクの比例推移**という。

巻線形誘導電動機で同じトルクが出るように二次抵抗 r_2 に外部抵抗 R を挿入し、滑り s が滑り $s'=ms$ に推移したときの関係は、次式のようになる。

$$\frac{r_2}{s}=\frac{mr_2}{ms}=\frac{r_2+R}{ms}$$

上式で $(r_2+R)=mr_2$ となる。

また、R と r_2 の関係は、

$R=(m-1)r_2=kr_2$

となる。

ただし、

$$m=\frac{s'}{s}\,、\ k=m-1$$

三相かご形誘導電動機の回転子にあるかご形回転子の導体(二次回路)で生じる二次銅損P_{c2}〔W〕は、二次抵抗をr_2〔Ω〕、二次電流をI_2〔A〕とすると、次式で表される。

$$P_{c2} = 3r_2I_2^2 〔\text{W}〕〔三相分〕$$

定格運転時では二次電流I_2〔A〕が大きいため、二次銅損を小さくし効率を高くするためには、二次抵抗の値はできるだけ**(ア)小さく**したほうがよい。しかし、二次抵抗が小さいと、始動時に発生する始動トルクが小さくなるため始動に時間がかかったり、始動時に大きなトルクを必要としたりするような負荷を動かすことができない。その対策として、かご形回転子の導体の構造を**深溝形**や**二重かご形**などにする。

かご形誘導電動機の始動時では、かご形回転子の導体(二次回路)に流れる二次電流I_2〔A〕の周波数(滑り周波数)f_2〔Hz〕が大きくなる。深溝形の場合、滑り周波数が大きいと導体に**表皮効果**が発生し、回転子表面に近いほうの導体部分の電流密度が最も大きく、軸中心に近づくにつれて電流密度が減少する。したがって、始動時ではかご形回転子の導体電流密度は**(イ)不均一**になり、電流が流れる断面積が減少するため相対的に二次抵抗の値が増加し、始動時のトルクが大きくなる。運転時には滑り周波数が小さくなり、導体電流密度は均一になるため二次抵抗は減少し、二次銅損が低下し、高効率で運転することができる。

三相かご形誘導電動機の回転速度は無負荷時が最も高く、定格負荷時の回転速度は無負荷時より**(ウ)低速度**になる。しかし、無負荷時と定格負荷時の速度差は**(エ)小さい**ことから、三相かご形誘導電動機は**(オ)定速度**電動機と称される。なお、定速度電動機と称されるものとして、このほかに直流他励電動機、直流分巻電動機、同期電動機がある。

解答：(1)

　誘導電動機の円線図を作成するには、次の各試験を行って基本量を求める。

a. 一次巻線の抵抗測定では、周囲温度の状態で一次側各端子間で測定した巻線抵抗値の平均値を求め、(ア)**基準巻線温度**における、一次巻線1相当たりの抵抗を計算する。

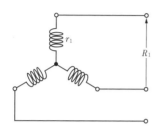

図a　一次巻線抵抗の測定

b. 無負荷試験では、誘導電動機を定格電圧、定格周波数のもとに無負荷運転して、そのときの無負荷電流と(イ)**無負荷入力**を測定し、この結果から、無負荷電流の有効分と無効分を求める。

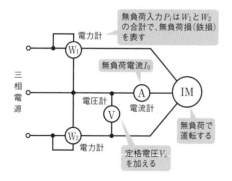

無負荷入力P_iはW_1とW_2の合計で、無負荷損(鉄損)を表す

電力計

無負荷電流I_0

三相電源

電圧計　電流計

定格電圧V_nを加える

無負荷で運転する

図b　無負荷試験

c. 拘束試験では、誘導電動機の回転子が回らないように拘束し、一次側端子間に定格周波数の低電圧を印加し、定格電流が流れるように印加電圧を調整する。このときの印加電圧と一次入力を測定し、この結果から、定格電圧を加えたときの(ウ)**一次入力**、拘束電流(短絡電流)および拘束電流の有効分と無効分を求める。

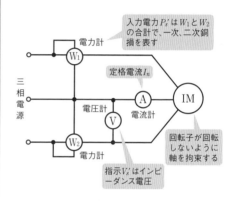

入力電力P_s'はW_1とW_2の合計で、一次、二次銅損を表す

電力計

定格電流I_n

三相電源

電圧計　電流計

指示V_s'はインピーダンス電圧

回転子が回転しないように軸を拘束する

図c　拘束試験

解答：(5)

誘導機の二次入力は(ア)**同期ワット**とも呼ばれ、トルクに比例する。誘導機の機械出力と二次銅損の比は、滑りをsとして(イ)**(1−s)：s**の関係にある。

sが−1から0の間の値をとるとき機械出力は(ウ)**負**となり、誘導機は(エ)**発電機**として運転される。

解答：**(1)**

!重要ポイント

●誘導機の二次入力P_2、二次銅損P_{c2}、機械出力P_oの関係

$P_{c2} = sP_2$

$P_o = (1-s)P_2$

$P_2 : P_{c2} : P_o = 1 : s : (1-s)$

●トルクと同期ワット

一般に、回転体の機械出力P_o〔W〕、角速度ω〔rad/s〕、トルクT〔N・m〕の間には、次の関係が成立する。

ただし、$\omega = 2\pi \dfrac{N}{60}$、

N：回転速度〔min^{-1}〕

$P_o = \omega T$ 〔W〕 ………(1)

$T = \dfrac{P_o}{\omega}$ 〔N・m〕………(2)

ここで、$P_o = (1-s)P_2$、$\omega = (1-s)\omega_s$なので、式(2)は次のように表すことができる。

ただし、P_2は二次入力〔W〕、ω_sは同期角速度〔rad/s〕、N_sは同期速度〔min^{-1}〕

$$T = \frac{P_2(1-s)}{\omega_s(1-s)}$$

$$= \frac{P_2}{\omega_s} \text{〔N・m〕} \cdots\cdots(3)$$

$$P_2 = \omega_s T = 2\pi \frac{N_s}{60} T \text{〔W〕} \cdots\cdots(4)$$

式(3)でω_sは定数なので、トルクTの大きさは二次入力P_2で表すことができる。二次入力P_2は、誘導電動機のトルクの大小を表す尺度として、同期ワットで表したトルクと呼ばれる。

●誘導発電機

誘導電動機軸に負荷機械の代わりに原動機を接続し、同期速度以上で回転させれば、滑りsは負値となり、誘導発電機となる。このとき、誘導電動機として運転していたときの機械出力も負値となり、機械入力となる。

負値の機械出力＝機械入力、ということである。

なお、二次銅損は物理的に正値であり、電動機運転でも発電機運転でも発生する。

a. 巻線形誘導電動機の始動法

巻線形誘導電動機は、トルクの比例推移特性を利用して、始動時に大きなトルクが得られるよう、滑り(ア)**1**付近に最大トルクT_mを推移させる。具体的には次図のように、二次回路に外部から(イ)**スリップリング**とブラシを通し、始動抵抗器を接続して始動する。

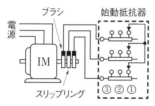

始動抵抗器の接続

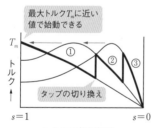

トルクの比例推移

〈巻線形誘導電動機の始動〉

抵抗は①②③と順次少なくしていき、最後にスリップリング間で短絡する。

b. かご形誘導電動機の始動法

かご形誘導電動機の始動法には、Y－Δ始動、(ウ)**始動補償器**と呼ばれる三相単巻変圧器を電源と電動機の間に挿入して始動時の端子電圧を下げる方法、および

(エ)**インバータ**を用いて電圧と周波数の両者を下げる方法などがある。

c. 単相誘導電動機の始動法

単相誘導電動機では、単相コイルが作る磁界は交番磁界であるため、主コイルだけでは始動しない。そこで、主コイルとは(オ)**位相**が異なる電流が流れる補助コイルやくま取りコイルを固定子に設け、回転磁界や移動磁界を作って始動する。

解答：(1)

！重要ポイント

●単相誘導電動機の始動法

単相誘導電動機は、主巻線が作る磁界が交番磁界であるためそれ自体では始動トルクがないので、必ず始動するための装置を必要とする。

単相誘導電動機は、始動装置によって、**コンデンサ始動形**、**くま取りコイル形**などに分類される。

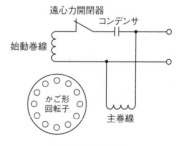

コンデンサ始動形

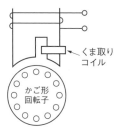

くま取りコイル形

〈単相誘導電動機の始動〉

コンデンサ始動形は、始動巻線(補助巻線)にコンデンサを接続し、主巻線に流れる電流より位相を進め、回転磁界を作る。運転速度近くに達したとき、遠心力開閉器でコンデンサを回路から切り離す。切り離さないものを永久コンデンサモータといい、特性は劣るが構造簡単、安価である。

くま取りコイル形は、固定子の磁極の一部に切れ込みを作り、**くま取りコイル**という短絡コイルを設置した構造となる。くま取りコイルを設置した部分の磁束は、くま取りコイルに流れる誘導電流が磁束の変化を妨げるため、くま取りコイルを設置していない部分の磁束より位相が少し遅れる。この移動磁界により始動トルクを生じる。

導体の周速度vは、

$$v = \pi D \cdot \frac{n}{60} = \pi \times 0.5 \times \frac{1200}{60}$$

$$\fallingdotseq 31.4 \,[\text{m/s}]$$

電機子導体1本に発生する起電力e_1は、

$$e_1 = Blv = 0.4 \times 0.3 \times 31.4 \fallingdotseq 3.77 \,[\text{V}]$$

電機子導体が回転軸と平行に左右2本存在するため、1巻きのコイルに誘導される起電力eは、$e = 2e_1$となる。したがって、求める起電力eは、

$$e = 2e_1 = 2 \times 3.77 = \mathbf{7.54} \,[\text{V}] \,(\text{答})$$

解答：(3)

⚠ 重要ポイント

●周速度 $v = \pi D \cdot \dfrac{n}{60}$ [m/s] の導出

1秒間に$\dfrac{n}{60}$回転

1回転に$\dfrac{60}{n}$〔秒〕

1回転の円周の長さ $= \pi D$〔m〕

πD〔m〕の距離を進むのに、$\dfrac{60}{n}$〔秒〕

かかる。

よって、周速度vは、

$$v = \frac{\pi D}{\dfrac{60}{n}} \,[\text{m/s}]$$

$$= \pi D \cdot \frac{n}{60} \,[\text{m/s}]$$

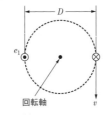

回転軸

●電機子導体1本に発生する起電力e_1

$$e_1 = Blv \,[\text{V}] \cdots ①$$

●電機子全体に発生する起電力E

$$E = p\phi \frac{n}{60} \cdot \frac{z}{a} = k\phi n \,[\text{V}] \cdots ②$$

ただし、

p：極数

ϕ：1極当たりの磁束〔Wb〕

z：電機子の全導体数〔本〕

a：並列回路数

k：比例定数、$k = \dfrac{pz}{60a}$

〈参考〉

式②の導出

電機子に作用する磁束密度B

$$B = \frac{p\phi}{\pi Dl} \,[\text{T}]$$

したがって、

$$e_1 = Blv = \frac{p\phi}{\pi Dl} \cdot l \cdot \pi D \frac{n}{60} = p\phi \frac{n}{60} \,[\text{V}]$$

$$E = p\phi \frac{n}{60} \cdot \frac{z}{a} = k\phi n \,[\text{V}]$$

●重ね巻と波巻の並列回路数a

重ね巻：$a = p$

波巻：$a = 2$

　直流機の構造は、固定子と回転子からなり、固定子は(ア)**界磁**、継鉄などによって、回転子は(イ)**電機子**、整流子などによって構成されている。界磁は、界磁鉄心と界磁巻線から構成されており、界磁巻線に直流電流を流して一定な磁束を発生させている。また、電機子は、電機子鉄心と電機子巻線から構成されている。界磁で発生した一定な磁束の中を電機子が回転するため、電機子鉄心内には、時間とともに大きさと向きが変化する(ウ)**交番**磁束が通る。

　交番磁束が通る電機子鉄心には、渦電流損やヒステリシス損などの鉄損が発生する。鉄損を減少させるために、薄いけい素鋼板の表面を絶縁した(エ)**積層鉄心**が用いられている。

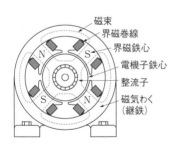

直流機(4極機)の構造

　六角形の形状の電機子巻線は、コイル辺を電機子鉄心のスロットに挿入する。各コイル相互のつなぎ方には、(オ)**重ね巻**と波巻とがある。

解答：(1)

(!)重要ポイント

●重ね巻(並列巻)と波巻(直列巻)の比較

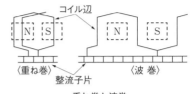

重ね巻と波巻

	重ね巻	波　巻
並列回路数	極数に等しい	極数に関係なく2
ブラシ数	同上	同上
電圧、電流の定格	低電圧、大電流	高電圧、小電流

直流発電機の電機子反作用とは、発電機に負荷を接続したとき(ア)**電機子**巻線に流れる電流によって作られる磁束が(イ)**界磁**巻線による磁束に影響を与える作用のことである。電機子反作用はギャップの界磁主磁束を(ウ)**減少**させて発電機の端子電圧を低下させたり、ギャップの磁束分布に偏りを生じさせてブラシの位置と電気的中性軸とのずれを生じさせる。このずれがブラシがある位置の導体に(エ)**起電力**を発生させ、ブラシによる短絡等の障害の要因となる。ブラシの位置と電気的中性軸とのずれを抑制する方法に、補極と補償巻線がある。補極は、幾何学的中性軸に小磁極を設

け、ギャップの磁束分布の偏りを補正するようにしたものである。補償巻線は、磁極片に設けられた巻線で、電機子電流と反対方向の電流を流し、電機子全周にわたって磁束分布の偏りを補正するようにしたものである。

図aは、電機子反作用の説明図である。

図a(a)は、界磁電流が作る磁束を表している(発電機が無負荷でも、負荷を接続していても、この磁束は存在する)。

図a(b)は、発電機に負荷を接続したとき流れる電機子電流(負荷電流)が作る磁束を表している(このとき界磁磁束も存在しているが無視している)。

図a(c)は、上記図a(a)と図a(b)の磁束を合成した図であり、偏磁作用(磁束密度の山のいびつさ)と減磁作用(磁束の減少)を説明した図である。

また、図bは、電機子電流が作る磁束(電機子中央を上から下に向かう磁束)を打ち消す磁束を生じる補極および補償巻線の説明図である。

解答：(4)

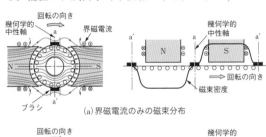

(a) 界磁電流のみの磁束分布

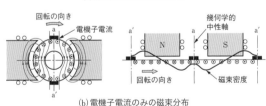

(b) 電機子電流のみの磁束分布

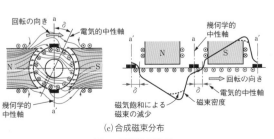

(c) 合成磁束分布

図a　電機子反作用

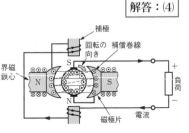

図b　補極と補償巻線

まず、直流発電機としての運転状態を図aに示す。

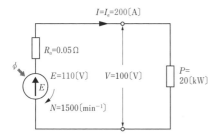

図a　発電機として運転

負荷電流I＝電機子電流I_aは、

$$I = I_a = \frac{P}{V} = \frac{20 \times 10^3}{100} = 200 \,[\mathrm{A}]$$

誘導起電力Eは、

$$E = V + R_a I_a$$
$$= 100 + 0.05 \times 200 = 110 \,[\mathrm{V}]$$

次に、直流電動機としての運転状態を図bに示す。

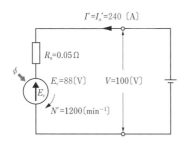

図b　電動機として運転

誘導起電力（逆起電力）E_cは、界磁磁束ϕが変わらないので、回転速度に比例する。したがって、

$$E_c = \left(\frac{N'}{N}\right) \times 110$$

$$= \left(\frac{1200}{1500}\right) \times 110 = 88 \,[\mathrm{V}]$$

求める負荷電流（電機子電流）$I' = I_a'$は、
$E_c = V - R_a I_a' \,[\mathrm{V}]$の式を変形し、

$$-R_a I_a' = E_c - V$$

$$-I_a' = \frac{E_c - V}{R_a}$$

$$I_a' = \frac{V - E_c}{R_a}$$

$$= \frac{100 - 88}{0.05}$$

$$= \mathbf{240} \,[\mathrm{A}] \,(答)$$

解答：(4)

⚠ 重要ポイント

●**直流機の誘導起電力（逆起電力）**

発電機　$E = V + R_a I_a \,[\mathrm{V}]$
$\qquad\quad E = k\phi N \,[\mathrm{V}]$

電動機　$E_c = V - R_a I_a$
$\qquad\quad E_c = k\phi N \,[\mathrm{V}]$

ただし、

E：誘導起電力$[\mathrm{V}]$

E_c：逆起電力$[\mathrm{V}]$

V：端子電圧$[\mathrm{V}]$

R_a：電機子回路の抵抗$[\Omega]$

I_a：電機子電流$[\mathrm{A}]$

ϕ：界磁磁束$[\mathrm{Wb}]$

第**3**章 直流機

(1) **誤り**。直巻発電機を次図に示す。この直巻発電機は、負荷を接続した状態では、負荷電流（＝界磁電流）によって電圧を確立できるが、無負荷では界磁電流が流れないので電圧は確立できない。

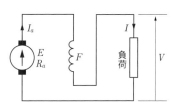

直巻発電機

(2) **正しい**。複巻発電機を次図に示す。分巻界磁と直巻界磁とが同じ方向に励磁する和動複巻発電機では、直巻界磁があるために、分巻発電機の外部特性よりも負荷電流による電圧降下を少なくすることができる。特に、無負荷電圧と全負荷電圧を等しくなるように調整されたものを平複巻発電機という。

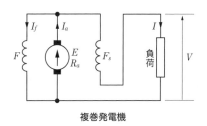

複巻発電機

(3) **誤り**。他励発電機を次図に示す。他励発電機では、界磁巻線の接続方向や電機子の回転方向に無関係に電圧は確立できる。

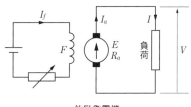

他励発電機

(4) **誤り**。分巻発電機を次図に示す。分巻発電機では、端子電圧が降下すると界磁電流も小さくなるので、他励発電機より電圧変動は大きくなる。

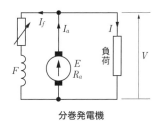

分巻発電機

(5) **誤り**。分巻発電機では、残留磁気で発生した起電力による界磁電流が残留磁気を打ち消すように接続すると、電圧が確立できない場合がある。

解答：(2)

直流分巻電動機の回転速度N〔min^{-1}〕とトルクT〔N·m〕は、次式で表される。

$$N = \frac{V - R_a I_a}{k\phi}\ \text{〔min}^{-1}\text{〕} \cdots\cdots\cdots ①$$

$$T = k_2 \phi I_a \text{〔N·m〕} \cdots\cdots\cdots ②$$

ただし、k、k_2：定数、ϕ：界磁磁束〔Wb〕、I_a：電機子電流〔A〕、V：端子電圧(電機子電圧)〔V〕、R_a：電機子抵抗〔Ω〕

式②を変形すると、

$$I_a = \frac{T}{k_2 \phi}\ \text{〔A〕} \cdots\cdots\cdots ③$$

となり、界磁磁束ϕ〔Wb〕が一定であれば、機械的な負荷(トルク)が増加すると、電機子電流I_a〔A〕はトルクT〔N·m〕に比例して増加することがわかる。

電機子電流I_a〔A〕が増加すると、式①の分子は電機子巻線で発生する電圧降下$R_a I_a$〔V〕の分だけ減少するため、回転速度N〔min^{-1}〕は減少する。端子電圧V〔V〕に比べて$R_a I_a$〔V〕は小さいため、回転速度N〔min^{-1}〕の減少はわずかになり、ほぼ一定になる。

したがって、負荷が(ア)**増加**すると、電機子電流は(イ)**増加**するが、回転速度はわずかに(ウ)**減少**するだけで、ほとんど一定になる。

直流分巻電動機の電機子巻線に電流が流れると磁束が発生し、その磁束が界磁磁束を変化させるため、直流電動機の電機子巻線で生じる誘導起電力(逆起電力)が変化する。この現象を電機子反作用という。電機

子反作用を無視すると界磁磁束は一定な値になるため、式②よりトルクT〔N·m〕は電機子電流I_a〔A〕に(エ)**比例**することがわかる。

直流直巻電動機は界磁回路と電機子回路が直列に接続されており、負荷電流はこの2つの回路を流れるため、界磁磁束は負荷電流によって作られることになる。

界磁磁束が飽和しない領域では、界磁磁束ϕ〔Wb〕は負荷電流を$I = I_a$〔A〕とすると、

$$\phi = k_3 I \text{〔Wb〕}\ (k_3\text{は定数}) \cdots\cdots\cdots ④$$

式④より、界磁磁束ϕ〔Wb〕は負荷電流I〔A〕に(エ)**比例**することがわかる。

また、直流直巻電動機のトルクT〔N·m〕も式②で表される。式②に式④を代入すると

$$T = k_2 \phi I_a = k_2 \phi I = k_2 \cdot k_3 \cdot I \cdot I$$
$$= k_2 k_3 I^2 \text{〔N·m〕} \cdots\cdots\cdots ⑤$$

式⑤より、トルクT〔N·m〕は負荷電流I〔A〕の(オ)**2乗**に比例することがわかる。

解答：(4)

❗重要ポイント

●直流電動機の公式

逆起電力$E = V - R_a I_a$〔V〕

逆起電力$E = k\phi N$〔V〕

回転速度$N = \dfrac{E}{k\phi}$

$$= \frac{V - R_a I_a}{k\phi}\ \text{〔min}^{-1}\text{〕}$$

トルク$T = k_2 \phi I_a$〔N·m〕

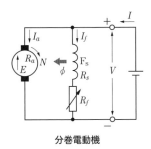

分巻電動機

※直流直巻電動機では、

$\phi = k_3 I_a$ なので

$T = k_2 k_3 I_a{}^2$〔N・m〕となる。

（電機子電流 I_a ＝負荷電流 I ）

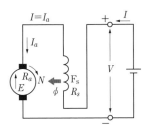

直巻電動機

直流電動機の回転速度N、トルクTは、次式で表される。

$$N = \frac{V - R_a I_a}{k\phi}$$

$$\fallingdotseq \frac{V}{k\phi} \ [\text{min}^{-1}] \ \cdots\cdots\cdots ①$$

$$T = k_2 \phi I_a \ [\text{N·m}] \ \cdots\cdots\cdots ②$$

ただし、k、k_2：定数、ϕ：界磁磁束〔Wb〕、I_a：電機子電流〔A〕、V：端子電圧(電機子電圧)〔V〕、R_a：電機子抵抗〔Ω〕

(1) **正しい。** 式①より、端子電圧Vと磁束ϕが一定であれば、負荷電流Iの増加によって回転速度Nは低下するが、電機子抵抗R_aの値が小さいため、低下はわずかとなる。こうした特性を持つ電動機は、定速度電動機と呼ばれる。

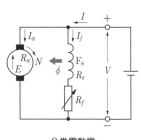

分巻電動機

(2) **正しい。** 式①より、界磁磁束ϕを変えれば回転速度Nを変えることができる。この速度制御の方法を界磁制御法という。

(3) **誤り。** 直巻電動機は、電機子巻線と界磁巻線が直列に接続されているため、電機子電流I_aと界磁電流I_fが等しく、この

電流が負荷電流Iとなる。トルクは界磁磁束ϕと電機子電流の積に比例し、また、界磁磁束が界磁電流に比例するため、**トルクは負荷電流の2乗に比例する。**

$$T = k_2 \phi I_a = k_2 \phi I, \ \ \phi = k_3 I$$

$$\therefore \ \ T = k_2 k_3 I^2$$

したがって、「トルクも負荷電流に比例する」という記述は誤りである。

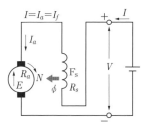

直巻電動機

(4) **正しい。** 直巻電動機の回転速度は、次式で表される。

$$N = \frac{E}{k\phi} = \frac{V - (R_a + R_s) I_a}{k\phi} \fallingdotseq \frac{V}{k\phi}$$

$$= k_4 \frac{V}{I_a} \ [\text{min}^{-1}] \ \cdots\cdots\cdots ③$$

ただし、電機子巻線抵抗R_aおよび界磁巻線抵抗R_sは小さいので無視する。すなわち、回転速度Nは、電機子電流に反比例する。**負荷が減少すると急に速度上昇し、無負荷となると非常に高速となって危険である。**

式③を変形した$I_a = \dfrac{k_4 V}{N}$を直巻電動機のトルク式$T = k_2 k_3 I^2$に代入すると、

$$T = k_2 k_3 \left(\frac{k_4 V}{N} \right)^2$$

$$= k_5 \left(\frac{V}{N} \right)^2 \text{(N·m)} \cdots\cdots ④$$

となる。

　式④より、トルクはNが小さいとき、すなわち始動時のトルクが大きいという特徴があり、クレーン、巻上機などの電動機に適している。

(5)　**正しい**。複巻電動機は、分巻界磁と直巻界磁のそれぞれの磁束を加えるように接続する和動複巻と、打ち消すように接続する差動複巻に分類できる。和動複巻は、分巻と直巻の中間の特性を持つ。次図に和動複巻電動機の回路図を示す。

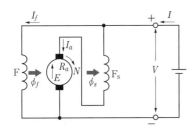

和動複巻電動機（外分巻）

解答：(3)

直巻電動機の回路図を図aに示す。この電動機の界磁磁束は、磁気飽和が生じない範囲では負荷電流$I(=I_a)$に比例する。また、他励電動機の回路図を図bに示す。この電動機は、界磁電流を一定にすることにより界磁磁束を一定にすることができる。この2つの電動機を比較した場合、界磁電流を一定として電機子電圧(端子電圧)Vを増減できるのは、**(ア)他励電動機**となる。

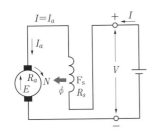

図a　直巻電動機

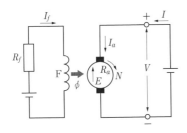

図b　他励電動機

他励電動機の回転速度Nは、次式で表される。

$$N = \frac{V - R_a I_a}{k\phi} = \frac{E}{k\phi} \ [\mathrm{min^{-1}}] \cdots\cdots ①$$

ただし、V：電機子電圧(端子電圧)、R_a：電機子抵抗$[\Omega]$、I_a：電機子電流$[\mathrm{A}]$、E：逆起電力$[\mathrm{V}]$、ϕ：界磁磁束$[\mathrm{Wb}]$、k：定数

他励電動機における回転速度制御の方法には、端子電圧を変える電圧制御、電機子抵抗の回路に可変抵抗を挿入する抵抗制御、界磁電流を変えて界磁磁束を変える界磁制御などがある。ここでは、界磁磁束を一定にして電機子電圧を変えているので、電圧制御となる。つまり、式①から、$R_a I_a$は端子電圧Vに比べて非常に小さいから、電機子電圧(端子電圧)Vにほぼ**(イ)比例**して回転速度が制御できる。

トルクTと電機子電流I_aの関係は、次式で表される。

$$T = k_2 \phi I_a \ [\mathrm{N \cdot m}] \cdots\cdots ②$$

ただし、k_2は定数。式②より、界磁磁束が一定の条件ではトルクと電機子電流は**(ウ)比例**関係にある。

式①より、電機子電圧(端子電圧)Vが一定の条件下では、界磁磁束にほぼ**(エ)反比例**して回転速度が変化する。

解答：(4)

！重要ポイント

●直流電動機の公式

逆起電力$E = V - R_a I_a \ [\mathrm{V}]$

逆起電力$E = k\phi N \ [\mathrm{V}]$

回転速度$N = \dfrac{E}{k\phi}$

$$= \frac{V - R_a I_a}{k\phi} \ [\mathrm{min^{-1}}]$$

トルク$T = k_2 \phi I_a \ [\mathrm{N \cdot m}]$

直流他励電動機では、次図のように、電動機の入力電圧(端子電圧)をV〔V〕、電機子電流をI_a〔A〕、電機子抵抗をR_a〔Ω〕、電機子逆起電力をEとすると、

$E = V - R_a I_a$〔V〕……①

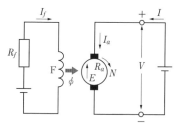

直流他励電動機

また、電機子逆起電力Eは、電動機の回転速度をN〔min^{-1}〕、kを比例定数、ϕ〔Wb〕を毎極(1極当たり)の磁束とすると、

$E = k\phi N$〔V〕……②

励磁電流I_fを一定に保つと、磁束ϕは一定となり、逆起電力Eは回転速度Nに比例する。かつ、電機子電流I_aを一定に保つと、トルク$T = k_2\phi I_a$より、トルクが一定に保たれる。

ここで、回転速度$N_1 = 1200$〔min^{-1}〕のときの逆起電力E_1は、式①より、

$E_1 = V_1 - R_a I_a$

$= 110 - 0.20 \times 50 = 100$〔V〕

また、入力電圧(端子電圧)$V_2 = 80$〔V〕のときの回転速度をN_2とすると、このときの逆起電力E_2は、式①より、

$E_2 = V_2 - R_a I_a$

$= 80 - 0.20 \times 50 = 70$〔V〕

磁束が一定に保たれているので、式②よ

り、逆起電力と回転速度は比例するので、

$$N_1 : N_2 = E_1 : E_2$$
$$N_2 \cdot E_1 = N_1 \cdot E_2$$

内項の積と外項の積は等しい

よって、端子電圧$V_2 = 80$〔V〕のときの回転速度N_2は、

$$N_2 = N_1 \cdot \frac{E_2}{E_1} = 1200 \times \frac{70}{100}$$

$$= 840 \text{〔min}^{-1}\text{〕(答)}$$

解答：(2)

！重要ポイント

●直流電動機の公式

逆起電力$E = V - R_a I_a$〔V〕

逆起電力$E = k\phi N$〔V〕

回転速度$N = \dfrac{E}{k\phi}$

$$= \frac{V - R_a I_a}{k\phi} \text{〔min}^{-1}\text{〕}$$

トルク$T = k_2\phi I_a$〔N・m〕

直流他励電動機の回路図を図aに示す。

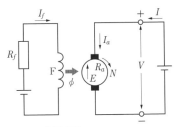

I_f：界磁電流
I_a：電機子電流(＝負荷電流 I)
V：電機子電圧(端子電圧)
E：逆起電力
N：回転速度
ϕ：界磁磁束
R_a：電機子巻線抵抗

図a

a．回路図からわかるように、他励電動機は、(ア)**界磁電流**I_fと(イ)**電機子電流**I_aを独立した直流電源で制御できる。磁束ϕは、(ア)**界磁電流**I_fに比例する。

b．他励電動機のトルクTは、次式で表される。

$$T = k_2 \phi I_a \,[\mathrm{N \cdot m}]$$

　上式より、磁束ϕ一定の条件で(イ)**電機子電流**I_aを増減すれば、(イ)**電機子電流**I_aに比例するトルクTを制御できる。

c．他励電動機の回転数Nは、題意より、$R_a I_a$が小さいことから次式で表される。

$$N = \frac{E}{k\phi} = \frac{V - R_a I_a}{k\phi} \fallingdotseq \frac{V}{k\phi} \,[\mathrm{min^{-1}}]$$

　上式より、磁束ϕ一定の条件で(ウ)**電機子電圧**(端子電圧)Vを増減すれば、(ウ)**電機子電圧**(端子電圧)Vに比例する回転数Nを制御できる。この速度制御(回転数制御)を電圧制御という。

d．他励電動機の回転数Nの式(c.で述べた式)から、(ウ)**電機子電圧**(端子電圧)V一定の条件で磁束ϕを増減すれば、ほぼ磁束ϕに反比例する回転数Nを制御できる。

　回転数Nの(エ)**上昇**のために(ア)**界磁電流**I_fを弱める制御がある。この速度制御(回転数制御)を界磁制御という。

解答：(1)

！重要ポイント

●直流他励電動機の公式

逆起電力$E = V - R_a I_a = k\phi N \,[\mathrm{V}]$

回転数$N = \dfrac{E}{k\phi} = \dfrac{V - R_a I_a}{k\phi}$

$\qquad\quad \fallingdotseq \dfrac{V}{k\phi} \,[\mathrm{min^{-1}}]$

トルク$T = k_2 \phi I_a \,[\mathrm{N \cdot m}]$

第3章

直流機

静止状態で電源に接続した直後(始動直後)は逆起電力E〔V〕が発生しないので、始動電流(電機子電流)I_{as}を妨げるものは電機子抵抗R_a〔Ω〕と可変抵抗R_1〔Ω〕の直列合成抵抗となる。よって次式が成立する。

$$I_{as} = \frac{V}{R_a + R_1} \text{〔A〕} \cdots\cdots①$$

ただし、Vは端子電圧

式①を変形して、R_1〔Ω〕を求める。

$$R_a + R_1 = \frac{V}{I_{as}}$$

$$R_1 = \frac{V}{I_{as}} - R_a = \frac{200}{100} - 0.5$$

$$= \mathbf{1.5} \text{〔Ω〕(答)}$$

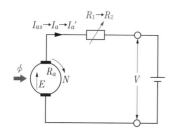

直流電動機の抵抗制御

電動機の始動後は逆起電力E〔V〕が発生し、電機子電流I_a〔A〕およびトルクT〔N・m〕が減少する。($T = k\phi I_a$でI_aに比例)

電機子電流I_aが半分の50〔A〕まで減少(トルクも半分に減少)したときの逆起電力E〔V〕は、

$$E = V - (R_a + R_1)I_a \cdots\cdots②$$

数値を代入して、

$$E = 200 - (0.5 + 1.5) \times 50 = 100 \text{〔V〕}$$

ここで、直列可変抵抗R_1〔Ω〕をR_2〔Ω〕に変化させ、電機子電流が$I_a' = 100$〔A〕に増えたのだから、次式が成立する。

$$I_a' = \frac{V - E}{R_a + R_2} \text{〔A〕} \cdots\cdots③$$

数値を代入して、

$$100 = \frac{200 - 100}{0.5 + R_2} \text{〔A〕}$$

$$100 = \frac{100}{0.5 + R_2} \text{〔A〕}$$

上式からR_2を求める。

$$0.5 + R_2 = \frac{100}{100}$$

$$R_2 = 1 - 0.5 = \mathbf{0.5} \text{〔Ω〕(答)}$$

解答:(4)

! 重要ポイント

●直流電動機の始動直後は静止状態(回転していない状態)なので、電機子に逆起電力は発生しない。

端子電圧$V = 100$〔V〕の回路図aと、$V' = 115$〔V〕の回路図bを比較する。

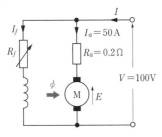

図a　端子電圧$V = 100$〔V〕

電機子電流$I_a = 50$〔A〕

電機子抵抗$R_a = 0.2$〔Ω〕

逆起電力$E = V - I_a R_a$

$\qquad = 100 - 50 \times 0.2 = 90$〔V〕

界磁電流I_f

界磁磁束ϕ

回転速度$N = 1500$〔min^{-1}〕

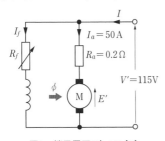

図b　端子電圧$V' = 115$〔V〕

$I_a = 50$〔A〕　変わらず

$R_a = 0.2$〔Ω〕　変わらず

$E' = V' - I_a R_a$

$\qquad = 115 - 50 \times 0.2 = 105$〔V〕

I_f　変わらず

ϕ　変わらず（I_f変わらずのため）

N'＝求める回転速度

$V = 100$〔V〕のときの逆起電力Eと$V' = 115$〔V〕のときの逆起電力E'は、

$E = k\phi N$、$E' = k\phi N'$となるので、求める回転速度N'は、

$$\frac{E'}{E} = \frac{k\phi N'}{k\phi N}$$

$$N' = \frac{E'}{E} \times N$$

$$= \frac{105}{90} \times 1500 \fallingdotseq \mathbf{1750}\text{〔min}^{-1}\text{〕（答）}$$

解答：(4)

！重要ポイント

●直流分巻電動機の公式

逆起電力$E = V - R_a I_a$〔V〕

逆起電力$E = k\phi N$〔V〕

回転速度$N = \dfrac{E}{k\phi}$

$$= \frac{V - R_a I_a}{k\phi}\text{〔min}^{-1}\text{〕}$$

トルク$T = k_2 \phi I_a$〔N・m〕

第3章

直流機

界磁に永久磁石を用いているので、他励発電機である。

回転軸が回らないように固定し、(回転子を拘束した状態で)電機子に電圧Vを加えると、電機子は逆起電力Eを発生しないため、電機子電流I_aを妨げるものは電機子巻線抵抗R_aのみである。このとき、発電機は電動機の状態である。

したがって、次式が成立する。

$$R_a = \frac{V}{I_a}$$

> $E = V - R_a I_a$
> $0 = V - R_a I_a$
> から導いてもよい

$$= \frac{3}{1} = 3 \,(\Omega)$$

電機子銅損P_cは、

$$P_c = R_a I_a^2 = 3 \times 1^2 = 3 \,(W)$$

なお、この銅損は電機子に定格電流$I_a = I_n = 1\,(A)$が流れているときの銅損である(図a参照)。

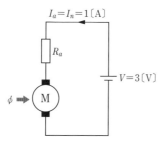

図a　回転子拘束状態

次に、電機子回路を開放した状態、すなわち発電機を無負荷の状態で、定格回転数Nで駆動したとき、電機子に発生した電圧(誘導起電力、無負荷端子電圧)は、$E = 15$ (V)であるから、仮に、この状態から定格

回転数Nのまま定格負荷P_nまで負荷を増加しても、誘導起電力Eは、$E = k\phi N$(ϕ一定、N一定)であるから変わらない。したがって、発電機定格運転時の入力(軸入力)P_{in}は、

$$P_{in} = EI_n = 15 \times 1 = 15 \,(W)$$

(図b参照)

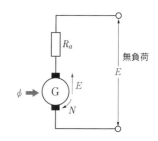

図b　発電機無負荷

よって、定格運転時の効率ηは、

$$\frac{出力}{入力} \times 100 = \frac{入力 - 損失}{入力} \times 100$$

$$\eta = \frac{P_{in} - P_c}{P_{in}} \times 100$$

$$= \frac{15 - 3}{15} \times 100 = \frac{12}{15} \times 100$$

$$= \mathbf{80} \,(\%) \,(答)$$

解答：(3)

別解

電機子銅損P_cを求めるまでの過程は本解と同じ。

電機子回路を開放した状態、すなわち発電機を無負荷の状態で定格回転数で駆動したとき、電機子に発生した電圧(誘導起電

力)は、$E = 15$〔V〕である。

仮に、この状態から定格回転数Nのまま定格負荷P_nまで負荷を増加しても誘導起電力Eは、$E = k\phi N$（ϕ一定、N一定）であるから変わらない。

定格電流は、$I_a = I_n = 1$〔A〕なので、このときの端子電圧＝定格電圧V_nは、

$V_n = E - R_a I_n = 15 - 3 \times 1 = 12$〔V〕

したがって、この発電機の定格出力P_nは、

$P_n = V_n I_n = 12 \times 1 = 12$〔W〕

（図c参照）

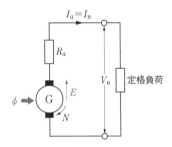

図c　発電機定格運転

よって、定格運転時の効率ηは、

$$\frac{出力}{入力} \times 100 = \frac{出力}{出力 + 損失} \times 100$$

$$\eta = \frac{P_n}{P_n + P_c} \times 100$$

$$= \frac{12}{12 + 3} \times 100 = \frac{12}{15} \times 100$$

$$= \mathbf{80}〔\%〕（答）$$

⚠️重要ポイント

●他励直流電動機

逆起電力$E = V - R_a I_a$〔V〕

●他励直流発電機定格運転

定格電圧$V_n = E - R_a I_n$〔V〕

●直流機共通公式

誘導起電力（逆起電力）$E = k\phi N$〔V〕

永久磁石を用いた小形直流電動機は、他励電動機である。

始動時は静止しており、逆起電力E〔V〕が発生しないので、始動電流I_{as}〔A〕を妨げるものは電機子抵抗R_a〔Ω〕のみである。

$$I_{as} = \frac{V}{R_a}$$

$$R_a = \frac{V}{I_{as}} = \frac{12}{4} = 3 \text{〔Ω〕}$$

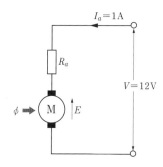

定格回転時の電動機

次に、定格回転時は逆起電力E〔V〕が発生し、定格電流I_a〔A〕が流れ、次式が成立する。

$$E = V - I_a R_a$$
$$= 12 - 1 \times 3$$
$$= 9 \text{〔V〕}$$

このとき定格出力(軸出力)P_oは、

$$P_o = E I_a = 9 \times 1$$
$$= 9 \text{〔W〕}$$

電機子巻線による銅損P_cは、

$$P_c = R_a I_a{}^2$$
$$= 3 \times 1^2$$
$$= 3 \text{〔W〕}$$

よって、定格運転時の効率ηは、

$$\eta = \frac{P_o}{P_o + P_c} \times 100 = \frac{9}{9 + 3} \times 100$$
$$= \boldsymbol{75} \text{〔\%〕(答)}$$

※または、入力$P_{in} = V I_a$であるので、

$$\eta = \frac{P_o}{P_{in}} \times 100 = \frac{9}{12 \times 1} \times 100$$
$$= \boldsymbol{75} \text{〔\%〕(答)}$$

としてもよい。

解答:(4)

⚠ 重要ポイント

●他励直流電動機の入力、出力、損失

電動機の電機子入力は$P_{in} = V I_a$〔W〕であり、この式は、

$$P_{in} = V I_a = (E + R_a I_a) I_a$$
$$= E I_a + R_a I_a{}^2 \text{〔W〕}$$

となる。

上記で$R_a I_a{}^2$は、電機子巻線の銅損であるから、**$E I_a$ は電動機で機械的に動力に変換される出力**P_oとなり、次式のように表すことができる。

$$P_o = E I_a \text{〔W〕}$$

回転速度 $N_s = 600$ 〔min^{-1}〕、極数 $p = 12$ の同期発電機の周波数 f は、

$N_s = \dfrac{120f}{p}$ 〔min^{-1}〕を変形して、

$$f = \dfrac{N_s p}{120} = \dfrac{600 \times 12}{120} = 60 \text{〔Hz〕}$$

この発電機に並行運転をさせる場合、周波数 f が等しくなければならないので、極数 $p' = 8$ の同期発電機の回転速度 N_s' は、

$$N_s' = \dfrac{120f}{p'}$$

$$= \dfrac{120 \times 60}{8}$$

$$= \mathbf{900} \text{〔min}^{-1}\text{〕(答)}$$

解答：(4)

❗重要ポイント

●同期発電機の並行運転の条件

(▶LESSON22)

①電圧が等しい。

②周波数が等しい。

③位相が等しい。

●同期発電機の原理

図a (a) 回転電機子形の同期発電機のように、界磁(界磁極)の中で電機子巻線を回転させると、電機子巻線に交流の起電力が誘導される。この誘導起電力をそのままスリップリングを通して取り出す。また図a (b) 回転界磁形の同期発電機のように、電機子巻線を固定して界磁を回転させても、

同様に交流の起電力が誘導される。

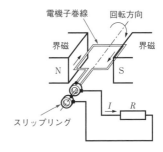

電機子巻線　　回転方向
界磁　　　　　　　界磁
N　　　　S
スリップリング　　　I　　R

(a) 回転電機子形

電機子巻線
N
S
R
I
界磁

(b) 回転界磁形

図a　同期発電機の原理

発電所などで実際に使われている発電機は、3組の電機子巻線が互いに120〔°〕間隔で固定子内に配置され、Y接続されている回転界磁形の三相同期発電機で、この発電機によって得られる誘導起電力は、**正弦波三相交流**となる。

同期発電機の極数 p、誘導起電力の周波数 f〔Hz〕の、1分間の回転速度 N_s は、次式で表される。この回転速度 N_s は、**同期速度**と呼ばれる。

$$N_s = \dfrac{120f}{p} \text{〔min}^{-1}\text{〕}$$

第4章
同期機

同期発電機の1相当たりの出力Pは、次式で表される。

$$P = V \cdot I \cos \theta = \frac{EV}{x_S} \sin \delta \ \text{[W]}$$

ただし、E：誘導起電力(相電圧)[V]、V：端子電圧(相電圧)[V]、I：負荷電流(電機子電流)、x_S：同期リアクタンス[Ω]、δ：負荷角(内部相差角)

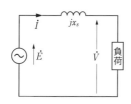

図a　1相分の等価回路

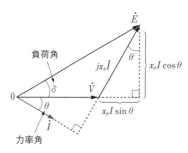

図b　ベクトル図

単位法(p.u.法)とは、定格値を1.00[p.u.]で表す方法であるから、
定格電圧$V = 1.00$[p.u.]
電機子電流$I = 0.4$[p.u.]
負荷力率$\cos 30° = 0.866$[p.u.]
同期リアクタンス$x_S = 0.915$[p.u.]
となる。

また、ベクトル図において、
$$x_S I \cos \theta = 0.915 \times 0.4 \times 0.866$$
$$\fallingdotseq 0.317 \ \text{[p.u.]}$$
$$x_S I \sin \theta = 0.915 \times 0.4 \times \sin 30°$$
$$= 0.915 \times 0.4 \times \frac{1}{2}$$
$$= 0.183 \ \text{[p.u.]}$$
となる。

負荷角δを含む直角三角形の
底辺$= V + x_S I \sin \theta$
$$= 1.00 + 0.183 = 1.183 \ \text{[p.u.]}$$
高さ$= x_S I \cos \theta = 0.317 \ \text{[p.u.]}$

この三角形と相似な、底辺11.83[cm]、高さ3.17[cm]の直角三角形を定規で描き、δを目測すると、約**15**[°](答)であることがわかる(30[°]よりは十分小さく、選択肢にある角度15[°]を選ぶことができる)。

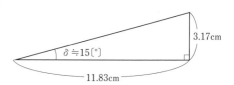

解答：(2)

【単位法】
単位法とは、全体を1としたとき、ある量がいくらになるのかを表す表記法である。わかりやすくいうと、百分率で100倍するところを、100倍しない表記法である。
例えば、力率を百分率で表すと、力率＝(有効電力／皮相電力)×100[%]とするところを、単位法では、力率＝(有効電力／皮相電力)[p.u.](パーユニット)となる。

電機子巻線に電流が流れると磁束が発生し、磁束の向きはアンペアの右ねじの法則に従う。

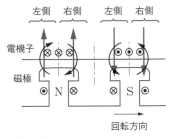

⊗⊗⊗
(電機子電流が奥へ向かって最大)
⊙⊙⊙
(電機子電流が手前に向かって最大)
　ただし、
→：電機子電流による磁束
→：界磁電流による磁束

図a　力率1のときの磁束

図aより、各磁極の(ア)**右側**では、電機子電流による磁束は界磁電流による磁束の逆向きになるので、界磁電流による磁束を減少させる。反対側(左側)では同じ向きになるため、磁束が増加する。

電機子巻線に生じる誘導起電力(電圧)が最大になるのは、磁極が最も電機子巻線に近づいたときである。電圧が最大のときに電機子電流は最大になり、電圧と電機子電流の間に位相のずれがないため、力率は1である。

問題図2Aの電機子電流を見ると、N極が電機子巻線を通過した後、最も磁極が電機子巻線から遠いときに電機子電流が最大になっている。したがって、電圧に対して電機子電流が遅れていることになる(遅れ力率0)。

また、問題図2Bの電機子電流は、N極が電機子巻線を通過する前に最大になっている。したがって、電圧に対して電機子電流が進んでいることになる(進み力率0)。

上記のことから、遅れ力率の電機子電流が流れている場合の図は、図2(イ)**A**となる。

図bに、問題図2の電機子電流による磁束を示す。

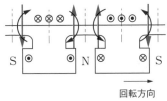

(a)遅れ力率0の場合

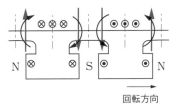

(b)進み力率0の場合

図b　磁束の向き

図b(a)より、遅れ力率のときは、界磁電流による磁束と電機子電流による磁束が逆向きになるため、N極とS極の両磁極の磁束はいずれも(ウ)**減少**する。また、進み力率のときは、界磁電流による磁束と電機子電流による磁束が同じ向きになるため、N極とS極の両磁極の磁束はいずれも増加することになる。

第4章

同期機

電機子反作用とは、磁束の変化によって誘導起電力が変化することであるが、等価回路においては電機子回路に直列に接続された(エ)**リアクタンス**として扱うことができる。なお、電機子反作用を表すリアクタンスを電機子反作用リアクタンスx_a〔Ω〕といい、磁束の漏れを表すリアクタンスを電機子漏れリアクタンスx_l〔Ω〕という。また、両方のリアクタンスの和を同期リアクタンス$x_s = x_a + x_l$〔Ω〕という。

解答：(1)

(!) 重要ポイント

●同期発電機の電機子反作用

問題図は2極機の場合、下図を展開したものである。

→：電機子電流による磁束
→：界磁電流による磁束

図c　力率1

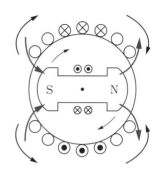

→：電機子電流による磁束
→：界磁電流による磁束

図d　遅れ力率0(90°遅れ)

(1)力率1(抵抗負荷)

磁極が時計回りに回転しているとき(N極の方向→)、N極直上の電機子巻線は←の方向に界磁磁束を切ることになるので、界磁磁束↑との間にフレミングの右手の法則により⊗方向の誘導起電力が発生して電流が流れ、図cのように交差磁化作用を起こす。

(2)遅れ力率0(誘導性負荷)

電機子巻線直下をN極が通過するとき、誘導起電力は⊗方向で最大となるが、この起電力による電流は90°遅れる。したがって、電流が⊗方向で最大となるときにはすでにN極は90°進んでいる。この電機子電流は、図dのように**減磁作用**を起こす。

(3)進み力率0(容量性負荷)

遅れ力率0とは逆の**増磁作用**となる。

等価回路とベクトル図を次図に示す。

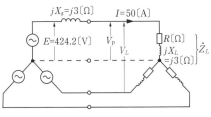

等価回路

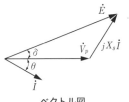

ベクトル図

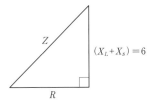

インピーダンス三角形

負荷インピーダンス$\dot{Z}_L$は、

$$\dot{Z}_L = R + jX_L = 6 + j3 \text{〔}\Omega\text{〕}$$

$$Z_L = \sqrt{R^2 + X_L{}^2} = \sqrt{6^2 + 3^2} \fallingdotseq 6.71 \text{〔}\Omega\text{〕}$$

1相当たりの出力端子間電圧V_pは、

$$V_p = Z_L \times I = 6.71 \times 50 = 335.5 \text{〔V〕}$$

求める出力端子間電圧は線間電圧V_Lで

あるから、

$$V_L = \sqrt{3}\,V_p = \sqrt{3} \times 335.5$$
$$\fallingdotseq \boldsymbol{581} \text{〔V〕(答)}$$

無負荷時の出力端子と中性点間の電圧E
$= 424.2$〔V〕とは、(無負荷時には同期リア
クタンスjX_sによる電圧降下が生じないの
で)発電機1相の誘導起電力のことである。

$R + jX_L$の負荷を接続しても、題意より
励磁の強さは一定なので、誘導起電力E
は、$E = 424.2$〔V〕で変わらない。

1相当たりの全インピーダンスをZとす
ると、

$$Z = \frac{E}{I} = \frac{424.2}{50} = 8.484 \text{〔}\Omega\text{〕}$$

また、全インピーダンス$\dot{Z}$は、

$$\dot{Z} = R + jX_L + jX_s = R + j(X_L + X_s)$$
$$= R + j(3 + 3) = R + j6 \text{〔}\Omega\text{〕}$$

次図のインピーダンス三角形よりRは、

$$Z^2 = R^2 + 6^2$$
$$R^2 = Z^2 - 6^2$$
$$R = \sqrt{Z^2 - 6^2} = \sqrt{8.484^2 - 36} \fallingdotseq 6 \text{〔}\Omega\text{〕}$$

解答：(4)

⚠️ **重要ポイント**

●**発電機の誘導起電力Eと無負荷端子電圧
V_oは等しい。**

　無負荷時には電流が流れないので、同
期リアクタンスX_sによる電圧降下が生
じない。

　このため、端子間に誘導起電力がその
まま現れる。

第4章

同期機

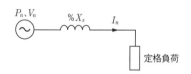

図a　定格運転時の等価回路

定格出力$P_n = 10 \times 10^6$ 〔V・A〕

定格電圧$V_n = 6.6 \times 10^3$ 〔V〕

定格電流$I_n = \dfrac{P_n}{\sqrt{3}\,V_n}$

$= \dfrac{10 \times 10^6}{\sqrt{3} \times 6.6 \times 10^3}$

$\fallingdotseq 874.8$ 〔A〕

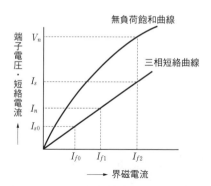

図b　同期発電機の特性

　問題の同期発電機の三相短絡曲線は、図bのようになる。

　図bより、三相短絡電流$I_{s0} = 700$〔A〕を流すのに必要な界磁電流は$I_{f0} = 50$〔A〕であるから、定格電流I_nに等しい短絡電流を流すのに必要な界磁電流I_{f1}は、

$\dfrac{I_{s0}}{I_{f0}} = \dfrac{I_n}{I_{f1}}$

より、

$I_{f1} = \dfrac{I_n}{I_{s0}} \times I_{f0} = \dfrac{874.8}{700} \times 50$

$\fallingdotseq 62.5$〔A〕

　一方、百分率同期インピーダンス$\%X_s = 80$〔%〕が与えられているので、これを単位法（$\%X_s$を100で割った値）で表すと、

$X_s = \dfrac{\%X_s}{100} = \dfrac{80}{100} = 0.8$〔p.u.〕

　単位法で表したX_s〔p.u.〕と短絡比K_sは逆数の関係にあるので、

$K_s = \dfrac{1}{X_s} = \dfrac{1}{0.8} = 1.25$

　また、短絡比K_sはその定義により、

$K_s = \dfrac{I_s}{I_n}$

となる。

　ただし、I_sは無負荷で定格電圧を発生している発電機を三相短絡したときに流れる短絡電流。

　したがって、

$I_s = K_s \cdot I_n = 1.25 \times 874.8 = 1093.5$〔A〕

　無負荷定格電圧V_nを発生するのに必要な界磁電流I_{f2}は、

　図bより、

$\dfrac{I_n}{I_{f1}} = \dfrac{I_s}{I_{f2}}$

であるから、

$I_{f2} = \dfrac{I_s}{I_n} \times I_{f1} = \dfrac{1093.5}{874.8} \times 62.5$

$\fallingdotseq$ **78.1**〔A〕（答）

解答：(3)

　無負荷飽和曲線より、端子電圧(星形相電圧)が定格電圧V_n〔V〕のときの界磁電流をI_{f1}〔A〕、短絡曲線より、定格電流I_n〔A〕のときの界磁電流をI_{f2}〔A〕とすると、短絡比K_sは、

$$K_s = \frac{I_{f1}}{I_{f2}} \cdots\cdots ①$$

　また、百分率同期インピーダンスz_s〔%〕と短絡比K_sの関係は、

$$z_s = \frac{1}{K_s} \times 100 〔\%〕 \cdots\cdots ②$$

　式②に式①を代入すると、百分率同期インピーダンスz_s〔%〕は、

$$z_s = \frac{1}{\dfrac{I_{f1}}{I_{f2}}} \times 100 〔\%〕$$

$$= \frac{I_{f2}}{I_{f1}} \times 100 〔\%〕 (答)$$

解答：(5)

！重要ポイント

●注意点1　I_{f1}とI_{f2}の記号について

　短絡曲線より定格電流I_n〔A〕のときの界磁電流をI_{f1}〔A〕、端子電圧(星形相電圧)が定格電圧V_n〔V〕のときの界磁電流をI_{f2}〔A〕とすることも多い。本問題では逆である。注意しよう。

●注意点2　線間電圧と相電圧(星形結線の1相の電圧)

　通常、断り書きのない限り、**端子電圧、端子間電圧、公称電圧、定格電圧**などは線間電圧で表す。

　これを相電圧(星形電圧)で表す場合は、本問題のように断り書きが入る。

　「断り書きがなければ線間電圧」と覚えておこう。

第4章 同期機

単位法(p.u.法)で表した同期インピーダンス Z_s〔p.u.〕は、短絡比$K_s = 1.25$の逆数に等しいので、

$$Z_s = \frac{1}{K_s} = \frac{1}{1.25} = 0.8 \text{〔p.u.〕}$$

定格電圧(線間電圧) $V_n = 6600$〔V〕、定格電流$I_n = 1050$〔A〕なので、定格インピーダンスZ_n〔Ω〕は、

$$Z_n = \frac{\dfrac{V_n}{\sqrt{3}}}{I} = \frac{\dfrac{6600}{\sqrt{3}}}{1050}$$

> 定格インピーダンス Z_n〔Ω〕が単位法の基準値1〔p.u.〕となる

$$\fallingdotseq 3.63 \text{〔Ω〕} \rightarrow 1.0 \text{〔p.u.〕}$$

$Z_n \fallingdotseq 3.63$〔Ω〕が1〔p.u.〕であることから、

$$\frac{Z_s \text{〔Ω〕}}{Z_n \text{〔Ω〕}} = \frac{Z_s \text{〔p.u.〕}}{Z_n \text{〔p.u.〕}}$$

$$\frac{Z_s \text{〔Ω〕}}{3.63 \text{〔Ω〕}} = \frac{0.8 \text{〔p.u.〕}}{1 \text{〔p.u.〕}}$$

$$Z_s \text{〔Ω〕} = 0.8 \times 3.63 \fallingdotseq \mathbf{2.90} \text{〔Ω〕(答)}$$

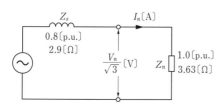

1相当たりの等価回路

解答：(2)

$$\%Z_s \text{〔%〕} = \frac{Z_s \text{〔Ω〕} \times P_n}{V_n^2} \times 100 \text{〔%〕}$$

ただし、P_nは定格出力で、

$$P_n = \sqrt{3} \cdot V_n \cdot I_n \text{〔W〕}$$

上式を変形し、

$$Z_s \text{〔Ω〕} = \frac{\%Z_s \text{〔%〕} \times V_n^2}{P_n \times 100}$$

ただし、$\%Z_s$〔%〕は本解で求めたZ_s〔p.u.〕$= 0.8$〔p.u.〕の100倍で、$\%Z_s$〔%〕$= 80$〔%〕

$$Z_s \text{〔Ω〕} = \frac{\%Z_s \text{〔%〕} \times V_n^2}{\sqrt{3} \times V_n \times I_n \times 100}$$

$$= \frac{\%Z_s \text{〔%〕} \times V_n}{\sqrt{3} \times I_n \times 100}$$

$$= \frac{80 \times 6600}{\sqrt{3} \times 1050 \times 100}$$

$$\fallingdotseq \mathbf{2.90} \text{〔Ω〕(答)}$$

別解2

短絡電流I_s〔A〕は、

$$I_s = K_s \times I_n$$

$$= 1.25 \times 1050$$

$$= 1312.5 \text{〔A〕}$$

同期インピーダンスZ_s〔Ω〕は、

$$Z_s = \frac{\dfrac{V_n}{\sqrt{3}}}{I_s}$$

$$= \frac{\dfrac{6600}{\sqrt{3}}}{1312.5} \fallingdotseq \mathbf{2.90} \text{〔Ω〕(答)}$$

同期発電機が無負荷状態で送電線路に接続されている場合、送電線には静電容量があるため、この送電線の静電容量が容量性負荷になり、同期発電機には(ア)**進み**力率の負荷が接続されていることになる。

無励磁のまま回転させても、界磁鉄心の残留磁気により誘導起電力が発生するため、同期発電機の端子に電圧が生じ、送電線路に(ア)**進み**電流が流れる。

同期発電機の電機子巻線に進み電流が流れると、電機子反作用により(イ)**増磁**作用が起こり、誘導起電力が増加し、端子電圧が(ウ)**上昇**する。

送電線の静電容量は一定なため、端子電圧が(ウ)**上昇**すると負荷電流(電機子電流)は(エ)**増加**する。

この現象が繰り返されることにより、端子電圧は充電特性曲線((オ)**容量性**負荷に流れる電流と負荷の端子電圧との関係を表す直線)と無負荷飽和曲線の交点Mまで(ウ)**上昇**する。

このように、無励磁の同期発電機に(ア)**進み**電流が流れ、電圧が(ウ)**上昇**する現象を同期発電機の自己励磁という。

交点Mの電圧が定格電圧よりも非常に大きければ、巻線の絶縁破壊を起こすおそれがある。

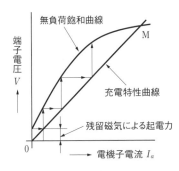

進み電流による自己励磁現象

解答：(5)

! 重要ポイント

●**同期発電機自己励磁現象のキーワード**

　無負荷送電線路(容量性負荷)→進み電流
→増磁作用→端子電圧上昇→絶縁破壊

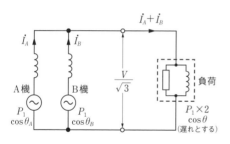

図a　同期発電機の並行運転（1相分）

(a)　A機の力率を$\cos\theta_A$、B機の力率を$\cos\theta_B$とする。また、両機とも1相分の出力を

$$P_1 = \frac{7300 \times 10^3}{3}\,\text{〔W〕とする。}$$

$$\frac{V}{\sqrt{3}}\,I_A\cos\theta_A = P_1$$

三相分の計算式
$\sqrt{3}\,VI_A\cos\theta_A = P_3$
から$\cos\theta_A$を求めてもよい

$$\frac{6600}{\sqrt{3}} \times 1000 \times \cos\theta_A$$

$$= \frac{7300 \times 10^3}{3}$$

$$\cos\theta_A = \frac{\dfrac{7300 \times 10^3}{3}}{\dfrac{6600 \times 1000}{\sqrt{3}}}$$

外側の積
内側の積

$$= \frac{\sqrt{3} \times 7300 \times 10^3}{3 \times 6600 \times 1000}$$

$$\fallingdotseq 0.639 \rightarrow \mathbf{64}\,\text{〔％〕（答）}$$

同様に

$$\cos\theta_B = \frac{\dfrac{7300 \times 10^3}{3}}{\dfrac{6600 \times 800}{\sqrt{3}}}$$

$$\fallingdotseq 0.7982$$

解答：**(a)−(2)**

(b)　調整前のA機の負荷分担電流（皮相電流）$\dot{I}_A$を、有効電流成分$I_A\cos\theta_A$と無効電流成分$-jI_A\sin\theta_A$に分ける。

$$\dot{I}_A = I_A\cos\theta_A - jI_A\sin\theta_A$$

$\sin\theta_A = \sqrt{1-\cos^2\theta_A}$

$$= 1000 \times 0.639 - j1000 \times \sqrt{1-0.639^2}$$

$$\fallingdotseq 639 - j769\,\text{〔A〕}$$

同様にB機の$\dot{I}_B$を$I_B\cos\theta_B$と$-jI_B\sin\theta_B$に分ける。

$$\dot{I}_B = I_B\cos\theta_B - jI_B\sin\theta_B$$

$$= 800 \times 0.7982 + j800 \times \sqrt{1-0.7982^2}$$

$$\fallingdotseq 639 - j482\,\text{〔A〕}$$

この状態から、AおよびB機の駆動機の出力調整（＝発電機の有効電流調整）および励磁調整（＝発電機の無効電流調整）を次のように行った。

調整後の負荷分担電流（皮相電流）を$\dot{I}_A{}'$、$\dot{I}_B{}'$、力率を$\cos\theta_A{}'$、$\cos\theta_B{}'$とすると、題意より、

$$\dot{I}_A{}' = 1000 - j0 \quad \cos\theta_A{}' = 1$$

調整前に比べ、A機の有効電流は、$1000 - 639 = 361$〔A〕増加、無効電流は$-j769$〔A〕減少した。

したがって、B機の有効電流は361〔A〕減少、無効電流は$-j769$〔A〕増加するので、

$$\dot{I}_B{}' = (639 - 361) - j(482 + 769)$$

$$= 278 - j1251\,\text{〔A〕}$$

$$\cos\theta_B{}' = \frac{\text{有効電流}}{\text{皮相電流}} = \frac{278}{\sqrt{278^2 + 1251^2}}$$

$$\fallingdotseq 0.217 \rightarrow \mathbf{22}\,\text{〔％〕（答）}$$

解答：**(b)−(1)**

(1) **正しい。** 一度相回転方向を確認すれば、発電機Bの3線中2線を入れ替えない限り変わることはない。

(2) **正しい。** 位相の調整と周波数の調整は、駆動機(原動機)の回転速度を調整する調速機(ガバナ)により行う。

(3) **正しい。** 端子電圧の大きさは界磁の調整(励磁電流の大きさの調整)により行う。

(4) **誤り。** 端子電圧の波形は設計段階で決まっており、調整することは不可能である。また、励磁電流の大きさを変えずに励磁電圧の大きさを調整することなどできない。

(5) **正しい。** 位相の一致と周波数の一致は同期検定器で確認する。一般の同期検定器では指針の回転が停止すれば、周波数が一致、指針が12時の位置で位相の一致となる。

解答：(4)

!重要ポイント

●**同期発電機並行運転の条件**

　電力送電の系統では、電力の供給信頼度を高めるため、通常、複数(2台以上)の同期発電機を同一の母線に接続して運転する**並行運転**が行われている。並行運転を行うためには、各発電機が安定した負荷分担を行う必要があり、そのために同期発電機が備えるべき条件としては、次のようなものがある。

a. 電圧の大きさ

b. 電圧の位相

c. 周波数　　　　が等しいこと

d. 電圧の波形

　並行運転の4条件のうち、電圧の波形は大きな違いがないように設計されているので、実際には a、b、c の3条件を考えればよい。

第4章

同期機

電力系統では、多くの同期発電機が接続され、並行運転がなされている。これらの同期発電機が安定した負荷分担を行うための条件には、

- (ア)電圧の大きさが等しい。
- 電圧の位相が等しい。
- (イ)周波数が等しい。
- 電圧の波形が等しい。

などがある。

ここで、電圧の位相が異なる場合、発電機G_1と発電機G_2が並行運転中、発電機G_1の起電力$\dot{E}_1$の位相が発電機G_2の起電力$\dot{E}_2$の位相より進み$\dot{E}_1'$となった場合の回路図を図aに、ベクトルを図bに示す。

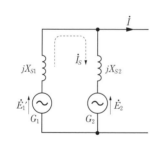

図a　同期発電機の並行運転

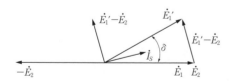

図b　位相の異なるベクトル

$\dot{E}_1'$が$\dot{E}_2$より角度δだけ進んでいるとすると、$\dot{E}_1'-\dot{E}_2$の電圧差によって、循環電流$\dot{I}_S$が流れる（図a、図b）。

$$\dot{I}_S = \frac{\dot{E}_1'-\dot{E}_2}{j(X_{S1}+X_{S2})}$$

このとき、$\dot{E}_1'$と$\dot{E}_2$の位相差が(ウ)180〔°〕のとき、最大の$\dot{I}_S$が流れることになり、場合によっては同期発電機が損傷することになる。

同期発電機を電力系統へ同期投入（遮断器を介して接続）するとき、電圧の大きさは、(エ)電圧調整装置により界磁電流を調整して電力系統と一致させる。周波数および位相は調速装置（ガバナ）により調整して電力系統と一致させる。同期がとれたかどうか（電圧、周波数、位相が一致したかどうか）は、同期検定装置により確認する。

解答：(5)

三相同期電動機が負荷を担って回転しているときに、回転子磁極の位置と、固定子の三相巻線によって生じる回転磁界の位置との間には、トルクに応じた角度 δ〔rad〕が発生する。この角度 δ を(ア)**負荷角**という。

回転子が円筒形で2極の三相同期電動機の場合、出力 $P = \dfrac{VE}{x_s}\sin\delta$ で表され、かつ、トルク T は出力 P に比例するので、トルク T は δ が(イ)$\dfrac{\pi}{2}$〔rad〕のときに最大値 T_m になる。さらに δ が大きくなると、トルクは減少して電動機は停止する。同期電動機が停止しない最大トルク T_m を(ウ)**脱出トルク**という。

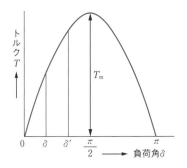

図a　負荷角とトルク

また、同期電動機の負荷が急変すると、δ が変化し、新たな δ' に落ち着こうとするが、回転子の慣性のために、δ' を中心として周期的に変動する。これを(エ)**乱調**といい、電源の電圧や周波数が変動した場合にも生じる。(エ)**乱調**を抑制するには、始動巻線も兼ねる(オ)**制動巻線**を設けたり、はずみ車を取り付けたりする。

解答：(5)

⚠️重要ポイント

●負荷角 δ

同期電動機が負荷を担って回転しているとき、回転子磁極のN極は、固定子の回転磁界のS極に引かれ同期速度 N_s で回転しているが、角 δ だけ遅れる。負荷が重くなれば δ は増していく。

このため、この角 δ を**負荷角**という。

負荷角 δ は、ベクトル図の端子電圧 V と逆起電力 E のなす角 δ と一致する。

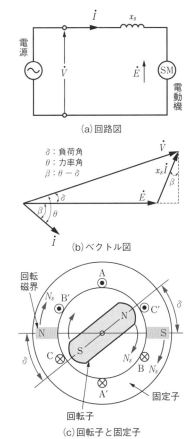

(a) 回路図

δ：負荷角
θ：力率角
β：$\theta - \delta$

(b) ベクトル図

(c) 回転子と固定子

図b　同期電動機

同期電動機が力率1のときの1相当たりのベクトル図を図aに示す。

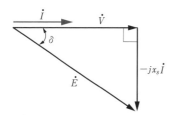

$\dot{V}$：端子電圧(相電圧)〔V〕
$\dot{E}$：誘導起電力(相電圧)〔V〕
$\dot{I}$：負荷電流(電機子電流)〔A〕
x_s：同期リアクタンス〔Ω〕
δ：負荷角〔rad〕

図a　ベクトル図

同期電動機の力率が1であるため、端子電圧(相電圧)$\dot{V}$〔V〕と負荷電流(電機子電流)$\dot{I}$〔A〕は同相となる。したがって、同期リアクタンスx_s〔Ω〕で生じる電圧降下は、端子電圧より位相が90度遅れる。

図aより、1相当たりの誘導起電力$\dot{E}$は、
$$\dot{E} = \dot{V} - jx_s\dot{I}\ \text{〔V〕}$$

1相当たりの誘導起電力の大きさEは、図aに三平方の定理を適用して、
$$E = |\dot{E}| = \sqrt{V^2 + (x_s I)^2}\ \text{〔V〕}$$

> $-jx_s$の$-j$は方向を表す。ここは大きさを表すx_sだけでよい。

$$= \sqrt{200^2 + (8 \times 10)^2}$$
$$= \sqrt{46400}$$
$$\fallingdotseq \mathbf{215}\ \text{〔V〕(答)}$$

解答：(4)

同期電動機は、負荷の増減にかかわらず速度が一定に保たれ、その速度は同期速度になる。また、V曲線（▶LESSON24）に見られるように、(ア)**励磁**電流を調整することにより任意の力率で運転ができる。そのほか、効率がよい、回転子と固定子の(イ)**空げき**（エアギャップ）を大きくとれる、保守や据付けが容易であるなどの特徴がある。しかし、(ウ)**始動**トルクを持たず、始動操作が面倒であるなど、扱いにくい部分もある。

近年、インバータなどの利用拡大により、VVVF（可変電圧可変周波数）インバータ駆動が可能となり、周波数 f と出力電圧 V の大きさを変えることができるようになった。これにより、(エ)**周波数**を変えると(オ)**同期速度**が変わり、このときのトルクを確保することができる。同期電動機などの回転速度を変える場合、一般に V/f の比を一定に保ちながら周波数 f を変えることで可能となる。

解答：(5)

(!)重要ポイント

●同期電動機の特徴

a．定速度（同期速度 N_s）電動機である。

$$N_s = \frac{120f}{p} \text{ [min}^{-1}\text{]}$$

ただし、VVVF（可変電圧可変周波数）インバータにより速度制御が可能である。

b．励磁電流を調整して力率調整ができる。

c．誘導電動機と比較して、回転子と固定子間の空げき（エアギャップ）を大きくでき、保守が容易である。

d．始動トルクを持たない。次のような始動方法（▶LESSON24）がある。

- 自己始動法
- 始動電動機による始動法
- サイリスタ始動法

などがある。

【同期機が空げき（エアギャップ）を大きくできる理由】

電動機は、固定子と回転子間の電力伝達に磁束が必要である。直流の界磁装置を持つ同期機は、この磁束を発生させるための起磁力を大きくすることは容易である。起磁力が大きければ空げきを広くとっても磁束は通る。一方、誘導機は一次電流のうち励磁電流成分がこの磁束を発生させる。起磁力を大きくすると、力率、効率が悪くなる。このため、空げきを小さくして磁気抵抗を下げ、小さな起磁力でも多くの磁束が通るようにしている。なお、空げきを小さくし過ぎると、固定子と回転子が接触し、焼損のおそれがある。

第4章 同期機

　下図より、同期電動機のV曲線の特徴は次のようになる。

　横軸は(ア)**界磁電流**、縦軸は(イ)**電機子電流**で、負荷が増加するにつれて曲線は上側へ移動する。図中の破線は、各負荷における力率(ウ)**1**の動作点を結んだ線であり、この破線より左側の領域は(エ)**遅れ力率**、右側の領域は(オ)**進み力率**となる。

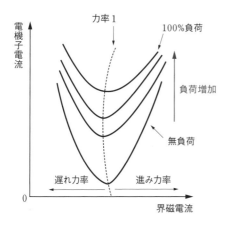

解答：(2)

！重要ポイント

●同期電動機のV曲線

(1)　曲線の最低点が力率1に相当。これより**右側は進み力率**、**左側は遅れ力率**。

(2)　負荷が大きいほどV曲線は上側に移動する。

(3)　同期電動機を無負荷で使ったものが**同期調相機**で、励磁を強め進み力率で運転すると**コンデンサ**と同じ働き、励磁を弱め遅れ力率で運転すると**分路リアクトル**と同じ働きをする。

　三相同期電動機が停止している状態から、固定子巻線（電機子巻線）に三相交流電流を流すと、同期速度で回転する**回転磁界**が発生する。また、回転子の界磁巻線に直流電流を流すと、界磁磁束が発生する。この回転磁界と界磁磁束の間に半回転ごとに吸引力と反発力が働く。しかし、停止している界磁の磁束から見ると、回転磁界の速度は非常に速いので、慣性の法則によって回転子は回転することができない。このため、同期電動機は**始動トルク**を持たず、始動は次のような方法により行う。

①自己始動法

　回転子（界磁）の磁極表面に施した**(ア)制動巻線**を利用する。この制動巻線は、かご形誘導電動機のかご形**(イ)回転子導体**と同じ働きをする。このため、固定子巻線（電機子巻線）に三相交流電流を流して回転磁界を発生させると、誘導電動機と同様な原理で始動トルクが発生して回転し始める。この方法を**(ウ)自己始動法**という。

　ただし、**(エ)固定子巻線に全電圧を直接加えると大きな始動電流が流れるので、始動補償器や直列リアクトル、始動用変圧器を利用したり、固定子巻線をY結線から△結線に変えるY−△始動などを行う。回転速度が同期速度付近になったら、界磁巻線に直流電流を流して励磁することによって、同期速度で回転するようになる。

②始動電動機法

　同期電動機の軸に、始動用の電動機として誘導電動機や直流電動機を直結し、始動用電動機を回転させることにより同期電動機を回転させる。回転速度が同期速度付近になったら、界磁巻線に直流電流を流して励磁し、固定子巻線に三相電源を接続することにより回転磁界が発生し、同期速度で回転するようになる。その後、始動用電動機を電源および同期電動機から切り離す。この方法を**(オ)始動電動機法**という。

　　　　　　　　　　　解答：(1)

(a) 同期電動機の1相当たりの等価回路を図aに、電圧のベクトル図を図bに示す。

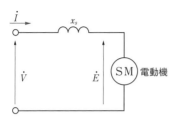

図a 1相当たりの同期電動機の等価回路

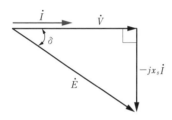

図b ベクトル図

$\dot{V}$：端子電圧(相電圧)〔V〕
$\dot{E}$：内部誘導起電力(相電圧)〔V〕
$\dot{I}$：負荷電流(電機子電流)〔A〕
x_s：同期リアクタンス〔Ω〕
δ：負荷角〔rad〕

同期電動機の力率が1であるため、端子電圧(相電圧)$\dot{V}$〔V〕と負荷電流$\dot{I}$〔A〕は同相となる。したがって、同期リアクタンスx_s〔Ω〕で生じる電圧降下は、端子電圧より位相が90度遅れる。

図aより、1相当たりの内部誘導起電力$\dot{E}$は、

$$\dot{E} = \dot{V} - jx_s\dot{I}\,〔V〕$$

1相当たりの内部誘導起電力の大きさEは、

$$E = |\dot{E}| = \sqrt{V^2 + (x_s I)^2}\,〔V〕$$

ただし、V：端子電圧(相電圧)の大き

さ〔V〕、I：負荷電流の大きさ〔A〕

ここで、定格電圧3.3〔kV〕= 3300〔V〕は端子電圧(線間電圧)であるので、端子電圧(相電圧)の大きさVは、

$$V = \frac{3300}{\sqrt{3}} \fallingdotseq 1905\,〔V〕$$

したがって、1相当たりの内部誘導起電力Eは、

$$E = \sqrt{1905^2 + (10 \times 110)^2}$$
$$\fallingdotseq \mathbf{2200}\,〔V〕(答)$$

解答：(a)−(4)

(b) 同期電動機の1相当たりの入力Pは、同期電動機の力率を$\cos\phi$とすると、

$$P = VI\cos\phi\,〔W〕$$

問題文に「電機子抵抗、損失は無視できる」とあることから、同期電動機の入力と出力が等しくなる。

したがって、設問(a)のときの1相当たりの出力Pは、

$$P = VI\cos\phi = 1905 \times 110 \times 1$$
$$\fallingdotseq 210 \times 10^3\,〔W〕$$

なお、このとき1相当たりの出力Pについて次式が成り立つ。

$$P = VI\cos\phi = \frac{EV}{x_s}\sin\delta$$
$$= 210 \times 10^3\,〔W〕$$

ただし、δ〔rad〕は設問(a)のときの負荷角。

界磁電流を1.5倍に増加したとき、問

題文に「磁気飽和は無視できる」とあることから、内部誘導起電力は界磁電流に比例するので、内部誘導起電力も同様に1.5倍に増加する。したがって、界磁電流を1.5倍に増加したときの内部誘導起電力E'は、

$E' = 1.5 \times E = 1.5 \times 2200$

$\qquad = 3300 \, (V)$

界磁電流を変えても出力は変わらず、また、問題文に「電圧及び出力は同一」とあることから、同期電動機の1相当たりの出力Pは、

$$P = \frac{E'V}{x_S} \sin \delta' \, (W)$$

ただし、$\delta' \, (rad)$は界磁電流を1.5倍に増加したときの負荷角。

上式を変形し、$\sin \delta'$の値を求める

（両辺に$\dfrac{x_S}{E'V}$を乗じる）。

$$\sin \delta' = P \cdot \frac{x_S}{E'V}$$

$$\qquad = 210 \times 10^3 \times \frac{10}{3300 \times 1905}$$

$\qquad \fallingdotseq \boldsymbol{0.334} \, (答)$

以上のことから、設問(b)は最も近い値の(2)が正解となる。

解答：(b)−(2)

(1) **正しい。** 整流ダイオードは、n形半導体とp形半導体とによるpn接合で整流を行う。

(2) **正しい。** 逆阻止3端子サイリスタは、アノードに正の電圧、カソードに負の電圧がかかっている状態でゲート電流を流すことによって、アノードからカソードへ電流が流れ、ターンオンする。しかし、サイリスタ自身では流れている電流を止める、つまりターンオフすることはできない。電流を止めるためには、サイリスタにかかる電圧がほぼ零、またはマイナスになる必要がある。したがって、逆阻止3端子サイリスタはターンオンだけが制御可能なバルブデバイスである。

(3) **誤り。** パワートランジスタは、ベース電流を0〔A〕から大きな値にすると、**トランジスタの動作点が遮断領域(コレクタ電圧が小さいため、コレクタ電流が流れない領域)から飽和領域(コレクタ電圧が小さくても、コレクタ電流が流れる領域)に切り換わり、コレクタ・エミッタ間は機械的スイッチと同じような作用をする**。パワートランジスタは、これを電力スイッチとして使用する。したがって、「遮断領域と能動領域とを切り換えて」という記述は**誤り**である。なお、能動領域は、ベース電流の変化に従ってコレクタ電流が変化する領域のことをいう。能動領域は増副作用に用いられる領域で、電力スイッチとしては用いられな

い。

(4) **正しい。** パワーMOSFETは、主に電圧が低い変換装置において高い周波数でスイッチング(オン・オフ制御)するときに用いられる。ただし、最近では性能が向上し、高電圧・大電流化を図った高周波用のものが使用されている。

(5) **正しい。** IGBTは、バイポーラ(バイポーラトランジスタ)とMOSFETとの複合機能デバイスであり、それぞれの長所を併せもつ。

解答:(3)

図1は、整流素子としてサイリスタを使用した単相半波整流回路で、図2は、図1において負荷が(ア)**抵抗**の場合の電圧と電流の関係を示す。

電源電圧vが、$\sqrt{2}\,V\sin\omega t$〔V〕であるとき、ωtが0からπ〔rad〕の間において、サイリスタThを制御角α〔rad〕でターンオンさせると、電流i_d〔A〕が流れる。このとき、負荷電圧v_dの直流平均値V_d〔V〕は、次式で示される。ただし、サイリスタの順方向電圧降下は無視できるものとする。

$$V_d = 0.450V \times (イ)\frac{(1+\cos\alpha)}{2}$$

したがって、この制御角αが(ウ)**0**〔rad〕のときに無制御となり、V_dは最大となる。

解答：(1)

⚠重要ポイント

●整流回路の直流平均電圧

単相半波整流回路

$$V_d \fallingdotseq 0.45V\frac{1+\cos\alpha}{2}$$

単相全波整流回路

$$V_d \fallingdotseq 0.9V\frac{1+\cos\alpha}{2}$$

(1)、(2)、(4)、(5)の記述は**正しい**。

(3)は**誤り**。昇降圧チョッパの出力電圧v_0の平均値V_0は、次式で表される。

$$V_0 = \frac{\gamma}{1-\gamma} \times E$$

γが**0.5より小さい**とき、例えば$\gamma = 0.4$のとき、

$$V_0 = \frac{0.4}{1-0.4} \times E \fallingdotseq 0.67E$$

…**降圧チョッパ**として動作

γが**0.5より大きい**とき、例えば$\gamma = 0.6$のとき、

$$V_0 = \frac{0.6}{1-0.6} \times E = 1.5E$$

…**昇圧チョッパ**として動作

よって、(3)の記述は**誤り**である。

解答：(3)

! 重要ポイント

●昇降圧チョッパの動作

スイッチ Q（IGBT）を時間T_{ON}の間オン状態にすると、IGBTとインダクタンスL〔H〕のみに電流i_L〔A〕が流れて、インダクタンスに電磁エネルギーが蓄積される。

次に、IGBTを時間T_{OFF}の間オフ状態にすると、インダクタンスに蓄えられた電磁エネルギーが負荷抵抗RとコンデンサCにダイオードDを通して放出される。なお、このとき負荷抵抗Rを流れる電流i_Rと出力電圧v_0の向きは、降圧チョッパ回路の場合と逆向きであることに注意。問題図の向きにとると正になる。インダクタンスに蓄えられるエネルギーと放出エネルギーは等しく、i_Lはほぼ一定である。インダクタンスの両端電圧v_Lの平均電圧は、IGBTのスイッチング1周期で0となる。この回路の平均出力電圧V_0〔V〕は、次式で表される。

$$V_0 = \frac{T_{ON}}{T_{OFF}} \times E〔V〕 = \frac{\gamma}{1-\gamma} \times E〔V〕$$

式より、平均出力電圧V_0は、通流率γを$0 \leqq \gamma < 1$の範囲で調整することで、電源電圧（入力電圧）Eより高くしたり低くしたりすることができる。

（ア）　直流電圧源から単相の交流負荷に電力を供給するために用いる電力変換器は、単相（ア）**インバータ**になる。

インバータは、大きく分けて、電圧を変換する電圧形と電流を変換する電流形の2種類に分けられるが、問題の図は、直流電圧を交流電圧に変換するので、電圧形インバータになる。

（イ）（ウ）　単相インバータは、4つのスイッチから構成され、スイッチにはそれぞれ（イ）**オンオフ制御**機能を持つ半導体バルブデバイス（GTO、トランジスタ、MOSFET、IGBTなど）が用いられる。

また、半導体バルブデバイスの印加電圧の向きが反転したとき、その逆電圧が半導体バルブデバイスに加わらないように電流を流すために、図aに示すように半導体バルブデバイス（図は

IGBTの場合）に逆並列に（ウ）**ダイオード**を接続する。

（エ）（オ）　インバータは、出力の交流電圧と交流周波数を変化させて運転することができる。出力電圧を変化させる方法は、主に2つある。

①直流電圧源の電圧 E〔V〕を変化させて、図bのように交流電圧波形の（エ）**波高値** E' を変化させる方法。PAM制御（パルス振幅変調制御）と呼ばれる。

②直流電圧源の電圧 E〔V〕は一定にして、基本波1周期の間に多数のスイッチングを行い、その多数のパルス幅を変化させて、図cのように全体で基本波の1周期の電圧波形を作り出す（オ）**PWM制御**（パルス幅変調制御）と呼ばれる方法。

解答：(5)

第5章 パワーエレクトロニクス

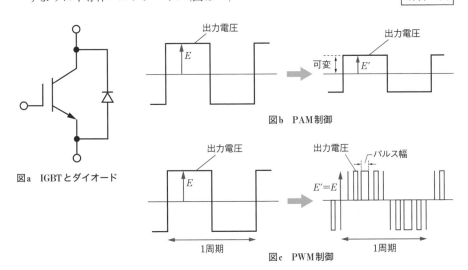

図a　IGBTとダイオード

図b　PAM制御

図c　PWM制御

質量m〔kg〕の物体には重力が働いている。重力の加速度は$g = 9.8$〔m/s²〕である。物体を巻き上げるには、重力に逆らう力Fを加える必要がある。

$F = 9.8m$〔N〕

加えた力Fによって、物体がl〔m〕だけ移動したとすると、移動に要した仕事W〔J〕は、

$W = Fl = 9.8ml$〔J〕

また、移動に要した時間をt〔s〕とすると、単位時間当たりの仕事、すなわち理論動力P〔W〕は、

$P = \dfrac{W}{t} = \dfrac{9.8ml}{t}$〔W〕

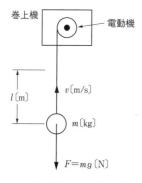

巻上機　電動機

l〔m〕　v〔m/s〕

m〔kg〕

$F = mg$〔N〕

図a　電動機の出力と巻上特性

ここで、l/tは移動速度v〔m/s〕を表しているから、

$P = 9.8mv$〔W〕

この式に数値を代入すると、

$P = 9.8 \times 1000 \times 0.5 = 4900$〔W〕

求める電動機出力P_mは、Pを機械効率$\eta = 0.90$（小数）で割ればよいので、

$P_m = \dfrac{P}{\eta} = \dfrac{4900}{0.9} ≒ 5444$〔W〕

$\rightarrow$ **5.5**〔kW〕（答）

解答：(4)

※効率を掛けるのか割るのか迷ったら→電動機出力は理論動力より大きくなければならない→効率（小数）で割る

！重要ポイント

●物体を巻き上げるのに必要な力F

$F = mg = 9.8m$〔N〕

●物体の移動に要する仕事W

$W = Fl = 9.8ml$〔J〕

●単位時間当たりの仕事（理論動力）P

$P = \dfrac{W}{t} = \dfrac{9.8ml}{t} = 9.8mv$〔W〕

●電動機出力P_m

$P_m = \dfrac{P}{\eta}$〔W〕

(1)、(2)、(3)、(5)の記述は正しい。

(4)　**誤り**。問題のかご形誘導電動機の速度トルク特性T_Mと定トルク負荷の特性T_Lを図aに示す。

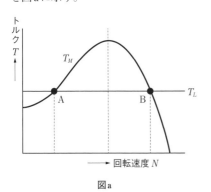

図a

電動機と負荷のトルク曲線が2点で交わっている。この場合、誘導電動機の始動トルクよりも負荷トルクが大きいので始動できない。仮に、何らかの方法により始動したとすると、交点Aまで加速できる。

しかし、点Aは不安定な動作点である。さらに加速して安定な交点Bに落ちつくか、減速して停止する。

したがって、「加速時と減速時によって安定な動作点が変わる」という記述は誤りである。**安定な動作点は点Bの1点のみである**。

※**交点Aが不安定の理由**

何らかの理由により、点Aより速度が上昇すると、$T_M > T_L$となり、さらに加速する。速度が減少すると、$T_M < T_L$となり、さらに減速する。

※**交点Bが安定の理由**

何らかの理由により、点Bより速度が上昇すると、$T_M < T_L$となり、減速し点Bに戻る。速度が減少すると、$T_M > T_L$となり、加速して点Bに戻る。

解答：(4)

ポンプ用電動機の全台数の合計出力Pは、

$$P = \frac{QHk}{6.12\eta} \text{〔kW〕} \cdots\cdots(1)$$

ただし、

Q：毎分当たりの排水量〔m³/min〕

H：全揚程〔m〕

k：余裕係数

η：ポンプの効率(小数)

　式(1)に、$Q = 300$〔m³/min〕、$H = 10$〔m〕、$k = 1.1$、$\eta = 0.8$を代入すると、電動機出力Pは、

$$P = \frac{300 \times 10 \times 1.1}{6.12 \times 0.8} \fallingdotseq 674 \text{〔kW〕}$$

　100〔kW〕の電動機を用いた同一仕様のポンプを用いるとすると、必要なポンプの台数Nは、

$$N = \frac{674}{100} = 6.74 \rightarrow \textbf{7 台}(答)$$

解答：(4)

! 重要ポイント

●ポンプ用電動機の全台数の合計出力P

$$P = \frac{9.8QHk}{60\eta} = \frac{QHk}{6.12\eta} \text{〔kW〕}$$

9.8：重力加速度g〔m/s²〕

Q：毎分当たりの排水量〔m³/min〕

H：全揚程〔m〕

k：余裕係数(余裕率)($k \geqq 1$)

η：ポンプの効率(小数)

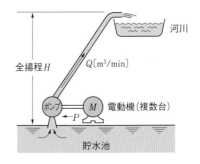

次図において釣合いおもりの質量W_Bは、題意により、

$W_B = W_C + 0.4W_M$

$\quad = 200 + 0.4 \times 1000$

$\quad = 600\,[\text{kg}]$

巻上荷重Wは、

$W = W_C + W_M - W_B$

$\quad = 200 + 1000 - 600$

$\quad = 600\,[\text{kg}]$

重力により、

$F = W \cdot g\,[\text{N}]\ (g：重力加速度9.8\,[\text{m/s}^2])$

> 力の単位：$\text{kg} \cdot \text{m/s}^2 = \text{N}(\text{ニュートン})$

の力が下向きに働く。

エレベータを上昇させるとき、Fと同じ力を上向きに加えればよいので、

$F = W \cdot g$

$\quad = 600 \times 9.8$

$\quad = 5880\,[\text{N}]$

この力Fを加えて速度$v = \dfrac{V}{60} = \dfrac{90}{60} = 1.5$

> $V = 90\,[\text{m/min}] \rightarrow v = \dfrac{90}{60} = 1.5\,[\text{m/s}]$

$[\text{m/s}]$で上昇させるときの動力P'は、

$P' = Fv = 5880 \times 1.5 = 8820\,[\text{W}]$

> 動力の単位：$\text{N} \cdot \text{m/s} = \text{J/s} = \text{W}(\text{ワット})$

求める電動機出力PはP'を効率$\eta = 0.75$（小数）で割ればよいので、

$P = \dfrac{P'}{\eta} = \dfrac{8820}{0.75}$

$\quad = 11760\,[\text{W}] \rightarrow \mathbf{11.8}\,[\text{kW}]（答）$

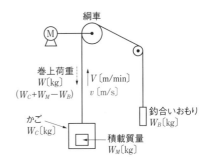

解答：(3)

別 解

エレベータ用電動機の所要出力Pの次の公式を使用する（単位に注意する。Wは先に求めた値600$[\text{kg}]$を使用）。

$P = \dfrac{WV}{6120\eta}\,[\text{kW}]$

W：巻上荷重$[\text{kg}]$

$\quad (W = W_C + W_M - W_B\,[\text{kg}])$

W_C：かごの質量$[\text{kg}]$

W_M：積載質量$[\text{kg}]$

W_B：釣合いおもりの質量$[\text{kg}]$

V：エレベータの昇降速度$[\text{m/min}]$

η：機械効率（小数）

$P = \dfrac{600 \times 90}{6120 \times 0.75}$

$\quad \fallingdotseq 11.76\,[\text{kW}] \fallingdotseq \mathbf{11.8}\,[\text{kW}]（答）$

第6章 機械一般その他

（ア）**セル**、（イ）**モジュール**、（ウ）**インバータ**、（エ）**最大**となる。

配置したものは**太陽電池アレイ**と呼ばれ、実際に発電を行う装置となる。

太陽電池で発電するのは、直流電力である。これを電気事業者の交流配電系統に連系するためには、直流を交流に変換する**逆変換装置（インバータ）**だけでなく、系統連系用保護装置を設ける必要があり、この一連の機能を備えた装置のことを**パワーコンディショナ**という。

解答：(5)

⚠重要ポイント

●太陽光発電システム

太陽電池素子そのものを**セル**と呼び、1個当たりの出力電圧は約0.5〔V〕である。

数十個の**セル**を直列および並列に接続して、屋外で使用できるよう樹脂や強化ガラスなどで保護し、パッケージ化したものを**モジュール**という。

モジュールは太陽電池パネルとも呼ばれる。このモジュールを直並列接続し、集合

太陽電池アレイの出力は、日射強度や太陽電池の温度によって変動する。これらの変動に対し、太陽電池アレイから常に最大の電力を取り出す制御は、MPPT制御と呼ばれている。

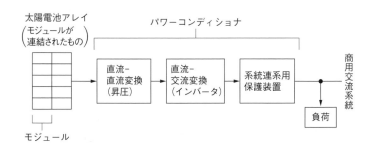

太陽光発電設備の構成

太陽電池で生じる電圧は直流電圧であり、電力系統に連系する場合、直流電圧を交流電圧に変換する(ア)**逆変換装置**と系統連系用保護装置とが一体となったパワーコンディショナが必要になる。

太陽光発電設備が連系されている配電線のどこかで事故が生じても、そのままであれば太陽光発電設備から配電線へ電力が送られる。この状態のことを(イ)**単独運転**状態という。単独運転状態では、事故等の修理を行う作業員に感電などの事故が発生したり、再閉路時の電圧に位相差が生じるため、電力系統から切り離すことが定められている。

なお、用語に関して電気設備技術基準の解釈第220条によると、

単独運転：分散型電源を連系している電力系統が事故等によって系統電源と切り離された状態において、当該分散型電源が発電を継続し、線路負荷に有効電力を供給している状態

自立運転：分散型電源が、連系している電力系統から解列された状態において、当該分散型電源設置者の構内負荷にのみ電力を供給している状態

と定義されている。

パワーコンディショナには単独運転状態の検出のため、電圧位相や(ウ)**周波数**の急変などを常時監視する機能が組み込まれて

いる。

太陽光発電設備については、停電時では電力系統から切り離されるが、(エ)**瞬時電圧低下**時には系統から切り離されない。なお、瞬時電圧低下とは、短い時間(数十〔ms〕程度)に電圧が数〔%〕低下する現象である。

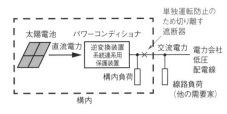

太陽光発電設備の単独運転の防止

解答：(1)

⚠️ 重要ポイント

●パワーコンディショナ

パワーコンディショナとは、**逆変換装置(インバータ)**と系統連系用保護装置とが一体となった装置であり、作業員感電防止のための**単独運転防止機能**などを備えている。

図aにコンデンサをY結線に変換した回路を、図bにR–N1相分を抜き出した回路を、図cにベクトル図を示す。

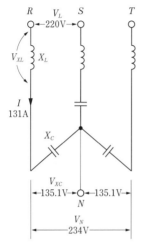

図a　コンデンサをY結線に変換した回路

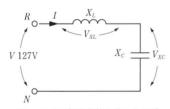

図b　R–N1相分を抜き出した回路

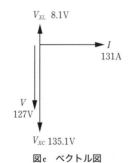

図c　ベクトル図

※確認　問題文で与えられた進相コンデンサの定格電圧V_N〔V〕を計算すると、

$$V_N = \frac{V_L}{1 - \dfrac{L}{100}} = \frac{220}{1 - \dfrac{6}{100}}$$

$$= \frac{220}{0.94} \fallingdotseq 234 \,〔V〕$$

図b、図cより、直列リアクトルの端子電圧V_{XL}の大きさを次のように求める。

ただし、Vは回路電圧$V_L = 220$〔V〕の相電圧であり、

$$V = \frac{V_L}{\sqrt{3}} \fallingdotseq 127 \,〔V〕$$

$$V_{XC} - V_{XL} = V$$
$$-V_{XL} = V - V_{XC}$$
$$V_{XL} = V_{XC} - V$$
$$= 135.1 - 127$$
$$= 8.1 \,〔V〕$$

リアクトルのリアクタンスX_Lは、$V_{XL} = X_L \cdot I$より、

$$X_L = \frac{V_{XL}}{I}$$

$$= \frac{8.1}{131} \fallingdotseq 0.0618 \,〔\Omega〕$$

リアクトルのインダクタンスLは、$X_L = 2\pi f L$より、

$$L = \frac{X_L}{2\pi f} = \frac{0.0618}{2\pi \times 50} \fallingdotseq 2.0 \times 10^{-4}$$

$$\fallingdotseq 0.20 \times 10^{-3} \,〔\mathrm{H}〕 \rightarrow \mathbf{0.20}\,〔\mathrm{mH}〕 \text{（答）}$$

解答：(1)

LED、A点とB点の位置関係を図aに、LEDの光度とA点とB点における水平面照度E_A〔lx〕、E_B〔lx〕を図bに示す。

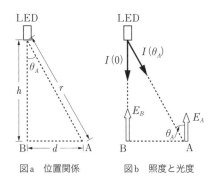

図a　位置関係　　　図b　照度と光度

図aより、

$$r=\sqrt{h^2+d^2}\,\text{〔m〕}, \quad \cos\theta_A=\frac{h}{r}\cdots\cdots①$$

入射角余弦の法則および**距離の逆2乗の法則**より、A点とB点における水平面照度E_A、E_Bは、

$$E_A=\frac{I(\theta_A)}{r^2}\cdot\cos\theta_A\,\text{〔lx〕}\cdots\cdots②$$

$$E_B=\frac{I(0)}{h^2}\,\text{〔lx〕}\cdots\cdots③$$

(a)　式①より、

$$r=\sqrt{h^2+d^2}$$
$$=\sqrt{2.4^2+1.2^2}\fallingdotseq2.68\,\text{〔m〕}$$

$$\cos\theta_A=\frac{h}{r}$$

$$=\frac{2.4}{2.68}\fallingdotseq0.896$$

式②を変形して、各数値を代入すると、LEDからA点方向の光度$I(\theta_A)$は、

$$I(\theta_A)=\frac{r^2\cdot E_A}{\cos\theta_A}=\frac{2.68^2\times20}{0.896}$$

$$\fallingdotseq\mathbf{160}\,\text{〔cd〕(答)}$$

解答：(a)−(4)

(b)　問題文で、$I(\theta)=I(0)\cdot\cos\theta$〔cd〕と与えられているので、

$$I(\theta_A)=I(0)\cdot\cos\theta_A\,\text{〔cd〕}\cdots\cdots④$$

となる。式④を変形し、$I(\theta_A)=160$〔cd〕、$\cos\theta_A=0.896$を代入すると、LEDからB点方向の光度$I(0)$は、

$$I(0)=\frac{I(\theta_A)}{\cos\theta_A}=\frac{160}{0.896}\fallingdotseq179\,\text{〔cd〕}$$

式③よりB点の水平面照度E_Bは、

$$E_B=\frac{I(0)}{h^2}=\frac{179}{2.4^2}\fallingdotseq\mathbf{31}\,\text{〔lx〕(答)}$$

解答：(b)−(3)

第7章

照明

(a) 球形光源から放射される全光束をF〔lm〕とすると、光度Iは、

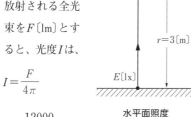

水平面照度

$$I = \frac{F}{4\pi}$$

$$= \frac{12000}{4\pi}$$

$$\fallingdotseq 955 \text{〔cd〕}$$

求める水平面照度Eは、球形光源の中心に点光源があるとみなし、

$$E = \frac{I}{r^2} = \frac{955}{3^2} \fallingdotseq 106 \text{〔lx〕（答）}$$

解答：(a)−(2)

(b) 球形光源の見かけの面積（正射影面積）A'は、

30cm → 0.3m

$$A' = \frac{\pi d^2}{4} = \frac{\pi \times 0.3^2}{4} \fallingdotseq 0.071 \text{〔m}^2\text{〕}$$

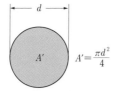

$$A' = \frac{\pi d^2}{4}$$

見かけの面積

求める輝度Lは、

$$L = \frac{I}{A'} = \frac{955}{0.071} \fallingdotseq 13451$$

$$\rightarrow 13500 \text{〔cd/m}^2\text{〕（答）}$$

なお、光度Iは先に(a)で求めた、

$I \fallingdotseq 955$〔cd〕（答）である。

解答：(b)−(3)

⚠ 重要ポイント

●見かけの面積とは

立体的な物体に水平方向から光を当てたとき、後ろの壁にできる影の面積のことを**みかけの面積（正射影面積）**という。これは片目をつむり遠近感をなくして見た物体の面積のことでもあり、例えば、半径r〔m〕の球の表面積は$4\pi r^2$〔m²〕であるが、見かけの面積は半径r〔m〕の円の面積、すなわちπr^2〔m²〕になる。

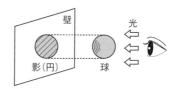

見かけの面積（正射影面積）

教室の照明の概略を図aに示す。

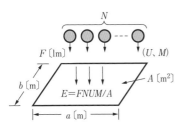

図a 教室の照明の概略

光源一つの光束をF〔lm〕、光源数をN〔個〕、教室の床面積をA〔m²〕、照明率をU（小数）、保守率をM（小数）とすれば、教室の平均照度E〔lx〕は次式で表される。

$$E = \frac{FNUM}{A} \ \text{〔lx〕}$$

上式を変形し、光源数Nを求めると、

$$N = \frac{EA}{FUM} = \frac{500 \times 15 \times 10}{2400 \times 0.6 \times 0.7}$$

$$\fallingdotseq 74.4 \text{〔個〕}$$

よって、教室の平均照度を500〔lx〕以上とするために必要な最小限の光源数は、**75**〔個〕（答）となる。

解答：(3)

! 重要ポイント

●光束法による平均照度

$$E = \frac{FNUM}{A} \ \text{〔lx〕}$$

【照明率】

光源から放射される総光束はFN〔lm〕であるが、そのすべてが被照面に達するのではなく、一部は天井、壁などで反射、吸収され、被照面に達する光束は、全光束にある係数を乗じた値になる。この係数をUで表し、**照明率**という。

【保守率】

照明施設を一定期間使用した後の照度低下の割合を表す係数である。この係数をMで表し、**保守率**という。

第7章

照明

(1)、(2)、(3)、(5)の記述は正しい。

(4) **誤り。**色温度は光源の光色（色度）を表す指標で、これと同一の光色を示す黒体の温度〔K〕で示される。**黒体の温度が上がるにつれ、光色は、赤みを帯びた光→黄色の光→白色光と変化する**（LESSON 31❷発光現象参照）。したがって、「色温度が高いほど赤みを帯び、暖かく感じる」という記述は誤りである。

解答：(4)

! 重要ポイント

● **ランプ効率**（ランプの発光効率）

ランプ効率は、ランプの消費電力に対する光束の比で表され、その単位は〔lm/W〕である。

● 演色性

演色性とは、物体の色の見え方を決める光源の性質をいう。光源の演色性は、平均演色評価数（Ra）で表される。

● **ランプ寿命**

ランプ寿命は、ランプが点灯不能になるまでの点灯時間と光束維持率が基準値以下になるまでの点灯時間とのうち、短いほうの時間で決まる。

● 色温度

色温度は、光源の光色を表す指標で、これと同一の光色を示す黒体の温度〔K〕で示される。色温度が低いほど赤みを帯び、暖かく感じる。

オフタイム

　私たちが物体を見るとき、一般的には、日中は太陽光のもと、夜間は蛍光灯などの照明のもとです。

　太陽や蛍光灯の光は、波長の異なるさまざまな色の光（単光色）を含んでいます。そのため、全体的には白色となっていて、このような光を白色光といいます。

　また、物体に光が当たったとき、物体は特定の波長の光を吸収し、それ以外の光を反射し、反射した色が物体の色として見えます。

　赤いリンゴは、白色光のうち青緑（シアン）の光を吸収して、それ以外の光を反射しています。すなわち、リンゴから反射されている青緑（シアン）以外の光全体が、私たちには赤色に見えるというわけです。

　ちなみに、赤いリンゴに青緑（シアン）の光だけを当てると、リンゴは黒色に見えます。リンゴから反射される色がないためです。

(a) **熱放射**は、伝導や対流と異なり、熱を伝達する物質がなくても熱の移動が起こる。すなわち、熱媒体を必要とせず、真空中でも熱を伝達する。高温側で温度 T_2〔K〕の面 S_2〔m²〕と、低温側で温度 T_1〔K〕の面 S_1〔m²〕が向かい合う場合の熱流 ϕ〔W〕は、

$$\phi = S_2 F_{21} \sigma (T_2{}^4 - T_1{}^4) \text{〔W〕}$$

F_{21}：両物体の幾何学的な形状で決まる**形態係数**

σ：**ステファン・ボルツマン**定数

で与えられる。

　よって、(ア) **熱放射**、(イ) $T_2{}^4 - T_1{}^4$、(ウ) **形態係数**、(エ) **ステファン・ボルツマン**となる。

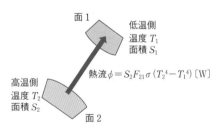

図a　熱放射

解答：(a)−(3)

(b) 初めに問題の円柱(図b)の熱抵抗 R を求める。熱伝導率を λ〔W/(m·K)〕とすると熱抵抗 R は、

$$R = \frac{l}{\lambda S} = \frac{l}{\lambda \left(\dfrac{\pi d^2}{4} \right)}$$

$$= \frac{0.1}{0.26 \left(\dfrac{\pi \times 1^2}{4} \right)} = \frac{0.4}{0.26\pi} \text{〔K/W〕}$$

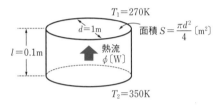

図b　熱伝導

　熱回路のオームの法則は、温度差を θ〔K〕とすると次式となる。これより求める熱流 ϕ は、

$$\phi = \frac{\theta}{R} = \frac{T_2 - T_1}{R} = \frac{350 - 270}{\dfrac{0.4}{0.26\pi}}$$

$$= 80 \times \frac{0.26\pi}{0.4} \fallingdotseq \mathbf{163} \text{〔W〕(答)}$$

解答：(b)−(3)

※設問(a)は熱放射に関する問題、設問(b)は熱伝導に関する問題であり、設問(a)、(b)に直接の関連性はない。

第8章
電熱

（ア）温度差 θ 、（イ）熱流 ϕ 、（ウ）〔K/W〕、（エ）〔J/K〕となる。

解答：(2)

⚠ 重要ポイント

●熱に関する用語の定義

【熱量】

熱エネルギーの量を**熱量** Q〔J〕という。

電力量（電気エネルギー）W〔W・s〕との間に、1〔J〕＝1〔W・s〕の関係がある。

【比熱（比熱容量）】

物質1〔kg〕の温度を1〔K〕（1〔℃〕）上昇させるのに必要な熱量を**比熱（比熱容量）** c〔J/（kg・K）〕という。

【熱容量】

物質 m〔kg〕の温度を1〔K〕（1〔℃〕）上昇させるのに必要な熱量を**熱容量** C〔J/K〕という。

物質 m〔kg〕の温度を θ〔K〕上昇させるのに必要な熱量 Q は、$Q＝C\theta＝cm\theta$〔J〕となる。

【熱流】

単位時間（1秒間）に伝わる熱量を**熱流** ϕ〔W〕という。

●電気系と熱系の対応

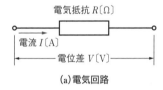

電気抵抗 R〔Ω〕

電流 I〔A〕

電位差 V〔V〕

(a)電気回路

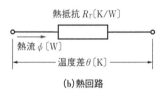

熱抵抗 R_T〔K/W〕

熱流 ϕ〔W〕

温度差 θ〔K〕

(b)熱回路

電気系		
種別	記号	SI単位系
電位	E	V
電位差（電圧）	V	V
電流	I	A
抵抗	R	Ω（V/A）
静電容量	C	F
電気量	Q	C
導電率（電気伝導率）	σ	S/m、(1/(Ω・m))
抵抗率	$\rho＝\dfrac{1}{\sigma}$	Ω・m

熱系		
種別	記号	SI単位系
温度	T、t	K、(℃)
温度差	θ	K、(℃)
熱流	ϕ、I	W
熱抵抗	R_T	K/W
熱容量	C	J/K
熱量	Q	J
熱伝導率	λ	W/(m・K)
熱抵抗率	$\rho＝\dfrac{1}{\lambda}$	m・K/W

(1) **正しい。** 産業用では電気炉、民生用ではIHヒーターなどに用いられている。

(2) **正しい。** 銅、アルミよりも、電気は通すが抵抗率の高い、鉄、ステンレスなどの金属が用いられる。同一電流なら抵抗率の高いほうがジュール熱が大きい。

(3) **正しい。** 磁束の変化による誘導起電力を利用するので、透磁率が高いものほど加熱されやすい。

(4) **誤り。** 交番磁界の周波数が高いほど、**被加熱物の表面が加熱されやすい。** したがって、「被加熱物の内部」という記述は誤りである。

(5) **正しい。** 銅、アルミよりも、鉄、ステンレスのほうが抵抗率が高く、また透磁率も高いので、加熱されやすい（銅、アルミの比透磁率は、空気の比透磁率≒1とほぼ同じ。一方、鉄の比透磁率は約5000である）。

解答：(4)

第8章

電熱

エアコン(冷房時)の問題図において、圧縮機で吸引される前の冷媒は(ア)**低温**である。

室内機の熱交換器では冷媒が熱を吸収(吸熱)するため、冷媒は液体から気体へ(イ)**気化**する。この気化した冷媒が圧縮機によって圧縮され、冷媒の温度は低温から(ウ)**高温**に変化する。高温になった冷媒は室外機の熱交換器で熱を放出(放熱)するため、気体から液体に(エ)**液化**する。この液化した冷媒は膨張弁を通ることによって膨張し、冷媒の温度は高温から(ア)**低温**に変化する。

ヒートポンプの効率(成績係数)は、熱交換器で吸収した熱量をQ〔J〕、ヒートポンプの消費電力量をW〔J〕、熱損失などを無視すると、冷房時は$\dfrac{Q}{W}$、暖房時は$1+\dfrac{Q}{W}$

で与えられるが、室外機の熱交換器で放出(あるいは吸収)する熱量は外気温と冷媒の温度差によって変わるので、ヒートポンプの効率は外気温度によって変化(オ)**する**。

解答：(5)

(!) 重要ポイント

●ヒートポンプの原理

電気エネルギーによる機械的な仕事を加えて、冷媒を使用し低温部から高温部へ熱を移動させる(くみ上げる)装置を**ヒートポンプ**という。ヒートポンプで熱を移動させることにより、低温部の温度はより低く、高温部の温度はより高くなる。

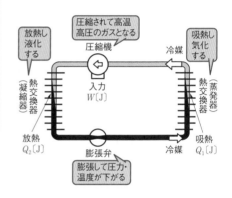

ヒートポンプの動作

(1) **正しい。**放電のみで繰り返し使用することができない電池を一次電池と呼び、充電によって繰り返し使用できる電池を二次電池という。

(2) **正しい。**電池の充放電時に起こる化学反応において、イオンは電解液の中を移動し、電子は外部の電気回路を移動する。

(3) **正しい。**電池の放電時には、正イオンが正極に移動して電子を受け取る還元反応が起こり、負イオンが負極に移動して電子を放出する酸化反応が起こる。

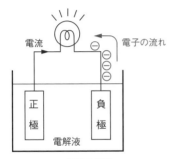

電池の放電

(4) **誤り。**電池の出力インピーダンス(内部抵抗r)は、起電力となる電圧源Eと直列接続されているため、負荷抵抗Rに出力される電流Iはオームの法則により、

$$I = \frac{E}{r+R}$$

となるので、同じ負荷抵抗Rが接続されたとしても**出力インピーダンス(内部抵抗)が大きい電池ほど出力できる電流が小さくなる。**したがって、「出力インピーダンスの大きな電池ほど大きな電流を出力できる」という記述は誤りである。

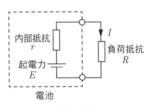

電池と負荷

(5) **正しい。**電池の開放電圧は、正極と負極の物質の標準電極電位の差により決まる。金属のイオン化傾向と標準電極電位の順序は対応しているため、正極と負極のイオン化傾向の差が大きいほど標準電極電位の差も大きくなるので、開放電圧は高くなる。

解答：(4)

! 重要ポイント

●酸化と還元

酸化とは、酸素を奪うこと、電子を放出すること。還元とは、酸化と逆の反応。電池の放電時は**負極から電子を放出する**ので、負極で酸化反応が起こっている。

●電池の出力インピーダンス

電池の出力インピーダンスとは、電池の**内部抵抗**のことである。出力インピーダンスの小さい電池ほど、大きな電流を出力できる。

第9章 電気化学

鉛蓄電池の化学反応は下式のようになる。

$$\underset{\substack{\text{（両極表面）}}}{2PbSO_4 + 2H_2O} \underset{\substack{\text{放電}}}{\overset{\substack{\text{充電}}}{\rightleftarrows}} \underset{\substack{\text{（負極）}}}{Pb} + \underset{\substack{\text{（正極）}}}{PbO_2} + \underset{\substack{\text{（電解液）}}}{2H_2SO_4}$$

下図に鉛蓄電池の構造を示す。

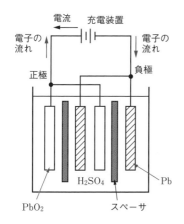

正極活物質に二酸化鉛（PbO_2）、負極活物質に鉛（Pb）、電解液に希硫酸（H_2SO_4）を用いている。

両極の外部に負荷を接続し、放電反応を起こさせると、両極で次のような反応をする。

負極：$Pb + SO_4^{2-} \rightarrow PbSO_4 + 2e^-$

正極：$PbO_2 + 4H^+ + SO_4^{2-} + 2e^-$

$\rightarrow PbSO_4 + 2H_2O$

逆に、両極の外部に電源をつなぎ、充電させると、放電の反応と反対の反応をする。

負極：$Pb + SO_4^{2-} \leftarrow PbSO_4 + 2e^-$

正極：$PbO_2 + 4H^+ + SO_4^{2-} + 2e^-$

$\leftarrow PbSO_4 + 2H_2O$

このように、充電時には、負極では硫酸

鉛（$PbSO_4$）から鉛イオンが還元されて鉛となり、正極では酸化反応が起き、$PbSO_4$（硫酸鉛）がPbO_2（二酸化鉛）になり、電子を放出する。

よって、⑴が正しい。

解答：⑴

ファラデーの法則より、理論析出量Wは、

理論析出量$W =$

$$\frac{1}{F} \times \frac{\text{原子量}\,m}{\text{原子価}\,n} \times \text{電流}\,I\,[\text{A}] \times \text{時間}\,t\,[\text{s}]$$

上式に$F = 9.65 \times 10^4\,[\text{C/mol}]$、$n = 2$、$m = 65.4$、$I = 2\,[\text{A}]$、$t = \underline{5 \times 3600}\,[\text{s}]$を代入する。

> $5\,[\text{h}] \rightarrow 5 \times 3600\,[\text{s}]$

$$W = \frac{1}{9.65 \times 10^4} \times \frac{65.4}{2} \times 2 \times 5 \times 3600\,[\text{s}]$$

$$\fallingdotseq 12.2\,[\text{g}]$$

電流効率が、$\eta = 0.65$（小数）であるから、実際の析出量W'は、

$$W' = W \times \eta$$

$$= 12.2 \times 0.65 \fallingdotseq \mathbf{7.9}\,[\text{g}]\,（答）$$

解答：(4)

❗重要ポイント

●電気めっき

金属イオンを含んだ水溶液の電解を行うと、陰極にその金属が析出する。これを利用して、陰極の表面をほかの金属の薄い膜で覆うことを**電気めっき**という。めっきの目的は装飾のみならず、耐食性や耐摩耗性を与えることができる。用途により、金や銀をはじめ、ニッケル、亜鉛などの金属イオンが使用される。図aに電気めっき（鋼板の亜鉛めっき）の例を示す。

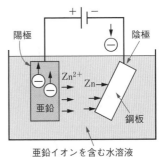

図a　電気めっき

第9章　電気化学

　図aに示すように、水溶液中に固体の微粒子が分散している場合、微粒子が溶液中の(ア)**イオン**を吸着して帯電し、あたかも自らがイオンのように(イ)**逆符号**の電極に向かって移動する現象を(ウ)**電気泳動**という。微粒子が負に帯電すると、帯電している符号と逆符号の電極、すなわち陽極に向かって移動する。水溶液中では陽極に向かって泳動する負電荷の粒子が多い。

　例えば、水にまじっている粘土は負に帯電するので、陽極に粘土を集めて精製することができる。また、こうした現象を利用して、導電性のよい(エ)**水溶性**の塗料(合成樹脂塗料またはエマルジョン塗料)を自動車などの被塗装物表面に析出させ塗装する方法を、電着塗装(電気泳動塗装)という。

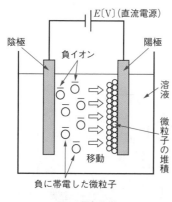

図a　電気泳動

解答：(2)

フィードバック制御では、制御量を目標値に近づけるために、調節部で様々な操作を行う。その代表的なものとして、P動作、I動作、D動作がある。それぞれ次のような特徴がある。

①P動作((ア)**比例動作**)

・目標値と制御量の差である偏差に比例して、操作量を変化させる制御動作。

・P動作だけでは制御量は目標値と完全に一致させることができず、(イ)**定常偏差**(最終的に残った小さな偏差で、残留偏差またはオフセットともいう)が生じる。

②D動作((ウ)**微分動作**)

・偏差の微分値(偏差の傾き)に応じて操作量を変化させる制御動作。

・過渡特性の改善(安定度と応答速度)に有効だが、制御のタイミング(位相)によっては、偏差を増幅し不安定になることがある。

③I動作((エ)**積分動作**)

・偏差の積分値に応じて操作量を変化させる制御動作。

・定常特性の改善に有効。定常偏差(オフセット)をなくして制御量が目標値と一致する。

・積分動作が強すぎると、応答速度は速くなるが安定度は低下する。

解答：(2)

⚠️重要ポイント

●**P(比例)動作、I(積分)動作、D(微分)動作の特徴**

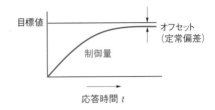

P動作：**オフセットが残る。**

I動作：**オフセットを打ち消す。**

D動作：**応答速度が速い。**

(1)、(2)、(4)、(5)の記述は**正しい**。

　シーケンス制御とは、あらかじめ定められた順序に従って、各段階を逐次進めていく制御である。この動作の各段階は、スイッチ、リレー、タイマなどを用いて制御する。

　したがって、(1)、(2)、(4)、(5)は、シーケンス制御に関する記述であり、正しい。

(3)　**誤り**。制御量の値(電気炉内の温度)を目標値(設定温度)と比較し、常に目標値に保とうと働きかける制御をフィードバック制御という。

　したがって、(3)の記述はシーケンス制御に該当せず、誤りである。

> 解答：(3)

！重要ポイント

●プログラマブルコントローラ(PLC)

　プログラマブルコントローラとは、コンピュータの一種で、リレー回路の代替装置として開発された制御装置である。工場などの自動機械やエレベータ、ボイラなどの制御に使用されている。プログラマブルコントローラでは、スイッチ、リレー、タイマなどをソフトウェアで書くことで、変更が容易なシーケンス制御を実現できる。

(ア)　自動制御は、シーケンス制御と**(ア)フィードバック**制御に大別される。フィードバック制御は、制御した結果を検出し、目標値と比較して差があれば目標値へと修正するように制御することをいう。

(イ)　シーケンス制御で用いられる電磁リレーは、コイルに電流を流して鉄心を磁化することによって接点を動作させ、オンオフを制御する。電磁リレーをスイッチとして用いた**(イ)有接点**シーケンス制御をリレーシーケンスという。無接点シーケンスは、論理素子をスイッチとして用いたシーケンス制御のことをいう。

(ウ)　リレーシーケンスにおいて、2個の電磁リレーのそれぞれのコイルに相手のb接点を直列に接続して、両者が決して同時に働かないようにすることを、**(ウ)インタロック**という。

(エ)　シーケンス制御の動作内容の確認などのために、横軸に時間を表し、縦軸にコイルや接点の動作状態を表したものを**(エ)タイムチャート**という。フローチャートは、流れ図または流れ作業図のことをいい、例えばプログラムの動作手順を表す。

解答：(1)

(!)重要ポイント

●リレーシーケンスとタイムチャート

リレーシーケンスの例として、自己保持回路とそのタイムチャートを下図に示す。自己保持回路はリレーシーケンスの基本回路の1つであり、頻繁に回路に使用する。

① 「入り」の押しボタンスイッチBS1を押すと、リレーRのコイルが励磁し、リレーRのa接点が閉じ、赤ランプRLが点灯する。

回路構成からわかるように、押しボタンスイッチBS1を離してもリレーR（励磁のまま）によってa接点が保持（閉じたまま）されているため、赤ランプRLは点灯したままとなる。

② 「切り」の押しボタンスイッチBS2を押すと、自己保持は解除されリレーRが無励磁となりa接点が開き、赤ランプRLが消灯する。

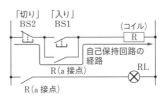

(a)自己保持回路

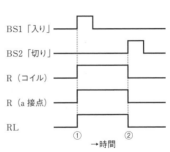

(b)タイムチャート

第10章

自動制御

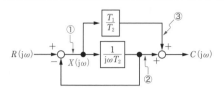

点①に流れる信号を $X(j\omega)$ とすると、

点②に流れる信号は、$X(j\omega) \cdot \dfrac{1}{j\omega T_2}$

点③に流れる信号は、$X(j\omega) \cdot \dfrac{T_1}{T_2}$

また、点①に流れる信号は、入力信号 $R(j\omega)$ がプラス（＋）され、②の信号がマイナス（－）された信号となるので、

$$X(j\omega) = R(j\omega) - X(j\omega) \cdot \frac{1}{j\omega T_2} \cdots\cdots(1)$$

式(1)を変形して、

$$X(j\omega) + X(j\omega) \cdot \frac{1}{j\omega T_2} = R(j\omega)$$

$$X(j\omega)\left(1 + \frac{1}{j\omega T_2}\right) = R(j\omega)$$

$$X(j\omega) = \frac{R(j\omega)}{\dfrac{1}{j\omega T_2} + 1} \cdots\cdots(2)$$

出力信号 $C(j\omega)$ は、②と③の信号がプラス（＋）された信号となるので、

$$X(j\omega) \cdot \frac{1}{j\omega T_2} + X(j\omega) \cdot \frac{T_1}{T_2} = C(j\omega) \cdots\cdots(3)$$

式(3)に式(2)を代入して、

$$\frac{R(j\omega)}{\dfrac{1}{j\omega T_2} + 1} \cdot \frac{1}{j\omega T_2} + \frac{R(j\omega)}{\dfrac{1}{j\omega T_2} + 1} \cdot \frac{T_1}{T_2}$$

$$= C(j\omega)$$

$$\frac{R(j\omega)}{1 + j\omega T_2} + \frac{R(j\omega) T_1}{\dfrac{1}{j\omega} + T_2} = C(j\omega)$$

左辺第2項の分子、分母に $j\omega$ を乗じて、

$$\frac{R(j\omega)}{1 + j\omega T_2} + \frac{R(j\omega) j\omega T_1}{1 + j\omega T_2} = C(j\omega)$$

$$R(j\omega) \cdot \frac{1 + j\omega T_1}{1 + j\omega T_2} = C(j\omega)$$

$$\therefore \frac{C(j\omega)}{R(j\omega)} = \frac{1 + j\omega T_1}{1 + j\omega T_2} \text{（答）}$$

解答：(4)

別 解

問題のブロック線図を、次のように変換する。

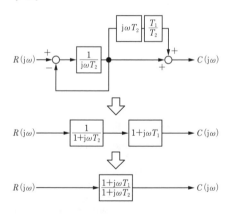

$$\frac{C(j\omega)}{R(j\omega)} = \frac{1 + j\omega T_1}{1 + j\omega T_2} \text{（答）}$$

出力V_2は、入力V_1による出力(外乱D無視)と外乱Dによる出力(入力V_1無視)の和になる。

V_1による出力V_2は、負フィードバックとなるので、

$$V_2 = \frac{G_1}{1+G_1G_2}V_1$$

Dによる出力V_2は、

$$-V_2G_2G_1 + D = V_2$$

$$V_2 + V_2G_2G_1 = D$$

$$V_2(1+G_1G_2) = D$$

$$V_2 = \frac{1}{1+G_1G_2}D$$

したがって、V_1による出力とDによる出力の和は、

$$V_2 = \frac{G_1}{1+G_1G_2}V_1 + \frac{1}{1+G_1G_2}D \quad (答)$$

解答：(5)

別 解

下図に示すように、G_1の入力をX、G_1の出力をYとする。

X、Y、V_2は、

$$X = V_1 - G_2 \cdot V_2 \cdots (1)$$

$$Y = G_1 \cdot X \cdots (2)$$

$$V_2 = Y + D \cdots (3)$$

式(3)に式(1)、(2)を代入すると、

$$V_2 = Y + D = G_1 \cdot X + D$$
$$= G_1 \cdot (V_1 - G_2 \cdot V_2) + D$$
$$= G_1 \cdot V_1 - G_1G_2 \cdot V_2 + D \cdots (4)$$

左辺にV_2を含む項を移動して変形すると、

$$V_2 + G_1G_2 \cdot V_2 = G_1 \cdot V_1 + D より、$$

$$(1+G_1G_2) \cdot V_2 = G_1 \cdot V_1 + D \cdots (5)$$

両辺を$1+G_1G_2$で割ると、出力V_2は、

$$V_2 = \frac{G_1}{1+G_1G_2}V_1 + \frac{1}{1+G_1G_2}D \quad (答)$$

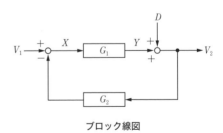

ブロック線図

第10章

自動制御

　下図に、フィードバック制御系の過渡応答の出力波形を示す。この図において、目標値の出力1.0の半分の出力0.5になるまでの時間T_dを(ア)**遅れ時間**という。また、出力0.1から0.9までの時間T_rを(イ)**立上り時間**、そして、出力が初めて0.95から1.05の間に収まる時間T_sを(ウ)**整定時間**という。

解答：(4)

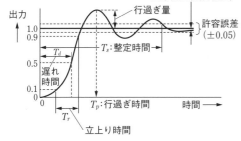

問題の回路図において、入力電圧を $V_i(j\omega)$、出力電圧を $V_o(j\omega)$、流れる電流を $I(j\omega)$ とすると、

$$I(j\omega) = \frac{V_i(j\omega)}{R + \dfrac{1}{j\omega C}}$$

$$V_o(j\omega) = \frac{1}{j\omega C} I(j\omega) = \frac{\dfrac{1}{j\omega C}}{R + \dfrac{1}{j\omega C}} V_i(j\omega)$$

したがって、周波数伝達関数 $G(j\omega)$ は、

$$G(j\omega) = \frac{V_o(j\omega)}{V_i(j\omega)} = \frac{\dfrac{1}{j\omega C}}{R + \dfrac{1}{j\omega C}}$$

$$= \frac{1}{1 + j\omega CR}$$

ここで、$CR = T$（時定数）とおくと、

$$G(j\omega) = \frac{1}{1 + j\omega CR} = \frac{1}{1 + j\omega T}$$

この式のゲイン g〔dB〕と位相角 ϕ は、次のようになる。

$$g = 20 \log |G(j\omega)| = 20 \log \frac{1}{\sqrt{1 + (\omega T)^2}}$$

$$= 20 \log 1 - 20 \log \sqrt{1 + (\omega T)^2}$$

$$= -20 \log \sqrt{1 + (\omega T)^2} \ 〔dB〕$$

$$\phi = \angle G(j\omega) = -\tan^{-1} \omega T \ 〔°〕$$

角周波数 ω の範囲のゲイン g と位相角 ϕ の特徴については、

①$\omega T \ll 1$ のとき（$\omega \ll \dfrac{1}{T}$ で折れ点角周波数 ω_c（後述）より十分低い角周波数のとき）、

$$g = -20 \log \sqrt{1 + (\omega T)^2} \fallingdotseq -20 \log 1$$
$$= 0 \ 〔dB〕$$

$\omega T \fallingdotseq 0$ と考える

となるので、ゲイン特性はほぼ一定の（イ）**0**〔dB〕である。

また、

$$\phi = -\tan^{-1} \omega T \fallingdotseq -\tan^{-1} 0 = 0 \ 〔°〕$$

となるので、位相角はほぼ0〔°〕である。

②$\omega T \gg 1$ のとき（$\omega \gg \dfrac{1}{T}$ で折れ点角周波数より十分高い角周波数のとき）、

$$g = -20 \log \sqrt{1 + (\omega T)^2} \fallingdotseq -20 \log \omega T$$

1を無視する

$$= -20 \log \omega - 20 \log T$$

ここで、$-20 \log T$ は一定（$T = CR$：一定）であるが、$-20 \log \omega$ は、ω の増加とともに -20〔dB/dec〕の傾きを持つ直線となる。つまり、角周波数が10倍になるごとに（ウ）**20**〔dB〕減少する直線となる。

上式のゲイン g について、$\omega = \dfrac{1}{T}$（$\omega T = 1$）のとき、

$$g = -20 \log \omega T = -20 \log 1 = 0 \ 〔dB〕$$

となる。

このときの角周波数 $\omega = \dfrac{1}{T}$ において、

①で述べた $g = 0$ の近似直線と②で述べた $g = -20 \log \omega - 20 \log T$ の近似直線は交差する。

この交点における角周波数を折れ点角周波数 ω_c という。この設問における折れ

第10章 自動制御

点角周波数ω_cは、

$$\omega_c = \frac{1}{T} = \frac{1}{CR} = \frac{1}{0.001 \times 10}$$

$$= 100 \,[\text{rad/s}]\,(\text{ア})\,となる。$$

また、位相特性は、ω_cよりも十分高い角周波数では、次のようにほぼ一定の（エ）**90**〔°〕の遅れとなる。

$$\phi = -\tan^{-1}\omega T \fallingdotseq -\tan^{-1}\infty = -90\,[°]$$
（遅れ位相）

③$\omega T = 1$のとき（$\omega_c = \omega = \dfrac{1}{T}$で折れ点角

周波数のとき）、

ゲインgは、

$$g = -20\log\sqrt{1+(\omega T)^2} = -20\log\sqrt{2}$$

$2^{\frac{1}{2}}$と考える

$$= -20\log 2^{\frac{1}{2}} = -10\log 2 \fallingdotseq -3\,[\text{dB}]$$

位相角ϕは、

$$\phi = -\tan^{-1}\omega T = -\tan^{-1}1 = -45\,[°]$$
となる。

一次遅れ要素のボード線図を図aに示す。

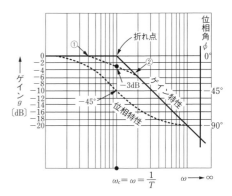

図a　一次遅れ要素のボード線図

なお、正確に計算し、描いたゲイン特性を破線で示したが、折れ線で近似したゲイン特性曲線との誤差は、ω_cのとき最も大きく約3〔dB〕で、すなわち、

$$\omega_c = \omega = \frac{1}{T}\,(\omega T = 1\,のとき)$$

$$g = -20\log\sqrt{1+(\omega T)^2}$$

$$= -20\log\sqrt{2} \fallingdotseq -3\,[\text{dB}]$$

しかし、実用的には折れ線近似で十分とされている。

解答：(2)

※問題文中の「キャパシタ」とは、コンデンサの別称である。

入力v_1に直流5〔V〕を印加した定常状態において、図2から出力$v_2 = 1.00$〔V〕と読み取れるので、

> 定常状態において、インダクタンスLは単なる導線と同じである

$v_1 : v_2 = (R_1 + R_2) : R_2 = 5 : 1$

$R_1 + R_2 = 5R_2$

$R_1 = 4R_2$ ……①

(1)〜(5)のすべての選択肢が式①を満足する。

この回路の時定数Tは、

$$T = \frac{L}{R_1 + R_2} \text{〔s〕}$$

である。時定数は、定常値の63%に達したときの時間または応答曲線の初期傾斜の接線が定常値1.00〔V〕と交わるまでの時間であるから、図2から$T = 0.02$〔s〕であることがわかる。

$$T = \frac{L}{R_1 + R_2} = 0.02 \text{ ……②}$$

式②を満足する選択肢(時定数$T = 0.02$〔s〕)は、(2)と(4)である。

交流回路として$\dfrac{v_2}{v_1}$を求めると、$\dfrac{v_2}{v_1}$は周波数伝達関数$G(\mathrm{j}\omega)$となるので、

$$G(\mathrm{j}\omega) = \frac{v_2}{v_1} = \frac{R_2}{R_1 + R_2 + \mathrm{j}\omega L} \text{ ……③}$$

式③に選択肢(2)の値を代入

$$G(\mathrm{j}\omega) = \frac{10}{40 + 10 + \mathrm{j}\omega} = \frac{10}{50 + \mathrm{j}\omega}$$

$$= \frac{0.2}{1 + \mathrm{j}0.02\omega} \text{ (不適)}$$

> 選択肢(2)の
> $G(\mathrm{j}\omega) = \dfrac{0.5}{1 + \mathrm{j}0.02\omega}$ は誤り

式③に選択肢(4)の値を代入

$$G(\mathrm{j}\omega) = \frac{1}{4 + 1 + \mathrm{j}0.1\omega} = \frac{1}{5 + \mathrm{j}0.1\omega}$$

$$= \frac{0.2}{1 + \mathrm{j}0.02\omega} \text{ (適)}$$

解答：(4)

⚠️重要ポイント

● RL直列回路の時定数 T

$$T = \frac{L}{R} \text{〔s〕}$$

● RC直列回路の時定数

$$T = CR \text{〔s〕}$$

(a) 問題図より、$135\,[°]=90\,[°]+45\,[°]$ であるので、角周波数 ω_0 では $G\,(j\omega)$ の実数部と虚数部の大きさが同じになる。

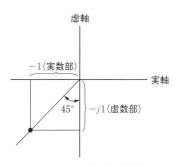

図a　ω_0 の実数部と虚数部

$G\,(j\omega)$ の分母を変形し、実数部と虚数部に分けると、

$$j\omega\,(1+j0.2\omega)=j\omega-0.2\omega^2$$

となる。

前述のように実数部＝虚数部なので、$\omega=0.2\omega^2$ より、$1=0.2\omega$

$$\therefore \quad \omega=\frac{1}{0.2}=5\,[\text{rad/s}]$$

となる。

したがって、ω が $5\,[\text{rad/s}]$ のとき位相角 $135\,[°]$ の直線と交わり、そのときの ω が ω_0 となるので、求める角周波数 ω_0 $[\text{rad/s}]$ は、

$$\omega_0=\omega=\mathbf{5}\,[\text{rad/s}]\,(答)$$

解答：(a)-(3)

(b) $\omega_0=\omega=5\,[\text{rad/s}]$ を題意の開ループ周波数伝達関数 $G\,(j\omega)$ に代入して、その大きさ（ゲイン）を求めると、

$$|G\,(j\omega)|=\left|\frac{10}{j5\,(1+j)}\right|=\frac{10}{5}\times\left|\frac{1}{j\,(1+j)}\right|$$

$$=2\times\left|\frac{1}{j1-1}\right|=2\times\frac{1}{\sqrt{1^2+1^2}}$$

$$=\frac{2}{\sqrt{2}}=\sqrt{2}\fallingdotseq\mathbf{1.41}\,(答)$$

※式の途中で分母の実数化を行うと、次のようになる。

$$|G\,(j\omega)|=2\times\left|\frac{1}{j1-1}\right|$$

$$=2\times\left|\frac{-1-j1}{(-1+j1)\,(-1-j1)}\right|$$

$$=2\times\left|\frac{-1-j1}{2}\right|$$

$$=|-1-j1|=\sqrt{1^2+1^2}=\sqrt{2}$$

この値が図aの実数部と虚数部

$G\,(j\omega)$ の大きさ（絶対値）を求めるだけなら分母の実数化は必要ないが、実数部と虚数部を求める場合は、分母の実数化が必要である。

解答：(b)-(2)

　自動制御系における(ア)**フィードバック**は、一般に負となって加え合わせ点に入る。したがって、一巡伝達関数の位相遅れがない場合でも180°の遅れとなる。

　一般に制御系は、周波数が増大するにつれて位相が遅れる特性を持っている。このため、一巡伝達関数の位相遅れは、周波数の増大とともに増加し、位相遅れが(イ)**180°** になる周波数に対して、フィードバック信号は360°遅れとなり、正になる。

　180°位相遅れが生じる周波数における一巡伝達関数のゲイン(出力の入力に対する振幅比)が(ウ)**1以上**になると、入力信号を除いたあともフィードバック信号は一巡ごとに振幅を増大していき不安定になる。

解答：(3)

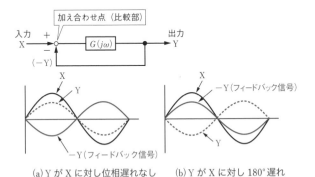

(a) Y が X に対し位相遅れなし　　(b) Y が X に対し 180°遅れ

第10章

自動制御

読み取り専用メモリとしてROM (Read Only Memory)があり、読み書きできるメモリとしてRAM (Random Access Memory)がある。ROMには、一部のプログラムやデータが置かれている。RAMには、プログラム上で可変するデータなどが置かれる。ROMには、製造過程でデータを書き込み、後からはデータを変更できない(ア)**マスク**ROMや、電気的にデータの書き込みと消去が可能な(イ)**EEPROM** (Electrically Erasable and Programmable ROM)などがある。

また、RAMは、電源を切るとデータがなくなるが、電源を切らない限りフリップフロップ回路などで内容を保持している(ウ)**スタティック**RAM (SRAM)と、データを保持するために一定時間内にデータを再書き込みする必要のある(エ)**ダイナミック**RAM (DRAM)がある。

解答：(2)

10進数、2進数、16進数の対応表を表a に示す。

この対応表は、自分ですぐに作れるようにしておく必要がある。

表a　対応表

10進数	2進数	16進数
0	0	0
1	1	1
2	10	2
3	11	3
4	100	4
5	101	5
6	110	6
7	111	7
8	1000	8
9	1001	9
10	1010	A
11	1011	B
12	1100	C
13	1101	D
14	1110	E
15	1111	F

(1)　**正しい。** 16進数の6は10進数でも6である。これを16倍すると、

$6 \times 16 = (96)_{10}$

一方、$(60)_{16}$ を10進数に変換すると、

$(60)_{16} = 6 \times 16^1 + 0 \times 16^0 = (96)_{10}$

(2)　**正しい。** 2進数の $(1010101)_2$ を10進数に変換すると、

$1 \times 2^6 + 0 \times 2^5 + 1 \times 2^4 + 0 \times 2^3 + 1 \times 2^2$
$+ 0 \times 2^1 + 1 \times 2^0$

$= 64 + 16 + 4 + 1 = (85)_{10}$

16進数の $(57)_{16}$ を10進数に変換すると、

$5 \times 16^1 + 7 \times 16^0$

$= (87)_{10}$

よって、$(1010101)_2 < (57)_{16}$

(3)　**正しい。** 2進数の $(1011)_2$ を10進数に変換すると、

$1 \times 2^3 + 0 \times 2^2 + 1 \times 2^1 + 1 \times 2^0$

$= 8 + 2 + 1$

$= (11)_{10}$

または、表a対応表から直接読み取ってもよい。

(4)　**正しい。** 表a対応表から直接読み取る。

(5)　**誤り。** 2進数と16進数の関係は2進数の4桁で16進数の1桁を表す。

2進数の $(111011)_2$

$= \underline{(0011\ 1011)}_2$ ← 4桁で区切る。

$= (3B)_{16}$

0011	1011 …… 2進数
3	B …… 16進数（表a対応表より）

よって、$(3B)_{16} = (111011)_2$ となるので、(5)の記述は**誤り**。

なお、対応表より、

$(3D)_{16} = (00111101)_2$

$= (111101)_2$

となる。

解答：(5)

$A+B=(101010)_2$ を10進数に変換すると、

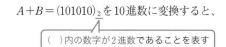

（　）内の数字が2進数であることを表す

$1 \times 2^5 + 0 \times 2^4 + 1 \times 2^3 + 0 \times 2^2$

$+ 1 \times 2^1 + 0 \times 2^0$

6ケタ目の数字1に
2の5乗を掛ける

1ケタ目の数字0に
2の0乗を掛ける

$= 32 + 0 + 8 + 0 + 2 + 0 = 42 \rightarrow (42)_{10}$

（　）内の数字が10進数であることを表す

$A-B=(1100)_2$ を10進数に変換すると、

$1 \times 2^3 + 1 \times 2^2 + 0 \times 2^1 + 0 \times 2^0$

$= 8 + 4 + 0 + 0 = 12 \rightarrow (12)_{10}$

$(A+B)-(A-B)$ を10進数で計算すると、

$(A+B)-(A-B) = 2B = 42 - 12 = 30$

$B = \dfrac{30}{2} = 15 \rightarrow (15)_{10}$

$B = (15)_{10}$ を2進数に変換すると、

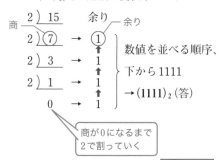

数値を並べる順序、
下から 1111
$\rightarrow (1111)_2$（答）

商が0になるまで
2で割っていく

解答：(2)

別 解

2進数のまま計算を進める。

$(A+B)-(A-B)$ を2進数で計算すると、

$(A+B)-(A-B) = \underline{10B}$

$B+B$
$= 1B + 1B$
$= 10B$

$= 101010 - 1100 = 11110$

```
  101010
－   1100
  11110
```

$B = \dfrac{11110}{10} = 1111 \rightarrow (1111)_2$（答）

```
       1111
10 ) 11110
     10
     ─────
      11
      10
     ─────
       11
       10
      ─────
        10
        10
       ─────
         0
```

❗重要ポイント

● 2進数 ⇄ 10進数の変換

● 指数の計算

$2^0 = 1$、$2^1 = 2$、$2^2 = 4$、$2^3 = 8$、…

● 2進数の加減乗除の計算

$1 + 1 = 10$、$10 + 1 = 11$、

$11 + 1 = 100$、…

（ア）　2進数は右の桁から 2^0、2^1、2^2、2^3、2^4、2^5、2^6、2^7…を表すので、8桁の2進数の最も左の桁は 2^7、最も右の桁は 2^0 を表す。

2進数の $(00100100)_2$ を10進数で表現すると、

$(00100100)_2 = 0 \times 2^7 + 0 \times 2^6 + 1 \times 2^5 + 0 \times 2^4 + 0 \times 2^3 + 1 \times 2^2 + 0 \times 2^1 + 0 \times 2^0 = 2^5 + 2^2 = 32 + 4 = \mathbf{36}$（ア）

（イ）　10進数を2進数で表すには、10進数を2で割って、その商をさらに2で割って、余りを出しながら商が0になるまで2で割ることを繰り返し、最後の余りを先頭に下から順に並べる。10進数の170の場合は、次のように求める。

商　　余り

$170 \div 2 = 85 \cdots 0$

$85 \div 2 = 42 \cdots 1$

$42 \div 2 = 21 \cdots 0$

$21 \div 2 = 10 \cdots 1$

$10 \div 2 = 5 \cdots 0$

$5 \div 2 = 2 \cdots 1$

$2 \div 2 = 1 \cdots 0$

$1 \div 2 = 0 \cdots 1$

並べる順序

したがって、10進数の170は2進数では **10101010**（イ）となる。

（ウ）　2進数と8進数の関係は、2進数の3桁で8進数の1桁を表す。2進数と8進数の関係を表1に示す。

表1　2進数と8進数の関係

2進数	8進数
000	0
001	1
010	2
011	3
100	4
101	5
110	6
111	7

2進数の $(111011100001)_2$ を8進数で表すと、次式のように求められる。

$\underbrace{111}\ \underbrace{011}\ \underbrace{100}\ \underbrace{001}$ …2進数

7　3　4　1　…8進数

したがって、（ウ）には **7341** が入る。

（エ）　2進数と16進数の関係は、2進数の4桁で16進数の1桁を表す。2進数と16進数の関係を表2に示す。

表2　2進数と16進数の関係

2進数	16進数	2進数	16進数
0000	0	1000	8
0001	1	1001	9
0010	2	1010	A
0011	3	1011	B
0100	4	1100	C
0101	5	1101	D
0110	6	1110	E
0111	7	1111	F

2進数の $(11010111)_2$ となる16進数は、次のように求める。

$\underbrace{1101}\ \underbrace{0111}$ …2進数

D　7　…16進数

したがって、（エ）には **D7** が入る。

解答：(4)

第11章　情報伝送・処理とメカトロニクス

加法標準形の論理式を作成し、簡略化する。問題の真理値表aにおいて、出力信号が$X＝1$となるA、B、Cの組み合わせ(論理積)の論理和をとると、次の論理式が得られる。

解答のための真理値表a

A	B	C	X	
0	0	0	0	
0	0	1	1	$←\overline{A}\cdot\overline{B}\cdot C$
0	1	0	0	
0	1	1	1	$←\overline{A}\cdot B\cdot C$
1	0	0	0	
1	0	1	1	$←A\cdot\overline{B}\cdot C$
1	1	0	1	$←A\cdot B\cdot\overline{C}$
1	1	1	1	$←A\cdot B\cdot C$

$X＝\overline{A}\cdot\overline{B}\cdot C＋\overline{A}\cdot B\cdot C＋A\cdot\overline{B}\cdot C＋A\cdot B\cdot\overline{C}＋A\cdot B\cdot C$

↓…分配則を適用

> 入力が0なら否定、1なら肯定の論理積の式を作り、論理和をとる

$＝(\overline{A}＋A)\cdot\overline{B}\cdot C＋(\overline{A}＋A)\cdot B\cdot C＋A\cdot B\cdot\overline{C}$

↓…補元則$\overline{A}＋A＝1$を適用

$＝\overline{B}\cdot C＋B\cdot C＋A\cdot B\cdot\overline{C}$

↓…分配則$\overline{B}\cdot C＋B\cdot C＝(\overline{B}＋B)C$を適用

$＝(\overline{B}＋B)C＋A\cdot B\cdot\overline{C}$

↓…補元則$\overline{B}＋B＝1$を適用

$＝C＋A\cdot B\cdot\overline{C}$

↓…分配則を適用

$＝(C＋A\cdot B)\cdot(C＋\overline{C})$

↓…補元則$C＋\overline{C}＝1$を適用

$＝C＋A\cdot B$

$＝A\cdot B＋C$(答)

解答:(5)

別解

解答のための真理値表b

A	B	C	X	
0	0	0	0	
0	0	1	1	②
0	1	0	0	
0	1	1	1	②
1	0	0	0	
1	0	1	1	②
1	1	0	1	
1	1	1	1	②

①{ 1 1 0 1、1 1 1 1

問題の真理値表bについて、出力Xが1となる部分について、①、②の番号を付ける。

①の部分は、「$A＝1$、$B＝1$が共通」であり、Cには無関係なため、AND形式の式で表すと、$A\cdot B$となる。

②の部分は、「$C＝1$が共通」であり、A、Bには無関係なため、論理式はCとなる。

したがって、真理値表の論理式は、上記2つの式の論理和となるので、

$X＝A\cdot B＋C$(答)

(a) 設問(a)の論理式を、次のように変形する。

$$X \cdot Y \cdot Z + X \cdot \overline{Y} \cdot \overline{Z} + \overline{X} \cdot Y \cdot Z + X \cdot \overline{Y} \cdot Z$$

分配則 $A \cdot B \cdot C + A \cdot B \cdot D$

$$= A \cdot B(C+D) \text{ を適用}$$

$$= X \cdot \overline{Y}(Z+\overline{Z}) + Y \cdot Z(X+\overline{X})$$

補元則 $A + \overline{A} = 1$ を適用

$$= X \cdot \overline{Y} + Y \cdot Z \text{(答)}$$

解答：(a)-(2)

(b) 設問(b)の論理式を、次のように変形する。

$$(X+Y+Z) \cdot (X+Y+\overline{Z}) \cdot (X+\overline{Y}+Z)$$

べき等則 $A \cdot B \cdot C = A \cdot A \cdot B \cdot C$、

および交換則 $A \cdot A \cdot B \cdot C$

$$= A \cdot B \cdot A \cdot C \text{ を適用}$$

$$= (X+Y+Z) \cdot (X+Y+\overline{Z}) \cdot (X+Y+Z) \cdot$$
$$(X+\overline{Y}+Z)$$

$(A+B) \cdot (A+\overline{B}) = A$ を適用

$\because (A+B) \cdot (A+\overline{B})$

$$= A \cdot A + A \cdot \overline{B} + A \cdot B + B \cdot \overline{B}$$

べき等則、吸収則、補元則
などを適用

$$= A$$

$$= (X+Y)(X+Z) \text{(答)}$$

解答：(b)-(1)

！重要ポイント

●論理式の法則

分配則	$A \cdot (B+C) = A \cdot B + A \cdot C$ $A+(B \cdot C) = (A+B) \cdot (A+C)$
補元則	$A \cdot \overline{A} = 0$ $A + \overline{A} = 1$
べき等則	$A \cdot A = A$ $A + A = A$
吸収則	$A \cdot (A+B) = A$ $A + A \cdot B = A$

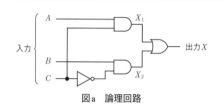

図a　論理回路

図aに示すように、AND回路の出力をX_1、X_2とすると、出力Xは次式で表される。

$X_1 = A \cdot C$、$X_2 = B \cdot \overline{C}$より、

$X = X_1 + X_2 = A \cdot C + B \cdot \overline{C}$ ………①

次に、図bの㋑、㋺、㋩の入力を式①に代入して出力を求め、求まった出力と同じになる選択肢を選ぶ。

はじめに、図b㋑の入力$A=1$、$B=0$、$C=1$を、式①に代入して出力Xを求めると、

$X = A \cdot C + B \cdot \overline{C} = 1 \cdot 1 + 0 \cdot \overline{1}$

　$= 1 \cdot 1 + 0 \cdot 0 = 1$

選択肢(1)～(5)のうち、㋑のときに出力が1になるのは(1)～(3)となるので、この中に正解がある。

次に、図b㋺の入力$A=0$、$B=1$、$C=0$を式①に代入すると、出力Xは次のよう

になる。

$X = A \cdot C + B \cdot \overline{C} = 0 \cdot 0 + 1 \cdot \overline{0}$

　$= 0 \cdot 0 + 1 \cdot 1 = 1$

選択肢(1)～(3)のうち、㋺のときに出力が1になるのは(1)と(3)となるので、どちらかが正解となる。

最後に、図b㋩の入力$A=1$、$B=1$、$C=1$を式①に代入すると、出力Xは次のようになる。

$X = A \cdot C + B \cdot \overline{C} = 1 \cdot 1 + 1 \cdot \overline{1}$

　$= 1 \cdot 1 + 1 \cdot 0 = 1$

選択肢(1)と(3)のうち、㋩のときに出力が1になるのは(3)(答)となる。

解答：(3)

別　解

$X = A \cdot C + B \cdot \overline{C}$より、すべての時間帯において、AとCが1のとき出力Xは1でなければならない。この条件を満たすのは、選択肢(3)(答)だけである。

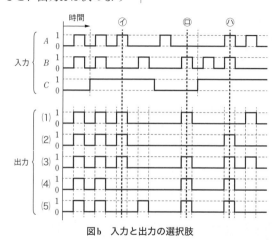

図b　入力と出力の選択肢

論理回路図を次図に示す。

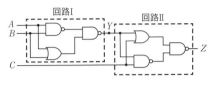

論理回路図

図のように、AとBを入力とし、Yを出力とする回路（回路Ⅰ）と、YとCを入力とし、Zを出力とする回路（回路Ⅱ）に分けると、この2つの回路は同じ回路であることがわかる。初めに、Yを出力とする回路Ⅰの真理値表を求める。

Yを出力、AとBを入力とした回路Ⅰの論理式は、

$$Y = \overline{(A \cdot B) \cdot (A + B)}$$

この論理式に対して、**ド・モルガンの定理**を用いると、

$$Y = \overline{(A \cdot B) \cdot (A + B)} = \overline{A \cdot B} + \overline{A + B}$$
$$= A \cdot B + \overline{A + B}$$
$$= A \cdot B + \overline{A} \cdot \overline{B} \quad \cdots\cdots①$$

式①の真理値表を求めると、真理値表①となる。

A	B	$A \cdot B$	$\overline{A} \cdot \overline{B}$	Y
0	0	0	1	1
0	1	0	0	0
1	0	0	0	0
1	1	1	0	1

真理値表①

真理値表①より、回路Ⅰは、Yは入力AとBの状態が同じなら"1"を出力し、異なれば"0"を出力する回路であるといえる。

このような回路を、一致回路という。

同様に、Zを出力、YとCを入力とした回路Ⅱの論理式と真理値表を考えると、式②および真理値表②のように表される。

$$Z = \overline{(Y + C) \cdot \overline{(Y \cdot C)}}$$
$$= Y \cdot C + \overline{Y} \cdot \overline{C} \quad \cdots\cdots②$$

Y	C	$Y \cdot C$	$\overline{Y} \cdot \overline{C}$	Z
0	0	0	1	1
0	1	0	0	0
1	0	0	0	0
1	1	1	0	1

真理値表②

したがって、真理値表①と真理値表②より、論理回路全体の真理値表は、次表で表される。

A	B	Y	C	Z
0	0	1	0	0
0	0	1	1	1
0	1	0	0	1
0	1	0	1	0
1	0	0	0	1
1	0	0	1	0
1	1	1	0	0
1	1	1	1	1

全体の真理値表

以上のことから、正しい真理値表は選択肢(1)（答）となる。

解答：(1)

第11章　情報伝送・処理とメカトロニクス

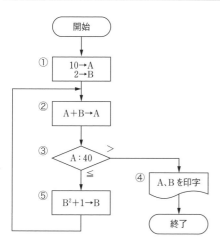

図a フローチャート

図aにフローチャートを示す。図aのフローチャートの①〜⑤では、次の処理を行っている。

①では、AとBの初期値を決める。

②では、AとBを加えた値を、新しいAの値にする。

③では、Aの値が40を超えていたら④の処理に移動し、40以下であれば⑤の処理に移動する。

④では、AとBの値を印字する。その後、プログラムを終了する。

⑤では、Bの2乗に1を加えた値を、新しいBの値にし、②の処理に移動する。

実際に、AとBの値がそれぞれの段階でいくらになるか見ていく。

①Aの初期値を10、Bの初期値を2とする。（A＝10、B＝2）

②1回目

AとBの値を加えて新しいAの値にするため、A＝10＋2＝12となる。（A＝12、B＝2）

③1回目

A＝12であり、40以下であるため、⑤の処理に移動する。（A＝12、B＝2）

⑤1回目

Bの2乗に1を加えて新しいBの値にするため、B＝2^2＋1＝5となり、②の処理に移動する。（A＝12、B＝5）

②2回目

1回目と同様に考えると、A＝12＋5＝17となる。（A＝17、B＝5）

③2回目

A＝17であり、40以下であるため、⑤の処理に移動する。（A＝17、B＝5）

⑤2回目

1回目と同様に考えると、B＝5^2＋1＝26となり、②の処理に移動する。（A＝17、B＝26）

②3回目

1回目、2回目と同様に考えると、A＝17＋26＝43となる。（A＝43、B＝26）

③3回目

A＝43であり、40を超えたため、④の処理に移動する。（A＝43、B＝26）

④A＝43、B＝26であるので、**Aは43、Bは26と印字**（答）され、プログラムが終了する。

解答：(3)

2進数のディジタル量 $(11111111)_2$ を10進数で表すと、

$1 \times 2^7 + 1 \times 2^6 + 1 \times 2^5 + 1 \times 2^4 + 1 \times 2^3 + 1 \times 2^2 + 1 \times 2^1 + 1 \times 2^0$

$= 128 + 64 + 32 + 16 + 8 + 4 + 2 + 1$

$= (255)_{10}$

また、2進数のディジタル量 $(00000000)_2$ を10進数で表すと、

$0 \times 2^7 + 0 \times 2^6 + 0 \times 2^5 + 0 \times 2^4 + 0 \times 2^3 + 0 \times 2^2 + 0 \times 2^1 + 0 \times 2^0$

$= (0)_{10}$

したがって、1ビットが表すアナログ量の大きさは、

$$\frac{510 - (-510)}{255 - 0} = 4 \,[\text{mV}]$$

次に、アナログ量の入力が210〔mV〕のときのA-D変換器の出力は、10進数では次式のようになる。

$$\frac{\text{アナログ量の差}}{1\text{ビットが表すアナログ量の大きさ}}$$

$$= \frac{210 - (-510)}{4} = (180)_{10}$$

これを、右図により2進数のディジタル量に変換すると、

$(10110100)_2$ （答）

となる。

```
              余り
 2 ) 180
 2 )  90 … 0    ↑
 2 )  45 … 0    │
 2 )  22 … 1    │
 2 )  11 … 0    │
 2 )   5 … 1    │
 2 )   2 … 1    │
 2 )   1 … 0    │
       0 … 1
```

$(10110100)_2$ （答）

解答：(5)

⚠重要ポイント

●A-D変換器の入出力関係

```
アナログ量の入力        A-D変換器出力
510〔mV〕 ………… (1111 1111)₂ = (255)₁₀
  ⋮                    ⋮        ⋮         アナログ量の入力が210〔mV〕のとき
210〔mV〕 ………… (1011 0100)₂ = (180)₁₀ ← A-D変換器出力 = (210-(-510))/4 = (180)₁₀
  ⋮                    ⋮        ⋮
この差が -506〔mV〕 ………… (0000 0001)₂ = (1)₁₀ ← 1ビットが表すアナログ量の大きさ
4〔mV〕  -510〔mV〕 ………… (0000 0000)₂ = (0)₁₀      = (510-(-510))/(255-0) = 4〔mV〕
```

memo